Quantenmechanik

Torsten Fließbach

Quantenmechanik

Lehrbuch zur Theoretischen Physik III

6. Auflage

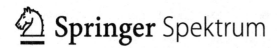 Springer Spektrum

Torsten Fließbach
Universität Siegen
Siegen, Deutschland

ISBN 978-3-662-58030-1   ISBN 978-3-662-58031-8   (eBook)
https://doi.org/10.1007/978-3-662-58031-8

Die Deutsche Nationalbibliothek verzeichnet diese Publikation in der Deutschen Nationalbibliografie; detaillierte bibliografische Daten sind im Internet über http://dnb.d-nb.de abrufbar.

Springer Spektrum
Die erste Auflage ist 1991 im B.I.-Wissenschaftsverlag (Bibliographisches Institut & F. A. Brockhaus AG, Mannheim) erschienen.

Verantwortlich im Verlag: Lisa Edelhäuser

Springer Spektrum ist ein Imprint der eingetragenen Gesellschaft Springer-Verlag GmbH, DE und ist ein Teil von Springer Nature
Die Anschrift der Gesellschaft ist: Heidelberger Platz 3, 14197 Berlin, Germany

Vorwort

Das vorliegende Buch ist Teil einer Vorlesungsausarbeitung [1, 2, 3, 4] des Zyklus Theoretische Physik I bis IV. Es gibt den Stoff meiner Vorlesung Theoretische Physik III über die Quantenmechanik wieder. Diese Vorlesung wird häufig im 5. Semester eines Physikstudiums angeboten.

Die Darstellung bewegt sich auf dem durchschnittlichen Niveau einer Kursvorlesung in Theoretischer Physik. Der Zugang ist eher intuitiv anstelle von deduktiv; formale Ableitungen und Beweise werden ohne besondere mathematische Akribie durchgeführt.

In enger Anlehnung an den Text, teilweise aber auch zu dessen Fortführung und Ergänzung werden über 100 Übungsaufgaben gestellt. Diese Aufgaben erfüllen ihren Zweck nur dann, wenn sie vom Studenten möglichst eigenständig bearbeitet werden. Diese Arbeit sollte unbedingt vor der Lektüre der Musterlösungen liegen, die im *Arbeitsbuch zur Theoretischen Physik* [5] angeboten werden. Neben den Lösungen enthält das Arbeitsbuch ein kompaktes Repetitorium des Stoffs der Lehrbücher [1, 2, 3, 4].

Der Umfang des vorliegenden Buchs geht etwas über den Stoff hinaus, der während eines Semesters in einem Physikstudium üblicherweise an deutschen Universitäten behandelt wird. Der Stoff ist in Kapitel gegliedert, die im Durchschnitt etwa einer Vorlesungsdoppelstunde entsprechen. Natürlich bauen verschiedene Kapitel aufeinander auf. Es wurde aber versucht, die einzelnen Kapitel so zu gestalten, dass sie jeweils möglichst abgeschlossen sind. Damit wird einerseits eine Auswahl von Kapiteln für einen bestimmten Kurs (etwa in einem Bachelor-Studiengang) erleichtert, in dem der Stoff stärker begrenzt werden soll. Zum anderen kann der Student leichter die Kapitel nachlesen, die für ihn von Interesse sind.

Es gibt viele gute Darstellungen der Quantenmechanik, die sich für ein vertiefendes Studium eignen. Ich gebe hier nur einige wenige Bücher an, die ich selbst bevorzugt zu Rate gezogen habe und die gelegentlich im Text zitiert werden. Zunächst seien als 'Muss' für jeden Physikstudenten die *Feynman Lectures* [6] angeführt. Die Art der Darstellung und das Niveau der vorliegenden Vorlesungsausarbeitung sind am ehesten vergleichbar mit der *Quantenphysik* von Gasiorowicz [7]. Daneben ist mir Dawydows Buch [8] besonders gut vertraut.

In der vorliegenden sechsten Auflage wurden zahlreiche Korrekturen und kleinere Ergänzungen vorgenommen. Bei Martina Schwind und zahlreichen anderen Lesern bedanke ich mich für wertvolle Hinweise. Fehlermeldungen, Bemerkungen und sonstige Hinweise sind jederzeit willkommen, etwa über den Kontaktlink auf meiner Homepage www2.uni-siegen.de/~flieba/. Auf dieser Homepage finden sich auch eventuelle Korrekturlisten.

August 2018   Torsten Fließbach

Literaturangaben

[1] T. Fließbach, *Mechanik*, 7. Auflage, Springer Spektrum, Heidelberg 2015

[2] T. Fließbach, *Elektrodynamik*, 6. Auflage, Springer Spektrum, Heidelberg 2012

[3] T. Fließbach, *Quantenmechanik*, 6. Auflage, Springer Spektrum, Heidelberg 2018 (dieses Buch)

[4] T. Fließbach, *Statistische Physik*, 6. Auflage, Springer Spektrum, Heidelberg 2018

[5] T. Fließbach und H. Walliser, *Arbeitsbuch zur Theoretischen Physik – Repetitorium und Übungsbuch*, 3. Auflage, Spektrum Akademischer Verlag, Heidelberg 2012

[6] R. P. Feynman, R. B. Leighton, M. Sands, *The Feynman Lectures on Physics*, Vol. I – III, Addison-Wesley Publishing Company, Reading 1989

Deutsche Übersetzung: *Feynman Vorlesungen über Physik,*, 2. Auflage, Oldenbourg Verlag, München 2007

[7] S. Gasiorowicz, *Quantenphysik,* 9. Auflage, Oldenbourg Verlag, München 2005

[8] A. S. Dawydow, *Quantenmechanik*, 8. Auflage, Barth: Edition Deutscher Verlag der Wissenschaften, Leipzig, Berlin 1992

Inhaltsverzeichnis

Einleitung

Viele physikalische Effekte lassen sich nicht im Rahmen der „klassischen" Physik, wie der klassischen Mechanik, Elektrodynamik und Thermodynamik, verstehen. Einige dieser Phänomene, die grundsätzlich andere Theorien und Modelle erfordern, sind:

- Atomphysik: Größe und Stabilität der Atome, diskretes Spektrum der emittierten und absorbierten elektromagnetischen Strahlung.

- Kernphysik: Größe und Stabilität der Atomkerne, Alphazerfall, Spaltung, Fusion.

- Chemie: Struktur der chemischen Bindung, Form und Größe von Molekülen, chemische Reaktionen.

- Festkörperphysik: Mechanische, thermische, elektrische und magnetische Eigenschaften; zum Beispiel die spezifische Wärme bei tiefen Temperaturen oder die Supraleitung.

Oft beziehen sich quantenmechanische Effekte auf den mikroskopischen Bereich (etwa von 10^{-6} cm für ein großes Molekül bis 10^{-13} cm für ein Nukleon), die klassische Physik dagegen auf makroskopische Bereiche. Dies ist nicht notwendig so: Viele makroskopische Phänomene (Supraleitung, Ferromagnetismus, spezifische Wärme, Hohlraumstrahlung) sind nur quantenmechanisch zu verstehen. Auf der anderen Seite ist etwa die klassische kinetische Theorie mikroskopisch.

Am Beginn des zwanzigsten Jahrhunderts ging man davon aus, dass Strahlung wie Licht oder Kathodenstrahlen entweder aus Wellen oder aus Teilchen besteht. So wurde Licht aufgrund der beobachteten Interferenzeffekte als Welle aufgefasst; auf der anderen Seite war der Teilchencharakter eines Elektronenstrahls (Kathodenstrahlen) offenkundig.

In bestimmten Experimenten verhält sich aber Licht wie ein Strahl aus Teilchen, und umgekehrt werden Beugungsphänomene (also Welleneigenschaften) für einen Elektronenstrahl beobachtet. Die neue Theorie, die diese scheinbar widersprüchlichen Befunde konsistent beschreibt, ist die Quantenmechanik.

Die Quantenmechanik wird in diesem Buch zunächst in Form der Schrödingerschen Wellenmechanik eingeführt (Teil I und II). Die grundlegenden Beziehungen der Quantenmechanik und ihre Interpretation werden dabei Hand in Hand mit Beispielen und ersten Anwendungen erörtert. In den folgenden Teilen (III und IV) werden die wichtigsten Anwendungen der Schrödingergleichung untersucht, wie

© Springer-Verlag GmbH Deutschland, ein Teil von Springer Nature 2018
T. Fließbach, *Quantenmechanik*, https://doi.org/10.1007/978-3-662-58031-8_1

der Alphazerfall, die Streuung von Teilchen an einem Potenzial und das Wasserstoffatom. Danach wird die abstrakte Formulierung der Quantenmechanik (Hilbertraum) in Analogie zur bekannten Struktur des Vektorraums eingeführt (Teil V). Diese Formulierung wird auf konkrete Probleme angewendet, wie den Oszillator, den Drehimpuls und den Spin (Teil VI). Die wichtigsten Näherungsmethoden der Quantenmechanik sind in Teil VII zusammengefasst. Im abschließenden Teil VIII über Mehrteilchensysteme wird das ideale Fermigas behandelt; einfache Anwendungen dieses Modells in der Atom-, Festkörper-, Kern- und Astrophysik werden diskutiert.

I Schrödingers Wellenmechanik

1 Welle-Teilchen-Dualismus

Am Anfang der Quantenmechanik stand die Interpretation verschiedener Effekte (Photoeffekt, Hohlraumstrahlung, Compton-Effekt), die darauf hindeuteten, dass eine Lichtwelle aus Teilchen besteht. In den zwanziger Jahren wurde klar, dass sich umgekehrt auch ein Elektronenstrahl wie eine Welle verhalten kann.

Das Verständnis dieser Phänomene erforderte eine neue Physik, da die Konzepte „Welle" und „Teilchen" der klassischen Physik sich gegenseitig ausschließen. Die Auflösung dieser Schwierigkeit erfolgte in der Quantenmechanik durch die Einführung einer Wahrscheinlichkeitsamplitude, die eine Welle ist, und die die Wahrscheinlichkeit bestimmt, Teilchen an einer bestimmten Stelle nachzuweisen. Wir skizzieren und diskutieren einige Schlüsselexperimente, die zu dem Konzept dieser Wahrscheinlichkeitsamplitude führten.

Licht als Welle

In der Elektrodynamik werden elektromagnetische Wellen der Form

$$A(\boldsymbol{r}, t) = a \exp\left[\mathrm{i}(\boldsymbol{k} \cdot \boldsymbol{r} - \omega t) \right] \tag{1.1}$$

mit $\omega = c\,|\boldsymbol{k}|$ behandelt. Dabei steht A für eine der Komponenten der elektromagnetischen Felder oder des Vektorpotenzials. Die Amplitude a ist im Allgemeinen komplex. Das physikalische Feld ist der Realteil von $A(\boldsymbol{r}, t)$.

Die Streuung der ebenen Welle (1.1) am Doppelspalt führt zu einem Interferenzmuster (Abbildung 1.1). Diese Interferenz kann durch die Überlagerung der von den beiden Spalten ausgehenden Wellen, A_1 und A_2, beschrieben werden. Der Einfachheit halber nehmen wir zwei kleine kreisförmige Öffnungen (anstelle zweier Spalte) an. Nach dem Huygensschen Prinzip geht von jeder Öffnung eine Kugelwelle aus (Kapitel 35 und 36 in [2]):

$$A_1(\boldsymbol{r}, t) = b \exp(-\mathrm{i}\omega t)\, \frac{\exp(\mathrm{i}k r_1)}{r_1} \tag{1.2}$$

$$A_2(\boldsymbol{r}, t) = b \exp(-\mathrm{i}\omega t)\, \frac{\exp(\mathrm{i}k r_2)}{r_2} \tag{1.3}$$

© Springer-Verlag GmbH Deutschland, ein Teil von Springer Nature 2018
T. Fließbach, *Quantenmechanik*, https://doi.org/10.1007/978-3-662-58031-8_2

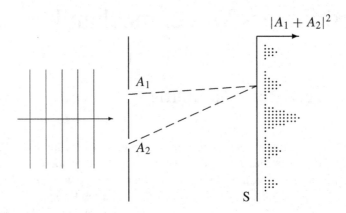

Abbildung 1.1 Eine Welle fällt auf eine Blende mit zwei Öffnungen (Loch oder Spalt). Von den Öffnungen 1 und 2 breiten sich Wellen mit den Amplituden A_1 und A_2 aus. Rechts vom Schirm S ist die gemessene Intensität $|A_1 + A_2|^2$ schematisch aufgetragen.

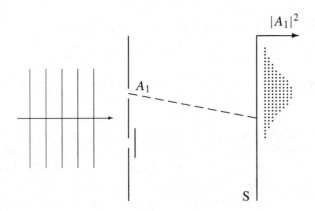

Abbildung 1.2 Bei geschlossenem Spalt 2 ist die Intensitätsverteilung $|A_1|^2$, die hier schematisch skizziert ist. Wenn beide Spalte zeitlich getrennt geöffnet sind, verschwinden die Interferenzeffekte; die gemessene Intensität ist dann $|A_1|^2 + |A_2|^2$.

Dabei sind r_1 und r_2 die Abstände vom betrachteten Punkt $\boldsymbol{r}$ zu den Öffnungen 1 und 2. Die auf den Schirm S zulaufende Welle ist

$$A(\boldsymbol{r}, t) = A_1(\boldsymbol{r}, t) + A_2(\boldsymbol{r}, t) \qquad (1.4)$$

Auf dem Schirm S wird die Strahlung durch eine Fotoplatte oder durch einen γ-Detektor nachgewiesen. Die Nachweisrate ist proportional zur deponierten Energie, also zur Energiestromdichte (Energie pro Zeit und Fläche). Diese Energiestromdichte ist proportional zur Energiedichte der Welle und damit zum Betragsquadrat des Wellenfelds. Im Folgenden nennen wir dieses Betragsquadrat *Intensität* der Welle. Die Intensität der Welle (1.4) auf dem Schirm ist

$$I = \left| A_1 + A_2 \right|^2 = |b|^2 \left(\frac{1}{r_1{}^2} + \frac{1}{r_2{}^2} + \frac{2}{r_1 r_2} \cos \left[k \left(r_1 - r_2 \right) \right] \right) \qquad (1.5)$$

Hieran kann man die für Wellen typischen Interferenzeffekte erkennen: Je nach dem Vorzeichen des Cosinus ergibt sich eine Verstärkung oder Abschwächung der Intensität. Je nach Differenz der Wege von den beiden Öffnungen treffen am Schirm Wellenberg auf Wellenberg (konstruktive Interferenz) oder Wellenberg auf Wellental (destruktive Interferenz). Das Interferenzmuster wird entscheidend bestimmt durch das Verhältnis der Wellenlänge zum Abstand der Streuzentren. Damit es zu deutlichen Interferenzerscheinungen kommt, müssen diese beiden Größen vergleichbar sein. Dies trifft etwa für die Streuung von Röntgenstrahlen am Kristallgitter (Laue 1912) zu.

Wird in unserem Gedankenexperiment ein Spalt geschlossen (Abbildung 1.2), so gilt

$$I = \left| A_1 \right|^2 \quad \text{oder} \quad I = \left| A_2 \right|^2 \qquad (1.6)$$

Werden die Spalte hintereinander gleichlang geöffnet, so misst man insgesamt (etwa durch die akkumulierte Schwärzung einer Fotoplatte) die Intensität $|A_1|^2 + |A_2|^2$; es tritt also keine Interferenz auf.

Licht als Teilchenstrahl

Die in Abbildung 1.1 und 1.2 skizzierten Experimente lassen sich zwanglos durch die Wellennatur des Lichts erklären; also wie vorgeführt durch (1.1) bis (1.6). Im Widerspruch hierzu scheinen Experimente zu stehen, die zeigen, dass Licht offenbar doch aus einzelnen *Teilchen* besteht. Unter Teilchen verstehen wir lokalisierbare Objekte mit einer bestimmten Energie (und gegebenenfalls Masse, Ladung und Spin). Das Teilchenbild für Licht wurde bereits von Newton vertreten; es wurde aber durch die Interferenzeffekte als widerlegt angesehen. Wir diskutieren im Folgenden drei Effekte, den Photoeffekt, die Hohlraumstrahlung und den Compton-Effekt, die den Teilchencharakter von Licht belegen.

Photoeffekt

Elektronen können durch ultraviolettes Licht aus der Metalloberfläche herausgelöst werden (Hertz 1886 mit einer Funkenstrecke, Lenard 1900 mit einer Röntgenröhre). Bei diesem *Photoeffekt* (oder auch lichtelektrischen Effekt) werden nur dann Elektronen emittiert, wenn das Licht eine bestimmte Mindestfrequenz hat, also

$$\nu \geq \nu_{\min} \tag{1.7}$$

Die experimentellen Befunde wurden 1905 von Einstein durch die Annahme erklärt, dass das Licht der Frequenz ν aus Energieeinheiten der Größe $h\nu$ besteht; dabei ist h eine Konstante. Das Herausschlagen eines Elektrons soll nun gerade durch Absorption einer solchen Energieeinheit verursacht werden. Um ein Elektron aus einem Metall herauszuholen, ist eine endliche Energie ϕ nötig; diese Bindungsenergie (oder Austrittsarbeit) des Elektrons beträgt wenige Elektronenvolt (eV). Die darüber hinaus zur Verfügung stehende Energie wird zur kinetischen Energie $m_e v^2/2$ des Elektrons. Dieses Modell erklärt (1.7) und führt zu einem Zusammenhang zwischen der Frequenz ν des Lichts und der Geschwindigkeit v des Elektrons:

$$h\nu_{\min} = \phi \,, \qquad h\nu = \phi + \frac{m_e}{2}\, v^2 \tag{1.8}$$

Dieser Zusammenhang zwischen ν und v wurde durch nachfolgende Experimente bestätigt. Er ist im Rahmen der klassischen Elektrodynamik nicht zu erklären; denn die Energie einer klassischen elektromagnetischen Welle hängt nur von der Amplitude, nicht aber von der Frequenz ab.

Hohlraumstrahlung

Die Konstante h wurde bereits im Jahr 1900 von Planck zur Erklärung der Frequenzverteilung von *Hohlraumstrahlung* eingeführt; der Zusammenhang mit der Hohlraumstrahlung wird in diesem Abschnitt diskutiert. Diese Konstante h oder auch $\hbar = h/(2\pi)$ („h-quer") wird daher *Plancksches Wirkungsquantum* (oder auch nur Wirkungsquantum oder Planck-Konstante) genannt. Ihr heutiger Wert[1] ist

$$\hbar = \frac{h}{2\pi} = (1.054\,571\,800 \pm 0.000\,000\,013) \cdot 10^{-34}\,\text{Nms} \tag{1.9}$$

Die Einheit ist Energie (Joule = Newtonmeter) mal Zeit (Sekunde). Die angegebene Unsicherheit ist eine Standardabweichung.

Die stehenden elektromagnetischen Wellen in einem Hohlraum (etwa einem Würfel mit Metallflächen) sind Freiheitsgrade des Systems. Nach dem Gleichverteilungssatz der klassischen Statistik sollte in jedem Freiheitsgrad die mittlere Energie $k_B T/2$ enthalten sein; dabei ist T die Temperatur des Systems und k_B die Boltzmann-Konstante. (Im Allgemeinen kann man eine Energie der Größe $\mathcal{O}(k_B T)$

---

[1] *2014 CODATA recommended values* unter http://physics.nist.gov/constants

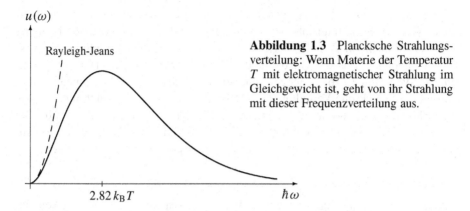

Abbildung 1.3 Plancksche Strahlungsverteilung: Wenn Materie der Temperatur
T mit elektromagnetischer Strahlung im
Gleichgewicht ist, geht von ihr Strahlung
mit dieser Frequenzverteilung aus.

erwarten; der Wert $k_B T/2$ gilt für eine Variable, die quadratisch in der Hamilton-funktion vorkommt, siehe Kapitel 24 in [4]). Dies führt zu folgendem Problem: Im Hohlraum gibt es unendlich viele verschiedene stehende Wellen. Für einen Würfel mit der Kantenlänge L sind die Wellenzahlen $(k_x, k_y, k_z) = (\pi/L)\,(n_x, n_y, n_z)$ möglich. Dies sind unendlich viele ($n_x, n_y, n_z = 1, 2, 3, \ldots$) Wellen oder Oszillationen. Wenn nun jeder Freiheitsgrad die Energie $k_B T/2$ erhält, dann wäre die Energie des Systems unendlich groß. Wegen $\omega = c\,|\boldsymbol{k}|$ und $\sum_{\boldsymbol{k}} = \int d^3 k \propto \int d\omega\,\omega^2$ stiege die Energie pro Frequenzintervall proportional zu ω^2 an (Rayleigh-Jeans-Gesetz). Ein solches Verhalten wird experimentell aber nur für kleine Frequenzen beobachtet.

Planck führte nun die Annahme ein, dass die Energie einer elektromagnetischen Welle in Einheiten von

$$\Delta E = h\nu = \hbar\omega \tag{1.10}$$

portioniert oder gequantelt ist; insbesondere soll ΔE die niedrigstmögliche Anregungsenergie der Oszillation sein. Dann ist die Anregungswahrscheinlichkeit für eine stehende Welle mit $\hbar\omega \gg k_B T$ exponentiell klein, und zwar proportional zu $\exp(-\hbar\omega/k_B T)$. Es werden daher nur die Freiheitsgrade angeregt, deren Anregungsenergie $\hbar\omega$ vergleichbar mit oder kleiner als $k_B T$ ist. Die exakte statistische Behandlung [4] ergibt folgende Frequenzverteilung für die Energiedichte E/V im Hohlraum:

$$u(\omega, T) = \frac{d\,(E/V)}{d\omega} = \frac{\hbar}{\pi^2 c^3}\,\frac{\omega^3}{\exp(\hbar\omega/k_B T) - 1} \tag{1.11}$$

Diese Formel heißt *Plancksche Strahlungsverteilung*. Planck stellte sie auf und machte sie mit Hilfe von (1.10) plausibel. Er zeigte, dass diese Formel die experimentell gemessenen Frequenzverteilungen sehr gut wiedergibt. Die Anpassung ans Experiment legt das Plancksche Wirkungsquant $\hbar$ numerisch fest.

Die Plancksche Strahlungsverteilung ist in Abbildung 1.3 skizziert. Für kleine Frequenzen gilt $u \propto \omega^2$; dies spiegelt den Anstieg der Anzahl der möglichen Oszillationen wider. Für große Frequenzen wird u exponentiell klein. Dazwischen liegt ein Maximum bei $\hbar\omega_{\mathrm{max}} \approx 2.82\,k_B T$ (Wiensches Verschiebungsgesetz).

Das Anwendungsgebiet der Planckschen Verteilung geht weit über den hier zugrunde gelegten Strahlungshohlraum hinaus, für den die theoretische Beschreibung besonders einfach ist. Wenn Materie mit elektromagnetischer Strahlung im statistischen Gleichgewicht ist (es also eine definierte Temperatur T gibt), ist das Spektrum der von dem Körper abgegebenen Strahlung durch (1.11) gegeben. So beschreibt die Plancksche Verteilung zum Beispiel die Strahlungsspektren der Sonne ($T \approx 5800$ K), von rot- oder weißglühendem Eisen ($T \approx 1000 \ldots 2000$ K) oder der kosmischen Hintergrundstrahlung ($T = 2.73$ K). Sichtbares Licht liegt im Wellenlängenbereich $\lambda = c/\nu = 4000 \ldots 7500$ Å und besteht damit aus Energiequanten der Größe

$$\hbar\omega \approx 2 \ldots 3 \,\text{eV} \approx 3 \cdot 10^4 \, k_\text{B}\,\text{K} \tag{1.12}$$

Wir *sehen* also nur jeweils einen kleinen Bereich des Spektrums (etwa von Sonnenlicht). Damit ein Körper sein Strahlungsmaximum im Bereich (1.12) hat, muss er eine Temperatur von etwa 10^4 K haben.

Compton-Effekt

Die Streuung von γ-Strahlen (elektromagnetische Strahlung mit $\hbar\omega$ im keV-Bereich oder höher) an Elektronen kann man quantitativ erklären, wenn man annimmt, dass diese Strahlung aus Teilchen mit

$$\text{Energie} = E_\gamma = \hbar\omega \quad \text{und} \quad \text{Impuls} = \boldsymbol{p}_\gamma = \hbar\boldsymbol{k} \tag{1.13}$$

besteht. Dabei ist $\boldsymbol{k}$ der Wellenvektor der zugehörigen elektromagnetischen Welle. Der Streuprozess eines Elektrons mit einem γ-Teilchen ist in Abbildung 1.4 so skizziert, wie es der Berechnung in der Quantenelektrodynamik entspricht: Das γ-Teilchen wird zunächst vom Elektron absorbiert und dann mit geändertem Impuls emittiert. Die folgenden Betrachtungen machen jedoch keinen Gebrauch von diesem (gültigen) Bild.

Wir betrachten speziell die Streuung an freien Elektronen; für hinreichend hohe γ-Energien können auch die im Atom gebundenen Elektronen näherungsweise als frei betrachtet werden. Die Energie eines freien Elektrons ist $E_\text{e} = (m_\text{e}^2 c^4 + c^2 \boldsymbol{p}_\text{e}^2)^{1/2}$, wobei $\boldsymbol{p}_\text{e}$ der relativistische Impuls ist. Für den Streuprozess gilt – unabhängig vom detaillierten Ablauf – die Energie- und Impulserhaltung:

$$E_\gamma + E_\text{e} \;=\; E_\gamma' + E_\text{e}' \qquad \text{(Energiesatz)} \tag{1.14}$$

$$\boldsymbol{p}_\gamma + \boldsymbol{p}_\text{e} \;=\; \boldsymbol{p}_\gamma' + \boldsymbol{p}_\text{e}' \qquad \text{(Impulssatz)} \tag{1.15}$$

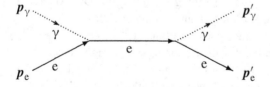

Abbildung 1.4 Unter dem Compton-Effekt versteht man die Streuung eines γ-Quants an einem Elektron.

Diese Beziehungen lassen sich besonders einfach auswerten, wenn man annimmt, dass das Elektron vor dem Stoß ruht (Aufgabe 1.2). Durch Elimination von $\boldsymbol{p}'_e$ erhält man aus (1.14) und (1.15) eine Beziehung zwischen der Wellenlängenänderung $\Delta\lambda = \lambda' - \lambda$ und dem Winkel $\theta = \sphericalangle(\boldsymbol{p}'_\gamma, \boldsymbol{p}_\gamma)$, um den das γ-Quant gestreut wird:

$$\Delta\lambda = \frac{4\pi\hbar}{m_e c}\sin^2\frac{\theta}{2} \tag{1.16}$$

Dieser Effekt wurde 1922 von Compton beobachtet und nach ihm benannt. Das Photon überträgt Energie auf das anfangs ruhende Elektron; dadurch wird seine Wellenlänge größer ($\Delta\lambda > 0$). Die Wellenlängenänderung $\Delta\lambda$ ist von der Größe der *Compton-Wellenlänge* $\hbar/m_e c$ des Elektrons.

Beim Compton-Effekt und seiner Erklärung kommt der Teilchencharakter der Lichtquanten voll zum Ausdruck. Bei der Planckschen Strahlungsverteilung war die Einführung der Strahlungsquanten zunächst eher ein Kunstgriff, um die experimentellen Daten zu erklären. Hier, wie auch beim Photoeffekt war nicht klar, ob die Quantelung vielleicht nur durch die Wechselwirkung mit der Materie hervorgerufen wird. Insbesondere war bei der Einsteinschen Deutung des Photoeffekts noch nicht vom Impuls der Lichtteilchen die Rede; so verwendete Einstein hierbei nicht die an sich bekannte relativistische Energie-Impuls-Beziehung $E = c|\boldsymbol{p}|$ für Teilchen mit verschwindender Ruhmasse. Erst der Compton-Effekt lässt es als zwingend erscheinen, der elektromagnetischen Welle Teilchen mit Energie *und* Impuls gemäß (1.13) zuzuordnen. Damit wird klar, dass es sich nicht nur um eine Energiequantelung der elektromagnetischen Welle handelt, sondern dass die Welle in der Tat aus Quanten mit Teilchencharakter besteht. Diese Teilchen heißen heute *Photonen*; hochenergetische Photonen werden auch γ-Teilchen genannt.

Elektronen als Teilchen und Welle

Der Teilchencharakter von Elektronen ist durch ihre unveränderliche Masse und Ladung evident. Die Masse und Ladung von Elektronen kann im Allgemeinen als in einem Punkt lokalisiert angenommen werden; Elektronen können insofern als Punktteilchen betrachtet werden. Überraschenderweise zeigen aber Elektronenstrahlen (etwa Kathodenstrahlen) auch Welleneigenschaften ähnlich wie Licht.

De Broglie schlug 1923 vor, dass materielle Teilchen ebenso wie Photonen Welleneigenschaften haben. Dabei ordnete er den materiellen Teilchen die Wellenlänge

$$\lambda = \frac{2\pi\hbar}{p} \tag{1.17}$$

zu. Für Elektronen mit der Energie $E = p^2/2m_e$ bedeutet dies eine Wellenlänge

$$\lambda_e \approx 12.2 \,\text{Å} \sqrt{\frac{\text{eV}}{E}} \tag{1.18}$$

De Broglies Annahme war ein kühner Schritt, da damals noch keinerlei Interferenzeffekte für Elektronen bekannt waren. Erst 1927 wurde experimentell die Interferenz bei der Beugung eines Elektronenstrahls am Kristallgitter nachgewiesen.
Damit führt also sowohl die Streuung von Röntgenstrahlen wie von Elektronenstrahlen am Kristall zu Interferenzerscheinungen. Für deutlich ausgeprägte Interferenzen muss die Wellenlänge λ_e mit dem Gitterabstand (ein bis einige Ångström)
vergleichbar sein; dies ist etwa für Elektronen mit einer Energie von 100 eV der
Fall. Das gemessene Interferenzmuster bestätigt die Zuordnung (1.17).

Sowohl für Elektronen wie für Photonen sind die Teilchen- und die Welleneigenschaften durch

$$p = \hbar k \tag{1.19}$$

verknüpft. Je nach der gemessenen Größe benötigt man den Impuls p der Teilchen
des Strahls oder den Wellenvektor k der den Strahl beschreibenden Welle.

Welle contra Teilchen

Elektronen und Photonen zeigen in verschiedenen Experimenten Teilchen- *und*
Wellencharakter. Die klassischen Modelle „Welle" und „Teilchen" sind jedoch unvereinbar. Wir wollen diese Unvereinbarkeit und das daraus hervorgehende Konzept
einer Wahrscheinlichkeitsamplitude anhand des Streuexperiments in Abbildung 1.5
erläutern. Dabei beziehen wir uns jetzt sowohl auf Elektronen wie auf Photonen.

Das im linken Teil von Abbildung 1.5 gezeigte Experiment führt zu Interferenzerscheinungen, die durch die Überlagerung zweier Wellen, $A_1 + A_2$, beschrieben
werden. Die durch

$$I = |A_1 + A_2|^2 \qquad \text{(Welle)} \tag{1.20}$$

beschriebene Interferenz wird bei der Beugung von Röntgenstrahlen und von Elek-
tronenstrahlen am Kristall beobachtet. Das Resultat (1.20) steht aber im Wider-
spruch zur Annahme, dass es sich um einen Strahl aus Teilchen handelt. Besteht der
Strahl nämlich aus Teilchen im klassischen Sinn, so ist die Aussage „Jedes Elektron
(Photon) fliegt entweder durch den Spalt 1 oder durch den Spalt 2" trivial. Ist diese
Aussage jedoch richtig, so könnten wir die Elektronen in zwei Klassen, 1 und 2,
einteilen je nach durchquerter Öffnung. Wir betrachten die Teilchen für Klasse 1.
Da diese Teilchen alle durch Spalt 1 fliegen, können wir Spalt 2 verschließen, ohne
diese Teilchen zu beeinflussen. Das Ergebnis ist $|A_1|^2$. Analog ergibt die Klasse 2
die Intensität $|A_2|^2$, so dass für Teilchen notwendig gilt

$$I = |A_1|^2 + |A_2|^2 \qquad \text{(Annahme von Teilchen)} \tag{1.21}$$

Die Annahme von Teilchen führt also zu einem Widerspruch mit der Interferenz
(1.20). Umgekehrt bedeutet die Annahme einer Welle im klassischen Sinn eine
kontinuierliche Verteilung der Energiedichte und steht damit im Widerspruch zu lokalisierten Energieklumpen (Teilchen). *Die klassischen Modelle „Welle" und „Teilchen" sind unvereinbar.* Unbeschadet dieser Unvereinbarkeit zeigen die Experimente für Licht und Elektronenstrahlen typische Wellen- *und* Teilcheneigenschaften.

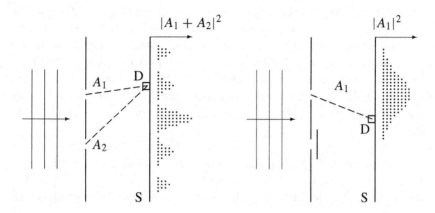

Abbildung 1.5 Eine Lichtwelle fällt auf einen Doppelspalt. Wenn beide Spalte offen sind (linkes Bild), zeigen sich Interferenzerscheinungen in der Intensitätsverteilung $|A_1 + A_2|^2$. Bei geschlossenem Spalt 2 (rechter Teil) ist die Intensitätsverteilung $|A_1|^2$. Wenn beide Spalte zeitlich getrennt geöffnet sind, verschwinden die Interferenzen (Intensität $|A_1|^2 + |A_2|^2$). In jedem Fall werden die Photonen als ganze Teilchen (also als Energieklumpen $\hbar\omega$) an einer bestimmten Stelle des Schirms nachgewiesen.

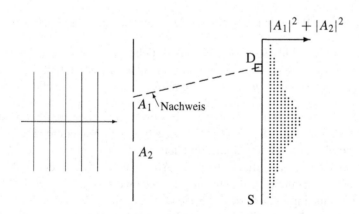

Abbildung 1.6 Ein Elektronenstrahl fällt auf eine Wand mit zwei Öffnungen. Wenn experimentell (kleiner Pfeil) festgestellt wird, durch welche Öffnung das am Schirm S eintreffende Teilchen kommt, verschwindet die Interferenz; die gemessene Intensität ist dann $|A_1|^2 + |A_2|^2$.

Teilt sich das Elektron (Photon) vielleicht irgendwie auf und geht teilweise durch jeden Spalt? Das ist nicht der Fall. Stellen wir einen Detektor D am Schirm auf, so ist der experimentelle Befund, dass dort immer ganze Elektronen oder Photonen ankommen. Dies gilt für jede der gezeigten Anordnungen, insbesondere auch für die linke Seite in Abbildung 1.5. Ist der Elektronenstrahl (Photonenstrahl) schwach, so können wir die einzelnen „klicks" des Detektors hören. Die „klicks" sind alle gleich stark, es kommen immer ganze Elektronen oder γ-Teilchen an. Insgesamt ergeben diese „klicks" aber ein Interferenzmuster, wenn beide Spalte geöffnet sind.

Man könnte nun versuchen, die Elektronen direkt am Spalt nachzuweisen, etwa durch eine dort aufgestellte Lichtquelle (Abbildung 1.6). Dann stellen wir fest, dass die Aussage „Jedes Elektron kommt entweder durch Spalt 1 oder 2" richtig ist. Das Experiment zeigt nun aber auch Übereinstimmung mit der Folgerung (1.21) aus dieser Aussage, also mit

$$I = |A_1|^2 + |A_2|^2 \quad \text{(Elektronen am Spalt nachgewiesen)} \qquad (1.22)$$

Die Interferenz ist also verschwunden. Physikalisch liegt das daran, dass das Elektron mindestens 1 Photon der Lichtquelle streuen muss, damit wir feststellen können, durch welchen Spalt es geht. Dadurch wird das Elektron so gestört, dass das Interferenzmuster verschwindet. Diese Störung durch das Photon (oder eine andere Nachweiseinrichtung) kann nicht beliebig klein gemacht werden; dies wird noch näher in Kapitel 8 diskutiert werden.

Wellenfunktion

Die experimentellen Befunde können wie folgt zusammengefasst werden:

- Die Elektronen (Photonen) werden als Teilchen nachgewiesen. Die Nachweiswahrscheinlichkeit ist wie die Intensität einer Welle verteilt. Der Impuls p der Teilchen ist durch $p = \hbar k$ mit dem Wellenvektor k der Welle verknüpft.

Die Wahrscheinlichkeit, Teilchen an einer bestimmten Stelle nachzuweisen, ist durch das Betragsquadrat eines Wellenfelds gegeben. Der Widerspruch zwischen den klassischen Modellen „Welle" und „Teilchen" wird so aufgelöst werden: Es gibt eine Wahrscheinlichkeitsamplitude (das Feld $A(r, t)$ einer *Welle*), deren Betragsquadrat die Wahrscheinlichkeitsdichte für den Nachweis von *Teilchen* ist. Diese Wahrscheinlichkeitsamplitude wird *Wellenfunktion* genannt.

Damit sind die Elektronen (Photonen) weder einfach Teilchen noch einfach Wellen im klassischen Sinn. Es gibt auch keine logische Notwendigkeit, alle Phänomene so einzuordnen; historisch war der Versuch einer solchen Einordnung aber naheliegend.

Durch die Einführung der Wellenfunktion (Wahrscheinlichkeitsamplitude) wird ein Dilemma der klassischen Physik aufgelöst. Dieses Dilemma war: Elektronen (und Photonen) verhalten sich in einzelnen Experimenten manchmal wie Teilchen und manchmal wie eine Welle, aber die klassischen Modelle „Welle" und „Teilchen" sind unvereinbar.

Wir sind davon ausgegangen, dass die Verhältnisse für Photonen analog zu denen bei Elektronen sind, insbesondere dass immer einzelne Photonen im Detektor nachgewiesen werden. Diese Analogie bedarf einer gewissen Einschränkung, da die Photonen weder Punktteilchen noch Teilchen mit einer definierten Ausdehnung sind. Der Nachweis eines Photons besteht etwa in einer Reaktion mit einem Atom. Das Photon wird dadurch als ganzes an einer räumlich relativ genau definierten Stelle nachgewiesen. In diesem Sinn ist der Begriff „Wahrscheinlichkeit, das Photon am Ort r nachzuweisen" anwendbar. Elektronen können dagegen als Punktteilchen (Masse und Ladung an einem Punkt lokalisiert) betrachtet werden; dann ist der Begriff „Nachweis am Ort r" unproblematisch. Allerdings ist die Anwendbarkeit des Begriffs Punktteilchen auch für Elektronen begrenzt: Bei einer Beschränkung des Elektrons auf einen Bereich kleiner als die Compton-Wellenlänge $\hbar/m_e c \approx 4 \cdot 10^{-13}$ m können Elektron-Positron-Paare entstehen, so dass das Teilchenkonzept seine einfache Bedeutung verliert.

Wellengleichung für Photonen

Welche Wellengleichung sollen wir für die Wellenfunktion (Wahrscheinlichkeitsamplitude) der Photonenwelle verwenden? Für einen Laser mit einer Leistung $P = 10$ Watt im sichtbaren Bereich ($\hbar\omega \approx 2$ eV $\approx 3 \cdot 10^{-19}$ J) ist der Photonenstrom gleich

$$I_\gamma = \frac{P}{\hbar\omega} \approx 3 \cdot 10^{19} \, \frac{1}{s} \tag{1.23}$$

Wir betrachten hier einen Laser, weil etwa das Licht einer Glühbirne viele verschiedene Frequenzen enthält und aus vielen unzusammenhängenden Wellenpaketen besteht. Der Photonenstrahl eines Lasers kann jedoch durch eine elektromagnetische Welle beschrieben werden. Wir identifizieren die Wellenfunktion für die Photonen dann mit den elektromagnetischen Potenzialfeldern; die zugehörigen Wellengleichungen (Maxwellgleichungen) werden im nächsten Kapitel angegeben. Das Betragsquadrat der Wellenfunktion ist proportional zur Energiedichte des Felds und damit auch proportional zur Wahrscheinlichkeitsdichte für den Nachweis einzelner Photonen. Da wir sehr viele Photonen (mit derselben Wellenfunktion) betrachten, ist die Wahrscheinlichkeitsdichte zugleich die Dichte der Photonen.

Es liegt nun nahe, *dieselben Wellengleichungen* auch dann zu benutzen, wenn die Dichte der Photonen klein ist. Unter klein verstehen wir dabei insbesondere, dass der Strahl aus einzelnen Photonen besteht, die zeitlich getrennte „klicks" im Detektor hervorrufen. Hierfür ist das Wellenfeld selbst nicht mehr messbar, wohl aber die Intensitätsverteilung, also das Betragsquadrat der Wellenfunktion (etwa durch die kumulierte Schwärzung der Fotoplatte). Diese Situation (nicht aber die des Lasers) kann mit der eines Elektronenstrahls in Analogie gesetzt werden. Von diesem Gesichtspunkt ausgehend leiten wir im nächsten Kapitel eine Wellengleichung für Teilchen mit endlicher Ruhmasse ab.

Kohärenzlänge

Als Vereinfachung haben wir für die Diskussion ebene Wellen (1.1) angenommen. Tatsächlich hat man es aber immer mit Wellenpaketen zu tun. Damit es dann zu den diskutierten Interferenzerscheinungen kommt, muss die Länge des Wellenpakets, die *Kohärenzlänge* l_c, groß gegenüber den Abmessungen der Apparatur sein.

Wir diskutieren die Kohärenzlänge von Licht, das von Atomen abgestrahlt wird. In einem halbklassischen Atommodell kann man die abgestrahlte Leistung P eines Atoms mit der Dipolformel berechnen (Kapitel 24 von [2]). Daraus erhält man die Zeitspanne $\tau_c = \hbar\omega_{at}/P$, während der ein Energiequant $\hbar\omega_{at}$ abgestrahlt wird. Realistische Zeiten sind $\tau_c \sim 10^{-8}$ s. Dies impliziert, dass ein einzelnes, von einem Atom emittiertes Photon einem Wellenpaket mit der (Kohärenz-) Länge

$$l_c \approx c\,\tau_c \sim 3 \text{ m} \tag{1.24}$$

entspricht. Wenn l_c groß gegenüber den Abmessungen (Spalt-, Schirmabstand) des experimentellen Aufbaus ist, dann ist die vereinfachende Beschreibung (1.1) durch eine ebene Welle möglich. Mit einer endlichen Kohärenzlänge l_c ist auch eine Frequenzunschärfe $\Delta\omega \sim \tau_c^{-1}$ verbunden.

Natürliches Licht besteht aus einzelnen Wellenpaketen, die relativ zueinander statistisch verteilte Phasen und Orte haben. Fällt dieses Licht nun auf den Doppelspalt, so führt jedes *einzelne* Wellenpaket zur Interferenz und dem in Abbildung 1.1 skizzierten Interferenzmuster. In diesem Sinn interferieren einzelne Photonen mit sich selber. Dies kann mit Hilfe eines sehr schwachen Strahls nachgewiesen werden, in dem die einzelnen Photonen zeitlich getrennt eintreffen. Das Interferenzmuster wird aber erst durch den Nachweis vieler Photonen sichtbar.

Ein Elektronenstrahl hat eine Struktur, die analog zu der hier für Licht beschriebenen ist; dabei ist die Kohärenzlänge durch die Art der Herstellung bestimmt. Eine besondere Struktur hat dagegen Laserlicht: Hier werden viele Photonen durch das exakt gleiche Wellenpaket beschrieben. Wegen des Pauliprinzips (Kapitel 46) ist eine solche Situation für Elektronen nicht möglich.

Aufgaben

1.1 Interferenz

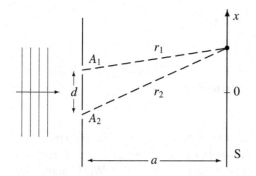

Eine ebene Welle fällt auf eine Blende mit zwei kleinen, gleich großen Öffnungen im Abstand d. Für den Abstand a zwischen der Blende und dem Schirm gilt $a \gg d$. Der Schnitt des Schirms S mit der Bildebene ist die x-Achse. Berechnen und skizzieren Sie die Intensität $I(x) = |A_1 + A_2|^2$ auf dem Schirm.

1.2 Compton-Effekt

Ein Photon streut an einem ruhenden Elektron und überträgt dabei Energie und Impuls auf das Elektron. Dieser Compton-Effekt kann quantitativ erklärt werden, wenn man annimmt, dass Photonen Teilchen mit der Energie $E_\gamma = \hbar\omega$ und dem Impuls $\boldsymbol{p}_\gamma = \hbar\boldsymbol{k}$ sind.

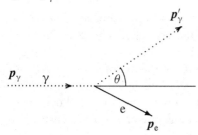

Werten Sie die relativistische Energie- und Impulsbilanz für diesen Prozess aus. Zeigen Sie, dass die Änderung der Wellenlänge des Photons durch

$$\Delta\lambda = \lambda' - \lambda = \frac{4\pi\hbar}{m_e c}\sin^2\frac{\theta}{2}$$

gegeben ist.

2 Freie Schrödingergleichung

Wir stellen die freie Schrödingergleichung auf, also die Feldgleichung für die Wellenfunktion $\psi(r, t)$ eines freien, massiven Teilchens.

Die Schrödingergleichung kann nicht abgeleitet werden. Sie ist jedoch die einfachst mögliche Differenzialgleichung, die den in Kapitel 1 geschilderten experimentellen Resultaten genügt und die gewisse Symmetriebedingungen erfüllt. Wir könnten sie einfach hinschreiben; oder wir könnten plausible Forderungen aufstellen und dann zeigen, dass nur diese bestimmte Gleichung den Forderungen entspricht. Eine deduktive Ableitung ist ebensowenig möglich wie etwa für die Maxwellgleichungen. Maxwell- wie Schrödingergleichung sind als einfachst mögliche Beschreibung empirischer Sachverhalte anzusehen. Sie sind zugleich sehr erfolgreiche Gleichungen, indem sie ein ganzes Gebiet von Tatsachen beschreiben (erklären) und Vorhersagen ermöglichen.

Sowohl Photonen wie Elektronen unterliegen dem Welle-Teilchen-Dualismus. Für Photonen, deren Ruhmasse null ist, gelten die Maxwellgleichungen. Die Analogie zwischen Photonen und Elektronen legt nahe, von den Maxwellgleichungen auszugehen und sie in geeigneter Weise auf Teilchen mit endlicher Ruhmasse zu verallgemeinern. Dies führt zu einer relativistischen Wellengleichung für die Wellenfunktion eines massiven Teilchens. Der nichtrelativistische Grenzfall der so gewonnenen Gleichung ist die gesuchte freie Schrödingergleichung. Im nächsten Kapitel betrachten wir Verallgemeinerungen dieser Gleichung.

Für die elektromagnetischen Potenziale $(A_\alpha) = (\Phi_e, A)$ lauten die freien Maxwellgleichungen

$$\left(\Delta - \frac{1}{c^2} \frac{\partial^2}{\partial t^2} \right) A_\alpha(r, t) = 0 \tag{2.1}$$

Dabei ist $\Delta = \partial^2/\partial x^2 + \partial^2/\partial y^2 + \partial^2/\partial z^2$ der Laplace-Operator. Die Komponenten A_α genügen der Eichbedingung

$$\frac{\partial A^\alpha}{\partial x^\alpha} = 0 \tag{2.2}$$

Für $j_\alpha = 0$ lässt diese Eichbedingung noch eine weitere Eichtransformation $A_\alpha \rightarrow A_\alpha + \partial \chi / \partial x^\alpha$ zu, sofern $\square \chi = 0$. Aufgrund dieser Eichfreiheit kann man $\Phi_e = A_0 = 0$ wählen, so dass (2.2) zu

$$\Phi_e = 0, \qquad \nabla \cdot A = 0 \tag{2.3}$$

wird. Für eine ebene Welle mit $\boldsymbol{k} = k\,\boldsymbol{e}_z$ bedeutet dies, dass es zwei unabhängige Felder A_x und A_y gibt. Jedes dieser Felder genügt der Gleichung

$$\left(\Delta - \frac{1}{c^2}\frac{\partial^2}{\partial t^2} \right) \psi(\boldsymbol{r}, t) = 0 \tag{2.4}$$

Die Felder $\psi = A_x$ und $\psi = A_y$ entsprechen den beiden Polarisationsrichtungen einer elektromagnetischen Welle, oder im Teilchenbild den beiden möglichen Spineinstellungen eines Photons. Für Elektronen wollen wir vorläufig vom Spin absehen und uns somit auf ein Feld beschränken. Andernfalls wäre für jede der beiden möglichen Spineinstellungen (Kapitel 37) ein Feld einzuführen, also eine zweikomponentige Wellenfunktion. In der relativistischen Beschreibung für Elektronen verwendet man tatsächlich eine vierkomponentige Wellenfunktion, die Lösung einer Differenzialgleichung 1. Ordnung (Dirac-Gleichung) ist.

Gleichung (2.4) ist die einfachst mögliche Differenzialgleichung für ein skalares Feld $\psi(\boldsymbol{r}, t)$, die *lorentzinvariant* ist. Eine Differenzialgleichung erhält man durch Anwendung von $\partial_\alpha = \partial/\partial x^\alpha$ auf ψ; dabei ist $(x^\alpha) = (ct, x, y, z)$ und $\alpha = 0, 1, 2, 3$. Die einfachste lorentzinvariante Kombination davon ist der d'Alembert-Operator $\Box = \partial^\alpha \partial_\alpha = c^{-2}\partial_t^2 - \Delta$. Die einfachsten Differenzialgleichungen sind *linear*; das heißt das Feld ψ kommt nur linear vor. In diesem Sinn ist (2.4) die einfachst mögliche relativistische Wellengleichung; dabei könnte noch ein Term const. $\cdot \psi$ zugelassen werden. Die Maxwellgleichungen (2.1) sind dann die einfachsten lorentzinvarianten Differenzialgleichungen für ein Vektorfeld.

Die allgemeine Lösung von (2.4) lautet

$$\psi(\boldsymbol{r}, t) = \int d^3k \, A(\boldsymbol{k}) \exp\left[\mathrm{i}(\boldsymbol{k} \cdot \boldsymbol{r} - \omega t) \right] \tag{2.5}$$

Durch Einsetzen in (2.4) verifiziert man, dass $A(\boldsymbol{k})$ beliebig sein kann, während ω durch

$$-k^2 + \frac{\omega^2}{c^2} = 0 \quad \text{oder} \quad \omega = c\,|\boldsymbol{k}| \tag{2.6}$$

festgelegt ist. Wir führen die Energie E und den Impuls $\boldsymbol{p}$ der zugehörigen Teilchen, der Photonen, ein:

$$E = \hbar\omega, \qquad \boldsymbol{p} = \hbar\boldsymbol{k} \tag{2.7}$$

Damit wird (2.6) zu

$$E^2 = c^2 p^2 \tag{2.8}$$

Dies ist die relativistische Beziehung zwischen Energie und Impuls eines Teilchens mit der Ruhmasse $m = 0$. Die allgemeine relativistische Energie-Impuls-Beziehung (Kapitel 38 in [1]) lautet dagegen

$$E^2 = m^2 c^4 + c^2 p^2 \tag{2.9}$$

An dieser Stelle ist die Verallgemeinerung von $m = 0$ zu $m \neq 0$ eindeutig; (2.9) ist die allgemeinere Gleichung, die den Spezialfall (2.8) enthält. Der Schritt von (2.8) auf (2.9) wird nun auf die Wellengleichung (2.4) übertragen. Dazu formalisieren wir die Beziehung (2.4) $\longleftrightarrow$ (2.8) durch *Ersetzungsregeln*. Offenbar gelangt man von (2.4) zu (2.6) durch die Ersetzung

$$\frac{\partial}{\partial x_n} \to i k_n \quad \text{und} \quad \frac{\partial}{\partial t} \to -i\omega \tag{2.10}$$

Dabei ist $r := (x_1, x_2, x_3)$ und $k := (k_1, k_2, k_3)$. Umgekehrt führt

$$p_n \to -i\hbar \frac{\partial}{\partial x_n} \quad \text{und} \quad E \to i\hbar \frac{\partial}{\partial t} \quad \text{(Ersetzungsregel)} \tag{2.11}$$

von (2.8) zum Differenzialoperator in (2.4). Diese *Ersetzungsregel* kann auch in der Form

$$p \to -i\hbar \nabla \quad \text{und} \quad E \to i\hbar \frac{\partial}{\partial t} \tag{2.12}$$

angeschrieben werden. In der hier diskutierten Verknüpfung (2.4) $\longleftrightarrow$ (2.8) ersetzen wir jetzt (2.8) durch (2.9). Dann erhalten wir anstelle von (2.4) die sogenannte *Klein-Gordon-Gleichung*

$$\boxed{\left(\Delta - \frac{1}{c^2} \frac{\partial^2}{\partial t^2} \right) \psi(r, t) = \frac{m^2 c^2}{\hbar^2} \, \psi(r, t)} \tag{2.13}$$

Die allgemeine Lösung dieser Gleichung ist wieder von der Form (2.5),

$$\psi(r, t) = \int d^3 k \, A(k) \, \exp\left[i(k \cdot r - \omega t) \right] \tag{2.14}$$

wobei jetzt aber

$$\hbar^2 \omega^2 = m^2 c^4 + \hbar^2 c^2 k^2 \tag{2.15}$$

gilt. Wenn wir hierin $E = \hbar\omega$ und $p = \hbar k$ einsetzen, erhalten wir (2.9), also die Verallgemeinerung von (2.8) für $m \neq 0$.

Wir haben jetzt die Wellengleichung für Photonen, (2.1) oder (2.4), zu einer Wellengleichung für massive Teilchen, (2.13), verallgemeinert. Hiervon bestimmen wir den nichtrelativistischen Grenzfall. Für (2.9) ist dieser Grenzfall

$$E \approx m c^2 + \frac{p^2}{2m} \quad (p \ll m c) \tag{2.16}$$

Für (2.15) bedeutet dies

$$\omega \approx \frac{m c^2}{\hbar} + \frac{\hbar k^2}{2m} = \omega_0 + \omega', \quad \text{wobei } \omega' = \frac{\hbar k^2}{2m} \ll \omega_0 \tag{2.17}$$

Wir setzen (2.17) in die allgemeine Lösung (2.14) der Klein-Gordon-Gleichung ein:

$$\psi(r, t) = \exp\left(\frac{-i m c^2 t}{\hbar} \right) \underbrace{\int d^3 k \, A(k) \, \exp\left[i(k \cdot r - \omega' t) \right]}_{\psi'(r, t)} \tag{2.18}$$

Für die messbare Intensität $|\psi|^2 = |\psi'|^2$ ist die Wahl des Energienullpunkts ($E = mc^2 + p^2/2m$ oder $E' = p^2/2m$) unerheblich. Wir bestimmen die Gleichung für ψ', indem wir (2.18) in (2.13) einsetzen:

$$\Delta\psi' + \frac{m^2c^2}{\hbar^2}\,\psi' + \frac{2\,\mathrm{i}\,m}{\hbar}\,\frac{\partial\psi'}{\partial t} - \frac{1}{c^2}\,\frac{\partial^2\psi'}{\partial t^2} = \frac{m^2c^2}{\hbar^2}\,\psi' \qquad (2.19)$$

Die relative Größe der Zeitableitungen ist

$$\left|\frac{c^{-2}\,\ddot{\psi}'}{(2m/\hbar)\,\dot{\psi}'}\right| = \frac{\omega'\hbar}{2mc^2} = \frac{E'}{2mc^2} \ll 1 \qquad (2.20)$$

Daher kann der Term mit der zweiten Ableitung nach der Zeit in der nichtrelativistischen Näherung vernachlässigt werden. Im Folgenden bezeichnen wir ψ' wieder mit ψ (und E' mit E). Aus (2.19) und (2.20) erhalten wir

$$\boxed{\;\mathrm{i}\,\hbar\,\frac{\partial}{\partial t}\,\psi(\boldsymbol{r}, t) = -\frac{\hbar^2}{2m}\,\Delta\psi(\boldsymbol{r}, t) \quad \begin{array}{l}\text{Freie Schrödinger-}\\ \text{gleichung}\end{array}\;} \qquad (2.21)$$

Diese *freie* (oder kräftefreie) *Schrödingergleichung* erhält man auch direkt aus der nichtrelativistischen Energie-Impuls-Beziehung $E = p^2/2m$ und der Ersetzungsregel (2.12). Die freie Schrödingergleichung bestimmt die zeitliche und räumliche Entwicklung der Wellenfunktion $\psi(\boldsymbol{r}, t)$ eines freien, massiven Teilchens.

Mit ψ ist auch const. $\cdot$ ψ Lösung der Gleichung (2.21); die Normierung von ψ wird also nicht durch die Schrödingergleichung festgelegt. Angenommen, wir weisen das Teilchen in einem Detektor nach, der aus Pixeln bei $\boldsymbol{r}_i$ mit den Volumina δV_i aufgebaut ist. Dann ist die Wahrscheinlichkeit, für den Nachweis in δV_i proportional zu $|\psi(\boldsymbol{r}_i)|^2$ und zu δV_i; das folgt aus der Bedeutung der Wellenfunktion $\psi(\boldsymbol{r})$. Wir setzen die Normierung von $\psi(\boldsymbol{r})$ so fest, dass

$$p_i = \big|\psi(\boldsymbol{r}_i)\big|^2\,\delta V_i = \begin{cases} \text{Wahrscheinlichkeit, das} \\ \text{Teilchen in } \delta V_i \text{ zu finden} \end{cases} \qquad (2.22)$$

Wenn der Detektor den gesamten Raum (in dem das Teilchen möglicherweise ist) überdeckt, dann ist $\sum_i p_i = 1$. Für $\delta V_i \to 0$ wird dies zu

$$\int d^3r\,|\psi(\boldsymbol{r}, t)|^2 = 1 \qquad (2.23)$$

Damit liegt der Vorfaktor von ψ, also die *Normierung der Wellenfunktion* fest.

Häufig betrachten wir Teilchen wie Elektronen, für die das Pauliprinzip (Kapitel 46) gilt. Dann hat jeweils nur ein Teilchen eine bestimmte Wellenfunktion. Im Gegensatz dazu können viele Photonen dieselbe Wellenfunktion haben (Wellengleichung (2.1) oder (2.4)). Dann kann man den Vorfaktor so wählen, dass das Betragsquadrat der Wellenfunktion gleich der Dichte der Photonen ist.

Wenn man mehrere Elektronen betrachtet, dann hängt die Wellenfunktion von deren Ortskoordinaten ab, $\psi = \psi(r_1, r_2, ..., t)$ (Kapitel 3). Die Normierung einer solchen Wellenfunktion wird in Kapitel 4 angegeben.

Halten wir uns noch einmal die Plausibilitätsbetrachtungen vor Augen, die zur freien Schrödingergleichung geführt haben:

1. Die Maxwellgleichungen beschreiben die Interferenz von klassischen elektromagnetischen Wellen. Wir verwenden sie daher als Wellengleichung für die Wahrscheinlichkeitsamplitude von Photonen, wenn diese ein klassisches elektromagnetisches Feld bilden (Laser). Jede Komponente des Felds genügt der Wellengleichung (2.4).

2. Für einen Lichtstrahl sehr geringer Intensität (etwa ein Strahl aus γ-Teilchen) liegt es nahe, dieselbe Gleichung zu verwenden, auch wenn die Wahrscheinlichkeitsamplitude (das Feld) selbst nicht messbar ist. Dies führt zur richtigen Beschreibung der Experimente. Die Teilchen- und Welleneigenschaften der Strahlen sind durch $E = \hbar\omega$ und $p = \hbar k$ verknüpft.

3. Die Verallgemeinerung der betrachteten Gleichung auf Teilchen mit endlicher Ruhmasse ist die Klein-Gordon-Gleichung.

4. Wir bestimmen den nichtrelativistischen Grenzfall der Klein-Gordon-Gleichung. Dies ergibt die freie Schrödingergleichung.

Eine alternative Plausibilitätsbetrachtung, die zur freien Schrödingergleichung führt, ist folgende: Wir suchen eine Differenzialgleichung für ein Feld $\psi(r, t)$, die

(a) möglichst einfach ist,

(b) den Zusammenhängen $E = p^2/2m$, $E = \hbar\omega$, $p = \hbar k$ entspricht und

(c) drehinvariant ist.

Als einfachste Gleichung betrachten wir eine lineare Gleichung, die einfachste drehinvariante Form der Ableitung $\partial/\partial x^l$ ist Δ, die einfachste Zeitableitung $\partial/\partial t$. Die Konstanten ergeben sich dann aus Punkt 2.

Wir beenden dieses Kapitel mit zwei Anmerkungen. Für Photonen führt die Ersetzungsregel (2.12) angewendet auf $E^2 = p^2 c^2$ zu einer Wellengleichung, in der sich $\hbar$ exakt herauskürzt. Dies ist der Grund, warum die klassischen Maxwellgleichungen für die quantenmechanische Beschreibung (einzelner) Photonen verwendet werden können.

In Kapitel 1 wurden für Wellen komplexe Ausdrücke angesetzt, etwa in (1.1). Die Verwendung komplexer Zahlen dient häufig der Vereinfachung; sie bedeutet nicht zwangsläufig, dass man komplex rechnen muss. So kann das Wellenpaket (2.5) durchaus reell sein. Die klassischen elektromagnetischen Felder (also etwa die Laserwelle mit vielen Photonen) sind messbare Größen und damit zwangsläufig reell. Die Schrödingergleichung (2.21) ist aber im Allgemeinen nicht durch eine reelle Funktion $\psi(r, t)$ zu lösen, es sei denn $\partial\psi/\partial t = 0$. Die Schrödingergleichung beschreibt massive Teilchen also durch eine *komplexe* Wellenfunktion ψ. Daraus erhalten wir die messbare reelle Wahrscheinlichkeitsdichte $|\psi|^2 = \psi^*\psi$. Mit dem oberen Index $*$ bezeichnen wir immer die konjugiert komplexe Größe.

Quantenmechanische Feldgleichungen: Überblick

Wir haben in diesem Kapitel einen Zusammenhang hergestellt zwischen den Maxwellgleichungen (2.1), Gleichung (2.4), der Klein-Gordon-Gleichung (2.13) und der freien Schrödingergleichung (2.21). Wir erweitern dies in Tabelle 2.1 zu einem Überblick über eine größere Klasse von quantenmechanischen Wellengleichungen. Diese Tabelle dient zu einer Einordnung von Gleichungen, die dem Leser in der Quantenmechanik begegnen; ein volles Verständnis der Tabelle ist an dieser Stelle nicht erforderlich und aufgrund der gegebenen Erläuterungen auch nicht möglich. Der vorliegende Kurs bezieht sich zum allergrößten Teil auf den rechten Teil der Tabelle, also auf die Schrödingergleichung, die wir in Kapitel 3 als Verallgemeinerung der freien Schrödingergleichung aufstellen werden.

Wir werden in Teil VI den Spin von Teilchen einführen. Im Wellenbild entspricht dies der Polarisation der Welle, wie sie für die Maxwellgleichungen aus der Elektrodynamik bekannt ist. Die verschiedenen Polarisations- oder Spineinstellungen werden durch mehrkomponentige Wellenfunktionen beschrieben. Einige Effekte der entsprechenden Gleichungen (letzte Zeile in der Tabelle) werden in Teil VII diskutiert.

Die Maxwellgleichungen sind als quantenmechanische Wellengleichungen für Photonen eingeordnet. Daraus ergibt sich die Wellengleichung eines klassischen elektromagnetischen Felds, wenn viele Photonen dieselbe Wellenfunktion haben (etwa für die Laserwelle). Dieser Grenzfall der quantenmechanischen Wellengleichung ist nur für Teilchen mit ganzzahligem Spin (Bosonen) möglich, wie Photonen, ^{4}He-Atome oder Elektronenpaare. Mit solchen Wellenfunktionen können dann besondere („Super"-) Phänomene verbunden sein, wie der Laser, die Superfluidität und die Supraleitung.

Tabelle 2.1 Skizze der Relationen zwischen quantenmechanischen Feldgleichungen. Dieser Überblick ist als eine Art Flussdiagramm von der Energie-Impuls-Beziehung zur Wellengleichung anzusehen, wobei neben den Einzelspezifikationen der Schritt „Ersetzungsregel" und die Verallgemeinerung auf mehrkomponentige Wellenfunktionen („Polarisation/Spin") auftritt. Die allgemeine Energie-Impuls-Beziehung $E^2 = m^2c^4 + c^2p^2$ für ein freies Teilchen enthält die Grenzfälle $E = cp$ (für $m = 0$) und $E' \approx p^2/2m$ (für $p \ll mc$). Für verallgemeinerte Koordinaten q_j und Impulse p_j ist die Energie E gleich der Hamiltonfunktion $H(p_i, q_j, t)$; dies ist der Ausgangspunkt für allgemeine mechanische Systeme.

Energie-Impuls-Beziehung			
$E^2 = c^2p^2$	$E^2 = m^2c^4 + c^2p^2$	$E = p^2/2m$	$E = H(p_i, q_j, t)$
$\downarrow$ Ersetzungsregel (2.12)			
$\square\,\psi = 0$ (2.4)	Klein-Gordon-Gleichung, (2.13)	Freie Schrödinger-gleichung, (2.21)	Schrödingergleichung Kapitel 3
$\downarrow$ Polarisation / Spin			
$s = 1$	$s = 1/2$, äußeres Feld A_α relativistisch	$s = 1/2$, äußeres Feld A_α nichtrelativistisch	
Maxwellgleichung	Dirac-Gleichung	Pauli-Gleichung	

3 Schrödingergleichung

Die Schrödingergleichung wird für ein allgemeines System aufgestellt. Dazu gehen wir von der Hamiltonfunktion des Systems aus.

Ein Punktteilchen bewege sich in einem Potenzial $V(r, t)$. Wenn das Teilchen den nichtrelativistischen Impuls p und den Ort r hat, ist seine Energie

$$E = \frac{p^2}{2m} + V(r, t) \tag{3.1}$$

Wenden wir hierauf die Ersetzungsregeln (2.12) an, so erhalten wir

$$\boxed{\quad i\hbar \, \frac{\partial \psi(r, t)}{\partial t} = -\frac{\hbar^2}{2m} \Delta \psi(r, t) + V(r, t) \, \psi(r, t) \qquad \begin{array}{l} \text{Schrödinger-} \\ \text{gleichung} \end{array} \quad} \tag{3.2}$$

Diese Gleichung wird Schrödingergleichung oder ausführlicher Schrödingergleichung für ein Teilchen in einem Potenzial genannt.

Wir betrachten nun ein allgemeines, klassisches System mit f Freiheitsgraden. Das System werde durch die Hamiltonfunktion

$$H_{kl}(q_1, ..., q_f, p_1, ..., p_f, t) = H_{kl}(q, p, t) \tag{3.3}$$

beschrieben. Im Argument kürzen wir die f verallgemeinerten Koordinaten durch q und die f verallgemeinerten Impulse durch p ab.

Im Allgemeinen wird zunächst die Lagrangefunktion $\mathcal{L}(q, \dot{q}, t)$ des betrachteten Systems aufgestellt. In $H_{kl} = \sum p_n \dot{q}_n - \mathcal{L}$ werden dann die Geschwindigkeiten $\dot{q}_n$ zugunsten der verallgemeinerten Impulse durch $p_n = \partial \mathcal{L}/\partial \dot{q}_n$ eliminiert. Dies ergibt die Hamiltonfunktion (3.3), siehe Kapitel 27 in [1]. Speziell für eine Lagrangefunktion der Form $\mathcal{L} = T - V = \sum a_{ik}(q) \, \dot{q}_i \, \dot{q}_k - V(q, t)$ erhält man $H_{kl} = T + V = E$. Wir gehen im Folgenden davon aus, dass die Hamiltonfunktion gleich der Energie E des Systems ist.

Das Rezept zur Aufstellung der Schrödingergleichung lautet: In

$$H_{kl}(q, p, t) = E \tag{3.4}$$

führt man die Ersetzungen

$$E \to i\hbar \, \frac{\partial}{\partial t} \quad \text{und} \quad p_n \to p_{n,\text{op}} \equiv -i\hbar \, \frac{\partial}{\partial q_n} \tag{3.5}$$

durch. Den resultierenden Zusammenhang von Differenzialoperatoren wendet man auf die Wellenfunktion $\psi(q, t) = \psi(q_1, ..., q_f, t)$ an:

$$\mathrm{i}\hbar\, \frac{\partial \psi(q, t)}{\partial t} = H_{\mathrm{kl}}(q, p_{\mathrm{op}}, t)\, \psi(q, t) \qquad \text{Schrödinger-} \atop \text{gleichung} \qquad (3.6)$$

Die Schrödingergleichung ist eine partielle Differenzialgleichung in der Zeit t und in den Koordinaten q_n. Zusammen mit den $p_{n,\mathrm{op}}$ ist $H_{\mathrm{kl}}(q, p_{\mathrm{op}}, t)$ in (3.6) ein Differenzialoperator. Unter *Operator* verstehen wir ganz allgemein eine Größe O_{op}, die einer Funktion ψ eine neue Funktion $O_{\mathrm{op}}\,\psi$ zuordnet. So ordnet zum Beispiel der Operator $O_{\mathrm{op}} = d/dx$ der Funktion x^2 die neue Funktion $2x$ zu.

Der Operator $H_{\mathrm{kl}}(q, p_{\mathrm{op}}, t)$ heißt *Hamiltonoperator* H_{op}. Er wird im Folgenden mit H bezeichnet:

$$H = H_{\mathrm{op}} = H_{\mathrm{kl}}(q, p_{\mathrm{op}}, t) \qquad (3.7)$$

Die Kurzform von (3.6) lautet dann $\mathrm{i}\hbar\,\dot{\psi} = H\psi$. Bei anderen Operatoren lassen wir den Index op nur weg, wenn keine Missverständnisse zu befürchten sind.

Der Hamiltonoperator legt die Freiheitsgrade und die Dynamik des betrachteten Systems[1] fest, so wie die Hamiltonfunktion im klassischen Fall. Der *Systemzustand* (im Folgenden einfach *Zustand* genannt) wird durch eine Wellenfunktion $\psi(q, t)$ dargestellt (der klassische Zustand dagegen durch die Größen $q(t)$ und $p(t)$). Ist der Zustand zu einem bestimmten Zeitpunkt gegeben, dann legt H den Zustand zu anderen Zeiten fest; H bestimmt die Dynamik des Systems.

Das vorgestellte Rezept (3.4) bis (3.6) zur Aufstellung der Schrödingergleichung ist aus zwei Gründen nicht eindeutig:

1. Die Wahl der generalisierten Koordinaten q_n ist für ein gegebenes System nicht eindeutig. Verschiedene Festlegungen führen aber zu voneinander abweichenden Hamiltonoperatoren.

2. Durch (3.7) wird die Reihenfolge der Größen q und $p_{\mathrm{op}} = -\mathrm{i}\hbar\,(\partial/\partial q)$ nicht festgelegt (etwa in einem Produkt); denn in der klassischen Hamiltonfunktion H_{kl} ist diese Reihenfolge willkürlich. Der Hamiltonoperator H_{op} hängt aber von dieser Reihenfolge ab.

Diese beiden Schwierigkeiten werden im Folgenden diskutiert. Sie machen den Rezeptcharakter des Vorgehens deutlich. Das Vorgehen kann aber pragmatisch gerechtfertigt werden durch den großen Erfolg der sich daraus ergebenden Anwendungen.

---

[1]Den Teil der Welt, den wir beschreiben wollen, nennen wir *System*; dies kann zum Beispiel ein Wasserstoffatom sein. Ein solches System bezieht sich immer auf einen extrem kleinen Ausschnitt der Wirklichkeit; nur wenige, ausgesuchte Freiheitsgrade werden explizit behandelt. Welche Freiheitsgrade man explizit behandeln will, ist eine Frage der Zweckmäßigkeit, der rechnerischen Möglichkeiten und der verfolgten Ziele.

Wahl der Koordinaten

Für kartesische Koordinaten x, y und z lautet die Hamiltonfunktion für ein freies Teilchen

$$H_{\mathrm{kl}}(p_x, p_y, p_z) = \frac{p_x^2 + p_y^2 + p_z^2}{2m} \qquad (3.8)$$

Die Ersetzungsregel (3.5) ergibt den Hamiltonoperator

$$H = H_{\mathrm{kl}}(p_{\mathrm{op}}) = -\frac{\hbar^2}{2m}\left(\frac{\partial^2}{\partial x^2} + \frac{\partial^2}{\partial y^2} + \frac{\partial^2}{\partial z^2}\right) = -\frac{\hbar^2}{2m}\,\Delta \qquad (3.9)$$

Hierin können wir den Laplace-Operator Δ durch ebene Polarkoordinaten ausdrücken:

$$H = -\frac{\hbar^2}{2m}\left(\frac{\partial^2}{\partial \rho^2} + \frac{1}{\rho}\frac{\partial}{\partial \rho} + \frac{1}{\rho^2}\frac{\partial^2}{\partial \varphi^2} + \frac{\partial^2}{\partial z^2}\right) \qquad (3.10)$$

Die Hamiltonoperatoren (3.9) und (3.10) sind äquivalent.

Wir führen nun die ebenen Polarkoordinaten von vornherein als verallgemeinerte Koordinaten ein. Aus der Lagrangefunktion $\mathcal{L} = (m/2)(\dot{\rho}^2 + \rho^2\dot{\varphi}^2 + \dot{z}^2)$ folgen die verallgemeinerten Impulse $p_\rho = \partial\mathcal{L}/\partial\dot{\rho} = m\,\dot{\rho}$, $p_\varphi = \partial\mathcal{L}/\partial\dot{\varphi} = m\,\rho^2\dot{\varphi}$ und $p_z = \partial\mathcal{L}/\partial\dot{z} = m\,\dot{z}$. Dann lautet die Hamiltonfunktion

$$H_{\mathrm{kl}}(p_\rho, p_\varphi, p_z, \rho) = p_\rho\,\dot{\rho} + p_\varphi\,\dot{\varphi} + p_z\,\dot{z} - \mathcal{L} = \frac{1}{2m}\left(p_\rho^2 + \frac{p_\varphi^2}{\rho^2} + p_z^2\right) \quad (3.11)$$

Die Ersetzungsregel (3.5) macht dies zu

$$H' = -\frac{\hbar^2}{2m}\left(\frac{\partial^2}{\partial \rho^2} + \frac{1}{\rho^2}\frac{\partial^2}{\partial \varphi^2} + \frac{\partial^2}{\partial z^2}\right) \qquad (3.12)$$

Dieses Ergebnis steht im Widerspruch zu (3.10). Obwohl die Hamiltonfunktionen (3.8) und (3.11) äquivalent sind, unterscheiden sich die aus den Ersetzungsregeln resultierenden Hamiltonoperatoren (3.10) und (3.12). Dies bedeutet, dass die Ersetzungsregel mehrdeutig ist.

Wir lösen diese Mehrdeutigkeit auf, indem wir zu der Ersetzungsregel (3.5) hinzufügen, dass sie *nur auf kartesische Koordinaten* anzuwenden ist, nicht aber auf krummlinige. Die Auszeichnung der kartesischen Koordinaten ist insofern nicht willkürlich, als sie für ein isotropes System die Invarianz der Schrödingergleichung gegenüber Drehungen sichert: Die Hamiltonoperatoren (3.9) und (3.10) sind drehinvariant (weil der Laplace-Operator drehinvariant ist). Dagegen ist H' aus (3.12) nicht drehinvariant; denn H' unterscheidet sich von (3.10) um den Term $\rho^{-1}\,\partial/\partial\rho$. Dieser Term ist nicht drehinvariant, da ρ der Abstand zur z-Achse (und nicht zum Zentrum) ist.

Existieren für das betrachtete Problem keine kartesischen Koordinaten, so ist die Aufstellung der Schrödingergleichung problematisch. Solche Probleme treten im nichteuklidischen Raum auf, zum Beispiel bei der Bewegung eines Teilchens auf einer Kugeloberfläche oder in einem Gravitationsfeld (im Rahmen der Allgemeinen Relativitätstheorie).

Nichtvertauschbarkeit

In der klassischen Hamiltonfunktion sind Impulse und Koordinaten Zahlen. Bei ihrer Multiplikation kommt es auf die Reihenfolge nicht an; die Reihenfolge ist daher auch nicht festgelegt. Dies gilt aber nicht für die entsprechenden Operatoren, etwa für

$$p_{\mathrm{op}} = -\,\mathrm{i}\hbar\,\frac{\partial}{\partial q} \quad \text{und} \quad q \tag{3.13}$$

Die Operatoren wirken auf alles, was rechts von ihnen steht. Wir zeigen $p_{\mathrm{op}}\,q \neq q\,p_{\mathrm{op}}$, indem wir die Differenz dieser Größen auf eine Funktion anwenden:

$$\left(q\,p_{\mathrm{op}} - p_{\mathrm{op}}\,q\right) f(q) = -\,\mathrm{i}\hbar\left(q\,\frac{\partial}{\partial q} - \frac{\partial}{\partial q}\,q\right) f(q) = \mathrm{i}\hbar\,f(q) \tag{3.14}$$

Dies können wir ohne Bezug auf die Funktion $f(q)$ anschreiben:

$$[q,\,p_{\mathrm{op}}] \equiv q\,p_{\mathrm{op}} - p_{\mathrm{op}}\,q = \mathrm{i}\hbar. \tag{3.15}$$

Die so definierte Verknüpfung $[\ ,\ ]$ von zwei Operatoren heißt *Kommutator*. Wenn der Kommutator der Operatoren p_{op} und q ungleich null ist, dann sind Operatoren nicht vertauschbar, sie *kommutieren* nicht. Diese Nichtvertauschbarkeit macht den Übergang von der Hamiltonfunktion zum Hamiltonoperator mehrdeutig. So sind etwa die Ausdrücke

$$\frac{1}{2m}\,p^2 \quad \text{und} \quad \frac{1}{2m}\,\frac{1}{\sqrt{q}}\,p\,q\,p\,\frac{1}{\sqrt{q}} \tag{3.16}$$

in der klassischen Hamiltonfunktion gleich. Bei der Anwendung der Ersetzungsregel ergeben sich jedoch zwei verschiedene Terme:

$$-\frac{\hbar^2}{2m}\,\frac{\partial^2}{\partial q^2} \quad \text{und} \quad -\frac{\hbar^2}{2m}\left(\frac{\partial^2}{\partial q^2} + \frac{1}{4q^2}\right) \tag{3.17}$$

Vernünftigerweise werden wir solche künstlich geschaffenen Mischungen wie den zweiten Term in (3.16) nicht betrachten. Neben der kinetischen Energie kommt der Impuls aber gelegentlich auch linear in H_{kl} vor; es treten also Terme der Form $p_i\,f(q_1,...,q_f)$ auf. Dann ist zunächst unklar, ob man im Hamiltonoperator den Operator $p_{n,\mathrm{op}}$ rechts oder links von $f(q) = f(q_1,...,q_f)$ hinschreiben soll. Als Zusatzregel führen wir

$$p_n\,f(q) \quad \to \quad \frac{p_{n,\mathrm{op}}\,f(q) + f(q)\,p_{n,\mathrm{op}}}{2} \tag{3.18}$$

ein. Diese Regel hat sich praktisch bewährt. Außerdem gewährleistet sie, dass der resultierende Operator hermitesch ist (Aufgabe 6.2).

Elektromagnetisches Feld

Für ein Teilchen im elektromagnetischen Feld lautet die (nichtrelativistische) Lagrangefunktion $\mathcal{L} = m\,\dot{\boldsymbol{r}}^2/2 + (q/c)\,\dot{\boldsymbol{r}} \cdot \boldsymbol{A}(\boldsymbol{r},t) - q\,\Phi_{\mathrm{e}}(\boldsymbol{r},t)$ (Kapitel 9 in [1]); dabei ist $\boldsymbol{A}$ das Vektorpotenzial und Φ_{e} das skalare Potenzial. Der verallgemeinerte Impuls ist $\boldsymbol{p} = \partial\mathcal{L}/\partial\dot{\boldsymbol{r}} = m\dot{\boldsymbol{r}} + (q/c)\boldsymbol{A}$. Damit erhalten wir

$$H_{\mathrm{kl}}(\boldsymbol{r},\boldsymbol{p},t) = \boldsymbol{p}\cdot\dot{\boldsymbol{r}} - \mathcal{L} = \frac{1}{2m}\left(\boldsymbol{p} - \frac{q}{c}\,\boldsymbol{A}(\boldsymbol{r},t)\right)^2 + q\,\Phi_{\mathrm{e}}(\boldsymbol{r},t) \qquad (3.19)$$

Im zugehörigen Hamiltonoperator

$$\boxed{\; H = \frac{1}{2m}\left(\boldsymbol{p}_{\mathrm{op}} - \frac{q}{c}\,\boldsymbol{A}(\boldsymbol{r},t)\right)^2 + q\,\Phi_{\mathrm{e}}(\boldsymbol{r},t) \;} \qquad (3.20)$$

ist die Regel (3.18) für die Reihenfolge von $\boldsymbol{p}_{\mathrm{op}}$ und $\boldsymbol{A}$ zu verwenden. Für statische Magnetfelder sowie für elektromagnetische Wellen wird meist die Coulomb-Eichung $\operatorname{div}\boldsymbol{A} = 0$ verwendet. Dann gilt $\boldsymbol{p}_{\mathrm{op}}\cdot\boldsymbol{A} = \boldsymbol{A}\cdot\boldsymbol{p}_{\mathrm{op}}$ und wir erhalten

$$H = \frac{\boldsymbol{p}_{\mathrm{op}}^2}{2m} - \frac{q}{mc}\,\boldsymbol{A}\cdot\boldsymbol{p}_{\mathrm{op}} + \frac{q^2}{2mc^2}\,\boldsymbol{A}^2 + q\,\Phi_{\mathrm{e}} \qquad \text{(für } \operatorname{div}\boldsymbol{A} = 0) \qquad (3.21)$$

Ein praktisch wichtiger Fall ist die Bewegung eines Elektrons ($q = -e, m = m_{\mathrm{e}}$) im Coulombfeld eines Atomkerns ($\Phi_{\mathrm{e}} = Ze/r$). Das Vektorpotenzial $\boldsymbol{A}$ könnte dann ein äußeres statisches Magnetfeld oder eine elektromagnetische Welle beschreiben. Hierbei kann man den in $\boldsymbol{A}$ quadratischen Term meist vernachlässigen.

Die Eichtransformation

$$\boldsymbol{A} \;\rightarrow\; \boldsymbol{A} + \operatorname{grad}\Lambda\,, \qquad \Phi_{\mathrm{e}} \;\rightarrow\; \Phi_{\mathrm{e}} - \frac{1}{c}\frac{\partial\Lambda}{\partial t} \qquad (3.22)$$

mit beliebigem $\Lambda(\boldsymbol{r},t)$ ändert die elektromagnetischen Felder $\boldsymbol{E}$ und $\boldsymbol{B}$ nicht (Kapitel 17 in [2]). Damit sich die messbare Energie eines Teilchens im Feld nicht ändert, muss H angewendet auf ψ zum selben Ergebnis führen. Dies wird dadurch erreicht, dass (3.22) durch

$$\psi(\boldsymbol{r},t) \;\rightarrow\; \psi(\boldsymbol{r},t)\,\exp\left(\mathrm{i}\,\frac{q}{\hbar c}\,\Lambda(\boldsymbol{r},t)\right) \qquad (3.23)$$

ergänzt wird (siehe Aufgabe 3.1). Die Vorzeichen der Zusatzterme in (3.22) werden gelegentlich anders gewählt; eventuell wird auch (3.20) für ein Elektron mit $q = -e$ betrachtet. Dies kann dann zu einem anderen Vorzeichen in der Phase in (3.23) führen.

Die Eichtransformation (3.22) und (3.23) ändert keine messbaren Größen wie die Felder $\boldsymbol{E}$ und $\boldsymbol{B}$, die Energie E oder die Aufenthaltswahrscheinlichkeit $|\psi|^2$ eines Teilchens.

Aufgaben

3.1 Eichinvarianz

Aus (3.20) folgt die Schrödingergleichung für ein Teilchen im elektromagnetischen Feld:

$$\left(i\hbar\frac{\partial}{\partial t} - q\,\Phi_e\right)\psi(r,t) = \frac{1}{2m}\left(p_{op} - \frac{q}{c}A\right)^2\psi(r,t)\qquad(3.24)$$

Dabei ist Φ_e das skalare und A das Vektorpotenzial des elektromagnetischen Felds. Die messbaren Felder $E = -\nabla\Phi_e - \dot{A}/c$, $B = \nabla\times A$ und $|\psi(r,t)|^2$ sind invariant unter der folgenden *Eichtransformation*

$$A \to A + \nabla\Lambda,\qquad \Phi_e \to \Phi_e - \frac{1}{c}\frac{\partial\Lambda}{\partial t},\qquad \psi \to \psi\,\exp\left(i\,\frac{q}{\hbar c}\,\Lambda\right)$$

$$(3.25)$$

Dabei ist $\Lambda(r,t)$ ein beliebiges skalares Feld. Zeigen Sie, dass die Schrödingergleichung (3.24) invariant unter dieser Eichtransformation ist. Untersuchen Sie dazu, wie sich die Ausdrücke

$$\left(i\hbar\frac{\partial}{\partial t} - q\,\Phi_e\right)\psi(r,t)\qquad\text{und}\qquad \left(p_{op} - \frac{q}{c}A\right)\psi(r,t)\qquad(3.26)$$

transformieren.

Ein homogenes Magnetfeld $B = B\,e_z := B\,(0,0,1)$ kann durch folgende Vektorpotenziale beschrieben werden:

$$A_1 := \frac{B}{2}\left(-y, x, 0\right)\qquad\text{(symmetrische Eichung)}$$
$$A_2 := B\left(0, x, 0\right)\qquad\text{(Landau-Eichung)}$$

$$(3.27)$$

Geben Sie für beide Fälle das Magnetfeld $B = \nabla\times A$ an. Bestimmen Sie das Eichfeld $\Lambda(r)$ in $A_2 = A_1 + \operatorname{grad}\Lambda$.

4 Normierung

Wir geben die Normierung und die Wahrscheinlichkeitsinterpretation einer allgemeinen Wellenfunktion $\psi = \psi(q_1,...,q_f,t)$ an. Für die Wellenfunktion eines Teilchens im Potenzial leiten wir die Kontinuitätsgleichung für die Wahrscheinlichkeitsdichte ab.

Wir beginnen die Diskussion mit der Wellenfunktion $\psi(r,t)$ eines einzelnen Teilchens. Wir haben die Wellenfunktion so eingeführt, dass $|\psi|^2$ die Wahrscheinlichkeitsdichte für das Auffinden dieses Teilchens ist, also die Wahrscheinlichkeit pro Volumen. Multipliziert man $|\psi|^2$ mit einem kleinen Volumen, so erhält man die Wahrscheinlichkeit, das Teilchen in dem kleinen Volumen zu finden:

$$|\psi(r,t)|^2\, d^3r = \left\{ \begin{array}{l} \text{Wahrscheinlichkeit, das Teilchen zur} \\ \text{Zeit } t \text{ im Volumen } d^3r \text{ bei } r \text{ zu finden} \end{array} \right. \tag{4.1}$$

Den Schritt von der Wahrscheinlichkeitsdichte zur Wahrscheinlichkeit ist analog zu dem von der elektrischen Ladungsdichte ϱ_e zu der Ladung $dq = \varrho_e\, d^3r$ im Volumen d^3r. Da das betrachtete Teilchen zu jedem Zeitpunkt irgendwo sein muss, gilt

$$\int d^3r\, \left|\psi(r,t)\right|^2 = 1 \tag{4.2}$$

Hieran sieht man auch, dass $|\psi|^2$ die Dimension Länge^{-3} hat. Wir nennen (4.2) die Normierungsbedingung für die Wellenfunktion ψ; eine Wellenfunktion, die dieser Bedingung genügt, heißt *normiert*. Die Schrödingergleichung legt die Normierung nicht fest, denn mit ψ ist auch $\psi' = \text{const.} \cdot \psi$ eine Lösung. Die Normierungsbedingung ist also zur Schrödingergleichung hinzuzufügen.

Wir übertragen die Normierungsbedingung auf ein beliebiges System mit den verallgemeinerten Koordinaten $q_1,...,q_f$:

$$\int dq_1 \ldots dq_f\, \left|\psi(q_1,...,q_f,t)\right|^2 = \int d^f q\, \psi^*(q,t)\,\psi(q,t) = 1 \tag{4.3}$$

Die Integration läuft über alle möglichen Werte der Koordinaten $q_1,...,q_f$; mit $d^f q$ bezeichnen wir das zugehörige f-dimensionale Volumenelement. Die Interpretation von $|\psi|^2\, d^f q$ ist analog zu (4.1). Wir führen vier Beispiele von (4.3) an. Das erste Beispiel ist (4.2). Als zweites Beispiel betrachten wir den eindimensionalen

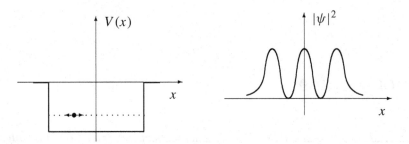

Abbildung 4.1 Schematische Wahrscheinlichkeitsverteilung $|\psi(x,t)|^2$ eines Teilchens in einem Potenzial $V(x)$. Die von $|\psi|^2$ und der x-Achse eingeschlossene Fläche ist gleich 1.

Modellfall mit einer kartesischen Koordinate $q = x$. In Abbildung 4.1 ist die mögliche Form einer Lösung der Schrödingergleichung gezeigt, die die Bewegung eines Teilchens in einem eindimensionalen Potenzial beschreibt. Diese Lösung wird gemäß

$$\int_{-\infty}^{\infty} dx \, \big|\psi(x,t)\big|^2 = 1 \tag{4.4}$$

normiert. Eine eindimensionale Wellenfunktion $\psi(x,t)$ kann insbesondere dann auftreten, wenn das System in y- und z-Richtung translationsinvariant ist. Außerdem kann sich die Schrödingergleichung für mehrere Koordinaten q_j durch einen Separationsansatz zu einer eindimensionalen Schrödingergleichung reduzieren. Die verbleibende Koordinate ist dann nicht notwendig kartesisch; dies kann zu anderen Integralgrenzen in (4.4) führen. Im dritten Beispiel werde der Ort eines Teilchens durch Kugelkoordinaten $(q_1, q_2, q_3) = (r, \theta, \phi)$ beschrieben:

$$\int_{0}^{\infty} dr \, r^2 \int_{-1}^{1} d\cos\theta \int_{0}^{2\pi} d\phi \, \big|\psi(r,\theta,\phi)\big|^2 = 1 \tag{4.5}$$

Als viertes und letztes Beispiel betrachten wir ein System aus zwei Teilchen, also $(\boldsymbol{r}_1, \boldsymbol{r}_2) = (x_1, y_1, z_1, x_2, y_2, z_2) = (q_1, ..., q_6)$:

$$\int d^3 r_1 \int d^3 r_2 \, \big|\psi(\boldsymbol{r}_1, \boldsymbol{r}_2, t)\big|^2 = 1 \tag{4.6}$$

Hier gibt $|\psi|^2 \, d^3 r_1 \, d^3 r_2$ die Wahrscheinlichkeit an, das eine Elektron in $d^3 r_1$ bei $\boldsymbol{r}_1$ und das zweite in $d^3 r_2$ bei $\boldsymbol{r}_2$ zu finden.

Kontinuitätsgleichung

Ein System aus einem Elektron (oder einem anderen Teilchen) werde durch die Wellenfunktion $\psi(\boldsymbol{r}, t)$ beschrieben. Die Wellenfunktion sei zu einem bestimmten Zeitpunkt $t = 0$ normiert,

$$\int d^3 r \, |\psi(\boldsymbol{r}, 0)|^2 = 1 \tag{4.7}$$

Dies bedeutet, dass das Elektron zur Zeit $t = 0$ mit der Wahrscheinlichkeit 1 (also mit Sicherheit) irgendwo zu finden ist. Dann sollte aber auch $\psi(r, t)$ normiert sein; denn die Schrödingergleichung beschreibt keine Prozesse, bei denen das Elektron vernichtet wird. Die Schrödingergleichung

$$i\hbar \, \frac{\partial \psi}{\partial t} = -\frac{\hbar^2}{2m} \, \Delta \, \psi(r, t) + V(r, t) \, \psi(r, t) = H \, \psi(r, t) \qquad (4.8)$$

bestimmt die zeitliche Entwicklung der Wellenfunktion. Wir zeigen, dass aus (4.7) und (4.8) die Normierung von $\psi(r, t)$ folgt.

Kennen wir $\psi(r, t)$ zu einer bestimmten Zeit t, so ergibt sich die Wellenfunktion zur Zeit $t + \delta t$ (mit hinreichend kleinem δt) aus

$$\psi(r, t + \delta t) = \psi(r, t) + \frac{\partial \psi}{\partial t} \, \delta t = \psi(r, t) + \frac{1}{i\hbar} \, H \, \psi(r, t) \, \delta t \qquad (4.9)$$

Analog dazu wird die Wellenfunktion $\psi(r, t + 2 \, \delta t)$ durch $\psi(r, t + \delta t)$ bestimmt. Dies führt schließlich zur Lösung zu einem beliebigen späteren Zeitpunkt. Für ein bestimmtes System, also für gegebenes H, legt die *Anfangsbedingung* $\psi(r, 0)$ somit die Lösung $\psi(r, t)$ fest. Daher muss aus (4.7) und der Schrödingergleichung auch die Normierung zu einem späteren Zeitpunkt folgen. In

$$\frac{\partial}{\partial t} \, |\psi(r, t)|^2 = \frac{\partial \psi^*}{\partial t} \, \psi + \psi^* \, \frac{\partial \psi}{\partial t} \qquad (4.10)$$

setzen wir $\partial \psi / \partial t$ aus (4.8) und $\partial \psi^* / \partial t$ aus der konjugiert komplexen Gleichung ein:

$$\frac{\partial}{\partial t} \, |\psi(r, t)|^2 = \frac{1}{i\hbar} \, \frac{\hbar^2}{2m} \left(\frac{\partial^2 \psi^*}{\partial x^2} \, \psi - \psi^* \, \frac{\partial^2 \psi}{\partial x^2} \right) + \left(\begin{array}{c} \text{analoge Terme} \\ \text{mit } \partial/\partial y \text{ und } \partial/\partial z \end{array} \right)$$

$$- \frac{\psi^* \, V^* \, \psi}{i\hbar} + \frac{\psi^* \, V \, \psi}{i\hbar} \qquad (4.11)$$

$$= -\frac{\partial}{\partial x} \, \frac{\hbar}{2im} \left(\psi^* \, \frac{\partial \psi}{\partial x} - \frac{\partial \psi^*}{\partial x} \, \psi \right) + \left(\begin{array}{c} \text{analoge Terme} \\ \text{mit } \partial/\partial y \text{ und } \partial/\partial z \end{array} \right)$$

Der Term mit dem Potenzial fällt heraus, weil $V(r, t)$ eine reelle Funktion ist; in der Hamiltonfunktion kommen ja in der Regel nur reelle Größen vor. Wir führen das Vektorfeld $j(r, t)$ ein:

$$j(r, t) = \frac{\hbar}{2im} \left(\psi^* \, (\nabla \psi) - (\nabla \psi^*) \, \psi \right) \qquad (4.12)$$

Die x-Komponente

$$j_x = j \cdot e_x = \frac{\hbar}{2im} \left(\psi^* \, \frac{\partial \psi}{\partial x} - \frac{\partial \psi^*}{\partial x} \, \psi \right) \qquad (4.13)$$

tritt auf der rechten Seite von (4.11) in der Form $-\partial j_x/\partial x$ auf. Mit (4.12) und mit der Wahrscheinlichkeitsdichte

$$\varrho(\boldsymbol{r}, t) = \psi^* \psi = \big|\psi(\boldsymbol{r}, t)\big|^2 \tag{4.14}$$

wird (4.11) zur Kontinuitätsgleichung

$$\boxed{\frac{\partial \varrho(\boldsymbol{r}, t)}{\partial t} + \operatorname{div} \boldsymbol{j}(\boldsymbol{r}, t) = 0} \tag{4.15}$$

Damit ist $\boldsymbol{j}(\boldsymbol{r}, t)$ die zur Wahrscheinlichkeitsdichte $\varrho(\boldsymbol{r}, t)$ gehörige Stromdichte, also eine *Wahrscheinlichkeitsstromdichte*. Eine entsprechende Kontinuitätsgleichung für die Ladung ist aus der Elektrodynamik bekannt. Es sei aber betont, dass ϱ keine Dichte im Sinne einer Ladungsdichte ist. Das Elektron hat nicht eine wie $-e\varrho(\boldsymbol{r}, t)$ verschmierte Ladung $-e$, es wird vielmehr immer als ganzes Teilchen an einer bestimmten Stelle nachgewiesen. Da ϱ die Wahrscheinlichkeitsdichte für das Elektron ist, nimmt $-e\varrho$ aber in Gleichungen oft die Stelle ein, an der sonst die Ladungsdichte steht. Ebenso wie in der Elektrodynamik aus (4.15) die Erhaltung der Ladung folgt, so ergibt sich hier die Erhaltung der Norm:

$$\frac{d}{dt} \int d^3 r \, \varrho(\boldsymbol{r}, t) = \int d^3 r \, \dot{\varrho} = - \int d^3 r \, \operatorname{div} \boldsymbol{j} = - \int d\boldsymbol{F} \cdot \boldsymbol{j} = 0 \tag{4.16}$$

Das Volumenintegral wurde mit dem Gaußschen Satz in ein Oberflächenintegral umgewandelt. Das konstante Integrationsvolumen wird so gewählt, dass der Bereich mit $\psi \neq 0$ im Inneren liegt. Dann ist an der Oberfläche $\boldsymbol{j} = 0$ und das Integral verschwindet. Es ist auch ausreichend, dass $|\psi(\boldsymbol{r}, t)|^2$ für $r \to \infty$ hinreichend schnell abfällt, etwa $r^2 j \to 0$ für $r \to \infty$. Dann kann als Integrationsvolumen der gesamte Raum genommen werden. Wegen (4.16) gilt

$$\int d^3 r \, \big|\psi(\boldsymbol{r}, 0)\big|^2 = 1 \quad \overset{\text{Schrödingergleichung}}{\longrightarrow} \quad \int d^3 r \, \big|\psi(\boldsymbol{r}, t)\big|^2 = 1 \tag{4.17}$$

Damit haben wir gezeigt, dass aus der Schrödingergleichung die Erhaltung der Norm folgt.

Normierung auf Stromdichte

In Kapitel 1 haben wir einen Elektronenstrahl durch die ebene Welle

$$\psi(\boldsymbol{r}, t) = a \, \exp\big[\mathrm{i}(\boldsymbol{k} \cdot \boldsymbol{r} - \omega t)\big] \tag{4.18}$$

beschrieben. Für $\omega = \hbar k^2/2m$ ist dies eine Lösung der freien Schrödingergleichung (2.21). Eine solche Lösung kann aber wegen

$$\int d^3 r \, |\psi|^2 = |a|^2 \int d^3 r = \infty$$

nicht auf 1 normiert werden. Diese Normierungsfrage wird später (Kapitel 14) noch einmal diskutiert. Hier berechnen wir lediglich die Stromdichte (4.12),

$$\boldsymbol{j} \stackrel{(4.18)}{=} |a|^2 \, \frac{\hbar \boldsymbol{k}}{m} = |\psi|^2 \, \frac{\boldsymbol{p}}{m} = \varrho \, \boldsymbol{v} \tag{4.19}$$

Die Wellenfunktion (4.18) entspricht also einer konstanten Stromdichte. Für einen Elektronenstrahl (anstelle des in (4.2) betrachteten einzelnen Elektrons) kann dies eine sinnvolle Normierung sein. Der Wert von a kann so gewählt werden, dass $\boldsymbol{j}$ der Stromdichte des Strahls entspricht; ϱ ist dann die Teilchendichte (Anzahl pro Volumen).

Aufgaben

4.1   Kontinuitätsgleichung für komplexes Potenzial

Leiten Sie eine Kontinuitätsgleichung für die Wahrscheinlichkeitsdichte eines Teilchens im komplexen Potenzial

$$V(\boldsymbol{r}) = V_1(\boldsymbol{r}) + \mathrm{i}\, V_2(\boldsymbol{r}) \tag{4.20}$$

ab. Ist die Norm $\int d^3 r \, |\psi(\boldsymbol{r}, t)|^2$ erhalten?

4.2   Kontinuitätsgleichung für 2-Elektronensystem

Stellen Sie die Kontinuitätsgleichung für ein System aus zwei Elektronen auf (ohne Berücksichtigung der Spins).

5 Erwartungswerte

Wir definieren die Erwartungswerte von Funktionen oder Operatoren. Aus der Wahrscheinlichkeitsinterpretation der Wellenfunktion folgt, dass der Erwartungswert gleich dem Mittel der Messwerte der zugehörigen physikalischen Größe ist. Die Diskussion des Impulserwartungswerts führt zur Impulsdarstellung der Wellenfunktion.

Für normierte Wellenfunktionen $\psi(q, t)$ definieren wir den *Erwartungswert* $\langle f \rangle$ einer Funktion $f(q)$ durch

$$\langle f \rangle = \int dq_1 ... dq_f \; f(q_1, ..., q_f) \left| \psi(q_1, ..., q_f, t) \right|^2 = \int d^f q \; f(q) \left| \psi(q, t) \right|^2$$

(5.1)

Dies ist der mit der Wahrscheinlichkeitsdichte $|\psi|^2$ gemittelte Wert von $f(q)$. Die Funktion f könnte auch noch von der Zeit abhängen. Aus (5.1) ergeben sich verschiedene Spezialfälle, wie sie zum Beispiel für (4.3) angegeben wurde.

Der Einfachheit halber beschränken wir die Diskussion in diesem Kapitel auf eine eindimensionale Wellenfunktion $\psi(x, t)$,

$$\langle f \rangle = \int_{-\infty}^{\infty} dx \; f(x) \left| \psi(x, t) \right|^2$$

(5.2)

Die Verallgemeinerung auf beliebige Fälle ergibt sich hieraus, wenn wir

$$x = (q_1, ..., q_f) \quad \text{und} \quad dx = d^f q$$

(5.3)

setzen und die Integrationsgrenzen entsprechend spezifizieren.

Für (5.2) betrachten wir die in Abbildung 5.1 skizzierte Verteilung $|\psi(x, t)|^2$. Wir verbinden dies etwa mit der Vorstellung eines Elektrons im Grundzustand oder in einem angeregten Zustand des Wasserstoffatoms. Hierfür ist die Wellenfunktion von der Form $\psi(x, t) = \psi(x) \exp(i\omega t)$ (Kapitel 10); damit ist $|\psi(x, t)|^2 = |\psi(x)|^2$ zeitunabhängig. Für die skizzierte Wahrscheinlichkeitsverteilung gilt

$$\langle x \rangle = 0, \qquad \langle x^2 \rangle \neq 0 \qquad \text{für } \psi(x, t) \text{ aus Abbildung 5.1}$$

(5.4)

Die Größe $|\psi(x, t)|^2 \, dx$ ist gleich der Wahrscheinlichkeit, das Elektron im Intervall dx bei x zu finden. Bei einer tatsächlichen Messung finden wir das Elektron bei einem bestimmten x-Wert. Messen wir N-mal für denselben Zustand (gleiches $\psi(x, t)$) den Aufenthaltsort des Elektrons, so erhalten wir N Messergebnisse

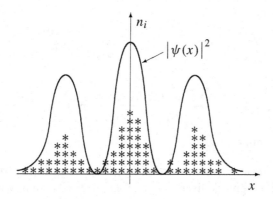

Abbildung 5.1 Verteilung der Messergebnisse von $N = 75$ Ortsmessungen an jeweils demselben System mit $|\psi(x,t)|^2 = |\psi(x)|^2$, etwa einem Elektron in einem bestimmten Zustand im Wasserstoffatom. Jeder Stern steht für einen Messwert im δx-Intervall an der betrachteten Stelle $x_i = i \cdot \delta x$. Für $N \to \infty$ sind die Häufigkeiten n_i/N gleich den Wahrscheinlichkeiten $|\psi(x_i)|^2 \, \delta x$.

$x = \xi_1, \xi_2, ..., \xi_N$. Da jede Messung mit einer endlichen Genauigkeit δx erfolgt, können wir die auftretenden Messwerte auch auf die Werte

$$x_i = i \cdot \delta x, \qquad i = 0, \pm 1, \pm 2, \dots \tag{5.5}$$

beschränken. Dabei läuft i im Prinzip von $-\infty$ bis ∞; praktisch ist für einen gebundenen Zustand wie in Abbildung 5.1 aber nur ein endlicher Bereich von Interesse. Bei der Messung kann jeder x_i-Wert n_i-fach auftreten. Die Ergebnisse von N Ortsmessungen können dann in folgender Form notiert werden:

$$\text{Messwerte:} \quad \begin{cases} \xi_1, \xi_2, ..., \xi_N, & \text{oder} \\ n_i \text{ mal } x_i \,, \text{ wobei } \sum_i n_i = N \end{cases} \tag{5.6}$$

Die Sterne in Abbildung 5.1 markieren das mögliche Resultat dieser N Messungen. Für $N \to \infty$ definiert die Häufigkeit n_i/N eines Messwerts x_i dessen Wahrscheinlichkeit:

$$\lim_{N \to \infty} \frac{n_i}{N} = |\psi(x_i, t)|^2 \, \delta x \tag{5.7}$$

Hierdurch kann $|\psi|^2$ im Rahmen der Messgenauigkeit bestimmt werden. Die Genauigkeit ist durch die endliche Größe von δx bestimmt und dadurch, dass $N \to \infty$ praktisch durch „N hinreichend groß" ersetzt wird.

Der trivialen Bedingung $\sum n_i = N$ entspricht die Normierung der Wellenfunktion:

$$1 = \lim_{N \to \infty} \sum_i \frac{n_i}{N} = \sum_i |\psi(x_i, t)|^2 \, \delta x = \int_{-\infty}^{\infty} dx \, |\psi(x_i, t)|^2 \tag{5.8}$$

Im letzten Schritt wurde angenommen, dass die Messungenauigkeit δx klein gegenüber der Länge ist, auf der sich $|\psi|^2$ wesentlich ändert. Für $N \to \infty$ sind die Messergebnisse wie $|\psi|^2$ verteilt, (5.7). Daher lässt sich der Erwartungswert (5.2) durch die Messwerte ausdrücken:

$$\langle f \rangle = \int_{-\infty}^{\infty} dx\; f(x)\, \left| \psi(x,t) \right|^2 = \sum_i f(x_i) \left| \psi(x_i,t) \right|^2 \delta x$$

$$= \lim_{N \to \infty} \frac{1}{N} \sum_i n_i\, f(x_i) = \lim_{N \to \infty} \frac{1}{N} \sum_{j=1}^{N} f(\xi_j) \qquad (5.9)$$

Dieses Ergebnis formulieren wir so:

- Der *Erwartungswert* einer Funktion *ist gleich dem Mittelwert der Messung* der zugehörigen physikalischen Größe. Diese Feststellung wird unten noch dadurch verallgemeinert, dass „Funktion" durch „Operator" ersetzt wird.

Der Erwartungswert wie auch der Mittelwert beziehen sich jeweils auf einen bestimmten Zustand, etwa auf den Grundzustand des Wasserstoffatoms; die Messung ist immer für die gleiche Wellenfunktion $\psi(x,t)$ auszuführen. Da die Messung im Allgemeinen den zu messenden Zustand zerstört (Kapitel 8), muss er vor der nächsten Messung wiederhergestellt werden. Dies wird praktisch dadurch umgangen, dass die Messung an vielen gleichartigen Atomen durchgeführt wird, etwa an einem Wasserstofftarget, in dem alle Atome im Grundzustand sind; hierfür ist $|\psi(x,t)|^2 = |\psi(x)|^2$ zeitunabhängig.

Impulsmessung

Wir diskutieren die Messung des Impulses eines Teilchens. In Kapitel 1 waren wir zur Erklärung der Interferenz von ebenen Wellen der Form

$$\psi_k(r,t) = a\, \exp\left[\mathrm{i}(k \cdot r - \omega t) \right] = a\, \exp\left[\mathrm{i}(kx - \omega t) \right] \qquad (5.10)$$

ausgegangen. Für $\omega = \hbar k^2/2m$ ist diese Welle Lösung der freien Schrödingergleichung. Für diese Lösung liegt der Impuls $p = \hbar k = \hbar k e_x$ der Teilchen fest. Wir zerlegen nun eine beliebige, normierte Wellenfunktion $\psi(x,t)$ nach solchen Wellen ψ_k. Dazu gehen wir von der Fouriertransformation

$$f(x) = \frac{1}{\sqrt{2\pi}} \int_{-\infty}^{\infty} dk\; g(k)\, \exp(\mathrm{i}kx) \qquad (5.11)$$

$$g(k) = \frac{1}{\sqrt{2\pi}} \int_{-\infty}^{\infty} dx\; f(x)\, \exp(-\mathrm{i}kx) \qquad (5.12)$$

aus. Gelegentlich werden die Vorfaktoren anders gewählt, etwa als 1 und $1/2\pi$. Gleiche Vorfaktoren wie hier implizieren, dass f und g dieselbe Norm haben:

$$\int_{-\infty}^{\infty} dk\; \left| g(k) \right|^2 = \int_{-\infty}^{\infty} dx\; \left| f(x) \right|^2 \qquad (5.13)$$

Dies sieht man mit Hilfe der folgenden Zwischenrechnung:

$$\int_{-\infty}^{\infty} dk \, g^*(k) \, g(k) \; \overset{(5.12)}{=} \; \int_{-\infty}^{\infty} dk \, \frac{1}{\sqrt{2\pi}} \int_{-\infty}^{\infty} dx \, f^*(x) \, \exp(ikx) \, g(k)$$

$$\overset{(5.11)}{=} \; \int_{-\infty}^{\infty} dx \, f^*(x) \, f(x)$$

Die Aussage (5.13) ist als das Parsevalsche Theorem der Fouriertransformation bekannt.

Für die quantenmechanische Anwendung setzen wir

$$f(x) = \psi(x,t), \qquad k = \frac{p}{\hbar}, \qquad g(k) = \sqrt{\hbar} \, \phi(p,t) \tag{5.14}$$

Damit werden (5.11), (5.12) und (5.13) zu

$$\psi(x,t) \;=\; \frac{1}{\sqrt{2\pi\hbar}} \int_{-\infty}^{\infty} dp \, \phi(p,t) \, \exp\left(\frac{ipx}{\hbar}\right) \tag{5.15}$$

$$\phi(p,t) \;=\; \frac{1}{\sqrt{2\pi\hbar}} \int_{-\infty}^{\infty} dx \, \psi(x,t) \, \exp\left(-\frac{ipx}{\hbar}\right) \tag{5.16}$$

$$\int_{-\infty}^{\infty} dp \, \left|\phi(p,t)\right|^2 \;=\; \int_{-\infty}^{\infty} dx \, \left|\psi(x,t)\right|^2 \;=\; 1 \tag{5.17}$$

Nach (5.15) ist $\phi(p,t)$ die Amplitude einer Welle mit dem Impuls p. Da die Integration von $|\phi(p,t)|^2$ über alle Impulse 1 ergibt, ist

$$\boxed{\left|\phi(p,t)\right|^2 dp = \begin{cases} \text{Wahrscheinlichkeit, das Elektron mit einem} \\ \text{Impuls zwischen } p \text{ und } p + dp \text{ zu finden} \end{cases}} \tag{5.18}$$

Analog zu (5.2) wird der Erwartungswert einer Funktion $f(p)$ durch

$$\langle f \rangle = \int_{-\infty}^{\infty} dp \, f(p) \left|\phi(p,t)\right|^2 \tag{5.19}$$

definiert. Hierauf übertragen wir die Diskussion, die zu (5.9) führte. Daraus ergibt sich, dass $\langle f \rangle$ gleich dem Mittelwert der Messung von f ist,

$$\langle f \rangle = \lim_{N \to \infty} \frac{1}{N} \sum_{j=1}^{N} f(\pi_j) = \lim_{N \to \infty} \frac{1}{N} \sum_{i} n_i \, f(p_i) \tag{5.20}$$

Analog zu (5.6) betrachten wir entweder alle N Messwerte $\pi_1,...,\pi_N$, oder wir bilden Intervalle bei p_i und geben die Anzahl n_i der Messwerte in jedem Intervall an.

Orts- und Impulsdarstellung

In (5.15)–(5.17) ist die Zeit t ein Parameter. In den folgenden Zwischenrechnungen schreiben wir die Zeitabhängigkeit nicht mit an.

Der Erwartungswert (5.19) kann durch die ursprüngliche Wellenfunktion $\psi(x)$ ausgedrückt werden. Wir führen dies explizit für $f(p) = p$ vor:

$$
\begin{aligned}
\langle p \rangle &= \int_{-\infty}^{\infty} dp \, p \, |\phi(p)|^2 = \int_{-\infty}^{\infty} dp \, \phi(p) \, p \, \phi^*(p) \\[2mm]
&= \int_{-\infty}^{\infty} dp \, \phi(p) \, p \, \frac{1}{\sqrt{2\pi\hbar}} \int_{-\infty}^{\infty} dx \, \psi^*(x) \, \exp\left(\frac{i\,p\,x}{\hbar} \right) \\[2mm]
&= \int_{-\infty}^{\infty} dx \, \psi^*(x) \, \frac{1}{\sqrt{2\pi\hbar}} \int_{-\infty}^{\infty} dp \, p \, \phi(p) \, \exp\left(\frac{i\,p\,x}{\hbar} \right) \\[2mm]
&= \int_{-\infty}^{\infty} dx \, \psi^*(x) \left(-i\hbar \, \frac{d}{dx} \right) \frac{1}{\sqrt{2\pi\hbar}} \int_{-\infty}^{\infty} dp \, \phi(p) \, \exp\left(\frac{i\,p\,x}{\hbar} \right) \\[2mm]
&= \int_{-\infty}^{\infty} dx \, \psi^*(x) \left(-i\hbar \, \frac{d}{dx} \right) \psi(x) = \int_{-\infty}^{\infty} dx \, \psi^*(x) \, p_{\text{op}} \, \psi(x) \qquad (5.21)
\end{aligned}
$$

Während sich $\langle p \rangle$ mit $\phi(p)$ als Erwartungswert einer Funktion ausdrückt, müssen wir für $\psi(x)$ den Operator

$$
p_{\text{op}} = -i\hbar \, \frac{d}{dx} \qquad (5.22)
$$

verwenden und ihn im Integral auf ψ anwenden. Die Rechnung (5.21) kann auf beliebige Potenzen des Impulses verallgemeinert werden,

$$
\langle p^n \rangle = \int_{-\infty}^{\infty} dp \, p^n \, |\phi(p)|^2 = \int_{-\infty}^{\infty} dx \, \psi^*(x) \, p_{\text{op}}^n \, \psi(x) \qquad (5.23)
$$

Für jede Funktion $f(p)$, die sich in eine Taylorreihe entwickeln lässt, gilt dann

$$
\langle f \rangle = \int_{-\infty}^{\infty} dp \, f(p) \, |\phi(p)|^2 = \int_{-\infty}^{\infty} dx \, \psi^*(x) \, f(p_{\text{op}}) \, \psi(x) \qquad (5.24)
$$

Nachdem im Ausdruck für den Erwartungswert Operatoren auftreten können, verallgemeinern wir die Definition (5.2) des Erwartungswerts zu

$$
\boxed{\; \langle O \rangle = \int_{-\infty}^{\infty} dx \, \psi^*(x, t) \, O_{\text{op}} \, \psi(x, t) \qquad \text{Erwartungswert} \;} \qquad (5.25)
$$

Dabei ist x eine kartesische Koordinate oder eine Abkürzung (5.3) für andere Koordinaten. Da O_{op} in (5.25) ein auf x wirkender Differenzialoperator sein kann, kommt es auf die Position von O_{op} an. So sind die Ausdrücke $\int dx \, O_{\text{op}} \, |\psi(x, t)|^2$ oder $\int dx \, |\psi(x, t)|^2 \, O_{\text{op}}$ im Allgemeinen nicht gleich $\langle O \rangle$.

Da $\phi(p, t)$ und $\psi(x, t)$ dieselbe Information enthalten, bezeichnen wir beide Funktionen als Wellenfunktionen, und zwar

$$\left.\begin{array}{c} \psi(x, t) \\ \phi(p, t) \end{array}\right\} \text{ als Wellenfunktion in der } \left\{\begin{array}{l} \text{Ortsdarstellung} \\ \text{Impulsdarstellung} \end{array}\right.$$

Je nachdem, welche der beiden Funktionen, $\psi(x, t)$ oder $\phi(p, t)$, wir verwenden, wird eine physikalische Größe durch einen anderen Operator dargestellt. So gilt nach (5.21) für den Impulsoperator

$$\begin{array}{l} \text{Impulsoperator,} \\ \text{dargestellt durch:} \end{array} \left\{\begin{array}{ll} p & \text{Impulsdarstellung} \\ -\mathrm{i}\hbar\, d/dx & \text{Ortsdarstellung} \\ (?) & \text{andere Darstellung} \end{array}\right. \quad (5.26)$$

Analog zu (5.21) zeigt man, dass für den Ortsoperator gilt

$$\begin{array}{l} \text{Ortsoperator,} \\ \text{dargestellt durch:} \end{array} \left\{\begin{array}{ll} x & \text{Ortsdarstellung} \\ \mathrm{i}\hbar\, d/dp & \text{Impulsdarstellung} \\ (?) & \text{andere Darstellung} \end{array}\right. \quad (5.27)$$

Später werden wir noch andere Darstellungen kennenlernen. Die Berechnung eines Erwartungswerts im Impulsraum erfolgt analog zu (5.25):

$$\langle O \rangle = \int_{-\infty}^{\infty} dp\ \phi^*(p, t)\ O_{\mathrm{op}}\ \phi(p, t) \quad (5.28)$$

Wie schon in (5.25) schreiben wir im Erwartungswert $\langle ... \rangle$ keinen Index op mit an. In (5.25) steht O_{op} für einen Operator im Ortsraum, in (5.28) dagegen für den entsprechenden (anderen) Operator im Impulsraum.

Nicht nur die Erwartungswerte, sondern auch alle anderen Beziehungen (insbesondere auch Operatorengleichungen und die Schrödingergleichung) lassen sich sowohl in der Orts- wie in der Impulsdarstellung hinschreiben. Der Übergang zwischen Orts- und Impulsdarstellung wird durch die Fouriertransformation $\mathcal{F}$ vermittelt. Zunächst sind die Wellenfunktionen durch $\mathcal{F}$ verknüpft,

$$\psi(x, t) \overset{\mathcal{F}}{\longleftrightarrow} \phi(p, t) \quad (5.29)$$

Man zeigt leicht die weiteren Beziehungen

$$p_{\mathrm{op}}\, \psi \overset{\mathcal{F}}{\longleftrightarrow} p\, \phi \quad (5.30)$$

$$x\, p_{\mathrm{op}}\, \psi \overset{\mathcal{F}}{\longleftrightarrow} x_{\mathrm{op}}\, p\, \phi \quad (5.31)$$

$$[x, p_{\mathrm{op}}]\, \psi \overset{\mathcal{F}}{\longleftrightarrow} [x_{\mathrm{op}}, p]\, \phi \quad (5.32)$$

Da dies für beliebige Wellenfunktionen gilt, schreiben wir unter Berücksichtigung von (3.15)

$$[x, p_{\mathrm{op}}] = \mathrm{i}\hbar \overset{\mathcal{F}}{\longleftrightarrow} [x_{\mathrm{op}}, p] = \mathrm{i}\hbar \quad (5.33)$$

Analog zu (3.15) kann der rechte Teil auch direkt mit $x_{op} = i\hbar\, d/dp$ bewiesen werden.

Operatorenbeziehungen, insbesondere Kommutatorrelationen, sind von der Darstellung unabhängig. Dies folgt hier aus der Verbindung durch die Fouriertransformation. Will man solche Relationen allgemein hinschreiben, so bezeichnet man die darstellungsunabhängigen Operatoren mit einem Dach und fasst beide Formen in (5.33) durch

$$[\,\hat{x}, \hat{p}\,] = i\hbar \tag{5.34}$$

zusammen. Die formale Einführung der darstellungsunabhängigen Operatoren erfolgt erst in Teil V. Ebenso wie den Index op lässt man im praktischen Gebrauch das Dach oft weg und schreibt (5.34) als

$$[\,x, p\,] = i\hbar \tag{5.35}$$

Eine analoge Vereinbarung gilt für alle anderen Operatoren, etwa für den Hamiltonoperator

$$\hat{H} = \frac{\hat{p}^2}{2m} + V(\hat{x}) \quad \text{oder} \quad H = \frac{p^2}{2m} + V(x) \tag{5.36}$$

Dabei ist der letzte Ausdruck mehrdeutig: Er kann, wie hier, eine Schreibweise des ersten Ausdrucks sein, er könnte die klassische Hamiltonfunktion H_{kl} bedeuten, er kann der Hamiltonoperator in der Ortsdarstellung (also mit $p = p_{op} = -i\hbar\, d/dx$) sein, oder auch der Hamiltonoperator in der Impuls- oder einer anderen Darstellung. Die konkrete Bedeutung ergibt sich aus dem Gebrauch des Ausdrucks; vorzugsweise bezeichnen wir aber mit H den Hamiltonoperator in der Ortsdarstellung. In der Definition des Operators $\hat{H}$, wie auch bei der Untersuchung von formalen Strukturen, werden wir diese Mehrdeutigkeiten durch eine präzise Notation vermeiden (Teil V). In den Anwendungen ist eine entsprechende Präzision jedoch eher hinderlich.

Ungeachtet der Symmetrie zwischen Orts- und Impulsdarstellung, die hier zum Ausdruck kam, werden die meisten Anwendungen in der Ortsdarstellung behandelt. Unter der Schrödingergleichung versteht man daher meistens die Schrödingergleichung in der Ortsdarstellung.

Aufgaben

5.1 Ortsoperator in der Impulsdarstellung

Gehen Sie in der Gleichung $\langle x \rangle = \int dx\, x\, |\psi(x)|^2$ zur Impulsdarstellung über. Bestimmen Sie aus dem Resultat den Ortsoperator in der Impulsdarstellung.

5.2 Schrödingergleichung in der Impulsdarstellung

Stellen Sie die eindimensionale Schrödingergleichung mit einem Potenzial $V(x)$ in der Impulsdarstellung auf, also die Wellengleichung für die Amplitude $\phi(p, t)$. Wie lautet die zugehörige stationäre Gleichung?

Spezialisieren Sie die stationäre Gleichung auf das Potenzial $V(x) = V_0\,\delta(x)$ mit $V_0 < 0$. Bestimmen Sie aus dieser Gleichung die Wellenfunktion $\varphi(p)$ des gebundenen Zustands und seine Energie.

5.3 Harmonischer Oszillator in der Impulsdarstellung

Wie lautet die eindimensionale Schrödingergleichung für den harmonischen Oszillator $V(x) = m\omega^2 x^2/2$ in der Impulsdarstellung? Verwenden Sie den Ortsoperator in der Impulsdarstellung aus Aufgabe 5.1. Geben Sie die zugehörige zeitunabhängige Gleichung an.

5.4 Impulserwartungswert für reelle Wellenfunktion

Zeigen Sie, dass der Impulserwartungswert $\langle p \rangle$ für eine reelle, normierte Wellenfunktion $\psi(r)$ verschwindet.

5.5 Wignertransformierte

Die *Wignertransformierte* einer Wellenfunktion $\psi(x)$ wird durch

$$W(x, p) = \frac{1}{2\pi\hbar} \int_{-\infty}^{\infty} dy\; \psi^*\!\left(x - \frac{y}{2}\right) \psi\!\left(x + \frac{y}{2}\right) \exp\!\left(-\frac{i\,p\,y}{\hbar}\right) \qquad (5.37)$$

definiert. Zeigen Sie

$$\left|\psi(x)\right|^2 = \int_{-\infty}^{\infty} dp\; W(x, p) \quad \text{und} \quad \left|\phi(p)\right|^2 = \int_{-\infty}^{\infty} dx\; W(x, p) \qquad (5.38)$$

Geben Sie die Wignertransformierte für eine normierte Gaußfunktion an, also für

$$\psi(x) = \frac{1}{(2\pi\alpha)^{1/4}} \exp\!\left(-\frac{x^2}{4\alpha}\right)$$

6 Hermitesche Operatoren

Operatoren, die einer Messgröße entsprechen, sind hermitesch (nach dem Mathematiker Hermite, deshalb hermitesch und nicht hermitisch). Die Eigenschaft hermitesch wird formal definiert. Sie garantiert, dass die Theorie den Messgrößen reelle Werte zuordnet.

Ein Operator F ist genau dann hermitesch, wenn er für beliebige quadratintegrable Funktionen $\varphi(x)$ und $\psi(x)$ die Bedingung

$$\boxed{\int dx\ \varphi^*(x)\left(F\,\psi(x)\right) = \int dx\left(F\,\varphi(x)\right)^*\psi(x) \qquad \text{Hermitezität}} \qquad (6.1)$$

erfüllt. Hier und im Folgenden steht x wieder stellvertretend für die verallgemeinerten Koordinaten $(q_1, q_2, ..., q_f)$; die Integralgrenzen folgen aus der Bedeutung der Koordinaten. Das Zeitargument t wird in diesem Kapitel unterdrückt. Auf der linken Seite wirkt der Operator F auf ψ, auf der rechten Seite auf φ.

Mit $(F\,\varphi)^* = F^*\varphi^*$ können wir die Bedingung (6.1) auch etwas anders schreiben:

$$\int dx\ \varphi^*(x)\left(F\,\psi(x)\right) = \int dx\left(F^*\varphi^*(x)\right)\psi(x) \qquad \begin{array}{c}\text{(hermitescher}\\\text{Operator } F)\end{array} \qquad (6.2)$$

Dabei ist F^* der konjugiert komplexe Operator.

Der *adjungierte* Operator $F^\dagger$ wird dadurch definiert, dass er für beliebige φ und ψ die Bedingung

$$\int dx\left(F^\dagger\varphi(x)\right)^*\psi(x) = \int dx\ \varphi(x)^*\,F\,\psi(x) \qquad (6.3)$$

erfüllt. Der Vergleich mit (6.1) zeigt, dass für einen hermiteschen Operator die Aussage

$$F^\dagger = F \qquad \text{(selbstadjungiert)} \qquad (6.4)$$

zutrifft; ein hermitescher Operator ist also selbstadjungiert. Umgekehrt erfüllt jeder selbstadjungierte Operator die Bedingung (6.1); die Eigenschaften hermitesch und selbstadjungiert sind also äquivalent. Wir werden auf den Begriff adjungiert erst wieder in Kapitel 31 zurückkommen.

Erhaltung der Norm

Die Ersetzungsregeln aus Kapitel 3 führen von der Hamiltonfunktion zu hermiteschen Hamiltonoperatoren; im Allgemeinen schließen wir daher nichthermitesche Hamiltonoperatoren aus. Für ein hermitesches H folgt die Erhaltung der Norm aus der Schrödingergleichung:

$$\frac{d}{dt} \int dx \; \psi^* \psi \; = \; \int dx \; \left(\psi^* \frac{\partial \psi}{\partial t} + \frac{\partial \psi^*}{\partial t} \psi \right)$$

$$= \; \frac{1}{i \hbar} \int dx \; \left(\psi^* (H \psi) - (H^* \psi^*) \psi \right) = 0 \qquad (6.5)$$

Das Resultat gilt auch für einen zeitabhängigen Hamiltonoperator.

Reelle Erwartungswerte

Aus der Hermitezität von F folgt

$$\langle F \rangle^* \; = \; \left(\int dx \; \psi^* F \psi \right)^* = \int dx \; \psi \; F^* \psi^*$$

$$= \; \int dx \; (F^* \psi^*) \, \psi \; \overset{(6.2)}{=} \; \int dx \; \psi^* F \psi = \langle F \rangle \qquad (6.6)$$

Daher gilt: *Der Erwartungswert eines hermiteschen Operators ist reell.* Allen Messgrößen (wie Ort, Impuls, Drehimpuls, Energie) sind hermitesche Operatoren zugeordnet. Mit den Erwartungswerten sind dann auch die Mittelwerte von Messungen reell. Wie wir später (Kapitel 16) sehen werden, ist mit der Hermitezität auch garantiert, dass jeder einzelne Messwert reell ist.

Erste Beispiele

Wir beweisen die Hermitezität einiger einfacher Operatoren. Wir beginnen mit dem eindimensionalen Fall, in dem x eine kartesischen Koordinate ist.

Der Ortsoperator x bedeutet als Operator die Multiplikation mit der Funktion x (in der Ortsdarstellung). Die Hermitezität dieses Ortsoperators ist offensichtlich:

$$\int_{-\infty}^{\infty} dx \; \varphi^*(x) \, x \, \psi(x) = \int_{-\infty}^{\infty} dx \; \left(x \, \varphi(x) \right)^* \psi(x) \qquad (6.7)$$

Ebenfalls in der Ortsdarstellung zeigen wir die Hermitezität des Impulsoperators $p_{\mathrm{op}} = -i \hbar \, d/dx$:

$$\int_{-\infty}^{\infty} dx \; \varphi^*(x) \, p_{\mathrm{op}} \, \psi(x) = \int_{-\infty}^{\infty} dx \; \varphi^*(x) \, (-i \hbar) \frac{d\psi(x)}{dx} \overset{\mathrm{p.I.}}{=} -i \hbar \, \varphi^*(x) \, \psi(x) \Big|_{-\infty}^{\infty}$$

$$+ i \hbar \int_{-\infty}^{\infty} dx \; \frac{d\varphi^*(x)}{dx} \, \psi(x) = \int_{-\infty}^{\infty} dx \; \left(p_{\mathrm{op}}^* \varphi^*(x) \right) \psi(x) \qquad (6.8)$$

Dabei wurde benutzt, dass normierbare Wellenfunktionen bei unendlich verschwinden müssen.

Für die dreidimensionale Bewegung eines Teilchens ist x durch $\mathbf{r} := (x, y, z)$ zu ersetzen. Analog zu (6.8) zeigt man, dass der Operator für die x-Komponente des Impulses, $p_{x,\text{op}} = -i\hbar\, \partial/\partial x$, hermitesch ist:

$$\int d^3r \, \varphi^*(\mathbf{r}) \, p_{x,\text{op}} \, \psi(\mathbf{r}) = \int dx \int dy \int dz \, \varphi^*(\mathbf{r}) \left(-i\hbar \frac{\partial}{\partial x}\right) \psi(\mathbf{r})$$

$$\stackrel{\text{p.I.}}{=} -i\hbar \int dy \int dz \, \varphi^*(\mathbf{r}) \, \psi(\mathbf{r}) \Big|_{x=-\infty}^{x=\infty} + i\hbar \int d^3r \, \frac{\partial \varphi^*(\mathbf{r})}{\partial x} \, \psi(\mathbf{r})$$

$$= \int d^3r \, \big(p_{x,\text{op}} \, \varphi(\mathbf{r})\big)^* \, \psi(\mathbf{r}) \tag{6.9}$$

Kombinationen von Operatoren

Für zwei hermitesche Operatoren F und K und zwei reelle Zahlen α und β gilt:

$$\alpha F + \beta K \quad \text{ist hermitesch} \tag{6.10}$$

Dies bedeutet zum Beispiel, dass der Ortsoperator $\mathbf{r} = x\, \mathbf{e}_x + y\, \mathbf{e}_y + z\, \mathbf{e}_z$ und der Impulsoperator

$$\mathbf{p}_{\text{op}} = -i\hbar\nabla = p_{x,\text{op}}\, \mathbf{e}_x + p_{y,\text{op}}\, \mathbf{e}_y + p_{z,\text{op}}\, \mathbf{e}_z \tag{6.11}$$

hermitesch sind. Dabei verhält sich $\mathbf{e}_x = \mathbf{e}_x^*$ wie ein reeller Faktor. Ebenfalls hermitesch sind dann die Orts- und Impulsoperatoren verschiedener Teilchen (in einem Mehrteilchensystem).

Für das Produkt $F K$ der hermiteschen Operatoren F und K gilt:

$$\int dx \, \varphi^*(x) \, \big(F K \, \psi(x)\big) = \int dx \, \big(F \varphi(x)\big)^* K \, \psi(x) = \int dx \, \big(K F \varphi(x)\big)^* \, \psi(x) \tag{6.12}$$

Damit ist $F K$ genau dann hermitesch, wenn F und K vertauschen. Dies ist trivialerweise für $F = K$ der Fall. Also ist F^2 hermitesch, und damit auch jede Potenz F^n. Eine Funktion $g(F)$ eines Operators wird durch seine Taylorreihe definiert:

$$g(F) = \sum_{n=0}^{\infty} \frac{1}{n!} \left(\frac{d^n g(\xi)}{d\xi^n}\right)_{\xi=0} F^n \tag{6.13}$$

Mit F ist auch $g(F)$ hermitesch.

Aus dem Gesagten folgt, dass mit $\mathbf{p}_{\text{op}}$ und $\mathbf{r}$ auch der Hamiltonoperator

$$H = \frac{\mathbf{p}_{\text{op}}^2}{2m} + V(\mathbf{r}, t) \tag{6.14}$$

hermitesch ist. Analog dazu zeigt man die Hermitezität des Hamiltonoperators eines Mehrteilchensystems.

Als letztes Beispiel betrachten wir den Operator

$$\boldsymbol{\ell}_{op} = \boldsymbol{r} \times \boldsymbol{p}_{op} \tag{6.15}$$

der später als Drehimpulsoperator eingeführt wird. In den einzelnen Komponenten, etwa in

$$\ell_z = \boldsymbol{e}_z \cdot \boldsymbol{\ell}_{op} = x\, p_{y,op} - y\, p_{x,op} \tag{6.16}$$

stehen Produkte von Operatoren, die miteinander vertauschen. Wie im Anschluss an (6.12) festgestellt, ist das Produkt dann wieder ein hermitescher Operator. Nach (23.37) erhält man für Kugelkoordinaten

$$\ell_z = -i\hbar\, \frac{\partial}{\partial \phi} \tag{6.17}$$

Um hierfür direkt die Hermitezität

$$\int_0^{2\pi} d\phi\, \varphi(\phi)^* \left(\ell_z\, \psi(\phi) \right) = \int_0^{2\pi} d\phi\, \left(\ell_z\, \varphi(\phi) \right)^* \psi(\phi) \tag{6.18}$$

zu zeigen, muss man $\varphi(\phi + 2\pi) = \varphi(\phi)$ und $\psi(\phi + 2\pi) = \psi(\phi)$ berücksichtigen; denn nur dann verschwinden die Randterme bei der partiellen Integration. Die anderen Koordinaten (etwa r und θ) wurden in (6.18) unterdrückt.

Lineare Operatoren

Alle Operatoren, die wir in der Quantenmechanik betrachten werden (etwa H, p_{op} und q), sind lineare Operatoren. Ein Operator F ist dann *linear*, wenn gilt

$$F\left(\alpha\, g_1 + \beta\, g_2 \right) = \alpha\, (F\, g_1) + \beta\, (F\, g_2) \tag{6.19}$$

Dabei sind α und β Zahlen, und g_i ist eine Funktion, auf die der betrachtete Operator wirkt. Ein nichtlinearer Operator wäre dagegen zum Beispiel einer, der einer Funktion $g(x)$ die Funktion $[g(x)]^2$ zuordnet.

Aufgaben

6.1 Kommutator hermitescher Operatoren

Ein hermitescher beziehungsweise antihermitescher Operator F ist durch die Bedingung

$$\int dx\, \varphi^*(x)\left(F\,\psi(x)\right) = \pm \int dx\, \left(\varphi(x)\,F\right)^* \psi(x)$$

definiert. Dabei steht das Pluszeichen für hermitesch und das Minuszeichen für antihermitesch. Zeigen Sie für zwei hermitesche Operatoren F und K:

$$\left[F, K\right] \text{ ist antihermitesch,} \qquad \mathrm{i}\left[F, K\right] \text{ ist hermitesch}$$

6.2 Ersetzungsregel für nichtvertauschende Größen

In der klassischen Hamiltonfunktion sind die Terme $p\,f(x)$ und $f(x)\,p$ äquivalent. Die Ersetzungsregel $p \rightarrow p_{\mathrm{op}} = -\mathrm{i}\hbar\, d/dx$ für den Übergang zum Hamiltonoperator führt aber zu verschiedenen Operatoren. In dem Ansatz

$$p\,f(x) \longrightarrow \alpha\, p_{\mathrm{op}}\, f(x) + (1 - \alpha)\, f(x)\, p_{\mathrm{op}} \qquad (6.20)$$

ist die Reihenfolge offen gelassen. Wie ist der reelle Koeffizient α zu wählen, damit der resultierende Operator hermitesch ist?

6.3 Zeitumkehrinvarianz

Betrachten Sie die Transformation $t \rightarrow -t$ in der zeitabhängigen Schrödingergleichung mit einem reellen zeitunabhängigen Potenzial $V(r)$. Welchen Einfluss hat diese Transformation auf die Aufenthaltswahrscheinlichkeit $|\psi|^2$ und auf den Erwartungswert $\langle F \rangle_t$ eines zeitunabhängigen beliebigen hermiteschen Operators F?

7 Unschärferelation

Die Unschärfe ist ein Maß für die Abweichung der Messwerte vom Mittelwert. Die quantenmechanische Unschärferelation gibt eine untere Grenze für das Produkt der Unschärfen zweier Messgrößen an. Diese untere Grenze hängt vom Kommutator der zugehörigen Operatoren ab.

Einführung

In Kapitel 5 wurden die Wellenfunktionen in der Orts- und in der Impulsdarstellung betrachtet, $\psi(x,t)$ und $\phi(p,t)$. Die beiden Darstellungen sind durch eine Fouriertransformation verknüpft:

$$\psi(x,t) \;=\; \frac{1}{\sqrt{2\pi\hbar}} \int_{-\infty}^{\infty} dp \; \phi(p,t) \; \exp\left(\frac{\mathrm{i}\,p\,x}{\hbar}\right) \tag{7.1}$$

$$\phi(p,t) \;=\; \frac{1}{\sqrt{2\pi\hbar}} \int_{-\infty}^{\infty} dx \; \psi(x,t) \; \exp\left(-\frac{\mathrm{i}\,p\,x}{\hbar}\right) \tag{7.2}$$

Die Größe $|\psi(x,t)|^2$ bestimmt die Häufigkeit des Auftretens der Messwerte x für den Ort, und $|\phi(p,t)|^2$ bestimmt die Häufigkeit der Impulswerte p. Ohne Bezug auf physikalische Inhalte wird eine Fouriertransformation üblicherweise in der Form

$$f(x) \;=\; \frac{1}{\sqrt{2\pi}} \int_{-\infty}^{\infty} dk \; g(k) \; \exp(\mathrm{i}kx) \tag{7.3}$$

$$g(k) \;=\; \frac{1}{\sqrt{2\pi}} \int_{-\infty}^{\infty} dx \; f(x) \; \exp(-\mathrm{i}kx) \tag{7.4}$$

angeschrieben. Zwischen f und g besteht folgende Korrelation: Ist $f(x)$ in einem engen Bereich lokalisiert, so ist die Verteilung von $g(k)$ breit; dies gilt umgekehrt entsprechend. Diese mathematische Korrelation ist die Grundlage der Unschärferelation. Wir diskutieren die Korrelation am besonders einfachen Beispiel einer Gaußfunktion. Für

$$g(k) = \left(\frac{2\alpha}{\pi}\right)^{1/4} \exp\left(-\alpha\,(k-k_0)^2\right), \qquad \int_{-\infty}^{\infty} dk \; g(k)^2 = 1 \tag{7.5}$$

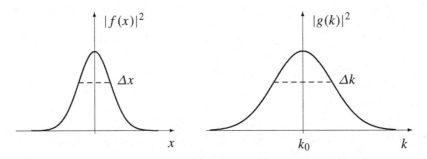

Abbildung 7.1 Die Fouriertransformierte einer Gaußverteilung $f(x)$ ist wieder eine Gaußverteilung $g(k)$. Unabhängig von der speziellen Form gilt: Die Breite der Verteilung im Ortsraum ist umgekehrt proportional zu der im k-Raum, also $\Delta x \propto 1/\Delta k$.

erhalten wir

$$
\begin{aligned}
f(x) &= \frac{1}{\sqrt{2\pi}} \left(\frac{2\alpha}{\pi} \right)^{1/4} \int_{-\infty}^{\infty} dk \, \exp\left(-\alpha \, (k - k_0)^2\right) \, \exp(\mathrm{i}kx) \\
&= (2\alpha\,\pi)^{-1/4} \, \exp(\mathrm{i}k_0 x) \, \exp\left(-\frac{x^2}{4\alpha}\right)
\end{aligned}
\tag{7.6}
$$

Die Fouriertransformation einer Gaußfunktion ist also wieder eine Gaußfunktion. Die Betragsquadrate der Funktion und ihrer Fouriertransformierten sind in Abbildung 7.1 skizziert.

Die Breiten Δx und Δk der Verteilungen (7.5) und (7.6) hängen von dem Parameter α gemäß $\Delta k \sim 1/\sqrt{\alpha}$ und $\Delta x \sim \sqrt{\alpha}$ ab; die Breiten werden unten noch genau definiert. Hieraus folgt, dass eine schmale Verteilung im k-Raum eine breite Verteilung im x-Raum bedingt, und umgekehrt. Das Produkt $\Delta x \, \Delta k$ ist von der Größe 1. Für beliebige Verteilungen gilt

$$
\Delta x \, \Delta k \gtrsim O(1)
\tag{7.7}
$$

Die Breiten im x- und k-Raum können also nicht beide beliebig klein gemacht werden. Im Grenzfall, dass die eine Verteilung die Breite null hat (etwa $g(k) = \delta(k - k_0)$), ist die Breite der anderen ($|f(x)| = \text{const.}$) unendlich.

Die bisherigen Feststellungen sind mathematische Aussagen für die Fouriertransformation (7.3, 7.4). Sie erhalten physikalische Bedeutung, wenn wir Teilchen durch Wellen mit

$$
p = \hbar k
\tag{7.8}
$$

beschreiben. Hierfür wird (7.7) zur Unschärferelation $\Delta x \, \Delta p \gtrsim O(\hbar)$. Dies bedeutet, dass Ort und Impuls eines Teilchens nicht beide zugleich scharf festgelegt werden können. Die abzuleitende Unschärferelation verallgemeinert und präzisiert diese Aussage.

Definition der Breiten

Der Erwartungswert $\langle x \rangle$ gibt den Mittelwert der Messwerte für den Ort an. Wir können nun fragen, in welchem Maß die tatsächlichen Messwerte vom Mittelwert abweichen; diese Frage kann analog für den Impuls gestellt werden. Als Maß für die Abweichung vom Mittelwert definieren wir die *mittleren quadratischen Abweichungen*:

$$(\Delta x)^2 \equiv \left\langle (x - \langle x \rangle)^2 \right\rangle \tag{7.9}$$

$$(\Delta p)^2 \equiv \left\langle (p - \langle p \rangle)^2 \right\rangle \tag{7.10}$$

Alle auftretenden Erwartungswerte $\langle ... \rangle$ sind dabei wie in (5.25) definiert. Für einen beliebigen Operator F gilt

$$(\Delta F)^2 = \left\langle \left(F - \langle F \rangle\right)^2 \right\rangle = \langle F^2 \rangle - \langle F \rangle^2 \geq 0 \tag{7.11}$$

Die mittlere Abweichung (Δx, Δp oder ΔF) wird auch *Unschärfe* genannt. Die Impulserwartungswerte können entweder mit p_{op} und $\psi(x, t)$ oder mit p und $\phi(p, t)$ wie in (5.19) berechnet werden; diese Wahlmöglichkeit besteht auch für x und F. Meist verwendet man die Ortsdarstellung.

Als Beispiel betrachten wir die Funktion

$$\psi(x) = (2\alpha\,\pi)^{-1/4} \exp\left(-\frac{x^2}{4\alpha}\right) \exp(\mathrm{i}k_0 x) \tag{7.12}$$

Wir berechnen:

$$\langle x \rangle = \frac{1}{\sqrt{2\alpha\,\pi}} \int_{-\infty}^{\infty} dx\, x \, \exp(-x^2/2\alpha) = 0 \tag{7.13}$$

$$\langle x^2 \rangle = \frac{1}{\sqrt{2\alpha\,\pi}} \int_{-\infty}^{\infty} dx\, x^2 \, \exp(-x^2/2\alpha) = \alpha \tag{7.14}$$

$$\Delta x = \sqrt{\langle x^2 \rangle - \langle x \rangle^2} = \sqrt{\alpha} \tag{7.15}$$

$$\langle p \rangle = \int_{-\infty}^{\infty} dx\, \psi^*(x) \left(-\mathrm{i}\hbar\, d/dx\right) \psi(x) = \hbar k_0 \tag{7.16}$$

$$\langle p^2 \rangle = \int_{-\infty}^{\infty} dx\, \psi^*(x) \left(-\mathrm{i}\hbar\, d/dx\right)^2 \psi(x) = \hbar^2 k_0^2 + \frac{\hbar^2}{4\alpha} \tag{7.17}$$

$$\Delta p = \sqrt{\langle p^2 \rangle - \langle p \rangle^2} = \frac{\hbar}{2\sqrt{\alpha}} \tag{7.18}$$

Ableitung der Unschärferelation

Für zwei beliebige hermitesche Operatoren F und K leiten wir eine untere Schranke für das Produkt der Unschärfen ΔF und ΔK ab. Die Ungleichung

$$I(\gamma) = \int dx \left| \left[\gamma \left(F - \langle F \rangle \right) - \mathrm{i} \left(K - \langle K \rangle \right) \right] \psi \right|^2 \geq 0 \qquad (7.19)$$

gilt für beliebige F, K und ψ; die Zahl γ beschränken wir auf reelle Werte. Die Koordinate x soll für den allgemeinen Fall stehen,

$$x = (q_1, \ldots, q_f) \quad \text{und} \quad \psi = \psi(x, t) = \psi(q_1, \ldots, q_f, t) \qquad (7.20)$$

Unter Berücksichtigung von $\gamma^* = \gamma$ und der Hermitezität von F und K formen wir (7.19) um:

$$\int dx \left(\left[\gamma \left(F^* - \langle F \rangle \right) + \mathrm{i} \left(K^* - \langle K \rangle \right) \right] \psi^* \right) \left[\gamma \left(F - \langle F \rangle \right) - \mathrm{i} \left(K - \langle K \rangle \right) \right] \psi$$

$$= \int dx \, \psi^* \left[\gamma \left(F - \langle F \rangle \right) + \mathrm{i} \left(K - \langle K \rangle \right) \right] \left[\gamma \left(F - \langle F \rangle \right) - \mathrm{i} \left(K - \langle K \rangle \right) \right] \psi \qquad (7.21)$$

Wir führen das Produkt der eckigen Klammern aus:

$$I(\gamma) = \int dx \, \psi^* \left[\gamma^2 \left(F - \langle F \rangle \right)^2 + \left(K - \langle K \rangle \right)^2 - \mathrm{i} \gamma \left(FK - KF \right) \right] \psi$$

$$= \gamma^2 (\Delta F)^2 + (\Delta K)^2 - \gamma \left\langle \mathrm{i}[F, K] \right\rangle \geq 0 \qquad (7.22)$$

Hierbei ist $\langle \mathrm{i}[F, K] \rangle$ reell, weil $\mathrm{i}[F, K]$ hermitesch ist (Aufgabe 6.1). Die Ungleichung (7.22) gilt für beliebige reelle Werte von γ. Die stärkste Aussage erhalten wir, wenn wir den Wert γ_0 einsetzen, für den die Funktion $I(\gamma)$ minimal wird. Die quadratische Form $I(\gamma)$ hat genau ein Minimum. Aus $dI/d\gamma = 0$ ergibt sich

$$\gamma_0 = \frac{\langle \mathrm{i}[F, K] \rangle}{2 \, (\Delta F)^2} \qquad (7.23)$$

Aus

$$I(\gamma_0) = (\Delta K)^2 - \frac{\langle \mathrm{i}[F, K] \rangle^2}{4 \, (\Delta F)^2} \geq 0 \qquad (7.24)$$

folgt

$$\boxed{\text{Unschärferelation:} \qquad (\Delta F)^2 \, (\Delta K)^2 \geq \frac{\langle \mathrm{i}[F, K] \rangle^2}{4}} \qquad (7.25)$$

Die rechte Seite ist größer oder gleich null. Für $F = x$ und $K = p_{\mathrm{op}} = -\mathrm{i}\hbar \, d/dx$ gilt

$$[F, K] = [x, p_{\mathrm{op}}] = \left[x, \, -\mathrm{i}\hbar \, \frac{d}{dx} \right] = \mathrm{i}\hbar \qquad (7.26)$$

Dies ergibt den Spezialfall

$$
(\Delta x)^2 (\Delta p)^2 \geq \frac{\hbar^2}{4} \quad \text{oder} \quad \Delta x \, \Delta p \geq \frac{\hbar}{2}
\tag{7.27}
$$

der Unschärferelation. Für Gaußfunktionen gilt wegen (7.15) und (7.18) das Gleichheitszeichen. Mit $p = \hbar k$ erhalten wir aus (7.27) die exakte Form von (7.7):

$$
\Delta k \, \Delta x \geq \frac{1}{2}
\tag{7.28}
$$

Streuung der Messwerte

Aus den N Messwerten ξ_j für eine Ortsmessung ergibt sich die Breite Δx gemäß (5.9) zu

$$
(\Delta x)^2 = \left\langle \left(x - \langle x \rangle \right)^2 \right\rangle = \lim_{N \to \infty} \frac{1}{N} \sum_{j=1}^{N} \left(\xi_j - \langle x \rangle \right)^2
\tag{7.29}
$$

Dies ist ein Maß dafür, wie stark die gemessenen $x = \xi_j$ vom Mittelwert $\langle x \rangle$ abweichen, also in welchen Bereich um den Mittelwert herum sie streuen. Diese Streuung kann als *Unschärfe der Messwerte* aufgefasst werden. Damit begrenzt Δx auch die Genauigkeit, mit der ein Teilchen in einem bestimmten Zustand lokalisiert werden kann.

Die Unschärferelation ist eine Aussage über die minimale Unschärfe bei der Messung von zwei physikalischen Größen (den beiden zu F und K gehörenden Größen). Speziell gilt: Für eine in einem engen Bereich lokalisierte Wellenfunktion $\psi(x, t)$ liegen die Ortsmesswerte in der Nähe von $\langle x \rangle$; zugleich streuen die gemessenen Impulswerte in einem entsprechend weiten Bereich um $\langle p \rangle$ herum. Für eine in einem engen Bereich lokalisierte Wellenfunktion $\phi(p, t)$ liegen die Impulsmesswerte in der Nähe von $\langle p \rangle$; zugleich streuen die gemessenen Ortswerte in einem entsprechend weiten Bereich um $\langle x \rangle$ herum. Beide Größen, Ort und Impuls, können durch eine Wellenfunktion nicht zugleich scharf definiert werden. Sie sind vielmehr in der durch die Unschärferelation beschriebenen Weise unbestimmt; man spricht daher auch von der Unbestimmtheitsrelation. Dies ist ein wesentlicher Unterschied zur Mechanik, wo der Ort $\boldsymbol{r}(t)$ und der Impuls $\boldsymbol{p} = m\,\dot{\boldsymbol{r}}(t)$ gleichzeitig wohldefiniert sind.

Wir fassen zusammen: Die Unschärferelation gibt die quantenmechanische Unbestimmtheit in der Messung der zu F und K gehörigen Größen an.

Falls die beiden betrachteten Operatoren kommutieren, ergeben sich keine grundsätzlichen Einschränkungen für die gleichzeitige genaue Bestimmbarkeit der beiden Größen; beide Größen sind dann *simultan* messbar. Ein triviales Beispiel ist die Messung von Impuls und Energie eines freien Teilchens,

$$
F = \boldsymbol{p}_{\text{op}}, \qquad K = H = \frac{\boldsymbol{p}_{\text{op}}^2}{2m}
\tag{7.30}
$$

Nach der Unschärferelation können diese beiden Größen zugleich genau bestimmt sein, da F und K kommutieren. Speziell für (7.30) legt die Messung des Impulses zugleich die Energie fest. Aus $[F, K] = 0$ folgt aber nicht, dass $\Delta F = \Delta p$ und $\Delta K = \Delta H = \Delta E$ tatsächlich beide gleich null sind. Dies ist lediglich für bestimmte Wellenfunktionen der Fall. So gilt etwa

$$\Delta p \, \Delta E = \begin{cases} \geq 0 & \psi \text{ beliebig} \\ = 0 & \psi = \exp(\mathrm{i}kx) \\ > 0 & \psi \text{ aus (7.12)} \end{cases} \qquad (7.31)$$

Als weiteres Beispiel betrachten wir

$$F = \boldsymbol{p}_{\mathrm{op}}\,, \qquad K = H = \frac{\boldsymbol{p}_{\mathrm{op}}^2}{2m} + V(\boldsymbol{r}) \qquad (7.32)$$

Hier ist

$$[H, \boldsymbol{p}_{\mathrm{op}}] = -\mathrm{i}\hbar \,(V\boldsymbol{\nabla} - \boldsymbol{\nabla}V) = \mathrm{i}\hbar \, \mathrm{grad}\, V(\boldsymbol{r}) \qquad (7.33)$$

und somit gilt

$$(\Delta E)^2 \, (\Delta p)^2 \geq \frac{\hbar^2}{4} \left(\mathrm{grad}\, V(r)\right)^2 \qquad (7.34)$$

In diesem Fall können ΔE und Δp im Allgemeinen nicht beliebig klein sein.

Komplementäre Größen

Der Zustand eines klassischen Systems wird durch die Angabe aller Koordinaten $q_1,..., q_f$ und aller Impulse $p_1,..., p_f$ definiert. Insbesondere sind jeweils die Koordinate q_n *und* der zugehörige Impuls p_n festzulegen.

In der Quantenmechanik ist die gleichzeitige Festlegung wegen

$$[q_n, p_{n,\mathrm{op}}] = \left[q_n, -\mathrm{i}\hbar \, \frac{\partial}{\partial q_n} \right] = \mathrm{i}\hbar \qquad (7.35)$$

und der Unschärferelation nicht möglich. Größen dieser Art, deren Kommutatorrelation $\mathrm{i}\hbar$ ergibt, heißen (zueinander) *komplementär*. Diese Größen sind komplementär in dem Sinn, dass zur Festlegung des klassischen Zustands einerseits beide Größen bestimmt sein müssten, dass aber andererseits dies wegen der Unschärferelation nicht möglich ist. Spezielle komplementäre Größen sind der Ort und Impuls oder Drehwinkel und Drehimpuls.

Die Komplementarität entspricht dem Welle-Teilchen-Dualismus (Kapitel 1). Eine experimentelle Ortsbestimmung bedeutet den Nachweis eines (lokalisierten) Teilchens. Ein Interferenzexperiment misst dagegen die Wellenlänge (oder, äquivalent, den Impuls). Je nach Experiment tritt der Teilchen- oder der Wellencharakter zutage. Das Experiment entscheidet darüber, ob der Ort oder der Impuls gemessen wird; in einem Fall wird Δx, im anderen Δp klein gemacht.

Man kann über den Rahmen von (7.35) hinaus auch Energie und Zeit als komplementäre Größen auffassen, allerdings nur mit den im folgenden Abschnitt erläuterten Einschränkungen.

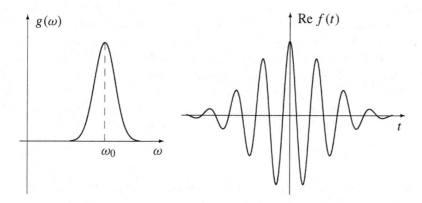

Abbildung 7.2 Für eine lokalisierte Amplitudenfunktion $g(\omega)$ (links) erhält man den rechts gezeigten Wellenzug Re $f(t)$. Die Größen $g(\omega)$ und $f(t)$ sind durch die Fouriertransformation (7.36) miteinander verknüpft. Die Breite des Wellenzugs Δt und die Frequenzunschärfe $\Delta\omega$ genügen der Bedingung $\Delta\omega \sim 1/\Delta t$.

Energie-Zeit-Unschärfe

Wir betrachten die Fouriertransformierte $g(\omega)$ einer zeitabhängigen Funktion $f(t)$,

$$f(t) = \frac{1}{\sqrt{2\pi}} \int_{-\infty}^{\infty} d\omega\, g(\omega)\, \exp(-\mathrm{i}\omega t)$$

$$g(\omega) = \frac{1}{\sqrt{2\pi}} \int_{-\infty}^{\infty} dt\, f(t)\, \exp(\mathrm{i}\omega t) \tag{7.36}$$

Die Vorzeichen in den Exponentialfunktionen können auch vertauscht werden; die angegebene Wahl entspricht der Identifizierung $E = \hbar\omega$, wenn $f(t)$ eine Wellenfunktion ist.

Für (7.36) folgt aus den einleitenden Betrachtungen dieses Kapitels

$$\Delta t\, \Delta\omega \gtrsim \frac{1}{2} \tag{7.37}$$

Ein Beispiel hierfür ist in Abbildung 7.2 gezeigt. Mit der Identifikation

$$E = \hbar\omega \tag{7.38}$$

erhalten wir hieraus eine Energie-Zeit-Unschärfe-Beziehung:

$$\Delta t\, \Delta E \gtrsim \frac{\hbar}{2} \tag{7.39}$$

Diese Beziehung fällt *nicht* in den obigen Rahmen (7.25), da die Zeit keine Messgröße wie der Ort x oder der Impuls p ist. Die Zeit spielt vielmehr in der nichtrelativistischen Quantenmechanik die gleiche Rolle wie in der nichtrelativistischen

Mechanik; sie wird durch eine geeignete (klassische) Uhr definiert. Zu einem bestimmten Zeitpunkt können wir dann Ort oder Impuls messen; erst für diese Messung ergeben sich die grundlegenden Unterschiede zwischen Mechanik und Quantenmechanik. Daher gibt es auch nicht so etwas wie den Erwartungswert $\langle t \rangle$ oder
die Messung des Mittelwerts der Zeit für ein Elektron in einem Zustand $\psi(x, t)$.
Trotzdem ist auch (7.39) bei *geeigneter Interpretation* qualitativ richtig. Betrachten
wir etwa ein Teilchen, das durch einen Wellenzug der Länge Δx beschrieben wird.
Dann können wir die Zeit des Vorbeiflugs dieses Teilchens mit

$$\Delta t \approx \frac{\Delta x}{\langle p \rangle / m} \tag{7.40}$$

eingrenzen. Die Energieunschärfe (sie kann im Gegensatz zu Δt auch als Erwartungswert definiert werden) ist andererseits

$$\Delta E \approx \frac{\langle p \rangle \, \Delta p}{m} \tag{7.41}$$

Mit dieser Interpretation von Δt gilt dann

$$\Delta E \, \Delta t \approx \Delta x \, \Delta p \gtrsim \frac{\hbar}{2} \tag{7.42}$$

Als Fazit halten wir fest: Die Energie-Zeit-Unschärfe kann für Abschätzungen nützlich sein; sie ergibt sich jedoch nicht direkt aus der quantenmechanischen Unschärferelation (7.25).

Wasserstoffatom

Anhand von zwei Beispielen erläutern wir, wie die Unschärferelation zu einer qualitativen Erklärung charakteristischer quantenmechanischer Effekte führt; ein weiteres Beispiel wird in Aufgabe 7.2 betrachtet.

Ein Elektron, das sich im attraktiven Coulombfeld $-e^2/r$ eines Protons bewegt,
fällt nach der klassischen Physik (unter Abstrahlung elektromagnetischer Energie)
ins Zentrum. Quantenmechanisch hat es, wenn es sich in einem Bereich der Größe
r bewegt, mindestens Impulse von der Größe

$$p \sim \Delta p \sim \frac{\hbar}{r} \tag{7.43}$$

Schätzen wir hiermit die kinetische Energie $p^2/2m$ des Elektrons ab, so erhalten
wir die Gesamtenergie

$$E(r) = \frac{\hbar^2}{2 m_e r^2} - \frac{e^2}{r} \tag{7.44}$$

Dies ist eine grobe Abschätzung; denn der numerische Faktor des kinetischen An-
teils ist unbestimmt. Die r-Abhängigkeit von $E(r)$ ist in Abbildung 7.3 skizziert.
Das Minimum r_0 ergibt sich aus $dE(r)/dr = 0$ zu

$$r_0 = \frac{\hbar^2}{m_e e^2} = \frac{\hbar}{m_e c} \frac{1}{\alpha} \approx 5 \cdot 10^{-11} \, \mathrm{m} = 0.5 \, \text{Å} \tag{7.45}$$

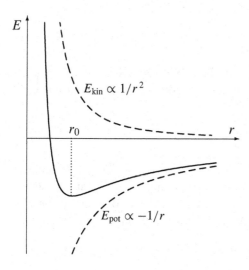

Abbildung 7.3 Halbklassische Energie $E(r)$ eines Elektrons im Feld eines Protons in Abhängigkeit von der Größe r des Atoms. Die Energie besteht aus dem potenziellen Anteil $E_{\text{pot}} = -e^2/r$ und dem kinetischen Anteil, der mit Hilfe der Unschärfebeziehung zu $E_{\text{kin}} = \hbar^2/2m_e r^2$ abgeschätzt wurde.

Dabei ist $\alpha = e^2/\hbar c \approx 1/137$. Die Energie $E(r_0)$ am Minimum ist

$$E(r_0) = -\frac{e^2}{2\,r_0} = -\frac{1}{2}\,m_e c^2 \alpha^2 \approx -13.6\,\text{eV} \qquad (7.46)$$

Da eine tiefere Energie nicht möglich ist, kann das Elektron im Grundzustand auch keine Energie abstrahlen und ins Zentrum stürzen. Damit haben wir eine einfache, qualitative Abschätzung für die Größe und Energie des Wasserstoffatoms gegeben. Die numerischen Faktoren in (7.44) sind so gewählt, dass (7.46) mit dem exakten Resultat der Schrödingergleichung für den Grundzustand des Wasserstoffatoms übereinstimmt.

Deuteron

Das Deuteron ist aus einem Proton und einem Neutron zusammengesetzt und hat eine Größe von etwa einem Fermi (1 fm = 10^{-13} cm). Damit können wir abschätzen, dass die Nukleonen (Masse m_N) im Deuteron eine kinetische Energie E_{kin} der Größe

$$E_{\text{kin}} \sim \frac{\hbar^2}{2m_N\,\text{fm}^2} \approx 20\,\text{MeV} \qquad (7.47)$$

haben. Da das Deuteron ein stabiler Atomkern ist, muss das attraktive Potenzial der Kernkräfte größer als diese kinetische Energie sein.

Aufgaben

7.1   Unschärferelation für Wassertropfen

Die Position eines Wassertropfens von 1 mm Durchmesser soll mit der Genauig-keit 10^{-3} mm bestimmt werden. Was folgt daraus für die quantenmechanische Un-schärfe der Geschwindigkeit?

7.2   Poor man's oscillator

Ein klassischer Oszillator hat die Energie $E_{kl} = p^2/(2m) + m\omega^2 x^2/2$. Setzen Sie die Unschärfebeziehung in der Form $|p| \sim (\hbar/2)/|x|$ in $E_{kl}(x, p)$ ein, um abzu-schätzen, welche kinetische Energie eine Begrenzung auf den Bereich der Größe $|x|$ mit sich bringt. Bestimmen Sie das Minimum der resultierenden (semiklassi-schen) Energie $E_{sk}(x)$.

7.3   Gleichheitszeichen in der Unschärferelation

Die Unschärferelation $\Delta x \, \Delta p \geq \hbar/2$ folgt (siehe (7.19)) aus der Ungleichung

$$\int dx \, \Big| \big[\gamma\big(x - \langle x\rangle\big) - i\big(p_{op} - \langle p\rangle\big)\big]\psi(x) \Big|^2 \geq 0 \qquad (\gamma \text{ reell}) \qquad (7.48)$$

Zeigen Sie, dass das Gleichheitszeichen nur für Gaußfunktionen gilt.

8 Messprozess und Unschärferelation

Wir diskutieren den Zusammenhang zwischen der Unschärferelation und der Störung des Systems, die mit dem Messprozess zwangsläufig verbunden ist. Dazu beziehen wir uns konkret auf die Ortsmessung.

Die Diskussion des Messprozesses wird später (Kapitel 16) noch einmal aufgenommen und vertieft.

Eine Ortsmessung besteht in dem Nachweis eines Teilchens in einem Detektor. Jeder Detektor hat eine endliche Ortsauflösung δx. Der Einfachheit halber stellen wir uns einen Detektor der Größe δx vor, der beim Nachweis des Teilchens anspricht („klick" macht). Der Detektor befinde sich an der Stelle x_0, Abbildung 8.1.

Die Wellenfunktion $\psi_0(x, t)$ *vor* der Messung beschreibe den Zustand des zu messenden Systems (etwa den Grundzustand des Wasserstoffatoms). Die Wahrscheinlichkeit des Ansprechens des Detektors ist dann gleich $|\psi_0(x_0, t)|^2 \, \delta x$. Beim „klick" des Detektors wissen wir, dass das Teilchen im Bereich δx bei x_0 ist. Daher ist die Wellenfunktion unmittelbar nach einer Messung zur Zeit t_m von der Form

$$\psi(x, t_m + \epsilon) = \psi_\epsilon(x) = \begin{cases} f(x) & |x - x_0| \leq \delta x/2 \\ 0 & |x - x_0| > \delta x/2 \end{cases} \tag{8.1}$$

Für hinreichend kleines δx ist der Verlauf der unbekannten Funktion $f(x)$ ohne Belang; relevant ist nur die Feststellung, dass das Teilchen in dem betrachteten Intervall lokalisiert ist.

Die Aussage

$$\psi(x, t) = \begin{cases} \psi_0(x, t) & t < t_m \\ \psi_\epsilon(x) & t = t_m + \epsilon \\ ? & t > t_m \end{cases} \tag{8.2}$$

charakterisiert die mit der Ortsmessung verbundene Störung der Wellenfunktion. Die Entwicklung des Systems für $t > t_m$ wird durch $\psi_\epsilon(x)$ (als Anfangsbedingung) und den Hamiltonoperator des Systems festgelegt; sie ist im Allgemeinen nicht bekannt.

Durch die Messung wird der Zustand des Systems wesentlich verändert. Wollen wir daher $|\psi_0(x, t)|^2$ (etwa für das Elektron im Grundzustand des Wasserstoffatoms) messen, so müssen wir nach jeder Messung den vorherigen Zustand wiederherstellen. Die zu messende Verteilung $|\psi_0(x, t)|^2$ ergibt sich erst aus vielen Orts-

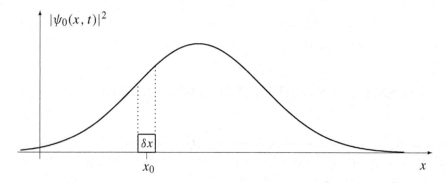

Abbildung 8.1 Der kleine Kasten der Breite δx bei x_0 stelle einen Detektor dar, der beim Nachweis eines Teilchens ein geeignetes Signal abgibt. Unmittelbar nach diesem Signal ist das Teilchen mit Sicherheit in diesem δx-Bereich; damit ist die zu messende Wellenfunktion $\psi_0(x, t)$ zerstört. Um die Verteilung $|\psi_0(x, t)|^2$ zu messen, sind viele Ortsmessungen an identischen Systemen nötig.

messungen am jeweils wiederhergestellten System; alternativ dazu kann die Messung auch an vielen identischen Systemen (etwa einem Target mit vielen Wasserstoffatomen im Grundzustand) ausgeführt werden. Wir gehen im Folgenden von stationären Zuständen (wie dem Grundzustand des Wasserstoffatoms) aus, für die $|\psi(x, t)|^2$ zeitunabhängig ist.

Die Tatsache, dass das untersuchte System durch den Messprozess gestört wird, ist an sich nicht überraschend. Zur Messung gehört ja eine Wechselwirkung zwischen Messapparat und System, die das System zwangsläufig stört. Bei makroskopischen Systemen kann man Messapparate aber im Prinzip so konstruieren, dass die Rückwirkung der Messung auf das System zu vernachlässigen ist. Für mikroskopische Systeme stellt die Unschärferelation dagegen eine untere Schranke für die Störung durch die Messung dar.

Wir diskutieren (8.2) unter dem Gesichtspunkt der Unschärferelation. Die zu $\psi_0(x, t)$ gehörenden Breiten bezeichnen wir mit Δx und Δp,

$$\Delta x \, \Delta p \geq \frac{\hbar}{2} \qquad (\psi = \psi_0, \ t < t_\mathrm{m}) \tag{8.3}$$

Unmittelbar nach der Messung wird das System durch ψ_ϵ mit $\Delta x' \approx \delta x$ beschrieben. Die Unschärferelation gilt für beliebige Wellenfunktionen, also auch für dieses ψ_ϵ. Daher gilt

$$\Delta x' \, \Delta p' \approx \delta x \, \Delta p' \geq \frac{\hbar}{2} \qquad (\psi = \psi_\epsilon, \ t = t_\mathrm{m} + \epsilon) \tag{8.4}$$

Dies bedeutet: Je genauer wir den Ort bestimmen, umso unbestimmter ist danach der Impuls des Teilchens; je kleiner δx ist, umso größer ist $\Delta p'$ und damit die mit der Messung verbundene Störung.

Die mit der Unschärferelation verbundene Unbestimmtheit hat damit die folgenden beiden Aspekte:

1. Für ein bestimmtes System streuen die Messwerte (am immer wieder hergestellten System gemessen) im Bereich Δx und Δp. So lassen sich Ort und Impuls im zeitunabhängigen Grundzustand des Wasserstoffatoms nur im Rahmen einer gewissen Unschärfe (etwa $\Delta x \sim 1\,\text{Å}$ und $\Delta p \sim \hbar/\Delta x$) festlegen.

2. In einer Einzelmessung am betrachteten System kann der Ort beliebig genau bestimmt werden (bis auf die Messfehler des Messinstruments). Je genauer die Ortsmessung ist, umso größer ist aber die damit verbundene Störung; $\delta x \to 0$ bedingt $\Delta p' \to \infty$. Nach einer genauen Ortsmessung hat das System einen weitgehend unbestimmten Impuls.

Die hier für Ort und Impuls diskutierten Beziehungen gelten analog für beliebige andere Messgrößen, die zu zwei nicht vertauschbaren Operatoren gehören.

Anhand von zwei Beispielen soll nun erläutert werden, *wie* die Ortsmessung zu der durch die Unschärferelation gegebenen Impulsunschärfe führt. Dazu betrachten wir die Lokalisation von Elektronen durch Streuung von Photonen und durch Eingrenzung mit Hilfe eines Spalts.

Ortsmessung durch Lichtstreuung

Wir bestimmen den Ort des Elektrons durch Streuung von Photonen an ihm. Mit einem Mikroskop kann man keine Details sehen, die kleiner als die Wellenlänge λ des verwendeten Lichts sind. Damit ist die optimale Genauigkeit, mit der das Elektron durch die Streuung lokalisiert werden kann:

$$\Delta x' \sim \lambda \tag{8.5}$$

Damit wir das Elektron „sehen" können, muss mindestens ein Photon an ihm gestreut werden. Bei der Streuung des Photons (wie sie schematisch in Abbildung 1.4 dargestellt ist) erfährt das Elektron einen Impulsstoß von der Größe

$$\Delta p_\text{e} \sim p_\gamma = \hbar k = \frac{2\pi\hbar}{\lambda} \tag{8.6}$$

Dazu stelle man sich etwa vor, dass das gestreute Photon unter einem Winkel von $\pi/2$ relativ zur Richtung des Lichtstrahls beobachtet wird. Vor der Streuung könnte der Impuls des Elektrons wohldefiniert gewesen sein, nach der Streuung ist die Unsicherheit im Impuls aber von der Größe $\Delta p' \sim \Delta p_\text{e}$. Damit erhalten wir folgenden Zusammenhang zwischen der Genauigkeit $\Delta x'$ der Ortsmessung und der mit der Messung verbundenen Störung ($\Delta p'$) des Systems:

$$\Delta x'\, \Delta p' \sim \Delta x'\, p_\text{e} \sim 2\pi\hbar \tag{8.7}$$

Dieses Resultat ist in Übereinstimmung mit der Unschärferelation. Der Mechanismus, der hier bei der Ortsmessung zur Impulsunschärfe führt, ist der Impulsübertrag bei der Streuung.

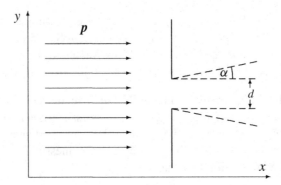

Abbildung 8.2 Ein monoenergetischer Elektronenstrahl fällt auf einen Spalt der Breite d. Die einfallenden Elektronen haben einen scharf definierten Impuls p mit $p_y = 0$ und $\Delta p_y = 0$. Hinter dem Spalt ist die Ortsposition der Elektronen durch $\Delta y' = d$ begrenzt. Gilt dann dort $\Delta p_y \cdot \Delta y' = 0$ im Widerspruch zur Unschärferelation?

Ortsmessung durch Ausblenden

In Abbildung 8.2 betrachten wir einen monoenergetischen Elektronenstrahl, der auf einen Spalt der Breite d fällt. Vor dem Spalt hat der Strahl einen scharfen Impuls,

$$\langle \boldsymbol{p} \rangle = p\, \boldsymbol{e}_x \,, \qquad \Delta \boldsymbol{p} = 0 \tag{8.8}$$

Damit ist hier der Ort völlig unbestimmt, $\Delta x = \Delta y = \Delta z = \infty$. Dies entspricht einer Wellenfunktion der Form

$$\psi(\boldsymbol{r}, t) \propto \exp\left[\mathrm{i}(\boldsymbol{k} \cdot \boldsymbol{r} - \omega t) \right] \qquad \text{mit } \boldsymbol{k} = \frac{p}{\hbar}\, \boldsymbol{e}_x \tag{8.9}$$

Natürlich wird jeder reale Elektronenstrahl durch ein endliches Wellenpaket beschrieben; (8.8) und (8.9) sind vereinfachende Idealisierungen. So bedeutet $\Delta y = \infty$ lediglich, dass Δy groß ist, zum Beispiel $1\,\mathrm{cm}$ für Elektronen von einigen eV Energie.

Hinter dem Spalt ist der Strahl mit der Genauigkeit

$$\Delta y' = d \tag{8.10}$$

in y-Richtung örtlich bestimmt. Man könnte nun denken, dass dabei Δp_y unverändert ist, und dass somit für den ausgeblendeten Strahl

$$\Delta y'\, \Delta p_y' \stackrel{?}{=} \Delta y'\, \Delta p_y = 0$$

gilt. Dies wäre im Widerspruch zur Unschärferelation. Tatsächlich ist dies falsch, weil der Elektronenstrahl sich wie eine Welle verhält und am Spalt *gebeugt* wird. Die den Elektronen zugeordnete Wellenlänge λ_e sei klein gegenüber der Spaltgröße,

$$\lambda_\mathrm{e} = \frac{2\pi\hbar}{p} \ll d \tag{8.11}$$

Für $d \ll \lambda_e$ erhielten wir hinter dem Spalt eine Kugelwelle; dagegen ergibt $d \gg \lambda_e$ die in Abbildung 8.2 angenommenen Verhältnisse. Dann führt die Beugung[1] zu einer Ablenkung um den kleinen Winkel α,

$$\alpha \sim \frac{\lambda_e}{d} = \frac{2\pi\hbar}{p\,\Delta y'} \tag{8.12}$$

Die Beugung um den Winkel α impliziert eine Impulsunschärfe in y-Richtung:

$$\Delta p'_y \approx p\,\tan\alpha \approx p\,\alpha \tag{8.13}$$

Aus den letzten beiden Gleichungen erhalten wir

$$\Delta y'\,\Delta p'_y \sim 2\pi\hbar \tag{8.14}$$

in Übereinstimmung mit der Unschärferelation. Die Messung der y-Position ergibt also als Störung des Systems eine Unbestimmtheit der y-Komponente des Impulses; der zugrundeliegende Mechanismus ist hier die Beugung.

Wir fassen zusammen: Zwei Messgrößen können dann nicht gleichzeitig genau bestimmt werden, wenn die zugehörigen Operatoren nicht vertauschen. Die Unschärferelation gibt eine Grenze für die Genauigkeit der Bestimmung der beiden Größen an. Dies gilt sowohl für einen bestimmten Zustand (der nach der Messung jeweils wieder hergestellt werden kann), wie auch für die Messung an einem bestimmten Einzelsystem (wie in den hier diskutierten Beispielen).

Determiniertheit

Sofern die Wellenfunktion die gültige Beschreibung des Systems ist, können Ort und Impuls (oder analoge Größen) nicht beide scharf festgelegt sein. In diesem Kapitel haben wir diskutiert, dass diese Aussage mit der Störung durch die Messung zusammenhängt.

In der klassischen Mechanik wird ein System durch eine Lagrangefunktion $\mathcal{L}$ oder durch eine Hamiltonfunktion $H_{kl}(p, q, t)$ definiert. Bei gegebenem $\mathcal{L}$ oder H_{kl} legen dann die Anfangsbedingungen die Lösung zu beliebigen Zeiten fest. Dies bedeutet insbesondere, dass Ort und Impuls zu einer Zeit t_0 den Ort und Impuls zu allen späteren (aber auch zu allen früheren) Zeiten festlegen oder determinieren. Dies bezeichnet man auch als *Determiniertheit*. In einem quantenmechanischen System sind dagegen die Messgrößen nicht in dieser Weise determiniert.

Die Information, die wir über ein quantenmechanisches System zu einer bestimmten Zeit t_0 haben, ist in $\psi(x, t_0)$ enthalten. Diese Information reicht aus, um die Wellenfunktion $\psi(x, t)$ zu einem späteren Zeitpunkt zu bestimmen. Die zeitliche Entwicklung von $\psi(x, t)$ ist *determiniert*; dies liegt daran, dass die Schrödingergleichung eine Differenzialgleichung 1. Ordnung in der Zeit ist. Auch ist die Interpretation von ψ im Hinblick auf Messungen wohldefiniert; sie führt aber nur zu Wahrscheinlichkeitsaussagen.

---

[1] Für eine detaillierte Rechnung sei auf Kapitel 36 von [2] verwiesen.

Nicht determiniert ist in der Quantenmechanik aber die zeitliche Entwicklung aller Messgrößen (wie etwa Ort und Impuls). Diese Größen können auch zu einem bestimmten Zeitpunkt (also etwa als Anfangsbedingung) nicht alle zugleich festgelegt werden. Die Unmöglichkeit, alle Messgrößen simultan festzulegen, ist eine Folge der Beschreibung des Systemzustands durch eine Wellenfunktion; für bestimmte Messgrößen wird dies durch die Unschärferelation ausgedrückt.

Dabei ist zunächst die Frage offen, warum wir keine deterministischen Aussagen im Sinne der klassischen Mechanik mehr machen können. Mögliche Grundpositionen hierzu sind:

1. *Realistische Interpretation:* Ort und Impuls sind an sich wohl definiert; nur die unvermeidliche Störung des Systems durch den Messvorgang hindert uns daran, beide Größen zugleich genau zu bestimmen. Die Wellenfunktion entspricht einer unvollständigen, statistischen Beschreibung vieler Teilchen und führt daher nur zu Wahrscheinlichkeitsaussagen. Nach dieser Interpretation ist die Quantenmechanik eine unvollständige Beschreibung.

2. *Kopenhagener Interpretation:* Begriffe wie Ort und Impuls sind im mikroskopischen Bereich nicht anwendbar. Es gibt kein anschauliches Vorstellungsbild mehr für das Elektron im Wasserstoffatom. Die Wahrscheinlichkeitsamplitude $\psi(x, t)$ ist die gültige und vollständige Beschreibung *eines* solchen Elektrons; die Quantenmechanik ist eine vollständige Beschreibung. Die Kopenhagener Interpretation wurde insbesondere von Niels Bohr entwickelt; die Darstellung in diesem Buch entspricht dieser Interpretation.

In den meisten Fällen haben die vorgestellten, alternativen Interpretationen keinen Einfluss auf mögliche Vorhersagen. Für spezielle Experimente führen sie aber zu unterschiedlichen Vorhersagen[2]: Man erzeugt etwa zwei Photonen mit dem Gesamtspin null, die nach der Erzeugung in entgegengesetzte Richtungen auseinanderfliegen. Man misst dann die Korrelation zwischen den Spineinstellungen der weit voneinander entfernten Photonen. Die Ergebnisse dieses Experiments bestätigen die Vorhersagen der Quantenmechanik, also der Kopenhagener Interpretation; sie schließen die realistische Interpretation aus.

Wir fassen zusammen: Die betrachteten Systeme werden durch eine Wellenfunktion $\psi(x, t)$ beschrieben. Die zeitliche Entwicklung dieser Wellenfunktion ist durch die Schrödingergleichung determiniert. Die Verbindung von $\psi(x, t)$ mit Messgrößen ist wohldefiniert, aber im Allgemeinen nur in der Form von Vorhersagen für die Häufigkeit von Messwerten bei der Messung an gleichartigen oder gleich präparierten Systemen. Daraus ergibt sich eine außerordentlich erfolgreiche Theorie.

---

[2]Siehe etwa G. Alber und M. Freyberger, *Quantenkorrelationen und die Bellsche Ungleichung*, Physikalische Blätter 55 (1999) 23 (Heft 10).

II Eigenwerte und Eigenfunktionen

9 Lösung der freien Schrödingergleichung

In der Quantenmechanik spielen die Eigenwerte und Eigenfunktionen von Operatoren eine zentrale Rolle. In Teil II geben wir für einige einfache Systeme (freie Bewegung, eindimensionaler Kasten und Oszillator) die Eigenfunktionen und Eigenwerte des Hamiltonoperators an. Parallel hierzu werden allgemeine Eigenschaften der Eigenwerte und Eigenfunktionen und ihre Rolle bei der Lösung der zeitabhängigen Schrödingergleichung und im Messprozess untersucht.

In diesem Kapitel bestimmen wir die allgemeine Lösung der freien Schrödingergleichung und diskutieren ihre Eigenschaften, insbesondere die quantenmechanische Dispersion.

Die eindimensionale, freie Schrödingergleichung lautet

$$-\frac{\hbar^2}{2m}\frac{\partial^2 \psi(x,t)}{\partial x^2} = i\hbar\,\frac{\partial \psi(x,t)}{\partial t} \qquad (9.1)$$

Als lineare, homogene Differenzialgleichung hat diese Gleichung Lösungen von der Form

$$\psi = a\,\exp(\lambda_1 x)\,\exp(\lambda_2 t) \qquad (9.2)$$

Weder λ_1 noch λ_2 dürfen einen Realteil haben, da sonst ψ für $x \to \pm\infty$ oder für $t \to \pm\infty$ unendlich groß wird. Wir setzen daher an:

$$\lambda_1 = i\,k\,, \quad \lambda_2 = -i\,\omega \qquad (k,\omega \text{ reell}) \qquad (9.3)$$

Aus (9.2) ergibt sich dann die Elementarlösung

$$\psi(x,t) = a\,\exp\big[i(kx - \omega t)\big] \qquad (9.4)$$

Durch Einsetzen in (9.1) sehen wir, dass dies für eine beliebige Amplitude a und einen beliebigen Wellenvektor k Lösung ist, falls

$$\omega = \omega(k) = \frac{\hbar k^2}{2m} \qquad (9.5)$$

Die Relation zwischen der Frequenz ω und dem Wellenvektor k wird *Dispersionsrelation* genannt. Es gilt $\omega \geq 0$.

© Springer-Verlag GmbH Deutschland, ein Teil von Springer Nature 2018
T. Fließbach, *Quantenmechanik*, https://doi.org/10.1007/978-3-662-58031-8_3

Die Lösung (9.4) ist nicht normierbar. Sie entspricht vielmehr einer konstanten Stromdichte (4.19),

$$j = \frac{\hbar k}{m} \, |a|^2 = v \, |\psi|^2 = v \varrho \tag{9.6}$$

Wegen der Linearität der Schrödingergleichung ist mit ψ_1 und ψ_2 auch $a \, \psi_1 + b \, \psi_2$ Lösung. Daher ist

$$\psi(x, t) = \frac{1}{\sqrt{2\pi}} \int_{-\infty}^{\infty} dk \, a(k) \, \exp \left[\mathrm{i}(kx - \omega(k) \, t) \right] \qquad \text{(allgemeine Lösung)} \tag{9.7}$$

mit beliebiger Amplitudenfunktion $a(k)$ Lösung von (9.1). Dies ist auch bereits die *allgemeine Lösung* von (9.1). In Kapitel 4 haben wir gesehen, dass die Anfangsbedingung $\psi(x, 0)$ die Lösung $\psi(x, t)$ der Schrödingergleichung festlegt (Gleichung (4.9) und folgender Text). Die allgemeine Lösung der Schrödingergleichung muss daher gerade soviele Konstanten enthalten, dass eine beliebige Anfangsbedingung gewählt werden kann. Dies ist für (9.7) der Fall, denn wegen

$$\psi(x, 0) = \frac{1}{\sqrt{2\pi}} \int_{-\infty}^{\infty} dk \, a(k) \, \exp(\mathrm{i}kx) \tag{9.8}$$

ist $a(k)$ gerade die Fouriertransformierte von $\psi(x, 0)$.

Der Vergleich von (9.7) mit (7.1) ergibt die Wellenfunktion $\phi(p, t)$ der Impulsdarstellung:

$$\phi(p, t) = \frac{a(k)}{\sqrt{\hbar}} \, \exp \left[- \mathrm{i} \, \omega(k) \, t \right] \tag{9.9}$$

Für geeignetes $a(k)$ ist die Lösung (9.7) normierbar:

$$\int_{-\infty}^{\infty} dp \, |\phi(p, t)|^2 = \int_{-\infty}^{\infty} dk \, |a(k)|^2 = 1 \tag{9.10}$$

Die Lösung (9.4) entspricht $a(k) = a \, \delta(k - k')$ und ist nicht normierbar.

Dreidimensionaler Fall

Die Ergebnisse lassen sich leicht auf den dreidimensionalen Fall übertragen. Die freie Schrödingergleichung

$$-\frac{\hbar^2}{2m} \, \Delta \, \psi(\boldsymbol{r}, t) = \mathrm{i}\hbar \, \frac{\partial \psi(\boldsymbol{r}, t)}{\partial t} \tag{9.11}$$

lautet in kartesischen Koordinaten

$$-\frac{\hbar^2}{2m} \left(\frac{\partial^2}{\partial x^2} + \frac{\partial^2}{\partial y^2} + \frac{\partial^2}{\partial z^2} \right) \psi(x, y, z, t) = \mathrm{i}\hbar \, \frac{\partial \psi(x, y, z, t)}{\partial t} \tag{9.12}$$

So wie in (9.2)–(9.5) finden wir wieder die elementaren Lösungen

$$\psi(\boldsymbol{r}, t) = a \, \exp \left[\mathrm{i}(\boldsymbol{k} \cdot \boldsymbol{r} - \omega t) \right] = a \, \exp \left[\mathrm{i}(k_x \, x + k_y \, y + k_z \, z - \omega t) \right] \tag{9.13}$$

mit der Dispersionsrelation

$$\omega = \omega(k) = \frac{\hbar k^2}{2m} = \frac{\hbar}{2m}\left(k_x^2 + k_y^2 + k_z^2\right) \tag{9.14}$$

Die allgemeine Lösung der freien Schrödingergleichung (9.11) lautet dann

$$\psi(\boldsymbol{r}, t) = \frac{1}{(2\pi)^{3/2}} \int d^3k\, a(\boldsymbol{k})\, \exp\left[\,\mathrm{i}\left(\boldsymbol{k}\cdot\boldsymbol{r} - \omega(\boldsymbol{k})\,t\right)\right] \tag{9.15}$$

Dabei ist $a(\boldsymbol{k})$ die Fouriertransformierte der Wellenfunktion $\psi(\boldsymbol{r}, 0)$ zur Zeit null.

Quantenmechanische Dispersion

Im Folgenden untersuchen wir die zeitliche Entwicklung einer Lösung der freien Schrödingergleichung. Dazu beschränken wir uns auf den eindimensionalen Fall und auf das Wellenpaket

$$a(k) = C\, \exp\left[-\alpha\,(k - k_0)^2\right] \tag{9.16}$$

Die Konstante α legt die Breite des Wellenpakets fest; ihr Wert wird offen gelassen. Die Konstante C kann so gewählt werden, dass die Wellenfunktion (9.7) normiert ist. Die folgende Diskussion kann leicht auf den dreidimensionalen Fall und auf andere Wellenpakete übertragen werden.

Elektromagnetische Wellen sind auch von der Form (9.7) oder (9.15), sie haben aber eine andere Dispersionsrelation:

$$\text{Schrödingergleichung:}\ \ \omega = \frac{\hbar k^2}{2m}, \quad \text{Maxwellgleichung:}\ \ \omega = c\,k \tag{9.17}$$

Wir entwickeln $\omega(k)$ am Schwerpunkt k_0 des Gaußpakets (9.16):

$$
\begin{aligned}
\omega(k) &= \omega(k_0) + \left(\frac{d\omega}{dk}\right)_{k_0}(k - k_0) + \frac{1}{2}\left(\frac{d^2\omega}{dk^2}\right)_{k_0}(k - k_0)^2 + \dots \\
&= \omega_0 + v_{\mathrm{G}}\,(k - k_0) + \beta\,(k - k_0)^2 + \dots
\end{aligned} \tag{9.18}
$$

Diese Entwicklung setzt noch keine spezielle Dispersionsrelation voraus. Sie definiert die Gruppengeschwindigkeit v_{G} und den Dispersionsparameter β. Für (9.5) bricht die Entwicklung beim quadratischen Term ab. Wir setzen (9.18) und (9.16) in (9.7) ein:

$$
\begin{aligned}
\psi(x, t) &= \frac{C}{\sqrt{2\pi}} \int_{-\infty}^{\infty} dk\, \exp[-\alpha\,(k - k_0)^2]\, \exp(\mathrm{i}kx) \\
&\qquad \cdot \exp\left(-\mathrm{i}\left[\omega_0 + v_{\mathrm{G}}(k - k_0) + \beta\,(k - k_0)^2\right]t\right) \\
&= \frac{C}{\sqrt{2}}\,\frac{\exp[\,\mathrm{i}(k_0 x - \omega_0 t)]}{\sqrt{\alpha + \mathrm{i}\beta t}}\, \exp\left(-\frac{(x - v_{\mathrm{G}} t)^2}{4\,(\alpha + \mathrm{i}\beta t)}\right)
\end{aligned} \tag{9.19}
$$

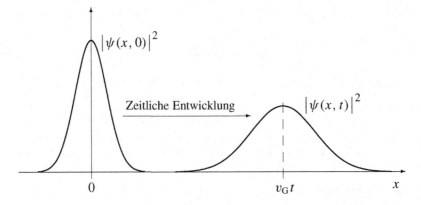

Abbildung 9.1 Die Wahrscheinlichkeitsverteilung (9.20) für zwei Zeiten. Der Schwerpunkt der Verteilung bewegt sich mit der Gruppengeschwindigkeit v_G in x-Richtung. Gleichzeitig wird die Verteilung breiter, sie dispergiert.

Daraus ergibt sich die Wahrscheinlichkeitsverteilung

$$|\psi(x,t)|^2 = \frac{|C|^2}{2\sqrt{\alpha^2 + \beta^2 t^2}} \, \exp\left(-\frac{\alpha\,(x - v_G\,t)^2}{2\,(\alpha^2 + \beta^2\,t^2)}\right) \tag{9.20}$$

Diese Verteilung ist in Abbildung 9.1 gezeigt. Da die Schrödingergleichung die Norm erhält (6.5), gilt $\int dx\,|\psi(x,t)|^2 = $ const. Die Wahrscheinlichkeitsverteilung im Impulsraum folgt aus (9.9) und (9.16):

$$|\phi(p,t)|^2 = \frac{|C|^2}{\hbar} \, \exp\left[-2\alpha\,(k - k_0)^2\right] \tag{9.21}$$

Die Amplitude $\phi(p,t)$ selbst ist nicht einfach eine Gaußfunktion; wie aus dem Integranden in (9.19) zu entnehmen ist, enthält $\phi(p,t)$ eine nichttriviale, zeitabhängige Phase.

Wir diskutieren nun das Ergebnis. Aus (9.21) folgt

$$\langle p \rangle = p_0 = \hbar k_0 \tag{9.22}$$

und (wie in (7.18) berechnet)

$$\Delta p = \frac{\hbar}{2\sqrt{\alpha}} \tag{9.23}$$

Wegen der Translationsinvarianz $[H, p_{op}] = 0$ des Hamiltonoperators $H = p_{op}^2/2m$ sind $\langle p \rangle$, $\langle \Delta p \rangle$ und die gesamte Verteilung $|\phi(p,t)|^2 = |\phi(p)|^2$ zeitunabhängig.

Das Zentrum des Wellenpakets (9.20) bewegt sich gemäß

$$\langle x \rangle = v_G\,t \tag{9.24}$$

Die *Gruppengeschwindigkeit* v_G wurde in (9.18) definiert,

$$v_\mathrm{G} = \left(\frac{d\omega}{dk}\right)_{k_0} = \frac{\hbar k_0}{m} \tag{9.25}$$

In dem Wellenpaket befinden sich Impulse, die größer und kleiner als $\hbar k_0$ sind. Die zeitliche Entwicklung führt daher zwangsläufig zu einem Auseinanderlaufen des Wellenpakets. Die Breite Δx kann wie in (7.15) berechnet werden. Für (9.20) erhalten wir

$$\Delta x = \sqrt{\frac{\alpha^2 + \beta^2 t^2}{\alpha}} \tag{9.26}$$

Dieser Ausdruck beschreibt die *quantenmechanische Dispersion* des Wellenpakets. Der Dispersionsparameter β ist durch

$$\beta = \frac{1}{2}\left(\frac{d^2\omega}{dk^2}\right)_{k_0} = \frac{\hbar}{2m} \tag{9.27}$$

gegeben. Aus (9.23) und (9.26) erhalten wir die Unschärferelation

$$\Delta x\,\Delta p = \frac{\hbar}{2}\sqrt{1 + \frac{\beta^2 t^2}{\alpha^2}} \geq \frac{\hbar}{2} \tag{9.28}$$

Zur Zeit $t = 0$ hat die betrachtete Lösung die minimal mögliche Unschärfe. Danach läuft das Wellenpaket immer weiter auseinander; dann ist $\Delta x\,\Delta p$ schließlich viel größer als $\hbar/2$.

Der quantenmechanischen Dispersion unterliegen beliebige Wellenpakete: Ein Wellenpaket enthält verschiedene Impulse; andernfalls wäre es eine ebene Welle. Die unterschiedlichen Impulse müssen zu einem Auseinanderlaufen, also zu $\Delta x \to \infty$ für $t \to \infty$, führen. Dieser Aspekt kann in Analogie zum Auseinanderlaufen einer abgeschossenen Schrotladung gesehen werden. Diese Analogie ist aber nur begrenzt gültig. Insbesondere kann sich das quantenmechanische Wellenpaket auf ein einzelnes Teilchen beziehen. Für dieses Teilchen wird die Wahrscheinlichkeitsverteilung (für den Nachweis an einem bestimmten Ort) immer breiter.

Die Form (9.7) mit der Dispersionsrelation $\omega = ck$ ist eine Wellenlösung der Maxwellgleichungen (für eine Komponente des elektromagnetischen Felds). In diesem Fall gilt

$$v_\mathrm{G} = c\,, \qquad \beta = 0 \qquad \text{(Maxwellgleichung)} \tag{9.29}$$

Da der Dispersionsparameter β hier null ist, bleibt die Form des Wellenpakets im Ortsraum erhalten. Elektromagnetische Wellen im Vakuum zeigen daher keine Dispersion; dies gilt (näherungsweise) auch für Schallwellen in Luft (Dispersionsrelation $\omega \approx c_\mathrm{S} k$ mit der Schallgeschwindigkeit c_S). Für die Maxwellgleichungen in Materie ergeben sich jedoch Abweichungen von der Dispersionsrelation $\omega = ck$; daher zeigt Licht in Materie Dispersionseffekte.

10 Zeitunabhängige Schrödingergleichung

Wir gehen von einem zeitunabhängigen Hamiltonoperator H aus. Dann können wir von der Schrödingergleichung zur zeitunabhängigen Schrödingergleichung übergehen. Dies ist zugleich die Eigenwertgleichung des Hamiltonoperators H. Anhand einiger Beispiele diskutieren wir Eigenwertgleichungen, Eigenfunktionen und Eigenwerte.

In der Schrödingergleichung

$$i\hbar \, \frac{\partial \psi(x,t)}{\partial t} = H\,\psi(x,t) \tag{10.1}$$

sei der Hamiltonoperator zeitunabhängig:

$$\frac{\partial H}{\partial t} = 0 \tag{10.2}$$

Dann führt der Lösungsansatz

$$\psi(x,t) = \varphi(x)\,\exp(-i\omega t) = \varphi(x)\,\exp(-iEt/\hbar) \tag{10.3}$$

zur *zeitunabhängigen* Schrödingergleichung

$$\boxed{H\,\varphi(x) = E\,\varphi(x) \qquad \text{Zeitunabhängige Schrödingergleichung}} \tag{10.4}$$

Diese Gleichung hat im Allgemeinen unendlich viele Lösungen. Ein Beispiel ist die freie Bewegung mit $H = -(\hbar^2/2m)\,\Delta$, für die man nach dem vorigen Kapitel die Lösungen $\varphi(\boldsymbol{r}) = \exp(i\,\boldsymbol{k}\cdot\boldsymbol{r})$ zur Energie $E = \hbar^2 k^2/2m$ erhält.

In (10.1)–(10.4) steht x für alle Koordinaten $(q_1,...,q_f)$ des betrachteten Systems. Falls wir eine Lösung von (10.4) finden, dann haben wir mit (10.3) auch eine Lösung der zeitabhängigen Schrödingergleichung (10.1). Diese Lösungen heißen *stationär*, weil ihre Wahrscheinlichkeitsverteilung

$$\bigl|\psi(x,t)\bigr|^2 = \bigl|\varphi(x)\,\exp(-iEt/\hbar)\bigr|^2 = \bigl|\varphi(x)\bigr|^2 \tag{10.5}$$

zeitunabhängig ist. Die stationären Lösungen haben eine scharfe Energie:

$$\langle H \rangle = E\,, \qquad \bigl\langle (H-E)^2 \bigr\rangle = (\Delta E)^2 = 0 \qquad \text{(für (10.3))} \tag{10.6}$$

Die Unschärfe in der Energie ist also null. Die stationären Lösungen haben eine hervorgehobene physikalische Bedeutung: Sie beschreiben die zeitunabhängigen oder stationären Zustände eines Systems. Solche Zustände sind zum Beispiel der Grundzustand und die angeregten Zustände des Wasserstoffatoms, die sich für den Hamiltonoperator (28.1) ergeben.

Tatsächlich haben angeregte Zustände eines Systems (wie etwa dem Wasserstoffatom) eine endliche Lebensdauer τ, da sie über irgendeinen Mechanismus (etwa durch die Emission eines Photons) zerfallen können. Dies impliziert eine endliche Energieunschärfe $\Delta E \sim \hbar/\tau$. Sofern wir hierfür Lösungen der Schrödingergleichung mit $\Delta E = 0$ erhalten, beschreibt der betrachtete Hamiltonoperator nicht den Zerfall des Zustands und ist insofern unvollständig. Der Zerfall von angeregten Atomzuständen wird in Kapitel 43 diskutiert.

Sind φ_1 und φ_2 Lösungen von (10.4) zu $E = E_1$ und E_2, so ist

$$\psi(x, t) = A\,\varphi_1(x)\,\exp(-\mathrm{i}\,E_1 t/\hbar) + B\,\varphi_2(x)\,\exp(-\mathrm{i}\,E_2 t/\hbar) \qquad (10.7)$$

ebenfalls Lösung der Schrödingergleichung (10.1); dabei ist $|\psi(x, t)|^2$ aber zeitabhängig. Die Verallgemeinerung von (10.7) auf eine Überlagerung von allen möglichen Lösungen von (10.4) ergibt die *allgemeine Lösung* von (10.1). Dieser Zusammenhang wird in Kapitel 15 noch explizit formuliert.

Reelle Eigenfunktionen

Der Hamiltonoperator ist oft reell, zum Beispiel $H = \boldsymbol{p}_{\mathrm{op}}^2/(2m) + V(\boldsymbol{r})$ mit reellem Potenzial. Dann können die Lösungen $\varphi(x)$ der zeitunabhängigen Schrödingergleichung reell gewählt werden. Wir begründen diese Aussage. Zunächst gilt

$$H\varphi = E\varphi \quad \xrightarrow{H \text{ reell}} \quad H\varphi^* = E\varphi^* \qquad (10.8)$$

Durch Addition und Subtraktion beider Gleichungen findet man, dass die reellen Funktionen $\phi_1 = (\varphi + \varphi^*)/2 = \mathrm{Re}\,\varphi$ und $\phi_2 = (\varphi - \varphi^*)/(2\mathrm{i}) = \mathrm{Im}\,\varphi$ ebenfalls Lösung zur Energie E sind. Wenn es nur eine Lösung zur Energie E gibt, dann können sich die Funktionen ϕ_1 und ϕ_2 nur um einen reellen Faktor unterscheiden. Die mit einem reellen Faktor normierten Funktionen stimmen dann überein und ergeben die gesuchte reelle Lösung ϕ. (Eine der beiden Funktionen ϕ_1 oder ϕ_2 könnte allerdings auch identisch verschwinden, zum Beispiel $\phi_2 \equiv 0$, falls φ bereits reell ist. In diesem Fall ist $\phi = \mathrm{Re}\,\varphi = \varphi$ die gesuchte Lösung).

Wenn es n Lösungen φ_n zur Energie E gibt, sind auch die $2n$ reellen Funktionen $\mathrm{Re}\,\varphi_n$ und $\mathrm{Im}\,\varphi_n$ Lösung; hieraus wählt man dann n unabhängige Lösungen aus.

Ob man die Lösungen tatsächlich reell wählt, ist eine Frage der Zweckmäßigkeit. Im eindimensionalen Fall wird man die gebundenen Lösungen regelmäßig reell wählen (zum Beispiel in Kapitel 11 und 12). Bei den Kontinuumslösungen (Streulösungen) wird man eher bei den komplexen Lösungen bleiben, die asymptotisch zu $\exp(\pm\mathrm{i}kx)$ werden und hier einer bestimmten Richtung der Stromdichte (4.19) entsprechen. Im dreidimensionalen Oszillator werden wir wahlweise reelle (Kapitel 13) oder komplexe (Kapitel 28) Lösungen verwenden.

Eigenwertgleichungen

Die Gleichung (10.4), im Folgenden auch einfach nur Schrödingergleichung genannt, ist die *Eigenwertgleichung* für den Operator H. Diese Bezeichnung ist aus
der Matrizenrechnung bekannt. So wie eine Matrix $A = (A_{ij})$ einem Spaltenvektor
$b = (b_i)$ den Vektor $A b$ zuordnet, so ergibt der Operator H angewandt auf eine
Funktion $\varphi(x)$ die Funktion $H \varphi(x)$. Ist die neue Größe (Vektor, Funktion) proportional zur alten

$$A b = \lambda b, \qquad H \varphi(x) = E \varphi(x) \tag{10.9}$$

so heißt sie *Eigenvektor* beziehungsweise *Eigenfunktion*. Die Proportionalitätskonstante (λ oder E) heißt *Eigenwert*. Der Vergleich mit der Matrizenrechnung ist mehr
als eine bloße Analogie. In Teil V werden wir H selbst durch eine Matrix und $\varphi(x)$
durch einen Vektor darstellen.

Eigenwertgleichungen von Operatoren, die zugehörigen Eigenfunktionen und
Eigenwerte haben in der Quantenmechanik auch über (10.4) hinaus eine hervorra-
gende Bedeutung. Im Vorgriff auf Kapitel 16 sei angemerkt, dass mögliche Mess-
werte gleich den Eigenwerten eines hermiteschen Operators sind und dass eine
Messung das System im zugehörigen Eigenzustand hinterlässt. In den folgenden
Abschnitten betrachten wir einige weitere Beispiele für Eigenwertgleichungen.

Impulsoperator

Als erstes Beispiel diskutieren wir die Eigenwertgleichung für den Impulsoperator
$p_{\mathrm{op}} = -\mathrm{i}\hbar\, d/dx$ (hier ist x eine kartesische Koordinate):

$$p_{\mathrm{op}}\, \varphi_\lambda(x) = \lambda\, \varphi_\lambda(x) \tag{10.10}$$

Dies ist eine lineare, homogene Differenzialgleichung. Die Eigenfunktionen wurden mit einem Index gekennzeichnet, der den Eigenwert angibt. Die Eigenfunktionen lauten

$$\varphi_\lambda(x) = C\, \exp(\mathrm{i}\lambda x/\hbar) \tag{10.11}$$

Der zugehörige Eigenwert ist der Impuls $\lambda = p_0$,

$$-\mathrm{i}\hbar\, \frac{\partial}{\partial x}\, \exp\left(\frac{\mathrm{i} p_0 x}{\hbar}\right) = p_0 \exp\left(\frac{\mathrm{i} p_0 x}{\hbar}\right) \tag{10.12}$$

Die Normierungskonstante C in (10.11) wird nicht durch die Eigenwertgleichung
festgelegt. Wir werden die Normierung in Kapitel 14 durch $\int d\lambda\, \varphi^*_{\lambda'}\, \varphi_\lambda = \delta(\lambda' - \lambda)$
festlegen. Hiermit und mit $\lambda = p_0$ erhalten wir dann

$$\varphi_{p_0}(x) = \frac{1}{\sqrt{2\pi\hbar}}\, \exp\left(\frac{\mathrm{i} p_0 x}{\hbar}\right) \tag{10.13}$$

Wir werden in den folgenden Kapiteln die Operatorengleichungen meist in der Ortsdarstellung lösen. An dem einfachen Beispiel (10.10) zeigen wir, dass eine Lösung

in der Impulsdarstellung zu äquivalenten Resultaten führt. Die Eigenwertgleichung (10.10) mit $\lambda = p_0$ lautet in der Impulsdarstellung

$$p\,\phi_{p_0}(p) = p_0\,\phi_{p_0}(p) \qquad \text{oder} \qquad \left(p - p_0\right)\phi_{p_0}(p) = 0 \tag{10.14}$$

Im Raum von Funktionen wäre $\phi_{p_0}(p_0) = a$ und $\varphi_{p_0}(p \neq p_0) = 0$ zu setzen; dies ist keine akzeptable Lösung. Wir müssen daher eine Distribution als Lösung zulassen:

$$\phi_{p_0}(p) = \delta(p - p_0)$$

Die Eigenwertgleichung wird auch durch $C\,\delta(x - x_0)$ mit einer beliebigen Amplitude C gelöst. Die Wahl $C = 1$ führt mit (5.14) gerade wieder zu (10.13):

$$\varphi_{p_0}(x) = \frac{1}{\sqrt{2\pi\hbar}} \int_{-\infty}^{\infty} dp\,\phi_{p_0}(p)\,\exp\left(\frac{\mathrm{i}px}{\hbar}\right) \tag{10.15}$$

$$= \frac{1}{\sqrt{2\pi\hbar}} \int_{-\infty}^{\infty} dp\,\delta(p - p_0)\,\exp\left(\frac{\mathrm{i}px}{\hbar}\right) = \frac{1}{\sqrt{2\pi\hbar}}\,\exp\left(\frac{\mathrm{i}p_0 x}{\hbar}\right)$$

Analog hierzu findet man die Eigenfunktionen und Eigenwerte des Ortsoperators in der Orts- und Impulsdarstellung (Aufgabe 10.1).

Hamiltonoperator für freies Teilchen

Ein anderes einfaches Beispiel für eine Eigenwertgleichung ist die zeitunabhängige Schrödingergleichung für ein freies Teilchen,

$$-\frac{\hbar^2}{2m}\,\Delta\,\varphi(\boldsymbol{r}) = E\,\varphi(\boldsymbol{r}) \tag{10.16}$$

Die Eigenfunktionen und Eigenwerte sind

$$\varphi(\boldsymbol{r}) = C\,\exp(\mathrm{i}\boldsymbol{k}\cdot\boldsymbol{r})\,, \qquad E = \frac{\hbar^2 k^2}{2m} \tag{10.17}$$

Zu einem Eigenwert E gibt es hier unendlich viele Eigenfunktionen. Dies sind die Lösungen $\exp(\mathrm{i}\boldsymbol{k}\cdot\boldsymbol{r})$ mit festem Betrag $k = |\boldsymbol{k}|$ aber beliebiger Richtung von $\boldsymbol{k}$.

Paritätsoperator

Als letztes Beispiel betrachten wir den Paritäts- oder Spiegelungsoperator P, der das Vorzeichen der Variablen x umkehrt:

$$f(x) \xrightarrow{P} f(-x) \qquad \text{oder} \qquad P\,f(x) = f(-x) \tag{10.18}$$

Aus der Eigenwertgleichung

$$P\,\varphi_\lambda(x) = \lambda\,\varphi_\lambda(x) \tag{10.19}$$

und der Definitionsgleichung (10.19) erhalten wir

$$P^2 \varphi_\lambda(x) = \lambda^2 \varphi_\lambda(x) = \varphi_\lambda(x) \tag{10.20}$$

Die Eigenwerte sind daher auf zwei Werte beschränkt:

$$\lambda = \pm 1 \tag{10.21}$$

Die Eigenfunktionen sind:

$$\lambda = \begin{cases} +1 : & \varphi_+(x) = \varphi_+(-x) & \text{(gerade Funktionen)} \\ -1 : & \varphi_-(x) = -\varphi_-(-x) & \text{(ungerade Funktionen)} \end{cases} \tag{10.22}$$

Zu einem Eigenwert gibt es unendlich viele Eigenfunktionen, nämlich alle geraden Funktionen (zum Beispiel $\cos(kx)$ mit beliebigem k) beziehungsweise alle ungeraden Funktionen (wie $\sin(kx)$). Die geraden Funktionen haben positive *Parität,* die ungeraden dagegen negative.

Wir haben jetzt Beispiele kennengelernt, in denen der Eigenwert jeden beliebigen Wert annehmen kann (kontinuierliches Spektrum für p_{op} oder $H = p_{\text{op}}^2/2m$) oder nur diskrete Werte (diskretes Spektrum für P). Wir werden in den folgenden Kapiteln die Eigenfunktionen und Eigenwerte einiger Hamiltonoperatoren der Form $H = p_{\text{op}}^2/2m + V(x)$ bestimmen. Dies ergibt die Energieeigenwerte und die stationären Zustände des durch H beschriebenen Systems. Abhängig vom jeweiligen Problem erhalten wir hierfür diskrete oder kontinuierliche Eigenwertspektren, oder auch gemischte Fälle.

Aufgaben

10.1   Eigenwertgleichung für Ortsoperator

Geben Sie die Eigenfunktionen und Eigenwerte des Ortsoperators in der Orts- und in der Impulsdarstellung an.

10.2   Dreidimensionaler Paritätsoperator

Im Dreidimensionalen wird der Paritätsoperator durch $P \phi(r) = \phi(-r)$ definiert. Geben Sie die Eigenwerte und Eigenfunktionen des Operators P an.

11 Unendlicher Potenzialtopf

Ein unendlicher Potenzialtopf beschreibt die Beschränkung eines Teilchens auf ein endliches Volumen. Wir geben die Lösungen der Schrödingergleichung mit diesem Potenzial für den eindimensionalen Fall an.

Wir untersuchen die eindimensionale, zeitunabhängige Schrödingergleichung

$$H \varphi(x) = E \varphi(x) \tag{11.1}$$

mit dem Hamiltonoperator

$$H = -\frac{\hbar^2}{2m} \frac{d^2}{dx^2} + V(x) \tag{11.2}$$

Das Potenzial sei ein unendlich hoher Potenzialtopf

$$V(x) = \begin{cases} 0 & 0 \leq x \leq L \\ \infty & \text{sonst} \end{cases} \tag{11.3}$$

Ein solches Potenzial begrenzt die Bewegung des Teilchens auf das Innere eines Kastens; der hier behandelte eindimensionale Fall lässt sich leicht auf den dreidimensionalen verallgemeinern. Das System (11.2) zeichnet sich durch besondere Einfachheit aus; an ihm zeigen sich aber bereits typische Eigenschaften der Eigenwertgleichung eines Hamiltonoperators.

Im Inneren des Potenzialtopfs kann sich das Teilchen frei bewegen:

$$-\frac{\hbar^2}{2m} \frac{d^2\varphi(x)}{dx^2} = E \varphi(x) \qquad (0 \leq x \leq L) \tag{11.4}$$

Mit

$$E = \frac{\hbar^2 k^2}{2m} \tag{11.5}$$

wird dies zu

$$\varphi''(x) + k^2 \varphi(x) = 0 \qquad (0 \leq x \leq L) \tag{11.6}$$

Welche Lösung ergibt sich nun im Bereich $V = V_0 = \infty$, oder wie verhält sich die Wellenfunktion beim Sprung des Potenzials von 0 auf ∞? Ein physikalisches Potenzial ist nie wirklich unendlich; vielmehr steht „unendlich" für „sehr groß gegenüber anderen relevanten Größen". Wir betrachten daher zunächst einen endlichen Potenzialtopf mit $V_0 \gg E$, Abbildung 11.1. Dann lautet (11.1) im Bereich der Potenzialwand

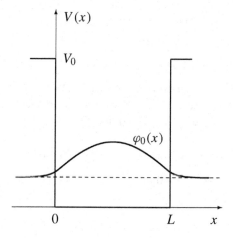

Abbildung 11.1 Im Potenzialtopf ist die Wellenfunktion $\varphi_0(x)$ des Grundzustands in Höhe der Energie (gestrichelte Linie) skizziert. Für $V_0 \to \infty$ geht die Eindringtiefe in den Bereichen $x < 0$ und $x > L$ gegen null. Dies führt zur Randbedingung $\varphi(0) = \varphi(L) = 0$ für den unendlich hohen Potenzialtopf.

$$-\frac{\hbar^2}{2m}\frac{d^2\varphi(x)}{dx^2} = (E - V_0)\,\varphi(x) \qquad (x < 0 \text{ oder } x > L) \qquad (11.7)$$

Dies wird durch

$$\varphi(x) = A\,\exp(+\kappa x) + B\,\exp(-\kappa x) \quad \text{mit} \quad \frac{\hbar^2 \kappa^2}{2m} = V_0 - E \approx V_0 \qquad (11.8)$$

gelöst. Da wir ein Teilchen im Potenzialtopf beschreiben wollen, stellen wir die Forderung

$$\int_{-\infty}^{\infty} dx\,|\varphi(x)|^2 = 1 \qquad (11.9)$$

Dies schließt eine exponentiell ansteigende Funktion aus. Die Lösung im Bereich der Potenzialwand ist daher

$$\varphi(x) = \begin{cases} A\,\exp(-\kappa x) & (x > L) \\ A'\,\exp(+\kappa x) & (x < 0) \end{cases} \qquad (11.10)$$

Die Bewegung eines klassischen Teilchens mit $E < V_0$ ist auf den Bereich $0 \leq x \leq L$ beschränkt. Im Gegensatz dazu bedeutet (11.10), dass das quantenmechanische Teilchen auf der Länge

$$\Delta x \sim \frac{1}{\kappa} \approx \frac{\hbar}{\sqrt{2mV_0}} \qquad (11.11)$$

in den klassisch unzugänglichen Bereich eindringen kann. Eine Impulsmessung in diesem Bereich führt zu Messwerten der Größe

$$\Delta p \sim \frac{\hbar}{\Delta x} \sim \sqrt{2mV_0} \qquad (11.12)$$

also gerade zu Impulsen, die klassisch zur Überwindung der Barriere erforderlich wären.

Wir gehen nun zum Grenzfall $V_0 \to \infty$ über. Dann geht die Eindringtiefe Δx gegen null. Mit $\kappa \to \infty$ wird (11.10) zu

$$\varphi(x) = 0 \qquad (x < 0 \text{ oder } x > L) \tag{11.13}$$

An dieser Stelle kann man auch mit dem Erwartungswert der potenziellen Energie, $\langle V \rangle = \int dx\, V(x)\, |\varphi(x)|^2$, argumentieren: Damit dieser Erwartungswert und damit die Energie der Lösung endlich ist, muss die Wellenfunktion im Bereich des unendlichen Potenzials verschwinden.

Da die Wellenfunktion bei 0 und L stetig ist, lautet das zu lösende Problem:

$$\varphi''(x) + k^2\, \varphi(x) = 0 \qquad (\text{Differenzialgleichung}, 0 < x < L)$$

$$\varphi(0) = \varphi(L) = 0 \qquad (\text{Randbedingung}) \tag{11.14}$$

Eine detaillierte Begründung für die Stetigkeitsbedingung bei $x = 0$ und $x = L$ ergibt sich aus der Lösung für den endlichen Kasten (Kapitel 20) und aus dem Grenzübergang $V_0 \to \infty$. Verkürzt gesagt kann mit dem unendlichen Sprung von $V(x)$ in der Schrödingergleichung auch $\varphi''(x)$ eine Singularität haben. Dann hat $\varphi'(x)$ höchstens einen Sprung, und damit muss $\varphi(x)$ stetig sein.

Die allgemeine Lösung der Differenzialgleichung in (11.14) lautet

$$\varphi(x) = A\, \sin(kx) + B\, \cos(kx) \qquad (k \geq 0) \tag{11.15}$$

Hierfür ergibt die Randbedingung

$$\varphi(0) = B = 0 \quad \text{und} \quad \varphi(L) = A\, \sin(kL) = 0 \tag{11.16}$$

Damit sind nur diskrete Werte $k = k_n$ möglich:

$$k_n = \frac{n\pi}{L}, \qquad n = 1, 2, 3, \ldots \tag{11.17}$$

Negative n-Werte ergeben nur ein Vorzeichen in der Wellenfunktion und müssen daher nicht berücksichtigt werden. Der Wert $n = 0$ ergibt $\varphi \equiv 0$ und ist daher auszuschließen. Wir bezeichnen die zu k_n gehörige Lösung mit $\varphi_n(x)$ und die Normierungskonstante mit A_n. Die Normierungskonstante wird aus

$$1 = \int_{-\infty}^{\infty} dx\, |\varphi_n(x)|^2 = |A_n|^2 \int_0^L dx\, |\sin(k_n x)|^2 = |A_n|^2\, \frac{L}{2} \tag{11.18}$$

bestimmt. Da die Phasen der Lösungen φ_n keine Rolle spielen, können wir A_n reell und positiv wählen, $A_n = \sqrt{2/L}$. Die Lösung des Eigenwertproblems $H\varphi = E\varphi$ für den Hamiltonoperator (11.2) lautet damit:

$$\boxed{\varphi_n(x) = \sqrt{\frac{2}{L}}\, \sin\left(\frac{\pi n x}{L}\right)} \qquad \text{Eigenfunktion} \tag{11.19}$$

$$\boxed{E_n = \frac{\pi^2 \hbar^2 n^2}{2mL^2}} \qquad \text{Energieeigenwert} \tag{11.20}$$

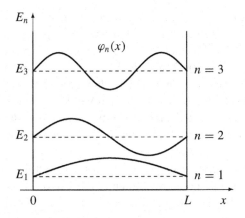

Abbildung 11.2 Die niedrigsten drei Lösungen des unendlich hohen Potenzialtopfs. Zu jedem Eigenwert E_n gibt es genau eine Eigenfunktion φ_n. Mathematisch eng verwandte Probleme sind stehende elektromagnetische Wellen im Hohlraum (Kapitel 21 in [2]) oder die Eigenschwingungen einer Saite (Kapitel 30 in [1]).

Allgemeine Eigenschaften der Lösung

Die Lösungen des unendlichen Potenzialtopfs zeigen charakteristische quantenmechanische Strukturen, die auch in realistischen Problemen (etwa für ein Elektron im Atom) auftreten. Der wichtigste Punkt ist, dass *lokalisierte* Lösungen immer zu *diskreten* Energieeigenwerten gehören; ein klassisches Teilchen kann dagegen eine beliebige Energie haben, auch wenn es durch ein Potenzial auf einen endlichen Raum begrenzt ist. Lokalisierte Lösungen bezeichnen wir auch als *gebundene* Lösungen, oder ausführlicher als im Potenzial (oder im Atom oder Kern) gebundene Lösungen. Kontinuierliche Energiewerte gehören dagegen in der Quantenmechanik zu nichtlokalisierten oder nichtgebundenen Lösungen; als Beispiel hierfür haben wir die Impulseigenfunktion (10.11) kennengelernt. Die diskreten Lösungen werden durch *Quantenzahlen* charakterisiert (hier $n = 1, 2,...$). Es gibt einen niedrigsten Zustand, den *Grundzustand*. Der Grundzustand hat eine endliche kinetische Energie, auch *Nullpunktenergie* genannt; dies folgt auch aus der Unschärferelation. Mit zunehmender Energie wächst die Anzahl der Knoten der Wellenfunktion.

Phasenraum

Wir führen den Begriff des Phasenraums ein und berechnen das Phasenraumvolumen für ein Teilchen im Kasten. Diese Begriffe werden insbesondere in der Statistischen Physik benötigt.

Der klassische Zustand eines Teilchens, das sich in einer Dimension bewegen kann, wird durch den Ort x und den Impuls p definiert. Der abstrakte, zweidimensionale Raum, der durch eine x- und eine p-Achse aufgespannt wird, heißt *Phasenraum*. Für $x = (q_1,..., q_f)$ und $p = (p_1,..., p_f)$ hat der Phasenraum $2f$ Dimensionen; so ist zum Beispiel der Phasenraum für die dreidimensionale Bewegung eines Teilchens 6-dimensional.

Der klassische Zustand eines Systems zu einer bestimmten Zeit t entspricht einem Punkt im Phasenraum. Die zeitliche Entwicklung kann dann durch eine Folge von Punkten, also eine Trajektorie im Phasenraum dargestellt werden.

Wegen der Unschärferelation $\Delta x \, \Delta p \geq \hbar/2$ erstreckt sich ein quantenmechanischer Zustand über ein endliches Volumen im Phasenraum, etwa über $\Delta x \, \Delta p \sim \hbar/2$ im eindimensionalen Fall. In der statistischen Physik (also bei der Untersuchung des Temperaturverhaltens) benötigt man eine Vorschrift, um die Anzahl der möglichen Zustände abzuzählen. Zum Beispiel will man wissen, wieviele stationäre Zustände es für ein Teilchen mit einer Energie unterhalb eines vorgegebenen Werts gibt. Diese Frage lässt sich für den hier behandelten Kasten einfach beantworten. Wenn die Anzahl der betrachteten Zustände groß ist, kommt es nicht auf die Details (wie etwa die Form das Potenzials) an.

Wir berechnen zunächst das *Phasenraumvolumen* für die in diesem Kapitel behandelte eindimensionale Bewegung. Das Phasenraumvolumen ist das klassisch zugängliche Volumen im Phasenraum; dabei sei die maximale Energie mit E fest vorgegeben. Bei der Begrenzung durch das Potenzial (11.3) ergibt sich dann das Phasenraumvolumen $V_{\mathrm{PR}}(E, L)$ aus

$$
V_{\mathrm{PR}}(E, L) \;=\; \int_0^L dx \int_{p^2/2m \leq E} dp \;=\; \int_0^L dx \int_{-\sqrt{2mE}}^{\sqrt{2mE}} dp
$$

$$
= 2L \sqrt{2mE} \tag{11.21}
$$

Wir bestimmen die Anzahl N_E der Zustände, deren Energie $E_n = n^2 \pi^2 \hbar^2/(2mL^2)$ kleiner gleich E ist. Der maximal mögliche Wert der Quantenzahl n ist

$$
n_{\max} = \mathrm{int}\left(\frac{\sqrt{2mE}}{\pi \hbar} \, L \right) \tag{11.22}
$$

Die Funktion $\mathrm{int}(x)$ ist gleich der größten ganzen Zahl i mit $i \leq x$; der Name der Funktion steht für integer (englisch für ganze Zahl). Die Zustände unterhalb von E sind diejenigen mit $n = 1, 2, ..., n_{\max}$. Damit gibt es $N_E = n_{\max}$ solche Zustände. Für $N_E \gg 1$ gilt

$$
N_E \approx \frac{\sqrt{2mE}}{\pi \hbar} \, L = \frac{V_{\mathrm{PR}}}{2\pi\hbar} \qquad (N_E \gg 1) \tag{11.23}
$$

Die Anzahl der Zustände unterhalb von E ist also gleich dem Phasenraumvolumen geteilt durch $2\pi\hbar$. Dies bedeutet, dass ein quantenmechanischer Zustand im Phasenraum das Volumen $2\pi\hbar$ einnimmt. Dieser Zusammenhang beruht auf der Unschärferelation, nach der Ort und Impuls für einen quantenmechanischen Zustand die minimale Unschärfe $\Delta x \, \Delta p = \hbar/2$ haben. Damit ist $\Delta x \, \Delta p$ auch vergleichbar mit dem minimalen Volumen eines solchen Zustands im Phasenraum, und im Gesamtvolumen V_{PR} haben nur $N_E \sim V_{\mathrm{PR}}/(\Delta x \, \Delta p)$ Zustände Platz. Die numerischen Faktoren wurden hier durch die exakte Lösung eines speziellen Problems festgelegt. Das Ergebnis $N_E \approx V_{\mathrm{PR}}/2\pi\hbar$ gilt aber allgemein, also auch für eine andere Form des Kastens oder für andere Potenziale $V(x)$.

Für die dreidimensionale Bewegung eines Teilchens im Potenzial $V(r)$ ist das Phasenraumvolumen durch

$$V_{PR} = \underbrace{\int d^3 r \int d^3 p}_{p^2/2m + V(r) \leq E} \tag{11.24}$$

gegeben. Für ein ortsabhängiges Potenzial sind die Grenzen der Orts- und Impulsintegration miteinander verknüpft. Die Verallgemeinerung des Ergebnisses (11.23) auf drei kartesische Koordinaten lautet

$$N_E = \frac{V_{PR}}{(2\pi\hbar)^3} \qquad (N_E \gg 1) \tag{11.25}$$

Auch dies gilt wieder für beliebige Potenziale $V(r)$.

Aufgaben

11.1   Phasenraum des Oszillators

Der eindimensionale Oszillator hat die Hamiltonfunktion

$$H(q, p) = \frac{p^2}{2m} + \frac{m\omega^2 q^2}{2}$$

Welche Form hat die Kurve $H(q, p) = E$ im Phasenraum? Berechnen Sie das Phasenraumvolumen $V_{PR}(E) = \int dq \int dp$, das von dieser Kurve eingeschlossen wird. Aus der bekannten Energieeigenwerten $E_n = \hbar\omega(n + 1/2)$ folgt Anzahl N_E der Zustände mit $E_n \leq E$. Stellen Sie den Zusammenhang zwischen dieser Anzahl N_E und dem Phasenraumvolumen $V_{PR}(E)$ her.

12 Eindimensionaler Oszillator

Wir bestimmen und diskutieren die Eigenfunktionen und Eigenwerte des eindimensionalen Oszillators.

Die klassische Hamiltonfunktion des eindimensionalen Oszillators lautet

$$H_{kl}(p, x) = \frac{p^2}{2m} + \frac{m\omega^2 x^2}{2} \tag{12.1}$$

Der Oszillator ist charakterisiert durch die Masse m und die Eigenfrequenz ω; dies entspricht einer Federkonstanten $f = m\omega^2$. Mit $p \rightarrow -i\hbar(d/dx)$ wird (12.1) zum Hamiltonoperator

$$H = -\frac{\hbar^2}{2m}\frac{d^2}{dx^2} + \frac{m\omega^2 x^2}{2} \tag{12.2}$$

Dieser Hamiltonoperator beschreibt zum Beispiel die Schwingungen eines zwei-atomigen Moleküls (Abbildung 12.1). In der Umgebung der klassischen Gleichgewichtslage kann das Potenzial durch einen Oszillator angenähert werden:

$$V(r) \approx V(r_0) + \frac{1}{2}\left(\frac{d^2 V}{dr^2}\right)_{r_0}(r - r_0)^2 = \text{const.} + \frac{m\omega^2 x^2}{2} \tag{12.3}$$

Dabei ist $x = r - r_0$. Durch Absorption und Emission von Licht können Übergänge zwischen verschiedenen Schwingungszuständen erfolgen. Dadurch können diskrete Absorptionslinien bei ω (im infraroten Bereich) entstehen oder Raman-Linien bei $\omega' \pm \omega$ (wobei ω' die Frequenz des eingestrahlten Lichts ist). Die Messung der verschiedenen Eigenfrequenzen ω_j eines komplexen Moleküls erlaubt Rückschlüsse auf dessen Struktur.

Wir lösen die Eigenwertgleichung $H\varphi = E\varphi$, also

$$\left[-\frac{\hbar^2}{2m}\frac{d^2}{dx^2} + \frac{m\omega^2 x^2}{2}\right]\varphi(x) = E\varphi(x) \tag{12.4}$$

Die Energieskala des Oszillators ist durch $\hbar\omega$ charakterisiert, die Längenskala durch die Oszillatorlänge b,

$$b = \sqrt{\frac{\hbar}{m\omega}} \tag{12.5}$$

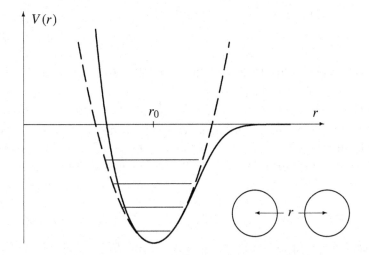

Abbildung 12.1 Die Wechselwirkung zwischen zwei Atomen (unten rechts durch Kreise verkleinert angedeutet) kann durch ein Potenzial $V(r)$ beschrieben werden. Die durchgezogene Linie gibt die schematische Form eines solchen Potenzials an. Der tiefste Zustand in diesem Potenzial ist der Grundzustand des zweiatomigen Moleküls, die angeregten Zustände beschreiben Abstandsschwingungen. In der Umgebung des Minimums kann $V(r)$ durch ein Oszillatorpotenzial (gestrichelt) angenähert werden. Die gleichabständigen Energieniveaus des Oszillators sind durch waagerechte Linien angedeutet.

Mit den dimensionslosen Größen ε und y,

$$\varepsilon = \frac{2E}{\hbar \omega} \qquad \text{und} \qquad y = \frac{x}{b} \tag{12.6}$$

wird (12.4) zu

$$\frac{d^2 u(y)}{dy^2} + \left(\varepsilon - y^2 \right) u(y) = 0 \tag{12.7}$$

Dabei haben wir $\varphi(x(y))$ mit $u(y)$ bezeichnet. Wir untersuchen zunächst das Verhalten von $u(y)$ für $y \to \infty$. Für $y^2 \gg \varepsilon$ wird (12.7) zu

$$u''(y) \approx y^2 u(y) \qquad (y^2 \gg \varepsilon) \tag{12.8}$$

Die Lösung dieser Gleichung verhält sich wie

$$u(y) \sim \exp(\pm y^2/2) \qquad (y \to \pm\infty) \tag{12.9}$$

denn hieraus folgt $u' \sim \pm y \exp(\pm y^2/2)$ und $u'' \sim y^2 \exp(\pm y^2/2)$. Da wir die Lösung auf 1 normieren wollen, kommt nur die asymptotisch abfallende Exponentialfunktion in (12.9) in Frage. Wir setzen die Lösung daher in der Form

$$u(y) = v(y) \exp(-y^2/2) \tag{12.10}$$

an; damit ist keine Einschränkung verbunden. Mit

$$u'' = \left(v'' - 2yv' - v + vy^2\right) \exp(-y^2/2) \tag{12.11}$$

erhalten wir aus (12.7) eine Differenzialgleichung für $v(y)$:

$$v'' - 2yv' + (\varepsilon - 1)v = 0 \tag{12.12}$$

An dieser Gleichung können wir bereits einige einfache Lösungen ablesen: $v = $ const. ist Lösung für $\varepsilon = 1$, und $v = y$ ist Lösung für $\varepsilon = 3$. Die Form von (12.12) legt Polynome als Lösung nahe. Wir setzen v als Potenzreihe an:

$$v = \sum_{m=0}^{\infty} a_m \, y^m \tag{12.13}$$

Damit diese Potenzreihe (12.12) erfüllt, muss der Koeffizient bei jeder Potenz von y verschwinden. Für den Koeffizienten von y^k erhalten wir

$$(k+2)(k+1)\,a_{k+2} - 2k\,a_k + (\varepsilon - 1)\,a_k = 0 \tag{12.14}$$

oder

$$a_{k+2} = \frac{2k + 1 - \varepsilon}{(k+2)(k+1)}\,a_k \tag{12.15}$$

Dies ist eine *Rekursionsformel:* Aus a_0 erhalten wir sukzessive $a_2, a_4, \ldots$, und aus a_1 folgen $a_3, a_5, \ldots$. Wenn wir daher a_0, a_1 und ε festsetzen, ergibt sich aus (12.15) die Lösung (12.10) mit (12.13).

Wir betrachten das Verhalten der a_k für große und gerade k ($k \gg 1$, $k \gg \varepsilon$ und $k = 2\nu$):

$$a_{2\nu+2} \approx \frac{2}{k}\,a_{2\nu} = \frac{1}{\nu}\,a_{2\nu} \quad \Longrightarrow \quad a_{2\nu} \propto \frac{1}{\nu!} \tag{12.16}$$

Für $y \to \infty$ dominieren die hohen Potenzen, so dass die resultierende Reihe

$$\sum_{\nu} a_{2\nu}\, y^{2\nu} \propto \sum_{\nu=0}^{\infty} \frac{(y^2)^\nu}{\nu!} = \exp\left(+y^2\right) \qquad (y \to \infty) \tag{12.17}$$

exponentiell ansteigt. Für die ungeraden Potenzen ($k = 2\nu + 1$) erhalten wir ebenfalls $\sum_{\nu} a_{2\nu+1}\, y^{2\nu+1} \propto \exp(+y^2)$. Ein solches Verhalten ist jedoch nicht akzeptabel, da es zu einer nicht normierbaren Lösung für $u(y) = v(y)\exp(-y^2/2) \propto \exp(+y^2/2)$ führt. Dies kann nur verhindert werden, wenn die Rekursion (12.15) abbricht. Dies ist genau dann der Fall, wenn ε einen der diskreten Werte

$$\varepsilon_n = 2n + 1 \qquad (n = 0, 1, 2, \ldots) \tag{12.18}$$

annimmt. Dann bricht eine der beiden Folgen

$$a_0 \to a_2 \to a_4 \to \ldots, \qquad a_1 \to a_3 \to a_5 \to \ldots \tag{12.19}$$

ab. Die andere muss durch die Wahl $a_1 = 0$ oder $a_0 = 0$ zu null gemacht werden. Als Lösung für v erhalten wir damit ein endliches Polynom P_n, das entweder gerade oder ungerade ist. Die Lösung für $u(y)$ lautet somit

$$u(y) = P_n(y) \, \exp\left(-\frac{y^2}{2}\right) \tag{12.20}$$

Mit dem hier vorgestellten Konstruktionsverfahren bestimmen wir explizit die niedrigsten Lösungen. Für $n = 0$ ist $\varepsilon = 1$. Mit der Wahl $a_1 = 0$ ergibt die Rekursionsformel $a_{2v+1} = 0$. Dagegen sei $a_0 \neq 0$. Für $\varepsilon = 1$ ergibt die Rekursionsformel $a_2 = a_4 = \ldots = 0$, also

$$n = 0: \qquad u(y) = a_0 \, \exp(-y^2/2) \,, \qquad \varepsilon = 1 \tag{12.21}$$

Für $n = 1$ ist $\varepsilon = 3$. Mit der Wahl $a_0 = 0$ ergibt die Rekursionsformel $a_{2v} = 0$. Dagegen sei $a_1 \neq 0$. Für $\varepsilon = 3$ ergibt die Rekursionsformel $a_3 = a_5 = \ldots = 0$, also

$$n = 1: \qquad u(y) = a_1 \, y \, \exp(-y^2/2) \,, \qquad \varepsilon = 3 \tag{12.22}$$

Für $n = 2$ ist $\varepsilon = 5$. Mit der Wahl $a_1 = 0$ ergibt die Rekursionsformel $a_{2v+1} = 0$. Dagegen sei $a_0 \neq 0$. Für $\varepsilon = 5$ ergibt die Rekursionsformel $a_2 = -2\,a_0$ und $a_4 = a_6 = \ldots = 0$, also

$$n = 2: \qquad u(y) = a_0 \, (1 - 2\,y^2) \, \exp(-y^2/2) \,, \qquad \varepsilon = 5 \tag{12.23}$$

Alle so konstruierten Lösungen sind proportional zu einem unbestimmten Koeffizienten (a_0 oder a_1). Dieser Koeffizient wird so bestimmt, dass die Lösung normiert ist. Dies legt die Lösungen vollständig fest. Die niedrigsten Lösungen sind in Abbildung 12.2 dargestellt.

Die endlichen Polynome, die die Differenzialgleichung (12.12) für $\varepsilon = 2n + 1$ lösen, werden *hermitesche Polynome* $H_n(y)$ genannt. Damit lauten die Eigenfunktionen des Oszillator-Hamiltonoperators

$$u_n(y) = c_n \, H_n(y) \, \exp\left(-\frac{y^2}{2}\right) \tag{12.24}$$

Wir geben die niedrigsten Polynome explizit an:

$$H_0 = 1, \qquad H_1 = 2\,y, \qquad H_2 = 4\,y^2 - 2, \qquad H_3 = 8\,y^3 - 12\,y$$
$$H_4 = 16\,y^4 - 48\,y^2 + 12, \qquad H_n = (2\,y)^n - n\,(n-1)\,(2\,y)^{n-2} \pm \ldots \tag{12.25}$$

Die reellen Normierungskonstanten c_n werden durch

$$\int_{-\infty}^{\infty} dy \, \left|u_n(y)\right|^2 = 1 \tag{12.26}$$

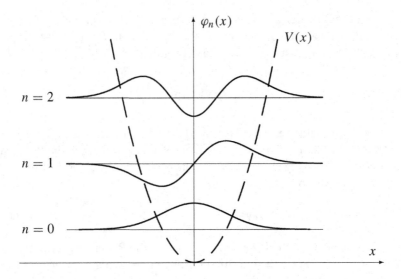

Abbildung 12.2 Die niedrigsten Lösungen $\varphi_n(x)$ des eindimensionalen Oszillators. Der Abstand zur x-Achse gibt die Energie an.

festgelegt. Die ursprünglichen, dimensionsbehafteten Eigenfunktionen und Eigenwerte lauten

$$\varphi_n(x) = \frac{c_n}{\sqrt{b}} \, H_n\!\left(\frac{x}{b}\right) \, \exp\!\left(-\frac{x^2}{2b^2}\right) \qquad \text{Eigenfunktionen des Oszillators} \qquad (12.27)$$

und

$$E_n = \left(n + \frac{1}{2}\right) \hbar\omega \qquad \text{Energieeigenwerte des Oszillators} \qquad (12.28)$$

Die Quantenzahl n nimmt die Werte $0, 1, 2, \ldots$ an. Die Lösungen $\varphi_n(x)$ beschreiben zum Beispiel die Schwingungszustände eines zweiatomigen Moleküls, Abbildung 12.1. Im Rahmen unserer jetzigen Behandlung sind diese Zustände stabil, das heißt $|\psi_n(x,t)|^2 = |\varphi_n(x)|^2$ hängt nicht von der Zeit ab. Tatsächlich kann ein solcher Zustand aber durch Emission eines Photons in einen niedrigeren Zustand übergehen.

Hermitesche Polynome

Wir geben noch einige nützliche Formeln für die hermiteschen Polynome an. Die Polynome $H_n(y)$ wurden bisher über die Rekursionsformel (12.15) mit $\varepsilon = 2n + 1$ bestimmt. Eine alternative Darstellung ist die geschlossene Form

$$H_n(y) = (-)^n \, \exp(y^2) \left[\frac{d^n}{dy^n} \, \exp(-y^2) \right] \qquad (12.29)$$

Wir zeigen zunächst, dass die so definierten H_n tatsächlich Lösung von (12.12) mit $\varepsilon = 2n + 1$ sind, also dass

$$H_n'' - 2y H_n' + 2n H_n \overset{!}{=} 0 \tag{12.30}$$

gilt. Dazu berechnen wir

$$H_n'' = (-)^n \, \exp(y^2) \left[(2 + 4y^2) \, \frac{d^n}{dy^n} + 4y \, \frac{d^{n+1}}{dy^{n+1}} + \frac{d^{n+2}}{dy^{n+2}} \right] \exp(-y^2) \tag{12.31}$$

und

$$-2y H_n' = (-)^n \, \exp(y^2) \left[-4y^2 \, \frac{d^n}{dy^n} - 2y \, \frac{d^{n+1}}{dy^{n+1}} \right] \exp(-y^2) \tag{12.32}$$

Wir setzen dies in (12.30) ein:

$$\left[\frac{d^{n+2}}{dy^{n+2}} + 2y \, \frac{d^{n+1}}{dy^{n+1}} + (2n + 2) \, \frac{d^n}{dy^n} \right] \exp(-y^2) \overset{!}{=} 0 \tag{12.33}$$

Wie man leicht überprüft, ist dies für $n = 0$ richtig. Wir wenden d/dy auf diese Gleichung an und erhalten so die Gleichung für die gleiche Aussage für $n + 1$. Daher ist (12.33) für beliebiges n gültig; damit ist (12.30) gezeigt.

Wir beweisen noch

$$\frac{d H_n}{dy} = 2n H_{n-1} \tag{12.34}$$

Dazu multiplizieren wir (12.33) mit $\exp(y^2)$ und ersetzen $n \rightarrow n - 1$:

$$\exp(y^2) \left[\underbrace{\frac{d^{n+1}}{dy^{n+1}} + 2y \, \frac{d^n}{dy^n}}_{(-)^n \, d H_n/dy} + \underbrace{2n \, \frac{d^{n-1}}{dy^{n-1}}}_{(-)^{n-1} 2n \, H_{n-1}} \right] \exp(-y^2) = 0 \tag{12.35}$$

Hierin identifizieren wir (wie durch die geschweiften Klammern angedeutet) gemäß (12.29) die hermiteschen Polynome und erhalten so (12.34).

Für die Normierungskonstante c_n zeigen wir

$$\frac{1}{c_n^2} = \int_{-\infty}^{\infty} dy \, [H_n(y)]^2 \, \exp(-y^2) = \sqrt{\pi} \, 2^n \, n! \tag{12.36}$$

Man überprüft dies leicht für $n = 0$. Wir drücken c_n durch c_{n-1} aus:

$$\begin{aligned}
\frac{1}{c_n^2} &= \int_{-\infty}^{\infty} dy \, (-)^n \, \exp(y^2) \left[\frac{d^n}{dy^n} \exp(-y^2) \right] H_n \, \exp(-y^2) \\[2mm]
&\overset{\text{p.I.}}{=} (-)^{n+1} \int_{-\infty}^{\infty} dy \, \exp(y^2) \left[\frac{d^{n-1}}{dy^{n-1}} \exp(-y^2) \right] \frac{d H_n}{dy} \, \exp(-y^2) \\[2mm]
&= 2n \int_{-\infty}^{\infty} dy \, \left(H_{n-1} \exp(-y^2/2) \right)^2 = \frac{2n}{c_{n-1}^2} \tag{12.37}
\end{aligned}$$

Daraus und aus $c_0 = \pi^{-1/4}$ folgt (12.36). Die normierten Eigenfunktionen des Oszillators lauten damit

$$\varphi_n(x) = \frac{1}{\sqrt{b}} \frac{\pi^{-1/4}}{\sqrt{2^n\,n!}} \; H_n\!\left(\frac{x}{b}\right) \; \exp\!\left(-\frac{x^2}{2\,b^2}\right) \tag{12.38}$$

Wir notieren zwei wichtige Beziehungen:

$$\frac{x}{b}\,\varphi_n = \sqrt{\frac{n}{2}}\,\varphi_{n-1} + \sqrt{\frac{n+1}{2}}\,\varphi_{n+1} \tag{12.39}$$

$$\frac{d\varphi_n}{d\,(x/b)} = \sqrt{\frac{n}{2}}\,\varphi_{n-1} - \sqrt{\frac{n+1}{2}}\,\varphi_{n+1} \tag{12.40}$$

Diese Relationen folgen aus (12.34) und aus

$$y\,H_n = n\,H_{n-1} + \frac{H_{n+1}}{2} \tag{12.41}$$

Wir beweisen die letzte Relation:

$$n\,H_{n-1} + \frac{H_{n+1}}{2} \overset{(12.34)}{=} \frac{1}{2}\left(\frac{d\,H_n}{dy} + H_{n+1}\right) \overset{(12.29)}{=} \tag{12.42}$$

$$\frac{(-)^n}{2}\left[\frac{d}{dy}\left(\exp(y^2)\,\frac{d^n}{dy^n}\,\exp(-y^2)\right) - \exp(y^2)\,\frac{d^{n+1}}{dy^{n+1}}\,\exp(-y^2)\right]$$

Nur die Ableitung d/dy, die auf $\exp(+y^2)$ wirkt, überlebt und ergibt mit (12.29) $y\,H_n$; damit ist (12.41) gezeigt.

Schließlich geben wir noch eine explizite Darstellung der hermiteschen Polynome an:

$$H_n(y) = \sum_{\nu=0}^{[n/2]} \frac{(-)^\nu\,n!}{\nu!\,(n-2\nu)!}\,(2\,y)^{n-2\nu} \tag{12.43}$$

Dabei ist $[n/2] = \mathrm{int}\,(n/2) = k$ die größte ganze Zahl k mit $k \le n/2$.

Aufgaben

12.1 Lennard-Jones-Potenzial

Das Lennard-Jones-Potenzial

$$V(r) = 4\,\epsilon \left(\frac{\sigma^{12}}{r^{12}} - \frac{\sigma^6}{r^6} \right) \qquad (\epsilon > 0) \qquad (12.44)$$

beschreibt näherungsweise das Potenzial zwischen zwei sphärischen Atomen. Für zwei ^{4}He-Atome sind $\epsilon \approx 10^{-3}$ eV, $\sigma \approx 2.5\,\text{Å}$ und $\hbar^2/m \approx 2 \cdot 10^{-3}$ eV Å^2 realistische Parameterwerte; die letzte Angabe bezieht sich auf die reduzierte Masse m.

Skizzieren Sie das Potenzial, und geben Sie die Minimumwerte r_0 und $V(r_0)$ an. Nähern Sie das Potenzial in der Nähe des Minimums durch einen Oszillator an. Vergleichen Sie die Energie $E_0 = \hbar\omega/2$ des tiefsten Oszillatorzustands (für die r-Bewegung der beiden Atome) mit der Potenzialtiefe $V(r_0)$. Gibt es ein He$_2$-Molekül?

12.2 Konstruktion von Oszillatorwellenfunktionen

Führen Sie das Konstruktionsverfahren der Oszillatorwellenfunktionen mit der Rekursionsformel

$$a_{k+2} = \frac{2k + 1 - \varepsilon_n}{(k+1)(k+2)}\, a_k \qquad (12.45)$$

für $\varepsilon_n = 2n + 1$ mit $n = 3$ und $n = 4$ explizit durch.

12.3 Explizite Darstellung der Hermitepolynome

Zeigen Sie, dass die Koeffizienten in der expliziten Darstellung der Hermitepolynome

$$H_n(y) = \sum_{\nu=0}^{\text{int}\,(n/2)} \frac{(-)^\nu n!}{\nu!\,(n - 2\nu)!}\,(2y)^{n-2\nu}$$

die Rekursionsformel (12.45) für $\varepsilon_n = 2n + 1$ erfüllen. Dabei ist $\text{int}\,(n/2)$ die größte ganze Zahl kleiner als $n/2$.

12.4 Oszillator mit Wand

Bestimmen Sie die Eigenfunktionen und Energieeigenwerte für ein Teilchen im Potenzial

$$V(x) = \begin{cases} m\,\omega^2 x^2/2 & (x \geq 0) \\ \infty & (x < 0) \end{cases}$$

12.5 Oszillator im elektrischen Feld

Für einen harmonischen Oszillator im elektrischem Feld $E = E_e\,e_x$ lautet das Potenzial

$$V(x) = \frac{m\omega^2}{2}x^2 - q\,E_e\,x$$

Bestimmen Sie die Eigenfunktionen und Energieeigenwerte. Berechnen Sie den Ortserwartungswert $\langle x \rangle$ für die Eigenfunktionen des Oszillators.

12.6 Erzeugende Funktion für Hermitepolynome

Die Entwicklung der *erzeugenden Funktion* $\exp(-s^2 + 2sy)$ nach Potenzen von s definiert die hermiteschen Polynome $H_n(y)$:

$$\exp\left(-s^2 + 2sy\right) = \sum_{n=0}^{\infty} H_n(y)\,\frac{s^n}{n!} \tag{12.46}$$

Bestimmen Sie hieraus die untersten drei Polynome. Berechnen Sie das Normierungsintegral

$$\int_{-\infty}^{\infty} dy\,\left[H_n(y)\right]^2 \exp\left(-y^2\right)$$

mit Hilfe der erzeugenden Funktion. Betrachten Sie dazu das Integral

$$J = \int_{-\infty}^{\infty} dy\,\exp\left(-s^2 + 2sy\right)\exp\left(-t^2 + 2ty\right)\exp\left(-y^2\right) \tag{12.47}$$

13 Dreidimensionaler Oszillator

Aus der bekannten Lösung für einzelne Freiheitsgrade (etwa für die Bewegung in einer Richtung) kann die Lösung für alle Freiheitsgrade (etwa für die dreidimensionale Bewegung) konstruiert werden. Diese Konstruktion wird allgemein vorgestellt und dann auf den Oszillator angewandt.

Produktwellenfunktionen

Ein System mit den verallgemeinerten Koordinaten $q_1, ..., q_f$ habe einen Hamiltonoperator von der Form

$$H(1, 2, ..., f) = H_1(1, ..., g) + H_2(g + 1, ..., f) \tag{13.1}$$

Dabei steht i für die Koordinate q_i und den zugehörigen Impulsoperator $p_{i,\text{op}}$. Diese Form bedeutet, dass die durch $q_1, ..., q_g$ und durch $q_{g+1}, ..., q_f$ beschriebenen Bewegungen voneinander unabhängig sind. Wir können uns dieses System als aus zwei Teilsystemen aufgebaut denken, die durch H_1 und H_2 beschrieben werden. Wir nehmen nun an, dass die Eigenwertprobleme für H_1 und H_2 gelöst sind:

$$H_1 \phi_n(q_1, ..., q_g) = \epsilon_n \phi_n(q_1, ..., q_g) \tag{13.2}$$

$$H_2 \psi_m(q_{g+1}, ..., q_f) = \varepsilon_m \psi_m(q_{g+1}, ..., q_f) \tag{13.3}$$

Dann sind die Produkte

$$\Psi_{nm}(q_1, ..., q_g, q_{g+1}, ..., q_f) = \phi_n(q_1, ..., q_g) \, \psi_m(q_{g+1}, ..., q_f) \tag{13.4}$$

Eigenfunktionen von $H = H_1 + H_2$:

$$H \Psi_{nm} = E_{nm} \Psi_{nm}, \qquad E_{nm} = \epsilon_n + \varepsilon_m \tag{13.5}$$

Wir bezeichnen (13.4) als Produktwellenfunktionen oder Produktzustände. Diese Wellenfunktionen stellen eine vollständige Lösung des Eigenwertproblems für $H = H_1 + H_2$ dar.

Die hier skizzierte Struktur lässt sich leicht auf den Fall von mehr als zwei unabhängigen Teilsystemen übertragen. Die Wellenfunktionen (13.4) können auch dann nützlich sein, wenn die Teilsysteme nicht voneinander unabhängig sind, also wenn eine Wechselwirkung V in $H = H_1 + H_2 + V(q_1, ..., q_f)$ vorhanden ist. Die gesuchten Lösungen lassen sich dann zumindest nach den Funktionen (13.4) entwickeln.

Wir führen einige Beispiele für Systeme der Art (13.1) an:

- Teilchen, die sich unabhängig voneinander in einem Potenzial bewegen. Im letzten Abschnitt dieses Kapitels wird hierfür ein Beispiel gegeben. Für Z Elektronen im Coulombpotenzial eines Atomkerns führt dies zum Schalenmodell des Atoms (Kapitel 48).

- Der dreidimensionale Oszillator kann durch drei unabhängige, eindimensionale Oszillatoren ersetzt werden; dies wird im Folgenden näher ausgeführt.

- Für ein Elektron bestimme H_1 die räumliche Bewegung, während H_2 auf den Spin wirkt. Die Orts- und Spinbewegung wird dann durch einen Produktzustand beschrieben (Kapitel 37).

Oszillator

Der Hamiltonoperator des dreidimensionalen Oszillators lautet

$$H = -\frac{\hbar^2}{2m}\,\Delta + \frac{m\,\omega^2\,r^2}{2} \tag{13.6}$$

$$= -\frac{\hbar^2}{2m}\left(\frac{\partial^2}{\partial x^2} + \frac{\partial^2}{\partial y^2} + \frac{\partial^2}{\partial z^2}\right) + \frac{m\,\omega^2\,(x^2 + y^2 + z^2)}{2}$$

Wir wollen die zugehörige Eigenwertgleichung

$$H\,\Phi(x, y, z) = E\,\Phi(x, y, z) \tag{13.7}$$

lösen. Der Hamiltonoperator besteht aus drei voneinander unabhängigen Operatoren für die x-, y- und z-Bewegung:

$$H = h(x, p_{x,\mathrm{op}}) + h(y, p_{y,\mathrm{op}}) + h(z, p_{z,\mathrm{op}}) \tag{13.8}$$

Die Operatoren h sind die des eindimensionalen Oszillators:

$$h(q, p_{\mathrm{op}}) = \frac{p_{\mathrm{op}}^2}{2m} + \frac{m\,\omega^2\,q^2}{2} \tag{13.9}$$

Die Lösungen für $h(x, p_{x,\mathrm{op}})$ sind durch (12.27) und (12.28) gegeben. Sie lassen sich unmittelbar auf $h(y, p_{y,\mathrm{op}})$ und $h(z, p_{z,\mathrm{op}})$ übertragen. Nach der zu Beginn dieses Kapitels vorgestellten allgemeinen Struktur ist dann

$$\boxed{\Phi_{n_x n_y n_z}(x, y, z) = \varphi_{n_x}(x)\,\varphi_{n_y}(y)\,\varphi_{n_z}(z) \qquad \begin{array}{l}\text{Eigenfunktionen}\\\text{des Oszillators}\end{array}} \tag{13.10}$$

Eigenfunktion von H zum Eigenwert $\varepsilon_{n_x} + \varepsilon_{n_y} + \varepsilon_{n_z}$ oder

$$\boxed{E_n = \left(n_x + n_y + n_z + \frac{3}{2}\right)\hbar\omega = \left(n + \frac{3}{2}\right)\hbar\omega \qquad \begin{array}{l}\text{Eigenwerte}\\\text{des Oszillators}\end{array}} \tag{13.11}$$

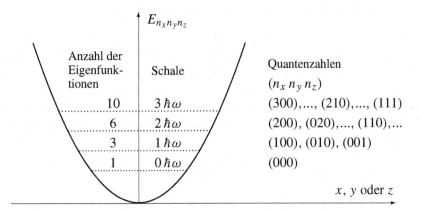

Abbildung 13.1 Aus den Lösungen des eindimensionalen Oszillators $\varphi_n(x)$ lassen sich die Lösungen $\Phi_{n_x n_y n_z} = \varphi_{n_x}(x)\,\varphi_{n_y}(y)\,\varphi_{n_z}(z)$ des dreidimensionalen Oszillators konstruieren. Die Skizze gibt die Energie und die Quantenzahlen der untersten Lösungen an.

Jede Lösung ist durch die drei Quantenzahlen n_x, n_y, n_z charakterisiert, die jeweils die Werte 0, 1, 2,... annehmen können. Die Energie kann durch die *Hauptquantenzahl* $n = n_x + n_y + n_z$ ausgedrückt werden; verschiedene Zahlentripel (n_x, n_y, n_z) können zum selben n und damit zur selben Energie führen. In Abbildung 13.1 sind die Quantenzahlen der niedrigsten Lösungen und ihr Entartungsgrad aufgeführt.

Linearkombinationen von Lösungen $\Phi_{n_x n_y n_z}$, die zur selben Energie gehören, sind ebenfalls Eigenfunktionen von H. Die Lösungen (13.10) sind vollständig in dem Sinn, dass jede Anfangsbedingung für $\psi(x, y, z, t)$ sich als

$$\psi(x, y, z, 0) = \sum_{n_x, n_y, n_z} a_{n_x n_y n_z}\, \Phi_{n_x n_y n_z}(x, y, z) \qquad (13.12)$$

schreiben lässt. Die Lösungen (13.10) genügen daher zur Konstruktion der *allgemeinen Lösung* der zeitabhängigen Schrödingergleichung (Kapitel 15).

Wir diskutieren die Lösungen mit den niedrigsten Energiewerten. Für den niedrigsten Energiewert gilt

$$E_0 = \frac{3}{2}\,\hbar\omega : \qquad \Phi_{000} \propto \exp\left(-\frac{x^2 + y^2 + z^2}{2}\right) \qquad (13.13)$$

Der Einfachheit halber setzen wir $b = \sqrt{\hbar/m\omega}$ gleich 1. Die Wellenfunktion Φ_{000} beschreibt den Grundzustand.

Ähnlich wie beim eindimensionalen Oszillator sind die Anregungsenergien Vielfache von $\hbar\omega$. Abgesehen vom Grundzustand sind jedoch alle Eigenwerte *entartet*; so werden Energiewerte genannt, zu denen mehr als eine Eigenfunktion gehört. Zum ersten angeregten Zustand gibt es drei Eigenfunktionen:

$$E_1 = \frac{5}{2}\,\hbar\omega : \quad \left.\begin{array}{c} \Phi_{100} \propto x \\ \Phi_{010} \propto y \\ \Phi_{001} \propto z \end{array}\right\} \cdot \exp\left(-\frac{x^2 + y^2 + z^2}{2}\right) \tag{13.14}$$

Damit ist auch jede Linearkombination dieser drei Funktionen Eigenfunktion zum selben Eigenwert. Für den zweiten angeregten Zustand gibt es bereits sechs entartete Eigenfunktionen:

$$E_2 = \frac{7}{2}\,\hbar\omega : \quad \left.\begin{array}{c} \Phi_{110} \propto x\,y \\ \Phi_{101} \propto x\,z \\ \Phi_{011} \propto y\,z \\ \Phi_{200} \propto \left(x^2 - \frac{1}{2}\right) \\ \Phi_{020} \propto \left(y^2 - \frac{1}{2}\right) \\ \Phi_{002} \propto \left(z^2 - \frac{1}{2}\right) \end{array}\right\} \cdot \exp\left(-\frac{x^2 + y^2 + z^2}{2}\right) \tag{13.15}$$

Entartung und Symmetrie

Ein Grund für die Entartung der Niveaus ist die sphärische *Symmetrie* des Hamiltonoperators, also des physikalischen Problems. Der Hamiltonoperator

$$H = -\frac{\hbar^2}{2m}\,\Delta + \frac{m\,\omega^2 r^2}{2} \tag{13.16}$$

ändert sich nicht bei Drehungen des Koordinatensystems. Daher müssen wir wieder eine Lösung erhalten, wenn wir eine bestimmte Lösung um einen Winkel drehen. Dies kann dieselbe oder eine andere Lösung sein. So ergeben beliebige Drehungen von

$$\Phi_{000} \propto \exp(-r^2/2) \overset{\text{Drehung}}{\longrightarrow} \Phi_{000} \tag{13.17}$$

immer wieder Φ_{000}. Dagegen ergibt eine Drehung um $\pi/2$ um die z-Achse für Φ_{100}:

$$\Phi_{100} \propto x\,\exp(-r^2/2) \overset{\text{Drehung}}{\longrightarrow} \Phi_{010} \propto y\,\exp(-r^2/2) \tag{13.18}$$

Wegen der Drehsymmetrie von H hat die gedrehte Lösung die gleiche Energie. Damit ist ein Zusammenhang hergestellt zwischen der Symmetrie (gedrehte Lösung ist auch Lösung) und Entartung (gedrehte Lösung hat die gleiche Energie). Dieser Zusammenhang wird später noch ausführlicher diskutiert.

Die Transformationseigenschaften unter Drehungen stellen sich einfacher und übersichtlicher dar, wenn man die sphärische Symmetrie des Hamiltonoperators zum Ausgangspunkt der Bestimmung der Eigenfunktionen macht (Teil IV und Kapitel 28). Dann sieht man auch, dass die auftretenden Entartungen nicht allein auf der Drehsymmetrie beruhen.

Zwei Teilchen im Oszillator

Wir betrachten zwei (oder mehr) Teilchen im gleichen Oszillatorpotenzial,

$$H(\boldsymbol{r}_1, \boldsymbol{p}_{1,\text{op}}, \boldsymbol{r}_2, \boldsymbol{p}_{2,\text{op}}) = H_0(\boldsymbol{r}_1, \boldsymbol{p}_{1,\text{op}}) + H_0(\boldsymbol{r}_2, \boldsymbol{p}_{2,\text{op}})$$

$$\text{mit} \quad H_0(\boldsymbol{r}, \boldsymbol{p}_{\text{op}}) = -\frac{\hbar^2}{2m}\,\Delta + \frac{m\,\omega^2 r^2}{2} \tag{13.19}$$

Da H keinen Wechselwirkungsterm $V(\boldsymbol{r}_1, \boldsymbol{r}_2)$ enthält, bewegen sich die beiden Teilchen unabhängig voneinander. Der Hamiltonoperator (13.19) ist von der Form (13.1). Daher können wir die Eigenfunktionen von H als Produkte der in diesem Kapitel gefundenen Lösungen angeben. So ist

$$\Psi_{n_1 n_2}(\boldsymbol{r}_1, \boldsymbol{r}_2) = \Phi_{n_1}(\boldsymbol{r}_1)\, \Phi_{n_2}(\boldsymbol{r}_2) \tag{13.20}$$

Lösung zu $E_{n_1} + E_{n_2}$; dabei steht jedes n_i für $n = (n_x, n_y, n_z)$. Diese Konstruktion lässt sich sofort auf viele Teilchen verallgemeinern.

Aufgaben

13.1 Dreidimensionaler Kasten

Verallgemeinern Sie die Lösung für den eindimensionalen unendlichen Potenzial-topf (11.3) auf einen dreidimensionalen unendlichen Potenzialtopf (Würfel), der durch das Potenzial

$$V(\boldsymbol{r}) = \begin{cases} 0 & 0 \le x, y, z \le L \\ \infty & \text{sonst} \end{cases} \tag{13.21}$$

beschrieben wird. Diskutieren Sie die Entartung der untersten Zustände. Berechnen Sie das Phasenraumvolumen $V_{\mathrm{PR}}(E)$ und zeigen Sie $N_E \approx V_{\mathrm{PR}}(E)/(2\pi\hbar)^3$. Dabei ist $N_E \gg 1$ die Anzahl der Zustände mit einer Energie kleiner als E.

13.2 Entartung im dreidimensionalen Oszillator

Geben Sie für den dreidimensionalen Oszillator die Anzahl M_n der Zustände an, die dieselbe Energie $E_n = (n+3/2)\,\hbar\omega$ haben. Berechnen Sie das Phasenraumvolumen $V_{\mathrm{PR}}(E)$ und zeigen Sie $N_E \approx V_{\mathrm{PR}}(E)/(2\pi\hbar)^3$ für $N_E \gg 1$. Dabei ist N_E die Anzahl der Zustände mit einer Energie kleiner als E. Hinweis: Das Volumen einer sechsdimensionalen Kugel mit Radius R ist $V_6 = \pi^3 R^6/6$.

14 Vollständigkeit und Orthonormierung

Die Eigenfunktionen eines hermiteschen Operators bilden einen vollständigen, orthonormierten Satz (VONS) von Funktionen.

Die Hermitezität eines Operators K ist dadurch definiert, dass für beliebige φ und ψ gilt:

$$\int dx\ \varphi^*(x)\, K\, \psi(x) = \int dx\ \left(K^*\, \varphi^*(x) \right) \psi(x) \qquad (K \text{ hermitesch}) \qquad (14.1)$$

In den allgemeinen Aussagen dieses Kapitels steht x für die Koordinaten $q_1, ..., q_f$; die hier betrachteten Funktionen sind zeitunabhängig. Wir bezeichnen die Eigenfunktionen des beliebigen hermiteschen Operators K mit φ_n und die Eigenwerte mit λ_n:

$$K\, \varphi_n(x) = \lambda_n\, \varphi_n(x) \qquad (14.2)$$

Konkret stellen wir uns dazu etwa den Hamiltonoperator H_{box} des Kastens und H_{osz} des eindimensionalen Oszillators vor, also

$$K = H_{\text{box}}, \qquad \varphi_n(x) = \sqrt{\frac{2}{L}}\ \sin\left(\frac{n\pi x}{L}\right) \qquad (n = 1, 2, 3, ...) \qquad (14.3)$$

und

$$K = H_{\text{osz}}, \qquad \varphi_n(x) = c_n\, H_n(x)\, \exp(-x^2/2) \qquad (n = 0, 1, 2, ...) \qquad (14.4)$$

Dabei ist x eine kartesische Koordinate; für den Oszillator wurde $b = (\hbar/m\omega)^{1/2} = 1$ gesetzt. Das Abzählen der Eigenfunktionen φ_n beginnt in (14.3) mit $n = 1$ und in (14.4) mit $n = 0$; dies ist Konvention.

Die Eigenwerte eines hermiteschen Operators können diskret sein, wie für (14.4),

$$H_{\text{osz}}\, \varphi_n = \left(n + \frac{1}{2} \right) \hbar\omega\, \varphi_n \qquad (14.5)$$

oder kontinuierlich, wie etwa für den Impulsoperator $p_{\text{op}} = -\mathrm{i}\hbar\, d/dx$,

$$p_{\text{op}}\, \varphi_p = p\, \varphi_p, \qquad \varphi_p = C\, \exp\left(\frac{\mathrm{i}px}{\hbar} \right) \qquad (14.6)$$

oder die kinetische Energie $T_{\text{kin}} = -(\hbar^2/2m)\, \Delta$,

$$T_{\text{kin}}\, \varphi_p = \varepsilon_p\, \varphi_p, \qquad \varepsilon_p = \frac{p^2}{2m} \qquad (14.7)$$

Reelle Eigenwerte

Nach (6.6) ist der Erwartungswert eines hermiteschen Operators K für jede Wellenfunktion ψ reell:

$$\langle K \rangle = \int dx \; \psi^*(x) \, K \, \psi(x) \in \mathbb{R} \tag{14.8}$$

($\mathbb{R}$ ist die Menge der reellen Zahlen). Für eine Eigenfunktion $\psi = \varphi_n$ wird dies zu

$$\int dx \; \varphi_n^* \, K \, \varphi_n = \lambda_n \int dx \; |\varphi_n|^2 \in \mathbb{R} \tag{14.9}$$

Hieraus folgt

$$\lambda_n \text{ ist reell} \tag{14.10}$$

Alle Eigenwerte eines hermiteschen Operators sind reell.

Vollständigkeit

Ein Satz von Funktionen $\varphi_n(x)$ heißt *vollständig*, wenn jede quadratintegrable Funktion $f(x)$, die denselben Randbedingungen unterliegt, als

$$f(x) = \sum_{n=0}^{\infty} a_n \, \varphi_n(x) \tag{14.11}$$

geschrieben werden kann; die Funktion $f(x)$ kann also nach den Eigenfunktionen entwickelt werden. Gelegentlich beginnt die Abzählung der Eigenfunktionen und damit die Summe in (14.11) erst bei $n = 1$, etwa für (14.3).

Ohne Beweis stellen wir fest: *Die Eigenfunktionen eines hermiteschen Operators bilden einen vollständigen Satz.* Wir machen dies an einigen Beispielen plausibel.

Für (14.3) bedeutet diese Behauptung, dass sich jede Funktion $f(x)$ mit $f(0) = f(L) = 0$ durch die *Fourierreihe*

$$f(x) = \sum_{n=1}^{\infty} a_n \, \sin\left(\frac{n\pi x}{L}\right) \tag{14.12}$$

darstellen lässt. Die Konvergenzeigenschaften dieser Entwicklung werden in Lehrbüchern zur Mathematik behandelt.

Für (14.4) bedeutet die Vollständigkeit, dass sich jede quadratintegrable Funktion $f(x)$ gemäß

$$f(x) = \sum_{n=0}^{\infty} a_n \, H_n(x) \, \exp(-x^2/2) \tag{14.13}$$

entwickeln lässt. Die Randbedingung ist hier $f(x) \to 0$ für $x \to \pm\infty$; darüber hinaus setzen wir die Bedingung „quadratintegrabel" voraus. Aus den Polynomen H_n können alle Potenzen x^k aufgebaut werden. Daher (14.13) ist mit der Entwicklung in eine Taylorreihe vergleichbar.

Als drittes Beispiel betrachten wir den Impulsoperator, (14.6). Die behauptete Entwickelbarkeit $f(x) = \sum a_p\, \varphi_p(x)$ bedeutet hier:

$$f(x) = \frac{1}{\sqrt{2\pi\hbar}} \int_{-\infty}^{\infty} dp\ \Phi(p)\ \exp(\mathrm{i}\,px/\hbar) = \frac{1}{\sqrt{2\pi}} \int_{-\infty}^{\infty} dk\ a(k)\ \exp(\mathrm{i}kx)$$

(14.14)

Dies ist die bekannte *Fouriertransformation* der Funktion $f(x)$. Die Eigenfunktionen φ_p sind daher vollständig für alle Funktionen, deren Fouriertransformation existiert. Wenn $f(x)$ eine Wellenfunktion (in der Ortsdarstellung) ist, dann ist $\Phi(p) = a(k)/(\hbar)^{1/2}$ die Wellenfunktion in der Impulsdarstellung.

Damit haben wir die Vollständigkeit des Satzes der Eigenfunktionen eines hermiteschen Operators anhand von den drei Operatoren (14.3), (14.4) und (14.6) plausibel gemacht. Am Beispiel des Identitäts- und des Paritätsoperators diskutieren wir noch die Besonderheiten bei entarteten Eigenwerten.

Die Eigenfunktionen eines hermiteschen Operators sind nicht eindeutig festgelegt, wenn es zu einem Eigenwert mehrere Eigenfunktionen gibt. In diesem Fall ist ja jede Linearkombination der entarteten Eigenfunktionen ebenfalls Eigenfunktion; die Wahl der Eigenfunktion ist insofern willkürlich. Als Beispiel für hochgradige Entartung betrachten wir den trivialen Identitätsoperator oder 1-Operator I, der durch

$$f(x) \overset{I}{\longrightarrow} f(x) \quad \text{oder} \quad I\, f(x) = f(x)$$

(14.15)

definiert ist. Offensichtlich ist eine beliebige Funktion Eigenfunktion zu I zum Eigenwert 1; es besteht eine völlige Entartung. Aus der Definition folgt $I = I^*$; damit erfüllt I die Bedingung (14.1). Für I kann jeder *beliebige* vollständige Satz von Funktionen als Satz der Eigenfunktionen genommen werden.

Durch

$$f(x) \overset{P}{\longrightarrow} f(-x) \quad \text{oder} \quad P\, f(x) = f(-x)$$

(14.16)

wird der Paritätsoperator definiert. Aus der Definition folgt wieder $P = P^*$, wonach man leicht die Hermitezität zeigt:

$$\int_{-\infty}^{\infty} dx\ \varphi^*(x)\, P\, \psi(x) = \int_{-\infty}^{\infty} dx\ \varphi^*(x)\, \psi(-x) = -\int_{\infty}^{-\infty} dx\ \varphi^*(-x)\, \psi(x)$$

$$= \int_{-\infty}^{\infty} dx\ \varphi^*(-x)\, \psi(x) = \int_{-\infty}^{\infty} dx\ \left(P^*\, \varphi^*(x) \right) \psi(x)$$

(14.17)

Als Satz von Eigenfunktionen kann hier zum Beispiel

$$H_n(x)\, \exp(-x^2/2) \quad \text{zum Eigenwert} \quad \begin{cases} +1 & n \text{ gerade} \\ -1 & n \text{ ungerade} \end{cases}$$

(14.18)

oder auch der kontinuierliche Satz

$$\cos(kx) \quad \text{zum Eigenwert 1} \quad \text{und} \quad \sin(kx) \quad \text{zum Eigenwert } -1$$

(14.19)

genommen werden. Ein Beispiel für einen endlichen Entartungsgrad ist der drei-dimensionale Oszillator. Hier kann man etwa anstelle der Eigenfunktionen Φ_{100}, Φ_{010} und Φ_{001} drei Linearkombinationen als (neue) Eigenfunktionen wählen.

Orthonormierung

Wir wollen jetzt einige allgemeine Eigenschaften für einen Satz von Eigenfunktio-nen

$$\{\varphi_n\} = \{\varphi_0, \varphi_1, \varphi_2, \varphi_3, \dots\} \tag{14.20}$$

eines hermiteschen Operators ableiten, und zwar für den Fall diskreter Eigenwerte

$$\lambda_0, \lambda_1, \lambda_2, \lambda_3, \dots \tag{14.21}$$

Die Eigenwerte seien geordnet

$$\lambda_0 \leq \lambda_1 \leq \lambda_2 \leq \lambda_3 \leq \lambda_4 \leq \lambda_5 \leq \dots \tag{14.22}$$

Dabei können die Eigenwerte alle verschieden sein, wie etwa für den eindimensio-nalen Oszillator mit $\lambda_0 < \lambda_1 < \lambda_2 < \dots$. Für den dreidimensionalen Oszillator können wir die Eigenfunktionen und Eigenwerte so ordnen:

$$\Phi_{000}, \Phi_{100}, \Phi_{010}, \Phi_{001}, \Phi_{200}, \Phi_{020}, \Phi_{002}, \Phi_{110}, \Phi_{101}, \Phi_{011}, \Phi_{300}, \dots$$

$$\lambda_0 < \lambda_1 = \lambda_2 = \lambda_3 < \lambda_4 = \lambda_5 = \lambda_6 = \lambda_7 = \lambda_8 = \lambda_9 < \lambda_{10} = \dots \tag{14.23}$$

Mehrere abzählbare Quantenzahlen (hier n_x, n_y und n_z) lassen sich immer zu einer abzählbaren Quantenzahl (hier n von λ_n) zusammenfassen.

Die Eigenfunktionen zu diskreten Eigenwerten (wie in (14.3), (14.4)) werden üblicherweise normiert. Aus der Hermitezität des Operators folgt die Orthogonalität der Eigenfunktionen. Diese beiden Eigenschaften fassen wir zur *Orthonormierung* zusammen und formulieren sie in der Form

$$\boxed{\int dx \, \varphi_m^*(x) \, \varphi_n(x) = \delta_{mn} \qquad \text{Orthonormierung}} \tag{14.24}$$

Für $m = n$ drückt dies die Normierung aus; die durch Multiplikation der Wellen-funktion mit einem geeigneten Faktor erreicht werden kann. Wir zeigen nun die Orthogonalität. Dazu betrachten wir die Eigenwertgleichungen für zwei beliebige Eigenfunktionen:

$$\begin{aligned} K \, \varphi_n(x) &= \lambda_n \, \varphi_n(x) \\ K^* \, \varphi_m^*(x) &= \lambda_m \, \varphi_m^*(x) \end{aligned} \tag{14.25}$$

Die zweite Eigenwertgleichung wurde komplex konjugiert, wobei $\lambda_m \in \mathbb{R}$ berück-sichtigt wurde. Durch Multiplikation mit φ_m^* und mit φ_n, und durch Integration über alle verallgemeinerten Koordinaten $x = (q_1, ..., q_f)$ erhalten wir

$$\int dx \, \varphi_m^*(x) \, K \, \varphi_n(x) \;=\; \lambda_n \int dx \, \varphi_m^*(x) \, \varphi_n(x)$$

$$\int dx \, \left(K^* \varphi_m^*(x) \right) \varphi_n(x) \;=\; \lambda_m \int dx \, \varphi_m^*(x) \, \varphi_n(x) \tag{14.26}$$

Da K hermitesch ist, sind die linken Seiten gleich. Die Differenz der beiden Gleichungen ergibt somit

$$(\lambda_n - \lambda_m) \int dx \, \varphi_m^*(x) \, \varphi_n(x) = 0 \tag{14.27}$$

Daraus folgt für verschiedene Eigenwerte

$$\lambda_m \neq \lambda_n \;\Longrightarrow\; \int dx \, \varphi_m^*(x) \, \varphi_n(x) = 0 \quad \text{(Orthogonalität)} \tag{14.28}$$

Damit ist die Orthogonalität von Eigenfunktionen zu verschiedenen Eigenwerten gezeigt; offen ist noch die Orthogonalität von Eigenfunktionen zum gleichen, also entarteten Eigenwert. Zu einem Eigenwert $k = \lambda_1 = \lambda_2$ gebe es zwei (oder auch mehrere) Eigenfunktionen:

$$K \, \varphi_1 \;=\; \lambda_1 \, \varphi_1 \;=\; k \, \varphi_1$$

$$K \, \varphi_2 \;=\; \lambda_2 \, \varphi_2 \;=\; k \, \varphi_2 \tag{14.29}$$

Der Schluss von (14.27) auf die Orthogonalität ist dann für φ_1 und φ_2 nicht möglich. Wir können aber die beiden Funktionen zum Eigenwert k immer orthogonal *machen*. Mit φ_1 und φ_2 ist auch jede Linearkombination Eigenfunktion zum selben Eigenwert:

$$K \, (\alpha \, \varphi_1 + \beta \, \varphi_2) = k \, (\alpha \, \varphi_1 + \beta \, \varphi_2) \tag{14.30}$$

Anstelle der normierten Funktionen φ_1 und φ_2 nehmen wir die Linearkombinationen

$$\widetilde{\varphi}_1(x) = \varphi_1(x), \qquad \widetilde{\varphi}_2(x) = \gamma \left(\varphi_2(x) - \varphi_1(x) \int dx' \, \varphi_1^*(x') \, \varphi_2(x') \right) \tag{14.31}$$

Die neuen Funktionen sind normiert (bei geeigneter Wahl von γ) und orthogonal:

$$\int dx \, \widetilde{\varphi}_1^*(x) \, \widetilde{\varphi}_2(x) = 0 \tag{14.32}$$

Damit gilt die Orthonormierung für die beiden entarteten Zustände $\widetilde{\varphi}_1$ und $\widetilde{\varphi}_2$. Dieses Verfahren (Schmidtsches Orthogonalisierungsverfahren) kann leicht auf mehrere Funktionen zum selben Eigenwert erweitert werden.

Vollständigkeitsrelation

Durch $\{\varphi_n\}$ sei ein vollständiger orthonormierter Satz (VONS) von Basisfunktionen gegeben. Wir entwickeln eine beliebige Funktion $f(x)$ nach diesen Basisfunktionen,

$$f(x) = \sum_{n=0}^{\infty} a_n \, \varphi_n(x) \tag{14.33}$$

Wir multiplizieren dies mit $\varphi_m^*(x)$ und integrieren über x. Mit (14.24) erhalten wir daraus die Entwicklungskoeffizienten

$$a_m = \int dx \, \varphi_m^*(x) \, f(x) \tag{14.34}$$

Die Eigenschaft des VONS $\{\varphi_n\}$, dass sich jede geeignete Funktion nach ihm entwickeln lässt, nannten wir Vollständigkeit. Formal haben wir diese Eigenschaft dadurch formuliert, dass (14.33) für beliebige $f(x)$ gilt. Wir formulieren dies jetzt ohne Bezug auf eine Funktion $f(x)$. Aus (14.33) und (14.34) folgt

$$f(x) \;=\; \sum_{n=0}^{\infty} \int dx' \, \varphi_n^*(x') \, f(x') \, \varphi_n(x) \tag{14.35}$$

$$=\; \int dx' \left(\sum_{n=0}^{\infty} \varphi_n^*(x') \, \varphi_n(x) \right) f(x') = \int dx' \, \delta(x - x') \, f(x')$$

Da dies für beliebige $f(x)$ gilt, ergeben die $\{\varphi_n\}$ eine Darstellung der δ-Funktion[1],

$$\boxed{\sum_{n=0}^{\infty} \varphi_n^*(x') \, \varphi_n(x) = \delta(x - x') \quad \text{Vollständigkeitsrelation}} \tag{14.36}$$

Damit ist die Vollständigkeit der $\{\varphi_n\}$ ohne Bezug auf die zu entwickelnde Funktion formuliert.

Kontinuierliches Spektrum

In (14.20) und der folgenden Diskussion sind wir von einem diskreten Spektrum ausgegangen. Wir verallgemeinern diese Überlegungen jetzt für einen hermiteschen Operator K mit kontinuierlichen Eigenwerten

$$K \, \varphi_\lambda(x) = \lambda \, \varphi_\lambda(x) \tag{14.37}$$

Ein Beispiel hierfür ist der Impulsoperator

$$p_{\text{op}} \, \varphi_p(x) = p \, \varphi_p(x) \,, \qquad \varphi_p(x) = \frac{1}{\sqrt{2\pi\hbar}} \, \exp\left(\frac{i p x}{\hbar} \right) \tag{14.38}$$

---

[1]Distributionen werden in Kapitel 3 meiner *Elektrodynamik* [2] behandelt.

Wir nehmen an, dass es zu jedem λ nur eine Eigenfunktion gibt. Dann wird (14.27) zu

$$(\lambda - \lambda') \int dx \; \varphi_\lambda^*(x) \; \varphi_{\lambda'}(x) = 0 \qquad (14.39)$$

Daraus ergibt sich wieder die Orthogonalität für $\lambda \neq \lambda'$. Bei $\lambda = \lambda'$ muss das Integral von der Form $C \, \delta(\lambda - \lambda')$ sein; denn die allgemeine Lösung der Gleichung $x \, g(x) = 0$ ist $g(x) = C \, \delta(x)$. Wir normieren die $\varphi_\lambda(x)$ so, dass $C = 1$:

$$\int dx \; \varphi_{\lambda'}^*(x) \; \varphi_\lambda(x) = \delta(\lambda' - \lambda) \qquad (14.40)$$

Im Beispiel (14.38) ist die Normierungskonstante bereits richtig gewählt:

$$\int_{-\infty}^{\infty} dx \; \varphi_{p'}^*(x) \; \varphi_p(x) = \frac{1}{2\pi\hbar} \int_{-\infty}^{\infty} dx \; \exp(-\mathrm{i}\,p'x/\hbar) \; \exp(\mathrm{i}\,px/\hbar)$$

$$= \frac{1}{2\pi\hbar} \int_{-\infty}^{\infty} dx \; \exp\left(\mathrm{i}(k - k')x\right) = \frac{1}{\hbar} \, \delta(k' - k) = \delta(p' - p) \qquad (14.41)$$

Mit der Tatsache, dass $\exp(\mathrm{i}\,px/\hbar)$ nicht quadratintegrabel ist (also nicht auf 1 normiert werden kann), sind einige mathematische Schwierigkeiten verbunden, über die wir uns hinweggesetzt haben. So ist insbesondere unsere Diskussion der Hermitezität unzureichend, wenn wir Funktionen wie $\exp(\mathrm{i}kx)$ zulassen. Um die Hermitezität von $p_{\mathrm{op}} = -\mathrm{i}\hbar \, d/dx$ zu zeigen, wurde in (6.8) eine partielle Integration durchgeführt. Unter Hinweis auf die Quadratintegrabilität wurden hierbei die Randterme vernachlässigt; für φ_p verschwinden diese Randterme jedoch nicht. Ein möglicher Weg zur Umgehung dieser Schwierigkeiten ist, das betrachtete System in einen Kasten einzuschließen, der so groß ist, dass er die physikalisch relevanten Vorgänge nicht beeinflusst. In einem solchen Kasten sind dann die Impulseigenwerte nicht mehr kontinuierlich sondern diskret (Kapitel 11),

$$p_n = \frac{n\,\pi\,\hbar}{L} \qquad (14.42)$$

Hierbei ist L eine Seitenlänge des (kubisch angenommenen) Kastens. Die Eigenfunktionen sind jetzt normierbar. Für $L \to \infty$ werden die Abstände $\Delta p = \pi\hbar/L$ zwischen benachbarten Impulseigenwerten beliebig klein. Es ist dann meist bequemer mit kontinuierlichem Impulsspektrum und nichtnormierbaren Eigenfunktionen (wie $\exp(\mathrm{i}kx)$ oder $\exp(\mathrm{i}\,\boldsymbol{k} \cdot \boldsymbol{r})$) zu arbeiten.

Entwickeln wir nun eine Funktion $f(x)$ nach den Eigenfunktionen $\varphi_\lambda(x)$,

$$f(x) = \int d\lambda \; a(\lambda) \; \varphi_\lambda(x) \qquad (14.43)$$

so erhalten wir mit (14.40) die Entwicklungskoeffizienten $a(\lambda)$ aus

$$a(\lambda) = \int dx \; \varphi_\lambda^*(x) \; f(x) \qquad (14.44)$$

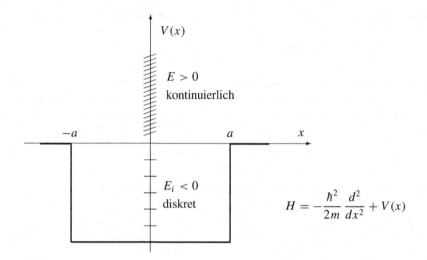

Abbildung 14.1 Der Hamiltonoperator des endlichen, eindimensionalen Kastens (Kapitel 20) hat sowohl diskrete wie auch kontinuierliche Energieeigenwerte.

Setzen wir (14.44) in (14.43) ein, so erhalten wir wieder die Vollständigkeitsrelation

$$\int d\lambda \, \varphi_\lambda^*(x') \, \varphi_\lambda(x) = \delta(x' - x) \qquad \text{(Vollständigkeitsrelation)} \qquad (14.45)$$

Für die Impulseigenfunktionen (14.38) gilt in der Tat

$$\int_{-\infty}^{\infty} dp \, \varphi_p^*(x') \, \varphi_p(x) = \frac{1}{2\pi\hbar} \int_{-\infty}^{\infty} dp \, \exp(-\mathrm{i}px'/\hbar) \, \exp(\mathrm{i}px/\hbar)$$

$$= \frac{1}{2\pi} \int_{-\infty}^{\infty} dk \, \exp\left(\mathrm{i}k(x - x')\right) = \delta(x' - x) \qquad (14.46)$$

Abschließend sei noch darauf hingewiesen, dass es auch den Fall gibt, dass einige Eigenwerte diskret sind und daneben ein Kontinuum von Eigenwerten existiert. Dies trifft zum Beispiel auf ein Teilchen in einem endlichen Potentialtopf (Abbildung 14.1) zu, der in Kapitel 20 behandelt wird. Hier gibt es im Allgemeinen einige gebundene Lösungen ψ_i zum diskreten Eigenwert $E_i < 0$ und ein Kontinuum von Streulösungen ψ_p zum kontinuierlichen Eigenwert $E = p^2/2m > 0$. Die angegebenen Formeln lassen sich leicht auf diesen Fall verallgemeinern. So ist zum Beispiel die Entwicklung einer Funktion $f(x)$ nach dem VONS der Eigenfunktionen des eindimensionalen, endlichen Kasten von der Form

$$f(x) = \sum_i a_i \, \psi_i(x) + \int_{-\infty}^{\infty} dp \, a(p) \, \psi_p(x) \qquad (14.47)$$

Aufgaben

14.1 Vollständigkeit der Oszillatorfunktionen

Die Hermitepolynome haben folgende Integraldarstellung:

$$H_n(y) = \frac{1}{\sqrt{\pi}} \int_{-\infty}^{\infty} dt \, (-2\,\mathrm{i}\,t)^n \, \exp\left(-t^2 + 2\,\mathrm{i}\,y\,t\right) \exp\left(y^2\right) \qquad (14.48)$$

Zeigen Sie, dass die so definierten Polynome H_n die Relation (12.46) erfüllen. Beweisen Sie dann mit Hilfe von (14.48) die Vollständigkeitsrelation

$$\sum_{n=0}^{\infty} \varphi_n(y)\, \varphi_n(y') = \frac{1}{\sqrt{\pi}} \sum_{n=0}^{\infty} \frac{1}{2^n\,n!}\, H_n(y)\, H_n(y') \exp\left(-\frac{y^2 + y'^2}{2}\right) = \delta(y - y')$$

Führen Sie eine der auftretenden Integrationen aus. Das verbleibende Integral ist eine Darstellung der δ-Funktion.

15 Zeitliche Entwicklung

Wir untersuchen die zeitliche Entwicklung der Wellenfunktion und der Erwartungs-
werte. Für einen zeitunabhängigen Hamiltonoperator geben wir die allgemeine Lö-
sung der zeitabhängigen Schrödingergleichung an. Für zeitliche Änderung eines Er-
wartungswerts leiten wir eine Beziehung ab, die vom Kommutator des zugehörigen
Operators mit dem Hamiltonoperator abhängt. Auf die Bewegung eines Wellen-
pakets in einem Potenzial angewendet, führt dies zu den Ehrenfest-Gleichungen.

Lösung der zeitabhängigen Schrödingergleichung

Die zeitabhängige Schrödingergleichung ist von der Form

$$\mathrm{i}\hbar \,\frac{\partial \psi(x,t)}{\partial t} = H\,\psi(x,t) \tag{15.1}$$

Dabei steht $x = (q_1,...,q_f)$ stellvertretend für alle Koordinaten. Bei gegebener Anfangsbedingung

$$\psi(x,0) = \psi_0(x) \tag{15.2}$$

legt (15.1) den zeitlichen Verlauf von $\psi(x,t)$ fest. Für den Fall, dass der Hamiltonoperator nicht explizit von der Zeit abhängt,

$$\frac{\partial H}{\partial t} = 0 \tag{15.3}$$

bestimmen wir $\psi(x,t)$. Dazu entwickeln wir die Zeitabhängigkeit der Wellenfunktion in eine Taylorreihe,

$$\psi(x,t) = \psi(x,0) + \left(\frac{\partial \psi}{\partial t}\right)_{t=0} t + \frac{1}{2}\left(\frac{\partial^2 \psi}{\partial t^2}\right)_{t=0} t^2 + \ldots = \sum_{\nu=0}^{\infty} \frac{1}{\nu!}\left(\frac{\partial^\nu \psi}{\partial t^\nu}\right)_{t=0} t^\nu$$

$$\tag{15.4}$$

Wegen (15.1) und (15.3) kann jede Zeitableitung durch den Faktor $H/\mathrm{i}\hbar$ ersetzt
werden,

$$\frac{\partial^\nu \psi(x,t)}{\partial t^\nu} = \left(\frac{H}{\mathrm{i}\hbar}\right)^\nu \psi(x,t) \tag{15.5}$$

Damit wird (15.4) zu

$$\psi(x,t) = \sum_{\nu=0}^{\infty} \frac{1}{\nu!}\left(\frac{Ht}{\mathrm{i}\hbar}\right)^\nu \psi(x,0) = \exp\left(-\frac{\mathrm{i}Ht}{\hbar}\right)\psi(x,0) \tag{15.6}$$

Man überprüft leicht, dass $\psi(x, t) = \exp(-\mathrm{i}\,Ht/\hbar)\,\psi(x, 0)$ tatsächlich Lösung von (15.1) ist. Der Operator

$$T(t) = \exp(-\mathrm{i}\,Ht/\hbar) \qquad \text{(Zeittranslationsoperator)} \qquad (15.7)$$

ist der zeitliche Translationsoperator für die Wellenfunktion: Wenn er auf $\psi(x, t_0)$ angewendet wird, ergibt er $\psi(x, t_0 + t)$.

Die Lösung (15.6) gilt nur für einen zeitunabhängigen Hamiltonoperator. Würde man nämlich (15.6) mit $\exp[-\mathrm{i}\,H(t)\,t/\hbar]$ nach der Zeit ableiten, so ergäben sich zusätzliche Terme mit $\partial H/\partial t$. Auch die Ersetzung des Exponentialterms durch $\exp[-\mathrm{i}\int^t dt'\, H(t')/\hbar]$ in (15.6) führt nicht zum Ziel; die Ableitung des Integrals ergibt dann zwar $H(t)$, aber dieses $H(t)$ vertauscht im Allgemeinen nicht mit den Operatoren $H(t')$, die im Exponenten vorkommen.

Mit dem Hamiltonoperator H sind auch seine Eigenwerte und Eigenfunktionen zeitunabhängig,

$$H\,\varphi_n(x) = E_n\,\varphi_n(x) \qquad (n = 0, 1, 2, \ldots) \qquad (15.8)$$

Wir entwickeln die Wellenfunktion $\psi(x, 0)$ zur Zeit $t = 0$ nach diesen Eigenfunktionen,

$$\psi(x, 0) = \sum_{n=0}^{\infty} a_n\,\varphi_n(x) \quad \text{mit} \quad a_n = \int dx\,\varphi_n^*(x)\,\psi(x, 0) \qquad (15.9)$$

Mit $\exp(-\mathrm{i}\,Ht/\hbar)\,\varphi_n = \exp(-\mathrm{i}\,E_n t/\hbar)\,\varphi_n$ erhalten wir aus (15.6) und (15.9) die *allgemeine Lösung* der zeitabhängigen Schrödingergleichung:

$$\boxed{\;\psi(x, t) = \sum_{n=0}^{\infty} a_n\,\varphi_n(x)\,\exp\left(-\frac{\mathrm{i}\,E_n t}{\hbar}\right) \qquad \begin{array}{l}\text{Allgemeine Lösung}\\[2pt]\text{für } \partial H/\partial t = 0\end{array}\;} \qquad (15.10)$$

Die Entwicklungskoeffizienten a_n sind durch die Anfangsbedingung $\psi(x, 0)$ festgelegt, (15.9). Im Gegensatz zu (15.6) enthält (15.10) keine Operatoren mehr.

Als Beispiel betrachten wir die freie, eindimensionale Schrödingergleichung (Kapitel 9). Die Eigenfunktionen sind hierfür $\varphi_k \propto \exp(\mathrm{i}kx)$, wobei k alle Werte von $-\infty$ bis $+\infty$ annimmt (anstelle von $n = 0, 1, 2, \ldots$ in (15.8)). Damit wird die Summe in (15.10) zu einem Integral über k,

$$\psi(x, t) = \int_{-\infty}^{\infty} dk\,a(k)\,\exp(\mathrm{i}kx)\,\exp(-\mathrm{i}\,E_k t/\hbar) \qquad (15.11)$$

Die Eigenwerte sind $E_k = \hbar^2 k^2/2m = \hbar\,\omega(k)$. Diese Lösung wurde bereits in (9.7) angegeben.

Der hier vorgestellte Zusammenhang zwischen den Eigenfunktionen $\varphi_n(x)$ von H und der allgemeinen zeitabhängigen Lösung ist mathematisch sehr ähnlich zur Bestimmung der zeitabhängigen Bewegung einer Saite (Kapitel 30 in [1]) oder der Lösung anderer klassischer, linearer Wellengleichungen.

Zeitabhängigkeit der Erwartungswerte

Unter Verwendung der Schrödingergleichung (15.1) berechnen wir die Zeitableitung des Erwartungswerts $\langle F \rangle$:

$$
\frac{d\langle F \rangle}{dt} = \frac{d}{dt} \int dx \, \psi^* F \, \psi = \int dx \left(\frac{\partial \psi^*}{\partial t} F \psi + \psi^* \frac{\partial F}{\partial t} \psi + \psi^* F \frac{\partial \psi}{\partial t} \right)
$$

$$
= \frac{1}{i\hbar} \int dx \left(- \left(H \psi \right)^* F \psi + \psi^* F H \psi \right) + \int dx \, \psi^* \frac{\partial F}{\partial t} \psi \quad (15.12)
$$

Da H hermitesch ist, können wir den Term $(H \psi)^* F \psi$ durch $\psi^* H F \psi$ ersetzen. Danach ist die rechte Seite wieder ein Erwartungswert:

$$
\frac{d\langle F \rangle}{dt} = \frac{i}{\hbar} \langle [H, F] \rangle + \left\langle \frac{\partial F}{\partial t} \right\rangle \quad (15.13)
$$

Hierbei haben wir zugelassen, dass der betrachtete Operator F explizit von t abhängt; dies könnte etwa für die potenzielle Energie $V(x, t)$ des Systems der Fall sein. Die Ableitung von (15.12) gilt auch für einen zeitabhängigen Hamiltonoperator H. Der Operator F kann, muss aber nicht hermitesch sein.

Wir betrachten speziell einen hermiteschen Operator F, der einer Messgröße entspricht. Der Operator sei zudem zeitunabhängig, $\partial F / \partial t = 0$. Dann ergibt sich folgender Zusammenhang zwischen dem Verschwinden des Kommutators und der Konstanz des Erwartungswert:

$$
[H, F] = 0 \quad \longrightarrow \quad \langle F \rangle \text{ ist zeitunabhängig} \quad (15.14)
$$

Die linke Seite kann als Symmetrie des durch H beschriebenen Systems interpretiert werden. Die rechte Seite gibt dann eine zugehörige Erhaltungsgröße an. Der Zusammenhang zwischen Symmetrie und Erhaltungsgröße wird in Kapitel 17 ausführlicher behandelt.

Ehrenfest-Gleichungen

Ort und Impuls können in einem quantenmechanischen System nicht zugleich festgelegt werden. Dem klassischen Ort und Impuls am nächsten kommen die Erwartungswerte der entsprechenden quantenmechanischen Operatoren. Wir bestimmen die zeitliche Entwicklung dieser Erwartungswerte.

Für den Hamiltonoperator

$$
H = \frac{p_{\text{op}}^2}{2m} + V(r, t) \quad (15.15)
$$

eines Teilchens im Potenzial berechnen wir folgende Kommutatoren:

$$
[H, p_{\text{op}}] = -i\hbar \left(V(r, t) \nabla - \nabla V(r, t) \right) = i\hbar \, \text{grad} \, V(r, t) \quad (15.16)
$$

$$
[H, r] = -\frac{\hbar^2}{2m} \left(\Delta \, r - r \, \Delta \right) = -\frac{\hbar^2 \nabla}{m} \quad (15.17)
$$

Wir schreiben nun (15.13) für den Impuls und den Ort an:

$$\frac{d\langle \boldsymbol{p}\rangle}{dt} \;=\; \frac{\mathrm{i}}{\hbar}\,\big\langle [H, \boldsymbol{p}_{\mathrm{op}}]\big\rangle \;=\; -\big\langle \mathrm{grad}\, V(\boldsymbol{r}, t)\big\rangle \tag{15.18}$$

$$\frac{d\langle \boldsymbol{r}\rangle}{dt} \;=\; \frac{\mathrm{i}}{\hbar}\,\big\langle [H, \boldsymbol{r}]\big\rangle \;=\; \frac{\langle \boldsymbol{p}\rangle}{m} \tag{15.19}$$

Dies sind die *Ehrenfest-Gleichungen*, die auch Ehrenfest-Theorem genannt werden. Abgesehen von den Klammern $\langle ...\rangle$ haben sie die Struktur der kanonischen Bewegungsgleichungen ((27.15) in [1]) für ein Teilchen im Potenzial.

Wir können die Ehrenfest-Gleichung auch für die zweite Zeitableitung des Ortserwartungswerts anschreiben:

$$m\,\frac{d^2\langle \boldsymbol{r}\rangle}{dt^2} = -\big\langle \mathrm{grad}\, V(\boldsymbol{r}, t)\big\rangle \tag{15.20}$$

Wir vergleichen dies mit Newtons 2. Axiom für die klassische Bahn $\boldsymbol{r}_{\mathrm{kl}}(t)$ eines Teilchens:

$$m\,\frac{d^2\boldsymbol{r}_{\mathrm{kl}}(t)}{dt^2} = -\,\mathrm{grad}\, V(\boldsymbol{r}_{\mathrm{kl}}(t), t) \tag{15.21}$$

Wenn die Wellenfunktion $\psi(\boldsymbol{r}, t)$ in einem engen Bereich bei $\langle \boldsymbol{r}\rangle$ lokalisiert ist, dann können wir die Näherung

$$\big\langle \mathrm{grad}\, V(\boldsymbol{r}, t)\big\rangle = \int d^3r\,|\psi|^2\,\boldsymbol{\nabla} V(\boldsymbol{r}, t) \approx \mathrm{grad}\, V(\langle \boldsymbol{r}\rangle, t) \tag{15.22}$$

verwenden; Voraussetzung ist offensichtlich, dass die Breite des Wellenpakets $|\psi|^2$ klein gegenüber der Länge ist, auf der sich $\boldsymbol{\nabla} V$ wesentlich ändert. Mit (15.22) wird die quantenmechanische Ehrenfest-Gleichung (15.20) zur Newtons 2. Axiom mit $\boldsymbol{r}_{\mathrm{kl}}(t) \approx \langle \boldsymbol{r}\rangle$. In diesem Sinn erhalten wir die mechanische Bewegungsgleichung als Grenzfall aus der Schrödingergleichung (aus der (15.13) und damit auch (15.20) folgen). Allerdings impliziert die Lokalisation im Ort eine entsprechend große Impulsunschärfe $\Delta \boldsymbol{p}$. Die in dem Wellenpaket enthaltenen Impulse führen dann zu einem Auseinanderlaufen des Wellenpakets, und zwar umso schneller, je genauer das Wellenpaket anfangs lokalisiert war (Kapitel 9).

Aufgaben

15.1   Zeitabhängige Lösung im Potenzialtopf

Ein Teilchen bewegt sich im unendlich hohen Potenzialtopf (11.3). Die Anfangs-bedingung ist $\psi(x, 0) = A\left(1 - |1 - 2x/L|\right)$. Bestimmen Sie die zeitabhängige Lösung $\psi(x, t)$ der Schrödingergleichung.

15.2   Gaußpaket im Oszillator

Ein Teilchen bewegt sich im Oszillatorpotenzial $V(x) = m\,\omega^2 x^2/2$. Die Anfangs-bedingung ist

$$\psi(x, 0) = \left(\frac{\beta}{\pi}\right)^{1/4} \exp\left(-\frac{\beta}{2}(x - a)^2\right) \qquad \text{mit} \qquad \beta = \frac{m\,\omega}{\hbar}$$

Leiten Sie einen geschlossenen Ausdruck für die zeitabhängige Lösung $\psi(x, t)$ der Schrödingergleichung ab. Diskutieren Sie die Wahrscheinlichkeitsdichte $|\psi(x, t)|^2$. Hinweis: Verwenden Sie die erzeugende Funktion (12.46).

15.3   Ehrenfest-Gleichungen

Das Potenzial $V(x)$ in der Ehrenfest-Gleichung

$$m\,\frac{d^2}{dt^2}\langle x\rangle = -\left\langle\frac{dV}{dx}\right\rangle$$

soll auf der Länge, über die sich die Wellenfunktion erstreckt, langsam veränderlich sein. Bestimmen Sie die niedrigste nichtverschwindende Korrektur zur klassischen Bewegungsgleichung. Entwickeln Sie dazu die Ableitung $dV(x)/dx$ in eine Taylor-reihe um $\langle x\rangle$ herum. Was ergibt sich speziell für die Potenziale $V(x) = m\,\omega^2 x^2/2$ und für $V(x) = a/x$?

16 Operator und Messgröße

In Kapitel 5 haben wir den Zusammenhang zwischen dem Erwartungswert eines Operators und dem Mittelwert einer Messung hergestellt; dabei ist jeder Messgröße ein hermitescher Operator zugeordnet. In den letzten Kapiteln wurden die Eigenwertgleichungen hermitescher Operatoren untersucht; auf dieser Grundlage betrachten wir noch einmal die Messung physikalischer Größen. Dabei stellen wir den Zusammenhang her zwischen Eigenwerten und Messwerten, und zwischen den Eigenfunktionen und dem Zustand eines Systems nach der Messung. Außerdem wird die Frage der simultanen Messbarkeit zweier physikalischer Größen diskutiert.

Ort und Impuls

Die Wahrscheinlichkeit, ein Teilchen im Bereich zwischen x und $x + dx$ zu finden, ist $|\psi(x, t)|^2 dx$, (4.1). Hieraus folgt

$$1 = \int_{-\infty}^{\infty} dx \, |\psi(x, t)|^2, \qquad \langle x \rangle = \int_{-\infty}^{\infty} dx \, x \, |\psi(x, t)|^2 \qquad (16.1)$$

Dabei ist $\langle x \rangle$ der Mittelwert der Ortsmesswerte. Die analogen Formeln

$$1 = \int_{-\infty}^{\infty} dp \, |\phi(p, t)|^2, \qquad \langle p \rangle = \int_{-\infty}^{\infty} dp \, p \, |\phi(p, t)|^2 \qquad (16.2)$$

entsprechen der Aussage: Bei einer Impulsmessung finden wir einen Wert zwischen p und $p + dp$ mit der Wahrscheinlichkeitsdichte $|\phi(p, t)|^2 dp$; dabei ist $\phi(p, t)$ die Fouriertransformierte von $\psi(x, t)$.

Unmittelbar nachdem der Ort x_0 gemessen wurde, hat das System eine bei x_0 lokalisierte Wellenfunktion $\psi(x, t_m + \epsilon) = \delta(x - x_0)$, siehe (8.1) und folgende Diskussion. Dies ist die Eigenfunktion des Ortsoperators zum Eigenwert x_0. Analog dazu hat das System, unmittelbar nachdem der Impuls p_0 gemessen wurde, eine im Impulsraum bei p_0 lokalisierte Wellenfunktion. Dies ist die Eigenfunktion des Impulsoperators zum Eigenwert p_0, also $\psi(x, t_m + \epsilon) \propto \exp(\mathrm{i} \, p_0 x)$.

Die Aussagen für die Orts- und Impulsmessung können wie folgt zusammengefasst werden: Mögliche Messwerte sind die Eigenwerte des zur Messgröße gehörigen Operators. Die Wahrscheinlichkeiten für die Messwerte sind wie die Amplitudenquadrate der Wellenfunktion in der zugehörigen Darstellung verteilt. Unmittelbar nach der Messung eines Eigenwerts befindet sich das System im zugehörigen Eigenzustand.

Die Eigenfunktionen $\varphi_{x_0}(x) = \delta(x - x_0)$ des Ortsoperators zum Eigenwert x_0 sind gemäß (14.40) auf $\delta(x_0' - x_0)$ normiert. Unmittelbar nach der Messung des Werts x_0 sollte die Aufenthaltswahrscheinlichkeit in einer kleinen Umgebung von x_0 gleich 1 sein. Dazu folgende mathematische Anmerkung: In der Theorie der Distributionen findet man die Aussage $[\delta(x)]^2 = C\,\delta(x)$, wobei C eine unbestimmte Konstante ist. Dies bedeutet, dass das physikalisch adäquate Resultat $|\psi_\epsilon(x)|^2 = \delta(x - x_0)$ mit der Aussage $\psi_\epsilon(x) = \delta(x - x_0)$ verträglich ist (jedoch nicht aus dieser Aussage folgt). Man kann diese Besonderheiten umgehen, indem man wie in (8.1) eng begrenzte Funktionen anstelle von Distributionen verwendet.

Beliebige Messgröße

Wir wollen die Feststellungen für die Orts- und Impulsmessung auf eine beliebige Messgröße übertragen. Dazu betrachten wir einen beliebigen zeitunabhängigen hermiteschen Operator F und die zugehörige Messgröße. Die Variablen des betrachteten Systems werden mit $x = (q_1, ..., q_f)$ abgekürzt. Die Eigenwertgleichung von F lautet:

$$F\,\varphi_n(x) = \lambda_n\,\varphi_n(x) \qquad (n = 0, 1, 2, \dots) \tag{16.3}$$

Wir entwickeln die Wellenfunktion des betrachteten Systems nach den Eigenfunktionen des Operators F,

$$\psi(x, t) = \sum_{n=0}^{\infty} a_n(t)\,\varphi_n(x) \tag{16.4}$$

Aus der Normierung von ψ und der Orthonormierung der Eigenfunktionen,

$$\int dx\, \varphi_{n'}^*(x)\,\varphi_n(x) = \delta_{nn'} \tag{16.5}$$

folgt

$$1 = \int dx\, |\psi|^2 = \sum_{n, n'=0}^{\infty} a_{n'}^*\, a_n \int dx\, \varphi_{n'}^*(x)\,\varphi_n(x) = \sum_{n=0}^{\infty} |a_n(t)|^2 \tag{16.6}$$

Analog hierzu berechnen wir den Erwartungswert von F,

$$\langle F \rangle = \int dx\, \psi^*\, F\, \psi = \sum_{n, n'=0}^{\infty} a_{n'}^*\, a_n \int dx\, \varphi_{n'}^*\, F\, \varphi_n = \sum_{n=0}^{\infty} \lambda_n\, |a_n(t)|^2 \tag{16.7}$$

Wir fassen die letzten beiden Ergebnisse zusammen:

$$1 = \sum_{n=0}^{\infty} |a_n(t)|^2, \qquad \langle F \rangle = \sum_{n=0}^{\infty} \lambda_n\, |a_n(t)|^2 \tag{16.8}$$

Für kontinuierliche Eigenwerte wird dies zu

$$1 = \int d\lambda\, |a(\lambda, t)|^2, \qquad \langle F \rangle = \int d\lambda\, \lambda\, |a(\lambda, t)|^2 \tag{16.9}$$

Wenn das zu messende System in einem stationären Zustand ist, dann sind die Größen $|a_n(t)|^2$ und $|a(\lambda, t)|^2$ zeitunabhängig; denn die Zeitabhängigkeit von $\psi(x, t)$ und $a_n(t)$ in (16.4) besteht dann nur in einem Phasenfaktor.

Die Aussage (16.9) ist die Verallgemeinerung von (16.1) und (16.2). Damit können wir die im Abschnitt „Ort und Impuls" dargestellte Verbindung zwischen Eigenwert und Messwert auf den Fall (16.9) übertragen. Die Parallelität von (16.9) mit (16.8) führt dann zu den entsprechenden Aussagen bei diskreten Eigenwerten. Wir fassen die so erhaltenen Aussagen zur Messung an einem quantenmechanischen System zusammen:

Physikalische Größe	Mathematische Größe	Relevante Beziehung
Systemzustand	Wellenfunktion $\psi(x, t)$	$i\hbar\, \partial_t \psi(x, t) = H\, \psi(x, t)$
Messgröße	hermitescher Operator K	$K\, \varphi_n(x) = \lambda_n \varphi_n(x)$
Messwert	Eigenwert λ_n	
Wahrscheinlichkeit	$|a_n(t)|^2$	$\psi(x, t) = \sum_n a_n(t)\, \varphi_n(x)$
Zustand nach Messung	$\psi(x, t_{\mathrm{m}} + \epsilon) = \varphi_n(x)$	

- Jeder Messgröße ist ein hermitescher Operator F zugeordnet. Durch $F\varphi_n = \lambda_n\, \varphi_n$ sind die Eigenwerte λ_n und Eigenfunktionen φ_n von F definiert. Wird die zu F gehörende Größe in dem durch $\psi(x, t)$ beschriebenen System gemessen, so ergeben sich die Messwerte λ_n mit den Wahrscheinlichkeiten $|a_n(t)|^2$; dabei ist $a_n = \int dx\, \varphi_n^* \psi(x, t)$. Als Messwerte können nur die Eigenwerte λ_n auftreten. Ist das Spektrum der Eigenwerte kontinuierlich, so gibt $|a(\lambda, t)|^2\, d\lambda$ die Wahrscheinlichkeit für einen Messwert zwischen λ und $\lambda + d\lambda$ an. Unmittelbar nach einer Messung zur Zeit t_{m} wird das System durch die Wellenfunktion $\psi(x, t_{\mathrm{m}} + \epsilon) = \varphi_n(x)$ oder $\psi(x, t_{\mathrm{m}} + \epsilon) = \varphi_\lambda(x)$ beschrieben.

Produktwellenfunktionen

Der Operator F wirke nur auf die Variablen $x = (q_1, ..., q_g)$, nicht aber auf die Variablen $y = (q_{g+1}, ..., q_f)$. Wir entwickeln zunächst die Wellenfunktion $\psi(x, y, t)$ nach dem VONS $\{\varphi_n(x)\}$, also

$$\psi(x, y, t) = \sum_{n=0}^{\infty} A_n(y, t)\, \varphi_n(x) \tag{16.10}$$

Hierauf wenden wir den Operator F an,

$$F\, A_n(y)\, \varphi_n(x) = \lambda_n\, A_n(y)\, \varphi_n(x) \tag{16.11}$$

Mit $\varphi_n(x)$ ist also auch $A_n(y)\, \varphi_n(x)$ Eigenfunktion von F (weil F nicht auf die Variablen y wirkt).

Für $\psi(x, y, t)$ schreiben wir nun die Normierung $1 = \int dx \int dy \, |\psi|^2$ und den Erwartungswert $\langle F \rangle = \int dx \int dy \, \psi^* F \psi$ an und führen die x-Integration aus:

$$1 = \sum_{n=0}^{\infty} \underbrace{\int dy \, |A_n(y, t)|^2}_{= \, |a_n(t)|^2}, \qquad \langle F \rangle = \sum_{n=0}^{\infty} \lambda_n \underbrace{\int dy \, |A_n(y, t)|^2}_{= \, |a_n(t)|^2} \qquad (16.12)$$

Hieraus können wir die Wahrscheinlichkeiten $|a_n(t)|^2$ für die Messwerte λ_n ablesen:

$$|a_n(t)|^2 = \int dy \, |A_n(y, t)|^2 = \left\{ \begin{array}{l} \text{Wahrscheinlichkeit,} \\ \text{den Wert } \lambda_n \text{ zu finden} \end{array} \right. \qquad (16.13)$$

Dann ist $|A_n(y, t)|^2 dy$ die Wahrscheinlichkeit dafür, den Wert λ_n *und* die anderen Variablen y im Intervall $(y, y + dy)$ zu finden.

Wir geben ein explizites Beispiel für den hier diskutierten Fall an. Das System bestehe aus einem Teilchen, dessen Ort durch Kugelkoordinaten r, θ und ϕ angegeben wird. Für F betrachten wir den Operator $\ell_z = -i\hbar \, \partial/\partial\phi$, den wir in Kapitel 23 als z-Komponente des hermiteschen Drehimpulsoperators $\boldsymbol{\ell}_{\mathrm{op}} = \boldsymbol{r} \times \boldsymbol{p}_{\mathrm{op}}$ identifizieren werden. Die Eigenwertgleichung (16.3) lautet in diesem Fall

$$\ell_z \, \varphi_m(\phi) = m\hbar \, \varphi_m(\phi) \qquad \text{mit} \quad \varphi_m(\phi) = (2\pi)^{-1/2} \exp(im\phi) \qquad (16.14)$$

Aus der Bedeutung der Koordinate ϕ folgt $\varphi_m(\phi + 2\pi) = \varphi_m(\phi)$. Dies beschränkt die Eigenwerte m auf ganze Zahlen, $m = 0, \pm 1, \pm 2, \ldots$.

Die Koordinaten y, auf die ℓ_z nicht wirkt, bestehen aus r und θ. Damit wird die Entwicklung (16.11) zu

$$\psi(r, \theta, \phi, t) = \sum_{m=-\infty}^{m=\infty} A_m(r, \theta, t) \, \varphi_m(\phi) \qquad (16.15)$$

Die Wahrscheinlichkeit, den Wert $m\hbar$ für ℓ_z zu finden, ist dann

$$\left| a_m(t) \right|^2 = \int_0^{\infty} r^2 \, dr \int_{-1}^{1} d\cos\theta \, \left| A_m(r, \theta, t) \right|^2 \qquad (16.16)$$

Simultane Eigenfunktionen

Wir zeigen, dass es möglich ist, für zwei kommutierende Operatoren gemeinsame Eigenfunktionen anzugeben:

$$[F, K] = 0 \quad \longrightarrow \quad \text{gemeinsame Eigenfunktionen möglich} \qquad (16.17)$$

Diese Aussage führt zur gleichzeitigen (also simultanen) Messbarkeit der zu F und K gehörenden Größen (Abschnitt „Kommensurable Messgrößen" unten). Daher nennt man die gemeinsamen Eigenfunktionen üblicherweise *simultane* Eigenfunktionen, auch wenn die Zeit in (16.17) keine Rolle spielt.

Wir gehen von der Eigenwertgleichung

$$F\,\varphi_n = f_n\,\varphi_n \tag{16.18}$$

aus und multiplizieren sie von links mit K

$$K\,F\,\varphi_n = f_n\,K\,\varphi_n \tag{16.19}$$

Wegen $[\,F,\,K\,] = 0$ erhalten wir daraus

$$F\,(K\,\varphi_n) = f_n\,(K\,\varphi_n) \tag{16.20}$$

Daher ist $K\varphi_n$ Eigenfunktion zu F zum selben Eigenwert f_n. Gibt es nun zum Eigenwert f_n nur die eine Eigenfunktion φ_n (ist der Eigenwert also nicht entartet), dann kann sich $K\varphi_n$ von φ_n nur durch eine Konstante unterscheiden, also

$$K\,\varphi_n = k_n\,\varphi_n \tag{16.21}$$

Damit sind die φ_n simultane Eigenfunktionen von F und K.

Als Beispiel für simultane Eigenfunktionen betrachten wir für F den Hamiltonoperator des Oszillators (mit $b = (\hbar/m\omega)^{1/2} = 1$):

$$F = H = \frac{\hbar\omega}{2}\left(-\frac{d^2}{dx^2} + x^2\right), \qquad \varphi_n = c_n\,H_n(x)\,\exp\left(-\frac{x^2}{2}\right) \tag{16.22}$$

Die Eigenwerte sind $f_n = E_n = \hbar\omega(n + 1/2)$. Der Paritätsoperator $K = P$ (definiert durch $Pf(x) = f(-x)$) vertauscht mit dem Hamiltonoperator, $[H, P] = 0$. Da die Eigenwerte nicht entartet sind, müssen die Eigenfunktionen φ_n automatisch Eigenfunktionen zu P sein. Dies ist der Fall:

$$P\,\varphi_n = \lambda_n\,\varphi_n\,, \qquad \lambda_n = (-)^n \tag{16.23}$$

Entartung

Wir betrachten noch den Fall der Entartung: Zu einem Eigenwert f_n gebe es N Eigenfunktionen, $\varphi_{n,\nu}$, wobei $\nu = 1, 2, ..., N$. Dann ist jede Linearkombination dieser N Funktionen auch Eigenfunktion zu f_n. Aus (16.20) können wir dann nur schließen, dass $K\varphi_{n,\nu}$ eine solche Linearkombination ist:

$$K\,\varphi_{n,\nu} = \sum_{\mu=1}^{N} k_{\nu\mu}\,\varphi_{n,\mu} \tag{16.24}$$

Man führt nun Linearkombinationen $\widetilde{\varphi}_{n,\kappa} = \sum a_{\kappa\nu}\,\varphi_{n,\nu}$ ein, so dass

$$F\,\widetilde{\varphi}_{n,\kappa} = f_n\,\widetilde{\varphi}_{n,\kappa} \quad \text{und} \quad K\,\widetilde{\varphi}_{n,\kappa} = k_n\,\widetilde{\varphi}_{n,\kappa} \tag{16.25}$$

gilt. Wegen der Entartung ist jede beliebige Linearkombination $\widetilde{\varphi}_{n,\kappa}$ automatisch Eigenfunktion von F zu f_n. Die Linearkombinationen können dann so gewählt werden, dass die Matrix $(k_{\mu\nu})$ in (16.24) diagonal wird. Dass dies immer möglich ist, wird in Kapitel 32 noch näher begründet. Ein Beispiel für entartete Zustände wird im nächsten Abschnitt diskutiert.

Produktwellenfunktionen

In (16.22) und (16.23) haben wir die simultanen Eigenfunktionen des Oszillator-Hamiltonoperators H und des Paritätsoperators P im eindimensionalen Fall angegeben. Wir betrachten jetzt denselben Paritätsoperator P (also $Pf(x) = f(-x)$), aber den Hamiltonoperator (13.6) des dreidimensionalen Oszillators:

$$H = -\frac{\hbar^2}{2m}\Delta + \frac{m\omega^2 r^2}{2} \qquad (16.26)$$

Als mögliche Eigenfunktionen für P betrachten wir die Lösungen (16.22) des eindimensionalen Oszillators oder die Lösungen (13.10) des dreidimensionalen Oszillators:

$$\left.\begin{array}{rcl}\varphi_n(x) & = & c_n\,H_n\exp(-x^2/2) \\ \psi_{n_x n_y n_z}(x,y,z) & = & \varphi_{n_x}(x)\,\varphi_{n_y}(y)\,\varphi_{n_z}(z)\end{array}\right\} \begin{array}{l}\text{mögliche Eigen-} \\ \text{funktionen von } P\end{array} \qquad (16.27)$$

Die Eigenwerte von P sind $(-)^n$ beziehungsweise $(-)^{n_x}$. Nur die in der zweiten Zeile angegebenen Funktionen sind simultane Eigenfunktionen zu P und H aus (16.26). Aus $[H, P] = 0$ folgt die *Möglichkeit* simultaner Eigenfunktionen, nicht aber, dass man automatisch simultane Eigenfunktionen erhält.

Als weiteres Beispiel betrachten wir noch einmal den Hamiltonoperator (16.26) und den Drehimpulsoperator

$$\ell_z = -\mathrm{i}\hbar\,\frac{\partial}{\partial\phi}, \qquad (16.28)$$

Wegen der sphärischen Symmetrie gilt $[\ell_z, H] = 0$. Es ist also möglich, simultane Eigenfunktionen anzugeben. Wir verwenden Kugelkoordinaten r, θ und ϕ.

Die in der zweiten Zeile von (16.27) angegebenen Eigenfunktionen von H sind in der Regel keine Eigenfunktionen von ℓ_z, denn sie sind nicht proportional zu $\exp(\mathrm{i}m\phi)$. Eine Ausnahme bildet lediglich der nichtentartete Grundzustand mit $n_x = n_y = n_z = 0$, der Eigenfunktion von ℓ_z zum Eigenwert 0 ist. Für angeregte Zustände mit $\varepsilon \geq 5\hbar\omega/2$ sind die Eigenwerte (13.11) entartet. Man kann dann Linearkombinationen der Lösungen so angeben, dass sie auch Eigenfunktion zu ℓ_z sind (Kapitel 28).

Die Eigenfunktionen $\varphi_m(\phi)$ von ℓ_z wurden in (16.14) angegeben. Da ℓ_z nicht auf r und θ wirkt, sind aber auch die Funktionen

$$\psi_m(r,\theta,\phi) = u(r,\theta)\,\varphi_m(\phi) \qquad (16.29)$$

mit beliebigem $u(r,\theta)$ Eigenfunktionen von ℓ_z. Wegen $[\ell_z, H] = 0$ können die Eigenfunktionen von H in dieser Form angesetzt werden, $H\psi_m = E\psi_m$. Für den Hamiltonoperator (16.26) führt dieser Ansatz wie folgt weiter: Die Variable ϕ kommt nur im Laplaceoperator $\Delta = \ldots + (r\sin\theta)^{-2}\,\partial^2/\partial\phi^2$ vor. Die Differenziation $\partial^2/\partial\phi^2$ ergibt den Faktor $-m^2$. Danach kann die Funktion $\varphi_m(\phi)$ auf beiden Seiten von $H\psi_m = E\psi_m$ gekürzt werden, und H enthält nur noch r- und θ-Abhängigkeiten. Die Lösung des verbleibenden Eigenwertproblems wird in Kapitel 28 angegeben.

Kommensurable Messgrößen

Wie in Kapitel 7 und 8 diskutiert, schränkt die Unschärferelation

$$(\Delta F)^2 \, (\Delta K)^2 \geq \frac{\langle \mathrm{i}[F, K]\rangle^2}{4} \qquad (16.30)$$

die gleichzeitige Messbarkeit von Größen ein, deren Operatoren nicht vertauschen. Für $[F, K] = 0$ fällt diese Einschränkung weg.

Wir nennen zwei Größen *kommensurabel,* wenn bei einer Messung die Unschärfen der beider Größen zugleich (simultan) beliebig klein gemacht werden können. Zwei Messgrößen sind genau dann kommensurabel, wenn die beiden zugehörigen Operatoren vertauschen:

$$[F, K] = 0 \quad \longleftrightarrow \quad \text{Kommensurabilität} \qquad (16.31)$$

Wir begründen zunächst der Schlussrichtung $\leftarrow$. „Kommensurabel" bedeutet, dass es keine allgemeine untere Schranke für $\Delta F \, \Delta K$ gibt. Daher muss die rechte Seite in (16.30) null sein. Dies ist für beliebige Wellenfunktionen nur der Fall, wenn $[F, K] = 0$.

Der Schluss $\rightarrow$ ergibt sich daraus, dass wegen $[F, K] = 0$ simultane Eigenfunktionen

$$F \, \varphi_n = f_n \, \varphi_n \, , \qquad K \, \varphi_n = k_n \, \varphi_n \qquad (16.32)$$

möglich sind. Messen wir nun die zu K gehörende Größe, so finden wir einen der Eigenwerte k_n, und zwar mit den Wahrscheinlichkeiten $|a_n(t)|^2$ für $\psi(x, t) = \sum a_n \varphi_n$. Unmittelbar nach der Messung ist das System im Zustand $\psi(x, t_\mathrm{m} + \epsilon) = \varphi_n(x)$. Die Messung der zu F gehörenden Größe ergibt jetzt mit Sicherheit den Wert f_n, ohne das System nochmals zu stören. Also können in diesem Fall beide Größen zugleich genau bestimmt sein.

Wir fassen zusammen: Aus $[F, K] = 0$ folgt, dass simultane Eigenfunktionen von F und K möglich sind. Ist die Wellenfunktion des Systems gleich einer Eigenfunktion, so liegen die Messwerte der zu F und K gehörenden physikalischen Größe fest. Daher können diese Messwerte gleichzeitig genau bestimmt sein. Die gleichzeitige Bestimmtheit ist eine Möglichkeit aber keine Notwendigkeit: Auch für $[F, K] = 0$ können ΔF wie ΔK ungleich null sein; für eine beliebige Wellenfunktion wird dies in der Regel so sein.

Die Argumentation lässt sich leicht auf den Fall von mehreren Operatoren verallgemeinern: Vertauschen die Operatoren H, F und K alle untereinander,

$$[H, F] = 0 \, , \quad [H, K] = 0 \, , \quad [F, K] = 0 \qquad (16.33)$$

dann sind alle drei Messgrößen kommensurabel. In diesem Fall sind simultane Eigenfunktionen für H, F und K möglich. Diese Aussage werden wir mehrfach bei der Bestimmung der Eigenfunktionen eines Hamiltonoperators ausnutzen.

Streuexperiment

Die betrachteten quantenmechanischen Systeme sind meist mikroskopisch (Molekül, Atom oder Atomkern). Um die Eigenschaften dieser Systeme (etwa ihre diskreten Energieeigenwerte) möglichst direkt zu bestimmen, benutzt man in der Regel ein Streuexperiment. Im Rahmen eines solchen (etwas schematisch dargestellten) Streuexperiments diskutieren wir die Bestimmung der Energiewerte eines Atoms.

Wir betrachten die Streuung eines Protons (Ort r_p, Masse m_p) an einem im Atom gebundenen Elektron (r_e, m_e). Der Hamiltonoperator sei von der Form

$$H = H_p + H_e + v = -\frac{\hbar^2}{2\,m_p}\,\Delta_p + \left(-\frac{\hbar^2}{2\,m_e}\,\Delta_e + V(r_e)\right) + v(r_e - r_p) \quad (16.34)$$

Dabei beschreibt H_p die freie Bewegung des Protons, H_e die Bewegung des Elektrons im Atom und $v(r_e - r_p) = -e^2/|r_e - r_p|$ die Wechselwirkung zwischen Proton und Elektron. Die Wechselwirkung zwischen dem Proton und dem restlichen Atom wird hier nicht berücksichtigt.

Der Hamiltonoperator H_e für die Bewegung des Elektrons im Atom (Kapitel 29) hat einen Grundzustand mit der Energie ε_0, angeregte diskrete Zustände mit $\varepsilon_n < 0$, und Streuzustände mit $\varepsilon > 0$. Wir beschränken uns zunächst auf das diskrete Spektrum,

$$H_e\,\varphi_n(r_e) = \varepsilon_n\,\varphi_n(r_e) \quad (16.35)$$

Im betrachteten Experiment falle ein Protonenstrahl auf ein Target ein, in dem sich viele Atome befinden. Der Protonenstrahl sei kontinuierlich, so dass wir stationäre Lösungen betrachten und uns auf die zeitunabhängige Schrödingergleichung beschränken können. Die einfallenden Protonen haben alle die Energie E_p, und die Atome befinden sich alle im Grundzustand mit der Energie ε_0. Die Energien E_p und ε_0 werden als bekannt vorausgesetzt.

Ein herausgegriffenes Proton streue nun an einem Atom und fliege danach weg. In einem Detektor wird die Energie E_p' dieses Protons gemessen. Zum Zeitpunkt der Messung sind das Proton und das Atom getrennt; die Gesamtenergie ist daher die Summe der Energien von Proton und Atom. Da das System insgesamt abgeschlossen ist, ist die Energie erhalten:

$$E_p' = E_p + \varepsilon_0 - \varepsilon_n \quad (16.36)$$

Die Messung der Energie E_p' des Protons bestimmt damit die Energie ε_n des Atoms. Mögliche Messwerte für die Energie des Atoms sind die Eigenwerte ε_n von H_e. Die Messung der Energie E_p' der gestreuten Protonen sollte also nach (16.36) gerade diese Eigenwerte wiedergeben. Das Experiment bestätigt diese Vorstellung (Abbildung 16.1). Es treten als Messwerte nur die Eigenwerte des betrachteten Operators (hier H_e) auf. Für niedrige Anregungsenergien sind sie diskret (wie in unseren Formeln angenommen), für höhere kontinuierlich.

Das Elektron regt in der Regel bei der Streuung innere Freiheitsgrade des Atoms an; eine solche Streuung nennt man *inelastisch*. Nach der Streuung ist das Atom im

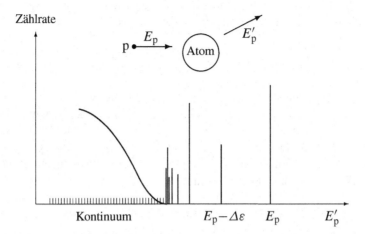

Abbildung 16.1 Ein Teilchen (etwa ein Proton) wird an einem komplexen System (etwa einem Atom) gestreut. Das Proton habe die Anfangsenergie E_p. Die schematische Skizze zeigt das Messergebnis für die Endenergie $E_p' = E_p - (\varepsilon_n - \varepsilon_0)$ der gestreuten Protonen. Hierin treten die Eigenwerte ε_n des Hamiltonoperators H_e auf, der das Atom beschreibt. Die diskreten Linien (für $E_p - \Delta\varepsilon$) haben tatsächlich eine endliche Breite, die durch die Unschärfe der Strahlenergie, der Messung selbst und der Unschärfe von ε_n (aufgrund der endlichen Lebenszeit des Atomzustands n) bestimmt ist.

Allgemeinen nicht mehr in einem Eigenzustand von H_e. Der Zustand des Systems lässt sich jedoch nach den Eigenfunktionen von H_e entwickeln. Die Eigenfunktionen kommen dann mit bestimmten Wahrscheinlichkeiten vor. Das besondere an einem quantenmechanischen System ist nun, dass die Messung der Energie (16.36) zu einem der Eigenwerte ε_n führt. Dann ist das Atom unmittelbar nach der Messung im zugehörigen Zustand. Die Messung hat das System entscheidend verändert. Wir vergleichen das mit einem klassischen Streuexperiment: Auch wenn man einen Fußball an einem Klavier streut, regt man eine Überlagerung von Eigenschwingung einer Saite an. Allerdings kann man für das klassische System (Klavier) die Stärke der einzelnen Eigenschwingungen messen, ohne das System wesentlich zu stören. Auch die Messung der Energie des wegfliegenden Fußballs hat natürlich keinen Einfluss auf den Schwingungszustand des Klaviers.

Wir beschreiben die diskutierte Messung noch genauer durch Angabe der relevanten Wellenfunktionen. Die Wechselwirkung zwischen dem Elektron und dem Proton sei auf den Zeitraum $-t_0 < t < t_0$ begrenzt. Vor und nach der Streuung (also für $|t| > t_0$) ist der Hamiltonoperator von der Form $H' = H_e + H_p$. Vor der Streuung sei das System in einem bestimmten Zustand

$$\Psi_{t < -t_0} = \Phi_{E_p}(\boldsymbol{r}_p)\, \varphi_0(\boldsymbol{r}_e) \tag{16.37}$$

Das Atom ist in der Regel im Grundzustand φ_0, und Protonen mit fester Energie E_p laufen auf das Atom zu. Während der Streuung ist die Wellenfunktion kompliziert,

und wir verzichten auf eine explizite Darstellung. Nach der Streuung entwickeln
wir die Wellenfunktion nach den Eigenzuständen φ_n von H_e,

$$\Psi_{t>t_0} = \sum_n a_n \, \Phi_{E_p'}(\mathbf{r}_p) \, \varphi_n(\mathbf{r}_e) \tag{16.38}$$

Dabei sind $\Phi_{E_p}(\mathbf{r}_p)$ und $\Phi_{E_p'}(\mathbf{r}_p)$ geeignete Streuwellenfunktionen, etwa eine ebene
Welle vor und eine auslaufende Kugelwelle nach der Streuung. Wenn wir nun zu ei-
ner Zeit t_m die Energie des Protons messen, so erhalten wir mit der Wahrscheinlich-
keit $|a_n|^2$ die Energie (16.36). Dadurch können die diskreten Anregungsenergien
$\varepsilon_n - \varepsilon_0$ des Elektrons (im Atom) bestimmt werden. Unmittelbar nach der Messung
befindet sich das System dann im Zustand

$$\Psi_{t=t_m+\epsilon} = \Phi_{E_p'}(\mathbf{r}_p) \, \varphi_n(\mathbf{r}_e) \tag{16.39}$$

Das Elektron im Atom ist also in dem Zustand φ_n.

Es erscheint dabei etwas paradox, dass die Messung der Energie des Protons
den Zustand des (zu diesem Zeitpunkt weit entfernten) Atoms festlegt. Dieser para-
doxe Zug der Quantenmechanik (Nichtlokalität) wurde insbesondere von Einstein,
Podolsky und Rosen für ein System aus zwei Teilchen mit Spin $1/2$ diskutiert (EPR-
Paradoxon). Ein Spinsystem eignet sich für eine solche Diskussion besonders gut,
weil es ein besonders einfaches quantenmechanisches System ist. Unbeschadet der
skizzierten scheinbaren Paradoxie bestätigen alle Experimente, dass die Natur sich
tatsächlich so verhält, wie die Quantenmechanik es vorhersagt.

Abschließende Bemerkung

Das skizzierte Experiment, wie auch zahlreiche andere Experimente, zeigen, dass
bei einer Messung tatsächlich nur die Eigenwerte λ_n des zugehörigen Operators
auftreten. Unmittelbar nach der Messung zur Zeit t_m befindet sich das System im
Zustand $\psi(x, t_m + \epsilon) = \varphi_n(x)$; der ursprüngliche Zustand ψ ist dadurch im Allgemeinen zerstört.

Das zu messende System wird durch eine Wellenfunktion ψ vollständig be-
schrieben. Aus der Wellenfunktion lassen sich aber nur Wahrscheinlichkeiten $|a_n|^2$
(mit $a_n = \int dx \, \varphi_n^* \, \psi$) für das Auftreten einzelner Eigenwerte berechnen. Im Gegensatz dazu steht die klassische Mechanik, in der bei gegebenem Systemzustand
alle Messgrößen festliegen.

Aufgaben

16.1   Floquet-Theorem

Betrachten Sie die eindimensionale Schrödingergleichung mit dem periodischen Potenzial $V(x) = V(x + a)$. Überprüfen Sie, dass der Translationsoperator $T_{op}(a) = \exp(i\,p_{op}\,a/\hbar)$ mit dem Hamiltonoperator $H = p_{op}^2/(2m) + V(x)$ vertauscht. Zeigen Sie, dass die Eigenfunktionen von H in der Form

$$\varphi(x + a) = \exp(ika)\,\varphi(x) \qquad (|k| \le \pi/a) \qquad (16.40)$$

angesetzt werden können. Nützen Sie die Unitarität von T_{op} aus, und wenden Sie den Operator mehrmals an.

17 Symmetrie und Erhaltungsgröße

Wir untersuchen den Zusammenhang zwischen den Symmetrien eines quanten-mechanischen Systems und Erhaltungsgrößen: Wenn ein hermitescher Operator F mit dem Hamiltonoperator vertauscht, liegt eine Symmetrie vor. Dann sind die Wahrscheinlichkeiten, bestimmte Messwerte für die zu F gehörige Größe zu finden, zeitlich konstant.

Unter Symmetrie versteht man die Invarianz des Systems gegenüber einer bestimmten Operation oder Transformation. Das Verschwinden des Kommutators $[H, F] = 0$ bedeutet, dass die durch F bewirkte Operation ohne Einfluss auf den Hamiltonoperator H des Systems ist. Daher ist

$$[H, F] = 0 \qquad \text{(Symmetriebedingung)} \qquad (17.1)$$

die Bedingung für eine Symmetrie des Systems. Die Operatoren H und F sollen hermitesch sein.

Zu den zentralen Symmetrien in der Physik gehören die zeitliche Translationsinvarianz und die räumliche Translations- und Drehinvarianz. Diese Symmetrien gelten für alle abgeschlossenen Systeme. Sie sind daher Eigenschaften unserer Raum-Zeit. Dementsprechend werden sie auch als Homogenität der Zeit und als Homogenität und Isotropie des Raums bezeichnet. Diese Symmetrien werden unten im Einzelnen betrachtet.

Wir setzen voraus, dass der Operator F nicht explizit von der Zeit abhängt:

$$\frac{\partial F}{\partial t} = 0 \qquad (17.2)$$

Dann sind auch die Eigenfunktionen und Eigenwerte in

$$F\,\varphi_n(x) = \lambda_n\,\varphi_n(x) \qquad (n = 0, 1, 2, \dots) \qquad (17.3)$$

zeitunabhängig. Hierbei steht $x = (q_1, ..., q_g)$ für die Variablen, auf die der Operator F wirkt. Die anderen Variablen, von denen die Wellenfunktion $\psi(x, y, t)$ des Systems abhängen, werden mit $y = (q_{g+1}, ..., q_f)$ bezeichnet. Dabei wird nicht ausgeschlossen, dass alle Variablen in x enthalten sind.

Die Eigenfunktionen $\varphi_n(x)$ bilden ein vollständiges System. Die x-Abhängigkeit der Wellenfunktion ψ kann daher nach diesen Funktionen entwickelt werden:

$$\psi(x, y, t) = \sum_{n=0}^{\infty} A_n(y, t)\,\varphi_n(x) \qquad (17.4)$$

Die Entwicklungskoeffizienten sind durch $A_n(y, t) = \int dx\, \varphi_n^*(x)\, \psi(x, y, t)$ gegeben. Die Produktwellenfunktion (17.4) wurde bereits im letzten Kapitel eingeführt und diskutiert. In (16.13) wurde die Wahrscheinlichkeit für den Messwert λ_n angegeben:

$$|a_n(t)|^2 = \int dy\, |A_n(y, t)|^2 = \begin{cases} \text{Wahrscheinlichkeit,} \\ \text{den Wert } \lambda_n \text{ zu finden} \end{cases} \tag{17.5}$$

Diese Wahrscheinlichkeiten sind gemäß $\sum_n |a_n(t)|^2 = 1$ normiert; die Normierung von $\psi(x, y, t)$ und $\varphi_n(x)$ wird vorausgesetzt.

Wir setzen (17.4) in die zeitabhängige Schrödingergleichung ein:

$$\mathrm{i}\hbar \sum_{n=0}^{\infty} \frac{\partial}{\partial t} A_n(y, t)\, \varphi_n(x) = \sum_{n=0}^{\infty} \underbrace{H\, A_n(y, t)\, \varphi_n(x)}_{\propto\, \varphi_n(x)} \tag{17.6}$$

Wir begründen $H A_n \varphi_n \propto \varphi_n$. Dazu wenden wir F auf $H A_n \varphi_n$ an. Wegen (17.1) dürfen wir F mit H vertauschen. Nach Konstruktion wirkt F nicht auf die Argumente von $A_n(y, t)$. Daher wirkt F nur auf $\varphi_n(x)$ und ergibt den Faktor λ_n. Damit ist gezeigt, dass $H A_n \varphi_n$ Eigenfunktion von F zum Eigenwert λ_n ist. Daher muss $H A_n \varphi_n$ proportional zu φ_n sein, sofern der Eigenwert nicht entartet ist. Falls es mehrere Eigenfunktionen zum selben Eigenwert gibt, kann man Linearkombinationen so wählen, dass H in diesem Unterraum diagonal ist (Kapitel 16); auch dann erhält man wieder die Proportionalität zu φ_n.

In (17.6) sind damit die Summanden auf der linken und der rechten Seite jeweils proportional zu φ_n. Da die φ_n orthogonale Funktionen sind, müssen beide Seiten für jedes n übereinstimmen:

$$\mathrm{i}\hbar \frac{\partial}{\partial t} A_n(y, t)\, \varphi_n(x) = H\, A_n(y, t)\, \varphi_n(x) \tag{17.7}$$

Nach (6.5) erhält die zeitabhängige Schrödingergleichung die Norm der Wellenfunktion. Für (17.7) bedeutet das

$$\text{Norm} = \int dx \int dy\, |A_n(y, t)\, \varphi_n(x)|^2 = \int dy\, |A_n(y, t)|^2 = |a_n(t)|^2 = \text{const.} \tag{17.8}$$

Hierbei wurde verwendet, dass die Funktionen $\varphi_n(x)$ normiert sind. Damit die Norm erhalten ist, muss der Hamiltonoperator H hermitesch sein. Der Hamiltonoperator darf aber von der Zeit abhängen.[1] Ein explizites Beispiel für die angegebenen Formeln und einen zeitabhängigen Hamiltonoperator wird unten im Abschnitt „Oszillator mit zeitabhängiger Frequenz" vorgestellt.

Wir stellen die Voraussetzung (17.1) und die Folgerung (17.8) gegenüber:

$$\begin{array}{ccc} \text{Symmetrie} & & \text{Erhaltungsgröße} \\ [H, F] = 0 & \longrightarrow & |a_n(t)|^2 \text{ ist zeitunabhängig} \end{array} \tag{17.9}$$

---

[1] Dies wird zunächst zugelassen, um den Zusammenhang zwischen $\partial H/\partial t = 0$ und der Energieerhaltung zu diskutieren. Daher kann man in dieser Ableitung auch nicht den Zeittranslationsoperator $T = \exp(-\mathrm{i} H t/\hbar)$ aus (15.7) verwenden, der $\partial H/\partial t = 0$ voraussetzt.

Die Wahrscheinlichkeiten, bei einer Messung die Werte λ_n für die zu F gehörige Größe zu finden, sind also zeitunabhängig. Das Ergebnis der Messung hängt nicht von dem Zeitpunkt ab, zu dem die Messung durchgeführt wird.

Wenn das betrachtete System sich anfangs in einem Eigenzustand φ_m befindet, gilt $a_n(0) = \delta_{nm}$. Aus (17.9) folgt dann $|a_n(t)|^2 = |a_n(0)|^2 = \delta_{nm}$. In diesem Fall bleibt das System immer im Zustand φ_m; eine Messung zu beliebiger Zeit ergibt mit Sicherheit den Wert λ_m. Die Eigenwerte λ_n eines mit H kommutierenden Operators F werden daher auch *gute Quantenzahlen* genannt.

Die Aussage (17.9) lässt sich leicht auf den Fall von kontinuierlichen Eigenwerten übertragen: Hierfür wird (17.3) zu $F \varphi_\lambda = \lambda \varphi_\lambda$, die Entwicklung der Wellenfunktion (17.4) wird zu $\psi(x, t) = \int d\lambda \, A(\lambda, y, t) \, \varphi_\lambda(x)$, und die Wahrscheinlichkeiten (17.5) werden zu $|a(\lambda, t)|^2 = \int dy \, |A(\lambda, y, t)|^2$. Damit wird (17.9) zu

$$
\begin{array}{ccc}
\text{Symmetrie} & & \text{Erhaltungsgröße} \\
[H, F] = 0 & \longrightarrow & \big|a(\lambda, t)\big|^2 \text{ ist zeitunabhängig}
\end{array}
\tag{17.10}
$$

Aus der Mechanik ist bekannt, dass zu jeder kontinuierlichen Symmetrie eine Erhaltungsgröße gehört (siehe etwa Kapitel 11 oder 15 (Noethertheorem) in [1]). Aus der Symmetrie folgt dort, dass die Erhaltungsgröße konstant ist. In der Quantenmechanik hat die Erhaltungsgröße im Allgemeinen keinen scharfen Wert; vielmehr liefert eine Messung mit den Wahrscheinlichkeiten $|a_n|^2$ die Werte λ_n. Erhalten, also zeitlich konstant, sind dann die Wahrscheinlichkeiten $|a_n|^2$.

Aus dem Vorhergehenden folgt speziell die zeitliche Konstanz der Erwartungswerte

$$
[H, F] = 0 \quad \longrightarrow \quad \langle F \rangle = \sum_{n=0}^{\infty} \lambda_n |a_n|^2 \text{ ist zeitunabhängig}
\tag{17.11}
$$

Diese Aussage hatten wir bereits in (15.14) erhalten. Sie ist aber viel schwächer als unser jetziges Ergebnis (17.9).

Impulserhaltung

Wenn der Hamiltonoperator eines Teilchens nicht explizit vom Ort r des Teilchens abhängt, dann ist das System translationsinvariant:

$$
\frac{\partial H}{\partial r} = 0 \quad \longleftrightarrow \quad \text{Invarianz gegen } r \to r + a
\tag{17.12}
$$

In diesem Fall verschwindet der Kommutator zwischen H und dem Impulsoperator $p_{\text{op}} = -i\hbar \, \nabla$, und die $a(\lambda, t)$ in (17.10) werden zur Wellenfunktion $\phi(p, t)$ in der Impulsdarstellung. Damit erhalten wir

$$
\begin{array}{ccc}
\text{Translationsinvarianz} & & \text{Impulserhaltung} \\
[H, p_{\text{op}}] = 0 & \longrightarrow & \big|\phi(p, t)\big|^2 \text{ ist zeitunabhängig}
\end{array}
\tag{17.13}
$$

Die Aussage „$|\phi(\boldsymbol{p}, t)|^2$ ist zeitunabhängig" wird kurz mit „Impulserhaltung" bezeichnet. Dabei ist anzumerken, dass der Impuls im Allgemeinen keine scharf definierte Größe des betrachteten Systems ist. Genau genommen müsste man daher von der „Erhaltung der Impulsverteilung" sprechen.

Ein Beispiel für ein translationsinvariantes System ist ein freies Teilchen, $H = \boldsymbol{p}_{\mathrm{op}}^2/2m$. Ein Teilchen in einem ortsabhängigen Potenzial ist dagegen ein nicht translationsinvariantes System, denn für

$$H = \frac{\boldsymbol{p}_{\mathrm{op}}^2}{2m} + V(\boldsymbol{r}) \tag{17.14}$$

gilt

$$[H, \boldsymbol{p}_{\mathrm{op}}] = -\mathrm{i}\hbar \left(V(\boldsymbol{r})\,\boldsymbol{\nabla} - \boldsymbol{\nabla}V(\boldsymbol{r}) \right) = \mathrm{i}\hbar\,\mathrm{grad}\,V(\boldsymbol{r}) \tag{17.15}$$

Für $\mathrm{grad}\,V(\boldsymbol{r}) \neq 0$ wirken Kräfte auf das Teilchen; dann ist der Impuls nicht erhalten.

Wir betrachten noch ein quantenmechanisches System aus N Teilchen. Eine räumliche Translation bedeutet hier die Transformation

$$\boldsymbol{r}_i \to \boldsymbol{r}_i + \boldsymbol{a}, \qquad i = 1, 2, ..., N \tag{17.16}$$

Anstelle der N Teilchenkoordinaten $\boldsymbol{r}_i$ führen wir die Schwerpunktkoordinate $\boldsymbol{R} = \sum m_i \boldsymbol{r}_i / \sum m_i$ und $N-1$ Relativkoordinaten ein. Die Relativkoordinaten sind invariant gegenüber (17.16). Die Transformation reduziert sich daher auf $\boldsymbol{R} \to \boldsymbol{R}+\boldsymbol{a}$. Für ein abgeschlossenes System hängt H nicht von $\boldsymbol{R}$ ab. Daraus folgt dann die Erhaltung des zu $\boldsymbol{R}$ gehörenden Gesamtimpulses $\boldsymbol{P}_{\mathrm{op}} = -\mathrm{i}\hbar\,\partial/\partial\boldsymbol{R}$:

$$\begin{array}{ccc}
\text{Translationsinvarianz} & & \text{Schwerpunktimpuls-Erhaltung} \\
[H, \boldsymbol{P}_{\mathrm{op}}] = 0 & \longrightarrow & \left|\phi(\boldsymbol{P}, t)\right|^2 \text{ ist zeitunabhängig}
\end{array} \tag{17.17}$$

Energieerhaltung

Als Operator F betrachten wir jetzt den Hamiltonoperator selbst, also $F = H$. Hierfür ist die Bedingung $[H, F] = 0$, (17.1), trivialerweise erfüllt. Es muss aber noch die Bedingung (17.2) gelten, die wir bisher für H nicht vorausgesetzt haben. Die Bedingung (17.2) ist gleichbedeutend mit der Invarianz gegenüber Zeitverschiebungen:

$$\frac{\partial H}{\partial t} \quad \longleftrightarrow \quad \text{Invarianz gegen } t \to t + t_0 \tag{17.18}$$

Der Hamiltonoperator repräsentiert das betrachtete System. Wenn er nicht explizit von der Zeit abhängt, dann ist das System invariant unter Zeitverschiebung. Für die Wahrscheinlichkeiten $|a_n|^2$, die Energiewerte E_n zu messen, gilt dann:

$$\begin{array}{ccc}
\text{Zeittranslationsinvarianz} & & \text{Energieerhaltung} \\
\dfrac{\partial H}{\partial t} = 0 & \longrightarrow & \left|a_n(t)\right|^2 \text{ ist zeitunabhängig}
\end{array} \tag{17.19}$$

Die Ableitung (17.1) bis (17.9), die zu zeitunabhängigen $|a_n(t)|^2$ führt, beruht auf den Voraussetzungen (17.1) und (17.2). Für $F = H$ ist (17.2), $\partial H/\partial t = 0$, und nicht wie sonst (17.1) die wesentliche Bedingung. Die Voraussetzung (17.2) wird nicht als Kommutator geschrieben, weil die Zeit in der nichtrelativistischen Quantenmechanik keine Messgröße (wie etwa der Ort) ist.

Das Ergebnis (17.19) folgt auch aus allgemeinen Lösung (15.10), aus der man $a_n(t) = a_n \exp(-\mathrm{i}\,E_n t/\hbar)$ entnehmen kann. In $|a_n(t)|^2$ fällt der zeitabhängige Exponentialfaktor weg; damit erhält man wieder die rechte Seite in (17.19).

Als Beispiel betrachten wir den Hamiltonoperator $H = \boldsymbol{p}_{\mathrm{op}}^2/2m + V(\boldsymbol{r}, t)$. Die Energie ist erhalten, wenn das Potenzial nicht explizit von der Zeit abhängt, also für $V(\boldsymbol{r}, t) = V(\boldsymbol{r})$.

Drehimpulserhaltung

Hängt der Hamiltonoperator in Polarkoordinaten oder Kugelkoordinaten nicht explizit vom Drehwinkel ϕ um die z-Achse ab, so ist das System invariant bei Rotation um die z-Achse:

$$\frac{\partial H}{\partial \phi} = 0 \quad \longleftrightarrow \quad \text{Invarianz gegen} \quad \phi \to \phi + \phi_0 \qquad (17.20)$$

In Kapitel 23 werden wir $\ell_z = -\mathrm{i}\hbar\,\partial/\partial\phi$ als z-Komponente des hermiteschen Drehimpulsoperators $\boldsymbol{\ell}_{\mathrm{op}} = \boldsymbol{r} \times \boldsymbol{p}_{\mathrm{op}}$ identifizieren. Man überzeugt sich leicht davon, dass $\varphi_m(\phi) \propto \exp(\mathrm{i}m\phi)$ Eigenfunktion von ℓ_z zum Eigenwert $\hbar m$ ist. Aus der Bedeutung der Koordinate ϕ folgt $\varphi_m(\phi + 2\pi) = \varphi_m(\phi)$. Dies beschränkt m auf ganze Zahlen, $m = 0, \pm 1, \pm 2, \ldots$. Damit haben wir den Fall (17.9) von diskreten Eigenwerten:

$$\begin{array}{ccc} \text{Drehinvarianz} & & \text{Drehimpulserhaltung} \\ [H, \ell_z] = 0 & \longrightarrow & \big|a_m(t)\big|^2 \text{ ist zeitunabhängig} \end{array} \qquad (17.21)$$

Die $|a_m|^2$ sind die Wahrscheinlichkeiten, für ℓ_z die Werte $m\,\hbar$ zu messen.

Die Invarianz gegenüber beliebigen Drehungen wird durch $[H, \boldsymbol{\ell}_{\mathrm{op}}] = 0$ ausgedrückt, wobei $\boldsymbol{\ell}_{\mathrm{op}}$ der Drehimpulsoperator ist. Die für eine weitere Diskussion erforderlichen Eigenwerte und Eigenfunktionen des Drehimpulsoperators werden in Kapitel 23 eingeführt und diskutiert.

Oszillator mit zeitabhängiger Frequenz

Als konkretes Beispiel betrachten wir den dreidimensionalen Oszillator mit zeitabhängiger Frequenz $\omega(t)$. Da der Hamiltonoperator

$$H(t) = -\frac{\hbar^2}{2m}\Delta + \frac{m}{2}\,\omega(t)^2\,r^2 \qquad (17.22)$$

explizit von der Zeit abhängt, ist die Energie im Allgemeinen nicht erhalten. Wir verwenden Kugelkoordinaten r, θ und ϕ.

Das System ist zu jedem Zeitpunkt drehinvariant. Wir untersuchen speziell die Konsequenzen von

$$[H(t), \ell_z] = 0 \tag{17.23}$$

Die Eigenwertgleichung (17.3) lautet in diesem Fall

$$\ell_z \, \varphi_m(\phi) = m\hbar \, \varphi_m(\phi) \ \text{ mit } \ \varphi_m(\phi) = (2\pi)^{-1/2} \exp(\mathrm{i}\,m\,\phi) \tag{17.24}$$

Die Entwicklung (17.4) wird damit zu

$$\psi(r, \theta, \phi, t) = \sum_{m=-\infty}^{m=\infty} A_m(r, \theta, t) \, \varphi_m(\phi) \tag{17.25}$$

Die Wahrscheinlichkeit, den Wert $m\hbar$ für ℓ_z zu finden, hängt nach (17.8) nicht von der Zeit ab:

$$\left| a_m(t) \right|^2 = \int_0^\infty r^2 \, dr \int_{-1}^1 d\cos\theta \ \left| A_m(r, \theta, t) \right|^2 \ \text{ ist zeitunabhängig} \tag{17.26}$$

Es sei noch einmal darauf hingewiesen, dass die Argumentation in (17.6)–(17.8) nicht voraussetzt, dass der Hamiltonoperator zeitunabhängig ist. Das Ergebnis (17.26) bedeutet zum Beispiel: Wenn im Zustand des Systems zu einer bestimmten Zeit die Quantenzahl $m = 2$ mit einem Anteil von 30% vertreten ist, dann ist dieser Anteil immer gleich 30% (trotz der nichttrivialen Zeitentwicklung des Gesamtzustands).

Paritätserhaltung

Wir betrachten den in (10.19)–(10.23) diskutierten Paritätsoperator P. Die Symmetriebedingung lautet

$$[H, P] = 0 \quad \longleftrightarrow \quad \text{Invarianz gegen } x \to -x \tag{17.27}$$

Dies ist eine diskrete Transformation. Im Gegensatz dazu hängen die bisher betrachteten Transformationen von einem *kontinuierlichen* Parameter ab.

Die möglichen Eigenwerte des Paritätsoperators sind $+1$ und -1, (10.22). Wir bezeichnen die zugehörigen Wahrscheinlichkeiten mit $|a_+|^2$ und $|a_-|^2$. Damit wird (17.9) zu

$$
\begin{array}{ccc}
\text{Paritätsinvarianz} & & \text{Paritätserhaltung} \\
[H, P] = 0 & \longrightarrow & |a_\pm(t)|^2 \ \text{sind zeitunabhängig}
\end{array}
\tag{17.28}
$$

Eine beliebige Wellenfunktion kann man in die Anteile mit positiver und negativer Parität zerlegen:

$$\varphi(x, t) = \frac{\varphi(x, t) + \varphi(-x, t)}{2} + \frac{\varphi(x, t) - \varphi(-x, t)}{2} = \varphi_+(x, t) + \varphi_-(x, t) \tag{17.29}$$

Die zeitabhängigen Wahrscheinlichkeiten für positive (negative) Parität sind dann $|a_\pm(t)|^2 = \int dx\, |\varphi_\pm(x, t)|^2$; die Normierung von $\varphi(x, t)$ wird dabei vorausgesetzt. Für $[H, P] = 0$ sind diese Größen zeitunabhängig.

Ein Beispiel für einen Hamiltonoperator, der mit P kommutiert, ist der eindimensionale Oszillator. Die Eigenfunktionen $\varphi_n(x)$ aus (12.27) sind simultane Eigenfunktionen zu P,

$$P\,\varphi_n(x) = (-)^n\,\varphi_n(x) \tag{17.30}$$

Wir betrachten speziell den Hamiltonoperator (12.1) und eine Wellenfunktion, die anfangs nur ungerade Funktionen enthält,

$$\psi(x, 0) = \sum_{n=1,3,5,\dots} a_n\,\varphi_n(x) \tag{17.31}$$

Die zeitabhängige Wellenfunktion $\psi(x, t)$ ergibt sich aus (15.10); dabei ist die räumliche Verteilung $|\psi(x, t)|^2$ im Allgemeinen zeitabhängig, weil in der Wellenfunktion Anteile zu verschiedenen Energien vorkommen können. Zu beliebiger Zeit gilt aber $|a_+|^2 = 0$ und $|a_-|^2 = 1$. Die *Parität* der Wellenfunktion ist erhalten; sie ist eine gute Quantenzahl.

In dreidimensionalen Systemen versteht man unter dem Paritätsoperator meist den Operator P, der die Transformation $\boldsymbol{r} \to -\boldsymbol{r}$ bewirkt. Der dreidimensionale Oszillator ist invariant unter dieser Transformation. Die in (13.10) angegebenen Eigenfunktionen von H sind Eigenfunktionen zu P zum Eigenwert $(-)^{n_x+n_y+n_z}$.

III Eindimensionale Probleme

18 Potenzialbarriere

Parallel zur Entwicklung der Schrödingerschen Wellenmechanik haben wir bereits einige eindimensionale Probleme gelöst: Die freie Bewegung (Kapitel 9), den unendlichen Potenzialtopf (Kapitel 11) und den Oszillator (Kapitel 12). Im hier beginnenden Teil III werden weitere einfache Systeme untersucht, die einen Hamiltonoperator der Form

$$H = -\frac{\hbar^2}{2m}\frac{d^2}{dx^2} + V(x) \tag{18.1}$$

haben. Dabei werden auch – in einfachster Form – Streuprobleme behandelt. Außerdem wird die semiklassische Näherung eingeführt.

Wir untersuchen die Streuung an der in Abbildung 18.1 gezeigten Potenzialbarriere. Das Potenzial ist

$$V(x) = V_0\,\Theta(x) = \begin{cases} V_0 & (x > 0) \\ 0 & (x < 0) \end{cases} \tag{18.2}$$

Wir nehmen $V_0 > 0$ an. Die Schrödingergleichung lautet

$$\left(-\frac{\hbar^2}{2m}\frac{d^2}{dx^2} + V_0\,\Theta(x)\right)\varphi(x) = E\,\varphi(x) \tag{18.3}$$

An den zu bestimmenden Eigenfunktionen $\varphi_E(x)$ zum Eigenwert E können bereits wesentliche quantenmechanischen Züge der Streuung studiert werden. Dazu gehören insbesondere die Wahrscheinlichkeiten für die Reflexion und die Transmission einer einfallenden Welle.

Die allgemeine Lösung der zeitabhängigen Schrödingergleichung kann als Überlagerung der Funktionen $\varphi_E(x)\,\exp(-\mathrm{i}\,E\,t/\hbar)$ angegeben werden. Durch eine solche Überlagerung kann man auch ein räumlich begrenztes Wellenpaket konstruieren, das auf die Barriere zuläuft. Weit vor der Barriere könnte dieses Paket die Form (9.19) haben.

Mit

$$E = \frac{\hbar^2 k^2}{2m} > 0 \tag{18.4}$$

© Springer-Verlag GmbH Deutschland, ein Teil von Springer Nature 2018
T. Fließbach, *Quantenmechanik*, https://doi.org/10.1007/978-3-662-58031-8_4

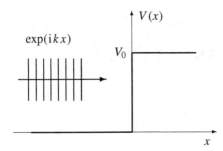

Abbildung 18.1 Eine ebene Welle läuft auf eine Potenzialbarriere zu. Wenn die Energie $E = \hbar^2 k^2/2m$ der einfallenden Teilchen kleiner als die Barrierenhöhe V_0 ist, werden alle Teilchen reflektiert. Sonst läuft ein Teil der Welle über die Barriere hinweg.

lautet der Lösungsansatz für die lineare, homogene Differenzialgleichung (18.3) im Bereich $x < 0$:

$$\varphi_E(x) = A \exp(\mathrm{i}kx) + B \exp(-\mathrm{i}kx)$$

$$= \exp(\mathrm{i}kx) + R \exp(-\mathrm{i}kx) \qquad (x < 0) \qquad (18.5)$$

Die Eigenfunktionen des Hamiltonoperators indizieren wir üblicherweise (wie in Kapitel 11, 12, 13) mit ihren Quantenzahlen, also $\varphi_E(x)$ oder $\varphi_k(x)$. Hätte (18.3) diskrete Lösungen zu Eigenwerten $E = E_i$ (dies ist nicht der Fall), so würden wir diese mit φ_i bezeichnen.

In (18.5) entspricht der erste Teil einer konstanten Wahrscheinlichkeits-Stromdichte in x-Richtung, der zweite Teil einer Stromdichte in entgegengesetzter Richtung. Für das Streuproblem gehen wir davon aus, dass von links ein Teilchenstrahl einläuft (Abbildung 18.1); dabei setzen wir willkürlich $A = 1$. Die einlaufende Welle kann reflektiert werden (Term mit dem Koeffizient $B = R$) oder rechts von der Schwelle weiterlaufen.

In (18.4) haben wir $E > 0$ vorausgesetzt. Für $E < 0$ erhält man nur Lösungen von (18.3), die für $x \to \infty$ oder $x \to -\infty$ exponentiell ansteigen, also keine physikalischen Lösungen. Wir schließen daher $E < 0$ aus. Dagegen kann die kinetische Energie im Bereich der Barriere, $E - V_0$, positiv oder negativ sein:

$$E - V_0 = \begin{cases} \dfrac{\hbar^2 q^2}{2m} > 0 \\[2ex] -\dfrac{\hbar^2 \kappa^2}{2m} < 0 \end{cases} \qquad (18.6)$$

Im Bereich $x > 0$ sind die Lösungen von der Form $\exp(\pm\mathrm{i}qx)$ oder $\exp(\pm\kappa x)$. Wir schließen einen Beitrag $\exp(-\mathrm{i}qx)$ aus, da unsere physikalische Randbedingung keinen von rechts einfallenden Strom vorsieht. Ebenfalls aus physikalischen Gründen schließen wir die exponentiell ansteigende Lösung $\exp(\kappa x)$ aus. Damit erhalten wir

$$\varphi_E = \begin{cases} T \exp(\mathrm{i}qx) & (E > V_0) \\[1ex] T \exp(-\kappa x) & (E < V_0) \end{cases} \qquad (x > 0) \qquad (18.7)$$

Die Amplitude T bestimmt für $E > V_0$ die Transmissionswahrscheinlichkeit, die Amplitude R in (18.5) die Reflexionswahrscheinlichkeit. Diese Aussage wird unten (18.17, 18.18) begründet.

Durch (18.5) und (18.7) ist die Lösung der Differenzialgleichung (18.3) getrennt für die Bereiche $x < 0$ und $x > 0$ gegeben. Die tatsächliche Lösung $\varphi_E(x)$ muss (18.3) aber auch bei $x = 0$ lösen. Dazu muss $\varphi'' = d^2\varphi/dx^2$ gerade den Sprung von $V(x)$ kompensieren. Wenn φ'' einen Sprung hat, gilt

$$\varphi(x), \ \varphi'(x) \quad \text{ist stetig bei} \quad x = 0 \tag{18.8}$$

Die Stetigkeit der Wellenfunktionen (18.5) und (18.7) ergibt

$$1 + R = T \tag{18.9}$$

Die Stetigkeit der Ableitungen ergibt

$$\mathrm{i}k\,(1 - R) = \begin{cases} \mathrm{i}\,q\,T & (E > V_0) \\[2mm] -\kappa\,T & (E < V_0) \end{cases} \tag{18.10}$$

Aus den letzten beiden Gleichungen eliminieren wir T,

$$R = \begin{cases} \dfrac{k - q}{k + q} & (E > V_0) \\[4mm] \dfrac{k - \mathrm{i}\kappa}{k + \mathrm{i}\kappa} & (E < V_0) \end{cases} \tag{18.11}$$

Hieraus folgt

$$T = 1 + R = \begin{cases} \dfrac{2k}{k + q} & (E > V_0) \\[4mm] \dfrac{2k}{k + \mathrm{i}\kappa} & (E < V_0) \end{cases} \tag{18.12}$$

Diskussion

Wir berechnen die Stromdichte (4.12) der Lösung (18.5) und (18.7). Im Bereich $x < 0$ ergeben die beiden Anteile in (18.5) die einlaufende Stromdichte j_0 und die reflektierte Stromdichte j_R:

$$j_0 \ = \ \frac{\hbar k}{m}\,|A|^2 = \frac{\hbar k}{m} \tag{18.13}$$

$$j_R \ = \ \frac{\hbar k}{m}\,|B|^2 = j_0\,|R|^2 \tag{18.14}$$

Dabei haben wir jeweils $|j_x|$ gemäß (4.13) berechnet. Die transmittierte Stromdichte j_T im Bereich $x > 0$ ist dagegen

$$j_T = \begin{cases} \dfrac{\hbar q}{m}\,|T|^2 = \dfrac{q}{k}\,j_0\,|T|^2 & (E > V_0) \\[4mm] 0 & (E < V_0) \end{cases} \tag{18.15}$$

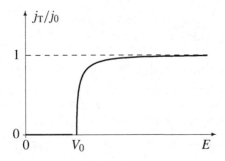

Abbildung 18.2 Die Transmissionswahrscheinlichkeit j_T/j_0 der Potenzialbarriere in Abhängigkeit von der Energie E. In der klassischen Mechanik würde j_T/j_0 bei $E = V_0$ von 0 auf 1 springen.

Für $E < V_0$, also für eine Energie unter der Barrierenhöhe, ist der Teilchenstrom rechts von der Barriere gleich null. Wir berechnen hierfür das Verhältnis zwischen reflektierter und einfallender Stromdichte,

$$\frac{j_R}{j_0} = |R|^2 = \left| \frac{k - i\kappa}{k + i\kappa} \right|^2 = 1 \qquad (E < V_0) \qquad (18.16)$$

Die Welle wird also total reflektiert. Im Gegensatz zum klassischen Verhalten können die Teilchen aber in den Bereich $x \lesssim 1/\kappa$ der Barriere eindringen.

Für $E > V_0$ berechnen wir die Verhältnisse zwischen reflektierter und einfallender Stromdichte,

$$\frac{j_R}{j_0} = |R|^2 = \left(\frac{k - q}{k + q} \right)^2 \qquad (E > V_0) \qquad (18.17)$$

und zwischen transmittierter und einfallender Stromdichte,

$$\frac{j_T}{j_0} = \frac{q}{k} |T|^2 = \frac{4 k q}{(k + q)^2} \qquad (E > V_0) \qquad (18.18)$$

Daraus sehen wir, dass der Teilchenstrom insgesamt erhalten ist:

$$j_0 = j_R + j_T \quad \text{oder} \quad 1 = |R|^2 + \frac{q}{k} |T|^2 \qquad (18.19)$$

Dies ist zwangsläufig so, weil die Schrödingergleichung der Kontinuitätsgleichung genügt; in dem gestellten Problem gibt es keinen Mechanismus, der zu einer Absorption von Teilchen führt.

Für Energien $E > V_0$ wird ein Teil der Welle reflektiert, ein anderer Teil transmittiert. Dies ist ein charakteristisches quantenmechanisches Ergebnis. Für den experimentellen Nachweis einzelner Teilchen bedeutet dies: Einige Teilchen des einfallenden Strahls laufen zurück, einige laufen über die Barriere hinweg. Wie in Abbildung 18.2 skizziert, steigt die Transmissionswahrscheinlichkeit j_T/j_0 kontinuierlich von 0 für $E = V_0$ auf 1 für $E \to \infty$; die Reflexionswahrscheinlichkeit nimmt zugleich entsprechend ab. In der klassischen Mechanik würden alle Teilchen mit $E > V_0$ über die Barriere nach rechts laufen; das heißt j_T/j_0 springt bei $E = V_0$ von 0 auf 1.

Die abrupte Potenzialstufe (18.2) ist als Grenzfall $d \to 0$ eines Potenzialverlaufs zu verstehen, der in einem Bereich der Länge d von 0 auf V_0 ansteigt (zum Beispiel $V(x) = V_0/[1 + \exp(-x/d)]$). Dieser Grenzfall ist für $d \ll \lambda$ gerechtfertigt, wobei $\lambda = 2\pi/k = 2\pi\hbar/p$ die quantenmechanische Wellenlänge der Teilchen ist. Im Zusammenhang mit dem klassischen Grenzfall „$\hbar \to 0$" ergibt sich dabei die Frage, ob man zunächst $d \to 0$ und dann $\lambda \to 0$ betrachtet oder umgekehrt[1].

Die hier gefundene Lösung ist Eigenfunktion von H zum kontinuierlichen Eigenwert E. Gemäß (14.40) könnten wir sie daher auf $\delta(E - E')$ normieren. Für die Berechnung der Reflexions- und Transmissionswahrscheinlichkeiten ist dies jedoch unnötig. Dabei sei angemerkt, dass es zu jedem Energieeigenwert zwei unabhängige Lösungen gibt, die orthogonal gewählt werden können. Für die Potenzialbarriere würde eine von rechts einlaufende Welle zu einer zweiten unabhängigen Lösung führen. Für die freie Bewegung kann man die beiden orthogonalen Lösungen sofort angeben, es sind $\varphi_{E,1} = \exp(ikx)$ und $\varphi_{E,2} = \exp(-ikx)$; ein anderes Beispiel sind die in Aufgabe 19.3 angegebenen Streulösungen $\varphi_k^{\pm}$. In allen Fällen ergeben erst beide Lösungen zusammen einen vollständigen Satz.

---

[1] Hierzu sei auf einen Artikel von R. Blümel und A. Kohler in den Physikalischen Blättern, 52 (1996) 1243, verwiesen.

19 Delta-Potenzial

Wir untersuchen die zeitunabhängige Schrödingergleichung für ein Delta-Potenzial. Dies führt zu Streulösungen und (für ein attraktives Potenzial) zu einer gebundenen Lösung.

Wenn die räumliche Ausdehnung eines Potenzials klein ist, kann es möglicherweise durch ein Delta-Potenzial

$$V(x) = V_0\, \delta(x) \qquad (19.1)$$

ersetzt werden. Für die Streuung ist dies dann der Fall, wenn die Wellenlänge der gestreuten Teilchen viel größer als die Reichweite des Potenzials ist. Für ein im Potenzial gebundenes Teilchen sind dagegen typische Längen der Wellenfunktion und des Potenzials meist vergleichbar. Trotzdem ist (19.1) auch für gebundene Zustände ein Ausgangspunkt von interessanten Modellen (Aufgabe 20.2).

Wir bestimmen die Lösungen φ der zeitunabhängigen Schrödingergleichung

$$\left(-\frac{\hbar^2}{2m}\frac{d^2}{dx^2} + V_0\, \delta(x) \right) \varphi(x) = E\, \varphi(x) \qquad (19.2)$$

Wie im letzten Kapitel setzen wir dazu zunächst die Lösungen getrennt in den Bereichen an, in denen das Potenzial konstant ist. Dabei unterscheiden wir zwischen positiver und negativer Energie

$$E = \frac{\hbar^2 k^2}{2m} > 0 \quad \text{oder} \quad E = -\frac{\hbar^2 \kappa^2}{2m} < 0 \qquad (19.3)$$

In den Bereichen $x < 0$ und $x > 0$ erhalten wir die Lösungen der freien Schrödingergleichung. Für das Streuproblem ($E > 0$) verwenden wir die gleichen physikalischen Randbedingungen wie in Kapitel 18:

$$\varphi_E(x) = \begin{cases} \exp(\mathrm{i}kx) + R\,\exp(-\mathrm{i}kx) & (x < 0) \\ T\,\exp(\mathrm{i}kx) & (x > 0) \end{cases} \qquad (E > 0) \qquad (19.4)$$

In der Notation (Index E von φ_E) gehen wir bereits davon aus, dass es zu jedem $E > 0$ eine Lösung gibt, also dass E ein kontinuierlicher Eigenwert ist. Für $E < 0$ schließen wir die Lösungen aus, die für $x \to \pm\infty$ exponentiell ansteigen. Dann gilt

$$\varphi(x) = \begin{cases} A\,\exp(+\kappa x) & (x < 0) \\ B\,\exp(-\kappa x) & (x > 0) \end{cases} \qquad (E < 0) \qquad (19.5)$$

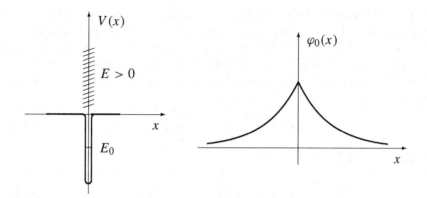

Abbildung 19.1 Links sind ein attraktives δ-Potenzial und das zugehörige Energiespektrum schematisch skizziert. Rechts ist die Wellenfunktion $\varphi_0(x)$ des gebundenen Zustands gezeigt.

Die Wellenfunktionen (19.4) und (19.5) sind Lösungen der Schrödingergleichung (19.2) in den getrennten Bereichen $x < 0$ und $x > 0$; dabei wurden die Randbedingungen für $x \to \pm\infty$ berücksichtigt. Die tatsächlichen Lösungen φ müssen (19.2) aber auch bei $x = 0$ erfüllen. Um das Verhalten von $\varphi(x)$ bei $x = 0$ zu untersuchen, integrieren wir (19.2) über einen kleinen Bereich von $-\epsilon$ bis $+\epsilon$:

$$-\frac{\hbar^2}{2m}\left(\varphi'(\epsilon) - \varphi'(-\epsilon)\right) + V_0\,\varphi(0) + \mathcal{O}(\varepsilon) = 0 \qquad (19.6)$$

Für $\epsilon \to 0$ folgt hieraus, dass $\varphi'(x)$ einen Sprung hat,

$$\varphi'(0^+) - \varphi'(0^-) = \frac{2m}{\hbar^2}\,V_0\,\varphi(0) \qquad (19.7)$$

Dabei bedeutet das Argument $0^\pm$ soviel wie $\pm\epsilon$ mit $\epsilon \to 0$. Der Sprung in φ' führt zu einer δ-Funktion in φ'', die diejenige des Potenzials in (19.2) kompensiert. Ein Sprung in φ' bedeutet, dass φ stetig ist:

$$\varphi(0^-) = \varphi(0^+) \qquad (19.8)$$

Die Anwendung der Bedingungen (19.7) und (19.8) auf φ_E aus (19.4) führt zu zwei Gleichungen, aus denen die beiden Unbekannten R und T bestimmt werden können (Aufgabe 19.1). Daraus folgt die Stärke der Reflexion und der Transmission für die Streuung am eindimensionalen δ-Potenzial.

Wir beschränken uns hier auf die Lösung (19.5) für $E < 0$. Aus (19.8) erhalten wir

$$A = B \qquad (19.9)$$

und aus (19.7)

$$\kappa = -\frac{m\,V_0}{\hbar^2} > 0 \qquad (V_0 < 0) \qquad (19.10)$$

Da $V(x)$ die Dimension einer Energie hat, muss die Konstante V_0 die Dimension Energie mal Länge haben; damit ist $1/\kappa$ eine Länge. Für die physikalische Lösung muss $\kappa > 0$ und $V_0 < 0$ sein. Eine gebundene Lösung gibt es also nur in einem attraktiven δ-Potenzial; Streulösungen existieren dagegen unabhängig vom Vorzeichen von V_0. Nach (19.10) gibt es genau eine gebundene Lösung zu dem diskreten Energieeigenwert

$$E_0 = -\frac{\hbar^2 \kappa^2}{2m} = -\frac{V_0^2\, m}{2\,\hbar^2} \tag{19.11}$$

Die zugehörige Eigenfunktion lautet

$$\varphi_0(x) = A \exp\left(-\frac{m\,|V_0|}{\hbar^2}\,|x| \right) \tag{19.12}$$

Das Potenzial und die Eigenfunktion sind in Abbildung 19.1 skizziert. Mit dem attraktiven δ-Potenzial haben wir ein erstes Beispiel kennengelernt für einen Hamiltonoperator, der sowohl diskrete wie kontinuierliche Eigenwerte hat. Dabei gilt allgemein, dass die diskreten Eigenwerte zu gebundenen, auf 1 normierbaren Lösungen gehören, während die kontinuierlichen Energiewerte zu Streulösungen gehören. Die diskreten Lösungen sind lokalisiert, die Streulösungen dagegen nicht.

Aufgaben

19.1 Reflexion und Transmission für Deltapotenzial

Betrachten Sie die eindimensionale Schrödingergleichung mit dem attraktiven δ-Potenzial

$$V(x) = V_0\,\delta(x) \qquad \text{mit} \qquad V_0 = -\frac{\hbar^2 \kappa}{m} < 0$$

Berechnen Sie die Reflexions- und Transmissionskoeffizienten R und T für die Streuung an dem Potenzial. Was ergibt sich für $|R|^2 + |T|^2$? Skizzieren Sie die Transmissionswahrscheinlichkeit in Abhängigkeit von der Energie.

19.2 Molekülmodell

Betrachten Sie die eindimensionale Schrödingergleichung mit dem attraktiven δ-Doppelpotenzial

$$V(x) = V_0 \left[\delta(x + a) + \delta(x - a) \right] \quad \text{mit} \quad V_0 = -\frac{\hbar^2 \kappa_0}{m} < 0$$

Bestimmen Sie die gebundenen Lösungen (verwenden Sie Lösungsansätze mit bestimmter Parität). Diskutieren Sie die Eigenwertbedingung graphisch. Vergleichen Sie die Energien mit der Energie des gebundenen Zustands eines einzelnen δ-Potenzials. Zeigen Sie, dass die Lösungen für $\kappa_0 a \gg 1$ von folgender Form sind:

$$\varphi_\pm \approx C_\pm \left[\varphi_0(x - a) \pm \varphi_0(x + a) \right] \quad \text{mit} \quad \varphi_0 = \sqrt{\kappa_0} \, \exp\left(- \kappa_0 |x| \right)$$

19.3 Energieband im periodischen Potenzial

Betrachten Sie die eindimensionale Schrödingergleichung mit dem periodischen Potenzial

$$V(x) = V_0 \sum_{n=-\infty}^{\infty} \delta(x - n a) \quad \text{mit} \quad V_0 = -\frac{\hbar^2 \kappa_0}{m} < 0$$

Geben Sie die gebundenen Zustände an. Nach dem Floquet-Theorem (Aufgabe 16.1) genügt es, die Lösung im Bereich $0 < x < a$ anzusetzen. Diskutieren Sie das Ergebnis speziell für $\kappa_0 a = 1$ und für $\kappa_0 a = 3$.

19.4 Vollständigkeit der Deltapotenzial-Lösungen

Betrachten Sie die eindimensionale Schrödingergleichung mit dem attraktiven δ-Potenzial $V(x) = V_0 \, \delta(x)$ mit $V_0 = -\hbar^2 \kappa / m$. Es gibt die gebundene Lösung $\varphi_0(x) = \sqrt{\kappa} \, \exp(-\kappa |x|)$ und die reellen, geraden $(+)$ und ungeraden $(-)$ Streulösungen:

$$\varphi_k^+(x) = \frac{1}{\sqrt{\pi}} \cos\left(k|x| + \eta(k) \right), \qquad \varphi_k^-(x) = \frac{1}{\sqrt{\pi}} \sin\left(k x \right) \qquad (k \geq 0)$$

Bestimmen Sie zunächst die Streuphase $\eta(k)$. Zeigen Sie die Orthogonalität zwischen $\varphi_0(x)$ und den Streulösungen. Überprüfen Sie dann die Vollständigkeitsrelation

$$\varphi_0^*(x) \, \varphi_0(x') + \int_0^\infty dk \left[\varphi_k^{+\,*}(x) \, \varphi_k^+(x') + \varphi_k^{-\,*}(x) \, \varphi_k^-(x') \right] = \delta(x - x')$$

Hinweis: Verwenden Sie $\int_0^\infty dk \, \cos k y = \pi \, \delta(y)$ und

$$\int_0^\infty dk \left[\sin^2 \eta \, \cos(k y) + \sin \eta \, \cos \eta \, \sin(k y) \right] = \pi \kappa \, \exp(-\kappa y)$$

20 Endlicher Potenzialtopf

Wir untersuchen die quantenmechanische Bewegung im eindimensionalen, endlichen Potenzialtopf.

Wir betrachten die eindimensionale Schrödingergleichung

$$\left(-\frac{\hbar^2}{2m}\frac{d^2}{dx^2} + V(x) \right) \varphi(x) = E\,\varphi(x) \tag{20.1}$$

für den endlichen Potenzialtopf:

$$V(x) = \begin{cases} V_0 & (|x| < a) \\ 0 & (|x| > a) \end{cases} \tag{20.2}$$

Wie in Abbildung 20.1 angedeutet, gibt es ein Kontinuum von Streulösungen für $E > 0$. Für $V_0 < 0$ gibt es außerdem eine endliche Anzahl gebundener Lösungen mit negativer Energie.

Die Streuung wird wie in Kapitel 18 und 19 behandelt: Wir lösen (20.1) zunächst jeweils getrennt in den Bereichen, in denen das Potenzial konstant ist. Wenn wir als physikalische Randbedingung annehmen, dass nur von links eine Welle einfällt, dann ist die Lösung von der Form

$$\varphi_E(x) = \begin{cases} \exp(ikx) + R\exp(-ikx) & (x < -a) \\ A\exp(iqx) + B\exp(-iqx) & (|x| < a) \\ T\exp(ikx) & (x > a) \end{cases} \tag{20.3}$$

Dabei ist

$$E = \frac{\hbar^2 k^2}{2m} > 0 \quad \text{und} \quad E - V_0 = \frac{\hbar^2 q^2}{2m} \tag{20.4}$$

Für eine Streulösung muss die Energie E positiv sein. Das Potenzial kann dagegen positiv oder negativ sein. Falls für ein repulsives Potenzial $E - V_0 < 0$ gilt, ist in den letzten beiden Gleichungen q durch $i\kappa$ zu ersetzen.

Beim Sprung des Potenzials ($x = \pm a$) müssen $\varphi(x)$ und $\varphi'(x)$, wie in Kapitel 18 diskutiert, stetig sein. Dies ergibt die vier Bedingungen

$$\varphi(-a-0) = \varphi(-a+0)\,, \qquad \varphi(a-0) = \varphi(a+0)$$
$$\varphi'(-a-0) = \varphi'(-a+0)\,, \qquad \varphi'(a-0) = \varphi'(a+0) \tag{20.5}$$

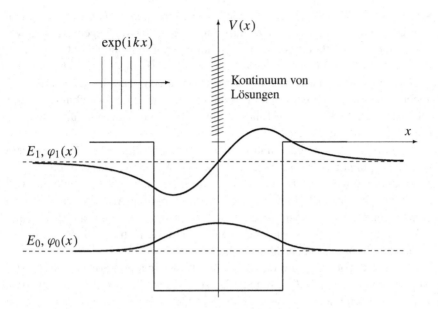

Abbildung 20.1 Der gezeigte eindimensionale Kasten hat zwei gebundene Lösungen und ein Kontinuum von Streulösungen. Die Wellenfunktionen der gebundenen Lösungen sind in der Höhe der zugehörigen Energie skizziert.

Dabei zeigt das ± 0 im Argument an, aus welchem der in (20.3) aufgeführten Bereiche die Wellenfunktion zu nehmen ist. Setzt man nun (20.3) in (20.5) ein, so erhält man vier Gleichungen für die vier Unbekannten R, A, B und T. Dies ist ein lineares, inhomogenes Gleichungssystem und führt zu einer eindeutigen Lösung (Aufgabe 20.1).

Wir setzen im Folgenden ein attraktives Potenzial ($V_0 < 0$) voraus und bestimmen die Lösungen mit $E < 0$. Dazu setzen wir

$$E = -\frac{\hbar^2 \kappa^2}{2m} < 0 \quad \text{und} \quad E - V_0 = \frac{\hbar^2 q^2}{2m} > 0 \qquad (20.6)$$

in (20.1) ein. Unter Ausschluss der für $x \to \pm\infty$ exponentiell ansteigenden Anteile, lautet die allgemeine Lösung in den einzelnen Bereichen:

$$\varphi(x) = \begin{cases} C \exp(+\kappa x) & (x < -a) \\ A \sin(q x) + B \cos(q x) & (|x| < a) \\ D \exp(-\kappa x) & (x > a) \end{cases} \qquad (20.7)$$

Ein klassisches Teilchen ist auf den Bereich $-a < x < a$ beschränkt. Ein quantenmechanisches Teilchen kann dagegen mit endlicher Wahrscheinlichkeit in die klassisch unzugänglichen Bereiche eindringen. Die Eindringtiefe ist von der Größe $1/\kappa$; auf dieser Längenskala sinkt die Aufenthaltswahrscheinlichkeit exponentiell ab.

Setzen wir (20.7) in (20.5) ein, so erhalten wir ein lineares, *homogenes* System von vier Gleichungen für die vier Unbekannten A, B, C, D; im Gegensatz dazu war das Gleichungssystem für die Streulösung inhomogen. Ein homogenes Gleichungssystem hat die triviale Lösung $A = B = C = D = 0$, also $\varphi(x) \equiv 0$. Um eine physikalische Lösung zu erhalten, müssen wir verlangen, dass das Gleichungssystem nicht eindeutig lösbar ist. Dazu muss die Determinante des Gleichungssystems verschwinden. Diese Bedingung führt zu einer Gleichung, die nur für bestimmte Energiewerte erfüllt ist.

Wir führen jetzt einen neuen und für die Lösung physikalischer Probleme zentralen Gesichtspunkt ein: Wir überlegen uns, welche *Symmetrie* das betrachtete Problem hat, und wie wir diese bei der Lösung ausnützen können. Im konkreten Fall erleichtert uns die Spiegelsymmetrie des Potentialtopfs die Aufgabe; sie reduziert die Dimension des zu lösenden linearen Gleichungssystems von 4 auf 2. Bei späteren Anwendungen ist es vor allem die Drehsymmetrie isotroper Systeme, die zu wesentlichen Vereinfachungen führt.

Für kommutierende Operatoren gibt es simultane Eigenfunktionen (Kapitel 16). Das vorliegende Problem, (20.1) mit (20.2), ist spiegelsymmetrisch; es ist invariant unter der Transformation $x \to -x$. Diese Symmetrie bedeutet, dass der Paritätsoperator P aus (10.18) mit dem Hamiltonoperator H vertauscht:

$$[H, P] = 0 \qquad (20.8)$$

Daher können wir die Eigenfunktionen von H in der Form von Eigenfunktionen von P suchen. Für das Streuproblem verletzt die Randbedingung einer von links einfallenden Welle diese Symmetrie. Mit dieser physikalisch motivierten Vorgabe verzichtet man darauf, die Lösungen in der Form von Eigenfunktionen von P zu suchen. Ein Beispiel für Streulösungen mit definierter Parität ist in Aufgabe 19.3 gegeben.

Wir bezeichnen die Lösungen der Form (20.7), die Eigenfunktionen zu P zum Eigenwert $\lambda = \pm 1$ sind, mit φ^+ und φ^-. Die geraden Funktionen lauten

$$\varphi^+ = \begin{cases} C \exp(+\kappa x) & (x < -a) \\ B \cos(q x) & (|x| < a) \\ C \exp(-\kappa x) & (x > a) \end{cases} \qquad (20.9)$$

Die entsprechenden ungeraden Funktionen sind

$$\varphi^- = \begin{cases} -C \exp(+\kappa x) & (x < -a) \\ A \sin(q x) & (|x| < a) \\ C \exp(-\kappa x) & (x > a) \end{cases} \qquad (20.10)$$

Wegen der im Lösungsansatz enthaltenen Symmetrie fallen jeweils zwei der Stetigkeitsbedingungen in (20.5) zusammen. Damit bleiben nur zwei unabhängige Bedingungen:

$$\begin{aligned} \varphi(a - 0) &= \varphi(a + 0) \\ \varphi'(a - 0) &= \varphi'(a + 0) \end{aligned} \qquad (20.11)$$

Wir betrachten zunächst die geraden Lösungen (20.9). Hierfür werden die Stetigkeitsbedingungen zu

$$
\begin{aligned}
C \exp(-\kappa a) &= B \cos(q a) \\
-\kappa C \exp(-\kappa a) &= -q B \sin(q a)
\end{aligned}
\tag{20.12}
$$

Dies ist ein lineares homogenes Gleichungssystem für die zwei Unbekannten B und C. Es hat die triviale Lösung $B = C = 0$, die $\varphi^+ \equiv 0$ impliziert, also zu keiner physikalischen Lösung führt. Wenn die Determinante des Gleichungssystems ungleich null ist, dann ist die Lösung eindeutig, das heißt $B = C = 0$ ist die einzige Lösung. Eine physikalische Lösung gibt es nur, falls diese Determinante verschwindet:

$$
\begin{vmatrix}
\exp(-\kappa a) & -\cos(q a) \\
-\kappa \exp(-\kappa a) & q \sin(q a)
\end{vmatrix}
= 0
\tag{20.13}
$$

Dies wird zu

$$
\boxed{\kappa = q \tan(q a) \qquad \begin{array}{l} \text{Eigenwertbedingung} \\ \text{für gerade Lösungen} \end{array}}
\tag{20.14}
$$

Wegen (20.6) ist dies eine implizite Gleichung für E. Sie ist nur für bestimmte Werte von E erfüllt. Dies sind die gesuchten Eigenwerte.

Es gibt noch einen etwas direkteren Weg zu (20.14): Da $\varphi(x)$ und $\varphi'(x)$ bei $x = a$ stetig sind, muss auch die logarithmische Ableitung $d\,(\ln\varphi(x))/dx = \varphi'(x)/\varphi(x)$ stetig sein. Hierin kürzen sich die Konstanten B und C heraus und die Stetigkeitsbedingung liefert sofort (20.14):

$$
\frac{\varphi'(a)}{\varphi(a)} = -\frac{\kappa \exp(-\kappa a)}{\exp(-\kappa a)} = -\frac{q \sin(q a)}{\cos(q a)}
\tag{20.15}
$$

Es sei nun E_i einer der gesuchten Eigenwerte; das heißt die zugehörigen q_i und κ_i erfüllen (20.14). Dann lautet die Lösung φ_i^+ zu diesem Eigenwert

$$
\varphi_i^+(x) =
\begin{cases}
C \exp(-\kappa_i x) & (|x| > a) \\[2mm]
C \dfrac{\exp(-\kappa_i a)}{\cos(q_i a)} \cos(q_i x) & (|x| < a)
\end{cases}
\tag{20.16}
$$

Die noch verbleibende Konstante C wird durch die Bedingung

$$
\int dx \, \left|\varphi_i^+(x)\right|^2 = 1
\tag{20.17}
$$

festgelegt.

Das Verfahren für die ungeraden Lösungen verläuft analog. Aus der Stetigkeit der logarithmischen Ableitung $\varphi'(a)/\varphi(a)$ folgt in diesem Fall

$$
\boxed{\kappa = -q \cot(q a) \qquad \begin{array}{l} \text{Eigenwertbedingung} \\ \text{für ungerade Lösungen} \end{array}}
\tag{20.18}
$$

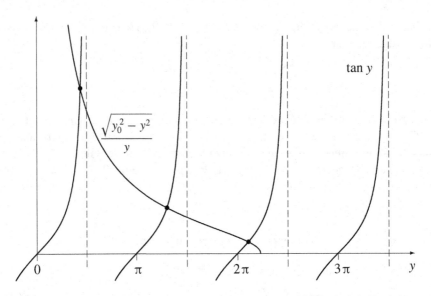

Abbildung 20.2 Die beiden Seiten der Eigenwertbedingung (20.21) sind als Funktion von y aufgetragen. Die Schnittpunkte ergeben die diskreten Lösungen y_i. Die Potenzialtiefe $V_0 < 0$ bestimmt $y_0 = a(-2mV_0)^{1/2}/\hbar$. Wegen $y \leq y_0$ gibt es nur endlich viele Lösungen.

Wir diskutieren die Lösung der transzendenten Gleichungen (20.14) und (20.18). Diese Gleichungen können entweder numerisch (Nullstellenbestimmung) oder graphisch (wie folgt) gelöst werden. In der Eigenwertbedingung (20.14) kommen die Größen $q = \sqrt{2m(E - V_0)}/\hbar$ und

$$\kappa = \sqrt{-2mE}/\hbar = \sqrt{q_0^2 - q^2} \quad \text{mit } q_0 = \sqrt{-2mV_0}/\hbar = \sqrt{2m|V_0|}/\hbar \quad (20.19)$$

vor. Mit den dimensionslosen Größen

$$y = q a, \quad y_0 = q_0 a \quad \text{und} \quad \sqrt{y_0^2 - y^2} = \kappa a \quad (20.20)$$

wird (20.14) zu

$$\tan y = \frac{\sqrt{y_0^2 - y^2}}{y} \quad (20.21)$$

Für ein gegebenes Potenzial liegt y_0 fest. In Abbildung 20.2 tragen wir die beiden Seiten von (20.21) als Funktion von y auf. Die Schnittpunkte der beiden Kurven ergeben dann die Werte y_i, die (20.21) lösen. Für $y_0 < \pi$ gibt es genau eine Lösung von (20.21). Immer wenn y_0 ein Vielfaches von π übersteigt, gibt es eine zusätzliche Lösung. Die Gesamtzahl der geraden Lösungen ist daher

$$n_+ = 1 + \text{int}\left(\frac{\sqrt{2m|V_0|}\,a}{\pi\,\hbar}\right) \quad (20.22)$$

Die Funktion $\text{int}(z)$ ist gleich der größten ganzen Zahl k mit $k \leq z$.

Die graphische Lösung der Eigenwertbedingung für die ungeraden Lösungen
verläuft analog. Mit den Abkürzungen (20.20) kann (20.18) als

$$\tan y = \frac{-y}{\sqrt{y_0^2 - y^2}} \tag{20.23}$$

geschrieben werden. Für den dreidimensionalen Kasten werden wir in Kapitel 25
dieselbe Bedingung erhalten. Ihre graphische Lösung ist in Abbildung 25.3 dargestellt. Für ein schwaches Potenzial (mit $y_0 < \pi/2$) gibt es keine ungerade Lösung.
Der allgemeine Ausdruck für die Anzahl der ungeraden Lösungen ist

$$n_- = \text{int}\left(\frac{\sqrt{2m|V_0|}\,a}{\pi\hbar} + \frac{1}{2}\right) \tag{20.24}$$

Insgesamt gibt es für $y_0 < \pi/2$ genau eine Lösung ($n_+ = 1$, $n_- = 0$). Immer
wenn y_0 ein Vielfaches von $\pi/2$ überschreitet, gibt es eine zusätzliche Lösung, die
abwechselnd ungerade oder gerade ist.

Für ein tiefes und breites Potenzial, in dem die Anzahl der gebundenen Zustände
groß gegen 1 ist, erhalten wir näherungsweise für die tiefer gelegenen ($y \ll y_0$)
Zustände:

$$y_i \approx \begin{cases} (i + 1/2)\,\pi & i \text{ gerade} \\ i\,\pi & i \text{ ungerade} \end{cases} \quad \left(y \ll y_0\right) \tag{20.25}$$

Aus der Abbildung 20.2 kann man ablesen, dass dies für die unteren Energiewerte
eine gute Näherung ist. Wir fassen die geraden und ungeraden Näherungslösungen
zusammen:

$$y_n \approx \frac{\pi}{2}\,n \quad \text{mit} \quad n = 1, 2, 3, \ldots \tag{20.26}$$

und

$$\varepsilon_n = |V_0| + E_n = \frac{\hbar^2 q_n^2}{2m} \approx \frac{\hbar^2 \pi^2 n^2}{2m(2a)^2} \quad \left(\varepsilon_n \ll |V_0|\right) \tag{20.27}$$

Wie zu erwarten, erhalten wir in dieser Näherung die Energiewerte (11.20) des unendlich hohen Potenzialtopfs.

Aufgaben

20.1   Reflexion und Transmission für Potenzialtopf

Betrachten Sie die eindimensionale Schrödingergleichung mit dem Potenzialtopf

$$V(x) = \begin{cases} V_0 < 0 & (|x| < a) \\ 0 & (|x| > a) \end{cases}$$

Bestimmen Sie die Reflexions- und Transmissionskoeffizienten R und T für die Streuung an diesem Potenzial. Was ergibt sich für $|R|^2 + |T|^2$? Diskutieren Sie die Energieabhängigkeit der Transmissionswahrscheinlichkeit $|T|^2$. Für welche Streuenergien $E_n > 0$ gilt $|R|^2 = 0$?

21 WKB-Näherung

*Die WKB-Näherung ist eine Methode zur näherungsweisen Lösung der zeitunab-
hängigen, eindimensionalen Schrödingergleichung. Der Name WKB bezieht sich
auf die Urheber dieser Methode, Wentzel, Kramers und Brillouin.*

In der zeitunabhängigen, eindimensionalen Schrödingergleichung

$$\frac{\hbar^2}{2m}\,\varphi''(x) + \left[E - V(x)\right]\varphi(x) = 0 \qquad (21.1)$$

verwenden wir den Ansatz

$$\varphi(x) = \exp\left(\frac{i\,S(x)}{\hbar}\right) \qquad (21.2)$$

Dieser Ansatz ist keine Einschränkung an die Allgemeinheit, sofern wir komplexe
Werte der Funktion $S(x)$ zulassen. Der Ansatz führt zur Differenzialgleichung

$$S'(x)^2 = 2m\left[E - V(x)\right] + i\hbar\,S''(x) \qquad (21.3)$$

Quantenmechanische Effekte sind eng mit der endlichen Größe von $\hbar$ verknüpft.
So gehen im formalen Grenzfall $\hbar \to 0$ die Abstände zwischen diskreten Energien
gegen null; damit sind im Oszillator wie im klassischen Fall alle Energiewerte möglich. In einer semiklassischen Näherung betrachten wir daher $\hbar$ als kleine Größe und
stellen eine Entwicklung nach Potenzen von $\hbar$ auf. Wenn $\hbar$ in diesem Sinn klein ist,
dann sollte der letzte Term in (21.3) klein gegenüber den anderen Termen sein.
Seine Vernachlässigung ergibt die nullte Näherung für $S(x)$,

$$S_0'(x)^2 = 2m\left[E - V(x)\right] \equiv p(x)^2 \qquad (21.4)$$

Diese Differenzialgleichung können wir durch das unbestimmte Integral

$$S_0(x) = \pm\int dx\,\sqrt{2m\left[E - V(x)\right]} + \text{const.} = \pm\int dx\,p(x) + \text{const.} \qquad (21.5)$$

lösen. Für $S \approx S_0$ wird (21.2) zu

$$\varphi(x) = \text{const.} \cdot \exp\left(\pm\frac{i}{\hbar}\int dx\,p(x)\right) \qquad (S \approx S_0) \qquad (21.6)$$

Dabei ist $p(x)$ für $E > V(x)$ gleich dem klassischen Impuls; für $E < V(x)$ wird
(21.6) zu $\exp(\pm\int dx\,\kappa(x))$. Diese nullte Näherung ist eine naheliegende Verallgemeinerung der Lösungen $\exp(\pm i\,q\,x)$ oder $\exp(\pm\kappa\,x)$ für konstantes Potenzial.

Für eine systematische Entwicklung nach der kleinen Größe $\hbar$ setzen wir an:

$$S(x) = S_0(x) + \frac{\hbar}{i} S_1(x) + \left(\frac{\hbar}{i}\right)^2 S_2(x) + \dots \qquad (21.7)$$

S_0 erfüllt (21.3) in der Ordnung $\hbar^0$. Nun wird $S_1(x)$ so bestimmt, dass (21.3) in der Ordnung $\hbar^1$ erfüllt ist; S_2 befriedigt (21.3) in der Ordnung $\hbar^2$ und so weiter. Dieses Verfahren kann im Prinzip zu höheren Ordnungen in $\hbar$ fortgesetzt werden. Es ist jedoch insbesondere dann sinnvoll, wenn bereits der erste Korrekturterm in (21.7) klein ist.

Um den ersten Korrekturterm $S_1(x)$ zu bestimmen, setzen wir $S \approx S_0 + (\hbar/i) S_1$ in (21.3) ein und verwenden (21.4). Dies ergibt folgende Gleichung:

$$\frac{2\hbar}{i} S_0'(x) S_1'(x) = i\hbar S_0''(x) \qquad (21.8)$$

Wir lösen nach S_1 auf,

$$S_1'(x) = -\frac{1}{2} \frac{S_0''}{S_0'} = -\frac{1}{2} \frac{|S_0'(x)|'}{|S_0'(x)|} \qquad (21.9)$$

Die Funktion $S_0' = \pm\sqrt{2m[E - V(x)]}$ ist an einer Stelle x entweder reell oder imaginär. Daher können wir $S_0' = c|S_0'|$ mit $c = \pm 1$ oder $c = \pm i$ im Zähler und im Nenner einsetzen und den konstanten Faktor c kürzen. Wir integrieren nun (21.9) zu

$$S_1(x) = -\frac{1}{2} \ln\left|S_0'(x)\right| + \text{const.} = \ln\left|S_0'(x)\right|^{-1/2} + \text{const.} \qquad (21.10)$$

Um die Lösung in erster Ordnung in $\hbar$ zu erhalten, setzen wir $S \approx S_0 + (\hbar/i) S_1$ in (21.2) ein:

$$\boxed{\varphi(x) = \frac{\text{const.}}{\sqrt{|p(x)|}} \exp\left(\pm \frac{i}{\hbar} \int dx\, p(x)\right)} \qquad \text{WKB-Näherung} \qquad (21.11)$$

Diese semiklassische Näherung wird nach ihren Begründern, Wentzel, Kramers und Brillouin, *WKB-Näherung* genannt. Die beiden Vorzeichen entsprechen zwei unabhängigen Lösungen. Daher ist die allgemeine Lösung in erster Ordnung in $\hbar$ von der Form

$$\varphi(x) = \frac{A}{\sqrt{|p(x)|}} \exp\left(\frac{i}{\hbar} \int_{x_0}^x dx'\, p(x')\right) + \frac{B}{\sqrt{|p(x)|}} \exp\left(-\frac{i}{\hbar} \int_{x_0}^x dx'\, p(x')\right)$$
$$(21.12)$$

Die analoge Form im klassisch unzugänglichen Bereich ist unten in (21.19) angegeben. Eine Verschiebung der Integralgrenze x_0 ändert nur die Konstanten A und B; daher kann x_0 willkürlich festgelegt werden. Die Lösung (21.12) hängt somit effektiv von zwei Konstanten (A und B) ab. Sie ist daher (in der betrachteten Näherung) die allgemeine Lösung der Differenzialgleichung 2. Ordnung (21.1).

Die Bedeutung der WKB-Näherung liegt nicht so sehr in der Lösung von tatsächlichen Problemen; denn jedes eindimensionale Problem kann leicht numerisch gelöst werden. Vielmehr kann eine solche Lösung zu einem direkten, qualitativen Verständnis des Verhaltens der Wellenfunktion führen. Dabei muss man sich allerdings über die Beschränkungen der WKB-Näherung im klaren sein, wie sie sich aus den nächsten beiden Abschnitten ergeben. Sehr nützlich ist insbesondere der Ausdruck, den die WKB-Näherung für die quantenmechanische Tunnelwahrscheinlichkeit ergibt.

Gültigkeitsbereich

Die WKB-Näherung behandelt den letzten Term in der noch exakten Gleichung (21.3) als kleinen Korrekturterm. Voraussetzung hierfür ist

$$\left| i\hbar\, S_0''(x) \right| \ll p(x)^2 \tag{21.13}$$

Mit $S_0' = p(x) = \sqrt{2m[E - V(x)]}$ wird dies zu

$$\left| \frac{dV}{dx} \right| m\hbar \ll p^3 \tag{21.14}$$

Diese Bedingung ist trivial erfüllt für $V = $ const.; hierfür ist die WKB-Wellenfunktion exakt. Im Allgemeinen bedeutet (21.14), dass die Änderung des Potenzials im Bereich einer Wellenlänge $\lambda = 2\pi\hbar/p$ klein gegenüber der kinetischen Energie $E_{\mathrm{kin}} = p^2/2m$ ist,

$$\left| \frac{dV}{dx} \right| \lambda \ll E_{\mathrm{kin}} \tag{21.15}$$

Diese Bedingung ist insbesondere nicht erfüllt für $p(x) = 0$, also an den klassischen Umkehrpunkten (in Abbildung 21.1 sind das die Punkte x_1 und x_2). An dieser Stelle divergiert der Vorfaktor der WKB-Lösung (21.11). Diese Schwierigkeit kann dadurch gelöst werden, dass das Potenzial in der Nähe der Umkehrpunkte durch eine Gerade angenähert wird. Für das lineare Potenzial kann die Lösung der Schrödingergleichung analytisch behandelt werden. Diese Lösung ist dann in einiger Entfernung vom Umkehrpunkt an die WKB-Lösung anzuschließen (siehe etwa [8]).

Potenzialbarriere

Wir diskutieren die WKB-Lösung zunächst für die Potenzialbarriere in Abbildung 18.1. Für $E > V_0$ wird $p(x)$ zu

$$p(x) = \begin{cases} \hbar k = \sqrt{2mE} & (x < 0) \\ \hbar q = \sqrt{2m(E - V_0)} & (x > 0) \end{cases} \tag{21.16}$$

Die Lösung (21.12) gilt im gesamten Bereich $-\infty < x < \infty$; denn die Ortsabhängigkeit des Potenzials $V(x)$ ist ja über $p(x)$ berücksichtigt. Wir setzen nun wie in Abbildung 18.1 voraus, dass von links eine Welle auf die Potenzialbarriere zuläuft. Diese Vorgabe schließt eine nach links laufenden Welle im Bereich $x > 0$ aus. Daher ist in (21.12) $B = 0$ zu setzen, und wir erhalten

$$\varphi(x) = \frac{A}{\sqrt{|p(x)|}} \, \exp\left(\frac{i}{\hbar} \int_0^x dx' \, p(x')\right) = \begin{cases} \dfrac{A}{\sqrt{\hbar k}} \, \exp(i k x) & (x < 0) \\[3mm] \dfrac{A}{\sqrt{\hbar q}} \, \exp(i q x) & (x > 0) \end{cases} \qquad (21.17)$$

Die untere Integralgrenze wurde null gesetzt (entspricht einer bestimmten Wahl der Amplitude A). Das Integral $\int_0^x dx' \, p$ ergibt kx für $x < 0$ und qx für $x > 0$. Die Lösung (21.17) hat einen Sprung bei $x = 0$. Dieser Sprung ist einerseits ein Mangel der Lösung; denn die exakte Lösung der Schrödingergleichung ist an dieser Stelle stetig. Der Sprung ist aber physikalisch sinnvoll, weil er zu einer bei $x = 0$ stetigen Stromdichte führt. Für $\exp(i k x)$ ist die Stromdichte $\hbar k / m$, für $\exp(i q x)$ ist sie $\hbar q / m$. Damit folgt aus (21.17) die konstante Stromdichte

$$j_x(x) = \frac{|A|^2}{m} = \text{const.} \qquad (21.18)$$

Die WKB-Lösung (21.17) beschreibt ein Teilchen, das *ohne Reflexion* die Barriere überwindet. Sie beschreibt daher nicht den quantenmechanischen Effekt der teilweisen Reflexion (Abbildung 18.2); vielmehr ergibt sie das klassische Resultat einer vollständigen Transmission, $|T|^2 = 1$.

Wir können die Resultate dieses Abschnitts leicht auf ein Potenzial verallgemeinern, das sich kontinuierlich von null auf einen konstanten Wert V_0 ändert. Hierfür gilt (21.17) in den Bereichen, in denen das Potenzial konstant ist; die Integration über den Zwischenbereich ergibt einen zusätzlichen Phasenfaktor (zwischen den Amplituden rechts und links von der Barriere). Auch für diesen allgemeineren Fall ist die Transmissionswahrscheinlichkeit der WKB-Näherung 1, und der Vorfaktor sorgt für die Stromerhaltung.

Penetrabilität

In Abbildung 21.1 betrachten wir Teilchen mit der Energie E, die auf eine Barriere mit $V_{max} > E$ zulaufen. Klassisch werden alle Teilchen an einer solchen Barriere reflektiert. Quantenmechanisch können die Teilchen aber mit einer bestimmten Wahrscheinlichkeit die Barriere durchdringen. Diese Transmissionswahrscheinlichkeit wird *Penetrabilität* (Durchlässigkeit) genannt. Sie wird häufig mit der WKB-Näherung berechnet.

Im klassisch unzugänglichen Bereich (also unter der Barriere) wird (21.12) zu

$$\varphi(x) = \frac{A}{\sqrt{\hbar |\kappa(x)|}} \, \exp\left(-\int_{x_0}^x dx' \, \kappa(x')\right) + \frac{B}{\sqrt{\hbar |\kappa(x)|}} \, \exp\left(+\int_{x_0}^x dx' \, \kappa(x')\right)$$

$$\qquad (21.19)$$

Dabei ist $\hbar \kappa(x) = \sqrt{2m \, [V(x) - E]}$.

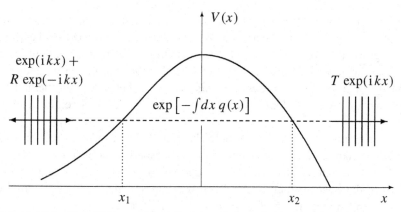

Abbildung 21.1 Eine Welle exp(i kx) läuft von links auf eine Potenzialbarriere zu. Dann wird ein Teil der Welle reflektiert (Koeffizient R), ein Teil transmittiert (Koeffizient T). Die WKB-Näherung ergibt einen einfachen Ausdruck für die Wahrscheinlichkeit $P = |T|^2$, mit der ein Teilchen die Potenzialbarriere durchtunnelt.

Wir nehmen an, dass von links eine Welle auf die Barriere zuläuft. Wenn die Energie der durch diese Welle beschriebenen Teilchen ausreicht, um die Barriere klassisch zu überwinden, dann ergibt die WKB-Näherung wie im vorigen Abschnitt geschildert die Transmissionswahrscheinlichkeit 1. Hier untersuchen wir den Fall, dass die Energie kleiner als die Barrierenhöhe ist (Abbildung 21.1). Von links einfallende Teilchen würden klassisch am Umkehrpunkt reflektiert, quantenmechanisch können sie etwas eindringen. Bei einer endlichen Potenzialbarriere kommt es daher mit einer kleinen Wahrscheinlichkeit zu einem Durchtunneln der Barriere. Die vollständige Behandlung des in Abbildung 21.1 skizzierten Streuvorgangs im Rahmen der WKB ist problematisch, da die WKB-Näherung an den Umkehrpunkten x_1 und x_2 nicht gültig ist. Unbeschadet dieser Ungültigkeit erlaubt die WKB-Lösung aber eine einfache Abschätzung der Tunnelwahrscheinlichkeit.

Zur Beschreibung des quantenmechanischen Eindringens in die Barriere kommt nur die exponentiell abfallende Lösung in (21.19) in Betracht. Dies folgt auch daraus, dass für eine hohe und breite Barriere die Transmissionswahrscheinlichkeit gegen null gehen muss. Wir vernachlässigen jetzt Vorfaktoren der WKB-Lösung. Dann ergibt (21.19) die Amplitude T bei x_2, wenn die Amplitude bei x_1 gleich 1 ist:

$$T \approx \exp\left(-\int_{x_1}^{x_2} dx \, \kappa(x)\right) \tag{21.20}$$

Die Wahrscheinlichkeit dafür, dass ein von links einfallendes Teilchen die Barriere *durchtunnelt*, ist

$$\boxed{P = T^2 \approx \exp\left(-\frac{2}{\hbar} \int_{x_1}^{x_2} dx \, \sqrt{2m\left[V(x) - E\right]}\right)} \qquad \text{WKB-Penetrabilität}$$

$$\tag{21.21}$$

Dieser Ausdruck für die WKB-Penetrabilität wurde allerdings durch zwei unzuläs-
sige Schritte erreicht: Einmal wurde die WKB-Näherung bis zu den Umkehrpunkten hin angewandt, wo sie nach (21.15) nicht gültig ist. Zum anderen wurden die
Vorfaktoren, die diese Unzulässigkeit durch ihre Divergenz anzeigen, weggelassen.
Es stellt sich aber heraus, dass das Ergebnis (21.21) insbesondere für kleine Pene-
trabilitäten recht gut ist. Zudem ist der Ausdruck (21.21) wegen der einfachen Form
sehr nützlich.

Eine genauere Ableitung der Tunnelwahrscheinlichkeit müsste die Umgebung
der Umkehrpunkte genauer behandeln. Dies ist wesentlich aufwändiger und führt
nur zu Korrekturfaktoren der Größe 1. Solche Faktoren fallen dann kaum ins Ge-
wicht, wenn die Penetrabilität in Abhängigkeit von anderen Parametern um viele
Größenordnungen variiert (wie für den α-Zerfall, Kapitel 22).

Eine praktische Rechtfertigung von (21.21) kann man durch Vergleich mit dem
endlichen Potenzialtopf (Kapitel 20) erhalten. Für $V_0 > 0$ und $E < V_0$ ist dies ein
Beispiel für die in Abbildung 21.1 gezeigte Situation. In diesem Fall kann man aber
T exakt berechnen (Aufgabe 20.1) und das Ergebnis mit (21.21) vergleichen.

Aufgaben

21.1 Transmission durch Potenzialbarriere

Betrachten Sie die eindimensionale Schrödingergleichung mit der Potenzialbarriere

$$V(x) = \begin{cases} V_0 > 0 & (0 < x < a) \\ 0 & (\text{sonst}) \end{cases} \qquad (21.22)$$

Bestimmen Sie die Reflexions- und Transmissionskoeffizienten R und T für die
Streuung mit der Energie $E < \hbar^2 k^2/(2m)$. Was ergibt sich für $|R|^2 + |T|^2$? Disku-
tieren Sie die Energieabhängigkeit der Transmissionswahrscheinlichkeit $|T|^2$. Ver-
gleichen Sie das exakte Ergebnis für $|T|^2$ mit der WKB-Näherung

$$\left| T_{\text{WKB}} \right|^2 \approx \exp\left(-\frac{2}{\hbar} \int_0^a dx \, \sqrt{2m\left[V(x) - E \right]} \right)$$

22 Alphazerfall

Die Erklärung des Alphazerfalls als quantenmechanischer Tunneleffekt durch Gamov (1928, gleichzeitig mit Condon und Gurney) war einer der großen Erfolge und Bestätigungen der Quantenmechanik. Mit der im letzten Kapitel aufgestellten WKB-Penetrabilität leiten wir das Geiger-Nuttall-Gesetz ab und berechnen die Halbwertszeiten für ausgewählte Zerfälle.

Es gibt Atomkerne, die sich spontan (also ohne äußere Einwirkung) durch Ausstrahlung eines α-Teilchens umwandeln. Wir betrachten speziell den Zerfall von Polonium- zu Bleikernen:

$$
\begin{aligned}
{}^{212}\text{Po} &\to \alpha + {}^{208}\text{Pb}\,, \quad \tau_{1/2} = 3 \cdot 10^{-7}\,\text{s}\,, \quad E_\alpha = 8.953\,\text{MeV} \\
{}^{210}\text{Po} &\to \alpha + {}^{206}\text{Pb}\,, \quad \tau_{1/2} = 1.2 \cdot 10^{7}\,\text{s}\,, \quad E_\alpha = 5.408\,\text{MeV}
\end{aligned}
\tag{22.1}
$$

Dabei überrascht der Faktor $\mathcal{O}(10^{14})$ zwischen den Halbwertszeiten $\tau_{1/2}$ der beiden Poloniumisotope. Aus der Betrachtung vieler α-Zerfälle erkennt man, dass die Halbwertszeiten $\tau_{1/2}$ mit den kinetischen Energien E_α der ausgesandten α-Teilchen korreliert sind; dabei entspricht eine Änderung der α-Energie um 1 MeV einer Änderung der Zerfallszeit um etwa vier Größenordnungen! Der Zusammenhang zwischen E_α und $\tau_{1/2}$ wurde zunächst phänomenologisch als Geiger-Nuttall-Gesetz formuliert; er kann durch die WKB-Penetrabilität erklärt werden.

Ein einfaches Modell für den Alphazerfall besteht darin, dass wir den Elternkern (Po in (22.1)) als System betrachten, das aus einem Tochterkern (Pb) und einem α-Teilchen besteht. Es wird nur die Relativbewegung zwischen den beiden Teilchen behandelt, wobei ihre Wechselwirkung durch ein sphärisches Potenzial $V(r)$ beschrieben wird; r ist der Relativabstand. Aus Rutherfordschen Streuexperimenten wissen wir, dass das Potenzial außerhalb des Kerns gleich dem Coulombpotenzial $2Ze^2/r$ ist; dabei ist Z die Kernladungszahl des verbleibenden Kerns, also $Z = 82$ für (22.1). Vor dem Zerfall hält sich das α-Teilchen im Kernbereich $r < R_0$ auf. Dabei hat es mindestens Impulse der Größe $\hbar/R_0$; hieraus ergeben sich Umlaufzeiten im Kern, die kleiner als 10^{-20} s sind. Damit sind die für die Bewegung des α-Teilchens im Kernbereich relevanten Zeiten um viele Größenordnungen kleiner als die Halbwertszeiten für den α-Zerfall. Das α-Teilchen hält sich also sehr lange im Kernbereich auf, bevor es ausgesendet wird. Das bedeutet, dass das α-Teilchen sich zunächst in einem (quasi-) stationären, gebundenen Zustand befindet. Ein einfacher Ansatz für den Kernbereich $r < R_0$ ist dann ein attraktives Kastenpotenzial,

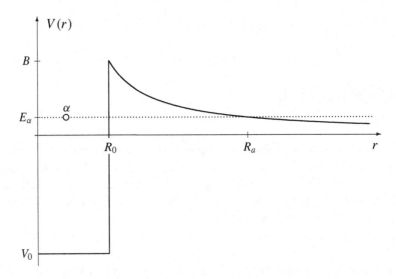

Abbildung 22.1 Das α-Kern-Potenzial (22.2) als Funktion des Radius. Ein α-Teilchen mit der Energie E_α befindet sich zunächst im inneren, attraktiven Teil des Potenzials, also im Kern. Mit einer bestimmten Tunnelwahrscheinlichkeit kann es den Potenzialberg nach außen durchdringen; dies bedeutet den α-Zerfall des Kerns. Der anfängliche Zustand ist relativ langlebig und wird daher auch als quasigebundener Zustand bezeichnet.

also

$$V(r) = \begin{cases} V_0 < 0 & (r < R_0) \\[2mm] \dfrac{2Ze^2}{r} & (r > R_0) \end{cases} \tag{22.2}$$

Dieses Potenzial zwischen dem α-Teilchen und dem Tochterkern ist in Abbildung 22.1 skizziert. Aus dem Radius des Tochterkerns ($\approx 6.5\,\text{fm}$) und des α-Teilchens ($\approx 1.4\,\text{fm}$) und der Reichweite der starken Wechselwirkung ($\approx 1\,\text{fm}$) ergibt sich $R_0 \approx 9\,\text{fm}$. Wir verwenden folgende Potenzialparameter:

$$R_0 \approx 9\,\text{fm} = 9 \cdot 10^{-15}\,\text{m}, \qquad V_0 \approx -100\,\text{MeV} \tag{22.3}$$

Das Potenzial $V(r)$ kann im Prinzip aus der elastischen Streuung zwischen Tochterkern und α-Teilchen bestimmt werden. Durch solche Streuexperimente ist der Radius R_0 recht genau bekannt. Für die Tiefe sind dagegen verschiedene Werte (etwa zwischen -50 und $-200\,\text{MeV}$) möglich, da die elastische Streuung vor allem vom äußeren Teil des Potenzials bestimmt wird. Der abrupte Übergang zwischen der Barriere und dem Potenzialgrund in (22.2) ist eine Vereinfachung; ein realistisches Potenzial wird hier steil aber stetig sein.

Wir berechnen die Zerfallswahrscheinlichkeiten mit folgender Modellvorstellung, wie sie in ähnlicher Form von Gamov eingeführt wurde: Das α-Teilchen bewegt sich mit der Geschwindigkeit v im inneren, attraktiven Teil des Potenzials

(22.2). Dabei durchquert es den Kern etwa in der Zeit

$$\Delta t \approx \frac{2R_0}{v} \approx \frac{2R_0}{\sqrt{-2V_0/M}} \approx 3 \cdot 10^{-22}\,\text{s} \qquad (22.4)$$

Jeweils nach der Zeit Δt stößt das α-Teilchen gegen die Coulombbarriere, also den repulsiven Teil des Potenzials bei $r > R_0$. Bei jedem Anlauf durchdringt es diesen Coulombbarriere mit der Wahrscheinlichkeit

$$P = \exp\left(-\frac{2}{\hbar} \int_{R_0}^{R_a} dr \sqrt{2M\left(2Ze^2/r - E_\alpha\right)} \right) \qquad (22.5)$$

Daraus folgt die Zerfallswahrscheinlichkeit pro Zeit:

$$\lambda = \frac{P}{\Delta t} \qquad (22.6)$$

Die Zerfallskonstante λ gibt an, mit welcher Wahrscheinlichkeit pro Zeit ein bestimmter Kern zerfällt. Für eine Ansammlung vieler Kerne folgt hieraus die Anzahl der Zerfälle pro Zeit

$$\frac{dN}{dt} = -\lambda N \qquad (22.7)$$

Dies lässt sich zu

$$N(t) = N_0 \exp(-\lambda t) \qquad (22.8)$$

integrieren. Hieraus folgt die *Halbwertszeit*

$$\tau_{1/2} = \frac{\ln(2)}{\lambda} \qquad \text{(Halbwertszeit)} \qquad (22.9)$$

nach der sich die Anzahl der Elternkerne jeweils halbiert.

In Kapitel 24 wird gezeigt, dass das Zweikörperproblem (hier α-Teilchen und Tochterkern) mit sphärischem Potenzial auf eine eindimensionale Radialbewegung zurückgeführt werden kann. Auf diese eindimensionale Differenzialgleichung kann dann die WKB-Näherung angewandt werden. Dies führt zu (22.5), wobei $M = M_\alpha/(1 + 4/A)$ die reduzierte Masse des α-Teilchens ist, und $E_\alpha = E_{\alpha,\mathrm{cm}}(1 + 4/A)$ die Energie der Relativbewegung. Dabei ist M_α die Masse des α-Teilchens, $E_{\alpha,\mathrm{cm}}$ seine kinetische Energie im Schwerpunktsystem des Elternkerns, und A die Nukleonenzahl des Tochterkerns ($A = 206$ oder $A = 208$ in (22.1)). In (22.1) sind die Energiewerte E_α angegeben.

Das klassische Bild eines im Kern herumfliegenden α-Teilchens ist eine Vereinfachung. Stattdessen könnte man auch in diesem Bereich eine semiklassische Wellenfunktion verwenden; dies führt allerdings wieder zu Problemen mit den klassischen Umkehrpunkten. Das hier verwendete Bild bedingt Fehlerfaktoren der Größe 1; dies gilt auch für die WKB-Näherung insgesamt. Die Fehler der WKB-Näherung erhält man, wenn man das Ergebnis mit dem einer exakten quantenmechanischen Berechnung der Zerfallskonstanten vergleicht.

Das vorgestellte Modell geht davon aus, dass im Elternkern ein α-Teilchen existiert, das sich im mittleren Potenzial des Tochterkerns bewegt. Ein Atomkern besteht tatsächlich aus Nukleonen, deren quantenmechanische Bewegung etwa durch ein Schalenmodell wiedergegeben werden kann (Kapitel 28, 47). Daher ist die Struktur „α-Teilchen + Tochterkern" nur mit einer gewissen Wahrscheinlichkeit S im Elternkern vorzufinden; Rechnungen (wie auch experimentelle Analysen) ergeben für die Kerne in (22.1) Werte $S \sim 10^{-2}$. Die rechte Seite von (22.6) wäre dann mit diesem spektroskopischen Faktor S zu multiplizieren. Wir beschränken uns im Folgenden auf die Berechnung von relativen Zerfallskonstanten, für die der Faktor S näherungsweise herausfällt.

Wir berechnen nun das Integral I im Exponenten von $P = \exp(-2I)$:

$$I = \sqrt{\frac{2M}{\hbar^2}} \int_{R_0}^{R_a} dr \sqrt{\frac{2Ze^2}{r} - E_\alpha} = 2\sqrt{\frac{MZe^2}{\hbar^2}} \int_{R_0}^{R_a} dr \sqrt{\frac{1}{r} - \frac{1}{R_a}}$$

$$= 2\sqrt{\frac{MZe^2 R_a}{\hbar^2}} \left(\arccos\sqrt{\frac{R_0}{R_a}} - \sqrt{\frac{R_0}{R_a} - \frac{R_0^2}{R_a^2}} \right) \qquad (22.10)$$

Der äußere Umkehrpunkt R_a ist durch $2Ze^2/R_a = E_\alpha$ festgelegt. Für (22.1) erhalten wir $R_a \approx 2 \cdot 82 \cdot 1.4\,\text{fm} \cdot (\text{MeV}/E_\alpha) \sim 30\ldots 40\,\text{fm}$. Verglichen damit ist der innere Umkehrpunkt $R_0 \approx 9\,\text{fm}$ aus (22.3) klein,

$$\frac{R_0}{R_a} \approx \frac{1}{4} \qquad (22.11)$$

Wir entwickeln I nach Potenzen der „kleinen" Größe $\sqrt{R_0/R_a}$:

$$I \approx 2\sqrt{\frac{MZe^2 R_a}{\hbar^2}} \left[\frac{\pi}{2} - 2\sqrt{\frac{R_0}{R_a}} + \mathcal{O}\left(\frac{R_0}{R_a}\right) \right] \qquad (22.12)$$

Wir drücken dies durch E_α und die Barrierenhöhe B,

$$E_\alpha = \frac{2Ze^2}{R_a} \quad \text{und} \quad B = \frac{2Ze^2}{R_0} \qquad (22.13)$$

aus:

$$I \approx \sqrt{\frac{2M}{\hbar^2}}\, 2Ze^2 \left(\frac{\pi}{2\sqrt{E_\alpha}} - \frac{2}{\sqrt{B}} \right) \qquad (22.14)$$

Damit erhalten wir für die Zerfallskonstante $\lambda = (v/2R_0)\exp(-2I)$:

$$\ln\lambda = \ln\left(\frac{\sqrt{-2V_0/M}}{2R_0} \right) + \sqrt{\frac{2M}{\hbar^2}}\,\frac{8Ze^2}{\sqrt{B}} - \sqrt{\frac{2M}{\hbar^2}}\,\frac{2\pi Ze^2}{\sqrt{E_\alpha}} \qquad (22.15)$$

Die letzten beiden Terme sind dimensionslos, dagegen haben λ und das Argument des Logarithmus auf der rechten Seite die Dimension 1/Zeit. Das Ergebnis (22.15) können wir in der Form des *Geiger-Nuttall-Gesetzes* schreiben:

$$\ln \lambda = b\,(Z) - a\,\frac{Z}{\sqrt{E_\alpha}} \qquad \text{Geiger-Nuttall-Gesetz} \tag{22.16}$$

Dabei ist die Z- und E_α-Abhängigkeit explizit angegeben, nicht aber die schwächere Abhängigkeit von der Anzahl A der Nukleonen.

Die logarithmische Abhängigkeit (22.16) bedeutet eine sehr starke Variation der Zerfallszeit mit der Energie E_α. Diese Abhängigkeit wurde zunächst experimentell gefunden und in der Form (22.16) dargestellt. Das vorgestellte Gamovsche Modell des Alphazerfalls erklärt diesen Zusammenhang. Die starke Variation von λ mit E_α ergibt sich im Modell daraus, dass die α-Energie im Exponenten der WKB-Penetrabilität (22.5) steht und damit den Wert von P sensitiv beeinflusst.

Man kann (22.16) als empirischen Ansatz auffassen und die Konstanten a und b so bestimmen, dass eine Vielzahl von experimentellen Zerfallskonstanten wiedergegeben wird. Dies kann dann mit den theoretischen Werten für a und b verglichen werden, die durch (22.15) gegeben sind. Wir wollen speziell für die beiden Zerfälle in (22.1) das Verhältnis der Zerfallszeiten berechnen. Den Wert für die reduzierte Masse M,

$$Mc^2 = \frac{2\,(m_\mathrm{n} + m_\mathrm{p})\,c^2 - \Delta E}{1 + 4/A} \approx 3657\,\text{MeV} \tag{22.17}$$

erhalten wir aus $m_\mathrm{n}c^2 \approx m_\mathrm{p}c^2 \approx 939\,\text{MeV}$, der Bindungsenergie $\Delta E \approx 28\,\text{MeV}$ des α-Teilchens und $A \approx 207$ für (22.1). Dies setzen wir in die theoretische Konstante a in (22.16) ein:

$$a = 2\pi\,\sqrt{\frac{2M}{\hbar^2}}\,e^2 = 2\pi\,\sqrt{2Mc^2}\,\frac{e^2}{\hbar c} \approx 3.922\,\sqrt{\text{MeV}} \tag{22.18}$$

Dabei ist $e^2/\hbar c \approx 1/137$. Mit diesem berechneten a erhalten wir aus (22.16) das Verhältnis der Halbwertszeiten von ^{212}Po und ^{210}Po:

$$\ln\left(\frac{\tau_{1/2}(^{212}\text{Po})}{\tau_{1/2}(^{210}\text{Po})}\right) = a\left(\frac{82}{\sqrt{8.953\,\text{MeV}}} - \frac{82}{\sqrt{5.408\,\text{MeV}}}\right) = -30.76 \tag{22.19}$$

Dabei haben wir die Kenntnis der Energien E_α vorausgesetzt. Wir vergleichen die Modellvorhersage (22.19) mit dem in (22.1) angegebenen experimentellen Befund:

$$\frac{\tau_{1/2}(^{212}\text{Po})}{\tau_{1/2}(^{210}\text{Po})} = \begin{cases} 4.4 \cdot 10^{-14} & \text{(Gamovs Modell)} \\[4pt] 2.5 \cdot 10^{-14} & \text{(experimentell)} \end{cases} \tag{22.20}$$

Das vorgestellte Modell ist in der Lage, den Faktor 10^{14} zwischen den Zerfallszeiten der beiden Poloniumisotope zu erklären. Die Vereinfachungen in unserer Rechnung ergeben Fehler von der Größe der Abweichung in (22.20); darüber hinaus enthält das Modell insgesamt starke Vereinfachungen. Die Übereinstimmung mit dem Experiment in (22.20) ist daher als sehr gut zu bewerten.

Die Erklärung des Geiger-Nuttall-Gesetzes ist einer der bedeutendsten Erfolge der Quantenmechanik. Im Rahmen der klassischen Physik ist eine solche Erklärung nicht möglich, weil die Durchtunnelung einer Barriere ein quantenmechanischer Effekt ist.

IV Dreidimensionale Probleme

23 Drehimpulsoperatoren

Die einfachsten dreidimensionalen Probleme sind kugelsymmetrisch. Dann ver-
tauscht der Hamiltonoperator des Systems mit den Drehimpulsoperatoren. Die Lö-
sungen kugelsymmetrischer Probleme können daher in Form von Eigenfunktionen
zu den Drehimpulsoperatoren konstruiert werden. Teil IV beginnt mit der Ein-
führung der Drehimpulsoperatoren und ihrer Eigenfunktionen.

Drehoperator

Wir führen die Drehimpulsoperatoren als diejenigen Operatoren ein, die Drehungen
(Rotationen) erzeugen. Als Vorbereitung betrachten wir zunächst den einfacheren
Fall des Impulsoperators, der Verschiebungen (Translationen) erzeugt.

Für eine Funktion $\varphi(x)$, deren Argument infinitesimal verschoben wird, können
wir schreiben:

$$\varphi_E(x + \epsilon) = \left(1 + \epsilon \, \frac{d}{dx}\right)\varphi_E(x) = \left(1 + \frac{\mathrm{i}\epsilon}{\hbar}\, p_{\mathrm{op}}\right)\varphi_E(x) \tag{23.1}$$

Für eine endliche Verschiebung summieren wir die Taylorreihe auf:

$$\varphi(x + a) = \sum_n \left(\frac{\mathrm{i}\, a\, p_{\mathrm{op}}}{\hbar}\right)^n \frac{\varphi(x)}{n!} = T(a)\,\varphi(x) \tag{23.2}$$

Hieraus ergibt sich der Translationsoperator

$$T(a) = \exp\left(\frac{\mathrm{i}\, a\, p_{\mathrm{op}}}{\hbar}\right) \tag{23.3}$$

Die Verallgemeinerung auf den dreidimensionalen Fall lautet

$$T(\boldsymbol{a}) = \exp\left(\frac{\mathrm{i}\, \boldsymbol{a} \cdot \boldsymbol{p}_{\mathrm{op}}}{\hbar}\right) \tag{23.4}$$

Aus (23.2) mit (23.3) folgt, dass der Impulsoperator Translationen erzeugt. Die
Translationsinvarianz kann durch $[H, \boldsymbol{p}_{\mathrm{op}}]$ oder $[H, T(\boldsymbol{a})]$ ausgedrückt werden.

© Springer-Verlag GmbH Deutschland, ein Teil von Springer Nature 2018
T. Fließbach, *Quantenmechanik*, https://doi.org/10.1007/978-3-662-58031-8_5

Wir kommen nun zu den Drehungen. Eine Drehung um die x-Achse bedeutet die Transformation $\boldsymbol{r} \to \boldsymbol{r}'$, wobei

$$
\begin{pmatrix} x' \\ y' \\ z' \end{pmatrix} = \begin{pmatrix} 1 & 0 & 0 \\ 0 & \cos\alpha & -\sin\alpha \\ 0 & \sin\alpha & \cos\alpha \end{pmatrix} \begin{pmatrix} x \\ y \\ z \end{pmatrix} \tag{23.5}
$$

Für einen infinitesimalen Winkel $\alpha = \epsilon$ ergibt dies für die kartesischen Koordinaten:

$$
x' = x, \quad y' = y - \epsilon z, \quad z' = z + \epsilon y \tag{23.6}
$$

Analog zu (23.1) betrachten wir die Wirkung dieser infinitesimalen Drehung auf eine Funktion $\varphi(\boldsymbol{r})$, die vom Ortsvektor $\boldsymbol{r} := (x, y, z)$ abhängt:

$$
\varphi(\boldsymbol{r}') = \varphi(x', y', z') = \varphi(x, y - \epsilon z, z + \epsilon y) \tag{23.7}
$$

$$
= \left[1 - \epsilon z \frac{\partial}{\partial y} + \epsilon y \frac{\partial}{\partial z} \right] \varphi(\boldsymbol{r}) = \left(1 + \frac{\mathrm{i}\epsilon}{\hbar} \ell_x \right) \varphi(\boldsymbol{r})
$$

Hieraus folgt der infinitesimale Drehoperator

$$
R(\epsilon) = 1 + \frac{\mathrm{i}\epsilon}{\hbar} \ell_x \tag{23.8}
$$

Dabei haben wir die x-Komponente

$$
\ell_x = y\, p_{z,\mathrm{op}} - z\, p_{y,\mathrm{op}} = -\mathrm{i}\hbar\, y \frac{\partial}{\partial z} + \mathrm{i}\hbar z \frac{\partial}{\partial y} \tag{23.9}
$$

des *Drehimpulsoperators*

$$
\boxed{\ \boldsymbol{\ell}_{\mathrm{op}} = \boldsymbol{r} \times \boldsymbol{p}_{\mathrm{op}} = \boldsymbol{e}_x\, \ell_x + \boldsymbol{e}_y\, \ell_y + \boldsymbol{e}_z\, \ell_z\ } \tag{23.10}
$$

eingeführt. Bei den Komponenten von $\boldsymbol{\ell}_{\mathrm{op}}$ verzichten wir auf den Index „op"; bei $\boldsymbol{\ell}_{\mathrm{op}}$ behalten wir ihn zur Unterscheidung zum klassischen Drehimpuls $\boldsymbol{\ell}$ bei.

Wir haben den Drehimpulsoperator $\boldsymbol{\ell}_{\mathrm{op}}$ damit als Erzeuger einer infinitesimalen Drehung eingeführt. Der gleiche Operator ergibt sich auch aus dem klassischen Drehimpuls $\boldsymbol{\ell} = \boldsymbol{r} \times \boldsymbol{p}$ durch die Ersetzungsregel $\boldsymbol{p} \to \boldsymbol{p}_{\mathrm{op}}$. Dabei vertauschen im Vektorprodukt die Orts- und Impulskomponenten miteinander.

Analog zu (23.3) können wir den Operator für eine endliche Drehung um die x-Achse um den Winkel α angeben:

$$
R(\alpha) = \exp\left(\frac{\mathrm{i}\alpha}{\hbar} \ell_x \right) \tag{23.11}
$$

Wir verallgemeinern auf eine Drehung um den Winkel φ um eine Drehachse in Richtung des Einheitsvektors $\boldsymbol{n}$:

$$
R(\varphi, \boldsymbol{n}) = \exp\left(\frac{\mathrm{i}\,\varphi\, \boldsymbol{n} \cdot \boldsymbol{\ell}_{\mathrm{op}}}{\hbar} \right) \tag{23.12}
$$

Die Drehinvarianz eines Systems kann durch die Relationen $[H, \ell_{\mathrm{op}}] = 0$ oder $[H, R(\varphi, \boldsymbol{n})] = 0$ ausgedrückt werden.

Wie aus der Mechanik bekannt, vertauschen Drehungen um verschiedene Achsen nicht miteinander. Dies kommt in der Quantenmechanik in der Nichtvertauschbarkeit der Komponenten von ℓ_{op} zum Ausdruck.

Die Drehung eines kartesischen Koordinatensystems (x, y, z) in ein anderes (x', y', z') mit gegebener Orientierung kann durch drei, in bestimmter Reihenfolge ausgeführte Rotationen um die drei Eulerwinkel α, β und γ erfolgen (zur Definition der Eulerwinkel sei auf Kapitel 19 in [1] verwiesen). Der hierzu gehörende Operator ist

$$R(\alpha, \beta, \gamma) = \exp\left(\frac{\mathrm{i}\alpha}{\hbar}\,\ell_z\right)\exp\left(\frac{\mathrm{i}\beta}{\hbar}\,\ell_y\right)\exp\left(\frac{\mathrm{i}\gamma}{\hbar}\,\ell_z\right) \tag{23.13}$$

Da wir hiervon im Folgenden keinen Gebrauch machen, verzichten wir auf eine weitere Diskussion.

Kommutatorrelationen

Zunächst stellen wir fest:

$$\ell_x,\ \ell_y,\ \ell_z \text{ und } \ell_{\mathrm{op}}^2 \quad \text{sind hermitesch} \tag{23.14}$$

Dies gilt, weil es sich um Produkte (wie $y\,p_z$ oder ℓ_x^2) aus Operatoren handelt, die hermitesch sind und miteinander vertauschen.

Es gelten folgende Kommutatorrelationen:

$$\boxed{\left[\ell_x, \ell_y\right] = \mathrm{i}\hbar\,\ell_z \quad \text{und zyklisch}} \tag{23.15}$$

Dies zeigt man durch Einsetzen der Definition, etwa

$$
\begin{aligned}
\left[\ell_x, \ell_y\right] &= \left[y\,p_z - z\,p_y,\, z\,p_x - x\,p_z\right] = y\,p_x\left[p_z, z\right] + x\,p_y\left[z, p_z\right] \\
&= -\mathrm{i}\hbar\,(y\,p_x - x\,p_y) = \mathrm{i}\hbar\,\ell_z
\end{aligned} \tag{23.16}
$$

Der Kommutator

$$\left[\ell_{\mathrm{op}}, \ell_{\mathrm{op}}^2\right] = 0 \tag{23.17}$$

verschwindet, weil ℓ_{op} Drehungen erzeugt, und weil ℓ_{op}^2 als skalare Größe invariant unter Drehungen ist. Für den formalen Beweis betrachten wir zunächst die x-Komponente, also $[\ell_x, \ell_{\mathrm{op}}^2] = [\ell_x, \ell_y^2] + [\ell_x, \ell_z^2]$. Der erste Term ergibt

$$
\begin{aligned}
\left[\ell_x, \ell_y^2\right] &= \ell_x\ell_y\ell_y - \ell_y\ell_y\ell_x - \ell_y\ell_x\ell_y + \ell_y\ell_x\ell_y \\
&= \left[\ell_x, \ell_y\right]\ell_y + \ell_y\left[\ell_x, \ell_y\right] = \mathrm{i}\hbar\left(\ell_z\ell_y + \ell_y\ell_z\right)
\end{aligned} \tag{23.18}
$$

Die analoge Auswertung von $[\ell_x, \ell_z^2]$ ergibt dasselbe Ergebnis mit einem Minuszeichen. Damit ist (23.17) für die x-Komponente gezeigt.

Wir führen noch die nicht-hermiteschen Operatoren

$$\ell_+ = \ell_x + \mathrm{i}\ell_y \quad \text{und} \quad \ell_- = \ell_x - \mathrm{i}\ell_y \tag{23.19}$$

ein. Aus (23.15) folgt für diese Operatoren

$$\left[\ell_\pm, \ell_z\right] = \mp \hbar \ell_\pm \tag{23.20}$$

$$\left[\ell_+, \ell_-\right] = 2\hbar \ell_z \tag{23.21}$$

Drehimpulsoperatoren in Kugelkoordinaten

Wir verwenden nun Kugelkoordinaten r, θ und ϕ. Aus der Elektrodynamik ist der Nabla-Operator ∇ in Kugelkoordinaten bekannt (etwa aus $\operatorname{grad} \Phi \equiv \nabla \Phi$):

$$\nabla = e_r \frac{\partial}{\partial r} + e_\theta \frac{1}{r} \frac{\partial}{\partial \theta} + e_\phi \frac{1}{r \sin \theta} \frac{\partial}{\partial \phi} \tag{23.22}$$

Die Basisvektoren e_r, e_θ und e_ϕ sind (lokal) orthogonal und normiert. In kartesischen Komponenten werden sie durch

$$e_r := \begin{pmatrix} \sin\theta \cos\phi \\ \sin\theta \sin\phi \\ \cos\theta \end{pmatrix}, \quad e_\theta := \begin{pmatrix} \cos\theta \cos\phi \\ \cos\theta \sin\phi \\ -\sin\theta \end{pmatrix}, \quad e_\phi := \begin{pmatrix} -\sin\phi \\ \cos\phi \\ 0 \end{pmatrix} \tag{23.23}$$

dargestellt. Insbesondere gelten $e_r \times e_\theta = e_\phi$ und $e_r \times e_\phi = -e_\theta$.

Damit haben wir die (bekannten) Informationen zusammengestellt, die wir bei der Auswertung des Drehimpulsoperators benötigen. Wir setzen $r = r\,e_r$ und ∇ aus (23.22) in die Definition (23.10) ein:

$$\begin{aligned}
\ell_{\text{op}} &= r \times (-\mathrm{i}\hbar\nabla) = -\mathrm{i}\hbar\, r\, e_r \times \left(e_\theta \frac{1}{r} \frac{\partial}{\partial \theta} + e_\phi \frac{1}{r \sin\theta} \frac{\partial}{\partial \phi} \right) \\
&= -\mathrm{i}\hbar \left(e_\phi \frac{\partial}{\partial \theta} - e_\theta \frac{1}{\sin\theta} \frac{\partial}{\partial \phi} \right)
\end{aligned} \tag{23.24}$$

Das Kreuzprodukt $e_r \times e_r = 0$ ergibt keinen Beitrag. Wir setzen jetzt die Basisvektoren (23.23) ein. Dann können wir zeilenweise die kartesischen Komponenten (1. Zeile ergibt ℓ_x) ablesen:

$$\ell_x = -\mathrm{i}\hbar \left(-\sin\phi \frac{\partial}{\partial \theta} - \cos\phi \cot\theta \frac{\partial}{\partial \phi} \right) \tag{23.25}$$

$$\ell_y = -\mathrm{i}\hbar \left(\cos\phi \frac{\partial}{\partial \theta} - \sin\phi \cot\theta \frac{\partial}{\partial \phi} \right) \tag{23.26}$$

$$\ell_z = -\mathrm{i}\hbar \frac{\partial}{\partial \phi} \tag{23.27}$$

Wir geben noch die Kombinationen $\ell_\pm = \ell_x \pm i\,\ell_y$ an:

$$\ell_\pm = \hbar\,\exp(\pm i\phi)\left(\pm\frac{\partial}{\partial\theta} + i\cot\theta\,\frac{\partial}{\partial\phi}\right) \tag{23.28}$$

Hiermit berechnen wir

$$\ell_{\mathrm{op}}^2 = \ell_x^2 + \ell_y^2 + \ell_z^2 = \ell_+\ell_- + \ell_z^2 - \hbar\,\ell_z \tag{23.29}$$

$$= \hbar^2\,\exp(i\phi)\left(\frac{\partial}{\partial\theta} + i\cot\theta\,\frac{\partial}{\partial\phi}\right)\exp(-i\phi)\left(-\frac{\partial}{\partial\theta} + i\cot\theta\,\frac{\partial}{\partial\phi}\right)$$

$$-\hbar^2\,\frac{\partial^2}{\partial\phi^2} + i\hbar^2\,\frac{\partial}{\partial\phi} = -\hbar^2\left(\frac{1}{\sin\theta}\frac{\partial}{\partial\theta}\sin\theta\,\frac{\partial}{\partial\theta} + \frac{1}{\sin^2\theta}\frac{\partial^2}{\partial\phi^2}\right)$$

Sofern die Ableitungen in der zweiten Zeile auf das wirken, was rechts vom Operator steht, erhält man $-\hbar^2\partial^2/\partial\theta^2$ und $-\hbar^2\cot^2\theta\,\partial^2/\partial\phi^2$; die gemischten Terme $(\partial^2/\partial\phi\partial\theta)$ heben sich auf. Diese Terme ergeben zusammen mit dem Term $-\hbar^2\partial^2/\partial\phi^2$ von ℓ_z^2 die quadratischen Ableitungen im Resultat. Für die linearen Ableitungen muss man noch die Terme berücksichtigen, die sich ergeben, wenn das erste $\partial/\partial\phi$ auf $\exp(-i\phi)$ und das erste $\partial/\partial\theta$ auf $\cot\theta$ wirkt.

Wir vergleichen das Resultat für ℓ_{op}^2 mit dem bekannten Laplaceoperator in Kugelkoordinaten und sehen

$$\Delta = \frac{\partial^2}{\partial r^2} + \frac{2}{r}\frac{\partial}{\partial r} - \frac{\left(\ell_{\mathrm{op}}/\hbar\right)^2}{r^2} \tag{23.30}$$

In der Mechanik erhält man die Energie $E = m\dot{r}^2/2 + \ell^2/(2mr^2) + V(r)$ für die Bewegung im Zentralpotenzial $V(r)$. Die ersten beiden Terme beschreiben die kinetische Energie des Teilchens (auch wenn der zweite Term alternativ als Teil eines effektiven Potenzials betrachtet werden kann). In (23.30) finden wir die entsprechenden Anteile der Radial- und Winkelbewegung wieder. Der Drehimpuls ℓ_{op} bezieht sich in diesem Zusammenhang auf die Bewegung oder die Bahn eines Teilchens. Er wird daher auch *Bahndrehimpuls* genannt (insbesondere im Gegensatz zum intrinsischen Drehimpuls oder Spin eines Teilchens).

Eigenfunktionen

Im Zusammenhang mit der Laplacegleichung sind die *Kugelfunktionen* Y_{lm} aus der Elektrodynamik (Kapitel 11 in [2]) bekannt. Sie erfüllen die Differenzialgleichung

$$\left(\frac{1}{\sin\theta}\frac{\partial}{\partial\theta}\sin\theta\,\frac{\partial}{\partial\theta} + \frac{1}{\sin^2\theta}\frac{\partial^2}{\partial\phi^2} + l(l+1)\right)Y_{lm}(\theta,\phi) = 0 \tag{23.31}$$

Der Vergleich mit (23.29) zeigt, dass die Y_{lm} Eigenfunktionen von ℓ_{op}^2 zum Eigenwert $\hbar^2 l(l+1)$ sind

$$\boxed{\ell_{\mathrm{op}}^2\,Y_{lm}(\theta,\phi) = \hbar^2 l(l+1)\,Y_{lm}(\theta,\phi)} \tag{23.32}$$

Die Kugelfunktionen Y_{lm} sind durch

$$Y_{lm}(\theta, \phi) = \sqrt{\frac{2l+1}{4\pi}} \; \sqrt{\frac{(l-m)!}{(l+m)!}} \; P_l^m(\cos\theta) \; \exp(\mathrm{i} m\phi) \qquad (23.33)$$

definiert. Die möglichen l-Werte sind $0, 1, 2, \ldots$; bei gegebenem l kann m die Werte

$$m = 0, \pm 1, \pm 2, \ldots, \pm l \qquad (23.34)$$

annehmen. Die *zugeordneten Legendre-Polynome* P_l^m sind durch

$$P_l^m(x) = \frac{(-)^m}{2^l\, l!} \left(1 - x^2\right)^{m/2} \frac{d^{l+m}}{dx^{l+m}} \left(x^2 - 1\right)^l \qquad (23.35)$$

gegeben. Die Phasen und die Normierung der Kugelfunktionen werden durch die zugehörigen Differenzialgleichungen nicht festgelegt. Wir verwenden die üblichen Konventionen, wie sie etwa bei J. D. Jackson, *Klassische Elektrodynamik*, 2. Auflage, zu finden sind.

Wenn m positiv ist, also für $m = |m|$, enthält (23.35) den Vorfaktor $(\sin\theta)^{|m|}$. Er wird mit der $(l + |m|)$-ten Ableitung eines Polynoms vom Grad $2l$ multipliziert, also mit einem Polynom vom Grad $l - |m|$:

$$P_l^m(x) = (\sin\theta)^{|m|} \cdot \text{Polynom}^{(l-|m|)}\left(\cos\theta\right) \qquad (23.36)$$

Für negatives m, also für $m = -|m|$, wirken nur $l - |m|$ Ableitungen auf $(1 - x^2)^l$, so dass ein Faktor $(1 - x^2)^{|m|}$ überlebt; zusammen mit dem Vorfaktor $(1 - x^2)^{-|m|/2}$ erhält man wieder die angegebene Form. Die *Legendre-Polynome* P_l sind Spezialfälle

$$P_l(x) = P_l^0(x)\,, \qquad Y_{l0}(\theta, \phi) = \sqrt{\frac{2l+1}{4\pi}} \; P_l(\cos\theta) \qquad (23.37)$$

für $m = 0$. Die P_l's sind entweder gerade oder ungerade Polynome vom Grad l in $x = \cos\theta$.

Aus $Y_{lm} \propto \exp(\mathrm{i} m\phi)$ folgt unmittelbar, dass die Kugelfunktionen auch Eigenfunktionen zum Operator $\ell_z = -\mathrm{i}\hbar\, \partial/\partial\phi$ sind:

$$\boxed{\ell_z\, Y_{lm}(\theta, \phi) = \hbar m\, Y_{lm}(\theta, \phi)} \qquad (23.38)$$

Die Möglichkeit, simultane Eigenfunktionen zu ℓ_{op}^2 und ℓ_z zu konstruieren (eben die Y_{lm}), ist wegen $[\ell_{\text{op}}^2, \ell_z] = 0$ gegeben. Wegen $[\boldsymbol{\ell}, \ell_{\text{op}}^2] = 0$ könnten wir auch simultane Eigenfunktionen zu ℓ_{op}^2 und etwa ℓ_x bilden, aber nicht zu ℓ_x, ℓ_z und ℓ_{op}^2 (denn $[\ell_x, \ell_z] \neq 0$).

In kugelsymmetrischen Systemen sind die Eigenfunktionen des Hamiltonoperators proportional zu Y_{lm}; dann sind l, m Quantenzahlen dieser Lösung. Für die gebundene Bewegung eines Teilchens kommt dazu noch eine radiale Quantenzahl, etwa $\psi_{nlm}(\boldsymbol{r}) = R_{nl}(r)\, Y_{lm}(\theta, \phi)$.

In diesem Kapitel haben wir die Kenntnis der Kugelfunktionen aus der Elektro-dynamik vorausgesetzt. In Kapitel 36 werden wir ohne diese Voraussetzung die Eigenwerte und Eigenfunktionen von ℓ_{op}^2 und ℓ_z mit eleganten quantenmechanischen Methoden ableiten.

Da ℓ_{op}^2 ein hermitescher Operator ist, sind die Eigenfunktionen orthogonal und vollständig:

$$\int_{-1}^{+1} d\cos\theta \int_0^{2\pi} d\phi\, Y_{lm}^*(\theta,\phi)\, Y_{l'm'}(\theta,\phi) = \delta_{mm'}\,\delta_{ll'} \qquad (23.39)$$

Mit (23.33) ergibt sich hieraus die Orthogonalitätsrelation der Legendrefunktionen

$$\int_{-1}^{1} dx\, P_l^m(x)\, P_{l'}^m(x) = \frac{2}{2l+1}\frac{(l-m)!}{(l+m)!}\,\delta_{ll'} \qquad (23.40)$$

und speziell

$$\int_{-1}^{1} dx\, P_l(x)\, P_{l'}(x) = \frac{2}{2l+1}\,\delta_{ll'} \qquad (23.41)$$

Die Vollständigkeit der Kugelfunktionen kann durch

$$\sum_{l=0}^{\infty} \sum_{m=-l}^{m=l} Y_{lm}^*(\theta',\phi')\, Y_{lm}(\theta,\phi) = \delta(\cos\theta'-\cos\theta)\,\delta(\phi'-\phi) \qquad (23.42)$$

ausgedrückt werden. Die Vollständigkeit bedeutet, dass man jede Funktion der Winkel θ und ϕ nach den Kugelfunktionen entwickeln kann:

$$f(\theta,\phi) = \sum_{l=0}^{\infty} \sum_{m=-l}^{m=l} a_{lm}\, Y_{lm}(\theta,\phi) \qquad (23.43)$$

Die Entwicklungskoeffizenten a_{lm} erhält man durch Multiplikation mit $Y_{l'm'}^*(\theta,\phi)$, Integration über die Winkel und Verwendung der Orthonormierungsbedingung. Eine Funktion, die nur vom Winkel θ abhängt, kann nach den Legendre-Polynomen entwickelt werden:

$$f(\theta) = \sum_{l=0}^{\infty} a_l\, P_l(\cos\theta) \qquad (23.44)$$

Wir geben noch die niedrigsten Kugelfunktionen explizit an:

$$Y_{00} = \frac{1}{\sqrt{4\pi}}\,, \qquad Y_{10} = \sqrt{\frac{3}{4\pi}}\,\cos\theta\,, \qquad Y_{11} = -\sqrt{\frac{3}{8\pi}}\,\sin\theta\,\exp(i\phi) \qquad (23.45)$$

$$Y_{20} = \sqrt{\frac{5}{16\pi}}\,\left(3\cos^2\theta - 1\right) \qquad (23.46)$$

$$Y_{21} = -\sqrt{\frac{15}{8\pi}}\,\cos\theta\,\sin\theta\,\exp(i\phi)\,, \qquad Y_{22} = \sqrt{\frac{15}{32\pi}}\,\sin^2\theta\,\exp(2i\phi)$$

Die Kugelfunktionen mit negativen m-Werten erhält man jeweils aus

$$Y_{l,-m}(\theta,\phi) = (-)^m\, Y_{lm}^*(\theta,\phi) \qquad (23.47)$$

Die niedrigsten Legendre-Polynome lauten

$$P_0 = 1\,, \quad P_1 = x\,, \quad P_2 = \frac{1}{2}\left(3x^2 - 1\right), \quad P_3 = \frac{1}{2}\left(5x^3 - 3x\right) \qquad (23.48)$$

Die niedrigsten zugeordneten Legendrepolynome sind

$$P_0^0 = 1\,, \quad P_1^0 = x\,, \quad P_1^1 = -\sqrt{1-x^2}\,, \quad P_1^{-1} = \frac{1}{2}\sqrt{1-x^2} \qquad (23.49)$$

Aufgaben

23.1   Kommutatorrelationen für den Drehimpuls

Leiten Sie aus (23.15) folgende Kommutatorrelationen ab:

$$\left[\ell_\pm, \ell_z\right] = \mp\hbar\,\ell_\pm\,, \qquad \left[\ell_+, \ell_-\right] = 2\hbar\,\ell_z$$

23.2   Drehimpulsoperatoren in Kugelkoordinaten

Drücken Sie die partiellen Ableitungen $\partial/\partial x$, $\partial/\partial y$ und $\partial/\partial z$ durch Kugelkoordinaten aus. Berechnen Sie damit $\ell_\pm = \ell_x \pm \mathrm{i}\,\ell_y$ und den Kommutator $[\ell_+, \ell_-]$ in Kugelkoordinaten. Zeigen Sie $\ell_{\mathrm{op}}^2 = \ell_+\ell_- - \hbar\,\ell_z + \ell_z^2$. Geben Sie schließlich ℓ_{op}^2 in Kugelkoordinaten an.

24 Zentralkräfteproblem

Wir untersuchen die quantenmechanische Bewegung von zwei Teilchen, deren Wechselwirkung durch ein Zentralpotenzial beschrieben wird. Die Schrödinger-gleichung wird auf die Radialgleichung für die Relativbewegung reduziert.

Klassische Bewegung

Wir beginnen mit einem Rückblick auf die Behandlung des Zweikörperproblems in der klassischen Mechanik. Die Massen der beiden Teilchen seien m_1 und m_2, ihre Koordinaten seien r_1 und r_2. Das Potenzial V hänge nur vom Relativvektor $r_1 - r_2$ ab. Dann lautet die Lagrangefunktion

$$\mathcal{L}(\dot{r}_1, \dot{r}_2, r_1, r_2) = \frac{m_1}{2}\, \dot{r}_1^2 + \frac{m_2}{2}\, \dot{r}_2^2 - V(r_1 - r_2) \qquad (24.1)$$

Als neue, verallgemeinerte Koordinaten führen wir die Relativkoordinate r und die Schwerpunktkoordinate R ein:

$$r = r_1 - r_2\,, \qquad R = \frac{m_1 r_1 + m_2 r_2}{m_1 + m_2} \qquad (24.2)$$

Damit wird (24.1) zu

$$\mathcal{L}(\dot{R}, \dot{r}, r) = \frac{M}{2}\, \dot{R}^2 + \frac{\mu}{2}\, \dot{r}^2 - V(r) \qquad (24.3)$$

wobei M die Gesamtmasse und μ die reduzierte Masse ist,

$$M = m_1 + m_2\,, \qquad \mu = \frac{m_1 m_2}{m_1 + m_2} \qquad (24.4)$$

Wegen der räumlichen Translationsinvarianz hängt $\mathcal{L}$ nicht explizit von R ab; daher ist der zugehörige Gesamtimpuls erhalten, $P = $ const. Damit ist die Schwerpunkt-bewegung trivial; zu lösen ist nur noch eine Bewegungsgleichung für r.

Weitere Vereinfachungen ergeben sich für ein *Zentralpotenzial* $V(r) = V(r)$. Die Kraft des Zentralpotenzials wirkt in Richtung auf das Zentrum, also in Rich-tung der Verbindungslinie zwischen den beiden Teilchen. In diesem Fall ist der Drehimpuls erhalten, $\ell = $ const. Daher kann die Winkelbewegung gelöst und abge-spalten werden. Danach ist nur noch eine Radialgleichung für $r(t)$ zu lösen. Damit ist das Problem (24.1) für sechs Freiheitsgrade auf ein Problem mit einem Frei-heitsgrad zurückgeführt. Diese Reduktion wird durch die Symmetrie des Problems ermöglicht (Translations- und Drehinvarianz). Da diese Symmetrien auch für das quantenmechanische Problem gelten, ergibt sich hierfür eine analoge Reduktion.

Die Zeittranslationsinvarianz führt sowohl für das klassische wie für das quantenmechanische Problem zur Energieerhaltung. Konkret ermöglicht es im klassischen Fall die Reduktion zu einer Differenzialgleichung 1. Ordnung (anstelle der Radialgleichung, die 2. Ordnung ist). Im quantenmechanischen Fall können wir uns wegen dieser Symmetrie auf die Lösung der zeitunabhängigen Schrödingergleichung beschränken; hieraus kann ja die allgemeine zeitabhängige Lösung konstruiert werden (Kapitel 15).

Quantenmechanische Bewegung

Aus der Lagrangefunktion (24.3) folgen die zu r und R gehörenden klassischen Impulse

$$p = \frac{\partial \mathcal{L}}{\partial \dot{r}} = \mu \dot{r} \quad \text{und} \quad P = \frac{\partial \mathcal{L}}{\partial \dot{R}} = M \dot{R} \tag{24.5}$$

Die Ableitung $\partial \mathcal{L}/\partial a$ steht für $(\partial \mathcal{L}/\partial a_x)\, e_x + (\partial \mathcal{L}/\partial a_y)\, e_y + (\partial \mathcal{L}/\partial a_z)\, e_z$. Aus (24.3) folgt die Hamiltonfunktion

$$H_{\mathrm{kl}}(P, p, r) = \frac{\partial \mathcal{L}}{\partial \dot{R}} \cdot \dot{R} + \frac{\partial \mathcal{L}}{\partial \dot{r}} \cdot \dot{r} - \mathcal{L} = \frac{P^2}{2M} + \frac{p^2}{2\mu} + V(r) \tag{24.6}$$

Mit $P \to P_{\mathrm{op}} = -\mathrm{i}\hbar\, \partial/\partial R$ und $p \to p_{\mathrm{op}} = -\mathrm{i}\hbar\, \partial/\partial r$ wird daraus der Hamiltonoperator

$$H' = -\frac{\hbar^2}{2M}\, \Delta_R - \frac{\hbar^2}{2\mu}\, \Delta_r + V(r) \tag{24.7}$$

Wir suchen die Lösung Ψ der zeitunabhängigen Schrödingergleichung

$$H'\, \Psi(R, r) = E\, \Psi(R, r) \tag{24.8}$$

Wegen der räumlichen Translationsinvarianz hängt H' nicht explizit von R ab. Daher gilt

$$\left[H', P_{\mathrm{op}} \right] = 0 \quad \text{(Translationsinvarianz)} \tag{24.9}$$

Dies bedeutet, dass wir die Lösungen $\Psi(r, R)$ von H' in Form von Eigenfunktionen zu P_{op} angeben können, also

$$P_{\mathrm{op}}\, \Psi(R, r) = \hbar K\, \Psi(R, r) \quad \Longrightarrow \quad \Psi(R, r) = \exp\left(\mathrm{i}\, K \cdot R\right) \varphi(r) \tag{24.10}$$

Der Produktzustand könnte auch durch (13.1)–(13.5) begründet werden, denn (24.7) ist eine Summe von entkoppelten Hamiltonoperatoren.

Wegen der Translationsinvarianz ist die Schwerpunktbewegung trivial; dies bedeutet $R(t) = a\, t + b$ in der Mechanik und $\Psi \propto \exp(\mathrm{i}\, K \cdot R)$ in der Quantenmechanik. In beiden Fällen sind Schwerpunkt- und Relativbewegung voneinander *entkoppelt.* Um dies für die quantenmechanische Bewegung zu sehen, setzen wir (24.10) in (24.8) ein:

$$\left(-\frac{\hbar^2}{2M}\Delta_R - \frac{\hbar^2}{2\mu}\Delta_r + V(r) - E\right)\exp\left(i\,K\cdot R\right)\varphi(r) = 0 \qquad (24.11)$$

Dies führt zu

$$\left(-\frac{\hbar^2}{2\mu}\Delta + V(r) - \varepsilon\right)\varphi(r) = \left(H - \varepsilon\right)\varphi(r) = 0 \qquad (24.12)$$

Dabei ist $\Delta = \Delta_r$ und

$$E = \varepsilon + \frac{\hbar^2 K^2}{2M} \qquad (24.13)$$

mit $K = |K|$. Bei vorgegebener Gesamtenergie E hängt ε und damit $\varphi(r)$ von K ab, also eigentlich $\varphi_K(r)$ in (24.10)–(24.12). Von Interesse ist jedoch nur ε und nicht die Gesamtenergie; daher lassen wir den Index K weg.

Das Zweiteilchenproblem (24.8) ist damit auf das Einteilchenproblem (24.12) mit dem Hamiltonoperator

$$H = -\frac{\hbar^2}{2\mu}\Delta + V(r) \qquad (24.14)$$

zurückgeführt. Die folgenden Schritte gelten gleichermaßen, wenn von vornherein nur ein Teilchen (Masse μ, Ort r) in einem Potenzial $V(r)$ betrachtet wird.

Wir nehmen nun an, dass das Potenzial kugelsymmetrisch ist,

$$V(r) = V(r, \theta, \phi) = V(r) \qquad (24.15)$$

Für den Laplaceoperator in (24.14) verwenden wir (23.30) mit (23.29):

$$H = -\frac{\hbar^2}{2\mu}\left(\frac{\partial^2}{\partial r^2} + \frac{2}{r}\frac{\partial}{\partial r}\right) + \frac{\ell_{\mathrm{op}}^2}{2\mu r^2} + V(r) \qquad (24.16)$$

Im betrachteten System sind alle Richtungen gleichberechtigt; das System ist *isotrop*. Formal wird diese Isotropie durch

$$\left[H, \ell_{\mathrm{op}}\right] = 0 \qquad \text{(Drehinvarianz)} \qquad (24.17)$$

ausgedrückt. Dabei ist ℓ_{op} der Operator des Bahndrehimpulses der r-Bewegung. Wegen

$$\left[H, \ell_{\mathrm{op}}^2\right] = 0, \quad \left[H, \ell_z\right] = 0 \quad \text{und} \quad \left[\ell_{\mathrm{op}}^2, \ell_z\right] = 0 \qquad (24.18)$$

haben H, ℓ_{op}^2 und ℓ_z simultane Eigenfunktionen. Wir können die gesuchten Lösungen also in der Form von Eigenfunktionen zu ℓ_{op}^2 und ℓ_z ansetzen:

$$\left.\begin{array}{l} \ell_{\mathrm{op}}^2\,\varphi(r, \theta, \phi) = \hbar^2\, l\,(l+1)\,\varphi(r, \theta, \phi) \\[2mm] \ell_z\,\varphi(r, \theta, \phi) = \hbar m\,\varphi(r, \theta, \phi) \end{array}\right\} \Longrightarrow \quad \varphi(r, \theta, \phi) = \varphi_l(r)\,Y_{lm}(\theta, \phi)$$

$$(24.19)$$

Damit wird $(H - \varepsilon)\, \varphi = 0$ zu

$$\left[-\frac{\hbar^2}{2\mu} \left(\frac{d^2}{dr^2} + \frac{2}{r}\frac{d}{dr} \right) + \frac{\hbar^2 l(l+1)}{2\mu r^2} + V(r) - \varepsilon \right] \varphi_l(r) = 0 \qquad (24.20)$$

Wegen der Drehinvarianz (24.17) kann nur ℓ_{op}^2, nicht aber ℓ_z in H vorkommen. Daher hängt H angewandt auf Y_{lm} nur von l, aber nicht von m ab. Wegen der m-Unabhängigkeit haben wir in (24.19) und (24.20) φ_l anstelle von φ_{lm} geschrieben.

Der Term $\hbar^2 l(l+1)/2\mu r^2$ entspricht dem Zentrifugalpotenzial. Das Potenzial $V(r)$ und das Zentrifugalpotenzial können wie in der Mechanik zu einem effektiven Potenzial zusammengefasst werden.

Wegen der Translationsinvarianz konnte die Schwerpunktbewegung explizit und trivial gelöst werden, wegen der Drehinvarianz gilt dies auch für die Winkelbewegung. Es verbleibt damit nur eine eindimensionale *Radialgleichung* (24.20). Die Quantenzahlen der gesamten Lösung sind K_x, K_y, K_z für die Schwerpunktbewegung, l und m für die Winkelbewegung und eine weitere Quantenzahl zur Charakterisierung der (noch unbekannten) Lösung der Radialgleichung. Die Anzahl der Quantenzahlen ist gleich der Anzahl der Freiheitsgrade, nämlich sechs.

Die Radialgleichung (24.20) ist eine eindimensionale, zeitunabhängige Schrödingergleichung. Sie bekommt eine noch einfachere Form, wenn wir anstelle von φ_l die Funktion

$$u_l(r) = r\,\varphi_l(r) \qquad (24.21)$$

einführen. Mit

$$\left(\frac{d^2}{dr^2} + \frac{2}{r}\frac{d}{dr} \right) \varphi_l = \left(\frac{d^2}{dr^2} + \frac{2}{r}\frac{d}{dr} \right) \frac{u_l}{r} = \frac{u_l''}{r} \qquad (24.22)$$

erhalten wir

$$\left(-\frac{\hbar^2}{2\mu}\frac{d^2}{dr^2} + \frac{\hbar^2 l(l+1)}{2\mu r^2} + V(r) - \varepsilon \right) u_l(r) = 0 \qquad (24.23)$$

Mit

$$\varepsilon = \frac{\hbar^2 k^2}{2\mu} \qquad (24.24)$$

können wir die Radialgleichung schließlich in der Form

$$\boxed{\left(-\frac{d^2}{dr^2} + \frac{l(l+1)}{r^2} + \frac{2\mu V(r)}{\hbar^2} - k^2 \right) u_l(r) = 0 \qquad \text{Radialgleichung}}$$

$$(24.25)$$

schreiben. In den folgenden Kapiteln werden explizite Lösungen dieser Radialgleichung für die Fälle

$$V(r) = \begin{cases} V_0\,\Theta(R-r) & \text{Kasten, } V_0 < 0 \\ \mu\,\omega^2 r^2/2 & \text{Oszillator} \\ -Ze^2/r & \text{Coulomb} \end{cases} \qquad (24.26)$$

angegeben. Die schematische Form (Längenparameter gleich 1 gesetzt) der gebundenen Eigenfunktionen ist

$$\frac{u_l(r)}{r} \sim \begin{cases} \sin(q\,r)/r & \text{Kasten} \\ r^k \exp(-r^2/2) & \text{Oszillator} \\ r^k \exp(-Z\,r) & \text{Coulomb} \end{cases} \qquad (24.27)$$

Im ersten und dritten Fall gibt es neben gebundenen Zuständen mit $\varepsilon < 0$ auch Streulösungen mit $\varepsilon > 0$.

Normierung

Die Einteilchenwellenfunktion $\varphi(\mathbf{r}) = \varphi_l(r)\,Y_{lm}(\Omega)$ sind bezüglich der Integration $\int d^3r \ldots = \int dr\, r^2 \int d\Omega \ldots$ normiert. Die Kugelfunktionen sind bezüglich der Winkelintegration $\int d\Omega$ normiert. Daraus folgt

$$\int_0^\infty \left|\varphi_l(r)\right|^2 r^2\, dr = \int_0^\infty |u_l|^2\, dr = 1 \qquad (24.28)$$

und damit die Wahrscheinlichkeitsinterpretation der Radialfunktionen:

$$\left|\varphi_l(r)\right|^2 r^2\, dr = |u_l|^2\, dr = \begin{cases} \text{Wahrscheinlichkeit, das Teilchen} \\ \text{zwischen } r \text{ und } r + dr \text{ zu finden} \end{cases} \qquad (24.29)$$

Wegen dieser Aussage ist es sinnvoll, in graphischen Darstellungen (Abbildungen 25.1, 25.2, 28.1, 29.1) die Funktion $u_l = r\,\varphi_l(r)$ (und nicht $\varphi_l(r)$ selbst) gegenüber r aufzutragen.

Verhalten am Ursprung

Vor der Spezialisierung auf bestimmte Potenziale betrachten wir noch das Verhalten der Lösung von (24.25) bei $r \to 0$ und $r \to \infty$. Wir beschränken uns auf Potenziale, für die

$$r^2\, V(r) \xrightarrow{r \to 0} 0 \qquad (24.30)$$

gilt. Dann dominiert der Zentrifugalterm für $r \to 0$, also

$$u_l'' - \frac{l(l+1)}{r^2}\, u_l \approx 0 \qquad (24.31)$$

Die Lösung dieser Gleichung ist von der Form $u_l = c \cdot r^k$, wobei

$$k(k-1) - l(l+1) = 0, \quad \text{also} \quad k = \begin{cases} l+1 \\ -l \end{cases} \qquad (24.32)$$

Jede der beiden k-Werte führt zu einer Lösung der Differenzialgleichung für $r \neq 0$. Wir nennen die Lösungen

$$u_l \overset{r \to 0}{\sim} \begin{cases} r^{l+1} & \text{regulär} \\ r^{-l} & \text{irregulär} \end{cases} \qquad (24.33)$$

Zur Aufstellung der allgemeinen Lösung im Bereich $r \neq 0$ werden im Allgemeinen sowohl die reguläre wie die irreguläre Lösung benötigt. In der Umgebung von $r = 0$ kommt aber als physikalische Lösung nur die reguläre in Betracht: Der Ausschluss der irregulären Lösung ergibt sich zum einen aus der Bedingung der Normierbarkeit ($\int dr \, |u_l|^2 = 1$). Speziell für $l = 0$ konvergiert das Normierungsintegral auch für die irreguläre Lösung; diese Lösung kann aber durch die stärkere Bedingung einer endlichen kinetischen Energie $\langle E_{kin} \rangle$ ausgeschlossen werden. Der Integrand in $\langle E_{kin} \rangle = \int d^3 r \, \varphi_l^* (-\hbar^2 \Delta / 2m) \, \varphi_l$ divergiert für $\varphi_{l=0}^{irreg} = u_0^{irreg}/r \propto 1/r$ wie $1/r^4$.

Tatsächlich erfüllt die irreguläre Lösung die Schrödingergleichung auch nur für $r \neq 0$, also mit Ausschluss einer Umgebung des Punktes $r = 0$. So führt etwa $\varphi_0 = u_0/r = 1/r$ zu $\Delta \varphi_0 = -4\pi \delta(\boldsymbol{r}) \neq 0$.

Die reguläre Lösung geht für $r \to 0$ wie $|u_l|^2 \propto r^{2l+2}$ gegen null. Der Faktor r^{2l} wird durch den Zentrifugalterm $l(l+1)/r^2$ verursacht, der die Aufenthaltswahrscheinlichkeit im Inneren unterdrückt. Ein Faktor r^2 kommt dabei von der Definition $u_l = r \varphi_l$; im Normierungsintegral $\int d^3r \, |\varphi_l|^2 = 4\pi \int dr \, |u_l|^2$ kann dieses r^2 als Bestandteil des Volumenelements $d^3 r = r^2 \, dr \, d\Omega$ aufgefasst werden.

Klassifikation der Zustände

Ungebundene Lösungen $u_l(r)$ der Radialgleichung werden durch die Wellenzahl k charakterisiert. Gebundene reguläre Lösungen $u_l(r)$ werden durch die *radiale Quantenzahl* n_r gekennzeichnet, die die Anzahl der Knoten angibt (die Nullstelle bei $r = 0$ wird dabei nicht mitgezählt). Der unterste Zustand hat keine Knoten ($n_r = 0$), mit wachsender Knotenzahl n_r steigt die Energie an.

Gebundene Wellenfunktionen $\psi(r, \theta, \phi)$ werden dann insgesamt durch die Quantenzahlen

$$n_r, \, l, \, m \quad \text{oder} \quad n, \, l, \, m$$

charakterisiert. Bei sphärischer Symmetrie hängt die Energie nicht von m ab, also $E = E_{n_r l}$. Bei speziellen zusätzlichen Symmetrien kann die Energie durch eine einzige *Hauptquantenzahl* n ausgedrückt werden, $E = E_n$. Im sphärischen Oszillator (Kapitel 28) ist dies $n = 2n_r + l$, und im Wasserstoffproblem $n = n_r + l + 1$ (Kapitel 29). In diesen Fällen ergeben verschiedene Werte von n_r und l dasselbe n und damit dieselbe Energie. Die spezielle Symmetrie macht sich also durch eine zusätzliche Entartung von Zuständen bemerkbar.

Es ist üblich, die Drehimpulse durch kleine Konsonanten zu bezeichnen, und zwar

$$\text{s, p, d, f, } \dots \quad \text{für} \quad l = 0, 1, 2, 3, \dots$$

Die Niveaus werden dann durch eine Zahl und diesen Buchstaben bezeichnet. Für die verwendete Zahl gibt es unterschiedliche Konventionen. Meist werden ($n_r + 1$) für den Kasten, allgemeinere Potenziale und den Oszillator verwendet, und n für das Wasserstoffatom. Dann hat der 3p-Zustand immer den Drehimpuls $l = 1$, aber die radiale Quantenzahl $n_r = 2$ im Woods-Saxon-Potenzial oder im Oszillator, und $n_r = 1$ im Wasserstoffatom.

Asymptotisches Verhalten

Wir betrachten speziell *kurzreichweitige* Potenziale, die der Bedingung

$$r\, V(r) \overset{r \to \infty}{\longrightarrow} 0 \tag{24.34}$$

genügen. Diese Bedingung gilt etwa für das mittlere Potenzial eines Neutrons im Atomkern. Die Bedingung ist jedoch nicht erfüllt für das Oszillator- und für das Coulombpotenzial; deren Asymptotik muss gesondert behandelt werden.

Für (24.34) wird (24.25) asymptotisch zu

$$u'' + \frac{2\mu\varepsilon}{\hbar^2}\, u \approx 0 \tag{24.35}$$

Diese Gleichung hat die Lösungen

$$u \propto \begin{cases} \exp(\pm\kappa r) & \text{für } \varepsilon < 0 \\ \exp(\pm i k r) & \text{für } \varepsilon > 0 \end{cases} \tag{24.36}$$

wobei $k = \sqrt{2\mu\varepsilon}/\hbar$ und $\kappa = \sqrt{-2\mu\varepsilon}/\hbar$. Dies ist das asymptotische Verhalten der Wellenfunktion für kurzreichweitige Potenziale.

25 Kastenpotenzial

Wir untersuchen die quantenmechanische Bewegung eines Teilchens in einem stückweise konstanten Potenzial. Insbesondere bestimmen wir die Lösungen in einem unendlichen und in einem endlichen Kastenpotenzial.

Konstantes Potenzial

Wir beginnen mit einem konstanten Potenzial

$$V(r) = V_0 = \text{const.} \tag{25.1}$$

In der Radialgleichung (24.23) setzen wir

$$\varepsilon - V_0 = \frac{\hbar^2 k^2}{2\mu} \tag{25.2}$$

ein und erhalten:

$$\left(\frac{d^2}{dr^2} - \frac{l(l+1)}{r^2} + k^2 \right) u_l(r) = 0 \tag{25.3}$$

Dies ist die Radialgleichung der freien Bewegung; für die Lösung der Schrödingergleichung ist der Wert der Konstanten V_0 also unerheblich. Mit der dimensionslosen Größe

$$z = k r \tag{25.4}$$

wird (25.3) zu

$$\left(\frac{d^2}{dz^2} - \frac{l(l+1)}{z^2} + 1 \right) u_l(z) = 0 \tag{25.5}$$

Diese Gleichung hat die regulären Lösungen

$$u_l(z) = z\, j_l(z) \equiv z^{l+1} \left(-\frac{1}{z}\frac{d}{dz} \right)^l \frac{\sin z}{z} \tag{25.6}$$

und die irregulären Lösungen

$$u_l(z) = z\, y_l(z) \equiv -z^{l+1} \left(-\frac{1}{z}\frac{d}{dz} \right)^l \frac{\cos z}{z} \tag{25.7}$$

Die Funktionen j_l und y_l heißen *sphärische Besselfunktionen*. Die Bezeichnung regulär und irregulär kennzeichnet ihr Verhalten am Ursprung:

$$j_l = z^l \left(-\frac{1}{z}\frac{d}{dz} \right)^l \left(1 - \frac{z^2}{3!} \pm \ldots (-)^n \frac{z^{2n}}{(2n+1)!} \pm \ldots \right) \overset{z \to 0}{\longrightarrow} \frac{2^l l!\, z^l}{(2l+1)!} \qquad (25.8)$$

$$y_l = -z^l \left(-\frac{1}{z}\frac{d}{dz} \right)^l \left(\frac{1}{z} - \frac{z}{2!} + \frac{z^3}{4!} \pm \ldots \right) \overset{z \to 0}{\longrightarrow} -\frac{(2l)!}{2^l l!}\frac{1}{z^{l+1}} \qquad (25.9)$$

In (25.8) kommt der führende Beitrag vom Term mit $n = l$, in (25.9) vom $1/z$-Term.

Analog zu den Linearkombinationen $\exp(\pm iz) = \cos z \pm i \sin z$ führen wir die *sphärischen Hankelfunktionen* erster Art (oberer Index (1)) ein:

$$h_l^{(1)} = j_l + i\, y_l = -i z^l \left(-\frac{1}{z}\frac{d}{dz} \right)^l \frac{\exp iz}{z} \qquad (25.10)$$

Die sphärische Hankelfunktion zweiter Art wird durch $h_l^{(2)} = j_l - i\, y_l = h_l^{(1)*}$ definiert. Für $z \to \infty$ ergibt sich der führende Term in $h_l^{(1)}$, wenn alle Ableitungen auf $\exp(iz) = \exp(ikr)$ wirken. Hieraus folgt das asymptotische Verhalten:

$$h_l^{(1)}(kr) \overset{r \to \infty}{\longrightarrow} (-i)^{l+1} \frac{\exp(ikr)}{kr} = -i\,\frac{\exp[\,i(kr - l\pi/2)]}{kr} \qquad (25.11)$$

$$j_l(kr) = \operatorname{Re} h_l^{(1)} \overset{r \to \infty}{\longrightarrow} \frac{\sin(kr - l\pi/2)}{kr} \qquad (25.12)$$

$$y_l(kr) = \operatorname{Im} h_l^{(1)} \overset{r \to \infty}{\longrightarrow} -\frac{\cos(kr - l\pi/2)}{kr} \qquad (25.13)$$

Für reelles k beschreibt $\exp(ikr)/kr$ eine auslaufenden Kugelwelle, und $h_l^{(2)} = h_l^{(1)*} \to \exp(-ikr)/kr$ eine einlaufende Kugelwelle. Für imaginäres $k = i\kappa$ ergibt die Hankelfunktion 1. Art das asymptotische Verhalten $(\exp(-\kappa r)/kr)$ einer gebundenen Lösung.

Wir zeigen, dass $z\, j_l(z)$ tatsächlich (25.5) löst. Für $l = 0$ folgt dies direkt durch Einsetzen von

$$z\, j_0 = \sin z \qquad (25.14)$$

in (25.5). Dann genügt es zu beweisen, dass aus

$$\left(\frac{d^2}{dz^2} - \frac{l(l+1)}{z^2} + 1 \right) \underbrace{z^{l+1} \left(-\frac{1}{z}\frac{d}{dz} \right)^l \frac{\sin z}{z}}_{=\, f_l(z)} = 0 \qquad (25.15)$$

die entsprechende Gleichung für $l + 1$ folgt. Wir verwenden

$$\frac{df_l}{dz} = \frac{l+1}{z} f_l - f_{l+1} \qquad (25.16)$$

und leiten (25.15) nach z ab:

$$
\begin{aligned}
0 &= \left(-\frac{d}{dz}\frac{l(l+1)}{z^2}\right)f_l + \left(\frac{d^2}{dz^2} - \frac{l(l+1)}{z^2} + 1\right)\frac{df_l}{dz} \\
&= \frac{2l(l+1)}{z^3}f_l + \left(\frac{d^2}{dz^2} - \frac{l(l+1)}{z^2} + 1\right)\frac{l+1}{z}f_l - \left(\frac{d^2}{dz^2} - \frac{l(l+1)}{z^2} + 1\right)f_{l+1} \\
&= \frac{2l(l+1)}{z^3}f_l + \frac{l+1}{z}\underbrace{\left(\frac{d^2}{dz^2} - \frac{l(l+1)}{z^2} + 1\right)f_l}_{=\,0} + \left(\frac{d^2}{dz^2}\frac{l+1}{z}\right)f_l \\
&\quad + 2\left(\frac{d}{dz}\frac{l+1}{z}\right)\frac{df_l}{dz} - \left(\frac{d^2}{dz^2} - \frac{l(l+1)}{z^2} + 1\right)f_{l+1} \\
&= \frac{2(l+1)^2}{z^3}f_l - \frac{2(l+1)}{z^2}\left(\frac{l+1}{z}f_l - f_{l+1}\right) - \left(\frac{d^2}{dz^2} - \frac{l(l+1)}{z^2} + 1\right)f_{l+1}
\end{aligned}
$$

Die Terme mit f_l heben sich auf, so dass hieraus

$$
\left(\frac{d^2}{dz^2} - \frac{(l+2)(l+1)}{z^2} + 1\right)f_{l+1} = 0 \tag{25.17}
$$

folgt. Damit haben wir aus (25.15) die entsprechende Aussage für $l+1$ anstelle von l abgeleitet.

Gebundene Zustände im Kasten

Ein Kastenpotenzial ist ein stückweise konstantes Potenzial. In den einzelnen Bereichen können wir daher die Lösungen für konstantes Potenzial ansetzen; diese sind an den Grenzen geeignet zu verbinden. Wir betrachten das unendliche und endliche Kastenpotenzial, Abbildung 25.1 und 25.2.

Unendlicher Kasten

Der unendlich hohe Kasten wird durch das Potenzial

$$
V(r) = \begin{cases} 0 & (r \le R) \\ \infty & (r > R) \end{cases} \tag{25.18}
$$

definiert. Für $r \le R$ kommt nur die reguläre Lösung in Frage, also

$$
u_l(r) = C\, r\, j_l(kr) \tag{25.19}
$$

Die Lösung muss der Randbedingung

$$
u_l(R) = 0 \tag{25.20}
$$

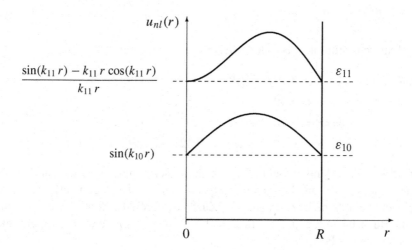

$$\frac{\sin(k_{11}\, r) - k_{11}\, r \cos(k_{11}\, r)}{k_{11}\, r}$$

$$\sin(k_{10} r)$$

Abbildung 25.1 Der Radialteil u_{nl} der untersten beiden Lösungen ($n = 1$, $l = 0$ und 1) im unendlich hohen, kugelsymmetrischen Kastenpotenzial.

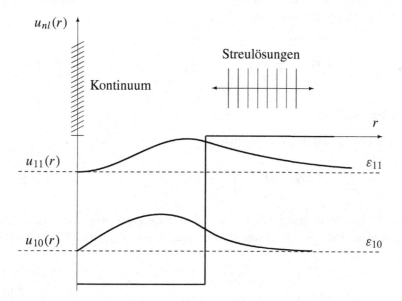

Abbildung 25.2 Das endliche attraktive, kugelsymmetrische Kastenpotenzial hat im Allgemeinen einige gebundene Lösungen zu diskreter negativer Energie ε_{nl} und ein Kontinuum von Streulösungen zu positiver Energie $\varepsilon > 0$.

genügen. Daraus folgt die *Eigenwertbedingung*

$$j_l(kR) = 0 \quad \Longrightarrow \quad k = k_{nl} \qquad \begin{array}{l} (n = 1, 2, 3, \dots) \\ l = 0, 1, 2, \dots) \end{array} \qquad (25.21)$$

Sie wird durch bestimmte, diskrete k-Werte k_{nl} gelöst, etwa

$$
\begin{array}{llll}
l = 0: & k_{10}R = 3.14, & k_{n0}R = n\,\pi & (1\text{s}, 2\text{s}, \dots) \\
l = 1: & k_{11}R = 4.49, & k_{21}R = 7.73, \dots & (1\text{p}, 2\text{p}, \dots) \\
l = 2: & k_{12}R = 5.76, & k_{22}R = 9.10, \dots & (1\text{d}, 2\text{d}, \dots) \\
l = 3: & k_{13}R = 6.99, & k_{23}R = 10.42, \dots & (1\text{f}, 2\text{f}, \dots)
\end{array}
\qquad (25.22)
$$

Dabei ist $n = n_{\mathrm{r}} + 1$ bis auf eine Einheit gleich der radialen Quantenzahl n_{r}, die die Anzahl der Knoten angibt (eine Hauptquantenzahl gibt es hier nicht). In (25.22) wurde noch die übliche Bezeichnung der Zustände durch die Zahl $n = n_{\mathrm{r}} + 1$ und durch die Buchstaben s, p, d, f, $\dots$ für $l = 0, 1, 2, 3, \dots$ aufgeführt. Die Eigenfunktionen sind von der Form

$$\psi_{nlm}(\boldsymbol{r}) = \frac{u_{nl}(r)}{r}\, Y_{lm} = C_{nl}\, j_l(k_{nl}\,r)\, Y_{lm}(\theta, \phi) \qquad (25.23)$$

Abbildung 25.1 zeigt die Radialfunktionen u_{10} und u_{11}. Die Eigenfunktionen ψ_{nlm} gehören zu den Energieeigenwerten

$$\varepsilon_{nl} = \frac{\hbar^2}{2\,\mu}\, k_{nl}^2 \qquad \begin{array}{l} (n = 1, 2, 3, \dots \\ l = 0, 1, 2, \dots) \end{array} \qquad (25.24)$$

Endlicher Kasten

Für ein endliches, attraktives Kastenpotenzial

$$V(r) = \begin{cases} V_0 < 0 & (r \le R) \\ 0 & (r > R) \end{cases} \qquad (25.25)$$

betrachten wir die gebundenen Lösungen; die Streulösungen werden im nächsten Kapitel diskutiert. Die Lösung im Inneren muss regulär sein, die im Äußeren exponentiell abfallend:

$$u_l = \begin{cases} A\,q\,r\,j_l(q\,r) & (r \le R) \\ B\,\mathrm{i}\kappa\,r\,h_l^{(1)}(\mathrm{i}\kappa\,r) & (r > R) \end{cases} \qquad (25.26)$$

Hierbei ist

$$\frac{\hbar^2 q^2}{2\,\mu} = \varepsilon - V_0 > 0, \qquad \frac{\hbar^2 \kappa^2}{2\,\mu} = -\varepsilon > 0 \qquad (25.27)$$

Der endliche Sprung im Potenzial bei R impliziert einen entsprechenden Sprung in u_l''. Damit sind u_l' und u_l stetig. Die Bedingung der Stetigkeit der logarithmischen Ableitung u_l'/u_l bei $r = R$ ergibt die Eigenwertbedingung:

$$\frac{j_l(qR) + qR\, j_l'(qR)}{R\, j_l(qR)} = \frac{h_l^{(1)}(i\kappa R) + i\kappa R\, h_l^{(1)\prime}(i\kappa R)}{R\, h_l^{(1)}(i\kappa R)} \tag{25.28}$$

In diese Eigenwertbedingung sind q und κ aus (25.27) einzusetzen. Die Eigenwertbedingung bestimmt dann die Energieeigenwerte ε_{nl} der gebundenen Zustände. Die Konstanten A und B der Lösung (25.26) werden durch die Stetigkeit bei R und die Normierung festgelegt. Damit liegen die Eigenfunktionen $\psi_{nlm} = u_l\, Y_{lm}/r$ vollständig fest. In Abbildung 25.2 sind zwei Radialfunktionen skizziert; sie entsprechen den beiden Funktionen in Abbildung 25.1. Neben den gebundenen Lösungen gibt es ein Kontinuum von Streulösungen zu positiver Energie.

Wir betrachten etwas näher den Spezialfall $l = 0$. Hierfür wird (25.26) zu

$$u_0 = \begin{cases} A\, \sin(qr) & (r \le R) \\ B\, \exp(-\kappa r) & (r > R) \end{cases} \tag{25.29}$$

Die Bedingung der stetigen logarithmischen Ableitung lautet

$$\tan(qR) = -\frac{q}{\kappa} \tag{25.30}$$

Diese Form der Eigenwertbedingung hatten wir auch bereits in Kapitel 20 für die ungeraden Lösungen im eindimensionalen Kasten erhalten. Wir führen dimensionslosen Größen $y = qR$ und

$$y_0 = q_0 R = \frac{\sqrt{2\mu|V_0|}}{\hbar}\, R \tag{25.31}$$

ein. Mit $\kappa^2 = q_0^2 - q^2$ wird die Eigenwertbedingung dann zu

$$\tan(y) = \frac{-y}{\sqrt{y_0^2 - y^2}} \tag{25.32}$$

In Abbildung 25.3 sind die beiden Seiten diese Gleichung graphisch dargestellt. Die Schnittpunkte $y_n = q_n R$ der beiden Graphen bestimmen die Energieeigenwerte ε_{n0}.

Die rechte Seite von (25.32) geht für $y \to y_0$ gegen minus unendlich. Die Größe y_0 ist proportional zu $|V_0|^{1/2} R$. Wir stellen uns nun vor, dass wir $|V_0|^{1/2} R$ wachsen lassen, also etwa dass Potenzial sukzessive tiefer machen. Dann wird y_0 größer. Immer wenn y_0 einen der Werte $\pi(i + 1/2)$ übersteigt, gibt es einen zusätzliche Schnittpunkt in Abbildung 25.3; es gibt also einen zusätzlichen gebundenen Zustand. Die Anzahl n_0 der gebundenen Zustände ist daher

$$n_0 = \text{int}\left(\frac{\sqrt{2\mu|V_0|}\, R}{\pi\hbar} + \frac{1}{2}\right) \tag{25.33}$$

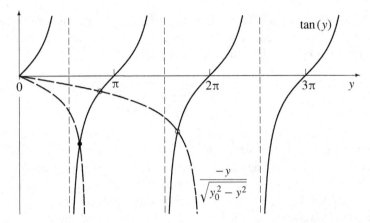

Abbildung 25.3 Die beiden Seiten der Eigenwertbedingung (25.32) sind als Funktion von $y = qR$ aufgetragen. Die rechte Seite (fette, gebrochene Linie) ist für zwei verschiedene Potenziale aufgetragen, die den Werten $y_0 = 2.2$ und $y_0 = 6$ entsprechen. Im ersten Fall gibt es eine Schnittstellen (voller Kreis), also eine gebundene Lösung , im zweiten zwei Schnittstellen und Lösungen (offene Kreise). Immer wenn y_0 (als Funktion der Potenzialparameter) einen Wert $\pi (i + 1/2)$ übersteigt, gibt es einen zusätzlichen gebundenen Zustand.

Hierbei ist int(z) die größte ganze Zahl i, für die $i \leq z$ gilt. Für einen hinreichend kleinen Potenzialkasten (für $\sqrt{2\mu |V_0|}\, R/(\pi \hbar) < 1/2$) gibt es keinen gebundenen Zustand.

Entwicklung der ebenen Welle nach Kugelfunktionen

Die Schrödingergleichung für ein freies Teilchen kann in kartesischen oder in Kugelkoordinaten angeschrieben werden:

$$\left(-\frac{\partial^2}{\partial x^2} - \frac{\partial^2}{\partial y^2} - \frac{\partial^2}{\partial z^2} - k^2 \right) \varphi(x, y, z) \tag{25.34}$$

$$= \left(-\frac{\partial^2}{\partial r^2} - \frac{2}{r}\frac{\partial}{\partial r} + \frac{\ell_{\mathrm{op}}^2}{\hbar^2 r^2} - k^2 \right) \varphi(r, \theta, \phi) = 0$$

Für kartesische Koordinaten wurden die Lösungen in Kapitel 9 angegeben, für Kugelkoordinaten in diesem Kapitel. Die beiden Lösungsformen sind

$$\varphi = \begin{cases} \exp(\mathrm{i}\,\boldsymbol{k}\cdot\boldsymbol{r}) = \exp\left[\mathrm{i}\,(k_x x + k_y y + k_z z)\right] \\ j_l(kr)\, Y_{lm}(\theta, \phi) \quad \text{und} \quad y_l(kr)\, Y_{lm}(\theta, \phi) \end{cases} \tag{25.35}$$

Zu gegebener Energie $\varepsilon = \hbar^2 k^2 / 2\mu$ gibt es unendlich viele Lösungen; die verschiedenen Richtungen von $\boldsymbol{k}$ entsprechen verschiedenen l- und m-Werten. Auch jede Linearkombination mit festem k ist Lösung zur Energie $\varepsilon = \hbar^2 k^2 / 2\mu$. In (25.35) sind speziell die Linearkombinationen angegeben, die Eigenfunktionen zu $\boldsymbol{p}_{\mathrm{op}}$ oder zu ℓ_{op}^2 und ℓ_z sind.

Für festes k müssen die beiden Sätze von Funktionen (25.35) äquivalent sein, weil sie Lösungen derselben Differenzialgleichung sind. Daher muss sich jede spezielle Lösung als Linearkombination der jeweils anderen Lösungsform darstellen lassen. Wir leiten konkret die Entwicklung einer ebenen Welle nach Kugelfunktionen ab. Dazu verwenden wir die Vollständigkeitsrelation (23.42):

$$\exp(i k z) = \exp(i k r \cos \theta)$$

$$= \int_{-1}^{1} d \cos\theta' \int_{0}^{2\pi} d\phi' \, \delta(\cos\theta' - \cos\theta) \, \delta(\phi' - \phi) \exp(i k r \cos\theta')$$

$$= \sum_{l,m} Y_{lm}^{*}(\theta, \phi) \int_{-1}^{1} d \cos\theta' \int_{0}^{2\pi} d\phi' \, Y_{lm}(\theta', \phi') \, \exp(i k r \cos\theta') \qquad (25.36)$$

Mit $\int d\phi' \exp(i m\phi') = 2\pi \, \delta_{m0}$ und $Y_{l0} = \sqrt{(2l+1)/4\pi} \, P_l$ wird dies zu

$$\exp(i k r \cos\theta) = \sum_{l} \frac{2l+1}{2} \, P_l(\cos\theta) \, I_l(r) \qquad (25.37)$$

mit

$$I_l(r) = \int_{-1}^{1} d \cos\theta' \, \exp\left(i k r \cos\theta'\right) P_l(\cos\theta') \qquad (25.38)$$

Die Welle (25.37) ist Lösung zu (25.34). Daher gilt

$$\sum_{l} \frac{2l+1}{2} \, P_l(\cos\theta) \left[\frac{d^2}{dr^2} + \frac{2}{r} \frac{d}{dr} - \frac{l(l+1)}{r^2} + k^2 \right] I_l(r) = 0 \qquad (25.39)$$

Da die Legendre-Polynome orthogonal sind, (23.41), muss jeder einzelne Summand verschwinden. Also ist jedes einzelne $I_l(r)$ Lösung der Radialgleichung. Nach (25.38) ist $I_l(r)$ bei $r = 0$ regulär; daher muss $I_l(r) = c_l \, j_l(k r)$ gelten. Die Konstante c_l kann zu $2 \, i^l$ bestimmt werden,

$$I_l(r) = 2 \, i^l \, j_l(k r) \qquad (25.40)$$

Hiermit wird (25.37) zu

$$\exp(i k z) = \exp(i k r \cos\theta) = \sum_{l=0}^{\infty} (2l+1) \, i^l \, P_l(\cos\theta) \, j_l(k r) \qquad (25.41)$$

Diese Formel ist für die Behandlung von Streuproblemen wichtig.

Aufgaben

25.1 Zu den Besselfunktionen

Die regulären und irregulären Besselfunktionen werden durch

$$
j_l(z) = z^l \left(-\frac{1}{z} \frac{d}{dz} \right)^l \frac{\sin z}{z}, \qquad y_l(z) = -z^l \left(-\frac{1}{z} \frac{d}{dz} \right)^l \frac{\cos z}{z} \qquad (25.42)
$$

definiert. Leiten Sie hieraus das asymptotische Verhalten ab:

$$
j_l(z) \xrightarrow{z \to \infty} \frac{\sin(z - l\pi/2)}{z}, \qquad y_l(z) \xrightarrow{z \to \infty} -\frac{\cos(z - l\pi/2)}{z}
$$

Die Eigenwerte des unendlich hohen Kastenpotenzials (Radius R) sind durch

$$
j_l(kR) = 0 \quad \Longrightarrow \quad k_{nl} R
$$

festgelegt. Lösen Sie diese Bedingung mit der asymptotischen Form der Bessel-funktionen. Vergleichen Sie die Näherungswerte für $n = 1, 2$ und $l = 0, 1, 2, 3$ mit den exakten Werten. Wann ist die Näherung gut?

25.2 Deuteron

Das Deuteron besteht aus einem Proton und einem Neutron. Der Grundzustand hat eine Bindungsenergie von $\varepsilon_0 = -\hbar^2 \kappa^2/(2\mu) = -2.226\,\text{MeV}$ mit $\hbar^2/(2\mu) = 41.5\,\text{MeV fm}^2$. Das Potenzial zwischen dem Proton und dem Neutron soll durch ein Kastenpotenzial mit der Reichweite $R = 1.5\,\text{fm}$ angenähert werden. Wie muss die Tiefe $V_0 = -\hbar^2 q_0^2/(2\mu)$ des Potenzials gewählt werden? Betrachten Sie dazu die Eigenwertgleichung

$$
\cot(qR) = -\frac{\kappa}{q} = -\frac{\sqrt{q_0^2 - q^2}}{q}
$$

mit $\varepsilon_0 - V_0 = \hbar^2 q^2/(2\mu) > 0$ für den Fall, dass es genau einen gebundenen Zu-stand gibt. Lösen Sie die Eigenwertgleichung (i) näherungsweise analytisch (unter Verwendung von $|\varepsilon_0| \ll |V_0|$) und (ii) numerisch mit 1 Promille Genauigkeit auf einem Taschenrechner.

26 Streuung: Allgemeines

Wir behandeln die elastische Streuung von Teilchen an einem sphärischen, kurz-reichweitigen Potenzial. Der differenzielle Wirkungsquerschnitt $d\sigma/d\Omega$ wird definiert und mit der asymptotischen Form der Wellenfunktion verknüpft. Die Streuwellenfunktion wird nach Partialwellen zerlegt. Die Streuphasen $\delta_l(k)$ werden definiert und diskutiert.

Definition des Wirkungsquerschnitts

Ein Strom gleichartiger *Projektilteilchen* laufe auf eine Ansammlung anderer Teilchen (etwa eine dünne Materiefolie) zu. Wir betrachten die Streuung an einem herausgegriffenen Teilchen des *Targets* (bei $r = 0$ in Abbildung 26.1). Durch die Wechselwirkung mit dem Target kommt es zu Ablenkungen der Projektilteilchen. Wir beschränken uns auf den Fall, dass es dabei nicht zu inneren Anregungen des Target oder Projektilteilchens kommt, also auf den Fall der *elastischen* Streuung.

Der einfallende Strahl habe eine über die Strahlbreite homogene *Stromdichte*

$$j_{\text{ein}} = \frac{\Delta N_{\text{ein}}}{\Delta t\,\Delta A} = \frac{\text{einfallende Teilchen}}{\text{Zeit} \cdot \text{Fläche}} \tag{26.1}$$

Die Projektilteilchen sollen sich gegenseitig nicht beeinflussen, und jedes Projektilteilchen soll maximal an einem Targetteilchen streuen. Der betrachtete Vorgang ist dann eine Überlagerung aus den unabhängigen Streuungen von jeweils zwei Teilchen.

Ein gestreutes Teilchen könnte nun in einem Detektor nachgewiesen werden, dessen Position durch die Winkel θ und ϕ definiert ist. Durch den Abstand R und die Fläche dA_{D} des Detektors wird ein kleiner Raumwinkel $d\Omega = dA_{\text{D}}/R^2$ definiert (Abbildung 26.1). Der Detektor weist während eines Zeitintervalls Δt eine bestimmte Anzahl ΔN_{str} von gestreuten Teilchen nach. Die Zählrate $\Delta N_{\text{str}}/\Delta t$ ist proportional zu $d\Omega$ und zur einfallenden Stromdichte. Das Verhältnis der Zählrate zu diesen beiden Größen wird als *differenzieller Wirkungsquerschnitt* (oder auch *Streuquerschnitt*) $d\sigma/d\Omega$ definiert:

$$\frac{d\sigma(\theta,\phi)}{d\Omega} = \frac{\Delta N_{\text{str}}/\Delta t/d\Omega}{\Delta N_{\text{ein}}/\Delta t/\Delta A} = \frac{\text{gestreute Teilchen/Zeit}/d\Omega}{\text{einlaufende Stromdichte}} \tag{26.2}$$

Diese Definition erfolgt mit der Maßgabe, dass sie auf genau 1 Streuzentrum zu beziehen ist. Die tatsächliche Zählrate ist daher durch die Anzahl der Streuzentren zu teilen. Dies ist die Anzahl der Targetteilchen im Bereich des Projektilstrahls.

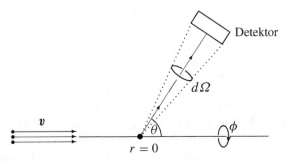

Abbildung 26.1 Ein Teilchenstrahl laufe auf das Target zu. Die asymptotische Geschwindigkeit v der Projektile definiert die Strahlrichtung. Wir betrachten die Streuung an einen herausgegriffenen Targetteilchen bei $r = 0$. Ein Detektor weist alle in den Raumwinkel $d\Omega$ gestreuten Teilchen nach.

Die endliche Strahlbreite und die Targetdicke führen zu einer Unbestimmtheit im Streuwinkel; denn man weiß nicht genau, aus welchem Bereich ein im Detektor nachgewiesenes Teilchen kommt. Auch die endliche Größe des Detektors ergibt eine Winkelunschärfe. Diese Winkelunschärfen können aber durch einen hinreichend großen Abstand R des Detektors klein gehalten werden.

Summieren wir (26.2) über alle Richtungen, so erhalten wir den (totalen) *Wirkungsquerschnitt* σ,

$$\sigma = \frac{\Delta N_\mathrm{str}/\Delta t}{\Delta N_\mathrm{ein}/\Delta t/\Delta A} = \int d\Omega \, \frac{d\sigma}{d\Omega} = \int_0^{2\pi} d\phi \int_{-1}^{1} d\cos\theta \, \frac{d\sigma}{d\Omega} \qquad (26.3)$$

Aus $\Delta N_\mathrm{str}/\Delta t = \sigma \, j_\mathrm{ein}$ folgt, dass σ die Fläche ist, an der die einfallende Teilchenstromdichte j_ein effektiv gestreut wird. Für die Streuung eines Nukleons an einem schweren Atomkern (mit einem Radius $R \sim 6 \cdot 10^{-13}$ cm) erwarten wir daher die Größenordnung $\sigma \sim \pi R^2 \approx 10^{-24}$ cm^2, für die Streuung von zwei Atomen ($R \sim 2$ Å) aneinander dagegen $\sigma \sim 10^{-15}$ cm^2.

Die hier eingeführte Definition des Wirkungsquerschnitts gilt unabhängig davon, ob die Streuung klassisch oder quantenmechanisch behandelt wird.

Wirkungsquerschnitt und Wellenfunktion

Wir nehmen an, dass sich die Wechselwirkung zwischen jeweils einem Target- und einem Projektilteilchen (Massen m_t und m_p) durch ein Potenzial mit endlicher Reichweite beschreiben lässt:

$$V(r) = \begin{cases} \text{beliebig} & (r \leq R) \\ 0 & (r > R) \end{cases} \qquad (26.4)$$

Hierbei ist $r = r_\mathrm{p} - r_\mathrm{t}$ der Relativvektor zwischen dem Projektil- und dem Targetteilchen. Durch ein Potenzial könnte etwa die Wechselwirkung eines Neutrons mit

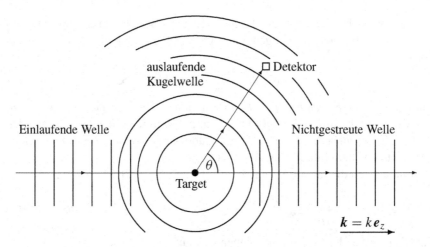

Abbildung 26.2   Eine ebene Welle fällt auf ein Streuzentrum des Targets ein. Ein Teil der Welle läuft ungestört weiter. Der gestreute Teil besteht aus Kugelwellen, die vom Zentrum nach außen laufen. Die Intensität der gestreuten Welle wird in einem Detektor in Abhängigkeit vom Streuwinkel θ gemessen.

einem Atomkern beschrieben werden. Anstelle von $V(r > R) = 0$ genügt auch die schwächere Bedingung, dass $V(r)$ für $r \to \infty$ schneller als $1/r^2$ abfällt. Damit kann $V(r)$ asymptotisch gegenüber dem Zentrifugalpotenzial vernachlässigt werden, und wir erhalten dort die freien Lösungen aus Kapitel 25. Für ein Coulombpotenzial müssten andere asymptotische Funktionen verwendet werden.

Nach Kapitel 24 lässt sich das Zweikörperproblem (Projektilteilchen mit Masse m_p und Targetteilchen mit Masse m_t) auf ein Einkörperproblem zurückführen. Wir sprechen dann davon, das ein (fiktives) Teilchen der Masse $\mu = m_\text{t} m_\text{p}/(m_\text{t} + m_\text{p})$ an einem Potenzial gestreut wird. Für $m_\text{t} \gg m_\text{p}$ kann das fiktive Teilchen praktisch mit einem Projektilteilchen gleichgesetzt werden. In diesem Fall kann auch auf die Umrechnung zwischen Schwerpunkt- und Laborsystem (Kapitel 18 in [1]) verzichtet werden.

Der einfallende Teilchenstrahl kann durch die ebene Welle

$$\varphi_\text{ein} = C \exp(\mathrm{i}\, \boldsymbol{k} \cdot \boldsymbol{r}) = C \exp(\mathrm{i}kz) \tag{26.5}$$

beschrieben werden. Hierbei ist k durch die Energie $E = \hbar^2 k^2/2\mu$ des einfallenden Strahls gegeben, und $|C|^2$ gibt die (Wahrscheinlichkeits-) Dichte der Teilchen im Strahl an. Die Stromdichte der Welle (26.5) ist

$$j_\text{ein} = \frac{\Delta N_\text{str}}{\Delta t\, \Delta A} = \frac{\hbar k}{\mu}\, |C|^2 \tag{26.6}$$

Für $r > R$ ist die Wellenfunktion eine Lösung der freien Schrödingergleichung. Nach (25.12) und (25.13) kann deren Lösung so angeschrieben werden, dass sie asymptotisch proportional zu $\exp(\pm \mathrm{i}kr)/r$ ist. Da die gestreuten Teilchen vom

Streuzentrum nach außen laufen, kommt für ihre Beschreibung nur die Form $\exp(+\mathrm{i}kr)/r$ in Betracht. Ein allgemeiner Ansatz für die asymptotische Streuwelle φ_{str} ist daher

$$\varphi_{\mathrm{str}} = C\, f(\theta, \phi)\, \frac{\exp(\mathrm{i}kr)}{r} \qquad (r \to \infty) \tag{26.7}$$

Hierdurch wird die *Streuamplitude* $f(\theta, \phi)$ definiert. Die Energie- oder k-Abhängigkeit der Streuamplitude $f(\theta, \phi, k)$ wird nur gelegentlich mit angeschrieben. Der Ansatz (26.7) berücksichtigt, dass die Amplitude der gestreuten Welle proportional zur Amplitude C der einfallenden Welle ist.

Wir berechnen die radiale Stromdichte der Streuwelle (26.7):

$$j_{\mathrm{str}} = \boldsymbol{j}_{\mathrm{str}} \cdot \boldsymbol{e}_r = \frac{\hbar}{2\,\mathrm{i}\,\mu} \left(\varphi_{\mathrm{str}}^* \frac{\partial \varphi_{\mathrm{str}}}{\partial r} - \varphi_{\mathrm{str}} \frac{\partial \varphi_{\mathrm{str}}^*}{\partial r} \right) = \frac{|f(\theta, \phi)|^2}{r^2} \frac{\hbar k}{\mu} |C|^2 \tag{26.8}$$

Die auf $1/r$ wirkenden Ableitungen heben sich auf.

Die in den Abbildungen 26.1 und 26.2 dargestellte Anordnung lässt sich nun durch eine Wellenfunktion beschreiben, die asymptotisch aus den Anteilen (26.5) und (26.7) besteht:

$$\varphi(\boldsymbol{r}) \overset{r \to \infty}{\longrightarrow} C \left(\exp(\mathrm{i}kz) + f(\theta, \phi)\, \frac{\exp(\mathrm{i}kr)}{r} \right) \tag{26.9}$$

Der erste Beitrag ergibt die einlaufende Stromdichte j_{ein}, der zweite Beitrag bestimmt die auslaufende Stromdichte j_{str} der gestreuten Teilchen. Bei der Stromberechnung gibt es Interferenzen zwischen den beiden Teilen in (26.9). Man kann jedoch zeigen (siehe etwa das Problem 80 in S. Flügge, *Practical Quantum Mechanics*, Springer Verlag, Berlin 1974), dass sie für $r \to \infty$ keine Rolle spielen.

Für das Flächenelement $r^2 d\Omega = r^2 d\cos\theta\, d\phi$ führt j_{str} zum Teilchenstrom

$$\frac{\Delta N_{\mathrm{str}}}{\Delta t} = j_{\mathrm{str}}\, r^2\, d\Omega = \frac{\hbar k}{\mu} |C|^2 \left| f(\theta, \phi) \right|^2 d\Omega \tag{26.10}$$

Wir setzen (26.6) und (26.10) in (26.2) ein:

$$\boxed{\frac{d\sigma}{d\Omega} = \left| f(\theta, \phi) \right|^2} \tag{26.11}$$

Damit haben wir den Wirkungsquerschnitt mit der asymptotischen Form der Wellenfunktion verknüpft.

Partialwellenzerlegung

Wir betrachten im Folgenden speziell ein radialsymmetrisches Potenzial. Der Hamiltonoperator

$$H = -\frac{\hbar^2}{2\mu}\, \Delta + V(r) \tag{26.12}$$

ist zeitunabhängig. Daher ist die Energie erhalten.

Da der Hamiltonoperator drehinvariant ist,

$$[H, \ell_{\text{op}}] = 0 \qquad (26.13)$$

gilt:

1. Die Lösung kann in Form von Eigenfunktionen zu ℓ_{op}^2 und ℓ_z angesetzt werden.

2. Da die Anordnung aus einfallender Welle *und* Potenzial symmetrisch bezüglich Drehung um die z-Achse ist, können die Wellenfunktion und die Streuamplitude nicht vom Winkel ϕ abhängen. Sie können daher in der Form

$$\varphi(r, \theta) \;=\; \sum_{l=0}^{\infty} \frac{u_l(r)}{r}\, P_l(\cos\theta) \qquad (26.14)$$

$$f(\theta, k) \;=\; \sum_{l=0}^{\infty} (2l + 1)\, f_l(k)\, P_l(\cos\theta) \qquad (26.15)$$

geschrieben werden. Das Herausziehen eines Faktors $(2l + 1)$ ist willkürlich; es vereinfacht aber spätere Ausdrücke. In der Notation haben wir jetzt neu berücksichtigt, dass die Streuamplitude auch von der Streuenergie oder, äquivalent, von der Wellenzahl k abhängen kann.

3. Der Anteil eines bestimmten l-Werts ist zeitlich konstant, und die einzelnen *Partialwellen* u_l/r können unabhängig voneinander berechnet werden. Dies ist ein wesentlicher Vorteil der Partialwellenzerlegung. Außerdem tragen bei niedriger Streuenergie nur wenige Partialwellen zum Wirkungsquerschnitt bei.

Wir untersuchen die Konsequenzen der asymptotischen Form (26.9) für die einzelnen Partialwellen. Für den ersten Anteil in (26.9) verwenden wir die Entwicklung (25.41) mit dem Grenzfall (25.12) für die $j_l(kr)$:

$$\exp(\mathrm{i}kz) \overset{r\to\infty}{\longrightarrow} \sum_{l=0}^{\infty} \frac{2l+1}{2\mathrm{i}kr}\, \mathrm{i}^l \left(\exp\big[\mathrm{i}(kr - l\pi/2)\big] - \exp\big[-\mathrm{i}(kr - l\pi/2)\big] \right) P_l(\cos\theta)$$

$$(26.16)$$

Für den zweiten Anteil in (26.9) benutzen wir (26.15) und schreiben

$$f(\theta, k)\, \frac{\exp(\mathrm{i}kr)}{r} = \sum_{l=0}^{\infty} \frac{2l+1}{r}\, \mathrm{i}^l f_l(k)\, \exp\big[\mathrm{i}(kr - l\pi/2)\big] P_l(\cos\theta) \quad (26.17)$$

Dabei haben wir $\mathrm{i}^l = \exp(l\pi/2)$ verwendet. Wir setzen nun (26.16) und (26.17) in (26.9) ein, und lesen die Partialwelle $u_l(r)$ ab:

$$u_l(r) \overset{r\to\infty}{\longrightarrow} A_l \Big(\big(1 + 2\mathrm{i}k f_l\big) \exp\big[\mathrm{i}(kr - l\pi/2)\big] - \exp\big[-\mathrm{i}(kr - l\pi/2)\big] \Big) \quad (26.18)$$

Die Amplitude $A_l = C(2l+1)\mathrm{i}^l/(2\mathrm{i}k)$ ist ebenso wie die Amplitude C in (26.9) unwesentlich; denn es kommt nur auf das Verhältnis von aus- zu einlaufender Amplitude an. Wir führen nun die Diagonalelemente S_l der Streumatrix ein,

$$S_l = \frac{\text{auslaufende Amplitude}}{\text{einlaufende Amplitude}} = 1 + 2\mathrm{i}k f_l(k) = \exp\left[2\mathrm{i}\delta_l(k)\right] \qquad (26.19)$$

Dabei wird das unterschiedliche Vorzeichen der beiden Anteile in (26.18) nicht berücksichtigt; denn es tritt bereits in (26.16) auf, also ohne jede Streuung.

Die Bezeichnung Streu*matrix* bezieht sich auf allgemeinere Prozesse, in denen der Drehimpuls nicht erhalten ist; die Elemente $S_{l'l}$ der Streumatrix sind dann das Verhältnis von auslaufender Amplitude mit l' zu einlaufender Amplitude mit l. Im hier betrachteten Fall gilt $S_{l'l} = S_l \delta_{l'l}$.

Wegen der Drehimpulserhaltung muss in jeder einzelnen Partialwelle der einlaufende Strom gleich dem auslaufenden sein, also $|S_l| = 1$. Daher konnten wir im letzten Schritt in (26.19) $S_l = \exp[2\mathrm{i}\delta_l(k)]$ schreiben, wodurch die reelle *Streuphase* δ_l definiert wird (bis auf ein Vielfaches von π). Die Streuphasen δ_l können alternativ als Funktionen des Wellenvektors k oder der Streuenergie $E = \hbar^2 k^2/2\mu$ aufgefasst werden, also $\delta_l(k)$ oder $\delta_l(E)$.

Aus (26.19) folgt $f_l = [\exp(2\mathrm{i}\delta_l) - 1]/(2\mathrm{i}k) = \exp(\mathrm{i}\delta_l)\sin(\delta_l)/k$. Dies setzen wir in (26.15) ein:

$$f(\theta, k) = \frac{1}{k} \sum_{l=0}^{\infty} (2l+1)\, \exp(\mathrm{i}\delta_l)\, \sin(\delta_l)\, P_l(\cos\theta) \qquad (26.20)$$

Hieraus folgt der differenzielle Wirkungsquerschnitt $d\sigma/d\Omega = |f(\theta, k)|^2$. Unter Verwendung von (23.41) berechnen wir den totalen Wirkungsquerschnitt

$$\sigma(E) = 2\pi \int_{-1}^{1} d\cos\theta \, \left| f(\theta, k) \right|^2 = \frac{4\pi}{k^2} \sum_{l=0}^{\infty} (2l+1)\, \sin^2\delta_l(k) \qquad (26.21)$$

Über die Streuphasen hängt der Wirkungsquerschnitt von k beziehungsweise von der Energie E ab.

Bedeutung der Streuphase

Die gesamte Information über die elastische Streuung ist in den reellen Streuphasen $\delta_l(k)$ enthalten. Die Streuphasen bestimmen die asymptotische Form der Wellenfunktion. Wir setzen (26.19), $1 + 2\mathrm{i}k f_l(k) = \exp[2\mathrm{i}\delta_l(k)]$, in (26.18) ein und erhalten

$$u_l(r) \overset{r\to\infty}{\longrightarrow} 2\mathrm{i} A_l \exp(\mathrm{i}\delta_l)\sin(kr - l\pi/2 + \delta_l) \qquad (26.22)$$

$$= A_l'\left[\sin(kr - l\pi/2)\cos\delta_l + \cos(kr - l\pi/2)\sin\delta_l\right]$$

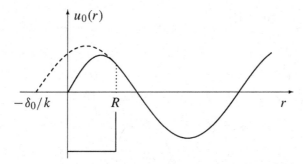

Abbildung 26.3 Für ein attraktives Kastenpotenzial (Reichweite R, Tiefe $V_0 < 0$) ist die Radialfunktion $u_0(r)$ gezeigt (durchgezogene Linie). Diese Funktion ist proportional zu $\sin(qr)$ für $r \leq R$ und zu $\sin(kr + \delta_0)$ für $r \geq R$; dabei ist $\hbar^2 q^2 / 2\mu = E - V_0$. Die Streuphase δ_0 folgt aus der Stetigkeit der logarithmischen Ableitung bei $r = R$. Die Streuphase gibt die Verschiebung der Streulösung $\sin(kr + \delta_0)$ für $r > R$ relativ zur ungestörten Lösung $\sin(kr)$ an.

Der Vorfaktor $A_l' = 2\mathrm{i}\, A_l \exp(\mathrm{i}\,\delta_l)$ ist unwesentlich, da er nicht in das Amplitudenverhältnis von aus- zu einlaufender Welle eingeht.

In Abbildung 26.3 ist eine mögliche Lösung für $l = 0$ in einem attraktiven Kastenpotenzial gezeigt. Im Außenbereich ergibt (26.22) $u_0 \propto \sin(kr + \delta_0)$; im Innenbereich gilt $u_0 \propto \sin(qr)$ wie in (25.29). Die Lösung für $r > R$ ist um die Phase δ_0 gegenüber der ungestörten (regulären) Lösung $\sin(kr)$ verschoben. Die Streuphase $\delta_0(E)$ wird durch die Anschlussbedingung bei $r = R$ festgelegt (Kapitel 27).

Wir betrachten einen beliebigen l-Wert. Außerhalb der Reichweite R des Potenzials ist u_l eine Linearkombination der Besselfunktionen $j_l(kr)$ und $y_l(kr)$. Für $r \to \infty$ muss sich wieder (26.22) ergeben. Unter Berücksichtigung des asymptotischen Verhaltens (25.12) und (25.13) ergibt sich

$$\frac{u_l(r)}{r} = A_l' \big[\, j_l(kr) \cos \delta_l - y_l(kr) \sin \delta_l \,\big] \qquad (r > R) \qquad (26.23)$$

Die Streuphase δ_l ist damit die Phasenverschiebung der Streulösung $u_l(r)/r$ gegenüber einer ungestörten Lösung $j_l(kr)$.

Relevante Partialwellen

Klassisch entspricht der Drehimpuls $l\hbar$ einem Stoßparameter $b = l\hbar/p$, wobei $p = \hbar k$ der Impuls ist. Bei einem Potenzial der endlichen Reichweite R werden Teilchen mit $b > R$ nicht mehr gestreut. Dies bedeutet, dass nur die Partialwellen mit

$$l \lesssim l_{\max} \approx kR \qquad (26.24)$$

wesentlich beitragen sollten. Die Vernachlässigbarkeit der höheren Partialwellen bedeutet

$$\sin \delta_l \approx 0 \quad \text{für} \quad l - l_{\max} \gg 1 \qquad (26.25)$$

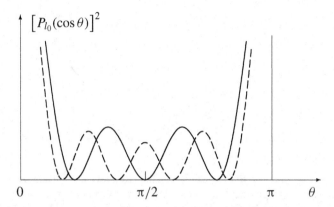

Abbildung 26.4 Wenn die Partialwelle $l = l_0$ dominant ist, dann ist die Winkelabhängigkeit des differenziellen Wirkungsquerschnitts $d\sigma/d\Omega$ proportional zu $[P_{l_0}(\cos\theta)]^2$. Diese Winkelabhängigkeit ist für die Beispiele $l_0 = 3$ (durchgezogene Linie) und $l_0 = 4$ (gestrichelte Linie) gezeigt. Im tatsächlichen Experiment kann in der Nähe von $\theta \approx 0$ und $\theta \approx \pi$ nicht gemessen werden (Strahlrichtung). Zu der hier gezeigten Winkelabhängigkeit kommt im Allgemeinen noch ein langsam veränderlichen Hintergrund (Beiträge der anderen, nichtdominanten Partialwellen). Der Abstand zweier benachbarter Maxima ist invers proportional zu l_0; aus ihm kann auf den dominierenden Drehimpuls geschlossen werden.

Für niedrige Energien kann die Berechnung einiger weniger Streuphasen genügen. Für $kR \ll 1$ trägt nur die Partialwelle mit $l = 0$ wesentlich bei.

Für ein Potenzial endlicher Reichweite R und für $l_{max} \gg 1$ können wir eine obere Grenze σ_{max} für den totalen Wirkungsquerschnitt angeben: Aus (26.21) mit (26.25) und $\sin^2\delta_l \leq 1$ folgt

$$\sigma_{max} \lesssim \frac{4\pi}{k^2} \sum_{l=0}^{l_{max}} (2l+1) \approx \frac{4\pi}{k^2} l_{max}^2 \approx 4\pi R^2 = 4\,\sigma_{geom} \qquad (26.26)$$

Unter dem geometrischen Wirkungsquerschnitt $\sigma_{geom} = \pi R^2$ versteht man den klassischen Wirkungsquerschnitt für eine harte Kugel mit dem Radius R.

Winkelabhängigkeit

Für viele Potenziale mit einer endlichen Reichweite R kommt der Hauptbeitrag zu (26.20) oder (26.21) vom Drehimpuls $l_0 \approx l_{max}$ aus (26.24). Dies liegt zum einen an dem Gewichtsfaktor $2l + 1$ in den l-Summen in (26.20) und (26.21). Dieser Faktor ergibt sich aus der Ringfläche, für die die Teilchen im einfallenden Strahl einen Drehimpuls im Bereich $(l \pm 1/2)\,\hbar$ haben. Wenn der Drehimpuls l_0 den dominierenden Beitrag ergibt, dann ist die Winkelverteilung näherungsweise durch

$$\frac{d\sigma}{d\Omega} \propto \left[P_{l_0}(\cos\theta)\right]^2 \qquad (26.27)$$

gegeben. Diese Funktion ist für zwei Fälle in Abbildung 26.4 gezeigt. Wenn mehr als eine Partialwelle wesentlich beiträgt, können sich aufgrund der Interferenz zwischen ihnen kompliziertere Muster ergeben.

Zu dem angeführten Grund für eine mögliche Dominanz von l_0 kommt noch hinzu, dass die Partialwellen mit kleinerem l im Allgemeinen stärker absorbiert werden und dann nicht zum (hier betrachteten) elastischen Wirkungsquerschnitt beitragen. In Abhängigkeit von der Energie könnte auch der Beitrag einer bestimmten, anderen Partialwelle dominant sein.

Optisches Theorem

Wenn man in der Streuamplitude (26.20) $\theta = 0$ setzt und $P_l(1) = 1$ berücksichtigt, kann man folgenden Zusammenhang mit dem Wirkungsquerschnitt σ ablesen:

$$\text{Im}\, f(\theta = 0) = \frac{k}{4\pi}\, \sigma \qquad \text{(optisches Theorem)} \qquad (26.28)$$

Diese Beziehung wird *optisches Theorem* genannt.

Durch die Streuung wird ein Teil der einfallenden Teilchen in verschiedene Richtungen abgelenkt. Diese Teilchen fehlen dann in dem hinter dem Target nach $z \to +\infty$ laufenden Primärstrahl. Dies wird dadurch beschrieben, dass die Streuwelle $f(0) \exp(ikr)/r$ mit der ebenen Welle $\exp(ikz)$ destruktiv interferiert. Daher gibt es einen Zusammenhang zwischen der Streuamplitude $f(\theta = 0)$ und dem totalen Wirkungsquerschnitt σ.

Inverses Streuproblem

Wir haben bisher diskutiert, wie man aus einem gegebenem Potenzial den Wirkungsquerschnitt berechnet. Die inverse Streutheorie befasst sich mit der Frage, ob und wie das Potenzial $V(r)$ aus den Streuphasen $\delta_l(k)$ rekonstruiert werden kann.

Von praktischem Interesse ist der Versuch, aus dem gemessenen $d\sigma/d\Omega = |f(\theta, k)|^2$ auf das Potenzial zu schließen. Diese Aufgabe wird durch folgende Punkte behindert:

(i) Der Wirkungsquerschnitt legt die Phase von $f(\theta, k)$ nicht fest.

(ii) Der Wirkungsquerschnitt kann nicht für $\theta \approx 0$ oder $\theta \approx \pi$ gemessen werden (der Detektor kann nicht in den Primärstrahl gestellt werden).

(iii) Der Wirkungsquerschnitt (für die elastische Streuung) kann nur in einem endlichen Energiebereich gemessen werden (für hohe Energie dominieren inelastische Prozesse).

(iv) Die Energie- und Winkelauflösung erfolgt mit endlicher Genauigkeit.

Angesichts dieser Einschränkungen geht man daher praktisch wie folgt vor: Man macht einen Ansatz $V(r, a_1, a_2, \ldots)$ für das Potenzial, der von wenigen Parametern $a_1, a_2, \ldots$ abhängt. Damit berechnet man den theoretischen Wirkungsquerschnitt. Dann bestimmt man die Parameter so, dass die Abweichung vom experimentellen Wirkungsquerschnitt möglichst klein ist. Für die Neutronstreuung an einem Atomkern setzt man üblicherweise ein *Woods-Saxon-Potenzial*

$$V(r) = \frac{V_0}{1 + \exp[(r - R)/a]} \tag{26.29}$$

an. Aus dem Vergleich des theoretischen und experimentellen Wirkungsquerschnitts erhält man dann die Tiefe $V_0 \approx -50\,\text{MeV}$, die Reichweite $R \approx 1.2\,A^{1/3}\,\text{fm}$ (für einen Kern mit A Nukleonen) und $a \approx 0.5\,\text{fm}$ für die Diffuseness (Breite des Übergangs bei R) des Potenzials. Die Absorption, die durch inelastische Streuprozesse verursacht wird, könnte durch einen Imaginärteil von V_0 beschrieben werden (vergleiche Aufgabe 4.1).

Aufgaben

26.1   Streuwelle für repulsiven Kasten

Skizzieren Sie die Streuwelle mit $l = 0$ und $E < V_0$ für das repulsive Kastenpotenzial

$$V(r) = \begin{cases} V_0 > 0 & (r \leq R) \\ 0 & (r > R) \end{cases}$$

26.2   Woods-Saxon-Potenzial

Skizzieren Sie den Graphen des Woods-Saxon-Potenzials

$$V(r) = \frac{V_0}{1 + \exp\left[(r - R)/a\right]}$$

Für einen Atomkern mit A Nukleonen sind folgende Parameterwerte realistisch:

$$V_0 \approx -50\,\text{MeV}, \qquad R \approx 1.2\,A^{1/3}\,\text{fm}, \qquad a = 0.5\,\text{fm}$$

27 Streuung: Anwendungen

Die im letzten Kapitel entwickelte Streutheorie wird auf eine Reihe von Beispielen angewendet, wie die Streuung an einer harten Kugel oder die niederenergetische Streuung an einem Kastenpotenzial. Die Energieabhängigkeit der Streuphasen, das Levinson-Theorem und das Verhalten des Wirkungsquerschnitts in der Nähe von Resonanzen (Breit-Wigner-Formel) werden diskutiert.

Harte Kugel

Das Potenzial

$$V(r) = \begin{cases} \infty & (r \le R) \\ 0 & (r > R) \end{cases} \tag{27.1}$$

beschreibt eine *harte Kugel* als Targetteilchen; das streuende Teilchen kann nicht in den Bereich $r < R$ eindringen. Die Wellenfunktion im Bereich $r < R$ ist daher $\varphi \equiv 0$. Zusammen mit (26.23) erhalten wir also

$$\frac{u_l(r)}{r} = A'_l \cdot \begin{cases} 0 & (r \le R) \\ \cos \delta_l \, j_l(kr) - \sin \delta_l \, y_l(kr) & (r > R) \end{cases} \tag{27.2}$$

So wie beim unendlich hohen, eindimensionalen Potenzialtopf (Kapitel 11) ist die Wellenfunktion u_l selbst bei $r = R$ stetig. Daher muss

$$\tan \delta_l = \frac{j_l(kR)}{y_l(kR)} \tag{27.3}$$

gelten. Diese Bedingung legt die Streuphasen $\delta_l = \delta_l(k)$ fest. Aus (26.20) erhalten wir dann die Streuamplitude $f(\theta)$ und den Wirkungsquerschnitt $d\sigma/d\Omega = |f(\theta)|^2$.

Wir betrachten speziell die Streuphase $\delta_0(k)$. Hierfür setzen wir $z\,j_l(z) = \sin z$ und $z\,y_l(z) = -\cos z$ ein und erhalten $\tan \delta_0 = -\tan(kR)$. Bis auf ein Vielfaches von π folgt daraus

$$\delta_0(k) = -kR \tag{27.4}$$

Dieses Ergebnis gilt für beliebige Energien.

Wir betrachten kurz den endlichen repulsiven Kasten (Potenzialhöhe $V_0 > 0$): Für $E \ll V_0$ wirkt das Potenzial wie eine harte Kugel, also $\delta_0(k) \approx -kR$. Für $E \gg V_0$ ist der Einfluss des Potenzials gering, und der Streuquerschnitt geht gegen null. Die Streuphase biegt daher bei $E \sim V_0$ um und geht schließlich für $E \to \infty$ gegen null.

Wir betrachten nun speziell kleine Energien ($kR \ll 1$). Der Wirkungsquerschnitt (26.21) ist in diesem Fall viermal so groß wie der geometrische:

$$\sigma \approx \frac{4\pi}{k^2} \sin^2 \delta_0 \approx 4\pi R^2 \approx 4\,\sigma_{\text{geom}} \qquad (kR \ll 1) \tag{27.5}$$

Der differenzielle Wirkungsquerschnitt $d\sigma/d\Omega = \sigma/(4\pi)$ ist isotrop.

Für hohe Energie tragen viele Drehimpulse bis etwa $l_{\max} = kR$ bei. Das bedeutet

$$\sigma \approx \frac{4\pi}{k^2} \sum_{l=0}^{kR} (2l+1)\, \sin^2 \delta_l \qquad (kR \gg 1) \tag{27.6}$$

Wir nehmen an, dass die vielen δ_l alle möglichen Werte gleichverteilt annehmen. Dann können wir $\sin^2 \delta_l$ durch seinen Mittelwert $\langle \sin^2 \delta_l \rangle = 1/2$ ersetzen. Der resultierende Wirkungsquerschnitt ist zweimal so groß wie der geometrische:

$$\sigma \approx \frac{2\pi}{k^2} \sum_{l=0}^{kR} (2l+1) = \frac{2\pi}{k^2} \left(kR+1\right)^2 \approx 2\,\sigma_{\text{geom}} \qquad (kR \gg 1) \tag{27.7}$$

Dieses Ergebnis ergibt sich auch in einer genaueren Ableitung, siehe Aufgabe 27.3.

Für $kR \gg 1$ könnte man den klassischen Wert σ_{geom} erwarten, da die Wellenlänge viel kleiner ist als die Abmessungen des Streuobjekts und der Wellencharakter keine Rolle spielen sollte. Dies ist tatsächlich nicht der Fall. Vielmehr kommt es am Rand der harten Kugel zu Beugungseffekten, die die Erhöhung des Wirkungsquerschnitts bewirken. Dieser Effekt tritt auch für Licht auf und ist in der Optik als *Schattenstreuung* bekannt.

Attraktives Kastenpotenzial

Am Beispiel des attraktiven Kastenpotenzials

$$V(r) = \begin{cases} V_0 < 0 & (r \leq R) \\ 0 & (r > R) \end{cases} \tag{27.8}$$

untersuchen wir einige interessante Aspekte der elastischen Streuung. Wir beschränken die Diskussion weitgehend auf die Streuphase $\delta_0(k)$ (aber nur gelegentlich auf kleine Energien).

Im Inneren des Potenzials ist die Wellenzahl q durch

$$\frac{\hbar^2 q^2}{2\mu} = -V_0 + \varepsilon \tag{27.9}$$

bestimmt. Im Bereich $r < R$ ist die reguläre Lösung für $l = 0$ durch $u_0 \propto \sin(qr)$ gegeben. Für $r > R$ folgt aus (26.23) $u_0(r) \propto \sin(kr + \delta_0)$. Damit können wir schreiben

$$u_0(r) = \begin{cases} B \sin(qr) & (r \leq R) \\ C \sin(kr + \delta_0) & (r > R) \end{cases} \tag{27.10}$$

Die Stetigkeit von u_0/u_0' bei $r = R$ ergibt

$$\tan(kR + \delta_0) = \frac{k}{q}\tan(qR) \qquad (27.11)$$

Dies lösen wir nach der Streuphase auf:

$$\delta_0(k) = -kR + \arctan\left(\frac{k}{q}\tan(qR)\right) + n\,\pi \qquad (27.12)$$

In der üblichen Definition des Arcustangens wird der Wertebereich auf $-\pi/2 <$ $\arctan(...) \leq \pi/2$ beschränkt. In diesem Fall würde der Arcustangens in (27.12) jeweils um $-\pi$ springen, wenn qR die (an sich harmlosen) Stellen $\pi(m + 1/2)$ überquert, an denen $\tan(qR)$ von $+\infty$ nach $-\infty$ springt. Im Gegensatz dazu wollen wir (27.12) so verstehen, dass der Arcustangens stetig fortgesetzt wird.

Ohne die Einschränkung des Wertebereichs kann $\arctan(0)$ ein ganzzahliges Vielfaches von π sein. Hierzu legen wir $\arctan(...) = 0$ für $k \to 0$ fest, und berücksichtigen die Mehrdeutigkeit zunächst durch den Term $n\pi$. Diese Mehrdeutigkeit wird im Abschnitt über das Levinson-Theorem noch aufgelöst.

Zunächst diskutieren wir die Streuphase $\delta_0(k)$ für kleine Energien ($kR \ll 1$) in Abhängigkeit von den Potenzialparametern. Dazu verwenden wir auf der linken Seite von (27.11) das Additionstheorem für den Tangens. Dann lösen wir die resultierende lineare Gleichung für $\tan\delta_0$ auf und setzen die Näherung $\tan(kR) \approx kR$ ein:

$$\tan\delta_0 = \frac{kR\left(\frac{\tan(qR)}{qR} - 1\right)}{1 + (kR)^2\,\frac{\tan(qR)}{qR}} \qquad (kR \ll 1) \qquad (27.13)$$

Da $\tan(qR)$ groß sein kann, haben wir den in kR quadratischen Term im Nenner beibehalten. Aus (27.13) ergeben sich folgende Grenzfälle:

$$\tan\delta_0 \approx \begin{cases} -kR & \text{für } qR \approx (m + 1)\,\pi \\ 1/kR \gg 1 & \text{für } qR \approx (m + 1/2)\,\pi \end{cases} \qquad (kR \ll 1) \qquad (27.14)$$

Dabei ist $m = 0, 1, 2, \ldots$ Sofern wir nicht in der Nähe von $qR \approx (n + 1/2)\,\pi$ sind, können wir $\tan(qR)/qR \approx \tan(q_0R)/q_0R\,[1 + \mathcal{O}(k^2R^2)]$ entwickeln (q_0 ist durch $|V_0| = \hbar^2 q_0^2/2\mu$ gegeben), und erhalten daher in weiten Bereichen $\tan\delta_0 \propto kR$. Für die obere Zeile in (27.14) gilt $\sin\delta_0 \approx -kR$, für die untere $\sin\delta_0 \approx 1$. Wegen $kR \ll 1$ ist $l = 0$ der dominante Beitrag, also

$$\sigma \approx \frac{4\pi}{k^2}\sin^2\delta_0 \approx \begin{cases} 4\sigma_{\text{geom}} & \text{für } qR \approx (m + 1)\,\pi \\ 4\sigma_{\text{geom}}/(kR)^2 \gg \sigma_{\text{geom}} & \text{für } qR \approx (m + 1/2)\,\pi \end{cases}$$
$$(27.15)$$

Man erhält also in Abhängigkeit von der Tiefe des Potenzials (die bei gegebener Energie den Wert von q festlegt) Maxima und Minima. Das Maximum tritt an der Stelle eines gerade nicht mehr gebundenen Zustands auf: Dazu betrachten wir

(25.30) mit einem gerade noch gebundenen Zustand, also für $\kappa \approx 0$. Für diesen Zustand gilt $qR \approx (m + 1/2)$. Nun machen wir das Potenzial etwas weniger tief, so dass die Energie mit $qR \approx (m + 1/2)$ ins Positive rutscht. Dies ist dann ein *quasigebundener* Zustand, der sich durch ein Maximum (eine Resonanz) im Wirkungsquerschnitt bemerkbar macht.

Der Zusammenhang zwischen Maxima im Wirkungsquerschnitt und quasigebundenen Zuständen wird im Folgenden noch eingehend diskutiert (Abbildung 27.2). Dabei wird entsprechend der experimentellen Situation der Wirkungsquerschnitt $\sigma(E)$ als Funktion der Energie E (oder als Funktion von k) und nicht wie hier als Funktion von q untersucht.

Energieabhängigkeit der Streuphasen

Für ein attraktives Kastenpotenzial diskutieren wir die Energieabhängigkeit der Streuphasen im gesamten Bereich von kleinen bis zu großen Streuenergien $E = \hbar^2 k^2/2\mu$. Dabei schreiben wir alternativ $\delta_l(k)$ oder $\delta_l(E)$.

Levinson-Theorem

Der relative Unterschied zwischen den Impulsen $\hbar k = (2\mu E)^{1/2}$ und $\hbar q = [2\mu(E - V_0)]^{1/2}$ geht für $E \to \infty$ gegen null. (Der Fall $|V_0| = \infty$ wird jetzt ausgeschlossen). Damit hat das endliche Potenzial einen schließlich vernachlässigbaren Einfluss, also

$$\sigma(E) \overset{E \to \infty}{\longrightarrow} 0 \tag{27.16}$$

Hieraus folgt $\sin \delta_l \to 0$. Die Streuphasen sind durch ihre Definition in (26.19) nur bis auf ein Vielfaches von π festgelegt, also $\delta_l(\infty) = m\pi$. Wir lösen diese Mehrdeutigkeit jetzt auf, und zwar durch die Festlegung

$$\delta_l(\infty) = 0 \tag{27.17}$$

Zur Bestimmung von $\delta_l(0)$ untersuchen wir den Fall $l = 0$. Für $k = 0$ wird (27.12) zu $\delta_0(0) = n\pi$. Da wir die Mehrdeutigkeit der Streuphase durch (27.17) aufgelöst haben, sollte die ganze Zahl n jetzt bestimmbar sein. Wir werden zeigen, dass n von den Potenzialparametern abhängt.

Wir untersuchen die Abhängigkeit der Streuphase von der Potenzialtiefe oder von

$$q_0 = \sqrt{2\mu|V_0|}/\hbar \tag{27.18}$$

Für $|V_0| = 0$ gibt es keine Streuung, so dass $\delta_0(E) \equiv 0$ (unter Berücksichtigung von (27.17)). Aus (27.12) folgt $\delta_0(E) \equiv n\pi$. Daher gilt $n(q_0 = 0) = 0$.

Für eine (infinitesimal) kleine Wellenzahl $k = \epsilon$ gilt $q = q_0 + \mathcal{O}(\epsilon^2)$. Hierfür betrachten wir den Arcustangens in (27.12) als Funktion von q_0:

$$f(q_0) = \arctan\left(\frac{\epsilon}{q_0}\tan(q_0 R)\right) \tag{27.19}$$

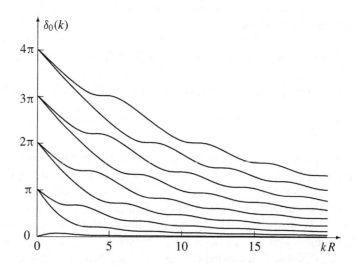

Abbildung 27.1 Streuphasen $\delta_0(k)$ aus (27.21) für den attraktiven Kasten als Funktion des Wellenvektors für 9 verschiedene Potenzialtiefen. Die gezeigten Kurven entsprechen von unten nach oben den Potenzialtiefen $|V_0| = \hbar^2 q_0^2/2\mu$, für die $q_0 R = \pi/4, 3\pi/4,$ $5\pi/4, \ldots, 17\pi/4$. Immer wenn $q_0 R$ einen halbzahligen π-Wert übersteigt, gibt es einen neuen gebundenen Zustand, und die Streuphase $\delta_0(0)$ springt um π. Die Aussage $\delta_0(0) = n_0\pi$ ist das Levinson-Theorem (hier für $l = 0$ und das Kastenpotenzial). Die Plateaus in den gezeigten Streuphasen liegen bei den qR-Werten, die gebundenen Zuständen entsprechen. Für $k \to \infty$ gehen alle gezeigten Funktionen gegen null.

Wenn $q_0 R$ nicht in der Nähe eines halbzahligen π-Werts ist, dann gilt $f(q_0) = 0, \pm\pi, \pm2\pi, \ldots$. Wenn $q_0 R$ durch einen halbzahligen π-Wert geht, dann steigt $f(q_0)$ (auf einem Bereich der Größe ϵ) um π an. (Beachte hierzu die Anmerkungen zur stetigen Fortsetzung des Werts des Arcustangens im Anschluss an (27.12)). Damit ist

$$\frac{f(q_0) - f(q_{0,\text{klein}})}{\pi} = n_0 = \text{int}\left(\frac{q_0 R}{\pi} + \frac{1}{2}\right) \qquad (27.20)$$

Dabei soll $\epsilon \ll q_{0,\text{klein}} \ll \pi/2$ gelten. Nach (25.33) ist n_0 die Anzahl der gebundenen Zustände zu $l = 0$. Wir hatten festgelegt, dass der Arcustangens in (27.12) für $k \to 0$ null sein soll. Das heißt, der Faktor $n_0\pi$, der sich nach (27.20) beim Aufdrehen des Potenzials ergibt, ist hierin nicht enthalten. Er muss daher Bestandteil von $n\pi$ in (27.12) sein. Da wir andererseits $n(q_0 = 0) = 0$ festgestellt haben, folgt $n = n_0$. Damit wird (27.12) zu

$$\boxed{\delta_0(k) = -kR + \arctan\left(\frac{k}{q}\tan(qR)\right) + n_0\pi} \qquad (27.21)$$

Diese Funktion ist in Abbildung 27.1 für verschiedene Potenzialtiefen dargestellt.

Die in (27.21) enthaltene Aussage $\delta_0(0) = n_0$ lässt sich auf $l \neq 0$ verallgemeinern und ergibt das *Levinson-Theorem*:

$$\delta_l(0) = n_l\,\pi \qquad \text{(Levinson-Theorem)} \qquad (27.22)$$

Man kann ferner zeigen, dass diese Aussage für eine beliebige Potenzialform gilt.

Resonanzstreuung

In einem attraktiven Kastenpotenzial gebe es zu einem bestimmten $l \neq 0$ zwei gebundene Zustände. Wenn man die Potenzialtiefe verringert, werden die Energien dieser Zustände nach oben verschoben. Dabei wird schließlich der Punkt erreicht, an dem der oberste Zustand zu einer positiven Energie E_0 verschoben wird und damit nicht mehr gebunden ist, Abbildung 27.2 links. (Unter E_0 kann zunächst der Energieerwartungswert eines gerade noch gebundenen Zustands mit dem flacher gewordenen Potenzial verstanden werden). Ein solcher Zustand verliert nicht schlagartig alle Eigenheiten eines gebundenen Zustands, er bildet vielmehr einen *quasigebundenen* Zustand: Im gebundenen Zustand bleibt das Teilchen für unendlich lange Zeit gefangen, in dem quasigebundenen Zustand bleibt es eine relativ lange Zeit. „Relativ lang" bedeutet hierbei, dass die Lebensdauer τ groß gegenüber der klassischen Umlauf- oder Durchquerungszeit ist, also $\tau \gg \mu R/(\hbar q)$. Wir zeigen in diesem Abschnitt, dass ein solcher quasigebundener Zustand zu einer Resonanz im Wirkungsquerschnitt führt.

In Abbildung 27.2 rechts ist die Energieabhängigkeit der Streuphase für den Fall eines quasigebundenen Zustands bei E_0 gezeigt. Mit E_0 bezeichnen wir im Folgenden die Energie, an der die Streuphase durch einen halbzahligen π-Wert geht:

$$\delta_l(E_0) = \frac{\pi}{2}\,(2n + 1) \qquad (27.23)$$

Der Beitrag dieser Partialwelle zum Wirkungsquerschnitt (26.21) ist dann maximal. Charakteristisch für eine *Resonanz* ist, dass die Steigung der Streuphase an dieser Stelle positiv ist:

$$\left.\frac{d\delta_l(E)}{dE}\right|_{E_0} = \frac{2}{\Gamma} > 0 \qquad (27.24)$$

Die anderen halbzahligen π-Durchgänge in Abbildung 27.2 (rechter Teil, rechts von der Resonanz) erfüllen diese Bedingung nicht. Diese Stellen entsprechen keinen quasigebundenen Zuständen oder Resonanzen.

Die Größe Γ charakterisiert die Energiebreite, auf der $\delta_l(E)$ sich wesentlich ändert, also die *Breite* der Resonanz. Für eine ausgeprägte Resonanz muss $\Gamma \ll E_0$ gelten. Die Streuphase steigt dann deutlich erkennbar um etwa π an. Der sichtbare Anstieg ist um den Beitrag verringert, um den der von der Resonanz unabhängige Anteil der Streuphase im betrachteten Bereich abfällt. Für größere Breiten Γ kann der sichtbare Anstieg daher auch viel kleiner als π sein. Mit wachsender Breite wird

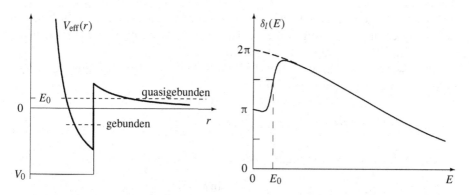

Abbildung 27.2 Für einen bestimmten Drehimpuls $l \neq 0$ ist links das effektive Potenzial $V_{\mathrm{eff}}(r) = V(r) + l(l+1)\hbar^2/(2\mu r^2)$ skizziert. Dieses Potenzial habe einen gebundenen und einen niedrig liegenden quasigebundenen Zustand. Der rechts gezeigte Verlauf der Streuphase kann so verstanden werden: Angenommen beide Zustände wären gebunden (das Potenzial sei also etwas tiefer), dann beginnt die Streuphase bei 2π und könnte einen unauffälligen Abfall (zunächst gestrichelte und dann durchgezogene Linie) zeigen. Wenn dagegen der zweite Zustand nur quasigebunden ist, dann beginnt die Streuphase bei π, sie nähert sich für $E \gg E_0$ aber dem zuvor betrachteten Fall an. Dies ergibt das rechts gezeigte charakteristische Resonanzverhalten, also einen Anstieg der Streuphase um π in einem Übergangsbereich der Breite Γ. Die relativ große Lebenszeit $\tau = \hbar/\Gamma$ des quasigebundenen Zustands ist dadurch bedingt, dass das Teilchen durch die Drehimpulsbarriere (links) am Verlassen des Potenzialbereichs behindert wird. — Wir betrachten noch den monotonen Verlauf der Streuphase rechts von der Resonanz. Hier nimmt $\delta_l(k)$ sukzessive die Werte $3\pi/2$, π und $\pi/2$ an. Der Wirkungsquerschnitt $\sigma_l \propto \sin^2 \delta_l$ ist bei $\delta_l = 3\pi/2$ und $\pi/2$ maximal, und verschwindet für $\delta_l = \pi$. Hierbei handelt es sich aber nicht um Resonanzen; denn dafür müsste $d\delta_l(E)/dE > 0$ gelten, (27.24). Wegen des Beitrags vieler Partialwellen ist auch nicht zu erwarten, dass der Wirkungsquerschnitt in diesem Bereich deutliche resonanzartige Strukturen zeigt.

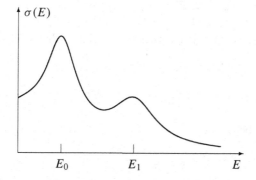

Abbildung 27.3 Wirkungsquerschnitt in Abhängigkeit von der Energie für den Fall von zwei Resonanzen vor einem monotonen Hintergrund. Die Resonanzen werden durch die Breit-Wigner-Formel beschrieben. An den Stellen der Resonanzen E_0 und E_1 ist das Quadrat des Sinus der Streuphase maximal, $\sin^2 \delta_l(E_i) = 1$. Die Breiten Γ_i sind durch die Steigung der Streuphase bei E_i bestimmt.

die Resonanzstruktur immer undeutlicher und verschwindet schließlich. Insbesondere kommt es für $l = 0$ wegen des Fehlens einer Drehimpulsbarriere zu keinen oder nur schwach ausgeprägten Resonanzstrukturen.

Wir entwickeln den Sinus und den Cosinus der Streuphase um die Stelle E_0 herum, bei der eine Resonanz vorliegt:

$$\sin\delta_l(E) = \pm 1 + \mathcal{O}\big((E - E_0)^2\big)\,, \quad \cos\delta_l(E) = \mp\frac{2}{\Gamma}\,(E - E_0) + \ldots \quad (27.25)$$

Für den l-Anteil der Streuamplitude erhalten wir damit

$$k\,f_l(E) = \exp[\mathrm{i}\delta_l(E)]\sin\delta_l(E) = \frac{\sin\delta_l(E)}{\cos\delta_l(E) - \mathrm{i}\sin\delta_l(E)} \approx \frac{-\Gamma/2}{E - E_0 + \mathrm{i}\,\Gamma/2}$$
$$(27.26)$$

Der l-Anteil des Wirkungsquerschnitts ergibt sich daraus zu

$$\sigma_l(E) = \frac{4\pi\,(2l + 1)}{k^2}\,\frac{\Gamma^2/4}{(E - E_0)^2 + \Gamma^2/4} \quad (27.27)$$

Der zweite Bruch wird als *Breit-Wigner-Formel* bezeichnet. Wenn die anderen Beiträge zu σ im Bereich $E_0 \pm \Gamma$ keine ausgeprägte Energieabhängigkeit zeigen, dann kann man die hierdurch beschriebene Resonanzstruktur im Wirkungsquerschnitt sehen. Der Wirkungsquerschnitt hat sein Maximum ungefähr bei E_0, wobei die Überhöhung eine Breite von der Größe Γ hat. Ein Beispiel mit zwei Resonanzen ist in Abbildung 27.3 gezeigt.

Wir stellen noch einen Zusammenhang her zwischen der Lebensdauer τ (siehe erster Absatz dieses Abschnitts) eines quasigebundenen Zustands und der Breite Γ der zugehörigen Resonanz. Ein gebundener Zustand mit der Energie E_0 hat die Zeitabhängigkeit $\psi \propto \exp(-\mathrm{i}E_0 t/\hbar)$, und $|\psi|^2$ ist zeitunabhängig. Die Streuamplitude (27.26) hat einen Pol bei $E = E_0 - \mathrm{i}\Gamma/2$. Dies bedeutet, dass für den quasigebundenen Zustand die komplexe Energie $E_0 - \mathrm{i}\Gamma/2$ an die Stelle der Energie E_0 des gebundenen Zustands tritt[1]. Für die Zeitabhängigkeit des quasigebundenen Zustands ψ_{quasi} gilt dann

$$|\psi_{\text{quasi}}|^2 \propto \left|\exp\big[-\mathrm{i}\,(E_0 - \mathrm{i}\,\Gamma/2)\,t/\hbar\big]\right|^2 = \exp(-\Gamma t/\hbar) = \exp(-t/\tau) \quad (27.28)$$

Damit erhalten wir die Lebensdauer

$$\tau = \frac{\Gamma}{\hbar} \quad (27.29)$$

Dies kann als eine Energie-Zeit-Unschärferelation aufgefasst werden.

---

[1]Formal kann die Streuamplitude $f_l(E)$ in (27.26) als Amplitude der Energieeigenfunktionen $\exp(\mathrm{i}kr)/r$ aufgefasst werden, also als eine Wellenfunktion in der Energiedarstellung. Hieraus erhält man die Zeitabhängigkeit des Zustands durch eine Fouriertransformation.

In Kapitel 22 haben wir den Poloniumkern durch das Modell „α-Teilchen im Potenzial" beschrieben. Der Elternkern ist hier ein quasigebundener Zustand mit einer sehr langen Lebenszeit. Bei einer Streuung des α-Teilchens am Potenzial (praktisch also an einem Bleitarget) gibt es dann im Bereich der in (22.1) angegebenen Energien scharfe Resonanzen. Diese Resonanzen sind allerdings so scharf, dass sie in der Streuung nicht beobachtbar sind. Das Integral $\int dE\, \sigma(E)$ mit $\sigma(E)$ aus (27.27) ist proportional zu Γ, also zu einer sehr kleinen Größe.

Aufgaben

27.1   Streulänge für das Kastenpotenzial

Teilchen mit der Energie $E = \hbar^2 k^2/(2\mu)$ werden an einem Kastenpotenzial mit dem Radius R gestreut. Die Energie ist so niedrig, dass $kR \ll 1$ gilt. Dann kann die Streuung durch die *Streulänge*

$$a_{\text{str}} \approx - \lim_{k \to 0} \frac{\tan \delta_0(k)}{k} \qquad (27.30)$$

charakterisiert werden. Drücken Sie die Streuphase und den totalen Streuquerschnitt σ durch die Streulänge aus. Geben Sie die Streulänge für ein attraktives Kastenpotenzial mit genau einem gebundenen Zustand an. Zeigen Sie, dass dies für einen schwach gebundenen Zustand (mit der Energie $|\varepsilon_0| \ll |V_0|$) zu

$$a_{\text{str}} \approx R + \frac{1}{\kappa} \qquad \text{(wobei } \varepsilon_0 = -\hbar^2 \kappa^2/2\mu\text{)}$$

führt. Für das Deuteron mit $R = 1.5\,\text{fm}$ und $\varepsilon_0 = -2.226\,\text{MeV}$ aus Aufgabe 25.2 vergleiche man diese Streulänge mit dem experimentellen Wert $a_{\text{np}}^{\text{t}} \approx 5.4\,\text{fm}$. (Der Index t bezieht sich auf den Triplett-Zustand, in dem die Spins der beiden Nukleonen zu $S = 1$ gekoppelt sind. Für $S = 0$ gibt es keinen gebundenen Zustand).

27.2   Niederenergieentwicklung für die Streuphase

Für niedrige Energien kann man folgende Entwicklung der Streuphase $\delta_0(k)$ ansetzen:

$$k \cot \delta_0(k) = - \frac{1}{a_{\text{str}}} + \frac{1}{2} r_0 k^2 + \mathcal{O}(k^4) \qquad (27.31)$$

Bestimmen Sie die *Streulänge* a_{str} und die *effektive Reichweite* r_0 für die Streuung an (i) der harten Kugel, und (ii) an einem attraktiven Kastenpotenzial. Für (ii) ist die Streuphase aus (27.21) bekannt.

27.3   Streuung an der harten Kugel

Drücken Sie den Streuquerschnitt σ für eine harte Kugel (Radius R) durch eine Summe über Besselfunktionen $j_l(kR)$ und $y_l(kR)$ aus. Diskutieren und skizzieren Sie das Verhältnis $h(z) = \sigma/(\pi R^2)$ als Funktion von $z = kR$. Verwenden Sie für den Fall $z \gg 1$ die asymptotische Form (25.42) der Besselfunktionen und begründen Sie, dass nur die Drehimpulse mit $l \lesssim z$ wesentlich zur Summe beitragen.

27.4   Streuung am Potenzialwall

Durch

$$V(r) = \frac{\hbar^2 \lambda}{2\mu} \delta(r - R) \qquad (\lambda > 0)$$

wird ein repulsiver Potenzialwall beschrieben. Für niedrige Energien ist nur die $l = 0$ Streuwelle relevant. Zeigen Sie hierfür

$$\tan \delta_0(k) = -\frac{\lambda \sin^2(kR)}{k + (\lambda/2)\sin(2kR)} \qquad (27.32)$$

Machen Sie sich ein graphisches Bild von den Nullstellen k_ν des Nenners. Untersuchen Sie, ob sich die Streuphase in der Nähe einer Nullstelle entsprechend der Resonanzformel

$$\tan \delta_0(k) = \frac{\Gamma_\nu/2}{E_\nu - E} \qquad \text{mit} \qquad \Gamma_\nu > 0$$

verhält. Entwickeln Sie dazu den Nenner von (27.32) um $k = k_\nu$. Geben Sie die Resonanzenergien E_ν und die Breiten Γ_ν für den Fall $\lambda R \gg 1$ an.

27.5 Nukleon-Nukleon-Streuung im Singulett-Zustand

Wir betrachten die $l = 0$ Streuung zweier Nukleonen im Singulett-Zustand, in dem die Spins zu $S = 0$ gekoppelt sind. Das Nukleon-Nukleon-Potenzial besteht aus einem attraktiven Teil und einem repulsiven kurzreichweitigeren Teil. Es kann durch folgenden schematischen Ansatz simuliert werden:

$$V(r) = \begin{cases} \infty & (r < a) \\ V_0 & (a < r < b) \\ 0 & (r > b) \end{cases} \qquad (27.33)$$

Für die Parameter wird $a = 0.5\,\text{fm}$, $b = 1.5\,\text{fm}$ und $V_0 < 0$ angesetzt.

a) Für $S = 0$ gibt es keinen gebundenen Zustand zweier Nukleonen. Welche Bedingung muss die Potenzialstärke V_0 erfüllen, damit das Potenzial gerade *keinen* gebundenen Zustand hat?

b) Berechnen Sie die Streuphasen $\delta_0(k)$. Spezialisieren Sie das Ergebnis für $k \to 0$ und geben Sie die in (27.30) definierte Streulänge a_{str} an. Wie verhalten sich die Streuphasen für $k \to \infty$? Warum kann man in diesem Fall nicht $\delta(\infty) = 0$ setzen?

c) Bestimmen Sie die Potenzialtiefe V_0 so, dass die experimentelle Singulett-Streulänge $a_{\text{pp}}^{\text{s}} \approx -17.1\,\text{fm}$ richtig reproduziert wird (verwenden Sie den Taschenrechner). Skizzieren Sie $\delta_0(k)$ als Funktion von k.

28 Sphärischer Oszillator

In Kapitel 13 wurden die Lösungen des sphärischen Oszillators in der Form $\psi = f(x)\,g(y)\,h(z)$ bestimmt. Wegen der Drehsymmetrie dieses Systems können diese Lösungen auch in Form von Eigenfunktionen zu ℓ_{op}^2 und ℓ_z dargestellt werden.

Der sphärische Oszillator ist durch den Hamiltonoperator

$$H = -\frac{\hbar^2}{2\mu}\,\Delta + V(r) = -\frac{\hbar^2}{2\mu}\,\Delta + \frac{\mu\,\omega^2\,r^2}{2} \tag{28.1}$$

definiert. Wir wollen das Eigenwertproblem $H\psi = \varepsilon\psi$ lösen. Da die Operatoren ℓ_{op}^2 und ℓ_z untereinander und mit H vertauschen, können wir ψ als Eigenfunktion zu diesen Drehimpulsoperatoren ansetzen, also

$$\psi(\boldsymbol{r}) = \frac{u_l(r)}{r}\,Y_{lm}(\theta,\phi) \tag{28.2}$$

Damit wird $H\psi = \varepsilon\psi$ zur Radialgleichung (24.25) für u_l,

$$\left(\frac{d^2}{dr^2} - \frac{l(l+1)}{r^2} - \frac{\mu^2\omega^2 r^2}{\hbar^2} + \frac{2\mu\varepsilon}{\hbar^2}\right)u_l(r) = 0 \tag{28.3}$$

Der Lösungsweg verläuft analog zu dem von Kapitel 12 für den eindimensionalen Oszillator. Wir führen die Oszillatorlänge b ein,

$$b^2 = \frac{\hbar}{\mu\omega} \tag{28.4}$$

Mit den dimensionslosen Größen

$$y = \frac{r}{b} \qquad \text{und} \qquad \epsilon = \frac{\varepsilon}{\hbar\omega} \tag{28.5}$$

wird (28.3) zu

$$\left(\frac{d^2}{dy^2} - \frac{l(l+1)}{y^2} - y^2 + 2\epsilon\right)u_l(y) = 0 \tag{28.6}$$

Unter Berücksichtigung des Verhaltens für $y \to \infty$ und $y \to 0$ setzen wir an:

$$u_l(y) = y^{l+1}\,v(\rho)\,\exp(-y^2/2)\,, \quad \text{wobei} \quad \rho = y^2 \tag{28.7}$$

Mit $dv(\rho)/dy = 2\,y\,v'(\rho)$ und

$$
\frac{d^2 u_l}{dy^2} = \exp(-y^2/2)\,y^{l+1}\left(l(l+1)\,\frac{v}{y^2} + \left(y^2 - 1\right)v + \left(4\,y^2 v'' + 2\,v'\right)\right.
$$
$$
\left. - 2(l+1)\,v + 2(l+1)2\,v' - 4\,y^2 v'\right)
\tag{28.8}
$$

wird (28.6) zu

$$
\left(\rho\,\frac{d^2}{d\rho^2} + \left[l + \frac{3}{2} - \rho\right]\frac{d}{d\rho} + n_{\mathrm r}\right) v(\rho) = 0 \quad \text{mit} \quad n_{\mathrm r} = \frac{\epsilon - l - 3/2}{2}
\tag{28.9}
$$

Wir setzen hierin den Potenzreihenansatz

$$
v(\rho) = \sum_{k=0}^{\infty} a_k\,\rho^k
\tag{28.10}
$$

ein. Dann muss der Koeffizient von ρ^k verschwinden, also

$$
a_{k+1}(k+1)k + (l+3/2)a_{k+1}(k+1) - a_k k + n_{\mathrm r} a_k = 0
\tag{28.11}
$$

Dies ergibt die Rekursionsformel

$$
a_{k+1} = \frac{k - n_{\mathrm r}}{(k+1)(k+l+3/2)}\,a_k
\tag{28.12}
$$

Bricht die Potenzreihe nicht ab, so gilt für große k

$$
a_{k+1} \approx \frac{a_k}{k+1}\,, \quad \text{also} \quad a_k \sim \frac{1}{k!} \quad (k \to \infty)
\tag{28.13}
$$

und damit

$$
v(\rho) \sim \sum \frac{\rho^k}{k!} = \exp(\rho) = \exp\left(y^2\right)
\tag{28.14}
$$

Dann wäre $u_l \propto \exp(+y^2/2)$ nicht normierbar. Dies kann nur vermieden werden, wenn die Reihe (28.10) abbricht. Dazu muss $n_{\mathrm r}$ eine natürliche Zahl sein (inklusive der Null); nach (28.12) verschwinden dann alle a_ν mit $\nu \geq n_{\mathrm r} + 1$. Damit erhalten wir diskrete Energieeigenwerte

$$
\left.\begin{array}{l} n_{\mathrm r} = 0, 1, 2, \ldots \\ l = 0, 1, 2, \ldots \end{array}\right\} \xrightarrow{(28.9)} \epsilon = \left\{\begin{array}{l} 2n + 3/2 = \epsilon_n \quad \text{oder} \\ 2n_{\mathrm r} + l + 3/2 = \epsilon_{n_{\mathrm r} l} \end{array}\right.
\tag{28.15}
$$

Der Abbruch der Potenzreihe führt zunächst zur *radialen Quantenzahl* $n_{\mathrm r}$. Die Energie kann aber auch allein durch die *Hauptquantenzahl*

$$
n = 2 n_{\mathrm r} + l \quad \text{(Hauptquantenzahl)}
\tag{28.16}
$$

ausgedrückt werden. Da verschiedene Wertepaare $(n_{\mathrm r}, l)$ dieselbe Energie ergeben, impliziert dies zusätzliche Entartungen. Diese sind mit speziellen Symmetrien des Oszillators (neben der Rotationssymmetrie) verknüpft.

Die Rekursionsformel (28.12) wird durch

$$a_k = \binom{n_{\mathrm{r}} + l + 1/2}{n_{\mathrm{r}} - k} \frac{(-)^k}{k!} = \frac{(n_{\mathrm{r}} + l + 1/2)!}{(n_{\mathrm{r}} - k)!\,(k + l + 1/2)!} \frac{(-)^k}{k!} \qquad (28.17)$$

gelöst. Dabei ist die halbzahlige Fakultät durch $(i + 1/2)! = i\,(i - 1/2)!$ und $(1/2)! = \sqrt{\pi}/2$ definiert. Die zugehörigen Polynome heißen *Laguerre-Polynome*,

$$L_{n_{\mathrm{r}}}^{l+1/2}(y^2) = \sum_{k=0}^{n_{\mathrm{r}}} \binom{n_{\mathrm{r}} + l + 1/2}{n_{\mathrm{r}} - k} \frac{(-)^k}{k!} y^{2k} \qquad (28.18)$$

Der Radialteil der Lösung (mit der Normierungskonstanten N_{nl}) ist

$$u_{nl}(y) = N_{nl}\, L_{n_{\mathrm{r}}}^{l+1/2}(y^2)\, y^{l+1} \exp(-y^2/2) \qquad (28.19)$$

Die vollständigen Eigenfunktionen $\psi_{nlm} = (u_l/r)\, Y_{lm}$ lauten

$$\boxed{\psi_{nlm}(\mathbf{r}) = \sqrt{\frac{2\,n_{\mathrm{r}}!}{(n_{\mathrm{r}} + l + 1/2)!}}\, \frac{r^l}{b^{l+3/2}}\, L_{n_{\mathrm{r}}}^{l+1/2}\!\left(\frac{r^2}{b^2}\right) \exp\!\left(-\frac{r^2}{2b^2}\right) Y_{lm}(\theta, \phi)}$$

$$(28.20)$$

Die Wellenfunktion könnte auch durch die Indizes n_{r}, l, m anstelle von n, l, m charakterisiert werden; der Zusammenhang ist durch (28.16) definiert. Die Energieeigenwerte sind

$$\boxed{\varepsilon_{n_{\mathrm{r}} l} = \hbar\omega\left(2n_{\mathrm{r}} + l + \frac{3}{2}\right) \qquad \text{oder} \qquad \varepsilon_n = \hbar\omega\left(n + \frac{3}{2}\right)} \qquad (28.21)$$

Die Quantenzahlen n, n_{r}, l nehmen die Werte $0, 1, 2, \ldots$ an. Die Eigenfunktionen sind orthonormiert,

$$\int d^3r\, \psi_{n'l'm'}^*(\mathbf{r})\, \psi_{nlm}(\mathbf{r}) = \delta_{nn'}\, \delta_{ll'}\, \delta_{mm'}\,, \qquad \int_0^\infty dr\, u_{n'l}(r)\, u_{nl}(r) = \delta_{nn'} \quad (28.22)$$

In der folgenden Diskussion setzen wir durchweg $b = 1$. Wir geben einige Radialfunktionen explizit an:

$$\frac{u_{nl}(r)}{r} = \frac{\exp(-r^2/2)}{\pi^{1/4}} \cdot \begin{cases} 2 & 1\mathrm{s} \\[2mm] \dfrac{4}{\sqrt{6}}\left(\dfrac{3}{2} - r^2\right) & 2\mathrm{s} \\[2mm] \dfrac{4}{\sqrt{30}}\left(\dfrac{15}{4} - 5r^2 + r^4\right) & 3\mathrm{s} \\[2mm] \dfrac{4}{\sqrt{6}}\, r & 1\mathrm{p} \\[2mm] \dfrac{4}{\sqrt{15}}\, r^2 & 1\mathrm{d} \end{cases} \qquad (28.23)$$

Rechts wurden die Zustände durch die Zahl $n_{\mathrm{r}} + 1$ und einen Buchstaben für den Drehimpuls (s, p, d, $\ldots$ für $l = 0, 1, 2, \ldots$) gekennzeichnet. (Für die Zahl gibt es auch andere Konventionen, etwa die Hauptquantenzahl n). Die hier angegebenen Radialfunktionen sind in Abbildung 28.1 dargestellt.

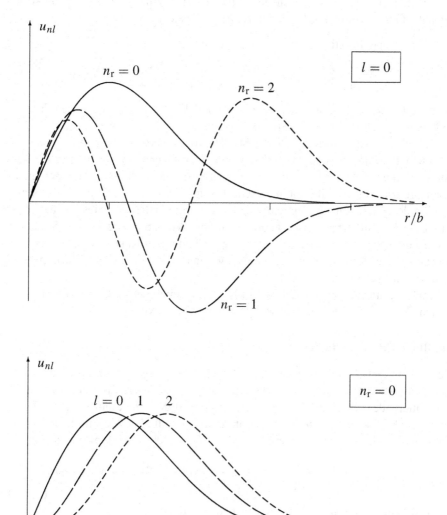

Abbildung 28.1   Radialfunktionen u_{nl} des sphärischen Oszillators. Oben sind die niedrigsten Zustände für Drehimpuls null dargestellt, sie haben $n_r = 0, 1$ und 2 Knoten. Unten
sind die niedrigsten Zustände für die Radialquantenzahl $n_r = 0$ (null Knoten) dargestellt,
sie haben die Drehimpulse $l = 0, 1$ und 2. Dies Wellenfunktionen können mit denen des
Wasserstoffproblems in Abbildung 29.1 verglichen werden.

Kugelkoordinaten versus kartesische Koordinaten

Wir können die Eigenfunktionen des sphärischen Oszillators nunmehr entweder durch die Quantenzahlen n, l, m oder n_x, n_y, n_z festlegen:

Eigenfunktion	Energieeigenwert:
$\psi_{nlm}(r, \theta, \phi)$	$\varepsilon/\hbar\omega = 2n_r + l + 3/2$
$\Phi_{n_x n_y n_z}(x, y, z)$	$\varepsilon/\hbar\omega = n_x + n_y + n_z + 3/2$

$$(28.24)$$

Die erste Form wurde hier, die zweite in Kapitel 13 abgeleitet. In der Tabelle 28.1 sind die niedrigsten Lösungen explizit angegeben.

Da beide Lösungsformen zum selben Hamiltonoperator gehören, müssen sie sich ineinander transformieren lassen. Wenn es zu einer Energie nur eine Lösung gibt, dann müssen beide Lösungsformen übereinstimmen. Wenn es zu einer Energie mehrere Lösungen gibt, dann ist jede Lösung der einen Form als Linearkombination der entarteten Lösungen der anderen Form darstellbar. Dies ist für die in Tabelle 28.1 angeführten Beispiele offensichtlich. Wir haben eine analoge Situation bereits bei der Lösung der freien Schrödingergleichung in Kugel- und kartesischen Koordinaten kennengelernt; konkret haben wir in (25.41) die ebene Welle $\exp(\mathrm{i}kz)$ nach Kugelfunktionen entwickelt.

Beide Lösungsformen in (28.24) sind also gleichberechtigt. Es hängt von praktischen Gesichtspunkten ab, welche dieser Formen man verwendet.

Simultane Eigenfunktionen

Die beiden möglichen Formen in (28.24) machen beispielhaft auch Folgendes klar: Eine nichtentartete Lösung zu H ist automatisch Eigenfunktion zu einem mit H kommutierenden Operator. Bei entarteter Lösung ist dies nicht unbedingt so. Es ist dann jedoch möglich, solche Linearkombinationen zu finden, die simultane Eigenfunktionen sind. So ist zum Beispiel $x \exp(-r^2/2)$ nicht Eigenfunktion zu ℓ_z:

$$\ell_z x \exp(-r^2/2) = -\mathrm{i}\hbar\, \frac{\partial}{\partial\phi}\, r\, \sin\theta\, \cos\phi\, \exp(-r^2/2) = \mathrm{i}\hbar\, y\, \exp(-r^2/2)$$

$$(28.25)$$

Für die Lösungen mit $n_x + n_y + n_z = 1$ bedeutet dies

$$\ell_z \Phi_{100} = \mathrm{i}\hbar\, \Phi_{010}\,, \quad \ell_z \Phi_{010} = -\mathrm{i}\hbar\, \Phi_{100}\,, \quad \ell_z \Phi_{001} = 0 \qquad (28.26)$$

Wegen $[H, \ell_z] = 0$ ist jedoch $\ell_z\, \Phi_{n_x n_y n_z}$ wieder Lösung zur selben Energie wie $\Phi_{n_x n_y n_z}$. Daher ist $\ell_z\, \Phi_{n_x n_y n_z}$ eine Linearkombination der entarteten Lösungen zu dieser Energie. Aus (28.26) kann man sofort diejenigen Linearkombinationen ablesen, die Eigenfunktionen zu ℓ_z sind:

$$\ell_z\, (\Phi_{100} \pm \mathrm{i}\, \Phi_{010}) = \pm\hbar\, (\Phi_{100} \pm \mathrm{i}\, \Phi_{010})\,, \quad \ell_z\, \Phi_{001} = 0 \qquad (28.27)$$

Für einen hermiteschen Operator (wie ℓ_z) kann man *immer* Linearkombinationen finden, die Eigenfunktionen des Operators sind (siehe auch letzter Abschnitt in Kapitel 32).

Tabelle 28.1 Die Eigenfunktionen des sphärischen Oszillators können als $\psi(r, \theta, \phi) =$ $f(r)\, Y_{lm}$ mit den Quantenzahlen n, l und m geschrieben werden, oder als $\Phi(x, y, z) =$ $f(x)\, g(y)\, h(z)$ mit den Quantenzahlen n_x, n_y, n_z. Jede Eigenfunktion der einen Form ist eine Linearkombination der Eigenfunktionen der anderen Form zur selben Energie ε; dies ist für die in der Tabelle aufgeführten Funktionen leicht zu erkennen. Die angegebenen Wellenfunktionen sind nicht normiert; die Oszillatorlänge b wurde gleich 1 gesetzt.

$\varepsilon/\hbar\omega$	n_{r}, l, m	n_x, n_y, n_z	Wellenfunktion
3/2	0, 0, 0	0, 0, 0	$\exp(-r^2/2)$
5/2	0, 1, m		$r \cdot \exp(-r^2/2)\, Y_{1m}(\theta, \phi)$
	0, 1, ± 1		$(x \pm \mathrm{i}\, y) \cdot \exp(-r^2/2)$
	0, 1, 0		$z \cdot \exp(-r^2/2)$
		0, 1, 0	$y \cdot \exp(-r^2/2)$
		1, 0, 0	$x \cdot \exp(-r^2/2)$
		0, 0, 1	$z \cdot \exp(-r^2/2)$
7/2	1, 0, 0		$(r^2 - 3/2) \cdot \exp(-r^2/2)$
	0, 2, m		$r^2 \cdot \exp(-r^2/2)\, Y_{2m}(\theta, \phi)$
	0, 2, 0		$(z^2 - (x^2 + y^2)/2) \cdot \exp(-r^2/2)$
	$\vdots$		$\vdots$
		2, 0, 0	$(x^2 - 1/2) \cdot \exp(-r^2/2)$
		0, 2, 0	$(y^2 - 1/2) \cdot \exp(-r^2/2)$
		0, 0, 2	$(z^2 - 1/2) \cdot \exp(-r^2/2)$
		1, 1, 0	$x\, y \cdot \exp(-r^2/2)$
		1, 0, 1	$x\, z \cdot \exp(-r^2/2)$
		0, 1, 1	$y\, z \cdot \exp(-r^2/2)$

Symmetrie und Entartung

Wir setzen die in Kapitel 13 begonnene Diskussion über den Zusammenhang zwischen der Symmetrie des Problems und der Entartung der Energieeigenwerte fort. Die Drehinvarianz des Problems wird durch

$$[H, \boldsymbol{\ell}_{\mathrm{op}}] = 0 \qquad (28.28)$$

ausgedrückt. Als mit H und untereinander kommutierende Operatoren werden $\boldsymbol{\ell}_{\mathrm{op}}^2$ und ℓ_z ausgewählt:

$$[H, \boldsymbol{\ell}_{\mathrm{op}}^2] = [H, \ell_z] = [\boldsymbol{\ell}_{\mathrm{op}}^2, \ell_z] = 0 \qquad (28.29)$$

Nach (28.29) könnte H von $\boldsymbol{\ell}_{\mathrm{op}}^2$ und ℓ_z abhängen. Wegen (28.28) kann H jedoch nicht von ℓ_z abhängen, denn sonst wäre $[H, \ell_x] \neq 0$. Daher sind die Energieeigenwerte

$$\varepsilon_{n_r l m} = \varepsilon_{n_r l} \varepsilon_n \qquad (28.30)$$

unabhängig von m. Drehungen transformieren eine Lösung ψ_{nlm} zu einer Linearkombination der $\psi_{nlm'}$ (n, l fest). Wegen der Drehinvarianz von H muss diese Linearkombination wieder Eigenfunktion zum selben Eigenwert sein; also sind die ψ_{nlm} für $m = 0, \pm 1, \ldots, \pm l$ entartete Lösungen. Aus der Rotationssymmetrie folgt somit folgende Entartung:

$$
\begin{aligned}
l = 1: & \quad 3 \text{ entartete Lösungen} \quad && \psi_{01m} \\
l = 2: & \quad 5 \text{ entartete Lösungen} \quad && \psi_{02m} \qquad (28.31) \\
\text{allgemein:} & \quad 2l + 1 \text{ entartete Lösungen} \quad && \psi_{nlm}
\end{aligned}
$$

In letzten Ausdruck in (28.30) ist angezeigt, dass es darüber hinausgehenden Entartungen gibt; so ist zum Beispiel $n_r = 1, l = 0$ mit $n_r = 0, l = 2$ entartet. Diese Entartungen hängen mit einer speziellen, weiteren Symmetrie des Oszillators zusammen.

Schalenmodell des Atomkerns

Die attraktiven Kräfte zwischen den Nukleonen eines Atomkerns können durch ein für alle Nukleonen gleiches Potenzial (Schalenmodell-Potenzial) angenähert werden. Der sphärische Oszillator wird vielfach als einfachstes Schalenmodellpotenzial verwendet. Der Schalenmodell-Hamiltonoperator für die A Nukleonen (Masse m_{N}) eines Kerns ist dann

$$H = \sum_{i=1}^{A} \left(-\frac{\hbar^2}{2 m_{\mathrm{N}}} \Delta_i + \frac{m_{\mathrm{N}}}{2} \omega^2 r_i^2 \right) \qquad (28.32)$$

Unter dem Begriff Schalenmodell versteht man insbesondere, dass keine Wechselwirkung zwischen den Nukleonen berücksichtigt wird. Von dem Modell-Hamiltonoperator (28.32) ausgehend, kann diese Wechselwirkung aber als Störung (Kapitel 39) nachträglich berücksichtigt werden.

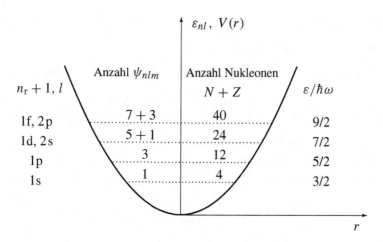

Abbildung 28.2 Besetzungszahlen im Oszillator-Schalenmodell. Die Einteilchenzustände werden mit $n + 1$ und einem Buchstaben s, p, d, f, g, h, ... für den Drehimpuls $l = 0, 1, 2, 3, 4, 5, ...$ bezeichnet.

Der Schalenmodell-Hamiltonoperator (28.32) hat die Eigenfunktionen

$$\Psi(\boldsymbol{r}_1, \ldots, \boldsymbol{r}_A) = \prod_{i=1}^{A} \psi_{n_i l_i m_i}(\boldsymbol{r}_i) \tag{28.33}$$

zur Energie

$$E = \sum_{i=1}^{A} \varepsilon_{n_i} \quad \text{mit} \quad \varepsilon_n = \hbar\omega \left(n + \frac{3}{2}\right) \tag{28.34}$$

Dabei ist in (28.33) das Pauliprinzip (Kapitel 46) zu beachten: Nur ein Teilchen einer bestimmten Art kann in einem Ortszustand ψ_{nlm} sein. Die Nukleonen des Atomkerns treten als Protonen und Neutronen auf und haben jeweils zwei mögliche Spineinstellungen. Damit haben in jedem Ortszustand vier Nukleonen Platz, deren internen Zustand wir etwa mit p↑, p↓, n↑ und n↓ kennzeichnen. Die mögliche Anzahl von Nukleonen in den Energieniveaus des sphärischen Oszillators ist in Abbildung 28.2 gezeigt. Dieses einfache Modell reicht aus, um die unteren *magischen Zahlen* zu erklären: Für $Z = N = 2, 8$ und 20 ist jeweils eine Schale (Oszillatorenergie) voll besetzt. Die zugehörigen Atomkerne ^{4}He, ^{16}O und ^{40}Ca haben dann eine besonders hohe Bindungsenergie. Für die höheren Schalen müssen zusätzlich die Effekte der Spin-Bahn-Kopplung und der Coulombwechselwirkung berücksichtigt werden. Das Schalenmodell des Atomkerns wird in Kapitel 47 noch ausführlicher diskutiert.

Aufgaben

28.1   Rekursionsformel für Laguerre-Polynome

Die Koeffizienten der Laguerrepolynome $L_n^\alpha = \sum_{k=0}^n a_k x^k$ sind durch

$$a_k = \frac{(-)^k}{k!} \binom{n+\alpha}{n-k} = \frac{(-)^k}{k!} \frac{(n+\alpha)!}{(n-k)!(k+\alpha)!} \tag{28.35}$$

gegeben. Das Argument der Fakultät $z! = \Gamma(z+1) = z\,\Gamma(z)$ ist hierbei nicht auf ganze Zahlen beschränkt.

Zeigen Sie, dass die Koeffizienten (20.70) die Rekursionsformel

$$a_{k+1} = -\frac{n-k}{(k+1)(k+l+3/2)}\,a_k$$

erfüllen.

28.2   Zweidimensionaler harmonischer Oszillator

Der Hamiltonoperator des zweidimensionalen harmonischen Oszillators lautet

$$H_0 = \frac{p_x^2 + p_y^2}{2\mu} + \frac{\mu}{2}\,\omega^2\left(x^2 + y^2\right)$$

a) Führen Sie Polarkoordinaten ρ und φ ein. Zeigen Sie, dass die Eigenfunktionen $\psi(\rho,\varphi)$ von H_0 als simultane Eigenfunktionen von ℓ_z angesetzt werden können. Reduzieren Sie damit die Schrödingergleichung auf eine eindimensionale Differenzialgleichung in ρ.

b) Führen Sie die dimensionslosen Größen $x = \sqrt{\mu\omega/\hbar}\,\rho$ und $\varepsilon = E/(\hbar\omega)$ ein. Spalten Sie das Verhalten für $x \to 0$ und $x \to \infty$ von der gesuchten Lösung ab. Lösen Sie die verbleibende Differenzialgleichung mit einem Potenzreihenansatz, und geben Sie die Energieeigenwerte an.

c) Vergleichen Sie die Ergebnisse mit denen in kartesischen Koordinaten.

28.3   Landauniveaus

Ein Elektron bewegt sich in einem homogenen Magnetfeld $\boldsymbol{B} = B\,\boldsymbol{e}_z$. Der Spin des Elektrons ist mit $s_z = \hbar/2$ festgelegt und wird nicht weiter berücksichtigt. Der Hamiltonoperator lautet

$$H = \frac{1}{2m_e}\left(\boldsymbol{p}_{\mathrm{op}} + \frac{e}{c}\,\boldsymbol{A}\right)^2 \qquad \text{mit} \qquad \boldsymbol{A} := \frac{B}{2}\,(-y, x, 0)$$

Zeigen Sie, dass H von der Form

$$H = H_0 + \frac{p_z^2}{2m_e} + \omega\,\ell_z$$

ist, wobei H_0 der Hamiltonoperator des zweidimensionalen harmonischen Oszillators ist. Die Eigenwerte und Eigenfunktionen von H_0 sind aus Aufgabe 28.2 bekannt. Setzen Sie die Lösungen als Eigenfunktionen von p_z und H_0 an (warum?), und bestimmen Sie die Lösungen. Wie lauten die Energieeigenwerte? Sind die Niveaus entartet?

Was ändert sich an der Aufgabe und an den Lösungen, wenn das Vektorpotenzial durch $A := B(0, x, 0)$ gegeben ist?

28.4 Anisotroper harmonischer Oszillator

Betrachten Sie den anisotropen dreidimensionalen harmonischen Oszillator

$$H = \frac{p_{\text{op}}^2}{2\mu} + \frac{\mu \omega_x^2}{2}\left(x^2 + y^2\right) + \frac{\mu \omega_z^2}{2} z^2$$

mit $\omega_x = \omega_0 \left(1 + \delta/3\right)$ und $\omega_z = \omega_0 \left(1 - 2\delta/3\right)$. Geben Sie die Eigenfunktionen und die Energieeigenwerte an. Listen Sie speziell für $\delta = 0$ und $\delta = 1/2$ die Quantenzahlen und die Energiewerte der tiefsten Zustände auf.

29 Wasserstoffatom

Wir untersuchen die quantenmechanische Bewegung eines Elektrons im Coulombpotenzial eines Atomkerns.

Der Hamiltonoperator des Elektrons mit der Ladung $-e$ im Coulombpotenzial eines Atomkerns mit der Ladung Ze ist

$$H = -\frac{\hbar^2}{2\mu} \Delta - \frac{Ze^2}{r} \tag{29.1}$$

Dabei ist r die Relativkoordinate zwischen dem Kern und dem Elektron, und μ ist die reduzierte Masse. Für $Z = 1$ ist H der Hamiltonoperator des Wasserstoffatoms. Für beliebiges Z beschreibt (29.1) die Bewegung eines Elektrons in einem $(Z-1)$-fach ionisierten Atom. Als Näherung kann (29.1) aber auch auf die untersten Elektronenzustände in einem neutralen Atom angewandt werden.

Wir wollen das Eigenwertproblem $H\psi = \varepsilon\psi$ lösen. Da die Operatoren ℓ^2_{op} und ℓ_z untereinander und mit H vertauschen, können wir ψ als Eigenfunktionen zu diesen Drehimpulsoperatoren ansetzen, also

$$\psi(\mathbf{r}) = \frac{u_l(r)}{r}\, Y_{lm}(\theta, \phi) \tag{29.2}$$

Damit wird $H\psi = \varepsilon\psi$ zur Radialgleichung (24.25) für u_l,

$$\left(\frac{d^2}{dr^2} - \frac{l(l+1)}{r^2} + \frac{2\mu Ze^2}{\hbar^2 r} + \frac{2\mu\varepsilon}{\hbar^2} \right) u_l(r) = 0 \tag{29.3}$$

Das Einteilchenproblem (29.1) ergibt sich, wie in Kapitel 24 beschrieben, aus einem Zweiteilchenproblem (Kern und Elektron mit den Massen M und m_{e}). Daher ist μ in (29.1) die reduzierte Masse

$$\mu = \frac{m_{\text{e}}}{1 + m_{\text{e}}/M} \approx m_{\text{e}} \tag{29.4}$$

Im Folgenden ersetzen wir μ durch m_{e}.

Für $Z = 1$ stellt (29.1) ein Modell des Wasserstoffatoms dar. Dieses Modell kann das reale Wasserstoffatom aus folgenden Gründen nur näherungsweise beschreiben:

1. Da der Kern eine endliche Größe hat, gilt das Potenzial $V = -Ze^2/r$ nur außerhalb des Kerns. Dieser Effekt wird unten in (29.36) und (29.37) diskutiert.

2. Die Schrödingergleichung ist eine nichtrelativistische Näherung und enthält nicht den Spin. Die Gleichung, die die relativistischen Effekte (inklusive Spin) voll berücksichtigt, ist die *Dirac-Gleichung*. Die relativistischen Effekte der Ordnung v^2/c^2 werden in Kapitel 41 berechnet.

3. (a) Es gibt eine magnetische Wechselwirkung zwischen dem Proton und dem Elektron (i) wegen der magnetischen Dipolmomente dieser beiden Teilchen und (ii) wegen der Bewegung des Elektrons *und* des Protons (in dem System, in dem der Schwerpunkt ruht).

   (b) Es gibt eine Wechselwirkung des Elektrons mit den Freiheitsgraden des quantisierten elektromagnetischen Felds.

   Diese Effekte sind mindestens um einen Faktor der Größe 100 kleiner als die unter Punkt 2. Sie können im Rahmen der Quantenelektrodynamik berechnet werden. Wir beschränken uns darauf, die wichtigsten Korrekturen bei der Diskussion des Niveauschemas (Abbildung 29.3) anzugeben.

Wir wollen wie üblich dimensionslose Größen verwenden. Die charakteristische atomare Länge ist der *Bohrsche Radius* a_{B},

$$a_{\mathrm{B}} = \frac{\hbar^2}{m_{\mathrm{e}}\, e^2} \approx 0.53\ \text{Å} = 5.3 \cdot 10^{-11}\ \text{m} \tag{29.5}$$

Die atomare Energieeinheit E_{at} ist

$$E_{\mathrm{at}} = \frac{e^2}{a_{\mathrm{B}}} = \frac{\hbar^2}{m_{\mathrm{e}}\, a_{\mathrm{B}}^2} = m_{\mathrm{e}} c^2 \left(\frac{e^2}{\hbar c}\right)^2 = m_{\mathrm{e}} c^2 \alpha^2 \approx 27.2\ \text{eV} \tag{29.6}$$

Die Lichtgeschwindigkeit c hat in der hier behandelten Theorie eigentlich nichts zu suchen; sie kommt in der nichtrelativistischen Schrödingergleichung nicht vor. Die Verwendung der Ruheenergie $m_{\mathrm{e}} c^2 \approx 0.5$ MeV und der *Feinstrukturkonstanten* $\alpha = e^2/\hbar c \approx 1/137$ ist aber praktisch, denn:

(i) $E_{\mathrm{at}} \ll m_{\mathrm{e}} c^2$ zeigt, dass die nichtrelativistische Näherung für das Wasserstoffatom gut ist.

(ii) Die Korrekturen gemäß den obigen Punkten 2 und 3 ergeben sich in höherer Ordnung in α (Abbildung 29.3 und Kapitel 41).

Mit $\mu = m_{\mathrm{e}}$,

$$\rho = \frac{r}{a_{\mathrm{B}}} \quad \text{und} \quad \epsilon = \frac{\varepsilon}{E_{\mathrm{at}}} \tag{29.7}$$

wird (29.3) zu

$$\left(\frac{d^2}{d\rho^2} - \frac{l(l+1)}{\rho^2} + \frac{2Z}{\rho} + 2\epsilon\right) u_l(\rho) = 0 \tag{29.8}$$

Wir führen noch

$$2\epsilon = -\gamma^2, \qquad \gamma > 0 \tag{29.9}$$

ein. Mit $\epsilon < 0$ beschränken wir uns auf die *gebundenen*, diskreten Lösungen. Unter Berücksichtigung des Verhaltens für $r \to 0$ und $r \to \infty$ setzen wir folgende Lösungsform an:

$$u_l(\rho) = v(\rho)\, \rho^{l+1} \exp(-\gamma\, \rho) \tag{29.10}$$

Mit

$$\frac{d^2 u}{d\rho^2} = \exp(-\gamma\, \rho)\, \rho^{l+1} \left(\gamma^2 v + \frac{l(l+1)\, v}{\rho^2} + v'' \right. \tag{29.11}$$

$$\left. - 2\gamma\, \frac{(l+1)\, v}{\rho} - 2\gamma\, v' + \frac{2(l+1)\, v'}{\rho} \right)$$

wird (29.8) zu

$$\rho\, \frac{d^2 v}{d\rho^2} + \left(2l + 2 - 2\gamma\, \rho \right) \frac{dv}{d\rho} + \left(2Z - 2\gamma\,(l+1) \right) v = 0 \tag{29.12}$$

Wir dividieren durch 2γ und führen die ebenfalls dimensionslose Größe

$$x = 2\gamma\, \rho \tag{29.13}$$

ein:

$$x\, \frac{d^2 v}{dx^2} + \left(2l + 2 - x \right) \frac{dv}{dx} + \left(\frac{Z}{\gamma} - l - 1 \right) v(x) = 0 \tag{29.14}$$

Diese Differenzialgleichung hat die gleiche Form wie (28.9) für den Radialteil des sphärischen Oszillators. Wir gehen daher in gleicher Weise wie dort vor und setzen einen Potenzreihenansatz $v = \sum a_k x^k$ an. Wenn diese Reihe nicht abbricht, führt sie zu $v \sim \exp(x) = \exp(2\gamma\rho)$ und $u_l \propto \exp(\gamma\rho)$. Für eine normierbare Lösung muss die Reihe abbrechen. Dies ist nur der Fall, wenn der Koeffizient bei $v(x)$ eine natürliche Zahl (einschließlich der Null) ist, also wenn

$$\frac{Z}{\gamma} - l - 1 = n_{\mathrm{r}} \quad \text{mit} \quad n_{\mathrm{r}} = 0, 1, 2, 3, \dots, \quad \text{oder} \quad \frac{Z}{\gamma} = n \tag{29.15}$$

Neben der *radialen Quantenzahl* n_{r} verwenden wir auch die *Hauptquantenzahl* $n = n_{\mathrm{r}} + l + 1$ mit $n = 1, 2, 3, \dots$. In (28.9) steht bei dv/dx der Term $(l + 3/2 - x)$ anstelle von $(2l + 2 - x)$ in (29.14). Damit erhalten wir als Lösung von (29.14) hier Laguerre-Polynome mit dem oberen Index $2l + 1$:

$$v(x) = L_{n_{\mathrm{r}}}^{2l+1}(x) = \sum_{k=0}^{n_{\mathrm{r}}} \binom{n_{\mathrm{r}} + 2l + 1}{n_{\mathrm{r}} - k} \frac{(-)^k}{k!} x^k \tag{29.16}$$

Die zugehörigen Energieeigenwerte folgen aus (29.15) und (29.9):

$$\epsilon = -\frac{\gamma^2}{2} = -\frac{Z^2}{2 n^2} \tag{29.17}$$

In den ursprünglichen Einheiten heißt das

$$\varepsilon_n = -\frac{e^2}{a_B}\frac{Z^2}{2n^2} \quad \text{oder} \quad \varepsilon_{n_r l} = -\frac{e^2}{a_B}\frac{Z^2}{2\,(n_r + l + 1)^2} \tag{29.18}$$

Die Quantenzahlen n_r und l nehmen die Werte 0, 1, 2,... an, die Hauptquantenzahl $n = n_r + l + 1$ dagegen 1, 2, 3... Die Eigenfunktionen lauten[1]

$$\psi_{nlm}(\boldsymbol{r}) = \sqrt{\frac{Z^3}{a_B^3}\frac{2}{n^2}}\sqrt{\frac{n_r!}{(n+l)!}}\,\left(\frac{2Zr}{n\,a_B}\right)^l L_{n_r}^{2l+1}\!\left(\frac{2Zr}{n\,a_B}\right)\,\exp\!\left(-\frac{Zr}{n\,a_B}\right)Y_{lm}(\theta,\phi)$$

$$\tag{29.19}$$

Diese Eigenfunktionen können wahlweise durch die Quantenzahlen n, l, m oder n_r, l, m gekennzeichnet werden. Sie sind orthonormiert:

$$\int d^3r\,\psi_{n'l'm'}^*(\boldsymbol{r})\,\psi_{nlm}(\boldsymbol{r}) = \delta_{nn'}\,\delta_{ll'}\,\delta_{mm'}\,, \qquad \int_0^\infty dr\,u_{n'l}(r)\,u_{nl}(r) = \delta_{nn'} \tag{29.20}$$

Wir geben einige Radialfunktionen explizit an:

$$\frac{u_{nl}(r)}{r} = \begin{cases} 2\exp(-r) & \text{1s} \\[2mm] \dfrac{1}{\sqrt{2}}\left(1-\dfrac{1}{2}\,r\right)\exp(-r/2) & \text{2s} \\[2mm] \dfrac{2}{3\sqrt{3}}\left(1-\dfrac{2}{3}\,r+\dfrac{2}{27}\,r^2\right)\exp(-r/3) & \text{3s} \\[2mm] \dfrac{1}{2\sqrt{6}}\,r\,\exp(-r/2) & \text{2p} \\[2mm] \dfrac{4}{81\sqrt{30}}\,r^2\,\exp(-r/3) & \text{3d} \end{cases} \tag{29.21}$$

Hierbei haben wir $Z = 1$ und $a_B = 1$ gesetzt. Die vollständigen Radialfunktionen erhält man, wenn man $r \to Zr/a_B$ setzt und die Funktion mit $(Z/a_B)^{3/2}$ multipliziert. Rechts wurde die übliche Bezeichnung der Zustände (1s, 2s,...) angegeben, die aus der Hauptquantenzahl n und einem Buchstaben für den Drehimpuls (s, p, d, f, ... für $l = 0, 1, 2, 3, ...$) besteht. (In vielen anderen Systemen verwendet man $n_r + 1$ als kennzeichnende Zahl; dies ist im Wasserstoffatom aber eher unüblich). Die Radialfunktionen (29.21) sind in Abbildung 29.1 skizziert.

In Abbildung 29.2 ist das Energiespektrum der Zustände skizziert. Die Grundzustandsenergie des Wasserstoffatoms ergibt sich aus (29.18) mit $Z = 1$ und $n = 1$ zu

$$\varepsilon_1 = -\frac{E_{at}}{2} = -13.6\,\text{eV} \tag{29.22}$$

---

[1]Gelegentlich (etwa in Messiah, *Quantenmechanik*, de Gruyter 1976) werden die Laguerre-Polynome mit einem anderen Faktor versehen; dies führt dann zu einer anderen Normierungskonstanten. Unsere Definition der Laguerre-Polynome ist die allgemein übliche, siehe etwa Abramowitz/Stegun, *Handbook of Mathematical Functions*, Formel (22.3.9).

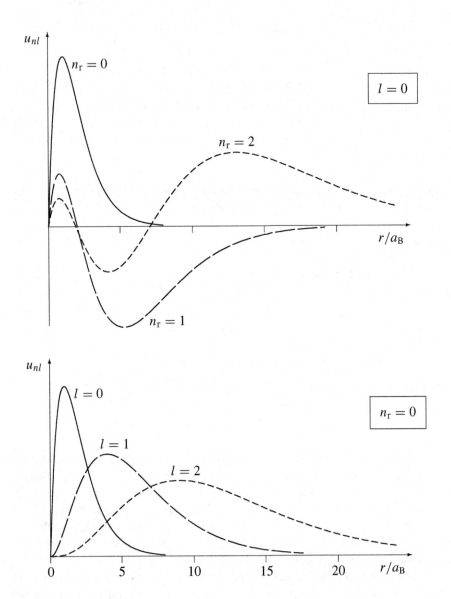

Abbildung 29.1 Radialfunktionen u_{nl} des Wasserstoffatoms. Oben sind die niedrigsten Zustände für Drehimpuls null dargestellt, sie haben $n_r = 0, 1$ und 2 Knoten. Unten sind die niedrigsten Zustände für die Radialquantenzahl $n_r = 0$ (null Knoten) dargestellt, sie haben die Drehimpulse $l = 0, 1$ und 2. Der Vergleich mit Abbildung 28.1 für den sphärischen Oszillator zeigt Ähnlichkeiten (Anzahl der Knoten, höhere l-Werte weiter außen), aber natürlich auch Unterschiede in der tatsächlichen Form.

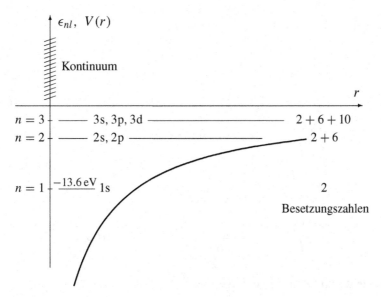

Abbildung 29.2 Schematische Skizze der Energieniveaus im Wasserstoffatom. Am rechten Bildrand sind die Besetzungszahlen für das Schalenmodell des Atoms eingezeichnet. Neben den diskreten Niveaus gibt es ein Kontinuum von Streulösungen.

Entartung

Aus den alternativen Formen (29.18) für die Energiewerte folgt, dass es zu gegebenem $n = n_\mathrm{r} + l + 1$ oder ε_n im Allgemeinen mehrere Zustände gibt. Wegen $n_\mathrm{r} = 0$, $1, 2, \ldots$ kann der Drehimpuls l die Werte $0, 1,\ldots, n-1$ annehmen. Für jedes l gibt es $2l + 1$ Zustände (nämlich $m = -l, -l+1, \ldots, l$). Damit ist der *Entartungsgrad* M des Zustands mit ε_n gleich

$$M(n) = \sum_{l=0}^{n-1} (2l + 1) = n^2 \tag{29.23}$$

Der Grundzustand ist nicht entartet ($M(1) = 1^2 = 1$). Der erste angeregte Zustand ist vierfach entartet ($M(2) = 2^2 = 4$), entsprechend dem 2s- und den drei 1p-Zuständen. Der zweite angeregte Zustand ist 9-fach entartet ($M(3) = 3^2 = 9$, Zustände 3s, 2p und 1d). Mit Spin (aber ohne relativistische Korrekturen) verdoppelt sich der Entartungsgrad.

Erwartungswerte von Radiuspotenzen

Die Erwartungswerte von r^k sind durch die Radialfunktionen festgelegt,

$$\langle r^k \rangle = \int d^3r \, |\psi_{nlm}|^2 \, r^k = \int_0^\infty dr \, r^k \, u_{nl}(r)^2 \tag{29.24}$$

Wir geben einige spezielle Erwartungswerte an:

$$\langle r \rangle \;=\; \frac{a_B}{2Z}\left[\,3n^2 - l(l+1)\,\right] \tag{29.25}$$

$$\langle r^2 \rangle \;=\; \frac{a_B^2\,n^2}{2Z^2}\left[\,5n^2 + 1 - 3l(l+1)\,\right] \tag{29.26}$$

$$\left\langle \frac{1}{r} \right\rangle \;=\; \frac{Z}{a_B\,n^2} \tag{29.27}$$

$$\left\langle \frac{1}{r^2} \right\rangle \;=\; \frac{Z^2}{a_B^2\,n^3}\,\frac{1}{l+1/2} \tag{29.28}$$

$$\left\langle \frac{1}{r^3} \right\rangle \;=\; \frac{Z^3}{a_B^3\,n^3}\,\frac{1}{l(l+1/2)(l+1)} \qquad (l\neq 0) \tag{29.29}$$

Gebundene und ungebundene Lösungen

Wir haben hier nur die gebundenen Eigenfunktionen des Hamiltonoperators (29.1) aufgestellt; sie gehören zu diskreten, negativen Energiewerten. Daneben gibt es ein Kontinuum von Lösungen zu positiver Energie. Das klassische Pendant zu den gebundenen Lösungen sind die Ellipsenbahnen; die ungebundenen Lösungen entsprechen den Hyperbelbahnen.

Für die Struktur des Atoms sind die hier behandelten gebundenen Eigenfunktionen relevant. Die Lösungen zu positiver Energie sind Streulösungen; sie bestimmen etwa den Wirkungsquerschnitt für die Streuung eines Elektrons an einem Atomkern. Wir werden diese Coulombstreuung später in einer einfachen Näherung behandeln (Kapitel 45).

Die gebundenen und die ungebundenen Lösungen bilden zusammen den vollständigen Satz der Eigenfunktionen des Hamiltonoperators (29.1).

Spektrallinien

Bei einem Elektronenübergang, etwa 2p → 1s oder 1s → 2p, wird ein Photon emittiert oder absorbiert. Aus dem Energiesatz $\Delta\varepsilon = \hbar\omega = 2\pi\hbar\nu = 2\pi\hbar c/\lambda$ folgt die Wellenlänge λ des emittierten (absorbierten) Lichts:

$$\frac{1}{\lambda} = \frac{\Delta\varepsilon}{2\pi\hbar c} = \frac{Z^2 e^2}{4\pi a_B\hbar c}\left(\frac{1}{n_1^2} - \frac{1}{n_2^2}\right) \tag{29.30}$$

Dabei sind n_1 und n_2 die Hauptquantenzahlen der beiden Zustände ($n_2 > n_1$), zwischen denen der Übergang stattfindet. Beim Übergang vom ersten angeregten Zustand ($n_2 = 2$) zum Grundzustand ($n_1 = 1$) wird Licht mit der Wellenlänge

$$\lambda \;\stackrel{Z=1}{=}\; 4\pi\,\frac{\hbar c}{e^2}\,\frac{4}{3}\,a_B = \frac{16\pi}{3\alpha}\,a_B \approx 2\cdot 10^3\,a_B \tag{29.31}$$

emittiert. Diese Wellenlänge übertrifft die Größe des Atoms also um etwa drei Größenordnungen. Übergänge mit der Energiedifferenz $\Delta\varepsilon \approx 2 \ldots 3\,\text{eV}$ ergeben sichtbares Licht; hierfür gilt dann $\lambda \approx 10^4\,a_\text{B}$.

Die Wellenlängen der Spektrallinien des Wasserstoffatoms wurden zunächst empirisch durch Form

$$\frac{1}{\lambda} = R_\text{H}\left(\frac{1}{n_1^2} - \frac{1}{n_2^2}\right) \tag{29.32}$$

beschrieben. Man beobachtet insbesondere die Serien von Spektrallinien, die zum Grundzustand ($n_1 = 1$, Lyman-Serie) oder zum ersten angeregten Zustand ($n_1 = 2$, Balmer-Serie) führen. Diese Beobachtungen legen die Rydbergkonstante $R_\text{H} \approx 1.1 \cdot 10^7\,\text{m}^{-1}$ empirisch fest. Der Zusammenhang mit dem Vorfaktor in (29.30) wird im folgenden Abschnitt hergestellt.

Deuterium

Auch ohne die Näherung $\mu \approx m_\text{e}$, (29.4), erhalten wir die Lösungen der Form (29.18) und (29.19). In diesen Lösungen tritt jedoch die Länge

$$a = \frac{\hbar^2}{\mu e^2} = a_\text{B}\,\frac{m_\text{e}}{\mu} = a_\text{B}\left(1 + \frac{m_\text{e}}{M}\right) \tag{29.33}$$

an die Stelle des Bohrschen Radius a_B; hierbei ist M die Masse des Kerns. Die Rydbergkonstante R in der Beziehung $1/\lambda = R\left(1/n_1^2 - 1/n_2^2\right)$ folgt aus (29.30), wobei a_B durch a zu ersetzen ist. Speziell für Wasserstoff (H) und für Deuterium (D) setzen wir $Z = 1$ ein und erhalten

$$R = \frac{e^2}{4\pi a \hbar c} = \frac{R_\infty}{1 + m_\text{e}/M} = \begin{cases} 0.99946\,R_\infty = R_\text{H} \\ 0.99973\,R_\infty = R_\text{D} \end{cases} \tag{29.34}$$

Dabei haben wir die Abkürzung $R_\infty = e^2/(4\pi a_\text{B}\hbar c)$ eingeführt (entspricht dem Grenzfall $M \to \infty$). Für Wasserstoff wurde $M = m_\text{p}$ und $m_\text{e}/M \approx 1/2000$, für Deuterium $M \approx m_\text{p} + m_\text{n}$ und $m_\text{e}/M \approx 1/4000$ eingesetzt.

Für Deuterium ist die R_H in (29.32) durch R_D zu ersetzen. Experimentell können diese Konstanten aus den Spektrallinien (etwa aus der Lyman- oder Balmer-Serie) bestimmt werden. Durch den Unterschied zwischen den Rydbergkonstanten R_H und R_D wurde 1932 die Existenz von Deuterium nachgewiesen.

Endlicher Kernradius

Das Coulombpotenzial $V(r) = -Ze^2/r$ ist bei $r = 0$ singulär; das tatsächliche Potenzial bleibt dagegen wegen der endlichen Ausdehnung des Atomkerns endlich. Da das Volumenelement $d^3r = 4\pi r^2\,dr$ proportional zu r^2 ist, ist der daraus resultierende Fehler jedoch endlich. Wir schätzen den Fehler[2] im Erwartungswert der

---

[2]Eine genauere Begründung für die folgende Abschätzung wird in der Störungstheorie (Kapitel 39 und Aufgabe 39.3) gegeben.

potenziellen Energie ab:

$$\langle V \rangle = \int_{\text{Kernbereich}} d^3r \; V(r) \, |\psi|^2 \tag{29.35}$$

Hierin verwenden wir die mit (29.1) berechneten Wellenfunktionen; ein weniger attraktives Potenzial würde zu einer kleineren Aufenthaltswahrscheinlichkeit im Kernbereich führen, also zu einem eher kleineren Effekt. Ein Atomkern mit A Nukleonen hat einen Radius $R \approx r_0 A^{1/3}$, wobei $r_0 \approx 1.2 \cdot 10^{-15}$ m. Für den Grundzustand ergibt das singuläre Coulombpotenzial im Kernbereich den Beitrag $\langle \Delta V \rangle$,

$$|\langle \Delta V \rangle| = \int_{r \le R} d^3r \; \frac{Ze^2}{r} \, |\psi_{100}|^2 = \int_0^R dr \; r^2 \, \frac{Ze^2}{r} \, \frac{4Z^3}{a_B^3} \, \exp\left(-\frac{2Zr}{a_B}\right)$$

$$\le \; 2R^2 \, \frac{Z^4 e^2}{a_B^3} = 2 Z^4 A^{2/3} \left(\frac{r_0}{a_B}\right)^2 \frac{e^2}{a_B} \approx 10^{-9} \, E_{\text{at}}. \tag{29.36}$$

Im letzten Schritt wurde $A = Z = 1$ eingesetzt. Hierfür ist die berechnete Korrektur vernachlässigbar klein. Dies gilt nicht mehr für schwere Kerne, wie etwa $Z = 90$ und $A = 230$.

Feinstruktur

Wie wir in Kapitel 41 noch berechnen werden, wird die Entartung von 2s und 2p durch relativistische Effekte aufgehoben; dies gilt entsprechend bei den höheren Zuständen. Das sich ergebende Spektrum ist schematisch in Abbildung 29.3 gezeigt. Dabei sind die Zustände nach ihrem Gesamtspin j (aus Bahndrehimpuls l und Spin s der Elektronen) charakterisiert. Die relativistischen Effekte folgen aus der Dirac-Gleichung. Die Wechselwirkung des Elektrons mit den Freiheitsgraden des quantisierten elektromagnetischen Felds führt zu weiteren, kleineren Verschiebungen der Niveaus. Sie führt dabei insbesondere zu einer Aufspaltung der nach der Dirac-Gleichung entarteten Niveaus $2s_{1/2}$ und $2p_{1/2}$. Diese Aufspaltung heißt Lambshift und beträgt $\Delta\varepsilon/h \approx 1057$ MHz. Sie kann im Rahmen der Quantenelektrodynamik berechnet werden.

Aufgrund der Wechselwirkung der magnetischen Momente von Elektron und Kern spalten die Zustände auch noch bezüglich des Gesamtspins S auf, der sich für den Protonenspin s_p und den Elektronenspin s_e ergibt. (Die magnetische Wechselwirkung kann durch einen Term mit $s_p \cdot s_e$ ausgedrückt werden.) Dies ergibt die *Hyperfeinstruktur*. Für den $1s_{1/2}$-Zustand des Wasserstoffatoms beträgt die Aufspaltung $\Delta\varepsilon/h \approx 1420$ MHz. Die zugehörige Wellenlänge $\lambda \approx 21.4$ cm ist in der Radioastronomie wohlbekannt; Strahlung mit dieser Wellenlänge geht von interstellaren Wolken aus Wasserstoff aus. Der Energieabstand der beiden Niveaus ist $\Delta\varepsilon \sim 10^{-6}$ eV $\sim 10^{-2}\, k_B$K. Für Temperaturen $T \gg 10^{-2}$ K sind im statistischen Gleichgewicht beide Zustände gleich stark besetzt.

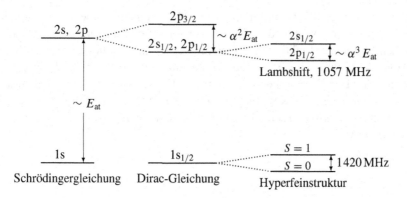

Abbildung 29.3 Schematische Darstellung der Aufspaltung des ersten angeregten Energieniveaus des Wasserstoffatoms. Die tatsächliche Aufspaltung ist wegen $\alpha \approx 10^{-2}$ viel kleiner als in der Skizze. Die Hyperfeinstruktur ist nur für das 1s-Niveau eingezeichnet; dabei bezieht sich S auf den Gesamtspin des Protons und des Elektrons.

Schalenmodell des Atoms

Wir betrachten Z Elektronen mit den Koordinaten $\boldsymbol{r}_i$ im Feld eines Z-fach geladenen Atomkerns. Wenn wir die Wechselwirkung zwischen den Elektronen vernachlässigen, so erhalten wir den folgenden Schalenmodell-Hamiltonoperator

$$H = \sum_{i=1}^{Z} \left(-\frac{\hbar^2}{2\,m_{\mathrm{e}}} \Delta_i - \frac{Z e^2}{r_i} \right) = \sum_{i=1}^{Z} \left(-\frac{\hbar^2}{2\,m_{\mathrm{e}}} \Delta_i + V(r_i) \right) \qquad (29.37)$$

wobei $r_i = |\boldsymbol{r}_i|$. Eine Lösung von $H\Psi = E\Psi$ erhalten wir durch den Produktansatz

$$\Psi(\boldsymbol{r}_1, \ldots, \boldsymbol{r}_Z) = \prod_{i=1}^{Z} \psi_{n_i l_i m_i}(\boldsymbol{r}_i) \quad \text{für} \quad E = \sum_{i=1}^{Z} \varepsilon_{n_i} \qquad (29.38)$$

Die Gleichungen (29.37) und (29.38) stellen die einfachste Form des *Schalenmodells* für das Atom dar. In diesem Modell müssen noch das Pauliprinzip (Kapitel 46) und der Spin (Kapitel 37, 38, 41) der Elektronen berücksichtigt werden. In Abbildung 29.2 sind am rechten Rand die sich dann ergebenden Besetzungszahlen angegeben. Hieraus kann man die Schalenabschlüsse für Helium (Elektronenkonfiguration $(1s)^2$, $Z = 2$) und für Neon (Konfiguration $(1s)^2 (2s)^2 (2p)^6$, $Z = 10$) ablesen. Das Modell in der hier vorliegenden Form kann jedoch nicht erklären, dass das Argon (Konfiguration $(1s)^2 (2s)^2 (2p)^6 (3s)^2 (3p)^6$, $Z = 18$) das nächste Edelgas ist.

Im Schalenmodell (29.37) wird die Wechselwirkung zwischen den Elektronen zunächst vernachlässigt. Der Effekt dieser Wechselwirkung ist aber, insbesondere für die äußeren Zustände, keineswegs klein. In einem realistischen Schalenmodell verwendet man daher ein Potenzial $V(r_i)$ in (29.37), das das elektrostatische Potenzial des Kerns *und* der anderen Elektronen berücksichtigt. Auch mit einem solchen

Potenzial $V(\mathbf{r}_i)$ ist der Hamiltonoperator (29.37) eine Summe von Einteilchen-Hamiltonoperatoren, so dass die Vielteilchenwellenfunktion wie in (29.38) aus den einfachen Einteilchenfunktionen aufgebaut werden kann. Ein bestimmter Zustand des Atoms kann dann wie im vorigen Absatz durch Angabe der Einteilchenkonfigurationen (wie $(1s)^2 (2s)^2 \ldots$) definiert werden. Für das vollständige Schalenmodell des Atoms muss noch die Kopplung der Drehimpulse und die Symmetrie der Wellenfunktion eingeführt werden. Das Schalenmodell des Atoms wird eingehender in Kapitel 48 diskutiert.

Aufgaben

29.1   Virialsatz für Wasserstoffproblem

Beweisen Sie für den Hamiltonoperator $H = T + V = \boldsymbol{p}^2/2\mu - Ze^2/r$ des Wasserstoffatoms die Operatorbeziehung

$$\frac{\mathrm{i}}{\hbar}\left[H, \boldsymbol{r} \cdot \boldsymbol{p}_{\mathrm{op}}\right] = 2\,T + V$$

Leiten Sie hieraus eine Relation zwischen den Erwartungswerten $\langle T \rangle$ und $\langle V \rangle$ für Wasserstoffeigenfunktionen ab, und geben Sie $\langle T \rangle$ und $\langle V \rangle$ an. Was ändert sich, wenn der sphärische harmonische Oszillator mit $V(r) = \mu\omega^2 r^2/2$ betrachtet wird?

29.2   Wasserstoffradialfunktionen zu maximalem Drehimpuls

Die normierten Wasserstoffeigenfunktionen mit maximalem Drehimpuls $l = n - 1$ sind von der Form $\psi_{n,n-1,m}(\boldsymbol{r}) = \left(u_{n,n-1}(r)/r\right) Y_{n-1,m}(\theta, \phi)$ mit

$$u_{n,n-1}(r) = \sqrt{\frac{2Z}{n\,(2n)!\,a_{\mathrm{B}}}} \left(\frac{2Zr}{n\,a_{\mathrm{B}}}\right)^n \exp\left(-\frac{Zr}{n\,a_{\mathrm{B}}}\right) \qquad (29.39)$$

Dabei ist $a_{\mathrm{B}} = \hbar^2/(m_{\mathrm{e}}\,e^2)$ der Bohrsche Radius. Bestimmen Sie das Maximum r_{max} der Wahrscheinlichkeitsdichte $P(r) = |u_{n,n-1}(r)|^2$. Vergleichen Sie r_{max} mit dem Erwartungswert $\langle r \rangle$.

Im *Bohrschen Atommodell* werden Kreisbahnen betrachtet (Radius r). Dabei wird die Coulombkraft gleich der Zentripedalkraft gesetzt, $Ze^2/r^2 = m_{\mathrm{e}}v^2/r$, und der Drehimpuls wird gemäß $m_{\mathrm{e}}vr = n\hbar$ mit $n = 1, 2, 3, \ldots$ quantisiert. Vergleichen Sie die sich hierfür ergebenden Radien mit den oben berechneten Werten von r_{max}.

29.3   Zeeman-Effekt

Der Hamiltonoperator für das Wasserstoffatom in einem homogenen Magnetfeld $\boldsymbol{B} = B\,\boldsymbol{e}_z$ ist von der Form

$$H = \frac{1}{2m_{\mathrm{e}}}\left(\boldsymbol{p}_{\mathrm{op}} + \frac{e}{c}\boldsymbol{A}\right)^2 - \frac{Ze^2}{r} \qquad \text{mit} \quad \boldsymbol{A} := \frac{B}{2}\left(-y, x, 0\right) \qquad (29.40)$$

Für nicht zu starke Magnetfelder können die in B quadratischen Terme vernachlässigt werden. Zeigen Sie, dass dann $H = H_0 + \omega_{\mathrm{L}}\,\ell_z$ mit $\omega_{\mathrm{L}} = eB/(2m_{\mathrm{e}}c)$ gilt, wobei H_0 der Hamiltonoperator ohne Magnetfeld ist. Geben Sie die Eigenfunktionen und Energieeigenwerte von H an, und diskutieren Sie die resultierende Aufspaltung der Wasserstoffniveaus.

29.4   Klein-Gordon-Gleichung

Für ein relativistisches Teilchen (Masse m) im Coulombpotenzial $V(r) = -Z e^2/r$ gilt die Energie-Impuls-Beziehung $[E - V(r)]^2 = p^2 c^2 + m^2 c^4$. Die Ersetzungsregeln $p \to -\mathrm{i}\hbar \nabla$ und $E \to \mathrm{i}\hbar\, \partial_t$ führen dann zur Wellengleichung

$$\left[\, \mathrm{i}\hbar\, \partial_t - V(r) \,\right]^2 \psi(\boldsymbol{r}, t) = \left[\, -\hbar^2 c^2 \Delta + m^2 c^4 \,\right] \psi(\boldsymbol{r}, t) \tag{29.41}$$

Diese zeitabhängige *Klein-Gordon-Gleichung mit Coulombpotenzial* gilt für Teilchen mit Spin null. Sie soll im Folgenden gelöst werden.

Gehen Sie mit dem Ansatz $\psi(\boldsymbol{r}, t) = \psi(\boldsymbol{r}) \exp\left(-\mathrm{i} E t/\hbar\right)$ zur zeitunabhängigen Klein-Gordon-Gleichung über. Da das Problem kugelsymmetrisch ist, kann $\psi(\boldsymbol{r})$ als Eigenfunktion zu $\boldsymbol{\ell}_{\mathrm{op}}^2$ und ℓ_z angesetzt werden, also $\psi(\boldsymbol{r}) = [u_l(r)/r]\, Y_{lm}(\theta, \phi)$. Geben Sie die Differenzialgleichung für $u_l(r)$ an. Verwenden Sie die dimensionslosen Größen $\rho = (e^2 E/\hbar^2 c^2)\, r$ und $\gamma^2 = (m^2 c^4 - E^2)/(E^2 \alpha^2)$ mit der Feinstrukturkonstanten $\alpha = e^2/(\hbar c)$. Setzen Sie

$$u_l(\rho) = \rho^{\beta}\, v(\rho)\, \exp(-\gamma \rho)$$

an, und bestimmen Sie β aus dem Verhalten am Ursprung. Daraus erhalten Sie die Differenzialgleichung:

$$\rho\, v'' + 2\big(\beta - \gamma\rho\big)\, v' + 2\big(Z - \gamma \beta\big)\, v = 0 \tag{29.42}$$

Setzen Sie für $v(\rho)$ ein Potenzreihe an, und leiten Sie die Rekursionsformel für die Koeffizienten ab. Begründen Sie, dass die Rekursion abbrechen muss. Geben Sie die Energieeigenwerte an, die aus der Abbruchbedingung folgen.

V Abstrakte Formulierung

30 Hilbertraum

In Kapitel 5 wurde die Möglichkeit diskutiert, die Wellenfunktion, die Schrödinger-gleichung und die Operatoren in der Orts- oder in der Impulsdarstellung anzugeben. In dem hier beginnenden Teil V untersuchen wir die mathematische Struktur, die diesen und anderen Darstellungen zugrunde liegt. Diese Struktur ist die eines Hilbertraums. Der Hilbertraum kann als Vektorraum mit unendlicher Dimension und einem modifizierten Skalarprodukt aufgefasst werden.

Vektorraum

Aus der linearen Algebra ist der N-dimensionale *Vektorraum* bekannt. Wir stellen einige Eigenschaften dieses Vektorraums zusammen:

1. Abgeschlossenheit: Für zwei Vektoren ist eine Addition definiert; ferner ist die Multiplikation von Vektoren mit reellen Zahlen (α, β) definiert. Sind x und y Elemente des Vektorraums, so ist auch

$$c = \alpha\, x + \beta\, y \tag{30.1}$$

   ein Element des Vektorraums.

2. Skalarprodukt: Es ist eine Vorschrift definiert, die je zwei Vektoren eine reelle Zahl zuordnet,

$$x,\ y \xrightarrow{\text{Vorschrift}} x \cdot y \tag{30.2}$$

Diese reelle Zahl wird *Skalarprodukt* genannt und mit $x \cdot y$ bezeichnet.

Das Skalarprodukt ist so zu definieren, dass es folgende Eigenschaften hat:

$$x \cdot y = y \cdot x \tag{30.3}$$

$$x \cdot x \geq 0, \qquad x \cdot x = 0 \longrightarrow x = 0 \tag{30.4}$$

$$c \cdot (\alpha\, x + \beta\, y) = \alpha\, c \cdot x + \beta\, c \cdot y \tag{30.5}$$

Die Größe $\sqrt{x \cdot x}$ wird *Norm* des Vektors x genannt.

© Springer-Verlag GmbH Deutschland, ein Teil von Springer Nature 2018
T. Fließbach, *Quantenmechanik*, https://doi.org/10.1007/978-3-662-58031-8_6

3. Basis: Es gibt Sätze von Vektoren $\{e_i\}$, $i = 1,...,N$, die orthonormiert

$$e_i \cdot e_j = \delta_{ij} \tag{30.6}$$

und vollständig sind. Die Vollständigkeit bedeutet, dass jeder Vektor x als Linearkombination der Basisvektoren geschrieben werden kann:

$$x = \sum_{i=1}^{N} a_i \, e_i \tag{30.7}$$

Alle weiteren Relationen des Vektorraums lassen sich aus diesen Axiomen ableiten. So ergeben sich zum Beispiel die Entwicklungskoeffizienten in (30.7) mit (30.5) und (30.6) zu

$$a_i = e_i \cdot x \tag{30.8}$$

Ferner folgt für das Skalarprodukt von x mit $y = \sum b_i \, e_i$,

$$x \cdot y = \sum_{i=1}^{N} a_i \, b_i \tag{30.9}$$

Eine mögliche Realisierung der Vektoren des Vektorraums sind die Vektorpfeile im dreidimensionalen Raum. Die Vektoraddition wird hierfür durch das Aneinandersetzen zweier Pfeile definiert. Das Skalarprodukt wird definiert durch die Länge eines Pfeils multipliziert mit der Länge der Projektion des anderen. Die Basisvektoren e_x, e_y und e_z bilden eine vollständige, orthonormierte Basis.

Alternativ könnte man aber auch die Spaltenvektoren $a = (a_i)$ selbst als Vektoren auffassen. Das Skalarprodukt wird dann durch die rechte Seite von (30.9) definiert. Wir werden im Folgenden die (a_i) lediglich als eine mögliche Darstellung der Vektoren des Vektorraums auffassen.

Funktionen als Vektoren

Die Axiome des Vektorraums lassen auch ganz andere Objekte als Vektoren zu. Als konkretes Beispiel hierfür betrachten wir Funktionen $f(x)$ mit dem Definitionsbereich $[0, L]$ und den Eigenschaften

$$f(x) \text{ ist stetig und reell}, \qquad f(0) = f(L) = 0 \tag{30.10}$$

Für zwei solche Funktionen ist $\alpha f(x) + \beta g(x)$ (mit der gewöhnlichen Addition und Multiplikation) wieder eine solche Funktion. Als Skalarprodukt definieren wir

$$(f, g) \equiv \int_0^L dx \, f(x) \, g(x) \tag{30.11}$$

Dann folgen sofort alle Eigenschaften unter Punkt 2. Als Basisfunktionen können wir die orthonormierten Lösungen des unendlich hohen Kastens (Kapitel 11) nehmen,

$$\varphi_n(x) = \sqrt{\frac{2}{L}} \, \sin\left(\frac{\pi n x}{L}\right) \tag{30.12}$$

Hierfür gilt $(\varphi_{n'}, \varphi_n) = \delta_{nn'}$. Jede Funktion (30.10) kann nach diesen Basisfunktionen entwickelt werden,

$$f(x) = \sum_{n=1}^{\infty} a_n \, \varphi_n(x) \tag{30.13}$$

wobei

$$a_n = (\varphi_n, f) = \int_0^L dx \, \varphi_n(x) \, f(x) \tag{30.14}$$

Die Entwickelbarkeit folgt aus der Theorie der Fourierreihen oder aus der Vollständigkeit der Eigenfunktionen eines hermiteschen Operators; dies wäre hier der Hamiltonoperator des unendlich hohen Kastens.

Wir stellen daher fest: Die Funktionen $f(x)$ mit (30.10) bilden einen Vektorraum mit dem in (30.11) definierten Skalarprodukt. Neu gegenüber dem bekannten Vektorraum ist lediglich, dass die Dimension unendlich ist. Für „vernünftige" Funktionen (das sind die, die für die Lösung eines physikalischen Problems in Frage kommen) gilt jedoch $a_n \to 0$ für $n \to \infty$, und man kann sich in praktischen Anwendungen auf eine endliche Dimension (abhängig von der gewünschten Genauigkeit) beschränken.

Die Analogie zwischen den Vektoren x und $f(x)$ wird besonders deutlich, wenn $x = \sum a_n e_n$ und $f(x) = \sum a_n \varphi_n(x)$ folgendermaßen *dargestellt* werden:

$$x := \begin{pmatrix} a_1 \\ a_2 \\ a_3 \\ \vdots \\ a_N \end{pmatrix} \quad \text{und} \quad f(x) := \begin{pmatrix} a_1 \\ a_2 \\ a_3 \\ a_4 \\ \vdots \end{pmatrix} \tag{30.15}$$

Wir verwenden das Zeichen „:=" für „dargestellt durch". Das Gleichheitszeichen gilt zwischen x und $\sum a_n e_n$; die Summe $\sum a_n e_n$ ist aber nicht gleich dem Spaltenvektor $(a_1, ..., a_N)$. Die Spaltenvektoren sind lediglich mögliche *Darstellungen* der Vektoren x oder $f(x)$. Eine solche Darstellung bezieht sich auf eine bestimmte Basis, also auf $\{e_n\}$ oder $\{\varphi_n(x)\}$.

Skalarprodukt im Hilbertraum

In dem Beispiel (30.12) können die Vektoren des Vektorraums als Wellenfunktionen eines physikalischen Systems (Teilchen im Kasten) aufgefasst werden, und die Basisvektoren als Eigenfunktionen des zugehörigen Hamiltonoperators. Die Dimension des Vektorraums ist dann unendlich. Wir erweitern diese Betrachtungsweise auf andere Wellenfunktionen $\psi(x)$. Diese Funktionen haben komplexe Werte und können von mehreren (reellen) Variablen abhängen. Dies macht eine allgemeinere Definition des Skalarprodukts erforderlich:

$$\langle \varphi \,|\, \psi \rangle \equiv \begin{cases} \int dx \; \varphi^*(x) \, \psi(x) & \text{oder} \\ \int d^f q \; \varphi^*(q_1, ..., q_f) \, \psi(q_1, ..., q_f) \end{cases} \tag{30.16}$$

Zunächst ist $\langle \varphi \,|\, \psi \rangle$ eine Schreibweise für das durch die rechte Seite definierte Skalarprodukt; sie tritt an die Stelle der oben verwendeten Notation (φ, ψ). Im Folgenden steht x immer für $(q_1, ..., q_f)$; in speziellen Beispielen kann x aber auch eine kartesische Koordinate sein.

Für das Skalarprodukt (30.16) ergeben sich gegenüber den Axiomen des Vektorraums folgende Modifikationen:

$$\langle \varphi \,|\, \psi \rangle = \langle \psi \,|\, \varphi \rangle^* \tag{30.17}$$

$$\langle \psi \,|\, \psi \rangle \geq 0 \tag{30.18}$$

$$\langle \alpha f + \beta g \,|\, \psi \rangle = \alpha^* \langle f \,|\, \psi \rangle + \beta^* \langle g \,|\, \psi \rangle \tag{30.19}$$

Die Zahlen α und β dürfen jetzt komplex sein. Wie in (30.13) soll es einen orthonormierten, vollständigen Satz $\{\varphi_1(x), \varphi_2(x), \ldots\}$ von Basisfunktionen[1] geben, so dass

$$\psi(x) = \sum_{n=1}^{\infty} a_n \, \varphi_n(x) \tag{30.20}$$

Damit und mit $\varphi = \sum b_n \varphi_n$ wird das Skalarprodukt abweichend von (30.9) zu

$$\langle \psi \,|\, \varphi \rangle = \sum_{i=1}^{\infty} a_i^* \, b_i \tag{30.21}$$

Gegenüber dem N-dimensionalen Vektorraum hat der jetzt betrachtete Raum eine unendliche Dimension und ein modifiziertes Skalarprodukt. Der so definierte Raum heißt *Hilbertraum*. In der Tabelle 30.1 stellen wir die entsprechenden Größen im Vektorraum und Hilbertraum gegenüber.

Basis im Hilbertraum

Als Basis für (30.20) betrachten wir in der Quantenmechanik gleichberechtigt alle Sätze von Eigenfunktionen von geeigneten hermiteschen Operatoren, etwa

$$
\begin{aligned}
H \, \varphi_n(x) &= E_n \, \varphi_n(x) && \text{(Hamiltonoperator)} \\
x \, \varphi_{x_0}(x) &= x_0 \, \varphi_{x_0}(x) && \text{(Ortsoperator)} \\
p_{\text{op}} \, \varphi_p(x) &= p \, \varphi_p(x) && \text{(Impulsoperator)} \\
F \, \widetilde{\varphi}_n(x) &= \lambda_n \, \widetilde{\varphi}_n(x) && \text{(hermitescher Operator } F\text{)}
\end{aligned}
\tag{30.22}
$$

---

[1] In Teil V nummerieren wir die Basisfunktionen $\varphi_n(x)$ immer gemäß $n = 1, 2, \ldots$. Dies ist aber nur eine Frage der Konvention, denn eine einfache Umbenennung führt von $\{\varphi_1(x), \varphi_2(x), \ldots\}$ zu $\{\varphi_0(x), \varphi_1(x), \ldots\}$.

Dabei sind die Orts- und Impulseigenfunktion (jeweils in der Ortsdarstellung) durch

$$\varphi_{x_0}(x) = \delta(x - x_0) \quad \text{und} \quad \varphi_p(x) = (2\pi\hbar)^{-1/2} \exp(\mathrm{i}\,px/\hbar) \tag{30.23}$$

gegeben. Hierin ist x eine kartesische Koordinate. Ansonsten steht x in (30.22) aber für $(q_1,...,q_f)$; der Hamiltonoperator H und seine Eigenfunktionen $\varphi_n(q_1,...,q_f)$ können also ein beliebiges System beschreiben. Die diskutierten Strukturen gelten daher ganz allgemein; Orts- und Impulsoperator mit den Eigenfunktionen (30.23) sind nur Beispiele.

Die Axiome des Hilbertraums beziehen sich auf eine abzählbare (unendliche) Basis. Basiszustände wie (30.23), die durch eine kontinuierlichen Größe charakterisiert werden, sind daher zunächst nicht zugelassen. Ein bestimmtes physikalisches System können wir aber immer in einem endlichen Volumen V einschließen, das so groß ist, dass es die relevanten physikalischen Vorgänge im System nicht beeinflusst. In diesem Volumen sind alle Quantenzahlen diskret, und alle Eigenfunktionen sind normierbar und abzählbar; es liegt also ein Hilbertraum vor. Mit $V \to \infty$ geht der Abstand benachbarter Eigenwerte gegen null, etwa wie $\Delta p \propto V^{-1/3}$ für die Impulseigenwerte. Es ist dann meist einfacher, eine kontinuierliche Basis zu verwenden als mit einem großen (physikalisch irrelevanten) Volumen V in einem Hilbertraum zu arbeiten. Wir behandeln im Folgenden den Fall einer kontinuierlichen Basis parallel zur diskreten Basis; dies ist unter dem soeben geschilderten Vorbehalt zu verstehen. Die kontinuierliche Basis ist zwar oft praktisch, bringt aber auch Probleme mit sich: Sie ist nicht mehr abzählbar, und die Eigenfunktionen selbst (wie φ_p oder φ_{x_0}) sind nicht normierbar.

Die Eigenfunktionen eines hermiteschen Operators bilden einen orthonormierten, vollständigen Satz (VONS) von Basisfunktionen. Eine gegebene Funktion $\psi(x)$ kann daher nach diesem VONS entwickelt werden:

$$\psi(x) = \begin{cases} \sum a_n\,\varphi_n(x) \\ \int dx'\,\psi(x')\,\delta(x - x') \\ (2\pi\hbar)^{-1/2} \int dp\,\phi(p)\,\exp(\mathrm{i}\,px/\hbar) \\ \sum \widetilde{a}_n\,\widetilde{\varphi}_n(x) \end{cases} \tag{30.24}$$

Jeder Satz von Entwicklungskoeffizienten definiert die Wellenfunktion $\psi(x)$ vollständig. Dies rechtfertigt die an den Entwicklungskoeffizienten orientierte Bezeichnung

$$\left.\begin{matrix} a_n \\ \psi(x) \\ \phi(p) \\ \widetilde{a}_n \end{matrix}\right\} \text{ ist Wellenfunktion in der } \left\{\begin{matrix} \text{Energie-} \\ \text{Orts-} \\ \text{Impuls-} \\ F\text{-} \end{matrix}\right\} \text{Darstellung} \tag{30.25}$$

Tabelle 30.1 Vergleich der mathematischen Struktur eines N-dimensionalen Vektorraums mit der eines Hilbertraums, in dem Funktionen anstelle der Vektoren treten. In beiden Fällen sind die Spaltenvektoren (a_n) Darstellungen der Vektoren oder Funktionen. Diese Darstellungen hängen von der gewählten Basis ab. Im Vektorraum ist die Basis durch die orthonormierten Basisvektoren eines Koordinatensystem gegeben, im Hilbertraum durch ein geeignetes VONS von Funktionen.

Vektorraum	Objekt, Relation	Hilbertraum
$\boldsymbol{x}$	Vektor	$\psi(x)$
$\{\boldsymbol{e}_n\}$	Basis	$\{\varphi_n(x)\}$
$\boldsymbol{e}_n \cdot \boldsymbol{e}_{n'} = \delta_{nn'}$	Orthonormierung	$\langle \varphi_n \mid \varphi_{n'} \rangle = \delta_{nn'}$
$\boldsymbol{x} = \sum a_n \boldsymbol{e}_n$ $a_n = \boldsymbol{e}_n \cdot \boldsymbol{x}$	Entwicklung	$\psi(x) = \sum a_n \varphi_n(x)$ $a_n = \langle \varphi_n \mid \psi \rangle$
$\boldsymbol{x} \cdot \boldsymbol{y} = \boldsymbol{y} \cdot \boldsymbol{x}$	Symmetrie des Skalarprodukts	$\langle \varphi \mid \psi \rangle = \langle \psi \mid \varphi \rangle^*$
$\boldsymbol{x} := \begin{pmatrix} a_1 \\ a_2 \\ a_3 \\ \vdots \\ a_N \end{pmatrix}$	Darstellung durch Spaltenvektor	$\psi(x) := \begin{pmatrix} a_1 \\ a_2 \\ a_3 \\ a_4 \\ \vdots \end{pmatrix}$
$\widetilde{\boldsymbol{e}}_n \cdot \widetilde{\boldsymbol{e}}_{n'} = \delta_{nn'}$ $\boldsymbol{x} = \sum a_n \boldsymbol{e}_n = \sum \widetilde{a}_n \widetilde{\boldsymbol{e}}_n$	andere Basis $\{\widetilde{\boldsymbol{e}}_n\}$	$\langle \widetilde{\varphi}_n \mid \widetilde{\varphi}_{n'} \rangle = \delta_{nn'}$ $\psi(x) = \sum a_n \varphi_n = \sum \widetilde{a}_n \widetilde{\varphi}_n$

Tabelle 30.2 Vergleich zwischen dem Vektorraum und dem Hilbertraum. Im Gegensatz zu Tabelle 30.1 wird $\psi(x)$ jetzt lediglich als eine mögliche, zu (a_n) gleichwertige Darstellung betrachtet. Dann entspricht dem Vektor $\boldsymbol{x}$ des Vektorraums der Vektor $\mid \psi \rangle$ des Hilbertraums. Für die kontinuierliche Basis gelten die im Text beschriebenen Vorbehalte.

Vektorraum	Objekt, Relation	Hilbertraum
$\boldsymbol{x}$	Vektor	$\mid \psi \rangle$
$\{\boldsymbol{e}_n\}$	Basis	$\{\mid n \rangle\}, \ \{\mid \xi \rangle\}$
$\boldsymbol{e}_n \cdot \boldsymbol{e}_{n'} = \delta_{nn'}$	Orthonormierung	$\langle n \mid n' \rangle = \delta_{nn'}$ $\langle \xi \mid \xi' \rangle = \delta(\xi - \xi')$
$1 = \sum \boldsymbol{e}_n \circ \boldsymbol{e}_n$	Vollständigkeit	$1 = \sum \mid n \rangle \langle n \mid$ $1 = \int d\xi \ \mid \xi \rangle \langle \xi \mid$
$\boldsymbol{x} = \sum (\boldsymbol{e}_n \cdot \boldsymbol{x}) \, \boldsymbol{e}_n$	Entwicklung	$\mid \varphi \rangle = \sum_n \langle n \mid \varphi \rangle \mid n \rangle$ $\mid \varphi \rangle = \int d\xi \ \langle \xi \mid \varphi \rangle \mid \xi \rangle$

Diese Bezeichnung wurde bereits in Kapitel 5 eingeführt. Dabei ist unter a_n die gesamte Folge $a_1, a_2, a_3, \ldots$ zu verstehen, so wie unter $\psi(x)$ auch die gesamte Funktion (und nicht nur ein bestimmter Funktionswert) verstanden wird. Wir hätten (30.22) und (30.24) selbst in einer anderen als der Ortsdarstellung hinschreiben können (wie etwa in Kapitel 5 für die Impulsdarstellung). Dies ändert nicht die Entwicklungskoeffizienten (30.25).

Vektor im Hilbertraum

Wenn wir nun die Wellenfunktion (30.25) *unabhängig von der Darstellung* angeben wollen, so bezeichnen wir sie mit $|\psi\rangle$, also

$$|\psi\rangle := \begin{cases} a_n & \text{(Energie)} \\ \psi(x) & \text{(Ort)} \\ \phi(p) & \text{(Impuls)} \\ \widetilde{a}_n & (F\text{-Größe}) \end{cases} \tag{30.26}$$

Jede einzelne Darstellung legt die anderen fest, sie genügt daher zur Definition von $|\psi\rangle$. Das Zeichen „$:\equiv$" soll bedeuten, dass hierdurch die linke Seite definiert ist; der Doppelpunkt steht wie in (30.15) für „dargestellt durch". Jede Darstellung in (30.26) könnte auch selbst als Vektor aufgefasst werden, so wie dies für die Spaltenvektoren (a_n) im Vektorraum möglich ist. In der Tabelle 30.1 haben wir ja zunächst in dieser Weise die Funktion $\psi(x)$ als Vektor aufgefasst. Jetzt sehen wir, dass die Funktionen ebenso wie die Spaltenvektoren (a_n) lediglich eine mögliche Darstellung sind. Daher führen wir mit $|\psi\rangle$ die zu $\boldsymbol{x}$ analoge Größe ein. Wir nennen im Folgenden $|\psi\rangle$ den *Zustandsvektor* oder auch einfach nur Vektor. Der Zustandsvektor $|\psi\rangle$ ist der von der speziellen Darstellung unabhängige Vektor. Jede gültige Beziehung zwischen Vektoren kann in einer beliebigen Darstellung angeschrieben werden. Daher ist es sinnvoll, solche Beziehungen auch darstellungsunabhängig, also für die Vektoren $|\psi\rangle$ zu formulieren.

Die Bezeichnung eines Vektors $|Name\rangle$ ist Konvention. Ist $\varphi_n(x)$ Eigenfunktion von H zum Eigenwert E_n, so können wir den dadurch definierten Zustandsvektor des Systems etwa mit

$$|\varphi_n\rangle \quad \text{oder} \quad |E_n\rangle \quad \text{oder} \quad |n\rangle \tag{30.27}$$

oder mit $|\text{Eigenzustand zum Eigenwert } E_n\rangle$ bezeichnen. Für den Eigenvektor des Ortsoperators zum Eigenwert x kommen danach die Bezeichnungen $|\varphi_x\rangle$ oder $|x\rangle$ in Frage, für den des Impulsoperators die Bezeichnungen $|\varphi_p\rangle$ oder $|p\rangle$. Vorzugsweise bezeichnen wir die Eigenvektoren durch die Eigenwerte oder Quantenzahlen, also etwa $|E_n\rangle$, $|n\rangle$, $|x\rangle$ oder $|p\rangle$. Nicht sinnvoll wäre dagegen die Bezeichnung $|\varphi_n(\boldsymbol{r})\rangle$; denn der Zustandsvektor hängt nicht von $\boldsymbol{r}$ ab.

Adjungierter Vektor

Im Folgenden wollen wir Rechenregeln für die Zustandsvektoren im Hilbertraum aufstellen. Das in (30.16) definierte Skalarprodukt $\langle \psi | \varphi \rangle$ kann in jeder Darstellung ausgedrückt werden:

$$\langle \psi | \varphi \rangle = \sum_{n=1}^{\infty} a_n^* b_n = \sum_{n=1}^{\infty} \tilde{a}_n^* \, \tilde{b}_n = \int dx \; \psi^*(x) \, \varphi(x) \tag{30.28}$$

Das darstellungsunabhängige Skalarprodukt sollte sich durch die Zustandsvektoren selbst ausdrücken lassen. Dazu gehen wir von der Matrixdarstellung aus,

$$|\psi\rangle := a = \begin{pmatrix} a_1 \\ a_2 \\ a_3 \\ a_4 \\ \vdots \end{pmatrix}, \qquad |\varphi\rangle := b = \begin{pmatrix} b_1 \\ b_2 \\ b_3 \\ b_4 \\ \vdots \end{pmatrix} \tag{30.29}$$

Das Skalarprodukt ergibt sich dann als Matrixmultiplikation:

$$\langle \psi | \varphi \rangle = a^{*\mathrm{T}} b = a^\dagger b, \quad \text{wobei} \quad a^\dagger = a^{*\mathrm{T}} \tag{30.30}$$

Für konjugiert komplex (*) und transponiert (T) führen wir das Symbol „$\dagger$" ein. Dies nennen wir *adjungiert* oder *hermitesch adjungiert*. Wir übertragen die Operation „adjungiert" für den Spaltenvektor auf den Vektor $|\psi\rangle$ und definieren den *adjungierten Vektor* $\langle \psi |$ durch

$$\langle \psi | \equiv |\psi\rangle^\dagger := a^\dagger \tag{30.31}$$

Aus $\langle \psi |^\dagger := a^{\dagger\dagger} = a$ folgt

$$\langle \psi |^\dagger = |\psi\rangle \tag{30.32}$$

oder $|\psi\rangle^{\dagger\dagger} = |\psi\rangle$. Zweimalige Adjunktion führt also zum ursprünglichen Vektor zurück.

Die Multiplikation von $|\varphi\rangle$ mit dem adjungierten Vektor $\langle \psi |$ von links wird in der Darstellung zu $a^\dagger b$, das heißt, sie ergibt das Skalarprodukt. Damit erhalten wir als Rechenregel für die Multiplikation von $\langle \psi |$ mit $|\varphi\rangle$

$$\langle \psi | \cdot | \varphi \rangle = \langle \psi | \varphi \rangle = a^\dagger b \tag{30.33}$$

Dies ist der gesuchte Zusammenhang zwischen den Zustandsvektoren des Hilbertraums und der Schreibweise (30.16) des Skalarprodukts. Das Skalarprodukt kann so durch die Vektoren selbst ausgedrückt werden.

Nach dem Wort *bracket* (für Klammer) bezeichnet man den Vektor $| \; \rangle$ als *ket* und den adjungierten Vektor $\langle \; |$ als *bra*.

Kontinuierliche Basis

Als Grenzfall ($V \to \infty$) einer diskreten Basis lassen wir auch eine kontinuierliche Basis zu. In den Axiomen des Hilbertraums (diskrete Basis) ist dann die Entwickelbarkeit (30.20) allgemeiner zu formulieren:

$$|\psi\rangle = \sum_n a_n |n\rangle = \int dp \, \phi(p) |p\rangle = \int dx \, \psi(x) |x\rangle \qquad (30.34)$$

Die Orthogonalität der Basisfunktionen,

$$\langle n | n'\rangle = \delta_{nn'}, \qquad \langle p | p'\rangle = \delta(p - p'), \qquad \langle x | x'\rangle = \delta(x - x') \qquad (30.35)$$

kann in irgendeiner Darstellung gezeigt werden, zum Beispiel:

$$\langle p | p'\rangle = \left\{ \begin{array}{l} \int dp'' \, \delta(p - p'') \, \delta(p' - p'') \\[2mm] (2\pi\hbar)^{-1} \int dx \, \exp(-i\,px/\hbar) \, \exp(i\,p'x/\hbar) \end{array} \right\} = \delta(p - p') \quad (30.36)$$

Die Definition (30.16) des Skalarprodukts kann leicht auf eine andere kontinuierliche Darstellung übertragen werden, zum Beispiel $\langle \varphi_m | \varphi_n \rangle = \int d\xi \, \varphi_m^*(\xi) \, \varphi_n(\xi)$.

Wenn wir (30.34) von links mit den adjungierten Basisvektoren multiplizieren und die Orthonormierung (30.35) benutzen, so erhalten wir die Entwicklungskoeffizienten:

$$a_n = \langle n | \psi \rangle, \qquad \phi(p) = \langle p | \psi \rangle, \qquad \psi(x) = \langle x | \psi \rangle \qquad (30.37)$$

Ganz allgemein ergibt sich die F-Darstellung durch die Projektion von $|\psi\rangle$ auf die Eigenfunktionen von F.

Wir betrachten noch etwas näher die Ortsdarstellung. Die Eigenfunktionen des Oszillator-Hamiltonoperators, des Orts- und des Impulsoperators sind:

$$\begin{aligned} \varphi_n(x) &= \langle x | n \rangle &&= c_n \, H_n(x) \, \exp(-x^2/2) \\ \varphi_{x_0}(x) &= \langle x | x_0 \rangle &&= \delta(x - x_0) \\ \varphi_p(x) &= \langle x | p \rangle &&= (2\pi\hbar)^{-1/2} \, \exp(i\,px/\hbar) \end{aligned} \qquad (30.38)$$

Die Projektion von (30.34) auf $\langle x |$ führt zu (30.24) zurück:

$$\langle x | \psi \rangle = \psi(x) = \langle x | \cdot \left\{ \begin{array}{l} \sum a_n |n\rangle \\[1mm] \int dx' \, \psi(x') |x'\rangle \\[1mm] \int dp \, \phi(p) |p\rangle \end{array} \right. = \left\{ \begin{array}{l} \sum a_n \, \varphi_n(x) \\[1mm] \int dx' \, \psi(x') \, \varphi_{x'}(x) \\[1mm] \int dp \, \phi(p) \, \varphi_p(x) \end{array} \right. \quad (30.39)$$

Vollständigkeitsrelation

Wir formulieren jetzt die Vollständigkeitsrelationen mit den Basisvektoren $|n\rangle$ des Hilbertraums und auch mit den Basisvektoren $|x\rangle$ und $|p\rangle$. Im N-dimensionalen Vektorraum gilt[2]

$$x = \sum_{i=1}^{N} (e_i \cdot x) \, e_i = \left(\sum_{i=1}^{N} e_i \circ e_i \right) \cdot x \qquad (30.40)$$

Die Vollständigkeit der Basis $\{e_i\}$ kann durch

$$1 = \sum_{i=1}^{N} e_i \circ e_i \qquad (30.41)$$

ausgedrückt werden. Im Hilbertraum erhalten wir analog

$$|\psi\rangle = \sum_{n=1}^{\infty} a_n |n\rangle = \sum_{n=1}^{\infty} |n\rangle\langle n|\psi\rangle = \left(\sum_{n=1}^{\infty} |n\rangle\langle n| \right) |\psi\rangle \qquad (30.42)$$

und

$$1 = \sum_{n=1}^{\infty} |n\rangle\langle n| \qquad (30.43)$$

Formal ist (30.41) die 1-Dyade und (30.43) der 1-Operator. Da diese Größen jeweils dieselbe Wirkung wie die Zahl 1 haben, verzichten wir auf die Kennzeichnung durch einen Hut, die wir für andere Operatoren (Dyaden) im Folgenden verwenden, wie etwa in (31.18) und (31.19).

Multiplizieren wir (30.43) von links mit $\langle x|$ und von rechts mit $|x'\rangle$, so erhalten wir die Vollständigkeitsrelation in der aus (14.36) bekannten Form,

$$\langle x|1|x'\rangle = \sum_{n=1}^{\infty} \langle x|n\rangle\langle n|x'\rangle = \sum_{n=1}^{\infty} \varphi_n(x)\, \varphi_n^*(x') = \delta(x - x') = \langle x|x'\rangle \quad (30.44)$$

Dies ist die Ortsdarstellung des 1-Operators. Für ein kontinuierliches Spektrum wird (30.43) zu

$$1 = \int dx \; |x\rangle\langle x| \quad \text{oder} \quad 1 = \int dp \; |p\rangle\langle p| \qquad (30.45)$$

Dabei geht die x-Integration von $-\infty$ bis $+\infty$ für die kartesische Koordinate x, oder für $x = (q_1, ..., q_f)$ über alle möglichen Werte der verallgemeinerten Koordinaten.

Die Analogien zwischen Vektorraum und Hilbertraum sind in der jetzt erreichten Form in Tabelle 30.2 zusammengestellt.

---

[2]Für zwei Vektoren a und b wird das *dyadische Produkt* $a \circ b$ durch $(a \circ b) \cdot c = a \, (b \cdot c)$ definiert. Angewandt auf einen Vektor c ist das Skalarprodukt mit b zu nehmen; die resultierende Zahl wird mit dem Vektor a multipliziert.

31 Operatoren im Hilbertraum

Wir führen die darstellungsunabhängigen Operatoren des Hilbertraums ein, behandeln die Matrixdarstellung der Operatoren und definieren die Eigenschaften adjungiert und hermitesch.

Ein Operator O_{op} ordnet einer Funktion $\psi(x)$ eine andere Funktion $\varphi(x)$ zu:

$$\varphi(x) = O_{op}\, \psi(x) \tag{31.1}$$

Hierbei steht x für die Koordinaten $q_1,...,q_f$. Beispiele für O_{op} sind der Impulsoperator $p_{op} = -i\hbar\, \nabla$ oder der Hamiltonoperator H.

Wir führen nun den Operator $\hat{O}$ ein, der dem Vektor $|\psi\rangle$ den Vektor $|\varphi\rangle$ zuordnet:

$$|\varphi\rangle = \hat{O}\,|\psi\rangle \equiv |\hat{O}\,\psi\rangle \tag{31.2}$$

Den resultierenden Zustand bezeichnen wir auch mit $|\hat{O}\,\psi\rangle$. Das Skalarprodukt von (31.2) mit einem Zustand $|\widetilde{\varphi}\rangle$,

$$\langle\widetilde{\varphi}|\varphi\rangle = \langle\widetilde{\varphi}|\hat{O}|\psi\rangle \tag{31.3}$$

ist eine komplexe *Zahl*. Ein solcher Ausdruck wird als *Matrixelement* von $\hat{O}$ bezeichnet. Dies ist im engeren Sinn ein Element einer Matrix, wenn im bra und ket Zustände eines Funktionensatzes stehen.

Die Funktionen $\psi(x)$ und $\varphi(x)$ sind die Ortsdarstellungen der Zustände $|\psi\rangle$ und $|\varphi\rangle$, und Gleichung (31.1) ist die Ortsdarstellung von (31.2). Hieraus ergibt sich der Zusammenhang zwischen dem Operator $\hat{O}$ und O_{op}, oder allgemeiner zwischen dem Operator $\hat{O}$ und seinen Darstellungen. Um zur Ortsdarstellung des Operators $\hat{O}$ zu gelangen, schieben wir in (31.2) den 1-Operator (30.45) ein,

$$|\varphi\rangle = \hat{O}\,1\,|\psi\rangle = \hat{O}\left(\int dx'\,|x'\rangle\langle x'|\right)|\psi\rangle \tag{31.4}$$

Die Projektion auf $\langle x|$ ergibt

$$\varphi(x) = \langle x|\varphi\rangle = \int dx'\,\langle x|\hat{O}|x'\rangle\,\psi(x') \tag{31.5}$$

Der Vergleich mit (31.1) zeigt

$$\langle x|\hat{O}|x'\rangle = \delta(x - x')\,O_{op}(x') \tag{31.6}$$

Hierbei ist O_{op} die Form des Operators, die wir bis jetzt in der Ortsdarstellung verwendet haben. Der Operator O_{op} wirkt auf die x'-Koordinaten.

Wir bezeichnen im Folgenden $\langle x\,|\,\hat{O}\,|\,x'\rangle$ als die *Ortsdarstellung* des Operators $\hat{O}$. Bisher haben wir O_{op} selbst als Operator in der Ortsdarstellung bezeichnet. Beide Bezeichnungsweisen sind üblich; der Zusammenhang zwischen beiden Größen ist durch (31.6) gegeben.

Offenbar können wir in (31.5) auch Operatoren $\langle x\,|\,\hat{O}\,|\,x'\rangle$ zulassen, die für $x \neq x'$ nicht verschwinden; solche Operatoren bezeichnen wir als *nichtlokal*. Alle bisher betrachteten Operatoren sind dagegen *lokal* im Sinn von (31.6).

Speziell sei x nun eine kartesische Koordinate (anstelle von $q_1,...,q_f$). Hierfür ist der Ortsoperator $O_{\mathrm{op}}(x') = x'$. In (31.6) können wir x' durch x ersetzen. Damit erhalten wir

$$\langle x\,|\,\hat{x}\,|\,x'\rangle = x\,\delta(x - x') \tag{31.7}$$

Dies lässt sich auf Funktionen des Ortsoperators übertragen, also etwa auch den Potenzialoperator $V(\hat{x})$,

$$\langle x\,|\,V(\hat{x})\,|\,x'\rangle = V(x)\,\delta(x - x') \tag{31.8}$$

Mit $\langle x\,|\,\hat{V}\,|\,x'\rangle = V(x, x')$ könnte man ein nichtlokales Potenzial einführen; dann ist der Term $V(x)\,\psi(x)$ in der Schrödingergleichung durch $\int dx'\, V(x, x')\,\psi(x')$ zu ersetzen.

Für den Impulsoperator wird (31.6) zu

$$\langle x\,|\,\hat{p}\,|\,x'\rangle = \delta(x - x')\,p_{\mathrm{op}}(x') = -\mathrm{i}\hbar\,\delta(x - x')\,\frac{\partial}{\partial x'} \tag{31.9}$$

Erwartungswert

Für einen lokalen Operator (31.6) wird das Matrixelement zwischen zwei Zuständen zu

$$\langle \varphi\,|\,\hat{O}\,|\,\psi\rangle = \int dx \int dx'\, \varphi^*(x)\,\langle x\,|\,\hat{O}\,|\,x'\rangle\,\psi(x') = \int dx\, \varphi^*(x)\,O_{\mathrm{op}}\,\psi(x) \tag{31.10}$$

Für $\varphi = \psi$ erhalten wir hieraus den schon früher definierten Erwartungswert

$$\langle O\rangle = \langle \psi\,|\,\hat{O}\,|\,\psi\rangle = \int dx\, \psi^*(x)\,O_{\mathrm{op}}\,\psi(x) \tag{31.11}$$

Im Erwartungswert $\langle O\rangle$ schreiben wir weder den Index op noch das Dach mit an. Im Matrixelement $\langle \varphi|\hat{O}|\psi\rangle$ sollte korrekterweise das Dach mitgeschrieben werden. Denn dies ist nicht nur eine Kurzschreibweise für das Integral in (31.11), sondern auch das Skalarprodukt zwischen $\langle \varphi|$ und $\hat{O}|\psi\rangle$; hierfür muss $\hat{O}$ ein Operator im Hilbertraum sein.

In praktischen Anwendungen der Quantenmechanik wird das Dach von Operatoren auch oft wieder weggelassen; anstelle von $\hat{O}$, $\hat{p}$ oder $\hat{x}$ wird dann einfach nur O, p oder x geschrieben. Dann muss aus dem Zusammenhang abgelesen werden, ob der klassische Impuls p oder $p_{op} = -i\hbar\,\partial/\partial x$ oder der Impulsoperator in einer bestimmten Darstellung oder $\hat{p}$ gemeint ist. Häufig wird das Dach in Matrixelementen weggelassen, und etwa $\langle\psi\,|\,r^n\,|\,\psi\rangle$ anstelle von $\langle\psi\,|\,\hat{r}^n\,|\,\psi\rangle$ geschrieben. Dies ist insbesondere dann unbedenklich, wenn das Matrixelement sowieso im nächsten Schritt in der Ortsdarstellung ausgewertet wird.

Der Erwartungswert $\langle\psi\,|\,\hat{O}\,|\,\psi\rangle$ ist darstellungsunabhängig. Durch Einschieben der 1-Operatoren $\sum|n\rangle\langle n|$, $\int dx\,|x\rangle\langle x|$ oder $\int dp\,|p\rangle\langle p|$ zwischen $\hat{O}$ und den Zuständen erhalten wir speziell

$$\langle\psi\,|\,\hat{O}\,|\,\psi\rangle = \sum_{n,n'=1}^{\infty} \langle\psi\,|\,n\rangle\langle n\,|\,\hat{O}\,|\,n'\rangle\langle n'\,|\,\psi\rangle = \sum_{n,n'=1}^{\infty} O_{nn'}\,a_n^*\,a_{n'} \qquad (31.12)$$

$$= \int dx\int dx'\,\langle\psi\,|\,x\rangle\langle x\,|\,\hat{O}\,|\,x'\rangle\langle x'\,|\,\psi\rangle = \int dx\,\psi^*(x)\,O_{op}(x)\,\psi(x)$$

$$= \int dp\int dp'\,\langle\psi\,|\,p\rangle\langle p\,|\,\hat{O}\,|\,p'\rangle\langle p'\,|\,\psi\rangle = \int dp\,\phi^*(p)\,O_{op}(p)\,\phi(p)$$

Wie in Kapitel 5 verwenden wir die Bezeichnung O_{op} sowohl für die Orts- wie für die Impulsdarstellung. Das Matrixelement $\langle\varphi\,|\,\hat{O}\,|\,\psi\rangle$ kann ganz analog hierzu ausgewertet werden. Es ist ebenfalls darstellungsunabhängig.

Matrixdarstellung

Wir untersuchen jetzt die Darstellung von Operatoren im Raum $\{|n\rangle\}$ von diskreten Basiszuständen. Dazu schieben wir $1 = \sum|n'\rangle\langle n'|$ in (31.2) ein und projizieren auf $\langle n|$. Dies ergibt

$$b_n = \sum_{n'=1}^{\infty} \langle n\,|\,\hat{O}\,|\,n'\rangle\,a_{n'} \qquad (31.13)$$

wobei $b_n = \langle n\,|\,\varphi\rangle$ und $a_{n'} = \langle n'\,|\,\psi\rangle$. Dies ist eine zu (31.2) äquivalente Matrizengleichung,

$$b = O\,a \quad\longleftrightarrow\quad |\varphi\rangle = \hat{O}\,|\,\psi\rangle \qquad (31.14)$$

Dabei sind $a = (a_n)$ und $b = (b_n)$ Spaltenvektoren, und O ist die Matrix

$$O = (O_{nn'}) = \left(\langle n\,|\,\hat{O}\,|\,n'\rangle\right) = \begin{pmatrix} O_{11} & O_{12} & O_{13} & \dots \\ O_{21} & O_{22} & O_{23} & \dots \\ O_{31} & O_{32} & O_{33} & \dots \\ \vdots & \vdots & \vdots & \ddots \end{pmatrix} \qquad (31.15)$$

Wir schreiben die Matrixform $b = O\,a$ noch einmal explizit aus:

$$\begin{pmatrix} b_1 \\ b_2 \\ b_3 \\ \vdots \end{pmatrix} = \begin{pmatrix} O_{11} & O_{12} & O_{13} & \dots \\ O_{21} & O_{22} & O_{23} & \dots \\ O_{31} & O_{32} & O_{33} & \dots \\ \vdots & \vdots & \vdots & \ddots \end{pmatrix} \begin{pmatrix} a_1 \\ a_2 \\ a_3 \\ \vdots \end{pmatrix} \qquad (31.16)$$

Die Formeln (31.13), $b = O\,a$ oder (31.16), und (31.5) sind gleichberechtigte Darstellungen von (31.2). Da wir eine kontinuierliche Basis als Grenzfall einer diskreten auffassen können, ist durch die Matrixform eine *allgemein gültige Struktur* gegeben, die vom speziellen Operator und der speziellen Basis unabhängig ist. Gleichungen und ihre Umformungen können daher immer auch in Matrixform dargestellt werden. Dies gilt auch im gewöhnlichen Vektorraum, wo zum Beispiel Beweise von Vektorbeziehungen in Komponentenschreibweise ausgeführt werden können. Die Quantenmechanik in dieser Form wird *Matrizenmechanik* (oder auch Heisenbergsche Matrizenmechanik) genannt.

Als Beispiel für eine Operatorenbeziehung betrachten wir die bekannteste Kommutatorrelation,

$$[\,\hat{x},\,\hat{p}\,] = \mathrm{i}\hbar \quad \text{oder} \quad [\,x,\,p\,] = \mathrm{i}\hbar \tag{31.17}$$

Die Nichtvertauschbarkeit der Operatoren $\hat{x}$ und $\hat{p}$ entspricht der Nichtvertauschbarkeit der Multiplikation der Matrizen x und p. Beim $\mathrm{i}\hbar$ stehen in (31.17) der Einheitsoperator oder die Einheitsmatrix, die hier nicht mit angeschrieben wurden.

Der Übergang von der Operatorform zu einer bestimmten Darstellung kann allgemein dadurch erfolgen, dass man den 1-Operator der Darstellung an geeigneter Stelle einschiebt und auf die Basiszustände projiziert. Der Leser stelle so etwa den Zusammenhang her zwischen $[\,\hat{x},\,\hat{p}\,] = \mathrm{i}\hbar$ und der Unschärferelation in der Ortsdarstellung.

Die Darstellung $(O_{nn'})$ in einer Basis legt den Operator $\hat{O}$ selbst in folgender Weise fest:

$$\hat{O} = 1\,\hat{O}\,1 = \sum_{n,\,n'=1}^{\infty} O_{nn'} |n\rangle\langle n'| \tag{31.18}$$

Im N-dimensionalen Vektorraum tritt anstelle von (31.18) eine Dyade:

$$\widehat{\Theta} = \sum_{i,\,j=1}^{N} \Theta_{ij}\, \boldsymbol{e}_i \circ \boldsymbol{e}_j \tag{31.19}$$

Dies könnte zum Beispiel die Trägheitsdyade (auch Trägheitstensor genannt) sein. In der Notation verwenden wir für Dyaden einen breiten, für Operatoren einen schmalen Hut. Für $O_{nn'} = \delta_{nn'}$ und $\Theta_{ij} = \delta_{ij}$ erhalten wir den 1-Operator beziehungsweise die 1-Dyade.

Adjungierter Operator

Durch $|\psi\rangle^{\dagger} := a^{*\mathrm{T}}$ wurde der zu $|\psi\rangle := (a_n) = a$ adjungierte Vektor definiert. Analog hierzu definieren wir nun den zu $\hat{O}$ adjungierten Operator $\hat{O}^{\dagger}$ durch

$$\hat{O}^{\dagger} :\equiv O^{*\mathrm{T}} = \big(O_{n'n}^{*}\big), \quad \text{wobei} \quad O_{nn'} = \langle n\,|\,\hat{O}\,|\,n'\rangle \tag{31.20}$$

Damit ist der Operator $\hat{O}^{\dagger}$ selbst durch

$$\hat{O}^{\dagger} = \sum_{n,\,n'=1}^{\infty} O_{n'n}^{*} |n\rangle\langle n'| \tag{31.21}$$

gegeben. Die Operation *adjungiert* wurde hier über die Matrixdarstellung definiert (als konjugiert komplex und transponiert); für die Matrix O verwenden wir ebenfalls die Notation $O^{*T} = O^{\dagger}$. Wir betrachten das Adjungierte der Form (31.18):

$$\hat{O}^{\dagger} = \left(\sum_{m,m'} O_{mm'} |m\rangle\langle m'| \right)^{\dagger} \stackrel{(!)}{=} \sum_{n,n'} O_{n'n}^{*} |n\rangle\langle n'| \qquad (31.22)$$

Damit dies mit der Definition (also der rechten Seite) übereinstimmt, müssen wir als Rechenregel festlegen, dass von Zahlen das konjugiert Komplexe zu nehmen ist, und dass ferner

$$\left(|\varphi\rangle\langle\psi| \right)^{\dagger} = |\psi\rangle\langle\varphi| \qquad (31.23)$$

gilt. Diese Rechenregel folgt auch daraus, dass alle Schritte in der Matrixdarstellung mit Spaltenvektoren für $|\ \rangle$ und Zeilenvektoren für $\langle\ |$ ausgeführt werden können. Für Matrizen a und b gilt bekanntlich $(ab)^{*} = a^{*}b^{*}$ und $(ab)^{T} = b^{T}a^{T}$.

In (6.3) wurde der adjungierte Operator als der Operator eingeführt, der im Matrixelement zur anderen Seite hin angewendet das gleiche Ergebnis ergibt. In der jetzigen Schreibweise heißt das, dass für beliebige $|\varphi\rangle$ und $|\psi\rangle$ gelten soll:

$$\langle\varphi|\hat{O}\psi\rangle = \langle\hat{O}^{\dagger}\varphi|\psi\rangle \qquad (31.24)$$

Wegen

$$\langle\hat{O}^{\dagger}\varphi| = |\hat{O}^{\dagger}\varphi\rangle^{\dagger} = \left(\hat{O}^{\dagger}|\varphi\rangle \right)^{\dagger} = |\varphi\rangle^{\dagger}\hat{O}^{\dagger\dagger} = \langle\varphi|\hat{O} \qquad (31.25)$$

stimmt dies mit der jetzigen Definition überein. Das Skalarprodukt $\langle\varphi|\hat{O}\psi\rangle$ kann auch als Matrixelement $\langle\varphi|\hat{O}|\psi\rangle$ geschrieben werden.

Hermitescher Operator

Die Eigenschaft *hermitesch* eines Operators wurde dadurch definiert, dass für beliebiges $|\psi\rangle$ und $|\varphi\rangle$

$$\langle\varphi|\hat{O}\psi\rangle = \langle\hat{O}\varphi|\psi\rangle \qquad \text{(hermitesch)} \qquad (31.26)$$

gilt. Wegen (31.24) ist dies gleichbedeutend mit

$$\hat{O} = \hat{O}^{\dagger} \qquad \text{(selbstadjungiert)} \qquad (31.27)$$

Damit ist hier *selbstadjungiert* synonym zu hermitesch.

Die Realität beliebiger Erwartungswerte (und damit aller Eigenwerte) hermitescher Operatoren folgt in der jetzigen Schreibweise so:

$$\langle\psi|\hat{O}|\psi\rangle \stackrel{(31.2)}{=} \langle\psi|\hat{O}\psi\rangle \stackrel{(31.26)}{=} \langle\hat{O}\psi|\psi\rangle \stackrel{(30.17)}{=} \langle\psi|\hat{O}\psi\rangle^{*} \stackrel{(31.2)}{=} \langle\psi|\hat{O}|\psi\rangle^{*}$$

$$(31.28)$$

Baker-Campbell-Hausdorff-Theorem

Wir leiten das Baker-Campbell-Hausdorff-Theorem ab. Diese Operatorenbeziehung benötigen wir in Kapitel 34.

Wir betrachten zwei Operatoren $\hat{A}$ und $\hat{B}$, die mit ihrem Kommutator vertauschen:

$$[\hat{A}, [\hat{A}, \hat{B}]] = 0, \qquad [\hat{B}, [\hat{A}, \hat{B}]] = 0 \tag{31.29}$$

Diese Voraussetzung ist insbesondere dann erfüllt, wenn der Kommutator eine Zahl ist, also zum Beispiel für den Orts- und Impulsoperator.

Wir entwickeln zunächst den Operator

$$\hat{F}(\lambda) = \exp(\lambda \hat{A}) \, \hat{B} \, \exp(-\lambda \hat{A}) \tag{31.30}$$

in eine Taylorreihe nach Potenzen von λ. Es gilt

$$\hat{F}(0) = \hat{B}, \qquad \frac{d\hat{F}}{d\lambda} = \exp(\lambda \hat{A})[\hat{A}, \hat{B}] \exp(-\lambda \hat{A}) = [\hat{A}, \hat{B}] \tag{31.31}$$

Die Ableitung von (31.30) ergibt ein $\hat{A}$ vor dem Operator $\hat{B}$ und ein $-\hat{A}$ dahinter, also den Kommutator $[\hat{A}, \hat{B}]$ zwischen den Exponentialausdrücken. Wegen (31.29) kann dieser Kommutator dann durch einen der Exponentialausdrücke durchgezogen werden. Da $d\hat{F}/d\lambda$ nicht von λ abhängt, gilt $d^n \hat{F}/d\lambda^n = 0$ für $n \geq 2$. Damit lautet die vollständige Taylorreihe von (31.30) $\hat{F}(\lambda) = \hat{B} + \lambda[\hat{A}, \hat{B}]$, also

$$\exp(\lambda \hat{A}) \, \hat{B} \, \exp(-\lambda \hat{A}) = \hat{B} + \lambda \, [\hat{A}, \hat{B}] \tag{31.32}$$

Wir leiten nun den Operator

$$\hat{G}(\lambda) = \exp(\lambda \hat{A}) \exp(\lambda \hat{B}) \tag{31.33}$$

nach λ ab:

$$\frac{d\hat{G}}{d\lambda} = \exp(\lambda \hat{A})(\hat{A} + \hat{B}) \exp(\lambda \hat{B}) = \exp(\lambda \hat{A})(\hat{A} + \hat{B}) \exp(-\lambda \hat{A}) \, \hat{G}$$

$$= \left(\hat{A} + \exp(\lambda \hat{A}) \, \hat{B} \, \exp(-\lambda \hat{A})\right) \hat{G} \tag{31.34}$$

Für den zweiten Term in der Klammer verwenden wir (31.32):

$$\frac{d\hat{G}}{d\lambda} = \left(\hat{A} + \hat{B} + \lambda[\hat{A}, \hat{B}]\right) \hat{G} \tag{31.35}$$

Hieraus erhalten wir

$$\ln \hat{G} = \int \frac{d\hat{G}}{\hat{G}} = \int d\lambda \, \left(\hat{A} + \hat{B} + \lambda[\hat{A}, \hat{B}]\right) \tag{31.36}$$

Laut Voraussetzung (31.29) vertauschen die Operatoren $(\hat{A} + \hat{B})$ und $[\hat{A}, \hat{B}]$. Daher kann die rechte Seite in (31.36) ohne Rücksicht auf die Operatoreigenschaft von

$(\hat{A} + \hat{B})$ und $[\hat{A}, \hat{B}]$ aufintegriert werden. Die Integrationskonstante wird durch $G(0) = 1$ festgelegt. Damit wird (31.36) zu

$$\hat{G}(\lambda) = \exp\left(\lambda\,(\hat{A} + \hat{B}) + \lambda^2[\hat{A}, \hat{B}]/2\right) \tag{31.37}$$

Wegen der Vertauschbarkeit von $(\hat{A} + \hat{B})$ und $[\hat{A}, \hat{B}]$ kann auf der rechten Seite die Formel $\exp(a + b) = \exp(a)\exp(b)$ angewendet werden. Auf der linken Seite setzen wir (31.33) ein. Für $\lambda = 1$ erhalten wir damit

$$\exp\left(\hat{A}\right)\exp\left(\hat{B}\right) = \exp\left(\hat{A} + \hat{B}\right)\exp\left([\hat{A}, \hat{B}]/2\right) \tag{31.38}$$

oder

$$\boxed{\exp\left(\hat{A} + \hat{B}\right) = \exp\left(-[\hat{A}, \hat{B}]/2\right)\exp\left(\hat{A}\right)\exp\left(\hat{B}\right)} \tag{31.39}$$

Diese Operatorenbeziehung wird *Baker-Campbell-Hausdorff-Theorem* oder auch nur Baker-Hausdorff-Theorem genannt. Es sei daran erinnert, dass sie nur unter der Voraussetzung (31.29) gilt.

Aufgaben

31.1 Impuls- und Ortsoperator in der Impulsdarstellung

Geben Sie den Impuls- und den Ortsoperator in der Impulsdarstellung an, also $\langle p|\hat{p}|p'\rangle$ und $\langle p|\hat{x}|p'\rangle$.

31.2 Produkt zweier Operatoren

Die beiden Operatoren $\hat{F}$ und $\hat{K}$ werden in einer beliebigen diskreten Basis durch ihre Matrixelemente dargestellt:

$$\hat{F} = \sum_{n,n'} F_{nn'}|n\rangle\langle n'|, \qquad \hat{K} = \sum_{m,m'} K_{mm'}|m\rangle\langle m'|$$

Zeigen Sie hiermit $(\hat{F}\,\hat{K})^{\dagger} = \hat{K}^{\dagger}\hat{F}^{\dagger}$. Bestimmen Sie die Matrixelemente $C_{nn'}$ in

$$[\hat{F}, \hat{K}] = \sum_{n,\,n'} C_{nn'}|n\rangle\langle n'|$$

Beweisen Sie $\langle F^2\rangle \geq 0$ für einen hermiteschen (wurde bisher hier nicht vorausgesetzt) Operator $\hat{F}$.

32 Unitäre Transformationen

Wir erweitern einige bekannte Sätze aus der linearen Algebra für den Vektorraum auf den Hilbertraum. Dabei entsprechen sich insbesondere folgende Eigenschaften von Operatoren oder Matrizen:

$$\text{symmetrisch} \longleftrightarrow \text{hermitesch}$$
$$\text{orthogonal} \longleftrightarrow \text{unitär}$$

Wir zeigen, dass vertauschbare, hermitesche Operatoren simultane Eigenfunktionen haben oder dass simultane Eigenfunktionen konstruiert werden können.

Orthogonalität der Eigenvektoren

Wir geben eine Reihe von Beziehungen parallel für den Vektorraum (jeweils auf der linken Seite) und den Hilbertraum (rechte Seite) an.

Die Dyade $\widehat{\Theta}$ sei symmetrisch; der Operator $\hat{A}$ sei hermitesch. Die Definitionsgleichung für die Eigenvektoren lautet:

$$\widehat{\Theta}\, x^{(n)} = \lambda_n\, x^{(n)}, \qquad\qquad \hat{A}\,|\psi_n\rangle = \lambda_n\,|\psi_n\rangle \qquad (32.1)$$

Wir multiplizieren dies von links mit einem anderen Eigenvektor:

$$x^{(m)} \cdot \left(\widehat{\Theta}\, x^{(n)} \right) = \lambda_n\, x^{(m)} \cdot x^{(n)}, \qquad\qquad \langle \psi_m\,|\,\hat{A}\,|\,\psi_n\rangle = \lambda_n\,\langle \psi_m\,|\,\psi_n\rangle \qquad (32.2)$$

Hiervon ziehen wir jeweils die entsprechende Gleichung mit vertauschtem n und m ab (im Hilbertraum das konjugiert Komplexe davon; die λ's sind reell):

$$\begin{aligned}
& x^{(m)} \cdot \left(\widehat{\Theta}\, x^{(n)} \right) - x^{(n)} \cdot \left(\widehat{\Theta}\, x^{(m)} \right) && \langle \psi_m\,|\,\hat{A}\,|\,\psi_n\rangle - \langle \psi_n\,|\,\hat{A}\,|\,\psi_m\rangle^* \\
& = (\lambda_n - \lambda_m)\, x^{(m)} \cdot x^{(n)} = 0, && = (\lambda_n - \lambda_m)\,\langle \psi_m\,|\,\psi_n\rangle = 0
\end{aligned} \qquad (32.3)$$

Das Verschwinden dieser Differenzen folgt aus den Eigenschaften symmetrisch beziehungsweise hermitesch. Aus (32.3) ergibt sich daher

$$x^{(m)} \cdot x^{(n)} = 0 \quad \text{für } \lambda_n \neq \lambda_m, \qquad\qquad \langle \psi_n\,|\,\psi_m\rangle = 0 \quad \text{für } \lambda_n \neq \lambda_m \qquad (32.4)$$

Also sind Eigenvektoren zu verschiedenen Eigenwerten orthogonal zueinander. Sofern zu einem Eigenwert mehrere Eigenvektoren gehören, ist auch eine beliebige Linearkombination von ihnen wieder Eigenfunktion zum selben Eigenwert. Man kann dann orthogonale Linearkombinationen konstruieren. Normiert man noch alle Eigenvektoren, so gilt

$$x^{(m)} \cdot x^{(n)} = \delta_{mn}, \qquad\qquad \langle \psi_n\,|\,\psi_m\rangle = \delta_{mn} \qquad (32.5)$$

Orthogonale und unitäre Transformationen

Die Transformationen, die beliebige Skalarprodukte invariant lassen, werden orthogonal beziehungsweise unitär genannt. Wir verwenden die Darstellungen durch Spaltenvektoren:

$$\boldsymbol{x} := x = \begin{pmatrix} x_1 \\ \vdots \\ x_N \end{pmatrix}, \qquad\qquad | \psi \rangle := a = \begin{pmatrix} a_1 \\ a_2 \\ \vdots \end{pmatrix} \qquad (32.6)$$

und $\boldsymbol{y} := y$ und $| \varphi \rangle := b$. Dann werden die Dyade, die auf den Vektor $\boldsymbol{x}$ wirkt, und der Operator, der auf den Zustandsvektor $| \psi \rangle$ wirkt, durch Matrizen dargestellt, $\widehat{O} := O$ und $\widehat{U} := U$. Die Transformation zweier beliebiger Vektoren lautet dann

$$x' = O\,x, \quad y' = O\,y\,, \qquad\qquad a' = U a, \quad b' = U b \qquad (32.7)$$

Wir vergleichen die Skalarprodukte der beiden Vektoren nach und vor der Transformation:

$$x'^{\mathrm{T}} y' = x^{\mathrm{T}} O^{\mathrm{T}} O\, y \overset{!}{=} x^{\mathrm{T}} y\,, \qquad b'^{\dagger} a' = b^{\dagger} U^{\dagger} U a \overset{!}{=} b^{\dagger} a \qquad (32.8)$$

Soll das Skalarprodukt für beliebige Vektoren invariant sein, so muss gelten

$$\begin{array}{cc} O^{\mathrm{T}} O = 1\,, & U^{\dagger} U = 1 \\ \text{(orthogonal)} & \text{(unitär)} \end{array} \qquad (32.9)$$

Die Bezeichnungen symmetrisch, orthogonal, hermitesch und unitär werden sowohl für die Operatoren (Dyaden) wie für die darstellenden Matrizen verwandt.

In (32.1)–(32.9) haben wir jeweils die Beziehung für den Vektorraum (linker Teil) und den Hilbertraum (rechter Teil) angegeben. Im Folgenden beschränken wir uns auf den Hilbertraum.

Transformation zwischen zwei VONS

So wie eine symmetrische Matrix durch eine orthogonale Transformation diagonalisiert werden kann, ist dies für eine hermitesche Matrix durch eine unitäre Transformation möglich. In beiden Fällen bedeutet die Transformation einen Übergang von einem vollständigen orthonormierten System (VONS) zu einem anderen VONS. Im Folgenden verzichten wir darauf, die jeweiligen Beziehungen für den Vektorraum mit anzuschreiben.

Wir betrachten zwei VONS, $\{|\psi_n\rangle, n = 1, 2, ...\}$ und $\{|\varphi_\nu\rangle, \nu = 1, 2, ...\}$. Wir entwickeln den Zustand $|\psi_n\rangle$ nach dem VONS $\{|\varphi_\nu\rangle\}$,

$$|\psi_n\rangle = \sum_{\nu=1}^{\infty} |\varphi_\nu\rangle\langle\varphi_\nu|\psi_n\rangle = \sum_{\nu=1}^{\infty} U_{\nu n} |\varphi_\nu\rangle \qquad (32.10)$$

Für die Entwicklungskoeffizienten lesen wir $U_{vn} = \langle \varphi_v | \psi_n \rangle$ ab. Aus der Orthonormierung der Basiszustände folgt

$$\delta_{n'n} = \langle \psi_{n'} | \psi_n \rangle = \sum_{v,v'} U^*_{v'n'} \langle \varphi_{v'} | \varphi_v \rangle U_{vn} = \sum_v U^*_{vn'} U_{vn} = \left(U^\dagger U \right)_{n'n} \quad (32.11)$$

also

$$U^\dagger U = 1 \quad (32.12)$$

Dies bedeutet: Die Transformation zwischen zwei VONS wird durch eine unitäre Matrix U (oder den zugehörigen unitären Operator $\hat{U}$) vermittelt.

Ein hermitescher Operator $\hat{A}$ habe die Eigenzustände $|\psi_n\rangle$ und die Eigenwerte λ_n. In dieser Basis wird $\hat{A}$ durch eine diagonale Matrix A dargestellt:

$$A = \left(\langle \psi_{n'} | \hat{A} | \psi_n \rangle \right) = \left(\lambda_n \delta_{nn'} \right) = \begin{pmatrix} \lambda_1 & & & \\ & \lambda_2 & & \\ & & \lambda_3 & \\ & & & \ddots \end{pmatrix} \quad (32.13)$$

In einem beliebigen VONS $\{|\varphi_v\rangle\}$ ist die Matrix $A' = \left(\langle \varphi_{v'} | \hat{A} | \varphi_v \rangle \right)$ im Allgemeinen nicht diagonal. Aus

$$A = \left(\langle \psi_{n'} | \hat{A} | \psi_n \rangle \right) = \left(\sum_{v,v'=1}^{\infty} U^*_{v'n'} \langle \varphi_{v'} | \hat{A} | \varphi_v \rangle U_{vn} \right) = \left(\sum_{v,v'=1}^{\infty} U^*_{v'n'} A'_{v'v} U_{vn} \right)$$

$$= U^\dagger A' U \quad (32.14)$$

sehen wir, dass eine hermitesche Matrix A' durch eine unitäre Transformation U auf Diagonalform $A = (\lambda_n \delta_{nn'})$ gebracht werden kann. Analog hierzu kann im Vektorraum eine symmetrische Matrix durch eine orthogonale Transformation diagonalisiert werden (zum Beispiel die Hauptachsentransformation eines Trägheitstensors).

Spezielle unitäre Operatoren

Einem hermiteschen Operator $\hat{F}$ kann ein unitärer Operator $\hat{U}$ zugeordnet werden:

$$\hat{U} = \exp \left(i a \hat{F} \right) \quad \text{ist unitär für} \quad \hat{F}^\dagger = \hat{F} \text{ und } a^* = a \quad (32.15)$$

Aus $\hat{U}^\dagger = \exp(-i a \hat{F})$ folgt dann $\hat{U}^\dagger \hat{U} = 1$.

Zu diesen unitären Operatoren gehören insbesondere der Translationsoperator und der Rotationsoperator,

$$\hat{T}(a) = \exp \left(\frac{i a \hat{p}}{\hbar} \right) \quad \text{und} \quad \hat{R}(\varphi, \boldsymbol{n}) = \exp \left(\frac{i \varphi \, \boldsymbol{n} \cdot \hat{\boldsymbol{\ell}}}{\hbar} \right) \quad (32.16)$$

die wir in (23.3) und (23.12) eingeführt haben. Allgemein gilt, dass ein solcher Operator $\hat{U}$ eine einparametrige Schar (reeller Parameter a oder φ) von Transformationen bewirkt. Die in Kapitel 17 angegeben Invarianzbedingungen können mit diesen Operatoren formuliert werden, also zum Beispiel $[\hat{H}, \hat{T}(a)] = 0$ anstelle von $[\hat{H}, \hat{p}] = 0$.

Falls der Hamiltonoperator $\hat{H}$ zeitunabhängig ist, erhalten wir die Lösung der zeitabhängigen Schrödingergleichung in der Form

$$\left| \psi(t) \right\rangle = \exp\left(-\frac{\mathrm{i}\,H t}{\hbar} \right) \left| \psi(0) \right\rangle = \sum_{n=1}^{\infty} a_n \exp\left(-\frac{\mathrm{i}\,E_n t}{\hbar} \right) \left| \varphi_n \right\rangle \qquad (32.17)$$

Dies ist aus (15.6) und (15.10) bekannt. Die $a_n = \langle n \,|\, \psi(0) \rangle$ sind die Entwicklungskoeffizienten des Anfangszustands nach den Eigenzuständen $|n\rangle$ des Hamiltonoperators; die E_n sind die zugehörigen Eigenwerte. Der unitäre Operator

$$\hat{T}(t) = \exp\left(-\frac{\mathrm{i}\,\hat{H} t}{\hbar} \right) \qquad (32.18)$$

ist der Zeittranslationsoperator (unter der Voraussetzung $\partial H / \partial t = 0$). Der reelle Parameter der Transformationsschar ist hierbei die Zeit t.

Simultane Eigenfunktionen

Wir kommen noch einmal auf den Satz zurück, dass für zwei vertauschbare, hermitesche Operatoren

$$\left[\hat{H}, \hat{F} \right] = 0, \qquad \hat{H}^\dagger = \hat{H}, \qquad \hat{F}^\dagger = \hat{F} \qquad (32.19)$$

simultane Eigenfunktionen gefunden werden können. Der eine Operator sei der Hamiltonoperator mit der Eigenwertgleichung

$$\hat{H} \,|n\rangle = E_n \,|n\rangle \qquad (32.20)$$

Hierauf wenden wir $\hat{F}$ an und berücksichtigen (32.19):

$$\hat{H} \left(\hat{F} \,|n\rangle \right) = E_n \left(\hat{F} \,|n\rangle \right) \qquad (32.21)$$

Für nichtentartete Eigenwerte E_n folgt hieraus, dass $\hat{F}\,|n\rangle$ proportional zu $|n\rangle$ ist, also

$$\hat{F} \,|n\rangle = \lambda_n \,|n\rangle \qquad (32.22)$$

Also ist $|n\rangle$ simultaner Eigenvektor zu $\hat{H}$ und $\hat{F}$.

Wir betrachten nun einen N-fach entarteten Zustand,

$$\hat{H} \,|\nu\rangle = E_0 \,|\nu\rangle, \qquad \nu = 1, \dots, N \qquad (32.23)$$

Dann folgt aus (32.21) lediglich, dass $\hat{F}\,|\nu\rangle$ eine Linearkombination der $|\nu\rangle$ ist,

$$\hat{F} \,|\nu\rangle = \sum_{\mu=1}^{N} F_{\mu\nu} \,|\mu\rangle \qquad (32.24)$$

Wir multiplizieren von links mit $\langle \nu' |$. Wegen $\langle \nu' | \mu \rangle = \delta_{\nu'\mu}$ erhalten wir

$$F_{\nu'\nu} = \langle \nu' | \hat{F} | \nu \rangle \tag{32.25}$$

Wegen $\hat{F}^\dagger = \hat{F}$ ist die $N \times N$-Matrix $F = (F_{\nu'\nu})$ hermitesch. Also führt eine geeignete unitäre Transformation $|\tilde{\nu}\rangle = \hat{U} |\nu\rangle$ zu

$$\hat{F} | \tilde{\nu} \rangle = \lambda_\nu | \tilde{\nu} \rangle \tag{32.26}$$

Wegen der Entartung sind auch die neuen Zustände $|\tilde{\nu}\rangle$ Eigenzustände von $\hat{H}$, also

$$\hat{H} | \tilde{\nu} \rangle = E_0 | \tilde{\nu} \rangle \tag{32.27}$$

Für vertauschende, hermitesche Operatoren sind daher immer simultane Eigenfunktionen möglich. Ein einfaches Beispiel wird in Aufgabe 32.2 betrachtet.

Aufgaben

32.1   Unitärer Operator

Die Eigenwerte und Eigenzustände des hermiteschen Operators $\hat{F}$ sind bekannt, $\hat{F} |n\rangle = \lambda_n |n\rangle$. Zeigen Sie, dass

$$\hat{U} = \exp(\mathrm{i}\,\hat{F})$$

ein unitärer Operator ist. Geben Sie die Eigenwerte und Eigenzustände von $\hat{U}$ und $\hat{U}^\dagger$ an. Welchen Betrag haben die Eigenwerte jeweils? Geben Sie speziell die Eigenwerte und Eigenzustände des Drehoperators an:

$$\hat{U} = \exp(\mathrm{i}\,\phi\,\hat{\ell}_z/\hbar)$$

32.2   Oszillator in kartesischen und sphärischen Koordinaten

Die Lösungen des dreidimensionalen Oszillators lassen sich in kartesischen oder sphärischen Koordinaten angeben,

$$\Phi_j = \Phi_{n_x n_y n_z}(x, y, z) \qquad \text{oder} \qquad \psi_i = \psi_{nlm}(r, \theta, \phi)$$

Für den Energieeigenwert $\varepsilon_2 = 7\,\hbar\omega/2$ gebe man die unitäre 6×6-Matrix U für die Transformation

$$\psi_i = \sum_{j=1}^{6} U_{ij}\,\Phi_j \tag{32.28}$$

explizit an. Überprüfen Sie $U^\dagger U = 1$.

33 Darstellungen der Schrödingergleichung

Aus der darstellungsunabhängigen Eigenwertgleichung des Hamiltonoperators folgen die Schrödingergleichung in der Ortsdarstellung und in der Matrixdarstellung. Die Matrixdarstellung in einem geeigneten Unterraum kann zu einer näherungsweisen Lösung eines Problems führen.

Im Hilbertraum lautet die Eigenwertgleichung des Hamiltonoperators

$$\hat{H}\,|\psi\rangle = E\,|\psi\rangle \qquad \text{darstellungsunabhängig} \qquad (33.1)$$

Von dieser darstellungsunabhängigen Form gelangen wir durch Einschieben von vollständigen Sätzen zu bestimmten Darstellungen. Wegen der zentralen Bedeutung der Schrödingergleichung (33.1) führen wir dies noch einmal explizit durch, und zwar für die Orts- und die Matrixdarstellung. Wir schieben zunächst den 1-Operator der Ortsdarstellung, $1 = \int dx'\,|x'\rangle\langle x'|$, ein:

$$\hat{H}\,1\,|\psi\rangle = \int dx'\,\hat{H}\,|x'\rangle\langle x'|\psi\rangle = E\,|\psi\rangle \qquad (33.2)$$

Die Projektion auf den Zustand $|x\rangle$, also die Multiplikation dieser Gleichung mit $\langle x|$ von links, ergibt

$$\int dx'\,\underbrace{\langle x\,|\,H\,|\,x'\rangle}_{\delta(x-x')\,H_{\text{op}}}\,\langle x'|\psi\rangle = E\,\underbrace{\langle x|\psi\rangle}_{\psi(x)} \qquad (33.3)$$

oder

$$H_{\text{op}}\,\psi(x) = E\,\psi(x) \qquad \text{Ortsdarstellung} \qquad (33.4)$$

Der Deutlichkeit halber wurde der Hamiltonoperator in der Ortsdarstellung mit H_{op} bezeichnet; für (33.4) haben wir sonst $H\psi = E\psi$ geschrieben.

In (33.2)–(33.4) steht das Argument x wie üblich für alle auftretenden Koordinaten, $x = (q_1,...,q_f)$. Ersetzen wir in dieser Ableitung die Variable x durch den Impuls p oder durch alle auftretenden Impulskoordinaten $p = (p_1,...,p_f)$, so erhalten wir die Schrödingergleichung in der Impulsdarstellung. Dies gilt entsprechend für eine andere kontinuierliche Darstellung.

Als Matrixdarstellung bezeichnen wir die Darstellung durch einen Satz $\{|n\rangle\}$ von *diskreten* Basiszuständen ($n = 1, 2, \ldots$). Mit $1 = \sum |n'\rangle\langle n'|$ wird (33.1) zu

$$\hat{H}\,1\,|\psi\rangle = \sum_{n'=1}^{\infty} \hat{H}\,|n'\rangle\langle n'|\psi\rangle = E\,|\psi\rangle \tag{33.5}$$

Die Multiplikation mit $\langle n|$ von links ergibt

$$\sum_{n'=1}^{\infty} \underbrace{\langle n\,|\,H\,|\,n'\rangle}_{H_{nn'}}\,\langle n'|\psi\rangle = E\,\underbrace{\langle n|\psi\rangle}_{a_n} \tag{33.6}$$

oder

$$\boxed{\sum_{n'=1}^{\infty} H_{nn'}\,a_{n'} = E\,a_n \qquad \text{Matrixdarstellung}} \tag{33.7}$$

Mit der Matrix $H = (H_{nn'})$ und dem Vektor $a^{\mathrm{T}} = (a_1, a_2, a_3, \ldots)$ können wir dies auch kurz als $Ha = Ea$ schreiben.

Die Darstellungen (33.4) und (33.7) sind die der Schrödingerschen Wellenmechanik und der Heisenbergschen Matrizenmechanik. Welche dieser äquivalenten Darstellungen der Schrödingergleichung (33.1) wir verwenden, ist eine Frage der *Zweckmäßigkeit*. In den bisher behandelten Fällen war (33.4) eine analytisch zu lösende Differenzialgleichung, diese Darstellung war damit also durchaus zweckmäßig. In anderen Fällen ist die Matrixdarstellung zweckmäßiger und übersichtlicher; die folgenden Kapitel geben hierzu eine Reihe von Anwendungen.

Wir stellen die in diesem Kapitel hervorgehobenen Schreibweisen der Schrödingergleichung noch einmal zusammen:

Abstrakte Formulierung	Ortsdarstellung	Matrixdarstellung	
$\hat{H}\,|\psi\rangle = E\,|\psi\rangle$	$H_{\mathrm{op}}\psi(x) = E\,\psi(x)$	$Ha = Ea$	(33.8)

Lösung der Schrödingergleichung in einem endlichen Unterraum

Aus der Matrixdarstellung ergibt sich sofort ein Verfahren zur näherungsweisen Lösung, wenn wir die Darstellung auf einen *endlichen* Satz von Basiszuständen, $\{|1\rangle, |2\rangle, \ldots, |N\rangle\}$, beschränken. Dann erhalten wir anstelle von (33.7) die Matrixgleichung

$$\boxed{\sum_{n'=1}^{N} \left(H_{nn'} - E\,\delta_{nn'}\right) a_{n'} = 0} \tag{33.9}$$

Hierfür können wir auch kurz $Ha = Ea$ mit der $N \times N$-Matrix H und dem Spaltenvektor a schreiben. Damit die Gleichung (33.9) eine nicht-triviale Lösung hat, muss $\det\left(H_{nn'} - E\,\delta_{nn'}\right) = 0$ gelten; diese Bedingung liefert N Eigenwerte $E^{(\nu)}$. Da H

eine hermitesche Matrix ist, sind die Eigenwerte $E^{(\nu)}$ reell und die zugehörigen N
Eigenvektoren $a^{(\nu)}$ können orthonormiert werden. Damit erhält man die Zustände
und Eigenwerte

$$
\left| \psi^{(\nu)} \right\rangle = \sum_{n=1}^{N} a_n^{(\nu)} \left| n \right\rangle \quad \text{zur Energie } E^{(\nu)}, \text{ wobei } E^{(0)} \leq E^{(1)} \leq E^{(2)} \leq \dots E^{(n-1)}
$$

(33.10)

Die untersten Zustände ($\nu = 0, 1, 2$) sind *Näherungen* für die tatsächlichen Zustände. Insbesondere ist $\left| \psi^{(0)} \right\rangle$ eine Näherung für den Grundzustand $\left| \psi_0 \right\rangle$, und zwar die
im gegebenen endlichen Basisraum bestmögliche Näherung. Entscheidend für die
Güte der Näherung ist eine gute Wahl der Basiszustände $\left| n \right\rangle$. Der Zustand $\left| \psi^{(1)} \right\rangle$
ist eine Näherung für den ersten angeregten Zustand, und zwar die bestmögliche
in dem zu $\left| \psi^{(0)} \right\rangle$ orthogonalen Basisraum. Für die höheren Zustände wird der Basisraum sukzessive kleiner, und die Näherung im Allgemeinen schlechter. Eine Begründung dieser Aussagen wird in Kapitel 44 (Variationsrechnung) gegeben.

Eine Schrödingergleichung im endlichen Unterraum ergibt sich auch dann,
wenn in dem betrachteten System aus physikalischen Gründen (wie Begrenzung
der zur Verfügung stehenden Energie) nur wenige Zustände relevant sind. Die folgenden beiden Aufgaben geben Beispiele für solche Systeme.

Aufgaben

33.1 Ammoniakmolekül im elektrischen Feld

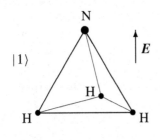

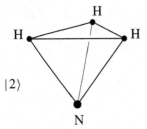

Das Ammoniakmolekül NH_3 bildet einen Tetraeder mit je einem Atom an den vier Ecken. Die 3 H-Atome definieren eine Ebene. Das N-Atom hat dann zwei gleichberechtigte, energetisch bevorzugte Positionen über und unter der Ebene, die wir mit den Zuständen $|1\rangle$ (oben) und $|2\rangle$ (unten) bezeichnen. Das elektrische Dipolmoment des Moleküls hat für diese Zustände die Werte $\pm p_{\text{dip}}$. In einem elektrischen Feld E ist dann

$$H = (H_{nn'}) = \begin{pmatrix} E_0 - \beta & W \\ W & E_0 + \beta \end{pmatrix}$$

mit $\beta = |p_{\text{dip}} \cdot E|$ ein plausibler Ansatz für die reelle Hamiltonmatrix in dem Raum dieser Zustände.

Berechnen Sie die Energieeigenwerte und Eigenzustände des Systems. Diskutieren Sie die Abhängigkeit des Resultats von der elektrischen Feldstärke E.

33.2 Butadienmolekül

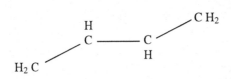

Ein (1,3)–Butadienmolekül C_4H_6 besteht aus einer Kette von vier C-Atomen. Die C-Atome an den Enden binden jeweils zwei H-Atome, die in der Mitte jeweils ein H-Atom.

Wenn jeder Verbindungslinie zwischen den C-Atomen eine Einfachbindung zugeordnet wird, müssen zusätzlich noch vier Elektronen untergebracht werden. Wir nummerieren die C-Atome von 1 bis 4. Ein Elektron hält sich nun bevorzugt in der Nähe des positiven Rumpfs eines solchen C-Atoms auf. Den niedrigsten, jeweils bei einem C-Ion lokalisierten Elektronenzustand bezeichnen wir mit $|n\rangle$, wobei $n = 1, 2, 3, 4$. Dadurch ist ein 4-dimensionaler Zustandsraum für jedes Elektron gegeben. In diesem Raum wird der Hamiltonoperator durch eine reelle 4×4-Matrix dargestellt, für die wir den folgenden plausiblen Ansatz machen:

$$H = (H_{nn'}) = (\langle n|\hat{H}|n'\rangle) = \begin{pmatrix} E_0 & W & 0 & 0 \\ W & E_0 & W & 0 \\ 0 & W & E_0 & W \\ 0 & 0 & W & E_0 \end{pmatrix}$$

Dabei ist E_0 der reelle Energieerwartungswert in einem lokalisierten Zustand, während $W < 0$ das reelle Matrixelement zwischen benachbarten Zuständen ist. Die Unterschiede zwischen den C-Ionen am Rand und im Inneren mit ihrer unterschiedlichen Anzahl von H-Bindungen werden hier nicht berücksichtigt.

Bestimmen Sie diese Eigenvektoren und die Eigenwerte der Matrix H. Die Eigenvektoren stellen mögliche Zustände für die einzelnen Elektronen dar. Füllen Sie diese Eigenzustände mit vier Elektronen auf; unter Beachtung des Pauliprinzips passen maximal zwei Elektronen in einen der betrachteten Zustände. Geben Sie die Energien des Grundzustands und des ersten angeregten Zustands an. Experimentell beträgt die Differenz dieser Energien 5.7 eV.

33.3 Benzolmolekül

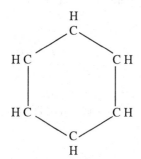

Ein Benzolmolekül $C_6 H_6$ besteht aus einem Sechseck, dessen Ecken mit je einem C-Atom besetzt sind, von dem jeweils eine Bindung zu einem H-Atom ausgeht. Wenn jeder Seite eine Einfachbindung zugeordnet wird, müssen zusätzlich noch sechs Elektronen untergebracht werden. Wir nummerieren die C-Atome von 1 bis 6. Ein Elektron hält sich bevorzugt in der Nähe des positiven Rumpfs eines solchen C-Atoms auf.

Den niedrigsten, jeweils bei einem C-Ion lokalisierten Elektronenzustand bezeichnen wir mit $|n\rangle$, wobei $n = 1, 2, ..., 6$. Dadurch ist ein 6-dimensionaler Zustandsraum für jedes Elektron gegeben. In diesem Raum wird der Hamiltonoperator zu einer 6×6-Matrix, für die wir folgenden, plausiblen Ansatz machen:

$$H = \left(H_{nn'} \right) = \left(\langle n | \hat{H} | n' \rangle \right) = \begin{pmatrix} E_0 & W & 0 & 0 & 0 & W \\ W & E_0 & W & 0 & 0 & 0 \\ 0 & W & E_0 & W & 0 & 0 \\ 0 & 0 & W & E_0 & W & 0 \\ 0 & 0 & 0 & W & E_0 & W \\ W & 0 & 0 & 0 & W & E_0 \end{pmatrix}$$

Hierbei ist E_0 der reelle Energieerwartungswert in einem lokalisierten Zustand, während $W < 0$ das reelle Matrixelement zwischen benachbarten Zuständen ist.

Bestimmen Sie diese Eigenvektoren und die Eigenwerte der Matrix H. Die Eigenvektoren stellen mögliche Zustände für die einzelnen Elektronen dar. Füllen Sie diese Eigenzustände mit sechs Elektronen auf; unter Beachtung des Pauliprinzips passen maximal zwei Elektronen in einen der betrachteten Zustände. Geben Sie die Energien des Grundzustands und der ersten beiden angeregten Zustände an. Experimentell sind die niedrigsten Anregungsenergien 3.8 eV und 4.9 eV.

33.4 Neutrale Kaonen

Das neutrale Kaon K^0 und das ebenfalls neutrale Antikaon $\overline{K}^0$ besitzen wie die anderen pseudoskalaren Mesonen (Pionen und η-Mesonen) negative (intrinsische) Parität, also

$$\hat{P}\,|K^0\rangle = -\,|K^0\rangle, \qquad \hat{P}\,|\overline{K}^0\rangle = -\,|\overline{K}^0\rangle \tag{33.11}$$

Der Ladungskonjugationsoperator $\hat{C}$ verwandelt Teilchen in Antiteilchen und umgekehrt:

$$\hat{C}\,|K^0\rangle = |\overline{K}^0\rangle, \qquad \hat{C}\,|\overline{K}^0\rangle = |K^0\rangle \tag{33.12}$$

Der hier betrachtete Zustandsraum wird durch die beiden Zustände $|1\rangle = |K^0\rangle$ und $|2\rangle = |\overline{K}^0\rangle$ aufgespannt. Geben Sie die Matrixelemente des Operators $\hat{C}\hat{P}$ in diesem Zustandsraum an.

Der allgemeinste nicht-hermitesche effektive Hamiltonoperator im Raum der beiden Zustände ist von der Form:

$$\left(\langle n|\,\hat{H}_{\text{eff}}\,|n'\rangle\right) = \begin{pmatrix} H_{11} & H_{12} \\ H_{21} & H_{22} \end{pmatrix} \qquad \text{mit} \quad H_{nn'} = E_{nn'} - \frac{\mathrm{i}}{2}\,\Gamma_{nn'} \tag{33.13}$$

Dabei sind die Größen $E_{nn'}$ und $\Gamma_{nn'}$ reell. Welchen Bedingungen müssen die Matrixelemente genügen, damit der Hamiltonoperator CP-invariant ist, also damit $[\hat{C}\hat{P}, \hat{H}_{\text{eff}}] = 0$ gilt? Berechnen Sie für diesen Fall die Eigenwerte und die Eigenvektoren des effektiven Hamiltonoperators.

Zur Zeit $t = 0$ sei das System im Zustand $|\psi(0)\rangle$. Geben Sie mit Hilfe des Zeitentwicklungsoperators den Systemzustand $|\psi(t)\rangle$ zur Zeit t an. Bestimmen Sie die Zeitabhängigkeit der Norm dieses Zustands $|\psi(t)\rangle$. Spezialisieren Sie das Ergebnis für ein K^0 im Anfangszustand, also für $|\psi(0)\rangle = |K^0\rangle$.

VI Operatorenmethode

34 Oszillator mit Operatorenmethode

Wir lösen das Oszillatorproblem mit der Operatorenmethode, das heißt mit den darstellungsunabhängigen Operatoren und Vektoren des Hilbertraums. Die frühere Lösung (Kapitel 12) verwendete Funktionen und Differenzialoperationen, die wir jetzt als spezielle Darstellungen von Objekten des Hilbertraums einordnen. Die Operatorenmethode ist zum einen sehr elegant, zum anderen ist sie vom mathematischen Standpunkt aus einfacher, da sie nur algebraische Relationen benutzt.

Der Oszillator-Hamiltonoperator lautet

$$\hat{H} = \frac{\hat{p}^2}{2m} + \frac{m}{2}\,\omega^2\,\hat{x}^2 \tag{34.1}$$

Der Ortsoperator $\hat{x}$ und der Impulsoperator $\hat{p}$ sind hermitesch:

$$\hat{p}^\dagger = \hat{p} \quad \text{und} \quad \hat{x}^\dagger = \hat{x} \tag{34.2}$$

Die Kommutatorrelation dieser beiden Operatoren ist

$$\left[\,\hat{p},\,\hat{x}\,\right] = -\,\mathrm{i}\,\hbar \tag{34.3}$$

Wir werden sehen, dass die Gleichungen (34.1)–(34.3) genügen, um die Struktur der Lösung und die Eigenwerte festzulegen. Diese Lösung ist dann unabhängig von der konkreten Bedeutung von $\hat{x}$ und $\hat{p}$.

Zunächst schreiben wir (34.1) und (34.3) in etwas anderer Form an. Dazu führen wir durch

$$\hat{a} = \sqrt{\frac{m\omega}{2\hbar}}\,\hat{x} + \frac{\mathrm{i}\,\hat{p}}{\sqrt{2m\omega\hbar}} \tag{34.4}$$

einen Operator $\hat{a}$ ein. Aus (34.2) folgt für das Adjungierte von $\hat{a}$,

$$\hat{a}^\dagger = \sqrt{\frac{m\omega}{2\hbar}}\,\hat{x} - \frac{\mathrm{i}\,\hat{p}}{\sqrt{2m\omega\hbar}} \tag{34.5}$$

Offensichtlich können die Operatoren $\hat{x}$ und $\hat{p}$ durch die neuen Operatoren $\hat{a}$ und $\hat{a}^\dagger$ ersetzt werden.

251

© Springer-Verlag GmbH Deutschland, ein Teil von Springer Nature 2018
T. Fließbach, *Quantenmechanik*, https://doi.org/10.1007/978-3-662-58031-8_7

Mit Hilfe von (34.3) berechnen wir $\hat{a}^\dagger \hat{a}$ und erhalten

$$\boxed{\hat{H} = \hbar\omega \left(\hat{a}^\dagger \hat{a} + \frac{1}{2} \right)}$$ (34.6)

Aus (34.3) – (34.5) folgt ferner

$$\left[\hat{a}^\dagger, \hat{a} \right] = -1$$ (34.7)

Wir suchen nun die Eigenzustände zu $\hat{H}$. Wir bezeichnen die zu bestimmenden Eigenwerte mit ε und die zugehörigen Zustände mit $|\varepsilon\rangle$,

$$\hat{H} |\varepsilon\rangle = \varepsilon |\varepsilon\rangle$$ (34.8)

Abgesehen von den Eigenschaften, die aus der Hermitezität von $\hat{H}$ folgen, machen wir keine Voraussetzung über $|\varepsilon\rangle$ oder ε. Sofern solche Zustände $|\varepsilon\rangle$ existieren, gilt $\langle\varepsilon|\varepsilon\rangle > 0$. An dieser Stelle nehmen wir noch nicht $\langle\varepsilon|\varepsilon\rangle = 1$ an, weil wir damit implizit diskrete Energieeigenwerte voraussetzen würden. Wir bestimmen im Folgenden die möglichen ε-Werte und die zugehörigen Zustände $|\varepsilon\rangle$ *allein* aus (34.6) bis (34.8).

Wir multiplizieren (34.8) von links mit $\hat{a}$,

$$\hat{a}\,\hat{H} |\varepsilon\rangle = \varepsilon\,\hat{a} |\varepsilon\rangle$$ (34.9)

Wegen (34.7) gilt

$$\hat{a}\,\hat{a}^\dagger \hat{a} = \hat{a}^\dagger \hat{a}\,\hat{a} + \hat{a} \qquad \text{oder} \qquad \hat{a}\,\hat{H} = \hat{H}\,\hat{a} + \hbar\omega\,\hat{a}$$ (34.10)

Damit wird (34.9) zu:

$$\hat{H}\,\hat{a} |\varepsilon\rangle = (\varepsilon - \hbar\omega)\,\hat{a} |\varepsilon\rangle$$ (34.11)

Dies bedeutet: Ist $|\varepsilon\rangle$ Eigenzustand zu ε, dann ist $\hat{a} |\varepsilon\rangle$ Eigenzustand zu $\varepsilon - \hbar\omega$. Durch Anwendung von $\hat{a}^\dagger$ auf $\hat{H} |\varepsilon\rangle = \varepsilon |\varepsilon\rangle$ zeigt man analog, dass $\hat{a}^\dagger |\varepsilon\rangle$ Eigenzustand zu $\varepsilon + \hbar\omega$ ist. Wegen dieser Eigenschaften wird $\hat{a}$ *Absteigeoperator* und $\hat{a}^\dagger$ *Aufsteigeoperator* genannt. Ausgehend von einem Eigenzustand $|\varepsilon\rangle$ können wir mit diesen Operatoren weitere Eigenzustände erzeugen, $|\varepsilon\rangle$, $|\varepsilon \pm \hbar\omega\rangle$, $|\varepsilon \pm 2\hbar\omega\rangle$ und so weiter.

Aus $\langle\psi|\psi\rangle \geq 0$ für $|\psi\rangle = \hat{a} |\varepsilon\rangle$ und $\langle\varepsilon|\varepsilon\rangle > 0$ folgt die Einschränkung

$$\varepsilon = \frac{\langle\varepsilon|\hat{H}|\varepsilon\rangle}{\langle\varepsilon|\varepsilon\rangle} = \hbar\omega \left(\frac{\langle\varepsilon|\hat{a}^\dagger \hat{a}|\varepsilon\rangle}{\langle\varepsilon|\varepsilon\rangle} + \frac{1}{2} \right) \geq \frac{\hbar\omega}{2}$$ (34.12)

für die möglichen Eigenwerte ε. Für einen Zustand $|\varepsilon_0\rangle$ mit $\varepsilon_0 < 3\hbar\omega/2$ darf es daher den Zustand $|\varepsilon_0 - \hbar\omega\rangle$ nicht geben. Da (34.11) aber auch für ein solches $|\varepsilon_0\rangle$ gilt, bleibt nur die Möglichkeit

$$\hat{a} |\varepsilon_0\rangle = 0 \qquad \text{für } \varepsilon_0 < 3\hbar\omega/2$$ (34.13)

Wir wenden $\hat{H}$ auf einen Zustand $|\varepsilon_0\rangle$ an, der diese Bedingung erfüllt:

$$\hat{H}\,|\varepsilon_0\rangle = \hbar\omega\left(\hat{a}^\dagger\hat{a} + \frac{1}{2}\right)|\varepsilon_0\rangle = \frac{\hbar\omega}{2}\,|\varepsilon_0\rangle, \quad \text{also}\ \ \varepsilon_0 = \frac{\hbar\omega}{2} \tag{34.14}$$

Dies bedeutet, dass es genau einen Zustand $|\varepsilon_0\rangle$ gibt, der (34.13) erfüllt. Die Bedingung $\hat{a}\,|\varepsilon_0\rangle = 0$ definiert also $|\varepsilon_0\rangle$ eindeutig. Nach (34.12) hat der Zustand $|\varepsilon_0\rangle$ den niedrigstmöglichen Energiewert, er ist daher der *Grundzustand*. Damit gibt es eine eindeutige Folge von Eigenzuständen zu $\hat{H}$,

$$|\varepsilon_0\rangle, \quad |\varepsilon_0 + \hbar\omega\rangle, \quad |\varepsilon_0 + 2\hbar\omega\rangle, \quad |\varepsilon_0 + 3\hbar\omega\rangle, \ \dots \tag{34.15}$$

Der Einfachheit halber bezeichnen wir diese Zustände mit $|0\rangle, |1\rangle, |2\rangle, \dots, |n\rangle, \dots$ und verlangen, dass sie auf 1 normiert sind. Damit ist die Lösung des Oszillatorproblems im Hilbertraum von folgender Struktur:

$$
\begin{array}{llll}
|0\rangle, \quad \hat{a}\,|0\rangle = 0 & \varepsilon_0 = (1/2)\,\hbar\omega & \langle 0|0\rangle = 1 & \\[4pt]
|1\rangle = c_1\,\hat{a}^\dagger\,|0\rangle & \varepsilon_1 = (3/2)\,\hbar\omega & c_1\ \text{aus}\ \langle 1|1\rangle = 1 & \\[4pt]
|2\rangle = c_2\,(\hat{a}^\dagger)^2\,|0\rangle & \varepsilon_2 = (5/2)\,\hbar\omega & c_2\ \text{aus}\ \langle 2|2\rangle = 1 & (34.16) \\[4pt]
\vdots & \vdots & \vdots & \\[4pt]
|n\rangle = c_n\,(\hat{a}^\dagger)^n\,|0\rangle & \varepsilon_n = (n+1/2)\,\hbar\omega & c_n\ \text{aus}\ \langle n|n\rangle = 1 &
\end{array}
$$

Es gilt

$$\hat{H}\,|n\rangle = \hbar\omega\left(\hat{a}^\dagger\hat{a} + \frac{1}{2}\right)|n\rangle = \hbar\omega\left(n + \frac{1}{2}\right)|n\rangle \tag{34.17}$$

Der Operator $\hat{n} = \hat{a}^\dagger\hat{a}$ gibt die Anzahl der Oszillatorquanten an:

$$\hat{n}\,|n\rangle = n\,|n\rangle \tag{34.18}$$

Die Zustände $\{|n\rangle\}$ bilden ein orthonormiertes, vollständiges System. Die Orthogonalität und Vollständigkeit folgen aus der Hermitezität von $\hat{H}$. Die Normierung wird durch geeignete Festlegung der Konstanten erreicht.

Das Ergebnis (34.16) und (34.17) wurde allein aus den algebraischen Operatorenbeziehungen (34.6)–(34.8) abgeleitet; es wurden keine Funktionen oder Differenzialoperationen benutzt. Mit den so erhaltenen Zuständen kann gerechnet werden, ohne eine bestimmte Darstellung zu verwenden. So erhält man zum Beispiel den Erwartungswert des Ortsoperators $\hat{x}$ im Eigenzustand $|n\rangle$ aus

$$\langle n|\hat{x}|n\rangle = \langle n|\dots\hat{a}^\dagger + \dots\hat{a}\,|n\rangle = \dots\langle n|n+1\rangle + \dots\langle n|n-1\rangle = 0 \tag{34.19}$$

Ähnlich kann man etwa die Matrixelemente $\langle n|\hat{x}^k|n'\rangle$ berechnen.

Wir benötigen noch die Relationen

$$\hat{a}^\dagger\,|n\rangle = \sqrt{n+1}\,|n+1\rangle \tag{34.20}$$

$$\hat{a}\,|n\rangle = \sqrt{n}\,|n-1\rangle \tag{34.21}$$

Wir berechnen die Norm des Zustands $|\psi\rangle = \hat{a}^\dagger |n\rangle = \alpha |n+1\rangle$:

$$|\alpha|^2 = \langle \psi | \psi \rangle = \langle n | \hat{a}\,\hat{a}^\dagger |n\rangle = \langle n | \hat{a}^\dagger \hat{a} + 1 |n\rangle = (n+1)\,\langle n|n\rangle = n+1 \quad (34.22)$$

Hieraus folgt $\alpha = \sqrt{n+1}\,\exp(\mathrm{i}\gamma)$. Den Phasenfaktor setzen wir gleich 1. Damit ist (34.20) gezeigt; analog hierzu zeigt man (34.21).

Mit (34.20) können die Normierungskonstanten c_n in (34.16) berechnet werden. Man erhält

$$\boxed{\;|n\rangle = \frac{1}{\sqrt{n!}}\,\bigl(\hat{a}^\dagger\bigr)^n |0\rangle\;} \qquad (34.23)$$

Diese Oszillator-Eigenzustände sind orthonormiert,

$$\langle n | n' \rangle = \delta_{nn'} \qquad (34.24)$$

Ortsdarstellung

Von der darstellungsunabhängigen Lösung kann man in jede spezielle Darstellung gehen. Wir führen dies zunächst für die Ortsdarstellung durch. In der Definition des Grundzustands

$$\hat{a}\,|0\rangle = 0 \qquad (34.25)$$

verwenden wir $\hat{a}$ aus (34.4), schieben $\int dx'\, |x'\rangle\langle x'|$ ein und projizieren auf $\langle x|$. Dabei benutzen wir anstelle der Ortskoordinate x die dimensionslose Koordinate $y = (m\omega/\hbar)^{1/2}\,x$. Damit wird (34.25) zu

$$\frac{1}{\sqrt{2}}\left(y + \frac{d}{dy}\right)\varphi_0(y) = 0 \qquad (34.26)$$

Dies kann elementar aufintegriert werden:

$$\frac{\varphi_0'(y)}{\varphi_0(y)} = -y\,, \quad \ln\varphi_0(y) = -\frac{y^2}{2} + c\,, \quad \varphi_0(y) = \frac{1}{\pi^{1/4}}\,\exp\left(-\frac{y^2}{2}\right) \quad (34.27)$$

Die Konstante c wurde so gewählt, dass $\int dy\,\varphi_0^2 = 1$. Die weiteren Eigenfunktionen erhalten wir aus $\hat{a}^\dagger |n\rangle = (n+1)^{1/2}\,|n+1\rangle$ mit $n = 0, 1, 2, \ldots$. Diese Konstruktion beginnt mit

$$\varphi_1(y) = \frac{1}{\sqrt{2}}\left(y - \frac{d}{dy}\right)\varphi_0(y) = \frac{\sqrt{2}}{\pi^{1/4}}\,y\,\exp\left(-\frac{y^2}{2}\right) \qquad (34.28)$$

Mit φ_0 sind die so konstruierten Eigenfunktionen automatisch normiert. Dieses Verfahren liefert auch eine Darstellung der hermiteschen Polynome $H_n(x)$, und zwar durch n-fache Anwendung von $(y - d/dy)$ auf $\exp(-y^2/2)$. Man vergleiche die jetzige Lösung für den Oszillator mit den aufwendigen Rechnungen in Kapitel 12.

Matrixdarstellung

Der kontinuierlichen Basis der Orts- oder Impulsdarstellung steht die Möglichkeit einer diskreten Basis (Matrixdarstellung) gegenüber. Das Basissystem der Eigenzustände (34.23) ergibt eine besonders einfache Darstellung.

In dieser Basis werden die Eigenzustände durch

$$
|0\rangle := \begin{pmatrix} 1 \\ 0 \\ 0 \\ 0 \\ \vdots \end{pmatrix}, \qquad
|1\rangle := \begin{pmatrix} 0 \\ 1 \\ 0 \\ 0 \\ \vdots \end{pmatrix}, \qquad
|2\rangle := \begin{pmatrix} 0 \\ 0 \\ 1 \\ 0 \\ \vdots \end{pmatrix}, \ \dots
\tag{34.29}
$$

dargestellt. Aus (34.20) und (34.24) folgt $\langle n|\hat{a}^\dagger|k\rangle = \sqrt{k+1}\,\delta_{n,k+1}$, also

$$
\hat{a}^\dagger := \big(\langle n|\hat{a}^\dagger|k\rangle\big) = \begin{pmatrix}
0 & 0 & 0 & 0 & \dots \\
\sqrt{1} & 0 & 0 & 0 & \dots \\
0 & \sqrt{2} & 0 & 0 & \dots \\
0 & 0 & \sqrt{3} & 0 & \dots \\
\vdots & \vdots & \vdots & \vdots & \ddots
\end{pmatrix}
\tag{34.30}
$$

Aus (34.21) und (34.24) folgt $\langle n|\hat{a}|k\rangle = \sqrt{k}\,\delta_{n,k-1}$, also

$$
\hat{a} := \big(\langle n|\hat{a}|k\rangle\big) = \begin{pmatrix}
0 & \sqrt{1} & 0 & 0 & \dots \\
0 & 0 & \sqrt{2} & 0 & \dots \\
0 & 0 & 0 & \sqrt{3} & \dots \\
\vdots & \vdots & \vdots & \vdots & \ddots
\end{pmatrix}
\tag{34.31}
$$

Durch Matrixmultiplikation erhalten wir hieraus

$$
\hat{a}^\dagger\hat{a} := \begin{pmatrix}
0 & 0 & 0 & 0 & \dots \\
0 & 1 & 0 & 0 & \dots \\
0 & 0 & 2 & 0 & \dots \\
0 & 0 & 0 & 3 & \dots \\
\vdots & \vdots & \vdots & \vdots & \ddots
\end{pmatrix}
\quad\text{und}\quad
\hat{a}\hat{a}^\dagger := \begin{pmatrix}
1 & 0 & 0 & 0 & \dots \\
0 & 2 & 0 & 0 & \dots \\
0 & 0 & 3 & 0 & \dots \\
0 & 0 & 0 & 4 & \dots \\
\vdots & \vdots & \vdots & \vdots & \ddots
\end{pmatrix}
\tag{34.32}
$$

Hiermit kann man die Kommutator $[\hat{a}^\dagger, \hat{a}]$ in der Matrixdarstellung auswerten.

Grundzustand in verschiedenen Darstellungen

Für den durch

$$
\hat{a}\,|0\rangle = 0
\tag{34.33}
$$

definierten Grundzustand stellen wir noch einmal verschiedene Darstellungen gegenüber. Im Ortsraum wird (34.33) zu

$$
\left(y + \frac{d}{dy}\right)\varphi_0(y) = 0 \quad\longrightarrow\quad \varphi_0(y) \propto \exp\left(-\frac{y^2}{2}\right)
\tag{34.34}
$$

Im Impulsraum (mit einer dimensionslosen Variablen p) erhalten wir

$$\left(p + \frac{d}{dp} \right) \phi_0(p) = 0 \quad \longrightarrow \quad \phi_0(p) \propto \exp\left(-\frac{p^2}{2} \right) \tag{34.35}$$

In der Matrixdarstellung wird der Grundzustand durch einen Spaltenvektor b_0 dargestellt:

$$\begin{pmatrix} 0 & \sqrt{1} & 0 & 0 & \cdots \\ 0 & 0 & \sqrt{2} & 0 & \cdots \\ 0 & 0 & 0 & \sqrt{3} & \cdots \\ \vdots & \vdots & \vdots & \vdots & \ddots \end{pmatrix} b_0 = 0 \quad \longrightarrow \quad b_0 = \begin{pmatrix} 1 \\ 0 \\ 0 \\ \vdots \end{pmatrix} \tag{34.36}$$

Dreidimensionaler Oszillator

Für den dreidimensionalen Oszillator definieren wir analog zu (34.4) und (34.5) die Auf- und Absteigeoperatoren,

$$\hat{a}_x^\dagger, \hat{a}_x, \hat{a}_y^\dagger, \hat{a}_y, \hat{a}_z^\dagger, \hat{a}_z \tag{34.37}$$

Für gleiche Indizes gilt die Kommutatorrelation (34.7); für verschiedene Indizes sind die Operatoren vertauschbar. Der Hamiltonoperator des dreidimensionalen Oszillators lautet

$$\hat{H} = \hbar\omega \left(\hat{a}_x^\dagger \hat{a}_x + \hat{a}_y^\dagger \hat{a}_y + \hat{a}_z^\dagger \hat{a}_z + \frac{3}{2} \right) \tag{34.38}$$

Der Grundzustand ist durch

$$\hat{a}_x |0\rangle = \hat{a}_y |0\rangle = \hat{a}_z |0\rangle = 0 \tag{34.39}$$

definiert. Die orthonormierten Lösungen sind

$$|n_x n_y n_z\rangle = \frac{1}{\sqrt{n_x! n_y! n_z!}} \left(\hat{a}_x^\dagger \right)^{n_x} \left(\hat{a}_y^\dagger \right)^{n_y} \left(\hat{a}_z^\dagger \right)^{n_z} |0\rangle \tag{34.40}$$

Hierbei steht $|0\rangle$ für den Oszillatorgrundzustand mit $n_x = n_y = n_z = 0$, der auch als Vakuumzustand bezeichnet wird. Der Zustand $|n_x n_y n_z\rangle$ kann auch als Produkt von Zuständen der Form (34.23) geschrieben werden, also $|n_x n_y n_z\rangle = |n_x\rangle |n_y\rangle |n_z\rangle$. So ist insbesondere die Ortsdarstellung durch

$$\Phi_{n_x n_y n_z}(\boldsymbol{r}) = \langle \boldsymbol{r} | n_x n_y n_z\rangle = \langle x | n_x\rangle \langle y | n_y\rangle \langle z | n_z\rangle$$
$$= \varphi_{n_x}(x)\, \varphi_{n_y}(y)\, \varphi_{n_z}(z) \tag{34.41}$$

gegeben. Die Operatoren (34.37) wirken in $|n_x n_y n_z\rangle = |n_x\rangle |n_y\rangle |n_z\rangle$ immer auf den zugehörigen Teilzustand; die anderen Zustände bleiben als Faktoren unberührt. Beispielsweise gilt

$$\hat{a}_y |n_x n_y n_z\rangle = |n_x\rangle \left(\hat{a}_y |n_y\rangle \right) |n_z\rangle = \sqrt{n_y}\, |n_x, n_y - 1, n_z\rangle \tag{34.42}$$

Die Quantenzahlen können der Deutlichkeit halber durch Kommata getrennt werden.

Ebenso wie die $\Phi_{n_x n_y n_z}$ im Ortsraum stellen die $|n_x n_y n_z\rangle$ im abstrakten Zustandsraum einen vollständigen Satz von Zuständen dar; jeder Zustand, der die dreidimensionale Bewegung eines Teilchens beschreibt, kann daher – unabhängig vom Hamiltonoperator des Systems – nach diesen Zuständen entwickelt werden.

Wir schließen diesen Abschnitt mit einer weiterführenden Anmerkung zum dreidimensionalen Oszillator. Der Hamiltonoperator (34.38) vertauscht mit den neun Operatoren $\hat{a}_i^\dagger\,\hat{a}_j$,

$$\left[\hat{H}, \hat{a}_i^\dagger\,\hat{a}_j\right] = 0 \tag{34.43}$$

Hierbei stehen die Indizes i und j für x, y oder z. Die zugehörige Symmetrie ist für die Entartung der Oszillatorniveaus verantwortlich. In dieser Form ist das Oszillatormodell eng mit dem SU(3)-Quarkmodell verwandt: An die Stelle von x, y und z treten im Quarkmodell die Indizes u, d und s, die für die Quarkquantenzahlen (oder „flavours") *up*, *down* und *strange* stehen.

Kohärente Zustände

Kohärente Zustände[1] spielen in vielen Bereichen der Physik eine Rolle, insbesondere in der Quantenoptik. Wir erläutern das Konzept für den eindimensionalen Oszillator. Hier entspricht der kohärente Zustand einem Wellenpaket. Wir untersuchen die Form und die Bewegung dieses Wellenpakets.

Für eine komplexe Zahl α definieren wir einen *kohärenten Zustand* $|\alpha\rangle$ durch

$$|\alpha\rangle \equiv C \sum_{n=0}^{\infty} \frac{\alpha^n}{\sqrt{n!}}\,|n\rangle = C \sum_{n=0}^{\infty} \frac{(\alpha\hat{a}^\dagger)^n}{n!}\,|0\rangle = C \exp\left(\alpha\,\hat{a}^\dagger\right)|0\rangle \tag{34.44}$$

Für die Zustände $|n\rangle$ wurde (34.23) verwendet. Die Normierungskonstante ergibt sich zu $C = \exp(-|\alpha|^2/2)$. In Aufgabe 34.8 wird

$$\bar{n} = \langle\alpha|\hat{n}|\alpha\rangle = |\alpha|^2 \quad \text{und} \quad (\Delta n)^2 = \langle\alpha|(\hat{n}-\bar{n})^2|\alpha\rangle = |\alpha|^2 \tag{34.45}$$

gezeigt; dabei ist $\hat{n} = \hat{a}^\dagger\,\hat{a}$ der Quantenzahloperator, (34.18). Die relative Unschärfe $\Delta n/\bar{n} = 1/\sqrt{\bar{n}}$ der Quantenzahl n in einem kohärenten Zustand geht für $\bar{n} \to \infty$ gegen null.

Wir drücken den Aufsteigeoperator gemäß (34.5) durch den Orts- und Impulsoperator aus:

$$\alpha\,\hat{a}^\dagger = \frac{\alpha\,b\,\hat{p}}{\mathrm{i}\,\sqrt{2}\,\hbar} + \frac{\alpha\,\hat{x}}{\sqrt{2}\,b} = \hat{A} + \hat{B} \tag{34.46}$$

Dabei ist $b = \sqrt{\hbar/(m\omega)}$ die in (12.5) eingeführte Oszillatorlänge. Für den Operator $\exp(\alpha\,\hat{a}^\dagger) = \exp(\hat{A} + \hat{B})$ in (34.44) verwenden wir das Baker-Campbell-Hausdorff-Theorem $\exp(\hat{A} + \hat{B}) = \exp(-[\hat{A}, \hat{B}]/2)\exp(\hat{A})\exp(\hat{B})$, (30.39); dabei ist

---

[1] J. R. Klauder and B. Skagerstam, *Coherent states*, World Scientific, Singapore 1985. Nach R. J. Glauber, *Coherent and Incoherent States of the Radiation Field*, Phys. Rev. 131 (1963) 2766, heißen diese Zustände auch Glauber-Zustände.

$[\hat{A}, \hat{B}] = -\alpha^2/2$. Wir setzen dies in (34.44) ein und bestimmen die Ortsdarstellung $\varphi_{\text{koh}}(x)$ des kohärenten Zustands:

$$\varphi_{\text{koh}}(x) = \langle x | \alpha \rangle = C' \int dx' \, \langle x | \, \exp\left(\frac{\alpha b \hat{p}}{i\sqrt{2}\,\hbar}\right) \exp\left(\frac{\alpha \hat{x}}{\sqrt{2}\,b}\right) |x'\rangle\langle x'|0\rangle \quad (34.47)$$

Der Vorfaktor ist $C' = C \exp(\alpha^2/4)$. Der letzte Term $\langle x'|0\rangle = \varphi_0(x')$ ist der Oszillatorgrundzustand. Im Exponenten kann $\hat{x}$ durch x' ersetzt werden, da der Operator auf den Zustand $|x'\rangle$ wirkt. Danach kann der erste Exponentialoperator mit $\langle x|\hat{p}^n|x'\rangle = \delta(x - x') \, p_{\text{op}}^n$ ausgewertet werden:

$$\varphi_{\text{koh}}(x) = C' \exp\left(\frac{\alpha b \, p_{\text{op}}}{i\sqrt{2}\,\hbar}\right) \exp\left(\frac{\alpha x}{\sqrt{2}\,b}\right) \varphi_0(x) \quad (34.48)$$

Der Operator $T(a) = \exp(i a \, p_{\text{op}}/\hbar)$ bewirkt die Translation $T(a) f(x) = f(x+a)$, (23.8). In (34.48) steht ein solcher Operator mit $a = -\alpha b/\sqrt{2}$. Wir setzen die Grundzustandswellenfunktion $\varphi_0(x) \propto \exp(-x^2/2b^2)$ ein und führen die Verschiebung um a aus:

$$\varphi_{\text{koh}}(x) = A \exp\left(\frac{\alpha x}{\sqrt{2}\,b}\right) \exp\left(-\frac{(x - \alpha b/\sqrt{2})^2}{2b^2}\right) = A' \exp\left(-\frac{(x - \sqrt{2}\,\alpha b)^2}{2b^2}\right)$$

$$(34.49)$$

Die Verschiebung der Exponentialfunktion $\exp(\alpha x/\sqrt{2}\,b)$ ergibt einen ortsunabhängigen Faktor, den wir mit in den Vorfaktor A aufgenommen haben. Wir setzen nun $\alpha = \text{Re}\,\alpha + i\,\text{Im}\,\alpha$ ein. Mit den Abkürzungen

$$x_0 = \sqrt{2}\,b\,\text{Re}(\alpha) \quad \text{und} \quad k_0 = \frac{\sqrt{2}}{b}\,\text{Im}(\alpha) \quad (34.50)$$

wird (34.49) zu

$$\boxed{\varphi_{\text{koh}}(x) = \langle x | \alpha \rangle = \exp(i k_0 x)\,\varphi_0(x - x_0)} \quad (34.51)$$

Da sowohl der kohärente Zustand φ_{koh} wie der verschobene Grundzustand φ_0 normiert sind, wird der Vorfaktor zu 1. Die Wellenfunktion $\varphi_0(x - x_0)$ ist der von null nach x_0 verschobene Grundzustand. Der ortsabhängige Phasenfaktor $\exp(i k_0 x)$ bedeutet eine Verschiebung um $\hbar k_0$ im Impulsraum; dies sieht man etwa aus der Rechnung für das freie Wellenpaket in Kapitel 9.

Der kohärente Zustand ist also ein Wellenpaket, dessen mittlerer Ort x_0 durch den Realteil von α festgelegt wird, und dessen mittlerer Impuls $\hbar k_0$ durch den Imaginärteil gegeben ist. Die Breite des Wellenpakets ist gleich derjenigen der Oszillator-Grundzustandswellenfunktion.

Wir untersuchen nun die zeitabhängige Bewegung eines solchen Wellenpakets. Der Zustand des Systems zur Zeit $t = 0$ sei ein kohärenter Zustand:

$$|\psi(0)\rangle = |\alpha_0\rangle \quad (34.52)$$

Aus (31.18) und (34.44) erhalten wir dann die zeitabhängige Lösung

$$|\psi(t)\rangle = \exp(-\mathrm{i}\,\hat{H}t/\hbar)|\psi(0)\rangle = C\sum_{n=0}^{\infty} \frac{\alpha_0^n}{\sqrt{n!}}\,\exp\left(-\mathrm{i}(n+1/2)\omega t\right)|n\rangle$$

$$= C\,\exp(-\mathrm{i}\omega t/2)\sum_{n=0}^{\infty} \frac{\alpha(t)^n}{\sqrt{n!}}\,|n\rangle = \exp(-\mathrm{i}\omega t/2)\,|\alpha(t)\rangle \qquad (34.53)$$

mit

$$\alpha(t) = \alpha_0\exp(-\mathrm{i}\omega t) = |\alpha_0|\exp\left(-\mathrm{i}(\omega t + \delta)\right) \qquad (34.54)$$

Die Lösung $|\psi(t)\rangle$ ist also zu jeder Zeit ein kohärenter Zustand $|\alpha(t)\rangle$ (mit einem zusätzlichen Phasenfaktor). Aus (34.50) mit (34.54) und mit $\alpha_0 = |\alpha_0|\exp(-\mathrm{i}\delta)$ erhalten wir die zeitabhängigen Orts- und Impulsmittelwerte:

$$\langle\alpha(t)|\,\hat{x}\,|\alpha(t)\rangle = \sqrt{2}\,b\,\operatorname{Re}\alpha(t) = \sqrt{2}\,b\,|\alpha_0|\cos(\omega t + \delta) \qquad (34.55)$$

$$\langle\alpha(t)|\,\hat{p}\,|\alpha(t)\rangle = \sqrt{2}\,\frac{\hbar}{b}\,\operatorname{Im}\alpha(t) = -\sqrt{2}\,\frac{\hbar}{b}\,|\alpha_0|\sin(\omega t + \delta) \qquad (34.56)$$

Dies bedeutet: Das Zentrum des kohärenten Wellenpakets bewegt sich auf der klassischen Bahn (siehe auch Aufgabe 34.8(d)). Die Breite des Wellenpakets ist dabei zeitlich konstant. Im Gegensatz hierzu bewegt sich das Zentrum eines Wellenpakets in einem beliebigen Potenzial nur näherungsweise auf der klassischen Bahn, (15.20) – (15.22), und das Paket läuft im Allgemeinen aufgrund der quantenmechanischen Dispersion (Kapitel 9) auseinander.

Als Anfangszustand kann man auch eine Gaußfunktion betrachten, deren Breite nicht gleich der Oszillatorlänge b ist. Auch in diesem Fall bewegt sich das Zentrum des Wellenpakets auf der klassischen Bahn. Die Breite des Wellenpakets oszilliert jetzt jedoch um den Wert b herum. Da jedes Gaußpaket die minimale Unschärfe $\Delta x\,\Delta p = \hbar/2$ hat, ist die Oszillation der Breite im Ortsraum mit einer gegenläufigen Oszillation der Breite im Impulsraum verknüpft.

Aufgaben

34.1 Norm des Oszillatorzustands $\hat{a}\,|n\rangle$

Der Oszillator-Hamiltonoperator $\hat{H} = \hbar\omega\,(\hat{a}^{\dagger}\hat{a} + 1/2)$ hat die normierten Eigen-
zustände $|n\rangle$ und die zugehörigen Eigenwerte $\hbar\omega\,(n+1/2)$. Bestimmen Sie hieraus
die Normierungskonstante α in $|\psi\rangle = \hat{a}\,|n\rangle = \alpha\,|n-1\rangle$.

34.2 Matrixdarstellungen für harmonischen Oszillator

Die Matrixdarstellungen des Auf- und Absteigeoperatoren des Oszillators sind in
(34.30) und (34.31) angegeben. Geben Sie die Matrixdarstellungen des Orts- und
Impulsoperators,

$$\hat{x} = \sqrt{\hbar/2m\omega}\,\left(\hat{a}^{\dagger} + \hat{a}\right) \qquad \text{und} \qquad \hat{p} = \mathrm{i}\,\sqrt{m\hbar\omega/2}\,\left(\hat{a}^{\dagger} - \hat{a}\right)$$

und des Hamiltonoperators an.

34.3 Kommutator in Matrixdarstellung

Überprüfen Sie die Kommutatorrelation $[\,\hat{a},\hat{a}^{\dagger}\,] = 1$ der Auf- und Absteigeoperatoren des Oszillators in der Matrixdarstellung.

34.4 Matrixelemente von $\hat{x}$, $\hat{x}^2$ und $\hat{x}^3$

Berechnen Sie die Matrixelemente

$$\langle n\,|\,\hat{x}\,|n'\rangle\,, \qquad \langle n\,|\,\hat{x}^2\,|n'\rangle \quad \text{und} \quad \langle n\,|\,\hat{x}^3\,|n'\rangle$$

zwischen den normierten Oszillatorzuständen $|n\rangle$.

34.5 Summenregel

Es wird ein eindimensionaler Hamiltonoperator $\hat{H} = \hat{p}^2/(2m) + V(\hat{x})$ betrachtet,
der nur gebundene Zustände hat:

$$\hat{H}\,|n\rangle = E_n\,|n\rangle \tag{34.57}$$

Beweisen Sie die Summenregel

$$\sum_{n'}\left(E_{n'} - E_n\right)\left|\langle n\,|\,\hat{x}\,|n'\rangle\right|^2 = \frac{\hbar^2}{2m} \tag{34.58}$$

Zeigen Sie zunächst $\left[\,[\hat{x},\hat{H}\,],\hat{x}\,\right] = \hbar^2/m$, und werten Sie dann $\langle n\,|\left[\,[\hat{x},\hat{H}\,],\hat{x}\,\right]|n\rangle$
durch Einschieben eines vollständigen, orthonormierten Satzes von Energieeigen-
zuständen $\{|n\rangle\}$ an geeigneter Stelle aus. Überprüfen Sie die Summenregel für die
bekannten Eigenzustände und Eigenwerte des harmonischen Oszillators.

34.6 Impulsdarstellung der Oszillatorzustände

Im eindimensionalen harmonischen Oszillator sind der Grundzustand und der erste angeregte Zustand durch $\hat{a}\,|0\rangle = 0$ und $|1\rangle = \hat{a}^\dagger\,|0\rangle$ definiert. Bestimmen Sie die Wellenfunktionen dieser beiden Zustände in der Impulsdarstellung.

34.7 Grundzustand des dreidimensionalen Oszillators

Bestimmen Sie die Grundzustandswellenfunktion $\langle \boldsymbol{r}\,|000\rangle$ des dreidimensionalen harmonischen Oszillators aus der Definition

$$\hat{\boldsymbol{a}}\,|000\rangle = 0 \qquad \text{mit} \quad \hat{\boldsymbol{a}} = \hat{a}_x\,\boldsymbol{e}_x + \hat{a}_y\,\boldsymbol{e}_y + \hat{a}_z\,\boldsymbol{e}_z \qquad (34.59)$$

Dabei sind $\hat{a}_x$, $\hat{a}_y$ und $\hat{a}_z$ die Absteigeoperatoren des jeweiligen eindimensionalen Oszillators.

34.8 Kohärenter Zustand

Ein *kohärenter Zustand* wird durch

$$|\alpha\rangle \equiv C \sum_{n=0}^{\infty} \frac{\alpha^n}{\sqrt{n!}}\,|n\rangle = C\,\exp\left(\alpha\,\hat{a}^\dagger\right)|0\rangle$$

definiert. Dabei ist α eine komplexe Zahl, und $|n\rangle$ sind die Eigenzustände des eindimensionalen harmonischen Oszillators.

a) Zeigen Sie $\langle \alpha\,|\alpha\rangle = 1$ für $C = \exp(-|\alpha|^2/2)$.

b) Berechnen Sie $|\varphi\rangle = \hat{a}\,|\alpha\rangle$, den Erwartungswert $\langle n\rangle = \langle \alpha\,|\,\hat{n}\,|\alpha\rangle$ des Quantenzahloperators $\hat{n} = \hat{a}^\dagger\hat{a}$ und die mittlere quadratische Abweichung $(\Delta n)^2$.

c) Berechnen Sie die Orts- und Impulserwartungswerte des kohärenten Zustands.

d) Ein eindimensionaler harmonischer Oszillator befindet sich in einem kohärenten Zustand $|\psi_{t=0}\rangle = |\alpha_0\rangle$. Bestimmen Sie den Zustand $|\psi(t)\rangle$ des Systems zu späteren Zeiten t. Zeigen Sie, dass für den Zustand $|\psi(t)\rangle$ gilt:

$$\langle p\rangle_t = m\,\frac{d\langle x\rangle_t}{dt} \qquad \text{und} \qquad \Delta x = \text{const.} \qquad (34.60)$$

e) Beweisen Sie die Vollständigkeitsrelation

$$\frac{1}{\pi} \int d^2\alpha\,|\alpha\rangle\langle \alpha| = \sum_{n=0}^{\infty} |n\rangle\langle n| = 1 \qquad (34.61)$$

Dabei ist $d^2\alpha = d(\operatorname{Re}\alpha)\,d(\operatorname{Im}\alpha)$. Verwenden Sie Polarkoordinaten in der komplexen α-Ebene zur Ausführung der Integration.

35 Heisenbergbild

Die Zeitabhängigkeit des Zustands $|\psi(t)\rangle$ eines Systems kann auf die Operatoren übergewälzt werden. Dadurch wird das „Schrödingerbild" zum „Heisenbergbild".

Für den Zustandsvektor $|\psi(t)\rangle$ lautet die zeitabhängige Schrödingergleichung

$$\hat{H}\,|\psi(t)\rangle = \mathrm{i}\hbar\,\frac{\partial}{\partial t}\,|\psi(t)\rangle \tag{35.1}$$

Die Ortsdarstellung $\psi(x,t) = \langle x|\psi(t)\rangle$ hängt von den Koordinaten x und von der Zeit t ab. Der darstellungsunabhängige Zustand $|\psi(t)\rangle$ hängt nicht von den Koordinaten ab. Der Zustand und der Hamiltonoperator können aber von der Zeit abhängen; denn t ist in der nichtrelativistischen Quantenmechanik ein gegebener, äußerer Parameter und keine Koordinate.

Wir setzen einen zeitunabhängigen Hamiltonoperator voraus

$$\frac{\partial \hat{H}}{\partial t} = 0 \tag{35.2}$$

Dann lautet die formale Lösung von (35.1):

$$|\psi(t)\rangle = \exp\left(-\frac{\mathrm{i}\hat{H}t}{\hbar}\right)|\psi(0)\rangle \tag{35.3}$$

Von physikalischem Interesse sind insbesondere die Erwartungswerte hermitescher Operatoren. Für einen zeitunabhängigen Operator $\hat{F}$ betrachten wir diese zeitabhängigen Erwartungswerte:

$$\langle F\rangle_t = \langle\psi(t)|\hat{F}|\psi(t)\rangle = \langle\exp(-\mathrm{i}\hat{H}t/\hbar)\,\psi(0)|\hat{F}|\exp(-\mathrm{i}\hat{H}t/\hbar)\,\psi(0)\rangle$$

$$= \langle\psi(0)|\exp(\mathrm{i}\hat{H}t/\hbar)\,\hat{F}\,\exp(-\mathrm{i}\hat{H}t/\hbar)|\psi(0)\rangle$$

$$= \langle\psi(0)|\hat{F}(t)|\psi(0)\rangle = \langle F(t)\rangle_0 \tag{35.4}$$

Dabei haben wir im letzten Schritt anstelle des zeitunabhängigen Operators $\hat{F}$ den zeitabhängigen *Operator im Heisenbergbild* eingeführt:

$$\hat{F}(t) = \exp\left(\frac{\mathrm{i}\hat{H}t}{\hbar}\right)\hat{F}\,\exp\left(-\frac{\mathrm{i}\hat{H}t}{\hbar}\right) \tag{35.5}$$

Wir leiten diese Beziehung nach der Zeit ab:

$$\boxed{\frac{d\hat{F}(t)}{dt} = \frac{i}{\hbar}\left[\hat{H}, \hat{F}(t)\right] \quad \text{für} \quad \frac{\partial \hat{F}}{\partial t} = 0}$$ (35.6)

Für den Erwartungswert hatten wir diesen Zusammenhang bereits in (15.13) erhalten.

Wir haben nun zwei Möglichkeiten, die Zeitabhängigkeit beliebiger Erwartungswerte zu bestimmen:

- *Schrödingerbild*: Wir lösen die zeitabhängige Schrödingergleichung (35.1) mit der Anfangsbedingung $|\psi(0)\rangle$ und bestimmen dann mit $|\psi(t)\rangle$ den Erwartungswert des Operators $\hat{F}$.

- *Heisenbergbild*: Wir bestimmen $\hat{F}(t)$ aus (35.5) und berechnen dann den Erwartungswert des Operators mit $|\psi(0)\rangle$.

Nach Konstruktion führen beide Methoden zu denselben Erwartungswerten:

$$\langle F \rangle = \langle \psi(t) | \hat{F} | \psi(t) \rangle = \langle \psi(0) | \hat{F}(t) | \psi(0) \rangle$$ (35.7)

Neben dem Schrödinger- und Heisenbergbild gibt es auch noch die Möglichkeit, nur einen Teil der Zeitabhängigkeit auf die Operatoren überzuwälzen. Dies könnte etwa die von der Wechselwirkung $\hat{V}$ im Hamiltonoperator $\hat{H} = \hat{H}_0 + \hat{V}$ verursachte Zeitabhängigkeit sein. Die daraus resultierende Beschreibung heißt *Wechselwirkungsbild*.

Explizite Konstruktion der zeitabhängigen Lösung

Kennen wir die Eigenzustände $|n\rangle$ von $\hat{H}$,

$$\hat{H} |n\rangle = E_n |n\rangle$$ (35.8)

so können wir damit die zeitabhängigen Lösungen sowohl für den Zustand wie für den Operator explizit angeben. Dazu schieben wir in (35.3) den 1-Operator $\sum |n\rangle\langle n|$ ein:

$$|\psi(t)\rangle = \exp(-i\hat{H}t/\hbar) \sum_{n=1}^{\infty} |n\rangle\langle n| |\psi(0)\rangle = \sum_{n=1}^{\infty} \langle n|\psi(0)\rangle \exp(-iE_n t/\hbar) |n\rangle$$ (35.9)

Im Ortsraum wird dies zu (15.10). Mit der gleichen Technik erhalten wir für (35.5):

$$\hat{F}(t) = \exp(i\hat{H}t/\hbar) \sum_{n=1}^{\infty} |n\rangle\langle n| \; \hat{F} \sum_{n'=1}^{\infty} |n'\rangle\langle n'| \; \exp(-i\hat{H}t/\hbar)$$

$$= \sum_{n,n'=1}^{\infty} \langle n|\hat{F}|n'\rangle \exp\left[i(E_n - E_{n'})t/\hbar\right] |n\rangle\langle n'|$$ (35.10)

Oszillator im Heisenbergbild

Für den harmonischen Oszillator

$$\hat{H} = \hbar\omega\left(\hat{a}^\dagger\hat{a} + 1/2\right), \qquad \left[\hat{a}^\dagger, \hat{a}\right] = -1 \tag{35.11}$$

können wir (35.6) für die Auf- und Absteigeoperatoren direkt lösen. Wir bestimmen zunächst den Kommutator

$$\left[\hat{H}, \hat{a}(t)\right] = \hat{H}\exp(\mathrm{i}\hat{H}t/\hbar)\,\hat{a}\,\exp(-\mathrm{i}\hat{H}t/\hbar) - \exp(\mathrm{i}\hat{H}t/\hbar)\,\hat{a}\,\exp(-\mathrm{i}\hat{H}t/\hbar)\,\hat{H}$$

$$= \exp(\mathrm{i}\hat{H}t/\hbar)\left(\hat{H}\hat{a} - \hat{a}\hat{H}\right)\exp(-\mathrm{i}\hat{H}t/\hbar) \overset{(34.10)}{=} -\hbar\omega\,\hat{a}(t) \tag{35.12}$$

Damit wird (35.6) zu

$$\frac{d\,\hat{a}(t)}{dt} = -\mathrm{i}\omega\,\hat{a}(t) \qquad \text{und} \qquad \frac{d\hat{a}^\dagger(t)}{dt} = \mathrm{i}\omega\,\hat{a}^\dagger(t) \tag{35.13}$$

Diese Differenzialgleichungen haben die Lösungen

$$\hat{a}(t) = \hat{a}\,\exp(-\mathrm{i}\omega t) \qquad \text{und} \qquad \hat{a}^\dagger(t) = \hat{a}^\dagger\,\exp(\mathrm{i}\omega t) \tag{35.14}$$

Der Ortsoperator $\hat{x} = \sqrt{\hbar/2m\omega}\left(\hat{a}^\dagger + \hat{a}\right)$ im Heisenbergbild lautet dann:

$$\hat{x}(t) = \sqrt{\frac{\hbar}{2m\omega}}\left(\hat{a}^\dagger(t) + \hat{a}(t)\right) = \hat{x}\cos(\omega t) + \frac{\hat{p}}{m\omega}\sin(\omega t) \tag{35.15}$$

Analog dazu ergibt sich $\hat{p}(t)$.

Wellenpaket im Oszillator

Durch $\psi(x, 0)$ sei ein Wellenpaket zur Zeit $t = 0$ gegeben. Wir untersuchen die Bewegung dieses Pakets in einem Oszillatorpotenzial. Der Schwerpunkt des Wellenpakets ist durch den Erwartungswert $\langle x\rangle_t$ gegeben:

$$\langle x\rangle_t = \langle\psi(0)|\hat{x}(t)|\psi(0)\rangle = \langle x\rangle_0\cos(\omega t) + \frac{\langle p\rangle_0}{m\omega}\sin(\omega t) \tag{35.16}$$

Hierbei ist $\langle x\rangle_0 = \langle\psi(0)|\hat{x}|\psi(0)\rangle$ und $\langle p\rangle_0 = \langle\psi(0)|\hat{p}|\psi(0)\rangle$. Dies bedeutet, dass sich der Schwerpunkt $\langle x\rangle_t$ des Wellenpakets auf der klassischen Bahn

$$x_{\mathrm{kl}}(t) = x_0\cos(\omega t) + \frac{p_0}{m\omega}\sin(\omega t) \tag{35.17}$$

bewegt. Die Größen x_0 und p_0 legen den Ort und den Impuls zur Zeit $t = 0$ fest. Die Breite des Wellenpakets folgt aus dem Erwartungswert $\langle(\hat{x} - \langle x\rangle)^2\rangle$, der mit derselben Technik berechnet werden kann (Aufgabe 35.2). Die Bewegung von Gaußpaketen kann man alternativ mit Hilfe der kohärenten Zustände berechnen (letzter Abschnitt in Kapitel 34).

Aufgaben

35.1 Zum Heisenbergbild

Die Zustände $|\phi(t)\rangle$ und $|\psi(t)\rangle$ sind mögliche Zustände eines Systems mit dem Hamiltonoperator $\hat{H}$; es gilt $\partial\hat{H}/\partial t = 0$. Zur Zeit $t = 0$ sind die Zustände durch den Operator $\hat{F}$ verknüpft,

$$|\phi(0)\rangle = \hat{F}\,|\psi(0)\rangle \qquad (35.18)$$

Unter welcher Bedingung gilt diese Beziehung auch zu späteren Zeiten?

35.2 Wellenpaket im eindimensionalen Oszillator

Der Zustand $|\psi(t)\rangle$ beschreibt ein Wellenpaket, das sich in einem eindimensionalen Oszillator (Parameter m, ω) bewegt. Die Anfangsbedingung ist durch die normierte Wellenfunktion

$$\langle x\,|\,\psi(0)\rangle = \frac{1}{(2\pi\beta^2)^{1/4}}\,\exp\left(-\frac{(x-x_0)^2}{4\beta^2}\right)$$

gegeben. Berechnen Sie die zeitabhängige Breite

$$\beta(t)^2 = (\Delta x)^2 = \ = \langle x^2\rangle_t - \langle x\rangle_t{}^2$$

des Wellenpakets. Verwenden Sie dazu das Heisenbergbild.

36 Drehimpuls mit Operatorenmethode

Wir leiten die Eigenwerte und Eigenzustände der Drehimpulsoperatoren mit der Operatorenmethode ab. Dazu setzen wir nur die Hermitezität und die Kommutatorrelationen der Drehimpulsoperatoren voraus.

In Kapitel 23 sind wir von der Ortsdarstellung $\boldsymbol{\ell}_{\mathrm{op}} = \boldsymbol{r} \times \boldsymbol{p}_{\mathrm{op}}$ des Drehimpulsoperators ausgegangen. Jetzt betrachten wir den zugehörigen Operator im Hilbertraum:

$$\hat{\boldsymbol{I}} = \hat{I}_x \, \boldsymbol{e}_x + \hat{I}_y \, \boldsymbol{e}_y + \hat{I}_z \, \boldsymbol{e}_z := \frac{\boldsymbol{\ell}_{\mathrm{op}}}{\hbar} = \frac{\boldsymbol{r} \times \boldsymbol{p}_{\mathrm{op}}}{\hbar} \tag{36.1}$$

Zur Vereinfachung der Schreibweise wurde durch $\hbar$ geteilt. Die Drehimpulsoperatoren sind hermitesch,

$$\left(\hat{\boldsymbol{I}}^2\right)^\dagger = \hat{\boldsymbol{I}}^2, \qquad \hat{I}_x^\dagger = \hat{I}_x, \qquad \hat{I}_y^\dagger = \hat{I}_y, \qquad \hat{I}_z^\dagger = \hat{I}_z \tag{36.2}$$

und erfüllen die Kommutatorrelationen

$$\left[\hat{I}_x, \hat{I}_y\right] = \mathrm{i}\,\hat{I}_z \quad \text{und zyklisch} \tag{36.3}$$

Alle folgenden Ableitungen beruhen auf (36.2) und (36.3).

Anstelle von $\hat{I}_x$ und $\hat{I}_y$ verwenden wir häufig die Operatoren

$$\hat{I}_+ = \hat{I}_x + \mathrm{i}\,\hat{I}_y \quad \text{und} \quad \hat{I}_- = \hat{I}_x - \mathrm{i}\,\hat{I}_y \tag{36.4}$$

Aus (36.2) folgt

$$\left(\hat{I}_+\right)^\dagger = \hat{I}_-, \qquad \left(\hat{I}_-\right)^\dagger = \hat{I}_+ \tag{36.5}$$

Aus (36.3) folgen

$$\left[\hat{I}_+, \hat{I}_z\right] = -\hat{I}_+ \quad \text{und} \quad \left[\hat{I}_-, \hat{I}_z\right] = +\hat{I}_- \quad \text{und} \quad \left[\hat{I}_+, \hat{I}_-\right] = 2\,\hat{I}_z \tag{36.6}$$

Diese Relationen implizieren

$$\left[\hat{\boldsymbol{I}}^2, \hat{I}_z\right] = 0, \qquad \left[\hat{\boldsymbol{I}}^2, \hat{I}_\pm\right] = 0 \tag{36.7}$$

und

$$\hat{\boldsymbol{I}}^2 = \hat{I}_x^2 + \hat{I}_y^2 + \hat{I}_z^2 = \hat{I}_+ \hat{I}_- + \hat{I}_z^2 - \hat{I}_z \tag{36.8}$$

Unter den vier Operatoren (36.2) können wir zwei finden, die kommutieren. Dies sind $\hat{\boldsymbol{I}}^2$ und ein anderer; als diesen anderen wählen wir $\hat{I}_z$. Die hermiteschen, kommutierenden Operatoren $\hat{\boldsymbol{I}}^2$ und $\hat{I}_z$ haben simultane Eigenzustände, also

$$\hat{\boldsymbol{I}}^2 \,|\lambda m\rangle \;=\; \lambda\,|\lambda m\rangle \tag{36.9}$$

$$\hat{I}_z \,|\lambda m\rangle \;=\; m\,|\lambda m\rangle \tag{36.10}$$

Wegen der Hermitezität von $\hat{\boldsymbol{I}}^2$ und $\hat{I}_z$ sind λ und m reell. Die zu den Eigenwerten λ und m gehörenden Eigenzustände wurden mit $|\lambda m\rangle$ bezeichnet. Sie sollen normiert sein:

$$\langle \lambda m | \lambda m \rangle = 1 \tag{36.11}$$

Wir bestimmen nun aus der durch (36.4)–(36.11) festgelegten Struktur die möglichen Eigenwerte λ und m und die Eigenzustände $|\lambda m\rangle$.

Für einen hermiteschen Operator gilt $\langle \psi | \hat{F}^2 | \psi \rangle = \langle \hat{F}\,\psi | \hat{F}\,\psi \rangle \geq 0$. Damit erhalten wir

$$0 \leq \langle \lambda m | \hat{I}_x^2 | \lambda m \rangle + \langle \lambda m | \hat{I}_y^2 | \lambda m \rangle = \langle \lambda m | \hat{\boldsymbol{I}}^2 - \hat{I}_z^2 | \lambda m \rangle = \lambda - m^2 \tag{36.12}$$

also

$$\lambda \;\geq\; m^2 \;\geq\; 0 \tag{36.13}$$

Wir untersuchen die Zustände

$$\hat{I}_+ |\lambda m\rangle \qquad \text{und} \qquad \hat{I}_- |\lambda m\rangle \tag{36.14}$$

Sie sind Eigenzustände zu $\hat{\boldsymbol{I}}^2$ zum Eigenwert λ,

$$\hat{\boldsymbol{I}}^2 \,\hat{I}_\pm |\lambda m\rangle = \hat{I}_\pm \,\hat{\boldsymbol{I}}^2 |\lambda m\rangle = \lambda \,\hat{I}_\pm |\lambda m\rangle \tag{36.15}$$

und Eigenzustände zu $\hat{I}_z$ zum Eigenwert $m \pm 1$:

$$\hat{I}_z \,\hat{I}_\pm |\lambda m\rangle = \left(\hat{I}_\pm \hat{I}_z \pm \hat{I}_\pm \right) |\lambda m\rangle = (m \pm 1)\,\hat{I}_\pm |\lambda m\rangle \tag{36.16}$$

Die letzten beiden Gleichungen ergeben

$$\hat{I}_\pm |\lambda m\rangle = c_\pm \,|\lambda,\, m \pm 1\rangle \tag{36.17}$$

Wegen dieser Eigenschaft wird $\hat{I}_+$ *Aufsteigeoperator* und $\hat{I}_-$ *Absteigeoperator* genannt. Der Deutlichkeit zuliebe können wir die beiden Quantenzahlen durch ein Komma trennen, also $|\lambda,\, m\rangle \equiv |\lambda m\rangle$.

Wir berechnen die Faktoren $c_\pm$. Die Norm von $\hat{I}_- |\lambda m\rangle$ ist

$$|c_-|^2 \;=\; \langle \hat{I}_- \lambda m | \hat{I}_- \lambda m \rangle = \langle \lambda m | \hat{I}_+ \hat{I}_- | \lambda m \rangle$$

$$\overset{(36.8)}{=} \langle \lambda m | \hat{\boldsymbol{I}}^2 - \hat{I}_z^2 + \hat{I}_z | \lambda m \rangle = \lambda - m^2 + m \tag{36.18}$$

Analog folgt $|c_+|^2 = \lambda - m^2 - m$. Die Phasen der Zustände $|\lambda m\rangle$ können willkürlich festgelegt werden. Wir wählen $c_\pm$ reell und positiv, also

$$c_- = \sqrt{\lambda - m\,(m-1)}\,, \qquad c_+ = \sqrt{\lambda - m\,(m+1)} \qquad (36.19)$$

Aus einem gegebenen Zustand $|\lambda m\rangle$ erhalten wir mit (36.17) sukzessive die Zustände mit den anderen m-Werten,

$$|\lambda, m\rangle, \quad |\lambda, m \pm 1\rangle, \quad |\lambda, m \pm 2\rangle, \quad \ldots \qquad (36.20)$$

Wegen $m^2 \leq \lambda$, (36.13), muss diese Folge von Zuständen abbrechen. Nach (36.17) ist dies nur möglich, wenn der entsprechende Normierungsfaktor $c_\pm$ verschwindet. Die zugehörigen m-Werte folgen daher aus

$$\hat{I}_+ \, |\lambda\, m_{\max}\rangle = 0 \quad \xrightarrow{c_+ = 0} \quad \lambda = m_{\max}\,(m_{\max} + 1) \qquad (36.21)$$

und

$$\hat{I}_- \, |\lambda\, m_{\min}\rangle = 0 \quad \xrightarrow{c_- = 0} \quad \lambda = m_{\min}\,(m_{\min} - 1) \qquad (36.22)$$

Dabei haben wir den maximalen m-Wert mit $m_{\max}$ und den minimalen mit $m_{\min}$ bezeichnet. Aus den letzten beiden Gleichungen folgt

$$(m_{\max} + m_{\min})\,(m_{\max} - m_{\min} + 1) = 0 \qquad (36.23)$$

Wegen $m_{\max} \geq m_{\min}$ ist die zweite Klammer ungleich null; also muss die erste Klammer verschwinden:

$$m_{\max} = -m_{\min} = j\,, \qquad j \geq 0 \qquad (36.24)$$

Diese Größe nennen wir im Folgenden j; wegen $m_{\max} \geq m_{\min}$ ist j nicht negativ. Aus (36.21) oder (36.22) folgt für den Eigenwert λ,

$$\lambda = j\,(j+1) \qquad (36.25)$$

Da die Folge (36.20) abbricht (wegen $m^2 \leq \lambda$), muss der Aufsteigeoperator genau von $m_{\min} = -j$ zu $m_{\max} = j$ führen; andernfalls würde die Folge in einer Richtung nicht abbrechen. Für gegebenes λ oder j treten daher die folgenden m-Werte (und nur diese) auf:

$$m = -j,\, -j+1,\, -j+2, \ldots,\, j-2,\, j-1,\, j \qquad (36.26)$$

Auf der reellen Zahlenachse muss sich die Strecke von $-j$ bis $+j$ in Schritte der Größe $\Delta m = 1$ aufteilen lassen. Dies geht nur für

$$2j \text{ ist ganzzahlig}, \quad \text{also} \quad j \text{ ist ganz- oder halbzahlig} \qquad (36.27)$$

Nach (36.26) sind dann auch die m-Werte ganz- oder halbzahlig. Damit sind die möglichen Eigenwerte und die Struktur der Eigenzustände festgelegt. Für die Eigenzustände führen wir folgende Bezeichnungs*änderung* ein:

$$|\lambda m\rangle = |j(j+1), m\rangle \quad \overset{\text{Änderung}}{\Longrightarrow} \quad |j, m\rangle \text{ oder } |jm\rangle \qquad (36.28)$$

Das Komma zwischen den Quantenzahlen ist optional; es wird insbesondere dann angeschrieben, wenn eine der Quantenzahlen durch einen arithmetischen Ausdruck gegeben ist. Das Eigenwertproblem lautet nunmehr:

$$
\begin{aligned}
\hat{\boldsymbol{I}}^2 \,|jm\rangle &= j(j+1)\,|jm\rangle \\
\hat{I}_z \,|jm\rangle &= m\,|jm\rangle
\end{aligned}
\qquad (36.29)
$$

Die Konstruktion dieser Zustände erfolgt sukzessive:

$$
\begin{aligned}
\hat{I}_z |j, j\rangle = j\,|j, j\rangle \quad \text{und} \quad \hat{I}_+|j, j\rangle = 0 \quad &\text{ergeben} \quad |j, j\rangle \\
\hat{I}_- |j, j\rangle = c_-(j, j)\,|j, j-1\rangle \quad &\text{ergibt} \quad |j, j-1\rangle\rangle \\
\hat{I}_- |j, j-1\rangle = c_-(j, j-1)\,|j, j-2\rangle \quad &\text{ergibt} \quad |j, j-2\rangle \\
\vdots \qquad\qquad\qquad & \\
\hat{I}_- |j, -j+1\rangle = c_-(j, -j+1)\,|j, -j\rangle \quad &\text{ergibt} \quad |j, -j\rangle \quad (36.30)
\end{aligned}
$$

Die Faktoren $c_-(j, m)$ hängen von den jeweiligen Quantenzahlen ab. Alternativ kann die Konstruktion auch bei $|j, -j\rangle$ beginnen und über Aufsteigeoperatoren zu $|j, j\rangle$ führen. Die resultierenden Zustände sind orthonormiert,

$$\langle j'm'\,|\,jm\rangle = \delta_{jj'}\,\delta_{mm'} \qquad (36.31)$$

Diese Konstruktion (36.30) ist mit der Lösung (34.16) des Oszillatorproblems zu vergleichen.

Wir werden die folgenden Fälle getrennt behandeln:

1. j ist ganzzahlig, $j = l$. Die Ortsdarstellung dieser Lösung ergibt die bereits bekannten Kugelfunktionen. Durch diese Lösungen wird insbesondere der Bahndrehimpuls von Teilchen im Potenzial (Teil IV) beschrieben.

2. j ist halbzahlig, speziell $j = 1/2$. Hierdurch werden Spinzustände von Teilchen (insbesondere Elektronen) mit halbzahligem Spin beschrieben. Dieser Fall wird in Kapitel 37 behandelt.

Ausrichtung des Drehimpulses

Von dem Zustand $|j, j\rangle$ mit maximaler m-Quantenzahl wird gelegentlich gesagt, „der Drehimpuls zeigt in z-Richtung". Diese Aussage ist interpretationsbedürftig, weil ein quantenmechanischer Drehimpulsvektor gar keine scharf definierte Richtung haben kann: Da die Operatoren $\hat{I}_x$, $\hat{I}_y$ und $\hat{I}_z$ nicht miteinander vertauschen,

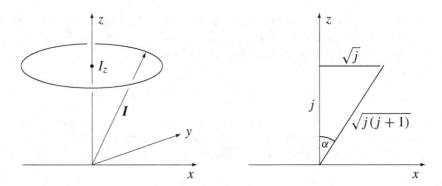

Abbildung 36.1 Es wird ein klassischer Drehimpulsvektor $\boldsymbol{I}\hbar$ betrachtet, der entsprechend (36.32) die Länge $|\boldsymbol{I}|\hbar = \sqrt{j(j+1)}\,\hbar$ und die Projektion $I_z\hbar = j\hbar$ hat. Ein solcher Vektor liegt auf einem Kreiskegel (links); die Projektion auf die x-y-Ebene ist unbestimmt. Aus dem rechten Teil kann der Öffnungswinkel des Kreiskegels zu $\alpha = \arctan(1/\sqrt{j}\,)$ abgelesen werden. Im klassischen Grenzfall $j \to \infty$ gilt $\alpha \to 0$, und die Unschärfe der Ausrichtung des Drehimpulsvektors geht gegen null.

kann höchstens eine der drei Komponenten I_x, I_y oder I_z einen scharfen Wert haben. Für eine bestimmte Richtung des Drehimpulsvektors müssten aber alle drei Komponenten scharfe Werte haben.

Wir diskutieren, in welcher Weise der Drehimpulsvektor im Zustand $|\,j, j\rangle$ ausgerichtet ist. Aus

$$\hat{\boldsymbol{I}}^2\,|\,j, j\rangle = j\,(j + 1)\,|\,j, j\rangle \quad \text{und} \quad \hat{I}_z\,|\,j, j\rangle = j\,|\,j, j\rangle \qquad (36.32)$$

folgt, dass der Betrag $\sqrt{j(j+1)}\,\hbar$ des Drehimpulses größer ist als seine Projektion $j\hbar$ auf die z-Achse (für $j \neq 0$). Zur Illustration dieser Aussage betrachten wir einen klassischen Drehimpulsvektor $\boldsymbol{I}\hbar$ mit der Länge $\sqrt{j(j+1)}\,\hbar$ und der z-Projektion $j\hbar$ (Abbildung 36.1). Ein solcher Vektor liegt auf einem Kreiskegel. Der quantenmechanische Zustand entspricht der gleichberechtigten Überlagerung aller möglichen Positionen des Drehimpulsvektors auf einem Kreiskegel.

Formal folgt diese Aussage aus $\langle \hat{I}_x \rangle = \langle \hat{I}_y \rangle = 0$ und $\langle \hat{I}_x^2 \rangle = \langle \hat{I}_y^2 \rangle \neq 0$. Diese Erwartungswerte bedeuten, dass im Zustand $|\,j, j\rangle$ von null verschiedene I_x- und I_y-Werte auftreten, die mit gleichem Gewicht positiv und negativ sind. Dabei ist keine Richtung in der x-y-Ebene ausgezeichnet.

Speziell für den Bahndrehimpuls (36.1) können wir noch etwas anders argumentieren: In Kugelkoordinaten gilt $\ell_z = -\mathrm{i}\hbar\,\partial/\partial\phi$. Eine bestimmte Position auf dem Kreiskegel wird durch einen Wert des Winkels ϕ definiert. Wegen $[\ell_z, \phi] = -\mathrm{i}\hbar$ sind ℓ_z und ϕ komplementäre Größen. Die exakte Vorgabe von ℓ_z entspricht daher einem unbestimmten Wert von ϕ. (Da wir keinen Winkeloperator $\hat{\phi}$ definiert haben, kann man allerdings nicht ohne weiteres zur Unschärferelation $\Delta\ell_z\,\Delta\phi \geq \hbar/2$ kommen. Wegen der Beschränkung von ϕ auf das Intervall $[0, 2\pi]$ geht $\Delta\phi$ für $\Delta\ell_z \to 0$ auch nicht gegen unendlich.)

Ortsdarstellung

Für die Ableitung der Lösungen (36.30) wurden neben der Hermitezität nur die Vertauschungsrelationen der Operatoren $\hat{I}_x$, $\hat{I}_y$ und $\hat{I}_z$ vorausgesetzt. Eine mögliche Darstellung dieser Operatoren ist durch den Bahndrehimpuls gegeben, also durch $\hat{I}_{op} = \ell_{op}/\hbar = \boldsymbol{r} \times \boldsymbol{p}_{op}/\hbar$. Hieraus ergibt sich eine Ortsdarstellung der Zustände $|j\,m\rangle$ für ganzzahliges $j = l$.

In Kapitel 23 haben wir folgende Ortsdarstellung der Drehimpulsoperatoren angegeben:

$$\hat{I}_z := I_z = \frac{\ell_z}{\hbar} \overset{(23.37)}{=} -\mathrm{i}\,\frac{\partial}{\partial\phi} \tag{36.33}$$

$$\hat{I}_\pm := I_\pm = \frac{\ell_\pm}{\hbar} \overset{(23.38)}{=} \exp(\pm\mathrm{i}\phi)\left(\pm\frac{\partial}{\partial\theta} + \mathrm{i}\cot\theta\,\frac{\partial}{\partial\phi}\right) \tag{36.34}$$

Bei den Komponenten von $\hat{I}_{op}$ lassen wir den Index „op" weg. Die gesuchten Ortsdarstellungen der Zustände $|l, m\rangle$ bezeichnen wir mit $Y_{lm}(\theta, \phi)$. Dies sollen zunächst unbekannte Funktionen sein, die wir jetzt aufgrund der algebraischen Lösung (36.30) bestimmen wollen. Wir schreiben zunächst die Beziehung $\hat{I}_z |l, m\rangle = m |l, m\rangle$ in der Ortsdarstellung an:

$$-\mathrm{i}\,\frac{\partial}{\partial\phi}\,Y_{lm}(\theta, \phi) = m\,Y_{lm}(\theta, \phi) \tag{36.35}$$

Hieraus folgt die ϕ-Abhängigkeit der Funktionen Y_{lm}:

$$Y_{lm}(\theta, \phi) = f_{lm}(\theta)\,\exp(\mathrm{i}m\phi) \tag{36.36}$$

Nun schreiben wir $\hat{I}_+ |l, l\rangle = 0$ in der Ortsdarstellung an:

$$\exp(\mathrm{i}\phi)\left(\frac{\partial}{\partial\theta} + \mathrm{i}\cot\theta\,\frac{\partial}{\partial\phi}\right)Y_{ll}(\theta, \phi) = 0 \tag{36.37}$$

Mit (36.36) wird dies zu

$$\left(\frac{d}{d\theta} - l\cot\theta\right)f_{ll}(\theta) = 0\,,\qquad f_{ll}(\theta) = \text{const.}\cdot\left(\sin\theta\right)^l \tag{36.38}$$

Damit ist Y_{ll} bis auf einen Faktor festgelegt:

$$Y_{ll}(\theta, \phi) = \text{const.}\cdot\left(\sin\theta\right)^l\,\exp(\mathrm{i}l\phi) \tag{36.39}$$

Die Konstante wird reell gewählt und so bestimmt, dass

$$\int_{-1}^{+1} d\cos\theta \int_0^{2\pi} d\phi\,\left|Y_{ll}(\theta, \phi)\right|^2 = 1 \tag{36.40}$$

Aus

$$\begin{aligned} I_-\,Y_{ll} &= c_-(l, l)\,Y_{l,l-1} \\ I_-\,Y_{l,l-1} &= c_-(l, l-1)\,Y_{l,l-2} \quad\text{und so weiter} \end{aligned} \tag{36.41}$$

folgen nun sukzessive die anderen Kugelfunktionen. Aufgrund dieser Konstruktion lassen sich alle Beziehungen für die Zustände $|l, m\rangle$ auf die Kugelfunktionen übertragen. Die Kugelfunktionen sind insbesondere Eigenfunktionen der hermiteschen Operatoren I_{op}^2 und I_z zu den Eigenwerten $l(l+1)$ und m. Damit sind sie bezüglich der Quantenzahlen l und m orthogonal. Aus (36.40) und (36.41) folgt, dass alle Y_{lm} normiert sind. Damit gilt:

$$\int_{-1}^{+1} d\cos\theta \int_0^{2\pi} d\phi \; Y_{lm}^*(\theta, \phi) \, Y_{l'm'}(\theta, \phi) = \delta_{ll'} \, \delta_{mm'} \qquad (36.42)$$

Als Eigenfunktionen der hermiteschen Operatoren $\hat{I}_{op}^2$ und I_z^2 bilden die $Y_{lm}(\theta, \phi)$ (mit ganzzahligem l) einen vollständigen, orthonormierten Satz für Winkelfunktionen $f(\theta, \phi)$. Dies sind Funktionen, die auf der Kugeloberfläche (eindeutig) definiert sind. Die Vollständigkeitsrelation lautet:

$$\sum_{l=0}^{\infty} \sum_{m=-l}^{m=l} Y_{lm}^*(\theta', \phi') \, Y_{lm}(\theta, \phi) = \delta(\cos\theta' - \cos\theta) \, \delta(\phi' - \phi) \qquad (36.43)$$

Die jetzige Bestimmung der Kugelfunktionen ist viel einfacher als die in Kapitel 23; denn die Differenzialgleichungen (36.35) und (36.38) sind viel leichter zu lösen als die Differenzialgleichung $I_{op}^2 \, Y_{lm} = \lambda \, Y_{lm}$.

Die so gefundene Lösung ist auf ganzzahlige Werte von l beschränkt. Folgende Überlegung zeigt die Unmöglichkeit, diese Lösung auf $l = 1/2$ zu übertragen: Aus (36.39) erhielte man

$$Y_{1/2, 1/2} \propto \sqrt{\sin\theta} \; \exp(i\phi/2) \quad \text{und} \quad \left(I_-\right)^2 Y_{1/2, 1/2} \neq 0 \qquad (36.44)$$

Die zweimalige Anwendung von I_- müsste aber null ergeben.

Kontinuierliche Basiszustände

Wir definieren die kontinuierlichen Zustände $|\theta, \phi\rangle$ durch

$$|\theta, \phi\rangle \equiv \sum_{l=0}^{\infty} \sum_{m=-l}^{m=l} Y_{lm}^*(\theta, \phi) \, |l, m\rangle \qquad (36.45)$$

Durch Projektion auf $\langle l, m|$ folgt hieraus

$$Y_{lm}(\theta, \phi) = \langle \theta, \phi \, | \, l, m \rangle \qquad (36.46)$$

Die Normierung der Basiszustände lautet

$$\langle \theta, \phi \, | \, \theta', \phi' \rangle = \sum_{l=0}^{\infty} \sum_{m=-l}^{m=l} Y_{lm}^*(\theta', \phi') \, Y_{lm}(\theta, \phi) = \delta(\cos\theta' - \cos\theta) \, \delta(\phi' - \phi)$$

$$(36.47)$$

Es gilt die Vollständigkeitsrelation

$$\int_{-1}^{+1} d\cos\theta \int_{0}^{2\pi} d\phi \, |\theta,\phi\rangle\langle\theta,\phi| = \sum_{l,m} |l,m\rangle\langle l,m| = 1 \qquad (36.48)$$

Verwendet wurden dabei die Orthonormierung und Vollständigkeit der Zustände $|l,m\rangle$ und der Kugelfunktionen Y_{lm}.

Wegen der Beziehungen (36.45)–(36.48) können wir mit den Zuständen $|\theta,\phi\rangle$ ebenso wie mit anderen kontinuierlichen Basiszuständen rechnen. Im Gegensatz zu den Eigenzuständen $|x,y,z\rangle$ des Ortsoperators haben wir aber keine hermiteschen Winkeloperatoren eingeführt. Dies ist auch nicht ohne weiteres möglich; denn die Ersetzungsregeln (Kapitel 3) gelten zunächst nur für kartesische Koordinaten.

Als Beispiel für das Rechnen „wie mit anderen kontinuierlichen Basiszuständen" betrachten wir die Eigenzustände $|nlm\rangle$ des sphärischen Oszillators oder des Wasserstoffproblems. Durch Projektion auf die Eigenzustände $|r\rangle = |x,y,z\rangle$ des Ortsoperators erhalten wir die Ortsdarstellung, $\varphi_{nlm}(r) = \langle x,y,z|nlm\rangle$. Für Kugelkoordinaten können wir stattdessen schreiben

$$\varphi_{nlm}(r) = \langle r|nlm\rangle = \langle r|nl\rangle\langle\theta,\phi|lm\rangle = \frac{u_{nl}(r)}{r}\, Y_{lm}(\theta,\phi) \qquad (36.49)$$

Matrixdarstellung

Wie beim harmonischen Oszillator haben wir die Eigenzustände und Eigenwerte darstellungsunabhängig aufgrund der Kommutatoreigenschaften der Operatoren abgeleitet. Die Ortsdarstellung der Operatoren ($\hat{a}^\dagger$, $\hat{a}$ oder $\hat{I}_x$, $\hat{I}_y$, $\hat{I}_z$) ermöglicht dann den Übergang zur Ortsdarstellung der Zustände.

Wie beim Oszillator können wir aber auch die Matrixdarstellung mit den Eigenzuständen als Basis verwenden. Wir betrachten zunächst ein bestimmtes l und setzen

$$|l,l\rangle := \begin{pmatrix} 1 \\ 0 \\ 0 \\ \vdots \end{pmatrix}, \quad |l,l-1\rangle := \begin{pmatrix} 0 \\ 1 \\ 0 \\ \vdots \end{pmatrix}, \; \dots, \quad |l,-l\rangle := \begin{pmatrix} 0 \\ 0 \\ \vdots \\ 1 \end{pmatrix} \qquad (36.50)$$

Daraus ergibt sich eine $(2l+1)$-dimensionale Darstellung aller Operatoren, die mit $\hat{I}^2$ vertauschen:

$$\hat{A} := \left(A_{mm'}\right) = \left(\langle lm|\hat{A}|lm'\rangle\right) \qquad (36.51)$$

Tritt bei einem zu behandelnden Problem nur ein l-Wert auf, so genügt diese endlich-dimensionale Darstellung. Speziell für $l = 1$ gilt

$$\hat{I}_z := \begin{pmatrix} 1 & 0 & 0 \\ 0 & 0 & 0 \\ 0 & 0 & -1 \end{pmatrix}, \quad \hat{I}_+ := \begin{pmatrix} 0 & \sqrt{2} & 0 \\ 0 & 0 & \sqrt{2} \\ 0 & 0 & 0 \end{pmatrix}, \quad \hat{I}_- := \begin{pmatrix} 0 & 0 & 0 \\ \sqrt{2} & 0 & 0 \\ 0 & \sqrt{2} & 0 \end{pmatrix}$$

$$(36.52)$$

Aus (36.17) und (36.18) folgt zum Beispiel

$$\hat{I}_+ \, | \, 1, 0 \rangle = \sqrt{2} \, | \, 1, 1 \rangle \tag{36.53}$$

In der Matrixdarstellung wird dies zu

$$\begin{pmatrix} 0 & \sqrt{2} & 0 \\ 0 & 0 & \sqrt{2} \\ 0 & 0 & 0 \end{pmatrix} \begin{pmatrix} 0 \\ 1 \\ 0 \end{pmatrix} = \sqrt{2} \begin{pmatrix} 1 \\ 0 \\ 0 \end{pmatrix} \tag{36.54}$$

Für einen bestimmten l-Wert erhalten wir eine $(2l + 1)$-dimensionale Darstellung. Lassen wir nun alle l-Werte zu, so ergibt sich eine unendlich dimensionale Darstellung. Da Drehimpulsoperatoren verschiedene l-Zustände nicht miteinander verbinden, zerfällt diese Darstellung in jeweils $(2l + 1)$-dimensionale Darstellungen. Die Drehimpulsmatrizen bestehen daher aus $(2l + 1) \times (2l + 1)$-Blöcken entlang der Diagonalen.

Aufgaben

36.1   Ortsdarstellung für Drehimpuls 1/2

Betrachten Sie die Wellenfunktion

$$\langle \theta \phi \,|\, \tfrac{1}{2} \, \tfrac{1}{2} \rangle = Y_{1/2,\,1/2}(\theta, \phi) \propto \sqrt{\sin\theta} \, \exp\left(\frac{\mathrm{i}\phi}{2} \right)$$

als mögliche Ortsdarstellung des Drehimpulszustands $|1/2, 1/2\rangle$ mit $\ell = m = 1/2$. Überprüfen Sie in der Ortsdarstellung, ob die für Drehimpulszustände notwendigen Relationen

$$\hat{\ell}_+ \,|\, \tfrac{1}{2} \, \tfrac{1}{2} \rangle = 0 \qquad \text{und} \qquad \hat{\ell}_-^2 \,|\, \tfrac{1}{2} \, \tfrac{1}{2} \rangle = 0 \qquad\qquad (36.55)$$

erfüllt sind.

36.2   Matrixdarstellung für Drehimpuls $l = 0$ und $l = 2$

Geben Sie die Matrixdarstellungen von $\hat{\ell}_z$ und $\hat{\ell}_\pm$ für $l = 0$ und $l = 2$ an.

36.3   Kommutatorrelation in Matrixdarstellung

Gehen Sie von der Matrixdarstellung von $\hat{\ell}_z$ und $\hat{\ell}_\pm$ für $l = 1$ aus. Überprüfen Sie damit die Kommutatorrelationen

$$\left[\hat{\ell}_\pm, \hat{\ell}_z \right] = \mp \hbar \, \hat{\ell}_\pm \qquad \text{und} \qquad \left[\hat{\ell}_+, \hat{\ell}_- \right] = 2\hbar \, \hat{\ell}_z$$

37 Spin

Aus der Ableitung der Drehimpulseigenzustände $|jm\rangle$ im Hilbertraum in Kapitel 36 ergab sich die Möglichkeit halbzahliger Werte für j, also halbzahliger Drehimpulse. Wir untersuchen diesen Fall für $j = 1/2$, für den die Zustände $|1/2, s_z\rangle$ den Spin von Teilchen wie Elektronen oder Nukleonen beschreiben.

Matrixdarstellung

Für $j = 1/2$ bezeichnen wir die Zustände $|jm\rangle$ mit $|s\,s_z\rangle = |1/2, s_z\rangle$. Aus der Konstruktion (36.30) ergeben sich die Zustände $|1/2, 1/2\rangle$ und $|1/2, -1/2\rangle$. Wir gehen von der Matrixdarstellung aus:

$$\left|\frac{1}{2}, \frac{1}{2}\right\rangle := \begin{pmatrix} 1 \\ 0 \end{pmatrix} \quad \text{und} \quad \left|\frac{1}{2}, -\frac{1}{2}\right\rangle := \begin{pmatrix} 0 \\ 1 \end{pmatrix} \tag{37.1}$$

Die Drehimpulsoperatoren werden in dieser Darstellung zu 2×2-Matrizen:

$$I_x = \frac{1}{2}\begin{pmatrix} 0 & 1 \\ 1 & 0 \end{pmatrix}, \qquad I_y = \frac{1}{2}\begin{pmatrix} 0 & -i \\ i & 0 \end{pmatrix}, \qquad I_z = \frac{1}{2}\begin{pmatrix} 1 & 0 \\ 0 & -1 \end{pmatrix} \tag{37.2}$$

Für I_z folgt dies sofort aus $\hat{I}_z|1/2, m\rangle = m|1/2, m\rangle$. Für die anderen Matrizen gehen wir von (36.16) mit (36.18) aus. Für die Matrix I_+ müssen danach die Bedingungen

$$I_+\begin{pmatrix} 1 \\ 0 \end{pmatrix} = \begin{pmatrix} 0 \\ 0 \end{pmatrix} \quad \text{und} \quad I_+\begin{pmatrix} 0 \\ 1 \end{pmatrix} = \begin{pmatrix} 1 \\ 0 \end{pmatrix} \tag{37.3}$$

gelten. Hieraus kann man die Matrix I_+ ablesen. Für I_- gehen wir analog vor und erhalten

$$I_+ = \begin{pmatrix} 0 & 1 \\ 0 & 0 \end{pmatrix}, \qquad I_- = \begin{pmatrix} 0 & 0 \\ 1 & 0 \end{pmatrix} \tag{37.4}$$

Damit erhalten wir dann auch $I_x = (I_+ + I_-)/2$ und $I_y = (I_+ - I_-)/2i$. Für die auftretenden Matrizen ist die Bezeichnung *Pauli-Matrizen* oder *Spinmatrizen* und die Notation σ_x, σ_y und σ_z üblich:

$$\sigma_x = \begin{pmatrix} 0 & 1 \\ 1 & 0 \end{pmatrix}, \qquad \sigma_y = \begin{pmatrix} 0 & -i \\ i & 0 \end{pmatrix}, \qquad \sigma_z = \begin{pmatrix} 1 & 0 \\ 0 & -1 \end{pmatrix} \tag{37.5}$$

Diese Pauli-Matrizen unterscheiden sich von den Drehimpulsmatrizen I_x, I_y und I_z um einen Faktor 2. Die Kommutatorrelationen lauten daher:

$$[\sigma_x, \sigma_y] = 2\,i\,\sigma_z \quad \text{und zyklisch} \tag{37.6}$$

Teilchen mit Spin

Nachdem der Bahndrehimpulsoperator nur zu ganzzahligen j-Werten führt, stellt sich die Frage, ob die Lösung $|1/2, s_z\rangle$ nur eine formale, mathematische Möglichkeit ist, oder ob sie auch physikalische Bedeutung hat. Tatsächlich gibt es *intrinsische Drehimpulse* von Teilchen, die gerade durch diese Lösung beschrieben werden. Ein intrinsischer Drehimpuls wird als Eigendrehimpuls oder *Spin* bezeichnet. Die Größe $s = 1/2$ des Spins ist eine unveränderbare Eigenschaft der elementaren Teilchen. Experimentell kann lediglich die Richtung des Spins verändert werden.

Von einem Teilchen mit dem quantenmechanischen Spin $s = 1/2$ erwarten wir folgende Eigenschaft:

- Bei der Messung des Drehimpulses in einer bestimmten Richtung treten nur die Werte $+\hbar/2$ und $-\hbar/2$ auf.

Teilchen mit einem intrinsischen Drehimpuls, die sich so verhalten, sind zum Beispiel Elektronen, Protonen und Neutronen. Diese Teilchen haben ein magnetisches Moment, das parallel zum Spin ist. Als Schlüsselexperimente für die Eigenschaften des Spins seien genannt:

1. Stern-Gerlach-Versuch: Silberatome mit magnetischem Moment (das gleich dem des Valenzelektrons ist), die durch ein inhomogenes Magnetfeld fliegen, spalten sich in zwei diskrete Strahlen auf.

2. Einstein-de Haas-Effekt: Eine ferromagnetische Probe mit N ausgerichteten Elektronen erfährt bei der Umkehr der Magnetisierungsrichtung durch ein Magnetfeld einen messbaren Drehmomentstoß der Stärke $N\hbar$.

Natürlich macht sich der Spin noch in vielen anderen Experimenten, insbesondere in den Atomspektren, bemerkbar.

Klassisches Spinmodell

Der Hamiltonoperator ergibt sich üblicherweise durch Ersetzungsregeln aus der klassischen Hamiltonfunktion (Kapitel 3). Dabei werden die klassischen Größen Ort und Impuls durch die entsprechenden Operatoren ersetzt. Analog hierzu ist der klassische Spin eines Teilchens durch einen Spinoperator zu ersetzen.

Als klassisches Modell für ein Teilchen mit Spin betrachten wir eine ausgedehnte starre Ladungs- und Massenverteilung. Wenn diese Verteilung um eine Achse durch das Zentrum rotiert, dann hat sie einen Drehimpuls s und ein dazu paralleles magnetisches Moment μ (Kapitel 15 in [2]). Dieses Modell liefert die richtige Größenordnung für das Verhältnis zwischen Spin und magnetischem Moment und erklärt die Abhängigkeit dieses Verhältnisses von der Masse des Teilchens. Wenn die relevanten Längen des Systems groß gegenüber der Ausdehnung der Verteilung sind, dann kann man das Teilchen als Punktteilchen behandeln. Der Drehimpuls wird damit zu einem intrinsischen Drehimpuls, dem Spin s, des Teilchens.

Als Modell für elementare Teilchen wie Elektronen oder Nukleonen ist das vorgestellte Bild nur eine Hilfsvorstellung; denn der Spin hat ja tatsächlich die Größe $\hbar/2$, die klassisch nicht zu verstehen ist. In ähnlicher Weise versagen aber auch die klassischen Begriffe Ort und Impuls, wenn man den Oszillatorgrundzustand mit der Energie $\hbar\omega/2$ betrachtet.

Das in Kapitel 3 vorgestellte Rezept zur Aufstellung des Hamiltonoperators aus der Hamiltonfunktion kann für Teilchen mit Spin verallgemeinert werden. Ein Teilchen (oder eine starre Stromverteilung oder ein Magnet) mit dem magnetischen Moment $\boldsymbol{\mu}$ hat in einem äußeren Magnetfeld $\boldsymbol{B}$ die Energie $-\boldsymbol{\mu}\cdot\boldsymbol{B}$. Wegen $\boldsymbol{\mu}\parallel\boldsymbol{s}$ gibt es dann einen Term der Form $\boldsymbol{s}\cdot\boldsymbol{B}$ in der Hamiltonfunktion H_{kl}. Um zum Hamiltonoperator zu kommen, ist der klassische Spin $\boldsymbol{s}$ durch den entsprechenden Spinoperator zu ersetzen. Für Teilchen mit Spin 1/2 bedeutet das

$$\boldsymbol{s} \;\Longrightarrow\; \hat{\boldsymbol{s}} \equiv \frac{\hbar}{2}\,\hat{\boldsymbol{\sigma}} := \frac{\hbar}{2}\,\boldsymbol{\sigma} \quad \text{(Ersetzungsregel)} \tag{37.7}$$

Hierbei wurden die Komponenten der Spinmatrizen zu einem Vektor zusammengefasst:

$$\boldsymbol{\sigma} = \sigma_x\,\boldsymbol{e}_x + \sigma_y\,\boldsymbol{e}_y + \sigma_z\,\boldsymbol{e}_z \tag{37.8}$$

Für ein elementares Teilchen gibt es in seinem Ruhsystem nur *eine* ausgezeichnete Richtung, nämlich die des Spins. Das magnetische Moment muss daher zwangsläufig in diese Richtung zeigen, also $\boldsymbol{\mu}\parallel\boldsymbol{s}$ oder $\boldsymbol{\mu}\parallel-\boldsymbol{s}$. Abweichungen vom klassischen Modell können lediglich den Proportionalitätsfaktor zwischen magnetischem Moment und Spin ändern. Dies wird durch einen zusätzlichen Faktor, dem sogenannten g-Faktor, berücksichtigt (Abschnitt „Pauligleichung").

Spinfunktionen

Die Zustände

$$|s, 1/2\rangle = |\uparrow\rangle := \begin{pmatrix} 1 \\ 0 \end{pmatrix}, \qquad |s, -1/2\rangle = |\downarrow\rangle := \begin{pmatrix} 0 \\ 1 \end{pmatrix} \tag{37.9}$$

sind Eigenzustände zu σ_z zum Eigenwert ± 1 (oder zu $\hat{s}_z$ zum Eigenwert $s_z\hbar$). Wir bestimmen nun den Zustand, für den die Messung des Spins in einer vorgegebenen Richtung $\boldsymbol{n}$ mit der Wahrscheinlichkeit 1 den Wert $+\hbar/2$ ergibt. Die Richtung $\boldsymbol{n}$ legen wir in einem kartesischen Koordinatensystem (mit den Basisvektoren $\boldsymbol{e}_x$, $\boldsymbol{e}_y$ und $\boldsymbol{e}_z$) durch die Winkel θ_s und ϕ_s fest:

$$\boldsymbol{n} = \boldsymbol{e}_x\,\sin\theta_s\,\cos\phi_s + \boldsymbol{e}_y\,\sin\theta_s\,\sin\phi_s + \boldsymbol{e}_z\,\cos\theta_s \tag{37.10}$$

Für den gesuchten Spinzustand verwenden wir die alternativen Bezeichnungen

$$|\theta_s, \phi_s\rangle = |s\rangle = |\boldsymbol{n}\rangle \tag{37.11}$$

Hierbei steht $\boldsymbol{s}$ für $(\hbar/2)\boldsymbol{n}$. Jede der Bezeichnungen legt die Richtung (37.10) fest; die Wahl der Bezeichnung ist Konvention.

In **n**-Richtung soll eine Spinmessung mit Sicherheit den Wert $\hbar/2$ ergeben. Der gesuchte Spinzustand muss daher die Bedingung

$$\hat{\boldsymbol{\sigma}} \cdot \boldsymbol{n} \, |\theta_s, \phi_s\rangle = +1 \cdot |\theta_s, \phi_s\rangle \tag{37.12}$$

erfüllen. Wegen diese Aussage sagt man auch: Im Zustand $|\theta_s, \phi_s\rangle$ zeigt der Spinvektor in die durch θ_s und ϕ_s definierte Richtung. Bei dieser Sprechweise sollte man sich aber der im Zusammenhang mit (36.32) diskutierten Einschränkungen bewusst sein: Der quantenmechanische Spin kann keine exakt vorgegebene Richtung einnehmen. Es gibt aber einen Zustand, für den die Spinmessung in einer (exakt vorgegebenen) Richtung mit Sicherheit den Wert $\hbar/2$ ergibt.

Wir entwickeln den in (37.12) gesuchten Spinzustand nach dem Satz der Zustände (37.9):

$$|\theta_s, \phi_s\rangle = \alpha_+(\theta_s, \phi_s)\,|\uparrow\rangle + \alpha_-(\theta_s, \phi_s)\,|\downarrow\rangle := \begin{pmatrix} \alpha_+ \\ \alpha_- \end{pmatrix} \tag{37.13}$$

Damit wird die Matrixdarstellung von (37.12) zu

$$\boldsymbol{\sigma} \cdot \boldsymbol{n} \begin{pmatrix} \alpha_+ \\ \alpha_- \end{pmatrix} = +1 \cdot \begin{pmatrix} \alpha_+ \\ \alpha_- \end{pmatrix} \tag{37.14}$$

Für $\boldsymbol{\sigma} \cdot \boldsymbol{n}$ erhalten wir aus (37.10) und (37.5) die Matrix

$$\boldsymbol{\sigma} \cdot \boldsymbol{n} = \begin{pmatrix} \cos\theta_s & \sin\theta_s \, \exp(-\mathrm{i}\phi_s) \\ \sin\theta_s \, \exp(+\mathrm{i}\phi_s) & -\cos\theta_s \end{pmatrix} \tag{37.15}$$

Man überprüft leicht, dass

$$|\theta_s, \phi_s\rangle := \begin{pmatrix} \alpha_+ \\ \alpha_- \end{pmatrix} = \begin{pmatrix} \cos(\theta_s/2) \, \exp(-\mathrm{i}\phi_s/2) \\ \sin(\theta_s/2) \, \exp(+\mathrm{i}\phi_s/2) \end{pmatrix} \tag{37.16}$$

die Eigenwertgleichung (37.14) löst. Die Lösung von (37.14) ist bis auf einen Faktor unbestimmt. In (37.16) wurde der Betrag dieses Faktors so gewählt, dass $|\alpha_+|^2 + |\alpha_-|^2 = 1$. Die Phase dieses Faktors wurde so gewählt, dass die Amplituden proportional zu $\exp(-\mathrm{i} s_z \phi_s)$ sind.

Die *Spinfunktionen* $\alpha_\pm^*(\theta_s, \phi_s) = \langle \theta_s, \phi_s \, | \, s, s_z {=} \pm 1/2\rangle$ sind eine Ortsdarstellung der Drehimpulszustände für $j = 1/2$. Sie sind aber nur bedingt mit den Kugelfunktionen $Y_{lm}(\theta, \phi) = \langle \theta, \phi \, | \, l, m\rangle$ vergleichbar; denn θ und ϕ beziehen sich auf die Position eines Teilchens und nicht auf die Richtung seines Bahndrehimpulses.

Spinor

Die zweikomponentigen Spaltenvektoren, die den Zustand von Teilchen mit Spin-1/2 beschreiben, heißen *Spinoren*. Dies können etwa die Spaltenvektoren in (37.9) oder (37.16) sein. Die Komponenten des Spaltenvektors können auch vom Ort des

Teilchens abhängen; solche Spinoren werden unten betrachtet. In der Regel sind die
Komponenten des Spinors komplexe Größen.

Mehrkomponentige Objekte (wie Vektor- oder Tensorfelder) haben im Allgemeinen ein bestimmtes Verhalten unter Koordinatentransformationen (zum Beispiel
Drehungen). Dies gilt auch für die Spinoren. Ohne dies im Detail zu verfolgen,
führen wir eine Besonderheit der Spinoren an: Wenn wir in der Lösung (37.16)
eine volle Drehung um die z-Achse vornehmen, erhalten wir wegen der Faktoren
$\exp(\pm i\phi_s/2)$ ein Minuszeichen. Für den Spinzustand heißt das

$$|\theta_s, \phi_s + 2\pi\rangle = -|\theta_s, \phi_s\rangle \tag{37.17}$$

Alternativ kann man die Transformation $\theta_s \to \theta_s + 2\pi$ für $\phi_s = $ const. betrachten.
Auch in diesem Fall erhält man einen Vorzeichenwechsel. Das Minuszeichen bei
einer vollen Drehung ist ein Charakteristikum der Spinoren oder Spinzustände.

Damit die Ortswellenfunktion eines Teilchens eindeutig ist, haben wir bei den
Eigenfunktionen $\exp(im\phi)$ des Drehimpulsoperators $l_z = -i\hbar\,\partial/\partial\phi$ nur ganz-
zahlige m-Werte zugelassen. Die Spinoren zeigen dagegen ein Verhalten, das dem
Wert $m = 1/2$ entspricht.

Spinmessung

Für ein System im Spinzustand $|\theta_s, \phi_s\rangle$ werde der Spin in z-Richtung gemessen
(etwa durch eine Energiemessung im homogenen Magnetfeld $\boldsymbol{B} = B\,\boldsymbol{e}_z$). Die möglichen Messwerte sind dann die Eigenwerte von $\hat{s}_z$, also $+\hbar/2$ oder $-\hbar/2$. Die
zugehörigen Wahrscheinlichkeiten $P_\pm$ ergeben sich aus den Skalarprodukten mit
den entsprechenden Eigenzuständen:

$$P_\pm = \left|\langle 1/2, \pm 1/2 | \theta_s, \phi_s\rangle\right|^2 = \begin{cases} |\alpha_+|^2 = \cos^2(\theta_s/2) \\ |\alpha_-|^2 = \sin^2(\theta_s/2) \end{cases} \tag{37.18}$$

Die Wahrscheinlichkeiten hängen nicht von der Phasenwahl der Lösung (37.16) ab.
Sie addieren sich zu 1.

Für beliebige Spin- und Messrichtung gilt ebenfalls (37.18), wobei θ_s der Winkel zwischen der Messrichtung und der Spinrichtung ist. Um dies zu sehen, legt
man das Koordinatensystem einfach so, dass $\boldsymbol{e}_z$ gleich der Messrichtung ist.

Orts- und Spinbewegung

Zusätzliche Freiheitsgrade können durch Produktwellenfunktionen oder Produktzustände berücksichtigt werden (erster Abschnitt in Kapitel 13). Für die räumliche
Bewegung eines Teilchens betrachten wir die Ortsdarstellung $\varphi(\boldsymbol{r})$. Für den Spin-
anteil verwenden wir die Zustände $|s\,s_z\rangle$ (kurz mit $|\uparrow\rangle$ und $|\downarrow\rangle$ bezeichnet) oder
ihre Matrixdarstellung. Wir entwickeln einen beliebigen Zustand $|\psi(\text{Ort, Spin})\rangle$, der

die Bewegung eines Teilchens mit Spin beschreibt, nach den beiden Spinzuständen:

$$
|\psi(\text{Ort, Spin})\rangle :=
\begin{cases}
\varphi_+(\mathbf{r})\,|\uparrow\rangle + \varphi_-(\mathbf{r})\,|\downarrow\rangle \\[2mm]
\varphi_+(\mathbf{r})\begin{pmatrix} 1 \\ 0 \end{pmatrix} + \varphi_-(\mathbf{r})\begin{pmatrix} 0 \\ 1 \end{pmatrix}
\end{cases}
\tag{37.19}
$$

Wir haben es mit Operatoren zu tun, die entweder nur auf den Ortsanteil (wie etwa der Impulsoperator) oder nur auf den Spinanteil (wie die Spinoperatoren) wirken. Bei solchen Operatoren ist jeweils der andere Teil des Zustands ein bei der Operation unbeteiligter Faktor.

Mit den Spinfunktionen $\alpha_\pm^*(\theta_s, \phi_s) = \langle \theta_s, \phi_s | s, s_z \rangle$ könnte man die Wellenfunktion auch in der Form $\psi(\mathbf{r}, \theta_s, \phi_s)$ angeben, also auch für den Spin eine Ortsdarstellung verwenden. Wir beschränken uns im Folgenden aber auf die in (37.19) angegebenen Möglichkeiten.

Aus der Normierung des Zustands (37.19) folgt

$$
\langle \psi | \psi \rangle = 1 = \int d^3 r \left(|\varphi_+(\mathbf{r})|^2 + |\varphi_-(\mathbf{r})|^2 \right)
\tag{37.20}
$$

Die Amplituden $\varphi_\pm$ gehören zu den Spinquantenzahlen $s_z = \pm 1/2$. Hieraus folgt die Interpretation

$$
|\varphi_\pm(\mathbf{r})|^2\, d^3 r =
\begin{cases}
\text{Wahrscheinlichkeit, das Elektron in } d^3 r \text{ bei } \mathbf{r} \\
\text{mit der Spinprojektion } s_z = \pm 1/2 \text{ zu finden}
\end{cases}
\tag{37.21}
$$

Pauligleichung

Im Folgenden verwenden wir die Darstellung durch Spaltenvektoren in (37.19) und schreiben die bisher unterdrückte Zeitabhängigkeit mit an:

$$
\Psi(\mathbf{r}, t) \equiv \begin{pmatrix} \varphi_+(\mathbf{r}, t) \\ \varphi_-(\mathbf{r}, t) \end{pmatrix} = \varphi_+(\mathbf{r}, t)\begin{pmatrix} 1 \\ 0 \end{pmatrix} + \varphi_-(\mathbf{r}, t)\begin{pmatrix} 0 \\ 1 \end{pmatrix}
\tag{37.22}
$$

Hierdurch wird die *zweikomponentige* Wellenfunktion Ψ definiert.

An dieser Stelle sei an Tabelle 2.1 erinnert, wo wir verschiedene Wellengleichungen gegenübergestellt haben. Für das elektromagnetische Feld beschreibt die Mehrkomponentigkeit die Polarisation der Welle; der Polarisation entspricht im Teilchenbild die Spineinstellung (der Photonen). Hier wurden wir durch den Spin (etwa eines Elektrons) zu einer zweikomponentigen Wellenfunktion geführt.

Wir wollen die Schrödingergleichung für ein Elektron (Ladung $-e$, Masse m_e) mit Spin in einem elektromagnetischen Feld (Potenziale Φ_e und $\mathbf{A}$) aufstellen. Wir gehen von der klassischen Hamiltonfunktion (3.19) aus und fügen die Energie $-\boldsymbol{\mu} \cdot \mathbf{B}$ des magnetischen Dipols hinzu:

$$
H_{\text{kl}} = \frac{1}{2\,m_e}\left(\mathbf{p} + \frac{e}{c}\mathbf{A} \right)^2 - e\,\Phi_e - \boldsymbol{\mu} \cdot \mathbf{B}
\tag{37.23}
$$

Das magnetische Moment eines Elektrons $\boldsymbol{\mu}$ ist proportional zum Spinvektor:

$$\boldsymbol{\mu} = -g\,\mu_\mathrm{B}\,\frac{\boldsymbol{s}}{\hbar}\,, \qquad \mu_\mathrm{B} = \frac{e\,\hbar}{2\,m_\mathrm{e}c} \tag{37.24}$$

Die Größe μ_B heißt *Bohrsches Magneton*. Falls die Ladungsverteilung und die Massenverteilung im oben diskutierten klassischen Spinmodell dieselbe Form haben, dann gilt (37.24) mit $g = 1$ (Kapitel 15 in [2]). Abweichungen von diesem klassischen Modell (insbesondere relativistische und quantenmechanische Effekte) führen im Allgemeinen zu einem *gyromagnetischen Faktor g*, der von 1 abweicht; es bleibt aber bei der Parallelität $\boldsymbol{\mu} \parallel \pm\boldsymbol{s}$. Der g-Faktor kann experimentell bestimmt werden. Für ein freies Elektron ist g ungefähr gleich 2, also $\mu \approx \mu_\mathrm{B}$. Die Abweichung $g - 2$ ist von der Ordnung $\alpha = e^2/\hbar c \approx 1/137$.

Beim Übergang zum Hamiltonoperator ist der Spinvektor durch den Spinoperator zu ersetzen, (37.7). Damit erhalten wir aus (37.23) den Pauli-Hamiltonoperator

$$H_\mathrm{P} = \frac{1}{2\,m_\mathrm{e}} \left(\boldsymbol{p}_\mathrm{op} + \frac{e}{c}\,\boldsymbol{A} \right)^2 - e\,\Phi_\mathrm{e} + \frac{g\,\mu_\mathrm{B}}{2}\,\boldsymbol{\sigma}\cdot\boldsymbol{B} \tag{37.25}$$

Die verallgemeinerte Schrödingergleichung

$$\mathrm{i}\hbar\,\frac{\partial}{\partial t}\,\Psi(\boldsymbol{r},t) = H_\mathrm{P}\,\Psi(\boldsymbol{r},t) \qquad \text{Pauligleichung} \tag{37.26}$$

für die zweikomponentige Wellenfunktion (37.22) wird *Pauligleichung* genannt.

Zusammen mit $\boldsymbol{\sigma}$ ist H_P eine 2×2-Matrix. Dies bedeutet, dass die ersten beiden Terme in H_P mit einer 2×2-Einheitsmatrix I multipliziert sind. Wir haben diese Einheitsmatrix nicht mit angeschrieben, da die Multiplikation einer Zahl c oder der Matrix $c\,I$ mit einem Spaltenvektor dasselbe Ergebnis ergibt. Die Differenzialoperatoren in H_P wirken auf beide Komponenten des Spaltenvektors.

Die Berücksichtigung des Spins führt zu einer zweikomponentigen Wellenfunktion, die der Pauligleichung (37.26) genügt. Die Pauligleichung ist nicht relativistisch, denn sie entspricht der nicht-relativistischen Energie-Impuls-Beziehung $E = p^2/2m$. Die korrekte relativistische Beschreibung eines Elektrons erfolgt durch die *Diracgleichung*. Die Diracgleichung ist eine Differenzialgleichung 1. Ordnung für eine vierkomponentige Wellenfunktion (4-Spinoren).

Spinpräzession im Magnetfeld

Für ein einfaches Beispiel wollen wir die Pauligleichung lösen. In einem homogenen Magnetfeld in z-Richtung schreiben wir den Hamiltonoperator (37.25) als

$$H_\mathrm{P} = H_0 + \frac{g\,\mu_\mathrm{B}}{2}\,B\,\sigma_z \tag{37.27}$$

Da das Magnetfeld konstant ist, wirkt der zweite Term nicht auf die Bahnbewegung. Andererseits wirkt H_0 nicht auf den Spin; die Bahn- und Spinbewegung sind also entkoppelt.

Das Teilchen befinde sich bezüglich H_0 in einem stationären Zustand:

$$\varphi_0(\mathbf{r}, t) = \varphi_0(\mathbf{r}) \exp\left(-\frac{\mathrm{i}\,\varepsilon_0\,t}{\hbar}\right), \qquad H_0\,\varphi_0 = \varepsilon_0\,\varphi_0 \tag{37.28}$$

Das betrachtete Elektron könnte zum Beispiel in einem Kristall an einem Gitteratom lokalisiert sein, so dass sein Spin der einzige relevante Freiheitsgrad ist. Da die Bahn- und Spinbewegung entkoppelt sind, erhalten wir eine Lösung der Pauligleichung, wenn beide Komponenten von Ψ dieselbe Ortsabhängigkeit haben:

$$\Psi(\mathbf{r}, t) = \begin{pmatrix} \varphi_+(\mathbf{r}, t) \\ \varphi_-(\mathbf{r}, t) \end{pmatrix} = \begin{pmatrix} a(t) \\ b(t) \end{pmatrix} \varphi_0(\mathbf{r}, t) \tag{37.29}$$

Hier sind $a(t)$ und $b(t)$ zunächst unbekannte Funktionen. Wir setzen nun (37.29) und (37.27) in die Pauligleichung (37.26) ein:

$$\mathrm{i}\hbar\,\frac{\partial}{\partial t}\,\varphi_0(\mathbf{r}, t) \begin{pmatrix} a(t) \\ b(t) \end{pmatrix} = \left(H_0 + \frac{g\,\mu_B}{2}\,B\,\sigma_z\right) \varphi_0(\mathbf{r}, t) \begin{pmatrix} a(t) \\ b(t) \end{pmatrix} \tag{37.30}$$

Wegen (37.28) wird dies zu

$$\mathrm{i}\hbar\,\frac{d}{dt} \begin{pmatrix} a(t) \\ b(t) \end{pmatrix} = \frac{g\,\mu_B}{2}\,B\,\sigma_z \begin{pmatrix} a(t) \\ b(t) \end{pmatrix} \tag{37.31}$$

Dies ergibt die beiden Gleichungen

$$\mathrm{i}\,\dot{a}(t) = \omega_0\,a(t) \quad \text{und} \quad \mathrm{i}\,\dot{b}(t) = -\omega_0\,b(t) \tag{37.32}$$

Wobei

$$\omega_0 = \frac{g\,\mu_B}{2\hbar}\,B \tag{37.33}$$

Für $g = 2$ ergibt sich die Larmorfrequenz $\omega_0 = \omega_L$, die bei der Behandlung des Diamagnetismus (Kapitel 30 in [2]) auftritt. Im Festkörper hat g im Allgemeinen einen effektiven, von 2 abweichenden Wert.

Aus (36.31) erhalten wir die Lösungen $a(t) = a(0)\exp(-\mathrm{i}\,\omega_0 t)$ und $b(t) = b(0)\exp(\mathrm{i}\,\omega_0 t)$. Als Anfangsbedingung wählen wir $(a(0), b(0)) = (\alpha_+, \alpha_-)$ mit $\alpha_\pm$ aus (37.16). Damit lautet die Lösung

$$\left|\theta_s(t), \phi_s(t)\right\rangle := \begin{pmatrix} a(t) \\ b(t) \end{pmatrix} = \begin{pmatrix} \cos(\theta_s/2)\,\exp(-\mathrm{i}\phi_s/2)\,\exp(-\mathrm{i}\,\omega_0 t) \\ \sin(\theta_s/2)\,\exp(+\mathrm{i}\phi_s/2)\,\exp(+\mathrm{i}\,\omega_0 t) \end{pmatrix} \tag{37.34}$$

Der Vergleich mit (37.16) ergibt die zeitabhängige Lösung für die Spinrichtung:

$$\theta_s(t) = \theta_s = \text{const.} \quad \text{und} \quad \phi_s(t) = \phi_s + 2\omega_0 t \tag{37.35}$$

Der Spinvektor hat eine konstante Projektion auf die Magnetfeldachse. Er präzediert mit der Frequenz

$$\omega_P = 2\,\omega_0 = \frac{g\,\mu_B}{\hbar}\,B \tag{37.36}$$

um diese Achse.

Spingemisch

Messungen von Spinrichtungen können etwa an einem Elektronenstrahl vorgenommen werden. Wenn die Spins aller Elektronen ausgerichtet sind, heißt der Strahl *polarisiert*; bei statistischer Verteilung der Spinrichtungen spricht man von einem unpolarisierten Strahl. Im Allgemeinen ist der Strahl ein *Spingemisch*. In Aufgabe 37.4 wird der Polarisationsgrad eines solchen Gemisches definiert und berechnet.

Für Spingemische werden Begriffe benötigt, die in der vorliegenden Darstellung der Quantenmechanik sonst nicht verwendet werden. Zur Einführung dieser Begriffe eignet sich das Spinsystem besonders, weil es als Zweizustandssystem das einfachste nichttriviale quantenmechanische System ist.

Wir gehen von N Systemen (Teilchen) aus, die sich in den normierten (Spin-) Zuständen $|1\rangle, |2\rangle, \ldots, |N\rangle$ befinden. Das Skalarprodukt zweier dieser Zustände ist beliebig; insbesondere könnten mehrere Systeme denselben Zustand haben. Für die *Gesamtheit* dieser N Systeme (Teilchen), ist der Erwartungswert eines Operators $\hat{F}$ durch

$$\langle F \rangle = \frac{1}{N} \sum_{i=1}^{N} \langle i | \hat{F} | i \rangle \tag{37.37}$$

gegeben. Dieser Ausdruck ist das *statistische* Mittel über die quantenmechanischen Erwartungswerte der einzelnen Zustände. Analog zu (37.36) kann man die Unschärfe $\Delta F = \langle (F - \langle F \rangle)^2 \rangle^{1/2}$ berechnen. Diese Unschärfe enthält im Allgemeinen quantenmechanische *und* statistische Anteile.

Die statistische Gesamtheit der N Systeme (oder Teilchen) kann durch den *Dichteoperator* (auch statistischer Operator genannt)

$$\hat{\rho} = \frac{1}{N} \sum_{i=1}^{N} |i\rangle\langle i| \tag{37.38}$$

repräsentiert werden. Der Dichteoperator legt alle Erwartungswerte fest:

$$\langle F \rangle = \text{Spur}\left(\hat{F}\,\hat{\rho}\right) \tag{37.39}$$

Der Dichteoperator enthält daher alle relevanten Informationen.

Aufgaben

37.1   Eigenwertgleichung für Spin

Lösen Sie die Eigenwertgleichung

$$\boldsymbol{\sigma} \cdot \boldsymbol{n} \begin{pmatrix} \alpha_+ \\ \alpha_- \end{pmatrix} = +1 \cdot \begin{pmatrix} \alpha_+ \\ \alpha_- \end{pmatrix} \tag{37.40}$$

mit $\boldsymbol{n} := (\sin\theta_s \cos\phi_s,\, \sin\theta_s \sin\phi_s,\, \cos\theta_s)$ zum Eigenwert $+1$.

37.2   Spinpräzession im Magnetfeld

Ist ein Elektron (zum Beispiel in einem Kristallgitter) an einem bestimmten Ort lokalisiert, so kann sein Spin $\boldsymbol{s}$ oft als einziger Freiheitsgrad angesehen werden. Bei Anwesenheit eines Magnetfelds $\boldsymbol{B} = B\,\boldsymbol{e}_z$ lautet dann der Hamiltonoperator

$$\hat{H} = -\hat{\boldsymbol{\mu}} \cdot \boldsymbol{B} = 2\,\omega_{\mathrm{L}}\,\hat{s}_z$$

Dabei ist $\omega_{\mathrm{L}} = g\,\mu_{\mathrm{B}}\,B/\hbar$ die Larmorfrequenz. Berechnen Sie den zeitabhängigen Erwartungswert $\langle \hat{\boldsymbol{s}} \rangle_t = \langle s(t) | \hat{\boldsymbol{s}} | s(t) \rangle$ für die Anfangsbedingungen $\langle \hat{s}_x \rangle_{t=0} = \hbar/2$ und $\langle \hat{s}_y \rangle_{t=0} = \langle \hat{s}_z \rangle_{t=0} = 0$. Interpretieren Sie das Ergebnis. Mit welcher Wahrscheinlichkeit misst man zur Zeit t die Spinprojektion $\hbar/2$ in x-Richtung?

37.3   Zu den Pauli-Matrizen

Für die drei Pauli-Matrizen (37.5) überprüfe man die Relation

$$\sigma_i\,\sigma_j = I\,\delta_{ij} + \mathrm{i} \sum_{k=1}^{3} \epsilon_{ijk}\,\sigma_k \tag{37.41}$$

mit der zweidimensionalen Einheitsmatrix I. Leiten Sie hieraus die Kommutatorrelation $[\sigma_i, \sigma_j] = 2\,\mathrm{i} \sum_k \epsilon_{ijk}\,\sigma_k$ ab. Warum kann jede Funktion der Pauli-Matrizen in der Form

$$f(\boldsymbol{\sigma}) = a\,I + \boldsymbol{b} \cdot \boldsymbol{\sigma} \tag{37.42}$$

geschrieben werden?

37.4   Polarisation eines Teilchenstrahls

Dichteoperator: Der Erwartungswert eines Operators $\hat{F}$ in einer statistischen Gesamtheit von N Systemen (oder Teilchen) ist

$$\langle F \rangle = \frac{1}{N} \sum_{i=1}^{N} \langle i | \hat{F} | i \rangle \tag{37.43}$$

Zeigen Sie, dass dies durch

$$\langle F \rangle = \text{Spur}\left(\hat{F}\,\hat{\rho}\right) \quad \text{mit} \quad \hat{\rho} = \frac{1}{N}\sum_{i=1}^{N}|i\rangle\langle i| \qquad (37.44)$$

mit dem Dichteoperator $\hat{\rho}$ ausgedrückt werden kann. Beweisen Sie, dass der Dichteoperator eines Spinsystems von folgender Form ist:

$$\hat{\rho} = \frac{1}{2}\left(\hat{I} + \langle \boldsymbol{\sigma} \rangle \cdot \hat{\boldsymbol{\sigma}}\right) \qquad (37.45)$$

Polarisation: Ein Neutronenstrahl ist zur Hälfte in x-Richtung und zur anderen Hälfte in z-Richtung polarisiert, also $\langle \sigma_x \rangle = \langle \sigma_z \rangle = 1/2$ und $\langle \sigma_y \rangle = 0$. Geben Sie die Spindichtematrix ρ des Neutronenstrahls an. Berechnen Sie die Eigenwerte P_+ und P_- dieser Matrix, und bestimmen Sie daraus den *Polarisationsgrad* Π des Teilchenstrahls,

$$\Pi = \frac{P_+ - P_-}{P_+ + P_-} \qquad (37.46)$$

Reiner Zustand: Zeigen Sie, dass für einen reinen Zustand $\Pi = 1$ gilt. Von einem reinen Zustand spricht man, wenn alle N Teilchen im selben Zustand $|s\rangle$ sind.

Unschärfe: Berechnen Sie bei gegebenem $\langle \boldsymbol{\sigma} \rangle$ die Unschärfe $\Delta\sigma_x$. Welchen Wert hat $\Delta\sigma_x$ für das Spingemisch des Neutronenstrahls, und welchen für die reinen Zustände $|s\,\boldsymbol{e}_x\rangle$ und $|s\,\boldsymbol{e}_z\rangle$?

38 Kopplung von Drehimpulsen

Die klassischen Drehimpulse einzelner Teile eines mechanischen Systems können zu einem Gesamtdrehimpuls addiert werden. Wir untersuchen die dazu analoge Kopplung von quantenmechanischen Drehimpulsen. Die Kopplung der Spins zweier Elektronen zum Triplett- und Singulettzustand wird explizit vorgerechnet. In späteren Kapiteln wird uns die Kopplung des Bahndrehimpulses ℓ und des Spins s eines Elektrons zu einem Gesamtdrehimpuls j noch öfter begegnen.

Problemstellung

Zwei klassische Drehimpulse j_1 und j_2 können zu einem Gesamtdrehimpuls $j = j_1 + j_2$ addiert werden (Abbildung 38.1). Der Operator des Gesamtdrehimpulses wird durch

$$\hat{j} = \hat{j}_1 + \hat{j}_2 \tag{38.1}$$

definiert. Die Eigenzustände $|j_1 m_1\rangle$ und $|j_2 m_2\rangle$ der Operatoren auf der rechten Seite werden als bekannt vorausgesetzt. Ein System mit zwei Drehimpulsen wird dann durch die Produktzustände

$$|j_1 m_1 j_2 m_2\rangle = |j_1 m_1\rangle |j_2 m_2\rangle \quad \text{zu} \quad \hat{j}_1^2, \ \hat{j}_{1z}, \ \hat{j}_2^2 \ \text{und} \ \hat{j}_{2z} \tag{38.2}$$

beschrieben. Dies sind Eigenzustände zu den rechts aufgeführten Operatoren.

Nun zeigt man leicht, dass aus den Kommutatorrelationen für $\hat{j}_1$ und $\hat{j}_2$ diejenigen für $\hat{j}$ folgen, also

$$\left[\hat{j}_x, \hat{j}_y\right] = i\hbar \hat{j}_z \quad \text{und zyklisch} \tag{38.3}$$

Damit genügt der Operator $\hat{j}$ der Drehimpulsalgebra. Also gibt es Eigenzustände der Form $|j m\rangle$ zu den Operatoren $\hat{j}^2$ und $\hat{j}_z$. Dies sind die zum Gesamtdrehimpuls *gekoppelten* Zustände.

Die Drehimpulsoperatoren $\hat{j}_1$ und $\hat{j}_2$ wirken auf verschiedene Freiheitsgrade, und vertauschen daher miteinander:

$$\left[\hat{j}_1, \hat{j}_2\right] = 0 \tag{38.4}$$

Hieraus folgen die Kommutatorrelationen

$$\left[\hat{j}^2, \hat{j}_1^2\right] = 0, \quad \left[\hat{j}^2, \hat{j}_2^2\right] = 0, \quad \left[\hat{j}_1^2, \hat{j}_2^2\right] = 0$$

$$\left[\hat{j}^2, \hat{j}_z\right] = 0, \quad \left[\hat{j}_1^2, \hat{j}_z\right] = 0, \quad \left[\hat{j}_2^2, \hat{j}_z\right] = 0 \tag{38.5}$$

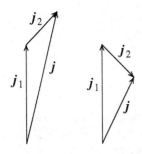

Abbildung 38.1 Zwei klassische Drehimpulse j_1 und j_2 können sich auf verschiedene Weise zu einem Gesamtdrehimpuls $j = j_1 + j_2$ zusammensetzen. Quantenmechanisch sind die Beträge auf $j_1(j_1+1)$, $j_2(j_2+1)$ und $j(j + 1)$ beschränkt, und die Richtungen werden durch die Quantenzahlen m_1, m_2 und m festgelegt. Der resultierende Quantenzahl j ist durch die Dreiecksregel $|j_1 - j_2| \le j \le |j_1 + j_2|$ eingeschränkt; diese Bedingung gilt auch für die Beträge ($j_1 = |j_1|$, $j_2 = |j_2|$ und $j = |j|$) der klassischen Vektoren.

Damit ist gezeigt, dass die vier Operatoren $\hat{\boldsymbol{j}}^2$, $\hat{j}_z$, $\hat{\boldsymbol{j}}_1^2$ und $\hat{\boldsymbol{j}}_2^2$ alle miteinander vertauschen. Damit können die gesuchten Zustände $|jm\rangle$ als simultane Eigenzustände zu diesen vier Operatoren aufgestellt werden:

$$|j\, j_1 j_2 m\rangle \quad \text{zu} \quad \hat{\boldsymbol{j}}^2 = \left(\hat{\boldsymbol{j}}_1 + \hat{\boldsymbol{j}}_2 \right)^2, \ \hat{\boldsymbol{j}}_1^2, \ \hat{\boldsymbol{j}}_2^2 \ \text{und} \ \hat{j}_z \tag{38.6}$$

Clebsch-Gordan-Koeffizienten

Das Problem lautet nunmehr: Gegeben sind die ungekoppelten Zustände (38.2). Gesucht sind die gekoppelten Zustände (38.6). Die gesuchten Zustände (38.6) können als Linearkombinationen der gegebenen Zustände (38.2) dargestellt werden.

Die neuen, zum Gesamtdrehimpuls gekoppelten Eigenzustände sind durch folgende Gleichungen definiert:

$$\begin{aligned}
\hat{\boldsymbol{j}}^2 \ |j\, j_1 j_2 m\rangle &= j(j + 1)\,\hbar^2 \ |j\, j_1 j_2 m\rangle \\
\hat{\boldsymbol{j}}_1^2 \ |j\, j_1 j_2 m\rangle &= j_1(j_1 + 1)\,\hbar^2 \ |j\, j_1 j_2 m\rangle \\
\hat{\boldsymbol{j}}_2^2 \ |j\, j_1 j_2 m\rangle &= j_2(j_2 + 1)\,\hbar^2 \ |j\, j_1 j_2 m\rangle \\
\hat{j}_z \ |j\, j_1 j_2 m\rangle &= m\,\hbar \qquad\quad |j\, j_1 j_2 m\rangle
\end{aligned} \tag{38.7}$$

Die Zustände (38.2) bilden ein VONS für die betrachteten Freiheitsgrade. Wir können daher die neuen Eigenzustände (38.6) nach den alten (38.2) entwickeln. Sowohl die alten wie die neuen Zustände sind Eigenzustände zu $\hat{\boldsymbol{j}}_2^2$ und $\hat{\boldsymbol{j}}_1^2$. Daher kommen in der Entwicklung nur die Zustände mit gleichem j_1 und j_2 vor:

$$|j\, j_1 j_2 m\rangle = \sum_{m_1, m_2} |j_1 m_1 j_2 m_2\rangle \langle j_1 m_1 j_2 m_2 | j\, j_1 j_2 m\rangle = \sum_{m_1, m_2} C \, |j_1 m_1 j_2 m_2\rangle \tag{38.8}$$

Die Entwicklungskoeffizienten

$$C(j_1 j_2 j, \, m_1 m_2 m) = \langle j_1 m_1 j_2 m_2 | j\, j_1 j_2 m\rangle \tag{38.9}$$

heißen *Clebsch-Gordan-Koeffizienten* oder auch Wigner-Koeffizienten. Im Folgenden geben wir ein Verfahren zur Bestimmung dieser Koeffizienten an.

Aus

$$\hat{j}_z \,\big|\, j_1 m_1 j_2 m_2 \big\rangle = \big(\hat{j}_{1z} + \hat{j}_{2z} \big) \,\big|\, j_1 m_1 j_2 m_2 \big\rangle = (m_1 + m_2)\,\hbar \,\big|\, j_1 m_1 j_2 m_2 \big\rangle \quad (38.10)$$

sehen wir, dass die Basiszustände in (38.8) Eigenzustände von $\hat{j}_z$ zum Eigenwert $m_1 + m_2$ sind. Andererseits muss $\hat{j}_z$ angewandt auf (38.8) den Faktor m ergeben. Daher dürfen in der Summe (38.8) nur Terme mit

$$m = m_1 + m_2 \quad (38.11)$$

vorkommen. Dies reduziert die zweifache Summe (38.8) zu einer einfachen. Der größte mögliche Wert $m_{\max}$ für m ergibt sich aus den größten möglichen für m_1 und m_2,

$$m_{\max} = j_1 + j_2 = j_{\max} \quad (38.12)$$

Dies ist zugleich der größte Wert für j; denn gäbe es ein $j_0 > j_{\max}$, so gäbe es auch den Wert $m = j_0$ im Widerspruch zu (38.12). Für $m = j_{\max}$ und $j = j_{\max}$ gibt es wegen $m = m_1 + m_2$ nur einen möglichen Beitrag in (38.8):

$$\big|\, j_1 + j_2,\, j_1,\, j_2,\, j_1 + j_2 \big\rangle = \big|\, j_1 j_1 \big\rangle \big|\, j_2 j_2 \big\rangle \quad (38.13)$$

Dabei wird ein möglicher Phasenfaktor willkürlich gleich 1 gesetzt. Auf diesen Zustand wenden wir den Absteigeoperator $\hat{j}_- = \hat{j}_{1-} + \hat{j}_{2-}$ an:

$$\hat{j}_- \,\big|\, j_1 + j_2,\, j_1,\, j_2,\, j_1 + j_2 \big\rangle = \Big(\hat{j}_{1-} \big|\, j_1 j_1 \big\rangle \Big) \big|\, j_2 j_2 \big\rangle + \big|\, j_1 j_1 \big\rangle \Big(\hat{j}_{2-} \big|\, j_2 j_2 \big\rangle \Big) \quad (38.14)$$

Aus Kapitel 36 kennen wir die Wirkung des Absteigeoperators

$$\hat{j}_- \,\big|\, j m \big\rangle = \sqrt{j(j+1) - m(m-1)}\,\hbar \,\big|\, j,\, m-1 \big\rangle \quad (38.15)$$

Damit erhalten wir aus (38.14)

$$\sqrt{2(j_1 + j_2)} \,\big|\, j_1 + j_2,\, j_1,\, j_2,\, j_1 + j_2 - 1 \big\rangle \quad (38.16)$$

$$= \sqrt{2 j_1} \,\big|\, j_1,\, j_1 - 1 \big\rangle \big|\, j_2,\, j_2 \big\rangle + \sqrt{2 j_2} \,\big|\, j_1,\, j_1 \big\rangle \big|\, j_2,\, j_2 - 1 \big\rangle$$

Hieraus lassen sich die zugehörigen Clebsch-Gordan-Koeffizienten ablesen. Zu dem m-Wert in (38.16)

$$m = j_1 + j_2 - 1 \quad (38.17)$$

ist neben $j = j_1 + j_2$ noch ein anderer j-Wert möglich, nämlich

$$j = j_1 + j_2 - 1 \quad (38.18)$$

Wegen $m = m_1 + m_2$ muss er sich aus denselben Zuständen wie (38.16) aufbauen; zugleich muss er orthogonal zu (38.16) sein. Damit liegt er bis auf eine willkürliche Phase fest:

$$\sqrt{2(j_1 + j_2)} \,\big|\, j_1 + j_2 - 1,\, j_1,\, j_2,\, j_1 + j_2 - 1 \big\rangle \quad (38.19)$$

$$= \sqrt{2 j_2} \,\big|\, j_1,\, j_1 - 1 \big\rangle \big|\, j_2,\, j_2 \big\rangle - \sqrt{2 j_1} \,\big|\, j_1,\, j_1 \big\rangle \big|\, j_2,\, j_2 - 1 \big\rangle$$

Auf die so gewonnenen Zustände

$$\big| j_1 + j_2, j_1, j_2, j_1 + j_2 - 1 \big\rangle \quad \text{und} \quad \big| j_1 + j_2 - 1, j_1, j_2, j_1 + j_2 - 1 \big\rangle \qquad (38.20)$$

wenden wir wieder $\hat{j}_-$ an. Dies ergibt die Zustände

$$\big| j_1 + j_2, j_1, j_2, j_1 + j_2 - 2 \big\rangle \quad \text{und} \quad \big| j_1 + j_2 - 1, j_1, j_2, j_1 + j_2 - 2 \big\rangle \qquad (38.21)$$

als Linearkombination von

$$\big| j_1, j_1 - 2 \big\rangle \big| j_2, j_2 \big\rangle, \quad \big| j_1, j_1 - 1 \big\rangle \big| j_2, j_2 - 1 \big\rangle \quad \text{und} \quad \big| j_1, j_1 \big\rangle \big| j_2, j_2 - 2 \big\rangle \qquad (38.22)$$

Aus diesen drei Zuständen können wir eine Linearkombination bilden, die orthogonal zu (38.21) ist. Dies ist der Zustand

$$\big| j_1 + j_2 - 2, j_1, j_2, j_1 + j_2 - 2 \big\rangle \qquad (38.23)$$

denn j_1, j_2 und $m = j_1 + j_2 - 2$ liegen für (38.22) fest, und wegen der Orthogonalität zu (38.22) gilt $j \neq j_1 + j_2$ und $j \neq j_1 + j_2 - 1$; außerdem gilt $j \geq m = j_1 + j_2 - 2$. Durch dieses Konstruktionsverfahren erhalten wir nach und nach alle gekoppelten Drehimpulszustände und damit die Clebsch-Gordan-Koeffizienten. Dabei werden die Phasen der konstruierten Zustände durch Konvention festgelegt.

Dreiecksregel

Bei jeder Anwendung von $\hat{j}_-$ haben wir einen weiteren Basiszustand bekommen: Ausgehend von dem einen Zustand (38.13) erhielten wir zunächst die zwei Basiszustände auf der rechten Seite in (38.16) und dann die drei Zustände (38.22). Dabei konnten wir jeweils eine neue Linearkombination für den um eins niedrigeren j-Wert bilden. Die Anzahl der Zustände wächst jedoch nicht mehr, falls

$$\big| j_1, -j_1 \big\rangle \quad \text{oder} \quad \big| j_2, -j_2 \big\rangle \qquad (38.24)$$

vorkommt, da dann die Anwendung von $\hat{j}_{1-}$ oder $\hat{j}_{2-}$ null ergibt. Für $j_1 \geq j_2$ ist dies nach $2 j_2$-facher Anwendung von $\hat{j}_-$ der Fall. Dann bekommen wir keine neue Linearkombination und damit keinen neuen j-Wert mehr. Daher ist für

$$j_1 \geq j_2 \quad \text{der minimale } j\text{-Wert:} \quad j = (j_1 + j_2) - 2 j_2 = j_1 - j_2 \qquad (38.25)$$

Entsprechendes gilt für $j_2 \geq j_1$, so dass

$$j \geq |j_1 - j_2| \qquad (38.26)$$

Zusammen mit dem maximalen j-Wert (38.12) ergibt dies die sogenannte *Dreiecksregel*:

$$|j_1 - j_2| \leq j \leq j_1 + j_2 \qquad (38.27)$$

Dieselbe Aussage gilt auch für die Beträge $j_1 = |\boldsymbol{j}_1|$, $j_2 = |\boldsymbol{j}_2|$ und $j = |\boldsymbol{j}|$ von drei beliebigen klassischen Vektoren, die der Bedingung $\boldsymbol{j} = \boldsymbol{j}_1 + \boldsymbol{j}_2$ genügen (Abbildung 38.1).

Dies kann mit der entsprechenden Dreiecksregel verglichen werden, die für die Vektoraddition der klassischen Drehimpulse gilt,

$$|j_1 - j_2| \leq |j| \leq |j_1 + j_2| \tag{38.28}$$

Durch Abzählen überzeugt man sich, dass alle möglichen Zustände gefunden wurden: Die Anzahl der ungekoppelten Zustände $|j_1 m_1\rangle \, |j_2 m_2\rangle$,

$$\sum_{m_1 = -j_1}^{j_1} \sum_{m_2 = -j_2}^{j_2} 1 = (2j_1 + 1)(2j_2 + 1) \tag{38.29}$$

ist gleich der Anzahl der gekoppelten Zustände $|j j_1 j_2 m\rangle$:

$$\sum_{j = |j_1 - j_2|}^{j_1 + j_2} \sum_{m = -j}^{j} 1 = \sum_{j = |j_1 - j_2|}^{j_1 + j_2} (2j + 1) = (2j_1 + 1)(2j_2 + 1) \tag{38.30}$$

Unitarität

Die Zustände $\{|j j_1 j_2 m\rangle\}$ und $\{|j_1 m_1 j_2 m_2\rangle\}$ bilden jeweils eine Basis in einem $(2j_1 + 1)(2j_2 + 1)$-dimensionalen Unterraum. In diesem Unterraum sind sie vollständig; außerdem sind sie orthonormiert. Damit können wir die Umkehrtransformation zu (38.8) leicht angeben:

$$
\begin{aligned}
|j_1 m_1 j_2 m_2\rangle &= \sum_{j, m} |j j_1 j_2 m\rangle \underbrace{\langle j j_1 j_2 m | j_1 m_1 j_2 m_2\rangle}_{= C^*} \\
&= \sum_j C(j_1 j_2 j, \, m_1 m_2 m) \, |j j_1 j_2 m\rangle
\end{aligned}
\tag{38.31}
$$

Die Summation geht zunächst über j und m. Wegen $m = m_1 + m_2$ fällt die Summe über m weg. Der verbleibende Summenindex j läuft über alle nach (38.27) möglichen Werte. Nach (38.9) ist der Koeffizient in (38.31) gleich C^*. Da wir alle Clebsch-Gordan-Koeffizienten reell gewählt haben, gilt aber $C^* = C$.

Wie in (31.11)–(31.13) gezeigt, werden zwei VONS durch eine unitäre Transformation U miteinander verbunden. Hier betrachten wir die beiden VONS (38.2) und (38.6), die durch die Clebsch-Gordan-Koeffizienten ineinander übergeführt werden können. Die Clebsch-Gordan-Koeffizienten können daher als unitäre Matrizen mit der Dimension $(2j_1 + 1)(2j_2 + 1)$ aufgefasst werden; dabei können wir etwa m_1, m_2 als Spaltenindizes und j, m als Zeilenindizes betrachten. Da die Koeffizienten reell gewählt wurden, ist die Umkehrtransformation durch die transponierte Matrix gegeben, $U^{-1} = U^\dagger = U^{\mathrm{T}}$.

Tabelle 38.1 Clebsch-Gordan-Koeffizienten $C(1/2, 1/2, S, m_1, m_2, M)$ für die Kopplung von zwei Spin-1/2 Teilchen.

		m_1, m_2		
S, M	$1/2, 1/2$	$1/2, -1/2$	$-1/2, 1/2$	$-1/2, -1/2$
$0, 0$	0	$-1/\sqrt{2}$	$1/\sqrt{2}$	0
$1, 1$	1	0	0	0
$1, 0$	0	$1/\sqrt{2}$	$1/\sqrt{2}$	0
$1, -1$	0	0	0	1

Kopplung zweier Spins

Wir wollen das hier beschriebene Konstruktionsverfahren auf die Kopplung zweier Spins s_1 und s_2 zum Gesamtspin S durchführen. Wir verwenden die Notation

$$j_1 = s_1 = \frac{1}{2}, \quad j_2 = s_2 = \frac{1}{2}, \quad j = S, \quad m = M \tag{38.32}$$

Dabei könnte es sich etwa um die beiden Kernspins im H_2-Molekül (Ortho- und Parawasserstoff) handeln oder um die beiden Elektronenspins im He-Atom.

Für die vier ungekoppelten Basiszustände führen wir folgende Kurznotation ein:

$$|s_1 m_1 s_2 m_2\rangle = \begin{cases} |\frac{1}{2}\,\frac{1}{2}\rangle |\frac{1}{2}\,\frac{1}{2}\rangle &= |\uparrow\uparrow\rangle \\ |\frac{1}{2}\,\frac{1}{2}\rangle |\frac{1}{2}\,\frac{-1}{2}\rangle &= |\uparrow\downarrow\rangle \\ |\frac{1}{2}\,\frac{-1}{2}\rangle |\frac{1}{2}\,\frac{1}{2}\rangle &= |\downarrow\uparrow\rangle \\ |\frac{1}{2}\,\frac{-1}{2}\rangle |\frac{1}{2}\,\frac{-1}{2}\rangle &= |\downarrow\downarrow\rangle \end{cases} \tag{38.33}$$

Nach (38.13) ist der gekoppelte Zustand mit dem maximalen M-Wert

$$\left| S\,\frac{1}{2}\,\frac{1}{2}\,M \right\rangle = \left| 1\,\frac{1}{2}\,\frac{1}{2}\,1 \right\rangle = |\uparrow\uparrow\rangle \tag{38.34}$$

Die Anwendung von $\hat{j}_- = \hat{j}_{1-} + \hat{j}_{2-} = \hat{s}_{1-} + \hat{s}_{2-}$ ergibt (38.16),

$$\sqrt{2}\,\left| 1\,\frac{1}{2}\,\frac{1}{2}\,0 \right\rangle = |\downarrow\uparrow\rangle + |\uparrow\downarrow\rangle \tag{38.35}$$

Die dazu orthogonale Kombination (38.19) ist

$$\sqrt{2}\,\left| 0\,\frac{1}{2}\,\frac{1}{2}\,0 \right\rangle = |\downarrow\uparrow\rangle - |\uparrow\downarrow\rangle \tag{38.36}$$

Im nächsten Schritt haben wir j_- auf (38.35) und (38.36) anzuwenden. Für (38.36) ergibt dies null, für (38.35) dagegen den Zustand

$$\left| 1\,\frac{1}{2}\,\frac{1}{2}\,-1 \right\rangle = |\downarrow\downarrow\rangle \tag{38.37}$$

Weitere Anwendung von $\hat{j}_-$ ergibt null. Wir fassen die Ergebnisse (mit der Bezeichnung $| S, M \rangle$ für $| S \, s_1 \, s_2 \, M \rangle$) zusammen,

$$
| S, M \rangle = \left\{
\begin{array}{rcl}
\left.
\begin{array}{rcl}
|1, 1\rangle & = & |\uparrow\uparrow\rangle \\[2mm]
|1, 0\rangle & = & \dfrac{|\downarrow\uparrow\rangle + |\uparrow\downarrow\rangle}{\sqrt{2}} \\[3mm]
|1, -1\rangle & = & |\downarrow\downarrow\rangle
\end{array}
\right\} & \text{Triplett} \\[8mm]
|0, 0\rangle \quad = \quad \dfrac{|\downarrow\uparrow\rangle - |\uparrow\downarrow\rangle}{\sqrt{2}} & \text{Singulett}
\end{array}
\right.
\tag{38.38}
$$

Aus dem Vergleich von (38.38) mit (38.8) lassen sich die Clebsch-Gordan-Koeffizienten (Tabelle 38.1) ablesen. Die drei zum Gesamtspin $j = S = 1$ gehörenden Zustände heißen Triplettzustände, der einzelne zu $j = S = 0$ gehörende dagegen Singulettzustand. Die Triplettzustände sind symmetrisch gegenüber Teilchenaustausch, der Singulettzustand ist dagegen antisymmetrisch.

Heisenberg schlug 1932 vor, das Proton und das Neutron als Zustände eines Teilchens, des Nukleons aufzufassen. Man führt dann einen *Isospin* $I = 1/2$ ein, und ordnet dem Proton die z-Komponente $I_3 = 1/2$ zu, und dem Neutron den Wert $I_3 = -1/2$. Zustände zum Gesamtisospin zweier (oder auch mehr) Nukleonen werden dann so konstruiert, wie es hier für den Spin vorgeführt wurde. Eine solche Beschreibung ist insbesondere deshalb sinnvoll, weil der Isospin eine Erhaltungsgröße der starken Wechselwirkung (Kernkräfte) ist.

Aufgaben

38.1 Multiplizität der Drehimpulszustände

Zwei Drehimpulse j_1 und j_2 werden zum Gesamtdrehimpuls j gekoppelt. Zeigen Sie, dass die Anzahl der gekoppelten Zustände gleich der Anzahl der ungekoppelten ist:

$$
\sum_{j=|j_1-j_2|}^{j_1+j_2} \, \sum_{m=-j}^{j} 1 = (2j_1 + 1)(2j_2 + 1)
$$

38.2 Kopplung von Bahndrehimpuls und Spin

Der Bahndrehimpuls l und der Spin $s = 1/2$ eines Elektrons sollen zum Gesamtdrehimpuls j gekoppelt werden. Geben Sie die gekoppelten Zustände an.

38.3 Kopplung zweier Spin-1 Teilchen

Zwei Spins $s_1 = s_2 = 1$ sollen zum Gesamtdrehimpuls S gekoppelt werden. Geben
Sie die gekoppelten Zustände an.

38.4 Zwei ungekoppelte harmonische Oszillatoren

Zwei unabhängige harmonische Oszillatoren 1 und 2 werden durch die Auf- und
Absteigeoperatoren $\hat{a}_1^\dagger$, $\hat{a}_1$, $\hat{a}_2^\dagger$ und $\hat{a}_2$ mit den Kommutatorrelationen

$$\left[\hat{a}_1, \hat{a}_1^\dagger\right] = 1, \qquad \left[\hat{a}_2, \hat{a}_2^\dagger\right] = 1 \qquad (38.39)$$

beschrieben. Wegen der Unabhängigkeit kommutieren die Operatoren mit dem Index 1 mit denen mit dem Index 2. Es werden nun folgende Operatoren definiert:

$$\hat{j}_+ = \hbar\, \hat{a}_1^\dagger \hat{a}_2, \qquad \hat{j}_- = \hbar\, \hat{a}_2^\dagger \hat{a}_1, \qquad \hat{j}_z = \frac{\hbar}{2}\left(\hat{a}_1^\dagger \hat{a}_1 - \hat{a}_2^\dagger \hat{a}_2\right) \quad (38.40)$$

$$\hat{j}^2 = \frac{1}{2}\left(\hat{j}_+ \hat{j}_- + \hat{j}_- \hat{j}_+\right) + \hat{j}_z^2 \qquad (38.41)$$

Berechnen Sie die Kommutatoren $\left[\hat{j}_z, \hat{j}_+\right]$, $\left[\hat{j}_z, \hat{j}_-\right]$ und $\left[\hat{j}_+, \hat{j}_-\right]$. Zeigen Sie,
dass

$$\hat{j}^2 = \hbar^2\, \frac{\hat{n}_1 + \hat{n}_2}{2}\left(\frac{\hat{n}_1 + \hat{n}_2}{2} + 1\right) \qquad (38.42)$$

Dabei sind $\hat{n}_1 = a_1^\dagger \hat{a}_1$ und $\hat{n}_2 = a_2^\dagger \hat{a}_2$ die Quantenzahloperatoren der beiden
Oszillatoren. Geben Sie die Eigenwerte und die Eigenvektoren der Operatoren $\hat{j}^2$
und $\hat{j}_z$ in der Basis der Oszillatorzustände $|n_1, n_2\rangle$ an.

38.5 Hamiltonoperator für zwei Spins 1/2

Der Hamiltonoperator eines Systems mit zwei Spins $s_1 = s_2 = 1/2$ lautet

$$\hat{H} = a\, \hat{s}_1 \cdot \hat{s}_2$$

Ausgehend von den Basiszuständen $|s_1 m_1 s_2 m_2\rangle$ bestimme man die Eigenwerte
und Eigenzustände von $\hat{H}$.

VII Näherungsmethoden

39 Zeitunabhängige Störungstheorie

Viele Probleme der Quantenmechanik lassen sich nicht exakt lösen, auch wenn der Hamiltonoperator bekannt ist. Für Anwendungen sind daher Näherungsmethoden wichtig. Einige Näherungsmethoden haben wir bereits kennengelernt, wie die WKB-Näherung (Kapitel 21) für eindimensionale Probleme, das Schalenmodell (Kapitel 28, 29) für Mehrteilchensysteme oder die Lösung der Schrödingergleichung in einem endlichen Unterraum (Kapitel 33). In dem hier beginnenden Teil VII werden weitere Näherungsmethoden untersucht und durch Beispiele erläutert. Den größten Raum nimmt dabei die Störungstheorie ein. Daneben wird die Variationsrechnung und die Bornsche Näherung vorgestellt; auf die Schalenmodell-Näherung wird noch einmal in Teil VIII eingegangen.

Für einen Hamiltonoperator $\hat{H}_0$ seien die Eigenwerte und Eigenzustände bekannt,

$$\hat{H}_0 \,|n\rangle = \varepsilon_n \,|n\rangle \qquad (n = 1, 2, \ldots) \tag{39.1}$$

Dagegen sei die Lösung von

$$\hat{H} \,|\psi\rangle = E \,|\psi\rangle \tag{39.2}$$

mit dem von $\hat{H}_0$ abweichenden Hamiltonoperator

$$\hat{H} = \hat{H}_0 + \hat{V} \tag{39.3}$$

gesucht. In diesem Kapitel wollen wir auf der Grundlage der bekannten Lösung (39.1) eine *Näherungslösung* von (39.2) angeben. Dazu nehmen wir an, dass $\hat{H}$ nur „wenig" von $\hat{H}_0$ abweicht, also dass der *Störoperator* $\hat{V}$ in bestimmter Weise klein gegenüber $\hat{H}_0$ ist.

Ein Beispiel für ein solches Problem ist das Wasserstoffatom in einem äußeren elektrischen Feld. Das Wasserstoffproblem mit $\hat{H}_0$ wurde in Kapitel 29 gelöst; hierzu kommt jetzt die Störung $\hat{V}$, die die Wechselwirkung mit dem elektrischen Feld beschreibt. Ist dieses Feld schwach, so sollten sich nur kleine Korrekturen zu den bekannten Lösungen ergeben. Die hier gewählte Operatorenschreibweise erlaubt es, alle Probleme der Art (39.1)–(39.3) einheitlich und in übersichtlicher Form zu behandeln.

© Springer-Verlag GmbH Deutschland, ein Teil von Springer Nature 2018
T. Fließbach, *Quantenmechanik*, https://doi.org/10.1007/978-3-662-58031-8_8

Nichtentarteter Fall

Wir betrachten die Eigenwertgleichung

$$\left(\hat{H}_0 + \lambda \, \hat{V} \right) \big| \psi(\lambda) \big\rangle = E(\lambda) \big| \psi(\lambda) \big\rangle \tag{39.4}$$

mit einem reellen Parameter λ. Für $\lambda = 1$ ist dies das zu lösende Problem (39.2). Für $\lambda = 0$ ist es dagegen das ungestörte Problem mit der bekannten Lösung,

$$\big| \psi_n(0) \big\rangle = |n\rangle \,, \qquad E_n(0) = \varepsilon_n \tag{39.5}$$

Wir entwickeln nun $|\psi(\lambda)\rangle$ und $E(\lambda)$ nach Potenzen von λ. Dies ist effektiv eine Entwicklung nach Potenzen von $\hat{V}$; eine direkte Entwicklung nach Potenzen des Störpotenzials ist nicht ohne weiteres möglich, weil $\hat{V}$ ein Operator ist. Für die Entwicklung verwenden wir die Notation

$$E_n(\lambda) \;=\; \varepsilon_n + \sum_{\nu=1}^{\infty} \lambda^\nu \, E_n^{(\nu)} \tag{39.6}$$

$$\big| \psi_n(\lambda) \big\rangle \;=\; |n\rangle + \sum_{\nu=1}^{\infty} \lambda^\nu \, \big| \psi_n^{(\nu)} \big\rangle \tag{39.7}$$

Die gesuchte Lösung ergibt sich hieraus durch Einsetzen von $\lambda = 1$,

$$E_n \;=\; E_n(1) \;\approx\; \varepsilon_n + E_n^{(1)} + E_n^{(2)} + \dots \tag{39.8}$$

$$\big| \psi_n \big\rangle \;=\; \big| \psi_n(1) \big\rangle \;\approx\; |n\rangle + \big| \psi_n^{(1)} \big\rangle + \dots \tag{39.9}$$

Sofern diese Entwicklung konvergiert, haben wir damit eine Lösung von (39.2) gefunden. Wenn $\hat{V}$ hinreichend schwach ist, können bereits die ersten Terme dieser Entwicklung eine gute Näherungslösung sein.

Wir setzen (39.6) und (39.7) in (39.4) ein und erhalten durch Vergleich der Koeffizienten von $\lambda^0, \lambda^1, \lambda^2, \dots$ folgende Gleichungen:

$$\hat{H}_0 \, |n\rangle \;=\; \varepsilon_n \, |n\rangle \tag{39.10}$$

$$\hat{H}_0 \, \big| \psi_n^{(1)} \big\rangle + \hat{V} \, |n\rangle \;=\; \varepsilon_n \, \big| \psi_n^{(1)} \big\rangle + E_n^{(1)} \, |n\rangle \tag{39.11}$$

$$\hat{H}_0 \, \big| \psi_n^{(2)} \big\rangle + \hat{V} \, \big| \psi_n^{(1)} \big\rangle \;=\; \varepsilon_n \, \big| \psi_n^{(2)} \big\rangle + E_n^{(1)} \, \big| \psi_n^{(1)} \big\rangle + E_n^{(2)} \, |n\rangle \tag{39.12}$$
$$\vdots$$

Dies ist eine Hierarchie von Gleichungen. Ihre sukzessive Lösung bestimmt die gesuchten Korrekturen: (39.10) ist trivial erfüllt, (39.11) ergibt $E_n^{(1)}$, (39.12) ergibt $E_n^{(2)}$ und so weiter.

Der Zustand $|\psi_n^{(1)}\rangle$ kann nach dem VONS der Energieeigenzustände (39.1) entwickelt werden:

$$\big| \psi_n^{(1)} \big\rangle = \sum_{m=1}^{\infty} a_{nm}^{(1)} \, |m\rangle \tag{39.13}$$

Wir setzen dies in (39.11) ein:

$$\sum_{m=1}^{\infty} (\varepsilon_n - \varepsilon_m)\, a_{nm}^{(1)} |m\rangle + E_n^{(1)} |n\rangle = \hat{V} |n\rangle \qquad (39.14)$$

Die Projektion auf $\langle k |$ ergibt

$$(\varepsilon_n - \varepsilon_k)\, a_{nk}^{(1)} + E_n^{(1)} \delta_{nk} = \langle k | \hat{V} |n\rangle \qquad (39.15)$$

Hieraus folgt für $k = n$

$$E_n^{(1)} = \langle n | \hat{V} |n\rangle \qquad (39.16)$$

und für $k \neq n$

$$a_{nk}^{(1)} = \frac{\langle k | \hat{V} |n\rangle}{\varepsilon_n - \varepsilon_k} \qquad (k \neq n) \qquad (39.17)$$

Der Koeffizient $a_{nn}^{(1)}$ bleibt zunächst unbestimmt. Für (39.17) müssen wir *Nichtentartung* der ungestörten Zustände, also $\varepsilon_k \neq \varepsilon_n$, voraussetzen. Den Fall, dass zwei oder mehr Eigenwerte zusammenfallen, behandeln wir unten.

Aus (39.7) mit (39.13) und (39.17) erhalten wir

$$\big| \psi_n(\lambda) \big\rangle = |n\rangle + \lambda \sum_{m \neq n}^{\infty} \frac{\langle m | \hat{V} |n\rangle}{\varepsilon_n - \varepsilon_m} |m\rangle + \lambda\, a_{nn}^{(1)} |n\rangle + \mathcal{O}(\lambda^2) \qquad (39.18)$$

Die Norm dieses Zustands ist

$$\langle \psi_n | \psi_n \rangle = \left| 1 + \lambda\, a_{nn}^{(1)} \right|^2 + \sum_{m \neq n}^{\infty} \lambda^2 \left| \frac{\langle m | \hat{V} |n\rangle}{\varepsilon_n - \varepsilon_m} \right|^2 = 1 + \lambda \left(a_{nn}^{(1)} + a_{nn}^{(1)*} \right) + \mathcal{O}(\lambda^2)$$

$$(39.19)$$

Dies muss in erster Ordnung in λ gleich 1 sein, also $a_{nn}^{(1)} + a_{nn}^{(1)*} = 0$. Daraus folgt $a_{nn}^{(1)} = \mathrm{i}\delta_n$ mit reellem δ_n. Dann ist die Amplitude des Zustands $|n\rangle$ in (39.18) gleich $1 + \mathrm{i}\lambda\delta_n = \exp(\mathrm{i}\lambda\delta_n) + \mathcal{O}(\lambda^2)$. Nun können wir aber jeden Basisvektor $|n\rangle$ mit einer Phase multiplizieren, ohne den Ausgangspunkt (39.1) zu ändern. In der betrachteten Ordnung in λ können wir daher

$$a_{nn}^{(1)} = \mathrm{i}\delta_n = 0 \qquad (39.20)$$

setzen. Damit entfällt der letzte Term in (39.18).

Für die Korrektur in 2. Ordnung setzen wir

$$\big| \psi_n^{(2)} \big\rangle = \sum_{m=1}^{\infty} a_{nm}^{(2)} |m\rangle \qquad (39.21)$$

in (39.12) ein:

$$\sum_{m} (\varepsilon_n - \varepsilon_m)\, a_{nm}^{(2)} |m\rangle + \sum_{m} E_n^{(1)} a_{nm}^{(1)} |m\rangle + E_n^{(2)} |n\rangle = \sum_{m} a_{nm}^{(1)} \hat{V} |m\rangle \quad (39.22)$$

Die Projektion auf $\langle k |$ ergibt für $k = n$ die Energiekorrektur

$$E_n^{(2)} = \sum_{m=1}^{\infty} a_{nm}^{(1)} \langle n | \hat{V} | m \rangle = \sum_{m, m \neq n}^{\infty} \frac{| \langle n | \hat{V} | m \rangle |^2}{\varepsilon_n - \varepsilon_m} \tag{39.23}$$

Für $k \neq n$ ergeben sich aus (39.22) die Koeffizienten $a_{nk}^{(2)}$. Wir berechnen sie hier nicht mehr, da man in der praktischen Anwendung meist nur bis zur ersten Ordnung in der Wellenfunktion und zur zweiten Ordnung in der Energie geht. Wir stellen diese Näherungen für die Energie und den Zustand zusammen:

$$\boxed{E_n \approx \varepsilon_n + \langle n | \hat{V} | n \rangle + \sum_{m, m \neq n}^{\infty} \frac{| \langle n | \hat{V} | m \rangle |^2}{\varepsilon_n - \varepsilon_m}} \tag{39.24}$$

$$\boxed{| \psi_n \rangle \approx | n \rangle + \sum_{m, m \neq n}^{\infty} \frac{\langle m | \hat{V} | n \rangle}{\varepsilon_n - \varepsilon_m} | m \rangle} \tag{39.25}$$

Die 1. Ordnung in der Energie, $\varepsilon_n + \langle n | \hat{V} | n \rangle = \langle n | \hat{H}_0 + \hat{V} | n \rangle = \langle n | \hat{H} | n \rangle$, ist der Energieerwartungswert des *ungestörten* Zustands, also des Zustands in 0. Ordnung. Die Korrekturen 1. Ordnung im Zustand ergeben die Korrekturen 2. Ordnung in der Energie. Daher passen die in (39.24) und (39.25) gegebenen Näherungen zueinander. Das hier vorgestellte Verfahren kann sukzessive zu höheren Ordnungen fortgesetzt werden.

Eine notwendige Bedingung für die Gültigkeit dieser Näherung ist, dass in (39.25) die Korrektur zum ungestörten Zustand klein ist. Dies impliziert

$$\left| \frac{\langle n | \hat{V} | m \rangle}{\varepsilon_n - \varepsilon_m} \right|^2 \ll 1 \tag{39.26}$$

Die Matrixelemente von $\hat{V}$ müssen klein sein gegenüber den Energieabständen der Niveaus. Als Beispiel betrachten wir ein Wasserstoffatom im elektrischen Feld. Für eine Feldstärke $|\boldsymbol{E}| = 10^3 \, \text{V/cm}$ gilt

$$\left| \frac{\langle n | \hat{V} | m \rangle}{\varepsilon_n - \varepsilon_m} \right| \sim \frac{e \, |\boldsymbol{E}| \, a_{\text{B}}}{e^2 / 2 a_{\text{B}}} \approx \frac{5 \cdot 10^{-6} \, \text{eV}}{13.6 \, \text{eV}} \sim 10^{-6} \tag{39.27}$$

Damit ist klar, dass ein äußeres elektrisches Feld tatsächlich nur eine kleine Störung für das Wasserstoffatom ist. Dieses Beispiel wird im nächsten Kapitel ausführlich diskutiert.

Wenn zwei Niveaus ($\varepsilon_n, \varepsilon_m$) besonders nahe beieinander liegen (ohne dass deshalb (39.26) verletzt ist), so kann der zugehörige Summand in (39.24) dominierend sein. Die Hauptkorrektur zur Energie ist dann

$$E_n^{(2)} \approx \frac{| \langle n | \hat{V} | m \rangle |^2}{\varepsilon_n - \varepsilon_m} \quad \text{und} \quad E_m^{(2)} \approx \frac{| \langle n | \hat{V} | m \rangle |^2}{\varepsilon_m - \varepsilon_n} \tag{39.28}$$

Am Vorzeichen erkennt man, dass unabhängig von der Art der Störung diese Korrektur den Abstand zwischen den ungestörten Energieniveaus vergrößert; die Niveaus „stoßen sich ab". So ist speziell für $\varepsilon_n - \varepsilon_m > 0$ die Korrektur zum oberen Zustand n positiv, die zum unteren Zustand m dagegen negativ.

Entarteter Fall

Wir nehmen jetzt an, dass $N \geq 2$ Zustände $|\alpha\rangle$ denselben ungestörten Energiewert ε haben:

$$\hat{H}_0 \,|\alpha\rangle = \varepsilon \,|\alpha\rangle \,, \qquad \alpha = 1, 2, ..., N \qquad (39.29)$$

Bei verschwindender Energiedifferenz ist die Bedingung (39.26) nicht erfüllbar; die Ausdrücke (39.24, 39.25) sind nicht anwendbar. Wenn eine Energiedifferenz in (39.24, 39.25) klein wird, dann steigt die Beimischung der entsprechenden Zustände. Daher müssen wir schon bei sehr schwacher Störung (für $\lambda \to 0$, also in der Ordnung λ^0), die Beimischungen der entarteten Zustände berücksichtigen. In diesem Fall gehen wir daher von dem Ansatz

$$|\psi(\lambda)\rangle = \sum_{\alpha=1}^{N} c_\alpha \,|\alpha\rangle + \lambda \sum_{k \neq \alpha} a_k^{(1)} \,|k\rangle + \mathcal{O}(\lambda^2) \qquad (39.30)$$

$$E(\lambda) = \varepsilon + \lambda \,E^{(1)} + \mathcal{O}(\lambda^2) \qquad (39.31)$$

aus. Dabei bedeutet $k \neq \alpha$, dass die k-Summe nicht über die Zustände (39.29) läuft. In erster Ordnung in λ ergäbe sich für diese Zustände wieder nur ein Phasenfaktor (wie oben für (39.19) diskutiert).

Wir setzen (39.30, 39.31) in die Schrödingergleichung (39.4) ein:

$$\sum_{\alpha=1}^{N} c_\alpha \,\hat{H}_0 \,|\alpha\rangle + \sum_{\alpha=1}^{N} c_\alpha \,\lambda \,\hat{V} \,|\alpha\rangle + \lambda \sum_{k \neq \alpha}^{\infty} a_k^{(1)} \,\hat{H}_0 \,|k\rangle + \mathcal{O}(\lambda^2)$$

$$= \varepsilon \sum_{\alpha=1}^{N} c_\alpha \,|\alpha\rangle + \lambda \,E^{(1)} \sum_{\alpha=1}^{N} c_\alpha \,|\alpha\rangle + \lambda \,\varepsilon \sum_{k \neq \alpha}^{\infty} a_k^{(1)} \,|k\rangle + \mathcal{O}(\lambda^2) \qquad (39.32)$$

In der Ordnung λ^0 ist diese Gleichung wieder trivial erfüllt. Wir beschränken uns im Folgenden auf die Terme der Größe $\mathcal{O}(\lambda)$. Ihre Projektion auf den Zustand $\langle\beta|$ aus dem Satz der entarteten Zustände ergibt

$$\boxed{\sum_{\alpha=1}^{N} \langle\beta|\,\hat{V}\,|\alpha\rangle \,c_\alpha = E^{(1)} \,c_\beta} \qquad (39.33)$$

Dabei fallen die Terme mit $|k\rangle$ wegen $\langle\beta|k\rangle = 0$ weg. Die Lösung von (39.33) ergibt die Korrektur 0. Ordnung im Zustand und 1. Ordnung in der Energie. Wir können (39.33) auch als Matrixeigenwertgleichung schreiben,

$$V c = E^{(1)} c \qquad (39.34)$$

Dabei ist

$$V = \left(\langle \beta \, | \, \hat{V} \, | \, \alpha \rangle \right) = \begin{pmatrix} V_{11} & V_{12} & \dots & V_{1N} \\ V_{21} & V_{22} & \dots & V_{2N} \\ \vdots & \vdots & \ddots & \vdots \\ V_{N1} & V_{N2} & \dots & V_{NN} \end{pmatrix}, \qquad c = \begin{pmatrix} c_1 \\ c_2 \\ \vdots \\ c_N \end{pmatrix} \qquad (39.35)$$

Mit $\hat{V}$ ist auch die Matrix V hermitesch. Daher erhalten wir als Lösung N orthogonale Eigenvektoren $c^{(\gamma)}$ zu den Eigenwerten $E_\gamma^{(1)}$. Die zugehörigen orthogonalen Zustände sind

$$|\psi_\gamma\rangle = \sum_{\alpha=1}^{N} c_\alpha^{(\gamma)} \, |\alpha\rangle \quad \text{zur Energie } E_\gamma = \varepsilon + \Delta\varepsilon_\gamma \qquad (39.36)$$

wobei $\gamma = 1, 2, ..., N$. Die Gleichung (39.33) ist äquivalent zu

$$\sum_{\alpha=1}^{N} \langle \beta \, | \, \hat{H}_0 + \hat{V} \, | \, \alpha \rangle \, c_\alpha = \left(\varepsilon + \Delta\varepsilon \right) c_\beta \qquad (39.37)$$

Mit $E = \varepsilon + \Delta\varepsilon$ wird dies zur Schrödingergleichung

$$\sum_{\alpha=1}^{N} H_{\beta\alpha} \, c_\alpha = E \, c_\beta \qquad (39.38)$$

im Unterraum der entarteten Zustände. Diese Gleichung hatten wir bereits in Kapitel 33 betrachtet. Sie ist als Näherung allgemein (also nicht nur für entartete Zustände) dann sinnvoll, wenn der Unterraum die für das betrachtete Problem relevanten Zustände enthält.

Aufgaben

39.1 Oszillator mit quadratischer Störung

Die Lösung des eindimensionalen harmonischen Oszillators

$$\hat{H}_0 = \frac{\hat{p}^2}{2m} + \frac{m\omega_0^2}{2}\hat{x}^2, \qquad \hat{H}_0 |n\rangle = \varepsilon_n |n\rangle, \qquad \varepsilon_n = \hbar\omega_0\left(n + \frac{1}{2}\right) \qquad (39.39)$$

wird als bekannt vorausgesetzt. Es wird nun das gestörte System mit dem Hamilton-operator $\hat{H} = \hat{H}_0 + \hat{V}$ und der Störung

$$\hat{V} = \lambda\,\hat{x}^2 \qquad (\lambda > 0)$$

betrachtet. Berechnen Sie hierfür die Energieverschiebungen in 1. und 2. Ordnung Störungstheorie. Vergleichen Sie die Ergebnisse mit dem exakten Resultat.

39.2 Oszillator mit kubischer Störung

Der eindimensionale harmonische Oszillator (39.39) unterliegt der Störung

$$\hat{V} = \lambda\,\hat{x}^3 \qquad (\lambda > 0)$$

Berechnen Sie die Zustände in 1. Ordnung und die Energien in 2. Ordnung Störungstheorie.

39.3 Oszillator mit quartischer Störung

Der eindimensionaler harmonischer Oszillator (39.39) unterliegt der Störung

$$\hat{V} = \lambda\,\hat{x}^4 \qquad (\lambda > 0)$$

Berechnen Sie die Energieverschiebung der Niveaus in 1. Ordnung Störungstheorie.

39.4 Endliche Ausdehnung des Atomkerns

Das elektrostatische Potenzial eines Atomkerns kann durch das Potenzial einer homogen geladenen Kugel angenähert werden. Dann bewegt sich ein Elektron in einem wasserstoffartigen Atom im Potenzial

$$V_{\text{Kugel}}(r) = \begin{cases} -\dfrac{3Ze^2}{2R}\left(1 - \dfrac{r^2}{3R^2}\right) & (r \leq R) \\[3mm] -\dfrac{Ze^2}{r} & (r > R) \end{cases}$$

Die Abweichung vom Coulombpotenzial ist eine kleine Störung $\hat{V}$ des ungestörten Wasserstoffproblems ($\hat{H}_0$). Berechnen Sie die Energiewerte in 1. Ordnung Störungstheorie. Geben Sie speziell die Energieverschiebungen der 1s-Zustände für die Isotope $A = 203$ und $A = 205$ von Thallium ($Z = 83$) an.

Hinweise: Die Kernradien $R \approx A^{1/3} r_0$ mit $r_0 = 1.2\,\text{fm}$ sind viel kleiner als der Bohrsche Radius $a_B = 0.53\,\text{Å}$. Daher können in den auftretenden Integralen die Wellenfunktionen näherungsweise durch ihren Wert an der Stelle $r = 0$ approximiert werden.

40 Stark-Effekt

Als Anwendung der Störungstheorie behandeln wir ein Wasserstoffatom in einem elektrischen Feld. Für den nichtentarteten Grundzustand des Atoms führt dies zum quadratischen Stark-Effekt, für die entarteten angeregten Zustände zum linearen Stark-Effekt.

Die Schrödingergleichung für das Elektron im Wasserstoffatom lautet

$$\hat{H}_0 \,|\, n\,l\,m \rangle = \varepsilon_n \,|\, n\,l\,m \rangle \qquad \text{mit} \quad \hat{H}_0 = \frac{\hat{p}^{\,2}}{2\,m_e} - \frac{e^2}{\hat{r}} \tag{40.1}$$

Die Eigenfunktionen und Eigenwerte

$$\langle \boldsymbol{r} \,|\, n\,l\,m \rangle = \frac{u_{nl}(r)}{r}\, Y_{lm}(\theta, \phi)\,, \qquad \varepsilon_n = -\frac{e^2}{2\,a_B}\, \frac{1}{n^2} \tag{40.2}$$

dieses ungestörten Systems sind aus Kapitel 29 bekannt.

Das Atom befinde sich nun in einem externen, homogenen elektrischen Feld. Dieses Feld $\boldsymbol{E} = \boldsymbol{E}_{\text{extern}}$ wird durch das elektrostatische Potenzial $\Phi_e = -|\boldsymbol{E}|\,z$ beschrieben. Eine Ladung q hat in diesem Potenzial die Energie $q\,\Phi_e$. Für das Elektron mit $q = -e$ lautet der Störoperator

$$\hat{V} = e\,|\boldsymbol{E}|\,\hat{z} := e\,|\boldsymbol{E}|\,z \tag{40.3}$$

Tatsächlich übt das Feld entgegengesetzt gleich große Kräfte auf das Elektron (e) und das Proton (p) aus. Dies wird korrekt berücksichtigt, wenn (40.1) als reduziertes Einteilchenproblem mit der reduzierten Masse $\mu = m_e/(1 + m_e/m_p)$ und der Relativkoordinate $\boldsymbol{r} = \boldsymbol{r}_e - \boldsymbol{r}_p$ aufgefasst wird. In (40.3) ist dann $z = \boldsymbol{r} \cdot \boldsymbol{e}_z$, und das elektrische Feld wirkt auf eine relative Verschiebung zwischen Proton und Elektron hin.

Quadratischer Stark-Effekt

Wir betrachten zunächst den nichtentarteten Grundzustand des Wasserstoffatoms. Das Elektron hat dann die Quantenzahlen $n, l, m = 1, 0, 0$ und die Wellenfunktion

$$\langle \boldsymbol{r} \,|\, 100 \rangle = \psi_{100}(\boldsymbol{r}) = \frac{u_{10}}{r}\, Y_{00} = \frac{1}{\sqrt{\pi}\, a_B^{3/2}}\, \exp\left(-\frac{r}{a_B}\right) \tag{40.4}$$

Die Energieverschiebung $E^{(1)}$ in erster Ordnung verschwindet:

$$E^{(1)}_{100} = e|\boldsymbol{E}|\langle 100|\hat{z}|100\rangle = \frac{e|\boldsymbol{E}|}{\pi a_{\rm B}^3} \int d^3r\; z\; \exp(-2r/a_{\rm B}) = 0 \qquad (40.5)$$

Für die 2. Ordnung benötigen wir die Matrixelemente $\langle nlm|\hat{z}|100\rangle$. Wir werten sie im Ortsraum aus, wobei wir $Y_{00} = 1/\sqrt{4\pi}$ und $z = r\cos\theta = r\,(4\pi/3)^{1/2}\,Y_{10}$ einsetzen:

$$\langle nlm|\hat{z}|100\rangle = \int d^3r\; \frac{u_{nl}(r)}{r}\; Y_{lm}^*(\theta,\phi)\; r\sqrt{\frac{4\pi}{3}}\; Y_{10}(\theta,\phi)\; \frac{u_{10}(r)}{r\sqrt{4\pi}}$$

$$= \frac{\delta_{m0}\,\delta_{l1}}{\sqrt{3}} \int_0^\infty dr\; u_{n1}(r)\; r\; u_{10}(r) \qquad (40.6)$$

Da nur die Zustände mit $l = 1$ und $m = 0$ beitragen, lautet die Energiekorrektur in 2. Ordnung:

$$E^{(2)}_{100} = e^2\,\boldsymbol{E}^2 \sum_{n=2}^\infty \frac{|\langle n\,10|\hat{z}|100\rangle|^2}{\varepsilon_1 - \varepsilon_n} \approx e^2\,\boldsymbol{E}^2\, \frac{|\langle 210|\hat{z}|100\rangle|^2}{\varepsilon_1 - \varepsilon_2} \qquad (40.7)$$

Zu dieser Summe über die diskreten Zustände müsste noch der Beitrag der Kontinuumszustände addiert werden. Als eine einfache Näherung haben wir nur den ersten Term der Summe berücksichtigt. Hierfür benötigen wir das Matrixelement

$$\langle 210|\hat{z}|100\rangle \overset{(40.6,29.21)}{=} \frac{a_{\rm B}}{\sqrt{3}} \int_0^\infty dr\; \frac{r^2\,\exp(-r/2)}{2\sqrt{6}}\; r\left(2r\,\exp(-r)\right)$$

$$= \frac{a_{\rm B}}{3\sqrt{2}} \int_0^\infty dr\; r^4\,\exp(-3r/2) = \frac{2^7\sqrt{2}}{3^5}\,a_{\rm B} \qquad (40.8)$$

Hiermit und mit $\varepsilon_1 - \varepsilon_2 = -(3/8)\,e^2/a_{\rm B}$ wird (40.7) zu

$$E^{(2)}_{100} \approx -\frac{2^{18}}{3^{11}}\,a_{\rm B}^3\,\boldsymbol{E}^2 \approx -1.48\,a_{\rm B}^3\,\boldsymbol{E}^2 \qquad (40.9)$$

Diese Energieverschiebung ist quadratisch in der Feldstärke; der Effekt wird daher *quadratischer Stark-Effekt* genannt. Nimmt man in (40.7) alle gebundenen Zustände mit, so erhält man folgenden Wert[1]:

$$E^{(2)}_{100} = -\frac{9}{4}\,a_{\rm B}^3\,\boldsymbol{E}^2 \qquad (40.10)$$

Unsere einfache Näherung (40.9) ergibt bereits etwa 2/3 dieses Werts.

Wie in Abbildung 40.1 skizziert, führt das angelegte elektrische Feld dazu, dass die Aufenthaltswahrscheinlichkeit des Elektrons gegenüber dem Kern verschoben wird. Im Atom wird dadurch ein Dipolmoment in Feldrichtung induziert;

---

[1]L. I. Schiff, *Quantum Mechanics*, MacGraw-Hill Inc. 1968, section 33.

Ohne Feld   Mit Feld

Abbildung 40.1 Wenn ein Wasserstoffatom in ein äußeres elektrisches Feld E gebracht wird, verschieben sich das Proton p und das Elektron e relativ zueinander. Dadurch wird ein zu E proportionales Dipolmoment p_dip induziert. Dies führt zu einer Energieabsenkung, die proportional zum Quadrat des Felds ist (quadratischer Stark-Effekt).

quantenmechanisch wird dieses Dipolmoment durch Beimischung angeregter Zustände zum ungestörten Grundzustand beschrieben. Ein festes Dipolmoment p_dip hat im Feld E die Energie $-p_\mathrm{dip} \cdot E$, ein induziertes Dipolmoment $p_\mathrm{dip} = \alpha\,E$ dagegen $-\int dE \cdot p = -\alpha\,E^2/2 = -p_\mathrm{dip}\,|E|/2$. Damit erhalten wir aus (40.10) das *induzierte Dipolmoment*

$$p_\mathrm{dip} = -\frac{2\,E^{(2)}_{100}}{|E|} = \frac{9}{2}\,|E|\,a_\mathrm{B}^3 \tag{40.11}$$

Wir werten dies für eine Feldstärke von $|E| = 10^3$ V/cm aus:

$$p_\mathrm{dip} = \frac{9}{2}\,\frac{e\,|E|\,a_\mathrm{B}}{e^2/a_\mathrm{B}}\,e\,a_\mathrm{B} = \frac{9}{2}\,\frac{5\cdot 10^{-6}\,\mathrm{eV}}{27\,\mathrm{eV}}\,e\,a_\mathrm{B} \approx 10^{-6}\,e\,a_\mathrm{B} \tag{40.12}$$

Verglichen mit der natürlichen Einheit $e\,a_\mathrm{B}$ ist dieses Dipolmoment sehr klein; die effektive Verschiebung des Elektrons (Abbildung 40.1) beträgt nur etwa den 10^{-6}-ten Teil des Bohrschen Radius a_B. Dies liegt daran, dass die externe Feldstärke $|E|$ klein ist gegenüber der durch das Proton hervorgerufenen. Die Größe $p_\mathrm{dip}/e\,a_\mathrm{B}$ gibt auch die Amplitude der angeregten Zustände an, die aufgrund des Felds dem Grundzustand beigemischt werden. Wegen ihrer Kleinheit ist die Anwendung der Störungstheorie gerechtfertigt[2].

Die induzierten Dipolmomente bedeuten eine *elektrische Polarisation P* der Materie. Für eine Teilchendichte $\varrho = N/V$ (Anzahl pro Volumen) gilt

$$P = \varrho\,p_\mathrm{dip} = \chi_\mathrm{e}\,|E| \tag{40.13}$$

Dabei ist χ_e die dimensionslose elektrische Suszeptibilität oder Polarisierbarkeit. Die Suszeptibilität χ_e oder die Dielektrizitätskonstante ϵ können etwa aus der Kapazität eines Kondensators mit dem betrachteten Medium als Dielektrikum bestimmt

---

[2]Die formale Begründung der Anwendbarkeit ist tatsächlich nicht trivial: Das Potenzial (40.3) wird für $z \to -\infty$ beliebig stark negativ. Daher sind die exakten Zustände gar nicht gebunden, und deshalb konvergiert die Störungstheorie nicht. Der Grundzustand ist aber praktisch stabil, da die Tunnelwahrscheinlichkeit in den Bereich mit $V \leq \varepsilon_0$ vernachlässigbar klein ist. Die vorgestellte Rechnung ist daher physikalisch sinnvoll.

werden. Für Wasserstoffgas (bei Zimmertemperatur und Normaldruck) ist die Dichte der H_2-Moleküle gleich $\varrho_0 = 6 \cdot 10^{23}/(22\,\text{Liter})$. Mit der Atomdichte $\varrho = 2\varrho_0$ und $\chi_e = \varrho\, p_{\text{dip}}/|E| = (9/2)\,\varrho\, a_B^3$ erhalten wir

$$\epsilon = 1 + 4\pi\,\chi_e \approx 1 + 4\pi\,(9/2)\,(2\varrho_0)\,a_B^3 \approx 1.00046 \qquad (40.14)$$

Der experimentelle Wert für Wasserstoffgas ist $\epsilon \approx 1.00026$. Bei diesem Vergleich ist zu berücksichtigen, dass die Elektronenkonfiguration im H_2-Molekül anders ist als im Atom (auf das sich unsere Rechnung bezieht).

Linearer Stark-Effekt

Wir betrachten nun die Energieverschiebung des ersten angeregten Zustands mit dem ungestörten Energiewert

$$\varepsilon_2 = -\frac{e^2}{2a_B}\frac{1}{4} \qquad (40.15)$$

Dieser Energiewert ist vierfach entartet. Die zugehörigen Eigenfunktionen wurden in (29.19) und (29.21) angegeben:

$$\langle r\,|\,200\rangle \;=\; \psi_{200}(r) \;=\; \frac{1}{\sqrt{2a_B^3}}\left(1 - \frac{r}{2a_B}\right)\exp\left(-\frac{r}{2a_B}\right) Y_{00}$$

$$\langle r\,|\,21m\rangle \;=\; \psi_{21m}(r) \;=\; \frac{1}{\sqrt{24\,a_B^3}}\,\frac{r}{a_B}\,\exp\left(-\frac{r}{2a_B}\right) Y_{1m}(\theta, \phi) \qquad (40.16)$$

Wir nummerieren die Zustände von 1 bis 4:

$$|i\rangle = \begin{cases} |1\rangle = |200\rangle \\ |2\rangle = |210\rangle \\ |3\rangle = |211\rangle \\ |4\rangle = |21-1\rangle \end{cases} \qquad (40.17)$$

Für (39.34) benötigen wir die Matrix

$$V = \Big(\langle i\,|\,\hat{V}\,|\,i'\rangle\Big) = \Big(\langle i\,|\,e\,|E|\,\hat{z}\,|\,i'\rangle\Big) \qquad (40.18)$$

Die Diagonalelemente

$$\langle i\,|\,\hat{V}\,|\,i\rangle \;\propto\; \int_{-1}^{+1} d\cos\theta\,\,|\psi_{nlm}|^2\,\cos\theta = 0 \qquad (40.19)$$

verschwinden, weil $|\psi_{nlm}|^2$ eine gerade Funktion in $\cos\theta$ ist. Außerdem gilt

$$\langle nlm\,|\,\hat{V}\,|\,n'l'm'\rangle \;\propto\; \int d\phi\,\exp\big[\mathrm{i}(m - m')\phi\big] = 2\pi\,\delta_{mm'} \qquad (40.20)$$

Damit sind nur folgende Matrixelemente ungleich null (und reell):

$$\langle 1 | \hat{V} | 2 \rangle = \langle 2 | \hat{V} | 1 \rangle = \langle 200 | e | \boldsymbol{E} | \hat{z} | 210 \rangle = V_0 \tag{40.21}$$

Das zu lösende Eigenwertproblem (39.34) lautet also

$$\begin{pmatrix} 0 & V_0 & 0 & 0 \\ V_0 & 0 & 0 & 0 \\ 0 & 0 & 0 & 0 \\ 0 & 0 & 0 & 0 \end{pmatrix} \begin{pmatrix} c_1 \\ c_2 \\ c_3 \\ c_4 \end{pmatrix} = \Delta\varepsilon \begin{pmatrix} c_1 \\ c_2 \\ c_3 \\ c_4 \end{pmatrix} \quad \text{oder} \quad V c = \Delta\varepsilon\, c \tag{40.22}$$

Dieses Problem hat die trivialen Eigenvektoren

$$\begin{pmatrix} 0 \\ 0 \\ 1 \\ 0 \end{pmatrix} \quad \text{zu} \quad \Delta\varepsilon_3 = 0 , \qquad \begin{pmatrix} 0 \\ 0 \\ 0 \\ 1 \end{pmatrix} \quad \text{zu} \quad \Delta\varepsilon_4 = 0 \tag{40.23}$$

Da V hermitesch ist, sind die beiden anderen Eigenvektoren orthogonal hierzu, also $c = (c_1, c_2, 0, 0)^{\mathrm{T}}$. Damit reduziert sich das Problem auf

$$\begin{pmatrix} 0 & V_0 \\ V_0 & 0 \end{pmatrix} \begin{pmatrix} c_1 \\ c_2 \end{pmatrix} = \Delta\varepsilon \begin{pmatrix} c_1 \\ c_2 \end{pmatrix} \tag{40.24}$$

Die Bedingung für eine nichttriviale Lösung

$$\begin{vmatrix} -\Delta\varepsilon & V_0 \\ V_0 & -\Delta\varepsilon \end{vmatrix} = 0 \tag{40.25}$$

ergibt $\Delta\varepsilon_{1,2} = \pm V_0$. Die zugehörigen Eigenvektoren sind

$$\frac{1}{\sqrt{2}} \begin{pmatrix} 1 \\ 1 \\ 0 \\ 0 \end{pmatrix} \quad \text{zu} \quad \Delta\varepsilon_1 = V_0 , \qquad \frac{1}{\sqrt{2}} \begin{pmatrix} 1 \\ -1 \\ 0 \\ 0 \end{pmatrix} \quad \text{zu} \quad \Delta\varepsilon_2 = -V_0 \tag{40.26}$$

Die vier Spaltenvektoren (40.23) und (40.26) legen die gestörten Zustände $|\psi\rangle = \sum c_i |i\rangle$ fest. In der betrachteten Ordnung Störungstheorie lauten damit die Eigenzustände und Eigenwerte von $\hat{H}_0 + \hat{V}$:

$$\frac{|200\rangle + |210\rangle}{\sqrt{2}} \quad \text{zu} \quad \varepsilon_2 + V_0 , \qquad \frac{|200\rangle - |210\rangle}{\sqrt{2}} \quad \text{zu} \quad \varepsilon_2 - V_0 \tag{40.27}$$

$$|211\rangle \quad \text{zu} \quad \varepsilon_2 , \qquad\qquad |21-1\rangle \quad \text{zu} \quad \varepsilon_2$$

Die Wahrscheinlichkeitsverteilungen $|\psi_{2,0,0}|^2$ und $|\psi_{2,1,\pm 1}|^2 \propto \sin^2\theta$ sind spiegelsymmetrisch zur x-y-Ebene. In $|\psi_{200} \pm \psi_{210}| \propto (1 \pm \ldots \sin\theta)^2$ ist dagegen der

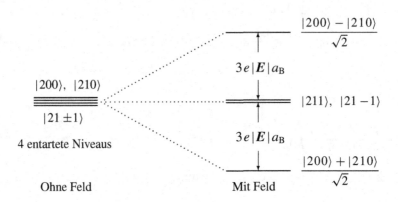

Abbildung 40.2 Aufspaltung des ersten angeregten Zustands ($n = 2$) des Wasserstoffatoms im äußeren elektrischen Feld E. Die Aufspaltung ist linear im Feld und wird daher *linearer Stark-Effekt* genannt.

Schwerpunkt in $\pm z$-Richtung, also in Feldrichtung verschoben. Die Größe der Verschiebung ist durch die radiale Ausdehnung der beteiligten Wellenfunktionen (Abbildung 29.1) bestimmt.

Die Größe der Energieverschiebung ist durch das Matrixelement (40.21) gegeben:

$$V_0 = e\,|E|\,\langle 200\,|\,\hat{z}\,|\,210\rangle = e\,|E|\int d^3r\ \psi_{200}^*(r)\ r\,\cos\theta\ \psi_{210}(r) \qquad (40.28)$$

Für die Auswertung im Ortsraum setzen wir (40.16) mit $Y_{00} = (1/4\pi)^{1/2}$ und $Y_{10} = (3/4\pi)^{1/2}\cos\theta$ ein:

$$V_0 = \frac{e\,|E|}{4\sqrt{3}\,a_B^3}\int_0^\infty dr\,r^2 \exp\Big(\frac{-r}{a_B}\Big)\frac{r}{a_B}\Big(1 - \frac{r}{2a_B}\Big)r\,\frac{\sqrt{3}}{4\pi}\int d\Omega\,\cos^2\theta$$

$$= \frac{e\,|E|\,a_B}{12}\int_0^\infty dx\,x^4\Big(1 - \frac{x}{2}\Big)\exp(-x) = -3\,e\,|E|\,a_B \qquad (40.29)$$

Der resultierende Effekt heißt *linearer Stark-Effekt*, weil die Aufspaltung linear im Feld ist. Die Aufspaltung ist relativ klein, $|V_0| \ll E_{at}$, zum Beispiel $|V_0|/E_{at} \sim 10^{-6}$ für $|E| = 10^3$ V/cm. Das Dipolmoment der Verteilungen $|\psi_{200} \pm \psi_{210}|/2$ ist aber mit $\pm 3\,e\,a_B$ nicht klein (im Gegensatz zum quadratischen Stark-Effekt).

Die Struktur der Aufspaltung ist in Abbildung 40.2 gezeigt. Das äußere Feld hebt teilweise die Symmetrie auf, die der Entartung im ungestörten Atom zugrunde liegt: Wegen $[V, \ell^2] \neq 0$ ist eine Mischung verschiedener l-Zustände möglich. Wegen $[V, \ell_z] = 0$ verschwinden die Matrixelemente von V zwischen Zuständen mit verschiedenem m.

41 Relativistische Korrekturen im Wasserstoffatom

Wir berechnen die führenden relativistische Korrekturen zu dem in Kapitel 29 behandelten Wasserstoffproblem. Dazu werden die Störoperatoren aufgestellt, die sich aus der relativistischen Energie-Impuls-Beziehung, der Spin-Bahn-Kopplung und der Zitterbewegung ergeben. Die Energieverschiebungen werden in niedrigster Ordnung Störungstheorie berechnet.

Der Hamiltonoperator

$$\hat{H}_0 = \frac{\hat{\boldsymbol{p}}^2}{2\,m_e} - \frac{Z e^2}{\hat{r}} \quad \text{mit} \quad \varepsilon_n = -E_{at}\,\frac{Z^2}{2\,n^2} = -\frac{e^2}{a_B}\,\frac{Z^2}{2\,n^2} \tag{41.1}$$

gilt für das Elektron eines $(Z-1)$-fach ionisierten Atoms, oder näherungsweise auch für die untersten Elektronenzustände in einem neutralen Atom. Wie in Kapitel 29 haben wir die reduzierte Masse durch die Elektronmasse m_e ersetzt. Für Abschätzungen verwenden wir

$$\varepsilon_{at} = Z^2 E_{at} = Z^2 \frac{e^2}{a_B} = m_e c^2 \left(\frac{Z e^2}{\hbar c}\right)^2 = m_e c^2 \, (Z\alpha)^2 \tag{41.2}$$

für die Größenordnung der Energieeigenwerte $|\varepsilon_n|$.

Korrekturterme

Durch Plausibilitätsüberlegungen stellen wir im Folgenden drei relativistische Korrekturterme auf. Diese Terme ergeben sich aus der relativistischen Beziehung zwischen Energie und Impuls, der Spin-Bahn-Kopplung und der Zitterbewegung.

Relativistische kinetische Energie

Die relativistische Energie-Impuls-Beziehung eines klassischen freien Teilchens ist

$$E = \sqrt{\boldsymbol{p}^2 c^2 + m_e^2 c^4} \approx m_e c^2 + \frac{\boldsymbol{p}^2}{2\,m_e} - \frac{(\boldsymbol{p}^2)^2}{8\,m_e^3 c^2} \pm \ldots \tag{41.3}$$

Den ersten Term lassen wir als Konstante weg. Der zweite ergibt die kinetische Energie in $\hat{H}_0$. Der dritte Term führt zu der relativistischen Korrektur

$$\hat{V}_1 = -\frac{\hat{p}^4}{8\,m_{\mathrm{e}}^3\,c^2}$$

(41.4)

Wir schätzen die relative Größe dieser Korrektur ab:

$$\frac{\langle V_1 \rangle}{\varepsilon_{\mathrm{at}}} \sim \frac{\langle p^2/m_{\mathrm{e}} \rangle^2}{m_{\mathrm{e}} c^2\,\varepsilon_{\mathrm{at}}} \sim \frac{\varepsilon_{\mathrm{at}}}{m_{\mathrm{e}} c^2} \sim (Z\alpha)^2$$

(41.5)

Spin-Bahn-Kopplung

Im Ruhsystem des Atomkerns ist das elektrische Feld $\boldsymbol{E} = Z e\,\boldsymbol{r}/r^3$. Das magnetische Feld $\boldsymbol{B}$ verschwindet dagegen (wir sehen vom Feld eines eventuellen magnetischen Kerndipols ab). Geht man in ein relativ zu diesem Ruhsystem mit der Geschwindigkeit $\boldsymbol{v}$ bewegtes System, so gilt dort (in erster Ordnung in v/c) $\boldsymbol{E}' \approx \boldsymbol{E}$ und $\boldsymbol{B}' \approx -(\boldsymbol{v}/c) \times \boldsymbol{E}$ (Kapitel 22 in [2]). Auf das magnetische Moment $\boldsymbol{\mu} \approx -(e/m_{\mathrm{e}} c)\,\boldsymbol{s}$ des mit $\boldsymbol{v}$ bewegten Elektrons wirkt dann das Magnetfeld $\boldsymbol{B}'$. Dies führt zum Energiebeitrag

$$-\boldsymbol{\mu} \cdot \boldsymbol{B}' \approx \frac{e}{m_{\mathrm{e}} c}\,\boldsymbol{s} \cdot \boldsymbol{B}' \approx -\frac{e}{m_{\mathrm{e}} c^2}\,\boldsymbol{s} \cdot \left(\boldsymbol{v} \times \boldsymbol{E} \right)$$

(41.6)

Mit $\boldsymbol{E} = Z e\,\boldsymbol{r}/r^3$ und $\boldsymbol{\ell} = \boldsymbol{r} \times \boldsymbol{p}$ wird dies zur Spin-Bahn-Wechselwirkung:

$$V_{ls} = -\boldsymbol{\mu} \cdot \boldsymbol{B}' \approx -\frac{Z e^2}{m_{\mathrm{e}}^2 c^2}\,\frac{\boldsymbol{s} \cdot (\boldsymbol{p} \times \boldsymbol{r})}{r^3} = \frac{Z e^2}{m_{\mathrm{e}}^2 c^2}\,\frac{\boldsymbol{\ell} \cdot \boldsymbol{s}}{r^3}$$

(41.7)

Wir ersetzen nun die Größen $\boldsymbol{s}$, $\boldsymbol{\ell}$ und r durch die entsprechenden Operatoren. Dies ergibt, abgesehen von einem Faktor 2, den gesuchten Störoperator

$$\hat{V}_2 = \frac{Z e^2}{2\,m_{\mathrm{e}}^2 c^2}\,\frac{\hat{\boldsymbol{\ell}} \cdot \hat{\boldsymbol{s}}}{\hat{r}^3}$$

(41.8)

Die Argumentation für (41.7) ist nur qualitativ richtig, weil die verwendete Transformation der Felder nur für $\boldsymbol{v} = $ const. gilt. Die relativistische Behandlung der Spinpräzession des beschleunigten ($\boldsymbol{v} \neq$ const.) Elektrons führt zu dem hier fehlenden Faktor 2. Diese Spinpräzession wird *Thomas-Präzession* genannt.

Mit $\langle r^{-3} \rangle \sim Z^3/a_{\mathrm{B}}^3$ und $|\boldsymbol{\ell}| \sim |\boldsymbol{s}| \sim \hbar$ schätzen wir die Größe dieser Korrektur ab:

$$\frac{\langle V_2 \rangle}{\varepsilon_{\mathrm{at}}} \sim \frac{1}{\varepsilon_{\mathrm{at}}}\,\frac{Z e^2}{m_{\mathrm{e}}^2 c^2}\,\frac{Z^3 \hbar^2}{a_{\mathrm{B}}^3} \sim (Z\alpha)^2$$

(41.9)

Zitterbewegung

Die relativistische Theorie von Elektronen impliziert die Existenz von Antiteilchen, also von Positronen mit der Ladung $+e$ und der Masse m_e. Der (41.1) zugrunde liegende Teilchenbegriff verliert seine Gültigkeit, wenn wir das Elektron auf einen Bereich kleiner als die Compton-Wellenlänge

$$\frac{\hbar}{m_e c} \approx 4 \cdot 10^{-11}\,\text{cm} \tag{41.10}$$

beschränken; denn eine solche Begrenzung impliziert nach der Unschärferelation Impulse der Größe $m_e c$ und somit kinetische Energien der Größe $m_e c^2$. Dann können Teilchen-Antiteilchen-Paare erzeugt werden und es ist nicht länger möglich, von genau einem Teilchen zu reden. Dies bedeutet, dass in einer relativistischen *und* quantenmechanischen Behandlung ein Teilchen der Masse m nicht genauer als $\hbar/mc$ lokalisiert werden kann. Schrödinger prägte für diese Unbestimmtheit im Ort den Ausdruck *Zitterbewegung*. Die Zitterbewegung kann durch eine „Verschmierung" der Aufenthaltswahrscheinlichkeit des Elektrons simuliert werden:

$$\left|\psi(\mathbf{r})\right|^2 \;\Longrightarrow\; \left|\varphi(\mathbf{r})\right|^2 = \int d^3 r'\,\left|\psi(\mathbf{r}+\mathbf{r}')\right|^2 F(\mathbf{r}') \tag{41.11}$$

Dabei kommt es nicht auf die genaue Wahl von F an. Eine einfache Wahl ist

$$F(\mathbf{r}) = \frac{1}{(2\pi)^{3/2} b^3}\,\exp\left(-\frac{r^2}{2b^2}\right) \tag{41.12}$$

Die Breite b der Verschmierung ist klein gegenüber der Ausdehnung a_B der Wellenfunktion,

$$b = \frac{\hbar}{2\,m_e c} \ll a_B \tag{41.13}$$

Die Begründung für die Verschmierung führt zu $b = \mathcal{O}(\hbar/m_e c)$; der numerische Faktor ist so gewählt, dass das Ergebnis richtig wird (siehe letzter Absatz in diesem Abschnitt).

Für die Verteilung (41.12) gilt

$$\int d^3 r\,F(\mathbf{r}) = 1\,,\qquad \int d^3 r\,x_i\,F(\mathbf{r}) = 0\,,\qquad \int d^3 r\,x_i\,x_j\,F(\mathbf{r}) = b^2\,\delta_{ij} \tag{41.14}$$

Wir setzen im Folgenden eine sphärische Funktion $F(\mathbf{r}) = F(r)$ voraus, die diese Bedingungen erfüllt. Wir werten nun (41.11) aus, wobei wir $|\psi(\mathbf{r}+\mathbf{r}')|^2$ nach Potenzen von $\mathbf{r}' := (x_1', x_2', x_3')$ entwickeln:

$$\left|\varphi(\mathbf{r})\right|^2 = \int d^3 r'\left(1 + \sum_{i=1}^{3} x_i'\,\frac{\partial}{\partial x_i} + \sum_{i,j=1}^{3} \frac{x_i' x_j'}{2}\,\frac{\partial^2}{\partial x_i\,\partial x_j} + \ldots\right)\left|\psi(\mathbf{r})\right|^2 F(\mathbf{r}')$$

$$\overset{(41.14)}{=} \left(1 + \frac{b^2}{2}\,\Delta + \mathcal{O}\big(b^4/a_B^4\big)\right)\left|\psi(\mathbf{r})\right|^2 \tag{41.15}$$

Hiermit berechnen wir den Erwartungswert des Coulombpotenzials:

$$\int d^3r \, |\varphi(\boldsymbol{r})|^2 \, V(r) \approx \int d^3r \, |\psi(\boldsymbol{r})|^2 \, V(r) + \frac{b^2}{2} \int d^3r \, |\psi(\boldsymbol{r})|^2 \, \Delta V(r)$$

$$(41.16)$$

Im zweiten Term wurde der Laplace-Operator durch partielle Integration auf das Potenzial umgewälzt. Dieser Term ist die Korrektur aufgrund der relativistisch-quantenmechanischen Verschmierung der Aufenthaltswahrscheinlichkeit. Mit $b = \hbar/(2m_\mathrm{e}c)$, $V = -Ze^2/r$ und $\Delta V = 4\pi Ze^2 \, \delta(\boldsymbol{r})$ wird dieser Term zu $\langle \psi \, | \, \hat{V}_3 \, | \, \psi \rangle$ mit

$$\boxed{\hat{V}_3 = \frac{\pi Z e^2 \hbar^2}{2\,m_\mathrm{e}^2 c^2} \, \delta(\hat{\boldsymbol{r}})}$$

$$(41.17)$$

Dieser Störoperator wird auch *Darwin-Term* genannt. Wir schätzen die Größe dieser Korrektur ab:

$$\frac{\langle V_3 \rangle}{\varepsilon_\mathrm{at}} \sim \frac{\pi Z e^2 \hbar^2}{2\,m_\mathrm{e}^2 c^2} \frac{|\psi(0)|^2}{\varepsilon_\mathrm{at}} \sim \frac{1}{\varepsilon_\mathrm{at}} \frac{\hbar^2}{m_\mathrm{e}^2 c^2} \frac{Z^4 e^2}{a_\mathrm{B}^3} \sim (Z\alpha)^2$$

$$(41.18)$$

Hierbei wurde $|\psi(0)|^2 \sim (Z/a_\mathrm{B})^3$ benutzt.

Die gegebene Begründung für die aufgestellten Störoperatoren ist mehr oder weniger qualitativ. Das Ergebnis für $\hat{V}_1$ ist eindeutig. Für $\hat{V}_2$ bedarf der numerische Faktor einer genaueren Begründung. Die Argumentation für $\hat{V}_3$ ist qualitativ. Die drei Störoperatoren können jedoch in einer umfassenderen Theorie exakt abgeleitet werden. Diese Theorie ist die *Dirac-Gleichung*. Der Hamiltonoperator der Dirac-Gleichung reduziert sich in der Ordnung v^2/c^2 auf $\hat{H}_0 + \hat{V}_1 + \hat{V}_2 + \hat{V}_3$. Dadurch sind die Störoperatoren $\hat{V}_i$ wohldefiniert [8]. Sie beschreiben die relativistischen Effekte in der Ordnung $v^2/c^2 \sim Z^2 \alpha^2$.

Störungstheorie

Alle Störoperatoren sind von der Ordnung $(Z\alpha)^2$,

$$\frac{\langle V_i \rangle}{\varepsilon_\mathrm{at}} \sim \frac{Z^2 e^4}{\hbar^2 c^2} \approx \left(\frac{Z}{137}\right)^2$$

$$(41.19)$$

Für $Z = 1$ ist die Störung also von der relativen Größe 10^{-4}. Für schwere Kerne (etwa $Z = 92$ für Uran) ist die Anwendbarkeit der Störungstheorie fraglich.

Wir wollen die Energieniveaus des Problems

$$\hat{H} = \hat{H}_0 + \hat{V}_1 + \hat{V}_2 + \hat{V}_3$$

$$(41.20)$$

in erster Ordnung Störungstheorie bestimmen. Unter Berücksichtigung des Spin-freiheitsgrads lauten die Eigenzustände von $\hat{H}_0$

$$|n\,l\,m\rangle\,|s\,s_z\rangle = |n\,l\rangle\,|l\,m\rangle\,|s\,s_z\rangle := \frac{u_{nl}(r)}{r} \, Y_{lm}(\theta, \phi) \, |s\,s_z\rangle$$

$$(41.21)$$

Dabei verwenden wir die Notation

$$|nl\rangle := \langle r | nl \rangle = \frac{u_{nl}(r)}{r} \tag{41.22}$$

für den Radialanteil. Da die Energieeigenwerte ε_n nur von der Quantenzahl n abhängen, sind auch die zum Gesamtdrehimpuls j gekoppelten Zustände

$$|n\,j\,l\,s\,m_j\rangle = |nl\rangle\,|j\,l\,s\,m_j\rangle \tag{41.23}$$

mit

$$|j\,l\,s\,m_j\rangle = \sum_{m,\,s_z} \langle l\,m\,s\,s_z | j\,l\,s\,m_j\rangle\,|l\,m\,s\,s_z\rangle \tag{41.24}$$

Eigenzustände von $\hat{H}_0$ zum Eigenwert $\varepsilon_n = -Z^2 E_{\mathrm{at}}/2n^2$. Als Basis für die Störungstheorie wählen wir die gekoppelten Zustände, da dies die Rechnung vereinfacht.

Die Zustände (41.23) sind bezüglich der Quantenzahlen j, l und m_j entartet. Für die jeweils entarteten Zustände ist die Matrix

$$V = \left(\langle n\,j\,l\,s\,m_j |\,\hat{V}_1 + \hat{V}_2 + \hat{V}_3\,|n\,j'\,l'\,s\,m_j'\rangle \right) \tag{41.25}$$

zu diagonalisieren; dabei sind n und $s = 1/2$ vorgegeben. Die folgende Diskussion wird zeigen, dass die Matrix (41.25) bereits diagonal ist. Die Diagonalelemente geben dann direkt die Energieverschiebung in 1. Ordnung an. Da wir den Spin berücksichtigen, ist jetzt auch der Grundzustand entartet ($n = 1$, $l = 0$, $j = s = 1/2$, $m_j = \pm 1/2$).

Auswertung von $\langle V_1 \rangle$

Die Störung $\hat{V}_1$ ist drehinvariant und wirkt nicht auf den Spin. Sie vertauscht also mit $\hat{\boldsymbol{\ell}}$ und $\hat{\boldsymbol{s}}$, und daher auch mit $\hat{j}^2$, $\hat{\ell}^2$, $\hat{s}^2$ und $\hat{j}_z$. Damit ist die Matrix (41.25) für $\hat{V}_1$ bezüglich aller Quantenzahlen diagonal:

$$\langle n\,j\,l\,s\,m_j |\,\hat{V}_1\,|n\,j'\,l'\,s\,m_j'\rangle = \langle n\,l\,m |\,\hat{V}_1\,|n\,l\,m\rangle\,\delta_{jj'}\,\delta_{ll'}\,\delta_{m_j m_j'} = \Delta E_1\,\delta_{jj'}\,\delta_{ll'}\,\delta_{m_j m_j'} \tag{41.26}$$

Das Skalarprodukt der Winkel- und Spinanteile ergibt 1. Zur Berechnung von ΔE_1 verwenden wir

$$\Delta E_1 = \left\langle n\,l\,m \left| -\frac{(\hat{\boldsymbol{p}}^2/2m_{\mathrm{e}})^2}{2m_{\mathrm{e}}c^2} \right| n\,l\,m \right\rangle = \left\langle n\,l\,m \left| -\frac{(H_0 + Ze^2/\hat{r})^2}{2m_{\mathrm{e}}c^2} \right| n\,l\,m \right\rangle$$

$$= -\frac{1}{2m_{\mathrm{e}}c^2} \left\langle n\,l \left| \varepsilon_n^2 + 2\varepsilon_n\,\frac{Ze^2}{\hat{r}} + \left(\frac{Ze^2}{\hat{r}}\right)^2 \right| n\,l \right\rangle \tag{41.27}$$

Der Störoperator wirkt nicht auf den Spin; daher genügt es, die Ortszustände $|nlm\rangle$ zu betrachten. Im letzten Ausdruck wirkt der Operator nicht mehr auf die Winkelkoordinaten; daher können wir uns hier auf die Radialzustände (41.22) beschränken. Wir setzen die Erwartungswerte (29.28) und (29.29),

$$\left\langle \frac{1}{r} \right\rangle = \frac{Z}{a_B \, n^2} \, , \qquad \left\langle \frac{1}{r^2} \right\rangle = \frac{Z^2}{a_B^2 \, n^3 \, (l + 1/2)} \tag{41.28}$$

und die ungestörten Energien $\varepsilon_n = -Z^2 E_{at}/2n^2$ in (41.27) ein:

$$\Delta E_1 = m_e c^2 \, (Z\alpha)^4 \, \frac{1}{2n^3} \left(\frac{3}{4n} - \frac{1}{l + 1/2} \right) \tag{41.29}$$

Auswertung von $\langle V_2 \rangle$

Mit

$$\hat{\boldsymbol{j}} = \hat{\boldsymbol{\ell}} + \hat{\boldsymbol{s}} \tag{41.30}$$

kann die Störung $\hat{V}_2$ in folgender Form geschrieben werden:

$$\hat{V}_2 = \frac{Ze^2}{2 m_e^2 c^2} \, \frac{\hat{\boldsymbol{s}} \cdot \hat{\boldsymbol{\ell}}}{\hat{r}^3} = \frac{Ze^2}{4 m_e^2 c^2} \, \frac{\hat{\boldsymbol{j}}^2 - \hat{\boldsymbol{\ell}}^2 - \hat{\boldsymbol{s}}^2}{\hat{r}^3} \tag{41.31}$$

Hieraus folgt

$$\langle n \, j \, l \, s \, m_j | \hat{V}_2 | n \, j' \, l' \, s \, m_j' \rangle = \Delta E_2 \, \delta_{jj'} \, \delta_{ll'} \, \delta_{m_j m_j'} \tag{41.32}$$

mit

$$\Delta E_2 = \frac{Ze^2}{4 m_e^2 c^2} \left\langle nl \left| \frac{1}{\hat{r}^3} \right| nl \right\rangle \left[j(j+1) - l(l+1) - s(s+1) \right] \hbar^2 \tag{41.33}$$

Wir verwenden (29.30)

$$\left\langle \frac{1}{r^3} \right\rangle = \frac{Z^3}{a_B^3 \, n^3 \, l \, (l + 1/2)(l + 1)} \qquad (l \neq 0) \tag{41.34}$$

Für $l = 0$ verschwindet die Spin-Bahn-Kopplung $\hat{\boldsymbol{\ell}} \cdot \hat{\boldsymbol{s}}$ von vornherein; wegen der Isotropie des s-Zustands ist das Feld $\boldsymbol{B}' \approx -(\boldsymbol{v}/c) \times \boldsymbol{E}$ in (41.6) im Mittel gleich null. Damit erhalten wir

$$\Delta E_2 = \begin{cases} 0 & (l = 0) \\[3mm] \dfrac{m_e c^2 \, (Z\alpha)^4}{4n^3} \, \dfrac{j(j+1) - l(l+1) - s(s+1)}{l \, (l+1/2)(l+1)} & (l \neq 0) \end{cases} \tag{41.35}$$

Auswertung von $\langle V_3 \rangle$

Die Störung $\hat{V}_3$ ist sphärisch symmetrisch. Sie vertauscht mit $\hat{\ell}$ und $\hat{s}$ und ist daher ebenfalls diagonal in j, l und m_j:

$$\langle n\,j\,l\,j\,s\,m_j|\,\hat{V}_3\,|n\,j'\,l'\,s\,m_j'\rangle = \frac{\pi\,Z e^2 \hbar^2}{2\,m_e^2 c^2}\,\langle n\,j\,l\,s\,m_j|\,\delta(\hat{r})\,|n\,j\,l\,s\,m_j\rangle\,\delta_{jj'}\,\delta_{ll'}\,\delta_{m_j m_j'}$$

$$= \Delta E_3\,\delta_{jj'}\,\delta_{ll'}\,\delta_{m_j m_j'} \tag{41.36}$$

Wegen der Delta-Funktion ist das Ergebnis proportional zum Wert der Wellenfunktion bei $r = 0$. Daher gilt $\Delta E_3 = 0$ für $l \neq 0$. Für $l = 0$ ist $|n\,j\,l\,s\,m_j\rangle = |n\,00\rangle\,|s\,m_j\rangle$. Damit erhalten wir

$$\Delta E_3 = \frac{\pi\,Z e^2 \hbar^2}{2\,m_e^2 c^2}\,\Big|\langle n\,00|\,\delta(\hat{r})\,|n\,00\rangle\Big|^2\,\delta_{l0} = \frac{\pi\,Z e^2 \hbar^2}{2\,m_e^2 c^2}\,\big|\psi_{n00}(0)\big|^2\,\delta_{l0} \tag{41.37}$$

Wir setzen $r = 0$, $l = 0$, $L_{n-1}^1(0) = n$ (folgt aus (29.16)) und $Y_{00} = 1/\sqrt{4\pi}$ in (29.19) ein und erhalten

$$\big|\psi_{n00}(0)\big|^2 = \frac{Z^3}{\pi\,a_B^3\,n^3} \tag{41.38}$$

Damit wird (41.37) zu

$$\Delta E_3 = m_e c^2\,(Z\alpha)^4\,\frac{\delta_{l0}}{2\,n^3} \tag{41.39}$$

Energieverschiebung

In der Basis der gekoppelten Zustände (41.23) ist die Störmatrix (41.25) diagonal,

$$\langle n\,j\,l\,s\,m_j|\,\hat{V}_1 + \hat{V}_2 + \hat{V}_3\,|n\,j'\,l'\,s\,m_j'\rangle = \Delta E^{(1)}\,\delta_{jj'}\,\delta_{ll'}\,\delta_{m_j m_j'} \tag{41.40}$$

Damit ist

$$\Delta E^{(1)} = \Delta E_1 + \Delta E_2 + \Delta E_3 \tag{41.41}$$

die Energieverschiebung der Zustände $|n\,j\,l\,s\,m_j\rangle$ in 1. Ordnung Störungstheorie. Wir beginnen mit $l \neq 0$. Hierfür tragen ΔE_1 und ΔE_2 bei:

$$\Delta E_{l\neq 0}^{(1)} = \frac{m_e c^2\,(Z\alpha)^4}{2\,n^3}\,\underbrace{\left(\frac{3}{4n} - \frac{1}{l + 1/2} + \frac{j\,(j+1) - l\,(l+1) - s\,(s+1)}{2\,l\,(l + 1/2)\,(l+1)}\right)}_{= A} \tag{41.42}$$

Mit

$$j\,(j+1) - l\,(l+1) - s\,(s+1) = \begin{cases} l & (j = l + 1/2) \\ -l - 1 & (j = l - 1/2) \end{cases} \tag{41.43}$$

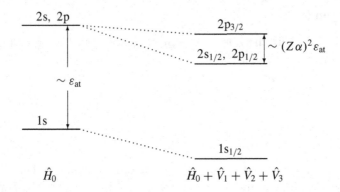

Abbildung 41.1 Schematische Darstellung der Verschiebung der untersten beiden Energieniveaus des Wasserstoffatoms gemäß (41.47). Die tatsächlichen Verschiebungen sind wegen $\alpha \sim 10^{-2}$ viel kleiner als in der Skizze; auch die relativen Verschiebungen sind nicht maßstäblich wiedergegeben.

ergeben die zu A zusammengefassten Terme

$$A = \left\{ \begin{array}{c} -\dfrac{1}{l+1/2} + \dfrac{1}{2(l+1/2)(l+1)} \\[2mm] -\dfrac{1}{l+1/2} - \dfrac{1}{2l(l+1/2)} \end{array} \right\} = -\frac{1}{j+1/2} \tag{41.44}$$

Die obere Zeile gilt für $j = l + 1/2$, die untere für $j = l - 1/2$.

Für $l = 0$ verschwindet ΔE_2, und die Beiträge ΔE_1 und ΔE_3 ergeben:

$$\Delta E_{l=0}^{(1)} = \frac{m_{\mathrm{e}} c^2 (Z\alpha)^4}{2 n^3} \left(\frac{3}{4n} - \frac{1}{1/2} + 1 \right) \tag{41.45}$$

Wir fassen (41.42) mit $A = -1/(j+1/2)$ und (41.45) in dem Ausdruck

$$\boxed{\Delta E^{(1)} = \Delta E_{nj} = m_{\mathrm{e}} c^2 (Z\alpha)^4 \frac{1}{2 n^4} \left(\frac{3}{4} - \frac{n}{j+1/2} \right)} \tag{41.46}$$

zusammen. Für $l = 0$ ist dies gleich (41.45). Speziell für die untersten Niveaus gilt

$$\Delta E_{nj} = -m_{\mathrm{e}} c^2 \frac{Z^4 \alpha^4}{128} \cdot \left\{ \begin{array}{lll} 16 & & 1\mathrm{s}_{1/2} \\ 1 & \text{für} & 2\mathrm{p}_{3/2} \\ 5 & & 2\mathrm{s}_{1/2},\ 2\mathrm{p}_{1/2} \end{array} \right. \tag{41.47}$$

Diese Verschiebungen sind in Abbildung 41.1 skizziert. In der betrachteten Ordnung von $Z\alpha$ ist das Ergebnis exakt, das heißt in Übereinstimmung mit der Lösung der Dirac-Gleichung. Die berechneten Energieniveaus stimmen mit der erwarteten Genauigkeit mit dem Experiment überein. Die nächstkleineren Korrekturen sind die Lambshift und die Hyperfeinstruktur (Abbildung 29.3).

Aufgaben

41.1 Wasserstoffatom im äußeren Magnetfeld

Für ein Wasserstoffatom in einem äußeren homogenen Magnetfeld $\boldsymbol{B} = B\,\boldsymbol{e}_z$ sei der Hamiltonoperator

$$\hat{H} = \hat{H}_1 + \frac{eB}{2m_e c}\left(\hat{\ell}_z + 2\,\hat{s}_z\right) + \frac{Ze^2}{2m_e^2 c^2}\,\frac{\hat{\boldsymbol{\ell}}\cdot\hat{\boldsymbol{s}}}{\hat{r}^3} \tag{41.48}$$

gegeben. Dabei schließt $\hat{H}_1 = \hat{H}_0 + \hat{V}_1 + \hat{V}_3$ die relativistischen Korrekturen (23.14) ohne Spin-Bahn-Wechselwirkung mit ein. Die Eigenwerte $E_{nl}^{(0)}$ und die Eigenzustände $|nlm\rangle$ von $\hat{H}_0$ werden als bekannt vorausgesetzt.

Die p-Zustände $|n, l = 1, m, s = 1/2, s_z\rangle$ mit fester Hauptquantenzahl n sind bezüglich der Quantenzahlen m und s_z entartet. Bestimmen Sie ihre Aufspaltung in 1. Ordnung Störungstheorie. Dazu sind die Matrixelemente

$$\langle nlmss_z|\,\hat{\ell}_z + 2\,\hat{s}_z\,|nlm'ss_z'\rangle, \qquad \langle nlmss_z|\,2\,\hat{\boldsymbol{\ell}}\cdot\hat{\boldsymbol{s}}\,|nlm'ss_z'\rangle$$

für $l = 1$ zu berechnen. Führen Sie die Abkürzungen

$$\kappa = \frac{e\hbar B}{2m_e c} \quad\text{und}\quad \lambda = \frac{Ze^2\hbar^2}{4m_e^2 c^2}\left\langle\frac{1}{r^3}\right\rangle_{n,l=1}$$

und diskutieren Sie das Ergebnis für die Fälle $\kappa \ll \lambda$ und $\kappa \gg \lambda$.

41.2 Spin-Bahn-Kopplung im Atomkern

Im einem einfachen Schalenmodell des Atomkerns bewegen sich die Nukleonen (Masse m, Spin $s = 1/2$) in einem sphärischen harmonischen Oszillatorpotenzial,

$$\hat{H}_0 = \frac{\hat{\boldsymbol{p}}^2}{2m} + \hat{V} \quad\text{mit}\quad V(r) = \frac{m\omega^2}{2}\,r^2$$

Zusätzlich wirkt die Spin-Bahn-Kraft

$$\hat{H} = \hat{H}_0 + \hat{V}_{ls}\,, \qquad \hat{V}_{ls} = \lambda\,\frac{1}{2m^2 c^2}\,\frac{1}{r}\,\frac{dV(r)}{dr}\,\hat{\boldsymbol{s}}\cdot\hat{\boldsymbol{l}} \qquad (\lambda < 0)$$

a) Bestimmen Sie die Energieeigenwerte in erster Ordnung Störungstheorie. Warum sind dies zugleich die exakten Energieeigenwerte?

b) Diskutieren Sie die Aufspaltung der ungestörten Energieniveaus mit $3\hbar\omega/2$, $5\hbar\omega/2$ und $7\hbar\omega/2$, und skizzieren Sie das sich ergebende Spektrum.

41.3   Pionisches Atom

Wenn in einem Atom ein Elektron durch ein negativ geladenes Pion ersetzt wird, spricht man von einem *pionischen Atom*. Für das Pion mit Spin null gilt die Klein-Gordon-Gleichung. Im Aufgabe 29.4 wurde sie für das Wasserstoffproblem gelöst. Dies ergibt die Energieeigenwerte

$$E_{n_r l} = \frac{m\,c^2}{\sqrt{1 + \alpha^2\,Z^2/(\beta + n_r)^2}} \qquad \text{mit} \quad \beta = \frac{1}{2} + \sqrt{\left(l + \frac{1}{2}\right)^2 - Z^2\alpha^2}$$

Hierbei ist $m = m_\pi$ die Masse des Pions. Wegen $m_\pi/m_e \approx 250$ ist die Reichweite der pionischen Wellenfunktion durch $\bar{a}_B \approx a_B/250$ bestimmt.

Entwickeln die Energiewerte nach Potenzen von $Z\alpha \ll 1$, und zwar bis zur Ordnung $m c^2 (Z\alpha)^4$. Stellen Sie den Zusammenhang mit den in diesem Kapitel diskutierten relativistischen Korrekturen her.

42 Zeitabhängige Störungstheorie

Wir betrachten ein System mit dem Hamiltonoperator $\hat{H} = \hat{H}_0 + \hat{V}(t)$ mit einer kleinen zeitabhängigen Störung $\hat{V}(t)$. Die Störung führt zu Übergängen zwischen den ungestörten Eigenzuständen von $\hat{H}_0$.

Für den zeitunabhängigen Hamiltonoperator $\hat{H}_0$ seien die Eigenwerte und Eigenzustände bekannt,

$$\hat{H}_0 \,|n\rangle = \varepsilon_n \,|n\rangle \qquad (n = 1, 2, \dots) \tag{42.1}$$

Der tatsächliche Hamiltonoperator enthalte demgegenüber eine zeitabhängige Störung,

$$\hat{H} = \hat{H}_0 + \hat{V}(t) \tag{42.2}$$

Wir suchen eine Lösung $|\psi(t)\rangle$ der Schrödingergleichung

$$\mathrm{i}\hbar \frac{\partial}{\partial t} \,|\psi(t)\rangle = \left(\hat{H}_0 + \lambda \,\hat{V}(t) \right) |\psi(t)\rangle \tag{42.3}$$

Wie in Kapitel 39 haben wir $\hat{V}(t)$ mit einem Parameter λ multipliziert, um die Lösung nach Potenzen der Störung entwickeln zu können. Auf der Grundlage der bekannten Lösung (42.1) wollen wir eine *Näherungslösung* der zeitabhängigen Schrödingergleichung finden. Wir berechnen daraus die Wahrscheinlichkeiten, mit denen unter dem Einfluss der Störung $\hat{V}(t)$ Übergänge zwischen verschiedenen Zuständen erfolgen.

Die gesuchte Lösung $|\psi(t)\rangle$ kann zu jedem Zeitpunkt nach dem VONS der Eigenzustände (42.1) entwickelt werden:

$$|\psi(t)\rangle = \sum_{k=1}^{\infty} c_k(t) \,\exp\left(-\frac{\mathrm{i}\varepsilon_k t}{\hbar} \right) |k\rangle \tag{42.4}$$

Für konstante Koeffizienten c_k ist dies eine allgemeine Lösung der zeitabhängigen Schrödingergleichung (42.3) mit $\lambda = 0$; in diesem Fall ist die Wahrscheinlichkeit $|c_k|^2$, das System in einem Zustand $|k\rangle$ zu finden, konstant. Die zeitabhängige Störung $\hat{V}(t)$ führt dagegen zu zeitabhängigen Wahrscheinlichkeiten $|c_k(t)|^2$. Wir setzen (42.4) in (42.3) ein:

$$\sum_{k=1}^{\infty} \left(\mathrm{i}\hbar \frac{d c_k(t)}{dt} + \varepsilon_k c_k(t) \right) \exp\left(-\frac{\mathrm{i}\varepsilon_k t}{\hbar} \right) |k\rangle \tag{42.5}$$

$$= \sum_{k=1}^{\infty} c_k(t) \,\exp\left(-\frac{\mathrm{i}\varepsilon_k t}{\hbar} \right) \left(\varepsilon_k + \lambda \,\hat{V}(t) \right) |k\rangle$$

Die Projektion auf $\langle m |$ ergibt

$$i\hbar \frac{dc_m(t)}{dt} = \lambda \sum_{k=1}^{\infty} c_k(t) \exp(i\omega_{mk}t) \langle m | \hat{V}(t) | k \rangle \qquad (42.6)$$

wobei

$$\omega_{mk} = \frac{\varepsilon_m - \varepsilon_k}{\hbar} \qquad (42.7)$$

Wegen der Vollständigkeit der Basiszustände ist (42.6) äquivalent zu (42.3). Die zu bestimmenden Koeffizienten werden nach Potenzen von λ entwickelt:

$$c_m(t) = c_m^{(0)}(t) + \lambda\, c_m^{(1)}(t) + \lambda^2\, c_m^{(2)}(t) + \dots \qquad (42.8)$$

Als Anfangsbedingungen wählen wir

$$c_m^{(0)}(0) = \delta_{mn} \quad \text{und} \quad c_m^{(1)}(0) = c_m^{(2)}(0) = \dots = 0 \qquad (42.9)$$

Dies bedeutet, dass das System zur Zeit $t = 0$ im Eigenzustand $|n\rangle$ ist:

$$\big| \psi(0) \big\rangle = |n\rangle \qquad (42.10)$$

Wir setzen (42.8) in (42.6) ein:

$$i\hbar \frac{dc_m^{(0)}(t)}{dt} + i\hbar\lambda \frac{dc_m^{(1)}(t)}{dt} + \mathcal{O}(\lambda^2) \qquad (42.11)$$

$$= \lambda \sum_{k=1}^{\infty} c_k^{(0)}(t) \exp(i\omega_{mk}t) \langle m | \hat{V}(t) | k \rangle + \mathcal{O}(\lambda^2)$$

Aus dieser Gleichung erhalten wir sukzessive die Bedingungen für $c_m^{(0)}(t)$, $c_m^{(1)}(t)$, $c_m^{(2)}(t)$, …. Wir beschränken uns im Folgenden auf die erste Ordnung.

In der Ordnung λ^0 ergibt (42.11):

$$i\hbar \frac{dc_m^{(0)}(t)}{dt} = 0 \quad \overset{(42.9)}{\longrightarrow} \quad c_m^{(0)}(t) = \delta_{mn} \qquad (42.12)$$

Dies setzen wir in (42.11) ein. Damit erhalten wir in 1. Ordnung in λ:

$$i\hbar \frac{dc_m^{(1)}}{dt} = \exp(i\omega_{mn}t) \langle m | \hat{V}(t) | n \rangle \qquad (42.13)$$

Unter Berücksichtigung der Anfangsbedingung (42.9) lautet die Lösung dieser Differenzialgleichung:

$$\boxed{c_m^{(1)}(t) = -\frac{i}{\hbar} \int_0^t dt'\, \exp(i\omega_{mn}t') \langle m | \hat{V}(t') | n \rangle} \qquad (42.14)$$

Dies bestimmt die zeitabhängige Lösung

$$|\psi(t)\rangle \approx \exp(-i\varepsilon_n t/\hbar)\,|n\rangle + \sum_{m=1}^{\infty} c_m^{(1)}(t)\,\exp(-i\varepsilon_m t/\hbar)\,|m\rangle \qquad (42.15)$$

Die Wahrscheinlichkeit, hierin den Zustand $|m\rangle$ zu finden, ist $p_m = \left|\delta_{mn} + c_m^{(1)}\right|^2$. Die Wahrscheinlichkeit für den Übergang $n \rightarrow m$ ist daher

$$p_m = \left|c_m^{(1)}(t)\right|^2 \qquad (m \neq n) \qquad (42.16)$$

Eine notwendige Bedingung für die Gültigkeit der 1. Ordnung Störungstheorie ist die Kleinheit der Beimischungen,

$$\left|c_m^{(1)}(t)\right| \ll 1 \qquad (m \neq n) \qquad (42.17)$$

Periodische Störung

Für die Anwendung der zeitabhängigen Störungstheorie sind vor allem zwei Fälle wichtig:

1. Die Störung besteht nur während einer endlichen Zeitspanne. Die Fouriertransformierte einer solchen Störung enthält ein kontinuierliches Frequenzspektrum. Dann ist der Betrag der Energieänderung nicht von vornherein festgelegt.

2. Die Störung ist periodisch:

$$\hat{V}(t) = \hat{V}_0 \exp(-i\omega t) + \hat{V}_0^{\dagger} \exp(+i\omega t) \qquad (42.18)$$

Die Addition des adjungierten Terms garantiert die Hermitezität des Operators. Ein solcher Störoperator beschreibt zum Beispiel die Wirkung einer elektromagnetischen Welle auf ein geladenes Teilchen. Der Störoperator führt zu Übergängen mit einer Energieänderung $\Delta\varepsilon = \pm\hbar\omega$.

Im Folgenden beschränken wir uns auf den Fall einer periodischen Störung. Wir setzen (42.18) in (42.14) ein:

$$i\hbar\, c_m^{(1)}(t) = \langle m|\hat{V}_0|n\rangle \int_0^t dt'\, \exp\big(i(\omega_{mn} - \omega)t'\big)$$

$$+ \langle m|\hat{V}_0^{\dagger}|n\rangle \int_0^t dt'\, \exp\big(i(\omega_{mn} + \omega)t'\big) \qquad (42.19)$$

Für Übergänge im Atom ist die Skala der Frequenzen durch $\omega_{\mathrm{at}} = e^2/(\hbar a_{\mathrm{B}})$ gegeben. Die Übergangszeiten (Lebensdauern von angeregten Zuständen) sind relativ groß, $t \sim \alpha^{-3}/\omega_{\mathrm{at}} \sim 10^6/\omega_{\mathrm{at}}$; dies kann in der Elektrodynamik abgeschätzt werden ((24.40) in [2]). Wenn die in (42.19) im Exponenten auftretenden Frequenzen

$$\Omega = \omega_{mn} \pm \omega \qquad (42.20)$$

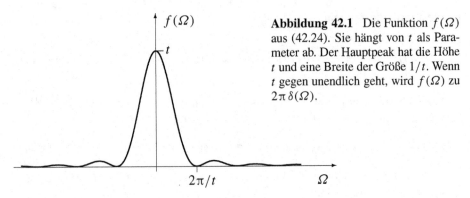

Abbildung 42.1 Die Funktion $f(\Omega)$ aus (42.24). Sie hängt von t als Parameter ab. Der Hauptpeak hat die Höhe t und eine Breite der Größe $1/t$. Wenn t gegen unendlich geht, wird $f(\Omega)$ zu $2\pi\,\delta(\Omega)$.

deutlich größer als $10^{-6}\,\omega_{\mathrm{at}}$ sind, dann mitteln sich die Beiträge zum jeweiligen Integral näherungsweise zu null. Wesentliche Beiträge ergeben sich nur für $\omega \approx \omega_{mn}$ oder $\omega \approx -\omega_{mn}$. Damit liefert nur *eines der beiden Integrale* in (42.19) einen nennenswerten Beitrag. In der folgenden Notation ($\Omega = \omega_{mn} \pm \omega$, $\hat{V}_+ = \hat{V}_0^{\dagger}$ und $\hat{V}_- = \hat{V}_0$) lassen wir zunächst offen, welches der beiden Integrale überlebt:

$$c_m^{(1)}(t) = -\frac{\mathrm{i}}{\hbar}\,\langle m\,|\,\hat{V}_{\pm}\,|\,n\rangle \int_0^t dt'\,\exp\left(\mathrm{i}\,\Omega\,t'\right) \tag{42.21}$$

Mit

$$\left| \int_0^t dt'\,\exp(\mathrm{i}\,\Omega\,t') \right|^2 = \left| \frac{\exp(\mathrm{i}\,\Omega\,t) - 1}{\mathrm{i}\,\Omega} \right|^2 = \frac{4\,\sin^2(\Omega\,t/2)}{\Omega^2} \tag{42.22}$$

erhalten wir die *Übergangsrate*

$$W_{n\to m} = \frac{|c_m^{(1)}(t)|^2}{t} = \frac{|\langle m\,|\,\hat{V}_{\pm}\,|\,n\rangle|^2}{\hbar^2}\,\frac{4\,\sin^2(\Omega\,t/2)}{\Omega^2\,t} \tag{42.23}$$

Diese Übergangsrate ist die Wahrscheinlichkeit pro Zeit dafür, dass der Übergang $n \to m$ stattfindet.

Wegen $t \gg 1/\omega_{\mathrm{at}} = e^2/(\hbar\,a_{\mathrm{B}})$ dürfen wir den Grenzfall $t \to \infty$ betrachten:

$$f(\Omega) = \frac{4\,\sin^2(\Omega\,t/2)}{\Omega^2\,t} \overset{t\to\infty}{\longrightarrow} 2\pi\,\delta(\Omega) \tag{42.24}$$

Abbildung 42.1 zeigt, dass $f(\Omega)$ eine positive Funktion mit dem Maximalwert $f_{\mathrm{max}} = t$ und mit einer Breite $\Delta\Omega \sim 1/t$ ist. Das Integral über $f(\Omega)$ ist daher unabhängig von t; es ergibt sich der Wert 2π. Dies erklärt, dass $f(\Omega)$ für $t \to \infty$ zu $2\pi\,\delta(\Omega)$ wird. Mit (42.24) wird (42.23) zu

$$W_{n\to m} = \frac{2\pi}{\hbar}\,\left| \langle m\,|\,\hat{V}_{\pm}\,|\,n\rangle \right|^2\,\delta(\varepsilon_m - \varepsilon_n \pm \hbar\omega) \tag{42.25}$$

In der Notation wurde angemerkt, dass es sich um den Übergang $n \to m$ handelt. Für $\varepsilon_m > \varepsilon_n$ sind in $\hat{V}_{\pm}$ und der δ-Funktion die Minuszeichen zu nehmen, für $\varepsilon_m < \varepsilon_n$ die Pluszeichen. Ein $\hbar$-Faktor wurde in die δ-Funktion integriert; es gilt $\delta(\omega) = \hbar\,\delta(\hbar\omega)$.

Aufgaben

42.1   Zeitabhängige Störung im Zweizustandssystem

Der Hamiltonoperator

$$\hat{H} = \hat{H}_0 + \hat{V}(t)$$

beschreibt ein System mit dem Hamiltonoperator $\hat{H}_0$, auf das eine zeitabhängige Störung $\hat{V}(t)$ wirkt. Es werden zwei ungestörte Eigenzustände betrachtet:

$$\hat{H}_0 \, |1\rangle = \varepsilon_1 \, |1\rangle \,, \qquad \hat{H}_0 \, |2\rangle = \varepsilon_2 \, |2\rangle \,, \qquad \hbar\omega_{21} = \varepsilon_2 - \varepsilon_1 > 0$$

Im Raum dieser beiden Zustände ist der hermitesche Störoperator $\hat{V}(t)$ durch eine Matrix gegeben:

$$\hat{V}(t) := \left(\langle n' | \, \hat{V}(t) \, | n \rangle \right) = \hbar\omega_0 \begin{pmatrix} 0 & \exp(\mathrm{i}\omega t) \\ \exp(-\mathrm{i}\omega t) & 0 \end{pmatrix} \qquad (42.26)$$

Dabei gibt $\hbar\omega_0$ die Stärke der Störung an.

Lösen Sie die zeitabhängige Schrödingergleichung für $|\psi(t)\rangle$ im Raum der beiden Zustände für die Anfangsbedingung $|\psi(0)\rangle = |1\rangle$. Diskutieren Sie die Zeitabhängigkeit der Besetzungswahrscheinlichkeiten $|c_n(t)|^2 = |\langle n|\psi(0)\rangle|^2$. Berechnen Sie diese Wahrscheinlichkeiten auch in erster Ordnung zeitabhängiger Störungstheorie, und vergleichen Sie diese Näherung mit dem exakten Ergebnis.

43 Strahlung von Atomen

Wir wenden die Ergebnisse des letzten Kapitels auf die Strahlung von Atomen an. Dabei betrachten wir zunächst die Emission und Absorption im Feld einer äußeren elektromagnetischen Welle; dies sind durch die Welle induzierte Übergänge. Danach diskutieren wir die spontane Emission ohne äußeres Feld.

Induzierte Emission und Absorption

Eine elektromagnetische Welle kann durch das Vektorpotenzial

$$A(r, t) = A_0 \, \epsilon \, \cos(k \cdot r - \omega t), \quad \text{mit } \omega = ck \text{ und } \epsilon \cdot k = 0 \qquad (43.1)$$

beschrieben werden. Dabei ist ϵ der normierte Polarisationsvektor und A_0 die Amplitude der Welle. Alle auftretenden Größen sind reell. Für ein Elektron im Feld der Welle und im Coulombpotenzial des Atomkerns lautet der Hamiltonoperator (3.21)

$$\hat{H} = \frac{\hat{p}^2}{2 m_e} - \frac{Z e^2}{\hat{r}} + \frac{e}{m_e c} \, \hat{A} \cdot \hat{p} = \hat{H}_0 + \hat{V}(t) \qquad (43.2)$$

Dabei ist $\hat{H}_0$ der Hamiltonoperator des ungestörten Wasserstoffproblems und $\hat{V}$ der Störoperator. Die im Vektorpotenzial quadratischen Terme sind klein und wurden daher weggelassen. Der Störoperator lautet

$$\hat{V}(t) = \frac{e}{m_e c} \, \hat{A} \cdot \hat{p} = \hat{V}_0 \exp(-i \omega t) + \hat{V}_0^\dagger \exp(+i \omega t) \qquad (43.3)$$

Der letzte Ausdruck ergibt sich aus (43.1) mit $\cos x = \big[\exp(ix) + \exp(-ix) \big]/2$, $\hat{A}(r, t) = A(\hat{r}, t)$ und

$$\hat{V}_0 = \frac{e A_0}{2 m_e c} \exp\big(i k \cdot \hat{r}\big) \, \epsilon \cdot \hat{p} \approx \frac{e A_0}{2 m_e c} \, \epsilon \cdot \hat{p} \qquad (43.4)$$

Im letzten Schritt wurde die *Langwellennäherung* $\exp(i k \cdot r) = 1 + i k \cdot r + ... = 1 + \mathcal{O}\big(\langle r \rangle / \lambda\big) \approx 1$ verwendet. Diese Näherung setzt $\lambda \gg \langle r \rangle \sim a_B$ voraus. Die Wellenlänge λ ist dadurch festgelegt, dass die Energie $\hbar \omega$ des emittierten oder absorbierten Photons gleich der Energiedifferenz $\Delta \varepsilon$ der beteiligten Elektronenzustände ist:

$$\lambda = 2\pi \frac{c}{\omega} = 2\pi \frac{\hbar c}{\Delta \varepsilon} = 2\pi \frac{\hbar c}{e^2} \frac{E_{\text{at}}}{\Delta \varepsilon} \, a_B \approx 10^4 \, a_B \qquad (43.5)$$

Dabei haben wir $\Delta\varepsilon \sim E_{\mathrm{at}}/10$ für sichtbares Licht und $\hbar c/e^2 \approx 1/137$ eingesetzt. Das Ergebnis zeigt, dass die Langwellennäherung ausgezeichnet gerechtfertigt ist.

In diesem Kapitel bezeichnen wir den Anfangszustand mit a und den Endzustand mit b. Für den Übergang $a \to b$ erhalten wir aus (42.25) mit (43.4) die Rate

$$W_{a \to b} = \frac{\pi e^2 |A_0|^2}{2 m_{\mathrm{e}}^2 c^2 \hbar} \left| \langle b | \boldsymbol{\epsilon} \cdot \hat{\boldsymbol{p}} | a \rangle \right|^2 \left(\delta(\varepsilon_b - \varepsilon_a - \hbar\omega) + \delta(\varepsilon_b - \varepsilon_a + \hbar\omega) \right) \qquad (43.6)$$

Dabei haben wir die Übergangsraten für die beiden möglichen Fälle (Plus-Minus-Zeichen in (42.25)) addiert; wegen $\hat{\boldsymbol{p}} = \hat{\boldsymbol{p}}^\dagger$ sind die zugehörigen Matrixelemente gleich.

Die Frequenz ω der Welle (43.1) kann immer positiv gewählt werden; die beiden möglichen Vorzeichen sind im Exponenten des Störoperators (43.3) berücksichtigt. Wegen $\hbar\omega > 0$ trägt (je nach dem Vorzeichen von $\varepsilon_b - \varepsilon_a$) nur eine der beiden δ-Funktionen in (43.6) zum Übergang $a \to b$ bei:

$$\hbar\omega = \begin{cases} \varepsilon_b - \varepsilon_a & \text{Absorption} \\ \varepsilon_a - \varepsilon_b & \text{Emission} \end{cases} \qquad (43.7)$$

Die Übergangsraten (43.6) wurden für ein gegebenes äußeres Feld berechnet. Das bedeutet, dass nicht nur die Absorption, sondern auch die Emission proportional zu A_0^2, also zur Energiedichte des Felds ist. Wir sprechen daher auch von der (durch das Feld) *induzierten* Emission. Im Gegensatz dazu steht die *spontane* Emission, die im letzten Abschnitt dieses Kapitels behandelt wird.

Die δ-Funktionen in (43.6) bedeuten, dass Atomübergänge zu scharfen Linien in einem kontinuierlichen Lichtspektrum führen können. Diese Linien treten gerade bei den Frequenzen auf, die gemäß (43.7) mit der Energiedifferenz zweier Niveaus übereinstimmen. Im Sonnenlicht wurden solche Absorptionslinien 1814 von Fraunhofer gefunden. Sie waren der erste experimentelle Hinweis auf die diskreten Energiezustände der Atome.

Bei den betrachteten Prozessen (Absorption und Emission) ist die Energie erhalten; die Energie $\hbar\omega$ wird zwischen dem Atom und dem elektromagnetischen Feld ausgetauscht. Dies ist so zu interpretieren, dass das Atom ein Photon der Energie $\hbar\omega$ emittiert oder absorbiert.

Das Ergebnis (43.6) ist in dieser Form noch nicht endgültig: Man kann zwar die Bedingung $\hbar\omega = \pm(\varepsilon_b - \varepsilon_a)$ ablesen, ein Einsetzen dieser Bedingung führt aber zu keinem sinnvollen Resultat. Für die vollständige Beschreibung der Übergänge muss zunächst das elektromagnetische Feld quantisiert werden. Die Übergangsrate (43.6) ist dann über das Kontinuum der möglichen Photonenzustände zu integrieren (siehe (43.21)); dabei verschwinden die δ-Funktionen. Die resultierenden Übergangsraten $P_{a \to b}$ sind symmetrisch in den Indizes a und b, weil der Vorfaktor in (43.6) symmetrisch ist. Dies bedeutet, dass die resultierenden Übergangsraten für die induzierte Emission und Absorption gleich sind:

$$P_{a \to b} = P_{b \to a} \qquad (43.8)$$

Auswahlregeln

Die Übergangsraten sind proportional zum Quadrat des Matrixelements

$$M_{ba} = \langle b \,|\, \boldsymbol{\epsilon} \cdot \hat{\boldsymbol{p}} \,|\, a \rangle \tag{43.9}$$

Dieses Matrixelement ist nur dann ungleich null, wenn die Drehimpulsquantenzahlen des Anfangs- und Endzustands bestimmte Bedingungen erfüllen. Diese Bedingungen heißen *Auswahlregeln*.

Mit $[\hat{H}_0, \hat{\boldsymbol{r}}\,] = (\hbar/\mathrm{i})\,\hat{\boldsymbol{p}}/m_\mathrm{e}$ und $\epsilon_b - \epsilon_a = \hbar\,\omega_{ba}$ schreiben wir das Matrixelement in einer etwas anderen Form:

$$M_{ba} = \mathrm{i}\, m_\mathrm{e}\, \omega_{ba}\, \langle b \,|\, \boldsymbol{\epsilon} \cdot \hat{\boldsymbol{r}} \,|\, a \rangle \tag{43.10}$$

Die Eigenzustände des ungestörten Wasserstoffproblems ($\hat{H}_0$ in (43.2)) sind von der Form

$$\langle \boldsymbol{r} \,|\, n\,l\,m \rangle = \frac{u_{nl}(r)}{r}\, Y_{lm}(\theta, \phi) \tag{43.11}$$

Vom Spinfreiheitsgrad sehen wir hier ab. In (43.10) stehen a und b für einen vollständigen Satz von Quantenzahlen, also jeweils für n, l, m. Damit ist das Matrixelement von der Form

$$M_{ba} = \mathrm{i}\, m_\mathrm{e}\, \omega_{ba}\, \langle n_b l_b m_b \,|\, \boldsymbol{\epsilon} \cdot \hat{\boldsymbol{r}} \,|\, n_a l_a m_a \rangle \propto \int d\Omega\; Y^*_{l_b m_b}(\theta, \phi)\; \boldsymbol{\epsilon} \cdot \boldsymbol{r}\; Y_{l_a m_a}(\theta, \phi) \tag{43.12}$$

Dabei ist $d\Omega = d\phi\, d\cos\theta$. Wir drücken $\boldsymbol{\epsilon} \cdot \boldsymbol{r}$ durch Kugelkoordinaten aus:

$$\boldsymbol{\epsilon} \cdot \boldsymbol{r} = r\left(\epsilon_x \sin\theta \cos\phi + \epsilon_y \sin\theta \sin\phi + \epsilon_z \cos\theta\right) \tag{43.13}$$

Für das Produkt von $\boldsymbol{\epsilon} \cdot \boldsymbol{r}$ mit einer Kugelfunktion verwenden wir die Rekursionsformeln

$$\cos\theta\; Y_{lm} = a\, Y_{l+1,m} + b\, Y_{l-1,m} \tag{43.14}$$

$$\sin\theta\; \exp(\pm\mathrm{i}\phi)\; Y_{lm} = c\, Y_{l+1,m\pm1} + d\, Y_{l-1,m\pm1} \tag{43.15}$$

Man kann sofort sehen, dass auf beiden Seiten jeweils dieselbe ϕ-Abhängigkeit steht. Für Legendrepolynome lässt sich $\cos\theta\, P_l(\cos\theta)$ durch P_{l-1} und P_{l+1} ausdrücken, für zugeordnete Legendrepolynome entsprechend $\sin\theta\, P_l^m(\cos\theta)$ durch $P_{l-1}^{m\pm1}$ und $P_{l+1}^{m\pm1}$. Dies ist angesichts der Form (23.36) der Polynome plausibel. Ansonsten findet man diese Aussagen mit den genauen Koeffizienten (die wir hier nicht benötigen) in mathematischen Formelsammlungen.

Nach (43.14, 43.15) führt das Produkt $\boldsymbol{\epsilon} \cdot \boldsymbol{r}\; Y_{l_a m_a}$ im Integral in (43.12) zu den Kugelfunktionen $Y_{l_a\pm1, m_a}$ und $Y_{l_a\pm1, m_a\pm1}$. Wegen der Orthogonalität der Kugelfunktion ist das Integral nur dann ungleich null, wenn die hierin auftretenden Indizes gleich l_b, m_b sind. Damit erhalten wir die Auswahlregeln:

$$\text{Auswahlregeln:} \qquad \begin{aligned} \Delta m &= m_b - m_a = 0, \pm1 \\ \Delta l &= l_b - l_a = \pm1 \end{aligned} \tag{43.16}$$

Der Vollständigkeit halber schreiben wir noch die Energiebedingung (43.7) mit an:

$$\Delta\varepsilon = \varepsilon_b - \varepsilon_a \pm \hbar\omega \qquad (43.17)$$

Die Energiebedingung und die Auswahlregeln sind so zu interpretieren: Bei dem Prozess wird ein Photon mit der Energie $\hbar\omega$ und dem Drehimpuls $\hbar$ absorbiert oder emittiert; Energie und Drehimpuls sind bei dem Prozess erhalten. Bei der Absorption ergeben der Drehimpuls und die Energien des Anfangszustands a *und* des absorbierten Photons die Energie und den Drehimpuls des Endzustands b. Bei der Emission sind die Energie und der Drehimpuls des Anfangszustands a gleich der Energie und dem Drehimpuls des Endzustands b *und* des emittierten Photons.

Ein Übergang, der den Auswahlregeln nicht genügt, heißt *verboten*. In der hier betrachteten führenden Näherung ist ein solcher Übergang wie zum Beispiel 2d $\rightarrow$ 1s nicht möglich. Tatsächlich ergeben sich auch für verbotenen Übergänge endliche Raten, die aber viel kleiner sind als für einen erlaubten Übergang.

Spontane Emission

Durch (43.6) werden Übergänge beschrieben, die durch ein gegebenes Feld A *induziert* werden. Daneben gibt es jedoch auch die Emission eines Photons ohne äußeres Feld, die *spontane* Emission. Sie beschreibt den Zerfall von angeregten Atomzuständen, zum Beispiel den Übergang 1p $\rightarrow$ 1s ohne äußeres Feld. Zur Berechnung der spontanen Emission muss das elektromagnetische Feld *quantisiert* werden. Wir skizzieren die damit verbundenen Schritte in elementarer Weise.

Wir stellen uns einen Kasten vor, in dem stehende elektromagnetische Wellen von der Form (43.1) möglich sind. Durch die Randbedingungen sind die möglichen k-Werte diskret. Die elektromagnetische Schwingung mit einem bestimmten k-Vektor stellt einen Oszillator dar; das Vektorpotenzial wie auch die Felder E und B oszillieren mit der Frequenz $\omega = ck$. Die Schwingungen verschiedener k-Vektoren sind voneinander unabhängig. Die möglichen Energiewerte jeder Schwingung sind $N_k \hbar\omega$ (ohne Nullpunktenergie); die zugehörigen quantenmechanischen Zustände $|N_k\rangle$ entsprechen den Oszillatorzuständen $|n\rangle$ aus Kapitel 34.

Im Oszillator kann der Ortsoperator $\hat{x}$, der der Schwingungsamplitude entspricht, durch die Erzeugungs- und Vernichtungsoperatoren von Schwingungsquanten ausgedrückt werden, $\hat{x} = \ldots \hat{a} + \ldots \hat{a}^\dagger$ nach (33.4), (33.5). Bei der Quantisierung des elektromagnetischen Felds wird entsprechend dazu die Amplitude A des Vektorpotenzials zum Operator $\hat{A}$, der gerade ein Schwingungsquant erzeugen oder vernichten kann. Bei der spontanen Emission existiert im Anfangszustand $|0\hbar\omega\rangle$ kein Photon, im Endzustand $|1\hbar\omega\rangle$ dagegen ein Photon. Für das System aus Elektron und Photon wird die spontane Emission dann durch folgendes Matrixelement beschrieben:

$$\langle b, 1\hbar\omega| \ldots \hat{A} \ldots |a, 0\hbar\omega\rangle = \langle b| \ldots \langle 1\hbar\omega|\hat{A}|0\hbar\omega\rangle \ldots |a\rangle$$

$$= \langle b| \ldots A(1\,\text{Photon}) \ldots |a\rangle \qquad (43.18)$$

Dabei kennzeichnen a und b die Quantenzahlen des Anfangs- und Endzustands des Elektrons, also etwa $|a\rangle = |n_a l_a j_a m_a\rangle$. Das Feld $\boldsymbol{A} = \langle 1\hbar\omega|\,\hat{\boldsymbol{A}}\,|0\hbar\omega\rangle$ ist das Vektorpotenzial, das in seiner Stärke dem einen zu emittierenden Photon entspricht. Dagegen wäre $\langle 1\hbar\omega|\hat{\boldsymbol{A}}|1\hbar\omega\rangle = 0$, ebenso wie $\langle 1\hbar\omega|\hat{x}|1\hbar\omega\rangle = 0$ im Oszillator. (Ein kohärenter Zustand (34.44) hat dagegen einen nicht-verschwindenden Erwartungswert $\langle\hat{x}\rangle$ beziehungsweise $\langle\hat{\boldsymbol{A}}\rangle$). Wir setzen die Energie einer bestimmten Schwingung (einer stehenden Welle im Kasten) gleich $\hbar\omega$:

$$\frac{V}{8\pi}\left(\langle\boldsymbol{E}^2\rangle + \langle\boldsymbol{B}^2\rangle\right) = \frac{VA_0^2\,\omega^2}{8\pi c^2} = \hbar\omega \qquad (43.19)$$

Die eckigen Klammern kennzeichnen den räumlichen und zeitlichen Mittelwert. Hieraus erhalten wir das Feld, das gerade *einem* Photon entspricht:

$$\boldsymbol{A}(1\,\text{Photon}) = A_0\,\boldsymbol{\epsilon}\,\cos(\boldsymbol{k}\cdot\boldsymbol{r} - \omega t) \quad \text{mit} \quad A_0 = \sqrt{\frac{8\pi\hbar c^2}{\omega V}} \qquad (43.20)$$

Die Übergangsrate (43.6) mit diesem A_0 wird nun über *alle möglichen Zustände* des zu emittierenden Photons oder, äquivalent hierzu, über alle stehenden Wellen im Kasten summiert:

$$P_{a\to b} = \frac{1}{(\Delta k)^3}\int d^3k\; W_{a\to b} = \frac{V}{(2\pi c)^3}\int d\Omega_k \int d\omega\,\omega^2\,W_{a\to b} \qquad (43.21)$$

Die Summe über die diskreten $\boldsymbol{k}$-Werte wurde durch ein Integral ersetzt; benachbarte Impulswerte haben in einen kubischen Kasten mit dem Volumen V den Abstand $\Delta k = 2\pi/V^{1/3}$.

Wegen $W_{a\to b} \propto A_0^2 \propto 1/V$ kürzt sich das Volumen in $P_{a\to b}$ heraus. Eine Abhängigkeit von V wäre auch unphysikalisch; das Volumen war lediglich eine Hilfsvorstellung. Durch die Integration über ω fallen die δ-Funktionen in (43.6) weg, und ω wird zu ω_{ba}. Die Winkelintegration (und eine Summation über die Polarisationsrichtungen) gibt einen Faktor der Größe 1. Zusammen mit (43.10) und A_0 aus (43.20) erhalten wir daraus

$$P_{a\to b} = \frac{4}{3}\frac{e^2}{\hbar c}\,\frac{|\langle b|\hat{\boldsymbol{r}}|a\rangle|^2}{c^2}\,\omega_{ba}^3 \qquad (43.22)$$

Dies ist die Wahrscheinlichkeit pro Zeit für den Übergang $a \to b$ durch spontane Emission. Für *induzierte* Emission wäre $\hbar\omega$ auf der rechten Seite von (43.19) durch $N\hbar\omega$ zu ersetzen, wobei sich $N\hbar\omega$ nach der Stärke des gegebenen äußeren Felds richtet; ein Faktor $(N + 1)$ steht dann für die Summe aus induzierter und spontaner Emission. Für eine induzierte Absorption wäre $N\hbar\omega$ in (43.19) einzusetzen. Die jetzige Behandlung zeigt auch für die induzierten Übergänge, wie über die δ-Funktionen in (43.6) zu integrieren ist, um die messbaren Übergangsraten $P_{a\to b}$ zu erhalten.

Aus (43.22) folgt für die abgestrahlte Leistung P,

$$P = \hbar\,\omega_{ba}\,P_{a\to b} = \frac{\omega_{ba}^4}{3\,c^3}\,\left|\langle b\,|\,2\,e\,\hat{\boldsymbol{r}}\,|\,a\rangle\right|^2 \tag{43.23}$$

In der Elektrodynamik wird die Dipolstrahlung einer *klassischen*, oszillierenden Ladungsverteilung $\varrho_e(\boldsymbol{r}, t) = \mathrm{Re}\,\{\varrho_e(\boldsymbol{r})\exp(-\mathrm{i}\omega t)\}$ berechnet. Dabei erhält man für die abgestrahlte Leistung

$$P = \frac{\omega^4}{3\,c^3}\,\left|\int d^3 r\,\boldsymbol{r}\,\varrho_e(\boldsymbol{r})\right|^2 = \frac{\omega^4}{3\,c^3}\,|\boldsymbol{p}_{\mathrm{dip}}|^2 \tag{43.24}$$

Der Vergleich mit (43.23) zeigt, dass das klassische Dipolmoment $\boldsymbol{p}_{\mathrm{dip}}$ durch $2e\,\langle b\,|\,\hat{\boldsymbol{r}}\,|\,a\rangle$ zu ersetzen ist.[1]

Wir geben noch die Größenordnung der Übergangsrate (43.22) für das Wasserstoffatom an. Mit $\langle b\,|\,\hat{\boldsymbol{r}}\,|\,a\rangle \sim a_B$, $\omega_{ba} \sim \omega_{\mathrm{at}}$ und $\hbar\omega_{\mathrm{at}} = e^2/a_B$ schätzen wir die Größenordnung von (43.22) ab:

$$P_{a\to b} \sim \left(\frac{e^2}{\hbar\,c}\right)^3 \omega_{\mathrm{at}} = \alpha^3\,\omega_{\mathrm{at}} \approx 10^{-6}\,\omega_{\mathrm{at}} \tag{43.25}$$

Wegen $\alpha \approx 1/137$ ist die Lebensdauer eines angeregten Elektronenzustands $\tau = 1/P_{a\to b}$ groß gegenüber der typischen atomaren Zeitperiode $t_{\mathrm{at}} \sim 1/\omega_{\mathrm{at}}$. Realistische Lebensdauern für Übergänge im optischen Bereich liegen bei $\tau \sim 10^{-8}\,\mathrm{s}$; solche Werte erhält man aus (43.22) mit $\langle b\,|\,\hat{\boldsymbol{r}}\,|\,a\rangle \sim 3\,a_B$ und $\omega_{ba} \sim \omega_{\mathrm{at}}/10$.

---

[1] Zum Faktor 2 siehe auch Jackson, *Elektrodynamics*, 2. Auflage, Wiley 1975, Seite 392, Fußnote.

Aufgaben

43.1 Dipolauswahlregeln

Überprüfen Sie die folgende Kommutatorrelation für den Drehimpulsoperator $\hat{\ell}$ und den Ortsoperator $\hat{r}$

$$\left[\hat{\ell}^2, [\hat{\ell}^2, \hat{r}]\right] = 2\hbar^2\left(\hat{r}\,\hat{\ell}^2 + \hat{\ell}^2\,\hat{r}\right) \tag{43.26}$$

Berechnen Sie dazu für die Komponente $\hat{x}_i$ des Ortsoperators die Kommutatoren $[\hat{\ell}_j, \hat{x}_i]$, $[\hat{\ell}^2, \hat{x}_i]$ und $[\hat{\ell}^2, [\hat{\ell}^2, \hat{x}_i]]$, und verwenden Sie $\sum_i \hat{x}_i \hat{\ell}_i = \sum_i \hat{\ell}_i \hat{x}_i = 0$. Betrachten Sie dann das Matrixelement $\langle n'l'm' | \boldsymbol{\epsilon} \cdot \hat{r} | nlm \rangle$ zwischen einem Anfangszustand $|nlm\rangle$ und einem Endzustand $|n'l'm'\rangle$, und zeigen Sie

$$\left(l+l'\right)\left(l+l'+2\right)\left((l-l')^2-1\right)\langle nlm | \boldsymbol{\epsilon} \cdot \hat{r} | n'l'm'\rangle = 0 \tag{43.27}$$

Hieraus folgt die Auswahlregel $\Delta l = l - l' = \pm 1$, sofern man $l = l' = 0$ ausschließt. Begründen Sie, dass das Matrixelement für $l = l' = 0$ verschwindet.

43.2 Intensitätsverhältnis beim Übergang $2\mathrm{p} \to 1\mathrm{s}$

Die Rate für den Übergang $2\mathrm{p} \to 1\mathrm{s}$ im Wasserstoffatom ist ohne Berücksichtigung des Spins von der Form

$$W_{2\mathrm{p}\to 1\mathrm{s}} \propto \sum_m \left|\langle 2\mathrm{p}m | \boldsymbol{\epsilon} \cdot \boldsymbol{r} | 1\mathrm{s}\rangle\right|^2 = A^2 \qquad (\boldsymbol{\epsilon}^2 = 1)$$

Dabei gibt $\boldsymbol{\epsilon}$ die Polarisationsrichtung der Strahlung an. Führen Sie zunächst die Winkelintegration in den Matrixelementen aus. Zeigen Sie damit

$$A = \frac{\langle 2\mathrm{p} | r | 1\mathrm{s}\rangle}{\sqrt{3}}$$

Hierbei sind $\langle r | 1\mathrm{s}\rangle$ und $\langle r | 2\mathrm{p}\rangle$ die normierten Radialfunktionen. Im nächsten Schritt soll der Spin berücksichtigt werden. Verwenden Sie die aus Aufgabe 38.2 bekannte Kopplung des Drehimpulses $l = 1$ und des Spins $s = 1/2$, und zeigen Sie

$$W_{2\mathrm{p}_{1/2}\to 1\mathrm{s}_{1/2}} \propto \sum_{m_j,m_s} \left|\langle 2\mathrm{p}\,\tfrac{1}{2}\,m_j | \boldsymbol{\epsilon} \cdot \boldsymbol{r} | 1\mathrm{s}\,\tfrac{1}{2}\,m_s\rangle\right|^2 = \tfrac{2}{3}A^2$$

$$W_{2\mathrm{p}_{3/2}\to 1\mathrm{s}_{1/2}} \propto \sum_{m_j,m_s} \left|\langle 2\mathrm{p}\,\tfrac{3}{2}\,m_j | \boldsymbol{\epsilon} \cdot \boldsymbol{r} | 1\mathrm{s}\,\tfrac{1}{2}\,m_s\rangle\right|^2 = \tfrac{4}{3}A^2$$

Woher kommt das Verhältnis 2 zwischen diesen beiden Übergangsraten?

43.3 Photoeffekt

Beim Photoeffekt im engeren Sinn wird ein Elektron aus einer Metalloberfläche durch Licht herausgelöst. Wir betrachten hier den Photoeffekt, bei dem das Elektron im Grundzustand eines Wasserstoffatoms ein Photon absorbiert und dadurch in einen Kontinuumzustand übergeht. Das Photon mit der Frequenz ω_γ kann durch die linear polarisierte elektromagnetische Welle

$$A(r, t) = A_0 \, \epsilon \, \exp\left[\mathrm{i}\left(k_\gamma \cdot r - \omega_\gamma t\right)\right]$$

mit

$$A_0 = \sqrt{\frac{8\pi\hbar c^2}{\omega_\gamma V}}\,, \qquad \epsilon := (1, 0, 0)\,, \quad \text{und} \quad k_\gamma := \left(0, 0, \omega_\gamma/c\right)$$

beschrieben werden. Diese Welle hat im betrachteten Volumen V die Energie $\hbar\omega_\gamma$ und entspricht daher gerade *einem* Photon. Für den Polarisationsvektor ϵ und die Richtung des Wellenvektors k_γ haben wir der Einfachheit halber eine spezielle Wahl getroffen.

Für die kinetische Energie E_k des Elektrons im Endzustand $|\,k\,\rangle$ soll gelten:

$$\frac{Z^2 e^2}{2a_B} \ll E_k = \frac{\hbar^2 k^2}{2m_e} \ll m_e c^2 \qquad (43.28)$$

Diese Energie ist so niedrig, dass man nichtrelativistisch rechnen darf. Sie ist andererseits so groß, dass die Kontinuumswellenfunktion des Elektrons als ebene Welle (Bornsche Näherung) angesetzt werden kann.

Berechnen Sie die Übergangswahrscheinlichkeit $W_{1s \to k}$ und die Übergangsrate $P_{1s \to k} = \int d^3k'\, W_{1s \to k'}$. Mit der Photonstromdichte c/V ergibt sich dann der differenzielle Wirkungsquerschnitt zu

$$\frac{d\sigma}{d\Omega} = \frac{\text{auslaufende Elektronen/Zeit}/d\Omega}{\text{einlaufende Photonstromdichte}} = \frac{V}{c}\,\frac{dP_{1s \to k}}{d\Omega}$$

Vereinfachen Sie das Ergebnis mit (43.28). Diskutieren Sie die Abhängigkeit des Wirkungsquerschnitts von der Photonenergie $\hbar\omega_\gamma$ und der Kernladungszahl Z.

44 Variationsrechnung

Die Variationsrechnung ist ein Verfahren, um die niedrigsten Eigenzustände eines gegebenen Hamiltonoperators $\hat{H}$ näherungsweise zu bestimmen. Die Variationsrechnung liefert auch eine Begründung für die Näherung, die Schrödingergleichung in einem endlichen Unterraum (Kapitel 33) zu lösen.

Die unbekannten exakten Eigenzustände und Eigenwerte von $\hat{H}$ sind durch

$$\hat{H}\,|n\rangle = \varepsilon_n\,|n\rangle\,, \qquad \varepsilon_0 < \varepsilon_1 \le \varepsilon_2 \le \dots \qquad (44.1)$$

definiert ($n = 0, 1, 2,...$). Dabei wurde angenommen, dass der Grundzustand nicht entartet ist.

Wir entwickeln nun einen beliebigen normierten Zustand $|\psi\rangle$ nach den exakten Eigenzuständen $|n\rangle$ des Hamiltonoperators:

$$|\psi\rangle = \sum_{n=0}^{\infty} a_n\,|n\rangle\,, \qquad a_n = \langle n\,|\,\psi\rangle \qquad (44.2)$$

Für den Energieerwartungswert dieses Zustands gilt

$$\langle\psi\,|\,\hat{H}\,|\,\psi\rangle = \sum_{n=0}^{\infty} |a_n|^2\,\varepsilon_n \ge \varepsilon_0 \sum_{n=0}^{\infty} |a_n|^2 = \varepsilon_0 \qquad (44.3)$$

Dies zeigt: ε_0 ist eine untere Schranke für die Energie eines beliebigen Zustands $|\psi\rangle$. Diese Aussage können wir auch in der Form

$$\varepsilon_0 \le \langle\psi\,|\,\hat{H}\,|\,\psi\rangle \qquad \text{für beliebiges } |\psi\rangle \qquad (44.4)$$

anschreiben.

Die Aussage (44.4) legt folgendes Näherungsverfahren nahe: Wir betrachten geeignete (was das heißt, wird im nächsten Abschnitt diskutiert), normierte *Versuchszustände* $|\psi\rangle$, die von einem oder mehreren Parametern abhängen,

$$|\psi\rangle = \big|\,\psi(\alpha, \beta, \dots)\big\rangle \qquad (44.5)$$

Man bestimmt dann die Parameterwerte, für die die Energie minimal wird:

$$J = \big\langle\psi(\alpha, \beta, \dots)\,\big|\,\hat{H}\,\big|\,\psi(\alpha, \beta, \dots)\big\rangle = \text{minimal} \quad \implies \quad \alpha_0, \beta_0, \dots \qquad (44.6)$$

Wegen (44.4) hat man damit die im Rahmen von (44.5) bestmögliche Näherung für die Grundzustandsenergie und damit auch für den Grundzustand gefunden:

$$
\begin{aligned}
|0\rangle &\approx |\psi_0\rangle = |\psi(\alpha_0, \beta_0, \ldots)\rangle \\
\varepsilon_0 &\approx E_0 = \langle\psi_0 | \hat{H} | \psi_0\rangle
\end{aligned}
\tag{44.7}
$$

Die Minimumsuche ist gleichbedeutend mit einer Variation der Wellenfunktion; daher wird das Verfahren *Variationsrechnung* genannt.

Wenn die Funktion $J(\alpha, \beta, \ldots)$ stetig differenzierbar ist und wenn wir Randminima ausschließen, dann sind

$$
\frac{\partial J}{\partial \alpha} = 0, \qquad \frac{\partial J}{\partial \beta} = 0, \qquad \ldots
\tag{44.8}
$$

notwendige Bedingungen für ein Minimum von $J(\alpha, \beta, \ldots)$. Die Anzahl dieser Bedingungen ist gleich der Anzahl der zu bestimmenden Parameter.

Wenn der exakte Grundzustand $|0\rangle$ für bestimmte Parameterwerte mit dem Versuchszustand (44.5) übereinstimmt, dann ergibt das Verfahren die exakte Grundzustandsenergie

$$
\varepsilon_0 = \min\left(\langle\psi | \hat{H} | \psi\rangle\right)
\tag{44.9}
$$

und $|\psi_0\rangle$ ist gleich dem exakten Grundzustand $|0\rangle$. Dies ist insbesondere dann der Fall, wenn die rechte Seite von (44.5) eine Entwicklung nach einem vollständigen Satz von Zuständen ist.

Wahl der Versuchszustände

Ob die Näherung (44.7) gut ist, hängt entscheidend von der Wahl der Versuchszustände ab. Die exakte Lösung erhält man offenbar dann, wenn die Versuchszustände den exakten (aber zunächst unbekannten) Grundzustand enthalten.

Die Wahl der Versuchszustände erfolgt nach physikalischen und pragmatischen Gesichtspunkten. Wichtige physikalische Gesichtspunkte sind, dass die Versuchszustände eventuelle Symmetriebedingungen erfüllen und das richtige asymptotische Verhalten haben. Darüber hinaus wird eine ungefähre Vorstellung von der Form der Lösung in die Wahl der Versuchszustände eingehen: So würde man zum Beispiel für den Grundzustand des Elektrons im Wasserstoffatom im Ortsraum lokalisierte Wellenfunktionen mit einer Ausdehnung von etwa 10^{-8} cm ansetzen. Zur praktischen Auswertung sollten die Versuchsfunktionen einfach sein; insbesondere sollten sich die Erwartungswerte $J(\alpha, \beta, \ldots)$ leicht berechnen lassen.

Eine systematische Wahl der Versuchszustände besteht in der Entwicklung von $|\psi\rangle$ nach den unteren N Zuständen eines VONS; hierbei sind die Entwicklungskoeffizienten die Parameter. Diese Möglichkeit wird im letzten Abschnitt dieses Kapitels noch eingehender untersucht.

Beispiel

Für den eindimensionalen Oszillator

$$H_{\mathrm{op}} = \frac{1}{2}\left(-\frac{\partial^2}{\partial x^2} + x^2\right) \tag{44.10}$$

wählen wir

$$\psi(\alpha, x) = \langle x \,|\, \psi(\alpha)\rangle = (\alpha/\pi)^{1/4}\,\exp(-\alpha x^2/2) \tag{44.11}$$

als Versuchsfunktion. Diese hängt von dem positiven Parameter α ab; der Vorfaktor ist durch die Normierung festgelegt. Wir berechnen den Erwartungswert der Energie,

$$J(\alpha) = \langle \psi(\alpha)\,|\,\hat{H}\,|\,\psi(\alpha)\rangle = \frac{1}{4}\left(\alpha + \frac{1}{\alpha}\right) \tag{44.12}$$

Aus dem Minimum

$$\frac{\partial J}{\partial \alpha} = \frac{1}{4}\left(1 - \frac{1}{\alpha^2}\right) = 0 \quad\Longrightarrow\quad \alpha_0 = 1 \tag{44.13}$$

ergibt sich die Näherungslösung

$$\psi_0(x) = \psi(\alpha_0, x) = \frac{1}{\pi^{1/4}}\,\exp\left(-\frac{x^2}{2}\right) = \langle x \,|\, 0\rangle \tag{44.14}$$

$$E_0 = \frac{1}{2} = \varepsilon_0 \tag{44.15}$$

In diesem Fall erhalten wir das exakte Resultat, $\langle x \,|\, 0\rangle$ und ε_0, weil der exakte Grundzustand von der Form (44.11) der Versuchsfunktionen ist.

Angeregte Zustände

Man kann das Variationsverfahren auf angeregte Zustände erweitern. Dazu verlangt man von einem normierten Versuchszustand $|\psi\rangle$, dass er orthogonal zum exakten Grundzustand $|\psi\rangle$ ist:

$$\langle 0 \,|\, \psi\rangle = 0 \tag{44.16}$$

In der Entwicklung

$$|\psi\rangle = \sum_{n=1}^{\infty} a_n \,|n\rangle \tag{44.17}$$

nach den exakten Eigenzuständen aus (44.1) fehlt dann im Gegensatz zu (44.2) der Summand $n = 0$. Wir berechnen wieder den Erwartungswert der Energie:

$$\langle \psi \,|\, \hat{H} \,|\, \psi\rangle = \sum_{n=1}^{\infty} |a_n|^2\,\varepsilon_n \geq \varepsilon_1 \sum_{n=1}^{\infty} |a_n|^2 = \varepsilon_1 \tag{44.18}$$

Dies zeigt: ε_1 ist eine untere Schranke für die Energie eines beliebigen Zustands, der orthogonal zu $|0\rangle$ ist.

Eine Näherung für den ersten angeregten Zustand erhält man nun, wenn man $\langle \psi \,|\, \hat{H} \,|\, \psi \rangle$ unter der Nebenbedingung (44.16) minimiert. Praktisch kann das so aussehen: Man geht von geeigneten Versuchsfunktionen der Form (44.5) aus und bestimmt die Näherung $|\psi_0\rangle = |\psi(\alpha_0, \beta_0, \ldots)\rangle$ für den Grundzustand. Unter der Einschränkung

$$\langle \psi(\alpha, \beta, \ldots) \,|\, \psi_0 \rangle = 0 \qquad (44.19)$$

bestimmt man dann das Minimum des Energieerwartungswerts:

$$\langle \psi(\alpha, \beta, \ldots) \,|\, \hat{H} \,|\, \psi(\alpha, \beta, \ldots) \rangle = \text{minimal} \quad \Longrightarrow \quad \alpha_1, \beta_1, \ldots \qquad (44.20)$$

Diese Minumumbestimmung unter der Nebenbedingung (44.19) kann etwa mit der Methode der Lagrange-Multiplikatoren (Kapitel 13 in [1]) durchgeführt werden. Die Minimumwerte ergeben die gesuchte Näherungslösung

$$|1\rangle \approx |\psi_1\rangle = |\psi(\alpha_1, \beta_1, \ldots)\rangle$$

$$\varepsilon_1 \approx E_1 = \langle \psi_1 \,|\, \hat{H} \,|\, \psi_1 \rangle \qquad (44.21)$$

Durch Fortsetzung dieses Verfahrens kann man sukzessive Näherungslösungen $|\psi_0\rangle, |\psi_1\rangle, |\psi_2\rangle, \ldots$ für die untersten Zustände $|0\rangle, |1\rangle, |2\rangle$ erhalten. Die Güte der erhaltenen Näherungen hängt wieder entscheidend von der adäquaten Wahl der Versuchsfunktionen ab. Bei diesem Verfahren ist es auch möglich, für den angeregten Zustand andere Versuchsfunktionen als für den Grundzustand zu nehmen.

Im oben gegebenen Beispiel des eindimensionalen Oszillators wären

$$\psi(\alpha, \beta, \gamma, \ldots, x) = A\,(1 + \beta x + \gamma x^2 + \ldots)\,\exp(-\alpha x^2/2) \qquad (44.22)$$

geeignete Versuchsfunktionen für die Bestimmung der untersten Zustände. In diesem speziellen Fall erhält man die exakten (untersten) Zustände, weil diese von der Form der Versuchsfunktionen sind.

Schrödingergleichung in einem Unterraum[1]

Ein möglicher Raum von Versuchsfunktionen ist der N-dimensionale Raum, der durch die ersten N Zustände $\{|\varphi_1\rangle, |\varphi_2\rangle, \ldots, |\varphi_N\rangle\}$ eines VONS aufgespannt wird. Dies hat einmal den Vorteil, dass man durch Erhöhung von N den Funktionenraum

---

[1]Es sei angemerkt, dass wir in dem oben angegebenen Verfahren *nicht* den Raum (oder Unterraum) betrachten, der durch die Zustände (44.5) aufgespannt wird. Würden wir das tun, dann wäre $|\Psi\rangle = \int d\alpha \int d\beta \ldots f(\alpha, \beta, \ldots) |\psi(\alpha, \beta, \ldots)\rangle$ der zugehörige Lösungsansatz; gesucht sind dann die Funktion $f(\alpha, \beta, \ldots)$ und nicht nur bestimmte Werte für $\alpha, \beta, \ldots$. Dies ist ein durchaus gebräuchliches Verfahren, zum Beispiel mit Gaußfunktionen $\langle r | \psi(\alpha, \beta, \ldots) \rangle$, die an verschiedenen Orten $r_\alpha, r_\beta, \ldots$ lokalisiert sind. Der Nachteil eines solchen Verfahrens (gegenüber dem im Folgenden vorgestellten) liegt in der Nicht-Orthogonalität der Basisfunktionen (etwa von zwei Gaußfunktionen an benachbarten Orten), der Vorteil in der möglicherweise einfachen Berechnung der Energieerwartungswerte.

systematisch ergänzen und so die Konvergenz der Lösung testen kann. So gilt insbesondere für die genäherte Grundzustandsenergie E_0 aus (44.7)

$$\lim_{N \to \infty} E_0(N) = \varepsilon_0 \tag{44.23}$$

Die Entwicklungskoeffizienten c_i sind die Parameter des Versuchszustands,

$$\left| \psi(c_1, c_2, \ldots, c_N) \right\rangle = \sum_{n=1}^{N} c_n \left| \varphi_n \right\rangle \tag{44.24}$$

Die bisherige Behandlung setzte die Normierung $\sum |c_n|^2 = 1$ der Versuchszustände voraus, also $\sum |c_n|^2 = 1$. Daher können wir nur $N-1$ der N Entwicklungskoeffizienten unabhängig voneinander variieren. Rechentechnisch ist es einfacher, die Normierung durch die modifizierten Versuchszustände

$$\left| \widetilde{\psi}(c_1, c_2, \ldots, c_N) \right\rangle = \frac{\left| \psi \right\rangle}{\sqrt{\langle \psi \,|\, \psi \rangle}} \tag{44.25}$$

automatisch zu erfüllen. Diese $| \widetilde{\psi} \rangle$ sind für beliebige Parameterwerte normiert; daher können wir nach allen c_i gleichberechtigt variieren.

Nach (44.6) müssen wir

$$J = \left\langle \widetilde{\psi} \,\middle|\, \hat{H} \,\middle|\, \widetilde{\psi} \right\rangle = \frac{\langle \psi \,|\, \hat{H} \,|\, \psi \rangle}{\langle \psi \,|\, \psi \rangle} = \text{minimal} \tag{44.26}$$

lösen. Dabei ist folgender Punkt zu beachten: Die Koeffizienten c_i sind im Allgemeinen komplex. Daher hängt J von den $2N$ reellen Parametern $\text{Re}\,(c_i)$ und $\text{Im}\,(c_i)$ ab, nach denen zu variieren ist. Äquivalent dazu können aber auch die $2N$ Größen c_i und c_i^* als unabhängige Variationsparameter aufgefasst werden. Für (44.26) muss dann J bezüglich der Variation dieser $2N$ Größen stationär sein, also

$$\frac{\partial J}{\partial c_i} = 0, \quad \frac{\partial J}{\partial c_i^*} = 0 \quad \text{für} \quad J = J(c_1, c_1^*, c_2, c_2^*, \ldots, c_N, c_N^*) \tag{44.27}$$

Wir werten zunächst nur die erste Bedingung aus:

$$\frac{1}{\langle \psi \,|\, \psi \rangle} \left[\frac{\partial}{\partial c_i} \langle \psi \,|\, \hat{H} \,|\, \psi \rangle - J(c_1, c_1^*, \ldots, c_N, c_N^*) \, \frac{\partial}{\partial c_i} \langle \psi \,|\, \psi \rangle \right] = 0 \tag{44.28}$$

In dieser Gleichung setzen wir $J = E$ mit der Maßgabe, dass die partiellen Differenziationen nicht auf E wirken. Dann können wir schreiben:

$$\frac{\partial}{\partial c_i} \left[\langle \psi \,|\, \hat{H} \,|\, \psi \rangle - E \, \langle \psi \,|\, \psi \rangle \right] = 0, \quad i = 1, 2, \ldots, N \tag{44.29}$$

Hier kann E als Lagrange-Parameter (Kapitel 13 in [1]) aufgefasst werden, der die Nebenbedingung $\langle \psi \,|\, \psi \rangle = 1$ bei der Variation von $\langle \psi \,|\, \hat{H} \,|\, \psi \rangle$ berücksichtigt.

Mit $H_{mn} = \langle \varphi_m | \hat{H} | \varphi_n \rangle$ wird (44.29) zu

$$\frac{\partial}{\partial c_i} \left[\sum_{n,m=1}^{N} H_{nm} \, c_n^* \, c_m - E \sum_{n=1}^{N} c_n^* \, c_n \right] = 0 \qquad (44.30)$$

Damit erhalten wir

$$\sum_{n=1}^{N} H_{ni} \, c_n^* = E \, c_i^* \,, \quad i = 1, 2, ..., N \qquad (44.31)$$

Aus der zweiten Bedingung $\partial J / \partial c_i^*$ in (44.27) erhält man in einer analogen Rechnung

$$\boxed{\sum_{m=1}^{N} H_{im} \, c_m = E \, c_i} \qquad (44.32)$$

Wenn man in (44.31) n in m umbenennt, alles komplex konjugiert, $H_{mi}^* = H_{im}$ und $E = E^*$ berücksichtigt, dann erhält man (44.32). Beide Gleichungen sind also äquivalent und es genügt, (44.32) zu betrachten. Die Lösung dieses Eigenwertproblems ergibt

Eigenwerte: $\quad E_0 \leq E_1 \leq E_2 \leq \ldots \leq E_{N-1}$

Eigenvektoren: $\quad c_i^{(n)}, \quad n = 0, 1, 2, \ldots, N - 1$ $\qquad (44.33)$

Diese Eigenvektoren seien im Folgenden normiert. Die niedrigste Lösung $| \psi_0 \rangle$ ist nach der oben gegebenen Diskussion eine Näherung für den Grundzustand von $\hat{H}$. Da (H_{mn}) eine hermitesche Matrix ist, sind die anderen Eigenvektoren hierzu orthogonal. Dann ist $c_i^{(1)}$ gerade die Lösung, die die Energie in dem Raum minimal macht, der auf dem genäherten Grundzustand orthogonal ist. Dies gilt entsprechend für die weiteren angeregten Zustände. Damit erhalten wir folgende Näherungslösungen,

$$\varepsilon_n \approx E_n \,, \quad | n \rangle \approx | \psi_n \rangle = \sum_{i=1}^{N} c_i^{(n)} | \varphi_i \rangle \,, \quad n = 0, 1, ..., M \qquad (44.34)$$

Die höheren Lösungen $| \psi_n \rangle$ ergeben sich aus der Variation in dem immer kleineren Raum $\{ | \varphi_1 \rangle, | \varphi_2 \rangle, \ldots, | \varphi_N \rangle \} \setminus \{ | \psi_0 \rangle, | \psi_1 \rangle, \ldots, | \psi_{n-1} \rangle \}$. Daher werden nur die niedrigsten Lösungen $| \psi_n \rangle$ brauchbare Näherungen für die tatsächlichen Zustände $| n \rangle$ sein, und (44.34) sollte auf $M \ll N$ beschränkt werden.

Als Beispiel für das hier gegebene Verfahren könnte man etwa die untersten zehn s-Zustände des sphärischen Oszillators nehmen, um näherungsweise die untersten zwei oder drei s-Zustände des Wasserstoffatoms zu bestimmen. Für sphärische Probleme wird man durch $\psi(\boldsymbol{r}) = \psi_l(r) \, Y_{lm}(\theta, \phi)$ die Winkelbewegung exakt lösen und nur für den Radialanteil $\psi_l(r)$ Näherungen suchen.

Die Entwicklung der Wellenfunktion in einer endlichen Basis hat als Näherungsverfahren den Vorteil, dass es allgemein verwendbar und numerisch gut beherrschbar ist. Es erfordert als numerische Prozedur die Bestimmung der H_{mn} (im Wesentlichen also Integrationen, die Differenziationen können für geeignete Versuchsfunktionen analytisch ausgeführt werden) und die Matrixdiagonalisierung (44.32). Zudem erlaubt das Verfahren die systematische Erweiterung des Konfigurationsraums (höheres N). Dies befreit den Anwender allerdings nicht davon, „vernünftige" Versuchsfunktionen auszusuchen. So wäre es zum Beispiel abwegig, für das Wasserstoffproblem Oszillatorfunktionen mit einer Oszillatorlänge $b = (\hbar/m\omega)^{1/2} = 10^{-15}$ m zu nehmen, auch wenn diese Funktionen im Prinzip vollständig sind.

Die Gleichung (44.32) haben wir bereits in Kapitel 33 als Schrödingergleichung in Matrixdarstellung kennengelernt; für $N \to \infty$ ist sie äquivalent zur Schrödingergleichung.

Eine andere mögliche Betrachtungsweise von (44.32) ist die folgende: Die Versuchsfunktion $|\psi\rangle$ aus (44.24) kann die Schrödingergleichung im Allgemeinen nicht exakt lösen, also wird $(\hat{H} - \varepsilon)|\psi\rangle \neq 0$ gelten. Man kann aber verlangen, dass $(\hat{H} - \varepsilon)|\psi\rangle$ im Raum der $|\varphi_i\rangle$ gleich null ist, also

$$\langle \varphi_i \,|\, \hat{H} - \varepsilon \,|\, \psi \rangle = 0 \quad \text{für } i = 1, 2, ..., N \tag{44.35}$$

Dies ergibt ebenfalls (44.32).

Aufgaben

44.1   Variationsrechnung für Wasserstoffatom

Für den Grundzustand des Wasserstoffatoms wird die Versuchswellenfunktion

$$\langle r \,|\, \psi(\alpha) \rangle = \left(\frac{\alpha}{\pi}\right)^{3/4} \exp\left(-\frac{\alpha}{2}\, r^2\right)$$

angesetzt. Vergleichen Sie die daraus resultierende Näherung für die Energie mit dem exakten Wert $\varepsilon_0 = -Z^2 e^2/(2 a_{\mathrm{B}})$; dabei ist $a_{\mathrm{B}} = \hbar^2/(m\,e^2)$ der Bohrsche Radius.

44.2   Variationsrechnung für sphärischen Oszillator

Für den Grundzustand des sphärischen Oszillators wird die Versuchswellenfunktion

$$\langle r \,|\, \psi(\alpha) \rangle = \frac{\alpha^{3/2}}{\sqrt{8\pi}} \, \exp\left(-\frac{\alpha}{2}\, r\right)$$

angesetzt. Vergleichen Sie die daraus resultierende Näherung für die Energie mit dem exakten Wert $\varepsilon_0 = 3\hbar\omega/2$.

44.3   Variationsrechnung für Stark-Effekt

Ein Wasserstoffatom wird in ein homogenes elektrisches Feld $\boldsymbol{E} = |\boldsymbol{E}|\,\boldsymbol{e}_z$ gebracht. Als Versuchsfunktion für den Grundzustand wird

$$\langle r \,|\, \psi(\alpha) \rangle = \frac{\left(1 + \alpha\, r\, \cos\theta/a_{\mathrm{B}}\right)\, \exp\left(-r/a_{\mathrm{B}}\right)}{\sqrt{\pi a_{\mathrm{B}}^3 \left(1 + \alpha^2\right)}}$$

angesetzt. Dabei ist $a_{\mathrm{B}} = \hbar^2/(m\,e^2)$ der Bohrsche Radius. Bestimmen Sie die (mit diesem Ansatz) bestmögliche Näherung für den Grundzustand. Wie hängt die resultierende Grundzustandsenergie von der Feldstärke ab? Vergleichen Sie das Ergebnis mit dem störungstheoretischen Ergebnis (40.10).

45 Bornsche Näherung

Wir untersuchen die elastische Streuung von Teilchen an einem Potenzial in der sogenannten Bornschen Näherung. Dabei wird das Potenzial V im Hamiltonoperator $H = p^2/2\mu + V$ als „kleine Störung" behandelt. Wir berechnen die Streuung in 1. Ordnung Störungstheorie.

Der Hamiltonoperator für ein Teilchen der Masse μ in einem Potenzial lautet $H = p_{\mathrm{op}}^2/2\mu + V(r)$. Die zeitunabhängige Schrödingergleichung $H\varphi = \varepsilon\varphi$ kann in der Form

$$\left(\Delta + k^2\right)\varphi(r) = \frac{2\mu V(r)}{\hbar^2}\,\varphi(r) \tag{45.1}$$

geschrieben werden, wobei wir für die Energie $\varepsilon = \hbar^2 k^2/2\mu$ eingesetzt haben. Wir werden im Folgenden Streulösungen mit dem asymptotischen Impuls $\hbar k$ betrachten.

In einem Streuexperiment wird üblicherweise ein Projektilstrahl auf ein Target gerichtet. Unter geeigneten Bedingungen können die dabei auftretenden Vorgänge auf die Streuung von einem Projektilteilchen an einem Targetteilchen zurückgeführt werden, und die Wechselwirkung zwischen diesen Teilchen kann durch ein Potential beschrieben werden (Kapitel 27). Unter diesem Gesichtspunkt interpretieren wir (45.1) als die Schrödingergleichung für die Relativbewegung in einem Zweikörperproblem (Kapitel 24); dabei ist $\mu = m_1 m_2/(m_1 + m_2)$ die reduzierte Masse. Es ist dann lediglich eine vereinfachende Sprechweise, wenn wir sagen, dass (45.1) die Bewegung eines Teilchens in einem Potenzial beschreibt.

Um den angestrebten Formalismus aufzustellen, betrachten wir vorübergehend die rechte Seite von (45.1) als eine gegebene Inhomogenität der Differenzialgleichung. Die Lösung φ kann dann als Summe einer homogenen und einer partikulären Lösung geschrieben werden. Als homogene Lösung nehmen wir die einfallende ebene Welle

$$\varphi_0(r) = \exp(\mathrm{i}\,k \cdot r) = \exp(\mathrm{i}kz) \tag{45.2}$$

Hierzu addieren wir eine partikuläre (Streu-) Lösung φ_{str}:

$$\varphi(r) = \varphi_0(r)\ \underbrace{-\,\frac{\mu}{2\pi\hbar^2}\int d^3r'\,\frac{\exp(\mathrm{i}k|r-r'|)}{|r-r'|}\,V(r')\,\varphi(r')}_{\varphi_{\mathrm{str}}(r)} \tag{45.3}$$

Mit Hilfe der aus der Elektrodynamik (Kapitel 3 in [2]) bekannten Beziehung

$$\left(\Delta + k^2\right) \frac{\exp(\pm \mathrm{i} k |\boldsymbol{r} - \boldsymbol{r}'|)}{|\boldsymbol{r} - \boldsymbol{r}'|} = -4\pi\, \delta(\boldsymbol{r} - \boldsymbol{r}') \tag{45.4}$$

zeigt man leicht, dass $(\Delta + k^2)\, \varphi_{\mathrm{str}}$ gleich $(2\mu V/\hbar^2)\, \varphi$ ist; φ_{str} ist also eine partikuläre Lösung von (45.1).

Die Lösung (45.3) setzt sich aus der ungestörten Welle φ_0 und der Streuwelle φ_{str} zusammen. In φ_0 ist die Richtung der einfallenden Welle festgelegt. In φ_{str} sind nur auslaufende (und keine einlaufenden) Kugelwellen enthalten; dies entspricht der Wahl des positiven Vorzeichens in (45.4). Hierdurch werden die physikalischen Randbedingungen des Streuexperiments berücksichtigt.

Durch (45.3) ist nur eine implizite, formale Lösung gegeben, da die gesuchte Lösung φ im Integral auf der rechten Seite vorkommt. Aus (45.3) kann man aber in folgender Weise eine Näherungslösung erhalten: In 0. Ordnung in V gilt $\varphi \approx \varphi_0$; formal folgt das aus (45.3) mit $V \to 0$. Wenn die Störung V klein ist, dann ist der zweite Term auf der rechten Seite von (45.3) ein kleiner Korrekturterm. Dann kann man in diesem Term, der von 1. Ordnung in V ist, für φ die 0. Ordnung (also $\varphi \approx \varphi_0$) einsetzen. Dies ergibt die *1. Bornsche Näherung*:

$$\boxed{\; \varphi(\boldsymbol{r}) \approx \varphi_0(\boldsymbol{r}) - \frac{\mu}{2\pi\hbar^2} \int d^3 r' \, \frac{\exp(\mathrm{i} k |\boldsymbol{r} - \boldsymbol{r}'|)}{|\boldsymbol{r} - \boldsymbol{r}'|} \, V(\boldsymbol{r}') \, \varphi_0(\boldsymbol{r}') \;} \tag{45.5}$$

Setzt man nun diese Näherung wieder im Integral in (45.3) ein, so erhält man die Lösung in 2. Ordnung in V und so weiter. Dieses Näherungsschema hat die gleiche Struktur wie die in Kapitel 39 behandelte Störungstheorie für den nicht-entarteten Fall. Wir beschränken uns im Folgenden auf die 1. Bornsche Näherung.

Gültigkeitsbereich

Für die Gültigkeit der Bornschen Näherung ist es notwendig, dass der zweite Term in (45.5) klein ist gegenüber dem ersten. Wir betrachten diese Bedingung am Ursprung $r = 0$:

$$\left| \varphi_{\mathrm{str}}(0) \right| = \frac{\mu}{2\pi\hbar^2} \left| \int d^3 r' \, \frac{\exp(\mathrm{i} k r')}{r'} \, V(\boldsymbol{r}') \, \varphi_0(\boldsymbol{r}') \right| \ll \left| \varphi_0(0) \right| \tag{45.6}$$

Wir nehmen ein sphärisches Potenzial $V(\boldsymbol{r}) = V(r)$ an, setzen $\varphi_0(\boldsymbol{r}) = \exp(\mathrm{i} k z) = \exp(\mathrm{i} k r \cos\theta)$ ein und führen die Winkelintegration aus:

$$\left| \varphi_{\mathrm{str}} \right| = \frac{\mu}{k\hbar^2} \left| \int_0^\infty dr \, V(r) \left[\exp(2\mathrm{i} k r) - 1 \right] \right| \ll 1 \tag{45.7}$$

Das Potenzial habe eine endliche Reichweite R. Seine Stärke $|V|$ sei von der Größe $\overline{V}$, so dass $|\int dr\, V| \sim R\,\overline{V}$. Wir nehmen an, dass die Energie $\varepsilon = \hbar^2 k^2/2\mu$ so groß ist, dass $kR \gg 1$. Dann heben sich die Beiträge der Exponentialfunktion in (45.7) zum größten Teil auf und wir erhalten

$$|\varphi_{\mathrm{str}}| \sim \frac{\mu R\,\overline{V}}{k\,\hbar^2} \ll 1, \qquad kR \gg 1 \tag{45.8}$$

Diese Bedingungen sind für hinreichend hohe Energie $\varepsilon = \hbar^2 k^2/2\mu$ erfüllt. Die Bedingung $kR \gg 1$ bedeutet, dass die quantenmechanische Wellenlänge des Teilchens klein gegenüber der Reichweite des Potenzials sein muss.

Für kleine Energien, $kR \ll 1$, kann die Exponentialfunktion in (45.7) entwickelt werden, $\exp(2ikr) - 1 \approx 2ikr$. Dann wird (45.7) zu

$$|\varphi_{\mathrm{str}}| \sim \frac{\mu\,\overline{V}\,R^2}{\hbar^2} \ll 1, \qquad kR \ll 1 \tag{45.9}$$

Diese Bedingung ist nur für ein schwaches Potenzial (flacher und schmaler Potenzialtopf) erfüllt; in einem solchen Potenzial gibt es keine gebundenen Zustände. Die Bedingung $kR \ll 1$ bedeutet, dass die quantenmechanische Wellenlänge des Teilchens groß gegenüber der Reichweite des Potenzials sein muss.

Wirkungsquerschnitt

Die Streuamplitude und der Wirkungsquerschnitt wurden in Kapitel 26 eingeführt. Abbildung 26.1 skizziert das Streuexperiment. Die einlaufende Welle wird durch φ_0 beschrieben, die auslaufende Kugelwelle durch φ_{str}. Wir benötigen die Streulösung am Ort $\boldsymbol{r}$ des Detektors. Wegen $r' \le R \ll r$ gilt

$$|\boldsymbol{r} - \boldsymbol{r}'| = r - \frac{\boldsymbol{r} \cdot \boldsymbol{r}'}{r} + \mathcal{O}(r'^2/r^2) \tag{45.10}$$

Hiermit wird die Exponentialfunktion in (45.5) zu

$$\exp(ik|\boldsymbol{r} - \boldsymbol{r}'|) \approx \exp(ikr)\,\exp(-i\boldsymbol{k}' \cdot \boldsymbol{r}') \tag{45.11}$$

Der Wellenvektor $\boldsymbol{k}' = k\,(\boldsymbol{r}/r)$ zeigt vom Target zum Detektor (Abbildung 26.1). Wir setzen nun (45.11), $1/|\boldsymbol{r} - \boldsymbol{r}'| \approx 1/r$ und $\varphi_0(\boldsymbol{r}') = \exp(i\boldsymbol{k} \cdot \boldsymbol{r}')$ in (45.5) ein. Daraus erhalten wir

$$\varphi(\boldsymbol{r}) \approx \exp(i\boldsymbol{k} \cdot \boldsymbol{r}) + f(\theta, \phi)\,\frac{\exp(ikr)}{r} \qquad (r \gg r') \tag{45.12}$$

mit der Streuamplitude

$$f(\theta, \phi) = -\frac{\mu}{2\pi\hbar^2} \int d^3r'\, V(\boldsymbol{r}')\,\exp\big[\,i(\boldsymbol{k} - \boldsymbol{k}') \cdot \boldsymbol{r}'\,\big] = -\frac{\mu}{2\pi\hbar^2}\,\widetilde{V}(\boldsymbol{q}) \tag{45.13}$$

Die Winkel θ, ϕ geben die Richtung von $\boldsymbol{k}'$ relativ zu $\boldsymbol{k}$ an. Im letzten Ausdruck wurde die Fouriertransformierte $\widetilde{V}(\boldsymbol{q})$ des Potenzials eingeführt. Im Argument von $\widetilde{V}(\boldsymbol{q})$ steht der Impuls

$$\boldsymbol{q} = \boldsymbol{k}' - \boldsymbol{k} \tag{45.14}$$

der bei der Streuung auf das Teilchen übertragen wird. Nach (26.9) ist der differenzielle Wirkungsquerschnitt

$$\boxed{\frac{d\sigma}{d\Omega} = \left| f(\theta, \phi) \right|^2 = \left(\frac{\mu}{2\pi\hbar^2} \right)^2 \left| \widetilde{V}(\boldsymbol{q}) \right|^2} \tag{45.15}$$

Dieser Wirkungsquerschnitt ist durch die Fouriertransformierte $\widetilde{V}(\boldsymbol{q})$ des Potenzials bestimmt. Einen solchen Zusammenhang findet man häufig bei Streuexperimenten (zum Beispiel bei der Streuung von Licht an Streuzentren, (25.27) in [2], oder im Rahmen der Fraunhoferschen Näherung (35.20) in [2]). Im Prinzip kann man nun von dem gemessenen Wirkungsquerschnitt auf das Streupotenzial $V(\boldsymbol{r})$ damit auf die Struktur des Streuzentrums zurückzuschließen. Das Streuexperiment ist eine Art Mikroskop, mit der die mikroskopische Struktur des streuenden Objekts (etwa eines Atoms) „gesehen" werden kann.

Der Rückschluss vom gemessenen Wirkungsquerschnitt auf das Potenzial $V(\boldsymbol{r})$ ist allerdings nur mit Einschränkungen möglich. Zum einen kann (45.15) nicht die Phase der Fouriertransformierten $\widetilde{V}(\boldsymbol{q})$ des Potenzials festlegen. Zu anderen sind bei gegebener Streuenergie $\varepsilon = \hbar^2 k^2 / 2\mu$ die durch das Experiment bestimmbaren Fourierkomponenten $\widetilde{V}(\boldsymbol{q})$ wegen (45.14) durch $q = |\boldsymbol{q}| \leq 2k$ begrenzt. Bei gegebener Streuenergie $\varepsilon = \hbar^2 k^2 / 2\mu$ können in $V(\boldsymbol{r})$ nur Einzelheiten aufgelöst werden, die größer als

$$\Delta r_{\min} \sim 1/k \tag{45.16}$$

sind. Um eine höhere Ortsauflösung zu erhalten, muss die Streuenergie erhöht werden. Bei hohen Energien können aber neben der hier betrachteten elastischen Streuung auch andere Prozesse auftreten (etwa inelastische Streuung, Teilchenerzeugung). Dann ist der elastische Wirkungsquerschnitt möglicherweise nicht mehr messbar, oder das zugrunde liegende Modell eines Potenzials wird ungültig. Praktisch liefert die Messung des Wirkungsquerschnitts daher immer nur einen Teil der Funktion $\widetilde{V}(\boldsymbol{q})$. Außerdem kann der Wirkungsquerschnitt (45.15) nicht die Phase der Fouriertransformierten $\widetilde{V}(\boldsymbol{q})$ bestimmen.

Die Aufgaben, aus $|\widetilde{V}(\boldsymbol{q})|$ in einem endlichen q-Bereich die gesuchte Funktion $V(\boldsymbol{r})$ zu bestimmen, ist vom mathematischen Standpunkt aus ein „schlecht gestelltes Problem". Um dieses Problem praktisch zu lösen geht man folgendermaßen vor: Man macht einen Ansatz für $V(\boldsymbol{r})$, der von einigen Parametern abhängt. Diese Parameter werden so angepasst, dass der berechnete Wirkungsquerschnitt möglichst gut mit dem gemessenen übereinstimmt. Damit ergänzt man die unzureichende Information aus dem Experiment durch zusätzliche Information (Form des Potenzials, als Vorurteil oder auch als Daten anderer Experimente).

Wir spezialisieren die Ergebnisse auf ein kugelsymmetrisches Potenzial $V(\boldsymbol{r}) = V(r)$. Dann ist die Anordnung (Potenzial plus einfallender Strahl) drehsymmetrisch bezüglich der Achse des einfallenden Strahls. Damit hängt die Streuamplitude nur vom Streuwinkel θ ab, $f(\theta, \phi) = f(\theta)$. Dieser Streuwinkel legt den Betrag des Impulsübertrags fest:

$$q = |\boldsymbol{k}' - \boldsymbol{k}| = 2\,k\,\sin(\theta/2) \tag{45.17}$$

Wir berechnen die Fouriertransformierte des sphärischen Potenzials:

$$
\begin{aligned}
\widetilde{V}(\boldsymbol{q}) &= \int d^3 r'\, \exp(-\mathrm{i}\,\boldsymbol{q}\cdot\boldsymbol{r}')\,V(r') \\[2mm]
&= 2\pi \int_0^\infty dr'\, r'^2 \int_{-1}^{+1} d\cos\theta'\, \exp(-\mathrm{i}\,q\,r'\cos\theta')\,V(r') \\[2mm]
&= 4\pi \int_0^\infty dr'\, r'^2\, V(r')\,\frac{\sin(q\,r')}{q\,r'} = \widetilde{V}(q)
\end{aligned}
\tag{45.18}
$$

Damit wird der Wirkungsquerschnitt zu

$$\frac{d\sigma}{d\Omega} = \left(\frac{\mu}{2\pi\hbar^2}\right)^2 |\widetilde{V}(q)|^2 = \left(\frac{\mu}{2\pi\hbar^2}\right)^2 \left|\widetilde{V}\big(2\,k\,\sin(\theta/2)\big)\right|^2 \tag{45.19}$$

Rutherford-Wirkungsquerschnitt

Als konkretes Beispiel betrachten wir das abgeschirmte Coulombpotenzial

$$V(r) = \pm\frac{e^2}{r}\,\exp(-r/r_0) \tag{45.20}$$

Für $r_0 \to \infty$ wird dies zum Coulombpotenzial zwischen zwei geladenen Elementarteilchen, also etwa zum Potenzial zwischen zwei Elektronen oder zwischen einem Elektron und einem Proton. Wir berechnen $\widetilde{V}(q)$:

$$\widetilde{V}(q) = \pm\frac{4\pi e^2}{q}\int_0^\infty dr\, \exp(-r/r_0)\,\sin(q\,r) = \frac{\pm 4\pi e^2}{q^2 + 1/r_0^2} \tag{45.21}$$

Wir setzen dies und (45.17) in (45.19) ein:

$$\frac{d\sigma}{d\Omega} = \left(\frac{2\mu e^2/\hbar^2}{4k^2\sin^2(\theta/2) + 1/r_0^2}\right)^2 \tag{45.22}$$

Für $r_0 \to \infty$ und mit $v = \hbar k/\mu$ erhalten wir den *Rutherford-Wirkungsquerschnitt*,

$$\boxed{\left(\frac{d\sigma}{d\Omega}\right)_{\mathrm{R}} = \frac{e^4}{4\mu^2 v^4 \sin^4(\theta/2)}} \tag{45.23}$$

Dieser Wirkungsquerschnitt beschreibt zum Beispiel die Streuung eines Elektrons an einem Proton oder die von zwei Elektronen aneinander.

Für die Streuung von zwei Teilchen aneinander ist (45.1) die Schrödingergleichung der Relativbewegung. Für e-p-Streuung ist die reduzierte Masse $\mu = m_e/(1 + m_e/m_p) \approx m_e$, für e-e-Streuung ist $\mu = m_e/2$. Der Streuwinkel θ bezieht sich dabei auf das Schwerpunktsystem (SS), in dem der gemeinsame Schwerpunkt der beiden Teilchen vor dem Stoß ruht. Die Messung erfolgt üblicherweise im Laborsystem (LS), in dem das Target vor dem Stoß ruht. Für die Umrechnung von (45.23) zum Wirkungsquerschnitt im LS erfolgt wie in der Mechanik (Kapitel 18 in [1]). Falls die Targetmasse viel größer als die Projektilmasse ist (etwa e-p-Streuung), sind die Änderungen gering. Für gleiche Massen (etwa für e-e-Streuung) ändert sich der Streuwinkel gemäß $\theta = 2\,\theta_{LS}$.

Die Rutherford-Formel (45.23) ergibt sich auch aus einer exakten quantenmechanischen Rechnung. Dabei ist es an sich schon erstaunlich, dass die Bornsche Näherung überhaupt ein sinnvolles Resultat liefert. Denn da der totale Wirkungsquerschnitt divergiert,

$$\sigma = 2\pi \int_0^\pi d\theta \, \sin\theta \, \left(\frac{d\sigma}{d\Omega}\right)_R \to \infty \qquad (45.24)$$

kann man nicht davon ausgehen, dass die Streuwelle φ_{str} nur eine kleine Korrektur zur ungestörten Lösung φ_0 ist.

Die Divergenz des Rutherford-Wirkungsquerschnitts wird durch das Verhalten bei kleinen Winkeln θ verursacht. Kleine Winkel entsprechen Teilchen mit großem Stoßparameter, die wegen des langsamen Abfalls des Coulombpotenzials $V_C(r) = \pm e^2/r$ immer noch eine (geringe) Ablenkung erfahren. In diesem Sinn hat das Coulombpotenzial keine endliche Reichweite; es wird auch als *langreichweitig* bezeichnet.

Im realen Experiment gibt es immer eine Abschirmung; der physikalische Wirkungsquerschnitt divergiert daher nicht. In einem klassischen Rutherford-Experiment, der Streuung von α-Teilchen an Atomkernen, sorgen die Elektronenhüllen der Atome für eine solche Abschirmung. Abgesehen davon ist die Messbarkeit eines differenziellen Wirkungsquerschnitts in Vorwärtsrichtung begrenzt, da $\theta = 0$ die Strahlrichtung ist.

Aufgaben

45.1   Ladungsformfaktor in Bornscher Näherung

Die Wechselwirkung zwischen einem Elektron und einem Atomkern wird durch das Potenzial

$$V(r) = -e\,\Phi(r) = -e \int d^3r'\,\frac{\varrho(r')}{|r - r'|} \qquad (45.25)$$

beschrieben, wobei $\varrho(r)$ die Ladungsverteilung des Atomkerns (Z Protonen) ist. Der Zusammenhang zwischen dem elektrostatischen Potenzial $\Phi(r)$ und ϱ kann auch durch die Poisson-Gleichung $\Delta\Phi(r) = -4\pi\varrho(r)$ ausgedrückt werden.

Berechnen Sie den Streuquerschnitt für die Streuung eines Elektrons am Atomkern in 1. Bornscher Näherung. Zeigen Sie, dass das Resultat von folgender Form ist:

$$\frac{d\sigma}{d\Omega} = \left(\frac{d\sigma}{d\Omega}\right)_{\mathrm{R}} F(q)^2 \qquad (45.26)$$

Hierbei ist $(d\sigma/d\Omega)_{\mathrm{R}}$ der Rutherford-Wirkungsquerschnitt, $F(q)$ ist die Fouriertransformierte der Funktion $\varrho(r)/(Ze)$, und $\hbar q = \hbar k' - \hbar k$ ist der Impulsübertrag. Führen Sie dazu eine Fouriertransformation für die Poisson-Gleichung durch. Geben Sie den Ladungsformfaktor $F(q) = F(q)$ für eine kugelsymmetrische Ladungsverteilung $\varrho(r) = \varrho(r)$ an. Entwickeln Sie $F(q)$ für kleine Impulsüberträge bis zur Ordnung q^2. Drücken Sie das Ergebnis durch den mittleren quadratischen Radius der Ladungsverteilung aus.

Der experimentelle Wirkungsquerschnitt für die Elektron-Proton-Streuung kann für nicht allzugroße Impulsüberträge durch (45.26) mit

$$F(q) \approx \frac{1}{(1 + q^2/\alpha^2)^2} \qquad \text{mit} \qquad \alpha \approx 4.3\,\mathrm{fm}^{-1}$$

beschrieben werden. Berechnen Sie hieraus die Ladungsverteilung des Protons und den mittleren quadratischen Radius.

VIII Mehrteilchensysteme

46 Vielteilchenwellenfunktionen

Wir untersuchen die quantenmechanische Beschreibung eines Systems aus vielen gleichartigen Teilchen. Für Fermionen muss die Wellenfunktion antisymmetrisch, für Bosonen symmetrisch sein. Die Wellenfunktion eines idealen Fermigases wird in Form der Slater-Determinante angegeben. Das Pauliprinzip wird formuliert.

Fermionen und Bosonen

Wir betrachten ein System von N gleichartigen Teilchen, zum Beispiel N Elektronen im Atom, N Nukleonen im Atomkern oder N Heliumatome in einem Kasten. Eine einfache mögliche Form des Hamiltonoperators H ist

$$H = H(1, 2, ..., N) = \sum_{\nu=1}^{N} \left(-\frac{\hbar^2}{2m} \Delta_\nu + U(\boldsymbol{r}_\nu) \right) + \sum_{\nu=2}^{N} \sum_{\mu=1}^{\nu-1} V(\boldsymbol{r}_\nu, \boldsymbol{r}_\mu) \quad (46.1)$$

Für Elektronen im Atom ist $U = -Ze^2/r$ das zentrale Potenzial des Atomkerns und $V(\boldsymbol{r}_\nu, \boldsymbol{r}_\mu) = e^2/|\boldsymbol{r}_\nu - \boldsymbol{r}_\mu|$ die Coulombwechselwirkung der Elektronen untereinander. Die Doppelsumme über ν und μ ist so beschränkt, dass der Wechselwirkungsterm für die Teilchen ν und μ genau einmal auftritt.

Im Argument des Hamiltonoperators $H(..., \nu, ...)$ steht ν für alle vorkommenden Koordinaten und Operatoren des ν-ten Teilchens, also zum Beispiel für die Ortskoordinaten, für den Impulsoperator $\boldsymbol{p}_{\nu, \mathrm{op}}$ oder auch für den Spinoperator wie etwa in (37.25).

Wir suchen die Vielteilchenlösungen Ψ der Schrödingergleichung

$$H \Psi = E \Psi, \qquad \Psi = \Psi(1, 2, ..., \nu, ..., N) \qquad (46.2)$$

Im Argument der Wellenfunktion $\Psi(..., \nu, ...)$ steht ν für alle Koordinaten des ν-ten Teilchens.

Wegen der *Gleichartigkeit* der Teilchen sind die Hamiltonfunktion und damit auch der Hamiltonoperator symmetrisch bezüglich des Austauschs zweier Teilchen:

$$H(1, 2, ..., \nu, ..., \mu, ..., N) = H(1, 2, ..., \mu, ..., \nu, ..., N) \qquad (46.3)$$

347

Durch

$$P_{\nu\mu}\,\Psi(1, 2,..., \nu,..., \mu,..., N) = \Psi(1, 2,..., \mu,..., \nu,..., N) \qquad (46.4)$$

definieren wir den Permutationsoperator $P_{\nu\mu}$, der die Teilchen ν und μ vertauscht. Dies bedeutet, dass $P_{\nu\mu}$ alle Größen mit dem Index ν gegen die entsprechenden Größen mit dem Index μ vertauscht. Die Gleichartigkeit der Teilchen kann durch

$$\big[\,H(1, 2,..., N),\, P_{\nu\mu}\,\big] = 0 \qquad (46.5)$$

ausgedrückt werden. Da H mit $P_{\nu\mu}$ vertauscht, können wir die Eigenfunktionen zu H in der Form von Eigenfunktionen zu $P_{\nu\mu}$ suchen. Die Eigenwertgleichung für $P_{\nu\mu}$ lautet

$$P_{\nu\mu}\,\Psi(1, 2,..., \nu,..., \mu,..., N) = \lambda\,\Psi(1, 2,..., \nu,..., \mu,..., N) \qquad (46.6)$$

Zusammen mit der Definitionsgleichung (46.4) folgt daraus

$$P_{\nu\mu}\,P_{\nu\mu} = 1 = \lambda^2, \quad \text{also } \lambda = \pm 1 \qquad (46.7)$$

Die Lösung zum Eigenwert $\lambda = +1$ ist *symmetrisch* bei Vertauschung der beiden Teilchen, für $\lambda = -1$ ist sie *antisymmetrisch*. Wir kennzeichnen die Lösungen mit einem entsprechenden Index:

$$P_{\nu\mu}\,\Psi_{\pm}(1,..., \nu,..., \mu,..., N) = \pm\,\Psi_{\pm}(1,..., \nu,..., \mu,..., N) \qquad (46.8)$$

In der Natur ist für bestimmte Teilchen jeweils nur die symmetrische oder nur die antisymmetrische Wellenfunktion verwirklicht. Die antisymmetrische Lösung gilt für *Fermionen*; dies sind alle Teilchen mit halbzahligem Spin ($s = 1/2, 3/2,...$), insbesondere Elektronen und Nukleonen. Die symmetrische Wellenfunktion gilt dagegen für *Bosonen*; dies sind alle Teilchen mit ganzzahligem Spin ($s = 0, 1,...$), zum Beispiel ^{4}He-Atome oder π-Mesonen.

Die Symmetrie gilt für den Austausch zweier beliebiger Teilchen in (46.8). Die Wellenfunktion Ψ_- für Fermionen wird daher auch als *total antisymmetrisch* bezeichnet, die für Bosonen (Ψ_+) als *total symmetrisch*.

Wegen dieser Austauschsymmetrie sprechen wir auch von *identischen* Teilchen. Die Gleichartigkeit der Teilchen wird durch die Symmetrie des Hamiltonoperators ausgedrückt; diese Symmetrie gilt auch für die entsprechende klassische Hamiltonfunktion. Zwei klassische Teilchen können aber immer unterschieden werden; sie könnten eine Marke bekommen, ohne dass sich ihre mechanischen Eigenschaften ändern. Wenn der Austausch zweier Teilchen aber nur ein Vorzeichen ergibt, dann gibt es keine Messung, die zwischen $\Psi(..., \nu,..., \mu,...)$ und $\Psi(..., \mu,..., \nu,...)$ unterscheiden könnte. Daher sind die Teilchen *ununterscheidbar* oder identisch. Wenn die Teilchen ν und μ zum Beispiel in zwei bestimmten Einteilchenzuständen sind, dann kann man keine Feststellung darüber treffen, welches Teilchen in welchem Eigenzustand ist.

Ideales Fermigas

Im Folgenden beschränken wir uns auf Elektronen und Nukleonen. Dies sind Teilchen mit Spin 1/2, also Fermionen.

Außerdem betrachten wir ein *ideales Gas*. Das bedeutet, dass wir die Wechselwirkung zwischen den Teilchen vernachlässigen. Damit wird der Hamiltonoperator (46.1) zu einer Summe von Einteilchen-Hamiltonoperatoren:

$$H \approx H_{\mathrm{IG}} = \sum_{\nu=1}^{N} H_0(\nu) = \sum_{\nu=1}^{N} \left(-\frac{\hbar^2}{2m}\,\Delta_\nu + U(\boldsymbol{r}_\nu) \right) \tag{46.9}$$

Bei diesem Schritt könnte der mittlere Effekt der Wechselwirkungen $V(\boldsymbol{r}_\nu, \boldsymbol{r}_\mu)$ im Potenzial $U(\boldsymbol{r})$ mitberücksichtigt werden. Für Atome und Kerne führt H_{IG} zur Schalenstruktur und wird daher auch als *Schalenmodell*-Hamiltonoperator bezeichnet.

Die entscheidende Vereinfachung des idealen Gases (IG) besteht darin, dass der Hamiltonoperator H_{IG} eine Summe von Einteilchenoperatoren H_0 ist. Dies ermöglicht eine explizite Konstruktion der Vielteilchenwellenfunktionen Ψ auf der Grundlage der bekannten Einteilchenlösungen. Diese Konstruktion wird jetzt vorgestellt.

Für eine Reihe von Fällen haben wir das Einteilchenproblem

$$\hat{H}_0\,|a\rangle = \varepsilon_a\,|a\rangle \quad \text{für} \quad H_0 = -\frac{\hbar^2}{2m}\,\Delta + U(\boldsymbol{r}) \tag{46.10}$$

bereits gelöst. Dazu gehören das Coulomb-, das sphärische Kasten- und das Oszillatorpotenzial. Der Ortsanteil der gebundenen Zustände ist hierbei von der Form $\langle \boldsymbol{r}\,|\,n l m \rangle = \varphi_{nl}(r)\,Y_{lm}(\theta, \phi)$. Alle betrachteten Teilchen (Elektronen, Nukleonen) haben Spin 1/2. Sofern der Hamiltonoperator H_0 nicht auf den Spin wirkt, sind die Produktzustände

$$|a\rangle = |n l m\rangle\,|s s_z\rangle \tag{46.11}$$

Eigenzustände von H_0. Der Spinanteil kann alternativ durch einen Spaltenvektor dargestellt werden. Auch die zum Drehimpuls j gekoppelten Zustände

$$|a\rangle = |n j l s m_j\rangle = \sum_{m, s_z} C(l s j, m s_z m_j)\,|n l m\rangle\,|s s_z\rangle \tag{46.12}$$

sind Eigenzustände von $\hat{H}_0$; die Clebsch-Gordan-Koeffizienten C sind aus Kapitel 38 bekannt. Mit Zuständen der Form (46.12) haben wir insbesondere das Wasserstoffproblem mit relativistischen Korrekturen gelöst (Kapitel 41).

Die Zustände (46.11) und (46.12) nehmen keinen Bezug auf ein bestimmtes Teilchen. Wenn sich das ν-te Teilchen im Zustand $|a\rangle$ befindet, dann können wir das so ausdrücken:

$$|a\rangle_\nu := \psi_a(\nu) \tag{46.13}$$

Mit $\psi_a(\nu)$ bezeichnen wir ein beliebige Darstellung des Zustands; dabei steht a für alle Quantenzahlen und ν für die Koordinaten des Teilchens. In der Ortsdarstellung wäre zum Beispiel $|nlm\rangle_\nu := \varphi_{nlm}(\boldsymbol{r}_\nu)$; hier steht ν in $\psi_a(\nu)$ für die Ortskoordinate $\boldsymbol{r}_\nu$. Wenn wir den Spin mit einschließen, dann steht das Argument ν für $(\boldsymbol{r}_\nu, s_{z,\nu})$.

Ausgehend von den Einteilchenlösungen $\psi_a(\nu)$ konstruieren wir nun die Lösungen $\Psi(1, 2, ..., N)$ zu $H_{\mathrm{IG}} = \sum H_0(\nu)$. Wir betrachten zunächst zwei Teilchen:

$$\left[H_0(1) + H_0(2) \right] \Psi(1, 2) = E\, \Psi(1, 2) \qquad (46.14)$$

Man sieht sofort, dass das Produkt

$$\Psi(1, 2) = \psi_a(1)\, \psi_b(2) \qquad (46.15)$$

eine Lösung zur Energie

$$E = \varepsilon_a + \varepsilon_b \qquad (46.16)$$

ist. Dabei stehen a und b jeweils für einen vollständigen Satz von Quantenzahlen eines Teilchens. Neben (46.15) ist

$$\Psi(1, 2) = \psi_b(1)\, \psi_a(2) \qquad (46.17)$$

ebenfalls eine Lösung zur gleichen Energie; für $a \neq b$ ist dies eine andere Lösung. Damit ist auch eine beliebige Linearkombination von (46.15) und (46.17) Lösung zur Energie $E = \varepsilon_a + \varepsilon_b$. Unter diesen Linearkombinationen gibt es eine antisymmetrische Lösung:

$$\Psi(1, 2) = \frac{1}{\sqrt{2}} \left(\psi_a(1)\, \psi_b(2) - \psi_b(1)\, \psi_a(2) \right) \qquad (46.18)$$

Der Vorfaktor sorgt für die Normierung; dabei werden $\langle a|b\rangle = \delta_{ab}$ und $a \neq b$ vorausgesetzt. Diese Wellenfunktion kann in der Form einer Determinante geschrieben werden:

$$\Psi(1, 2) = \frac{1}{\sqrt{2}} \begin{vmatrix} \psi_a(1) & \psi_b(1) \\ \psi_a(2) & \psi_b(2) \end{vmatrix} \qquad (46.19)$$

Wir übertragen diese Struktur auf N Teilchen:

$$\Psi(1, 2, ..., N) = \frac{1}{\sqrt{N!}} \begin{vmatrix} \psi_{a_1}(1) & \psi_{a_2}(1) & \psi_{a_3}(1) & \ldots & \psi_{a_N}(1) \\ \psi_{a_1}(2) & \psi_{a_2}(2) & \psi_{a_3}(2) & \ldots & \psi_{a_N}(2) \\ \psi_{a_1}(3) & \psi_{a_2}(3) & \psi_{a_3}(3) & \ldots & \psi_{a_N}(3) \\ \vdots & \vdots & \vdots & \ddots & \vdots \\ \psi_{a_1}(N) & \psi_{a_2}(N) & \psi_{a_3}(N) & \ldots & \psi_{a_N}(N) \end{vmatrix} \qquad (46.20)$$

Diese sogenannte *Slater-Determinante* kann äquivalent als

$$\Psi = \frac{1}{\sqrt{N!}} \sum_{\hat{P}} (-)^P\, \hat{P}\, \psi_{a_1}(1)\, \psi_{a_2}(2) \cdot \ldots \cdot \psi_{a_N}(N) = \mathcal{A} \prod_{\nu=1}^{N} \psi_{a_\nu}(\nu) \qquad (46.21)$$

geschrieben werden. Der Operator $\hat{P}$ bewirkt eine Permutation der N Teilchen-koordinaten. Die Summe läuft über alle Permutationen; das Vorzeichen $(-)^P$ ist $+1$ für gerade und -1 für ungerade Permutationen; der Vorfaktor $1/\sqrt{N!}$ sorgt für die Normierung auf 1. Der Operator, der aus dem einfachen Produktzustand die Slater-Determinante macht, wird als *Antisymmetrisierungsoperator* $\mathcal{A}$ bezeichnet.

Jeder Summand in (46.21) ist Eigenfunktion von (46.9) zur gleichen Energie. Daher gilt

$$\left[H_0(1) + H_0(2) + \ldots + H_0(N) \right] \Psi(1, 2, \ldots, N) \tag{46.22}$$

$$= \left(\varepsilon_{a_1} + \varepsilon_{a_2} + \ldots + \varepsilon_{a_N} \right) \Psi(1, 2, \ldots, N)$$

oder

$$H_{\mathrm{IG}}\, \Psi = E\, \Psi \quad \text{mit} \quad E = \sum_{\nu=1}^{N} \varepsilon_{a_\nu} \tag{46.23}$$

Der Austausch $i \leftrightarrow j$ in (46.20) bedeutet den Austausch zweier Zeilen in der De-terminante, ergibt also den Faktor -1. Damit erfüllt Ψ die Symmetrieforderung gegenüber Teilchenaustausch, Ψ ist total antisymmetrisch. Die Antisymmetrie von Ψ impliziert das *Pauliprinzip*:

PAULIPRINZIP:

Ein Einteilchenzustand kann maximal mit einem Fermion besetzt sein.

Sind zwei Einteilchenzustände in (46.20) gleich, also $a_\nu = a_\mu$ für $i \neq j$, so sind zwei Spalten der Determinante gleich, also ist $\Psi \equiv 0$; ein solcher Zustand ist daher nicht möglich. Kommt ein bestimmtes ψ_b in (46.20) vor, dann ist dieser Zustand mit genau einem Fermion besetzt. Wenn dieses ψ_b in (46.20) nicht vorkommt, dann ist der entsprechende Einteilchenzustand unbesetzt. Ein Einteilchenzustand kann auch *teilweise besetzt* sein. Dies ist zum Beispiel der Fall, wenn die Wellenfunktion $\Psi = (\Psi_1 + \Psi_2)/\sqrt{2}$ eine Überlagerung aus zwei Slaterdeterminanten Ψ_1 und Ψ_2 ist. Kommt nun der Einteilchenzustand ψ_b nur entweder in Ψ_1 oder Ψ_2 vor, dann ist er in Ψ mit der Wahrscheinlichkeit 50 % besetzt. Eine teilweise Besetzung liegt natürlich auch in einem statistischen Ensemble vor, in dem die Vielteilchenzustände $|r\rangle$ mit bestimmten Wahrscheinlichkeiten P_r vorkommen (etwa mit $P_r = \exp(-E_r/k_{\mathrm{B}}T)$).

In (46.20) können wir offensichtlich nicht mehr sagen, in welchem Zustand a_μ das Teilchen ν ist; die Teilchenkoordinate ν tritt ja in jeder Funktion ψ_{a_μ} auf. Der Zustand $|\Psi\rangle$ ist vielmehr (bis auf eine Phase) vollständig festgelegt durch die An-gabe der besetzten Niveaus:

$$\left| \Psi \right\rangle = |a_1, a_2, a_3, \ldots, a_N\rangle := \Psi(1, 2, 3, \ldots, N) \tag{46.24}$$

Dabei kommt es nicht auf die Reihenfolge $\{a_1, a_2, \ldots, a_N\}$ an, denn eine beliebige Permutation ergibt nur ein Vorzeichen.

Da wir nicht mehr sagen können, welches Teilchen in welchem Niveau ist, be-zeichnen wir die Teilchen als *ununterscheidbar* oder *identisch*. Dies bedeutet mehr als gleichartig: Auch die klassische Hamiltonfunktion ist für gleiche Teilchen symmetrisch bezüglich des Austausches zweier Teilchen. Klassisch sind die Teilchen jedoch unterscheidbar; die Teilchen könnten farbig gekennzeichnet werden, ohne dass sich ihre mechanischen Eigenschaften ändern. In der Quantenmechanik kommt aber zur Symmetrie des Hamiltonoperators noch die der Wellenfunktion hinzu. Danach kann man nicht mehr sagen, welches Teilchen welche Bahn (also welche Quantenzahlen a_ν in (46.20)) hat. Erst die Symmetriebedingung an die Wellenfunktion macht die Teilchen zu identischen, ununterscheidbaren Teilchen. Dieser Punkt gilt gleichermaßen für Fermionen und Bosonen.

Die Schalenmodellnäherung (46.9) hat den großen Vorteil, dass sie eine explizite und einfache Vielteilchenlösung ermöglicht. Obwohl die Vernachlässigung der gegenseitigen Wechselwirkung $V(\boldsymbol{r}_\nu, \boldsymbol{r}_\mu)$ in (46.1) eine drastische Näherung ist, kann das resultierende ideale Fermigas erfolgreich auf eine Vielzahl von Problemen angewandt werden (Kapitel 47). Wie bereits erwähnt, kann beim Schritt von (46.1) zu (46.9) der mittlere Effekt der Wechselwirkungen $V(\boldsymbol{r}_\nu, \boldsymbol{r}_\mu)$ in das Potential $U(\boldsymbol{r})$ aufgenommen werden. Die noch verbleibenden (Rest-) Wechselwirkungen könnten anschließend im Rahmen der Störungstheorie berücksichtigt werden.

Auf der Grundlage eines VONS von Einteilchenzuständen bilden die Slaterdeterminanten (46.20) eine vollständige Basis für total antisymmetrische Zustände, also für N-Fermionen-Zustände. Daher kann im Prinzip jeder Vielteilchenzustand als Linearkombination dieser Zustände dargestellt werden. Praktisch kann man durch die Diagonalisierung von $H = H_0 + V$ in einem endlichen Raum solcher Zustände die im idealen Gas vernachlässigte Wechselwirkung V näherungsweise berücksichtigen und so über die einfache Schalenmodellnäherung hinausgehen.

47 Ideale Fermigase

Das ideale Fermigas kann insbesondere auf folgende Systeme angewandt werden:

  1. Atom: Elektronen der Hülle.

  2. Atomkern: Nukleonen.

  3. Metall: Freie Elektronen.

  4. Weißer Zwerg: Elektronen.

Diese Modelle werden im Rahmen der Atomphysik, Kernphysik, Festkörperphysik und Astrophysik eingehend behandelt. Wir beschränken uns hier auf eine elementare Einführung. Die Anwendung auf die Atomhülle wird gesondert in Kapitel 48 diskutiert.

Ein System aus N identischen Fermiteilchen werde durch den Hamiltonoperator

$$H = H(1, 2, ..., N) = \sum_{\nu=1}^{N} \left(-\frac{\hbar^2}{2m} \Delta_\nu + U(\mathbf{r}_\nu) \right) + \sum_{\nu=2}^{N} \sum_{\mu=1}^{\nu-1} V(\mathbf{r}_\nu, \mathbf{r}_\mu) \qquad (47.1)$$

beschrieben. Wenn die Wechselwirkungen $V(\mathbf{r}_\nu, \mathbf{r}_\mu)$ schwach sind, sprechen wir von einem Gas, wenn sie verschwinden oder vernachlässigt werden, von einem idealen Gas (IG). Der Hamiltonoperator eines idealen Fermigases ist somit

$$H_{IG} = H_{IG}(1, 2, ..., N) = \sum_{\nu=1}^{N} H_0(\nu) = \sum_{\nu=1}^{N} \left(-\frac{\hbar^2}{2m} \Delta_\nu + U(\mathbf{r}_\nu) \right) \qquad (47.2)$$

Ein Eigenzustand $|\Psi\rangle = |a_1, a_2, a_3, ..., a_N\rangle := \Psi(1, 2, 3, ..., N)$ wird durch die Angabe der besetzten Einteilchenzustände a_ν definiert, (46.24). Den Grundzustand erhält man durch die Besetzung der untersten Eigenzustände von H_0 mit je einem Teilchen. Das bedeutet, dass alle Einteilchenniveaus unterhalb einer bestimmten Energie besetzt sind, die darüber dagegen unbesetzt. Diese Grenzenergie heißt *Fermienergie* ε_F. Wir schätzen die Fermienergie $\varepsilon_F = p_F^2/2m$ für verschiedene Systeme ab.

In den betrachteten Beispielen sind die Fermionen auf ein endliches Volumen V beschränkt; dieses Volumen wird durch das Potenzial U in (47.2) bestimmt. Nach (11.25) ist die Anzahl N_F der Einteilchenzustände unterhalb von ε_F durch das entsprechende Phasenraumvolumen V_{PR} gegeben,

$$N_F = \frac{V_{PR}}{(2\pi\hbar)^3} = \frac{1}{(2\pi\hbar)^3} \int_{|\mathbf{p}| \le p_F} d^3p \int_V d^3r \qquad (47.3)$$

Die Impulsintegration ergibt $4\pi p_{\mathrm{F}}^3/3$. Nun ist p_{F} gerade dadurch bestimmt, dass in den darunter liegenden Niveaus N Fermionen Platz haben. Wegen des Spinfreiheitsgrads haben in jedem Ortsniveau zwei Fermionen Platz. Daher gilt

$$N = 2\,N_{\mathrm{F}} = \frac{2}{(2\pi\hbar)^3}\,\frac{4\pi}{3}\,p_{\mathrm{F}}^3\,V \tag{47.4}$$

Dies ergibt den Zusammenhang zwischen dem Fermiimpuls und der Dichte N/V des Systems. Abgesehen von numerischen Faktoren gilt

$$p_{\mathrm{F}} \sim \frac{\hbar}{(V/N)^{1/3}} \sim \overline{p} \tag{47.5}$$

Bis auf einen Faktor der Größe 1 ist der Fermiimpuls gleich dem mittleren Impuls $\overline{p}$ der Teilchen. Das Ergebnis $p_{\mathrm{F}} \sim \hbar/(V/N)^{1/3}$ kann so interpretiert werden: Wegen des Pauliprinzips steht jedem Teilchen effektiv ein Volumen V/N zur Verfügung. Wegen der quantenmechanischen Unschärfe impliziert diese Begrenzung einen entsprechenden Impuls.

Für die oben angegebenen Beispiele folgen aus (47.5) die Fermienergien:

$$\varepsilon_{\mathrm{F}} = \frac{p_{\mathrm{F}}^2}{2m} \approx \begin{cases} 5\,\mathrm{eV} & \text{Atom, Metall } (10^{-8}\,\mathrm{cm}) \\ 35\,\mathrm{MeV} & \text{Atomkern } (10^{-13}\,\mathrm{cm}) \\ 0.5\,\mathrm{MeV} & \text{Weißer Zwerg } (10^{-11}\,\mathrm{cm}) \end{cases} \tag{47.6}$$

Dabei wurde in der ersten und dritten Zeile die Elektronmasse und in der zweiten die Nukleonmasse für m eingesetzt. In der Klammer ist jeweils die Größenordnung von $(V/N)^{1/3}$ angegeben; dies ist etwa gleich dem mittleren Teilchenabstand. Die Gleichgewichtsdichte des Systems ergibt sich aus der Balance zwischen den repulsiven kinetischen Energien $\overline{\varepsilon} \sim \overline{p}^2/2m$ und den attraktiven Wechselwirkungen zwischen den Teilchen; dies sind die Coulombwechselwirkung im Atom oder Metall, die starke Wechselwirkung im Atomkern und die Gravitationswechselwirkung im Weißen Zwerg. Der Wert $\varepsilon_{\mathrm{F}} \sim 5\,\mathrm{eV}$ gilt auch für Elektronen in einem Festkörper oder in einer Flüssigkeit; denn $V/N \sim a_{\mathrm{B}}^3$ führt zu $\varepsilon_{\mathrm{F}} = \mathcal{O}(E_{\mathrm{at}})$.

Aus der Volumenabhängigkeit $\overline{\varepsilon} \propto V^{-2/3}$ der mittleren Einteilchenenergie folgt die *Inkompressibilität* und *Undurchdringbarkeit* gewöhnlicher Materie. Wollen wir etwa das Volumen V von dicht gepackter Materie um 30% verringern, so steigen p_{F} und $\overline{p}$ um 10% und ε_{F} und $\overline{\varepsilon}$ um 20% an. Nach (47.6) muss zur Komprimierung eine Energie der Größe eV pro Elektron aufgebracht werden; dies übersteigt die bei einer explosiven chemischen Reaktion freiwerdende Energie um ein Vielfaches. Für eine Durchdringung zweier gewöhnlicher Körper müssten pro Volumen doppelt soviele Elektronen untergebracht werden; nach (47.6) ist dies nur mit einem immensen Energieaufwand von einigen eV pro Elektron möglich. Die Inkompressibilität und Undurchdringbarkeit der uns umgebenden festen Körper beruhen also auf dem Pauliprinzip und der Unschärferelation.

Schalenmodell des Atomkerns

Die Näherung des idealen Gases kann auf die Elektronen im Atom, aber auch auf die Nukleonen im Kern angewendet werden. Im ersten Fall erhält man das Schalenmodell des Atoms (Kapitel 48), im zweiten das Schalenmodell des Atomkerns, das wir im Folgenden behandeln. Der Kern bestehe aus N Neutronen (Masse m_n) und Z Protonen (Masse m_p). Damit wird (47.2) zu

$$H_{\mathrm{SM}} = \sum_{\nu=1}^{N} \left(- \frac{\hbar^2}{2\,m_n}\,\Delta_\nu + U_n(\boldsymbol{r}_\nu) \right) + \sum_{\nu=N+1}^{N+Z} \left(- \frac{\hbar^2}{2\,m_p}\,\Delta_\nu + U_p(\boldsymbol{r}_\nu) \right) \quad (47.7)$$

Die Proton- und Neutronmasse sind nahezu gleich

$$m_n \approx m_p \approx m_N \qquad (\, m_p c^2 \approx 938.3 \ \mathrm{MeV}, \quad m_n c^2 \approx 939.6 \ \mathrm{MeV}\,) \qquad (47.8)$$

Daher kann man den Kern auch als System aus A *Nukleonen* (mit der Masse m_N) behandeln,

$$H_{\mathrm{SM}} = \sum_{\nu=1}^{A} \left(- \frac{\hbar^2}{2\,m_N}\,\Delta_\nu + U(\boldsymbol{r}_\nu) \right) = \sum_{\nu=1}^{A} H_0(\nu) \qquad (47.9)$$

Neben der Gleichsetzung der Massen, (47.8), wird hierbei zunächst auch angenommen, dass die mittleren Potenziale für die Protonen und Neutronen gleich sind. In dieser Beschreibung wird den Nukleonen ein zusätzlicher innerer Freiheitsgrad zugeordnet, der genau zwei Werte annehmen kann. Für den einen Wert ist das Nukleon ein Neutron, für den anderen ein Proton. Da nur diese zwei Werte vorkommen, ist die mathematische Struktur gleich der eines Spin-1/2 Systems; der zusätzliche Freiheitsgrad wird *Isospin* genannt. Dem Proton wird der Isospin $+1/2$ zugeordnet ($|\,p\rangle := (1,0)$), dem Neutron der Isospin $-1/2$ (also $|n\rangle := (0,1)$). Die Beschreibungen als zwei unterschiedliche Teilchen oder als gleichartige Teilchen mit Isospinfreiheitsgrad sind äquivalent (unter der Voraussetzung $m_n = m_p$). Die Unterschiede im Potenzial U können dabei durch eine Isospinabhängigkeit des Potenzials berücksichtigt werden.

Zunächst hat man im Kern kein Einteilchenpotenzial (wie das zentrale Coulombpotenzial des Kerns im Atom), sondern nur die Wechselwirkungen $V(|\boldsymbol{r}_\nu - \boldsymbol{r}_\mu|)$ zwischen den Nukleonen. Der mittlere Effekt dieser Zweiteilchenwechselwirkungen kann aber in einem Einteilchenpotenzial $U(\boldsymbol{r})$ berücksichtigt werden. So beschreibt das sogenannte Hartree-Potenzial $U_H(\boldsymbol{r}) = \int d^3 r'\ V(|\boldsymbol{r}' - \boldsymbol{r}|)\,\varrho(\boldsymbol{r}')$ näherungsweise die potenzielle Energie eines Nukleons im mittleren Feld der anderen. Wenn man ein solches mittleres Potenzial verwendet, ist $\sum V(\boldsymbol{r}_\mu, \boldsymbol{r}_\nu)$ in (47.1) nur noch die in U nicht berücksichtigte, restliche Wechselwirkung zwischen den Nukleonen.

Wir leiten das Schalenmodell-Potenzial nicht aus der Wechselwirkung zwischen den Nukleonen ab. Vielmehr betrachten wir einfache Ansätze für U, die so modelliert werden, dass sie zentrale Eigenschaften (wie die Größe) des Kerns richtig reproduzieren. Das resultierende Schalenmodell führt dann zur Erklärung oder Vorhersage vieler weiterer Effekte.

Eine einfache mögliche Wahl von U ist das sphärische Kastenpotenzial,

$$U(\mathbf{r}) = U(r) = \begin{cases} -U_0 & r \leq R \\ 0 & r > R \end{cases} \tag{47.10}$$

Die besetzten Einteilchenzustände (also die Zustände unterhalb von ε_F) bestimmen die Dichteverteilung der Nukleonen. Experimentell (etwa durch Elektronstreuung, Übung 44.1) findet man, dass die Atomkerne einen Radius der Größe

$$R_A \approx r_0 \, A^{1/3} \ \text{fm} \tag{47.11}$$

haben, wobei $r_0 = 1.1 \ldots 1.2$ fm ist (der genaue Wert von r_0 hängt von der verwendeten Form der Dichteverteilung ab). Die $A^{1/3}$-Abhängigkeit des Radius bedeutet eine von A unabhängige mittlere Dichte $\varrho = A/\text{Volumen} = \text{const.}$ der Nukleonen. Für ein realistisches Schalenmodell muss $R \approx R_A$ in (47.10) gewählt werden. Die experimentellen Separationsenergien der Nukleonen ($\sim 5 \ldots 10$ MeV) sollten in etwa gleich der Differenz $U_0 - \varepsilon_F$ sein; zusammen mit $\varepsilon_F \approx 35$ MeV bedeutet dies eine Potenzialtiefe $U_0 \approx 40 \ldots 45$ MeV. Damit sind die Potenzialparameter festgelegt.

Ein realistischeres Potenzial U erhält man, wenn man den abrupten Sprung des Kastenpotenzials bei R glättet. Eine einfache Potenzialform, bei der der Übergang von $U = -U_0$ im Inneren zu $U = 0$ kontinuierlich erfolgt, ist das sogenannte Woods-Saxon-Potenzial

$$U(r) = \frac{-U_0}{1 + \exp[(r - R)/a]} \tag{47.12}$$

Der Diffuseness-Parameter $a \approx 0.5$ fm bestimmt die Breite des Übergangs am Kernrand.

Wir betrachten noch eine dritte, besonders einfache Wahl des Schalenmodell-Potenzials: Im Kerninneren, das heißt für die gebundenen Zustände, kann das Woods-Saxon-Potenzial recht gut durch ein Oszillatorpotenzial

$$U(r) = \text{const.} + \frac{1}{2}\, m_N\, \omega^2\, r^2 \tag{47.13}$$

angenähert werden. Dieses Potenzial hat den Vorteil besonders einfacher Lösungen, kann aber keine ungebundenen Zustände beschreiben. Die Oszillatorfrequenz wird so gewählt ($\hbar\omega \approx 40\, A^{-1/3}$ MeV), dass sich ein Radius der Größe (47.11) ergibt (Übung 47.1). Das Oszillatormodell liefert allerdings keine besonders gute Beschreibung für die Dichteverteilung im Kern. Die im Inneren näherungsweise konstante Nukleonendichte wird besser durch die Potenziale (47.10) oder (47.12) reproduziert.

Die Besetzungszahlen des Oszillator-Schalenmodells sind für die unteren Schalen in Abbildung 47.1 skizziert. Wie schon beim Schalenmodell des Atoms, ergibt sich der Grundzustand durch die Besetzung der untersten Niveaus. Wenn dies zu

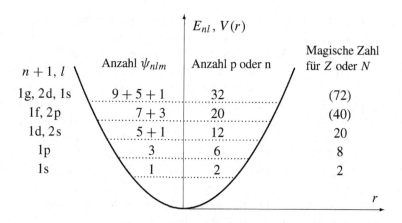

$n+1, l$	Anzahl ψ_{nlm}	Anzahl p oder n	Magische Zahl für Z oder N
1g, 2d, 1s	$9+5+1$	32	(72)
1f, 2p	$7+3$	20	(40)
1d, 2s	$5+1$	12	20
1p	3	6	8
1s	1	2	2

Abbildung 47.1 In jedem Ortszustand des Oszillatorpotenzials finden zwei Protonen und zwei Neutronen Platz. Aus der Aufsummation folgen die am rechten Rand angeführten magischen Zahlen 2, $2+6 = 8$ und $2+6+12 = 20$. Wenn die Protonenzahl Z oder die Neutronenzahl N gleich 2, 8 oder 20 ist, ist eine Oszillatorschale abgeschlossen. Doppeltmagische Kerne wie ^{4}He, ^{16}O und ^{40}Ca sind besonders stabil. Das skizzierte einfache Oszillatormodell wird durch die Coulombwechselwirkung und die Spin-Bahn-Kopplung modifiziert. Dies führt unter anderem dazu, dass 40 und 72 keine magischen Zahlen sind.

abgeschlossenen Schalen führt (analog zu den Edelgasen, Kapitel 48), sollten die Kerne besonders stabil sein. Die Protonen- und Neutronenzahlen für Kerne, deren experimentelle Bindungsenergie besonders groß ist, heißen *magische Zahlen*; es sind 2, 8, 20, 28, 50, 82 und 127. Sie sollten sich im Schalenmodell aus den Besetzungszahlen für abgeschlossene Schalen ergeben. Die niedrigsten magischen Zahlen des Oszillators (2, 8 und 20 in Abbildung 47.1) stimmen mit den experimentellen überein. Sie treten in den doppeltmagischen (Z und N sind beide gleich einer magischen Zahl) Kernen ^{4}He, ^{16}O und ^{40}Ca auf. Der links oben am Namen des Elements (wie He, O oder Ca) angefügte Index bezeichnet die Nukleonenzahl $A = N + Z$. Die Protonenzahl Z ist durch die Namen des Elements gegeben; durch Z sind die chemischen Eigenschaften des Atoms festgelegt. Die Kerne ^{4}He, ^{16}O und ^{40}Ca haben gleich viele Protonen und Neutronen, $Z = N$.

Das vorgestellte Schalenmodell muss durch die Coulombwechselwirkung und die Spin-Bahn-Wechselwirkung ergänzt werden.

Um die Coulombwechselwirkung der Protonen zu berücksichtigen, ergänzt man U_{p} in (47.7) durch das mittlere elektrostatische Potenzial aller Protonen; näherungsweise ist dies das Potenzial einer homogen geladenen Kugel. In (47.9) ist das Einteilchenpotenzial U dann isospinabhängig, also verschieden für Protonen und Neutronen. Die Coulombwechselwirkung wird zunächst dazu führen, dass die Protonenzustände in der Energie nach oben verschoben werden. Bei einer Verschiebung über $(m_{\mathrm{n}} - m_{\mathrm{p}})\, c^2 \approx 1.3\,\mathrm{MeV}$ hinaus wird der inverse Betazerfall $\mathrm{p} + \mathrm{e}^{-} \rightarrow \mathrm{n} + \nu_{\mathrm{e}}$ energetisch möglich; durch den Einfang eines Elektrons aus der Hülle erfolgt eine Umwandlung eines Protons in ein Neutron. Dieser Prozess sorgt dafür, dass die

Fermienergien von Protonen und Neutronen im Kern etwa gleich sind; die möglichen Unterschiede von etwa einem MeV sind klein verglichen mit der Fermienergie $\varepsilon_F \approx 35\,\text{MeV}$. Eine relative Verschiebung der Protonenniveaus nach oben bei gleicher Fermienergie bedeutet, dass das Schalenmodellpotenzial (U in (47.9)) für Neutronen tiefer als das für Protonen sein muss. Dann haben im Kern mehr Neutronen als Protonen Platz. Dies führt für schwere Kerne zu einem Neutronenüberschuss von etwa 40%. Ein anderer Effekt der Coulombwechselwirkung ist, dass schwere Kerne mit zunehmender Größe immer instabiler gegen Spaltung werden.

Um die tatsächlichen Einteilchenenergien zu reproduzieren, muss man einen $\ell \cdot s$ –Term einführen, der ungefähr hundertmal stärker als der entsprechende Term im Atom (Kapitel 41) ist, und der zudem ein anderes Vorzeichen hat. Durch diesen Term wird das Niveau $j = l \pm 1/2$ aufgespalten, wobei der höhere j-Wert nach unten verschoben wird. Das Herunterschieben des $1f_{7/2}$-Niveaus (mit $2j + 1 = 8$ Zuständen) erklärt die magische Zahl 28 (zusätzlich zu 20). Das $1g_{9/2}$-Niveau ($2j + 1 = 10$) wird aus der $4\hbar\omega$-Schale (mit $n + l = 4$) in die $3\hbar\omega$-Schale verschoben und führt damit zur magischen Zahl 50 (anstelle von 40 in Abbildung 47.1). In dieser Weise erhält man zwanglos alle magischen Zahlen (Aufgabe 41.2). Insgesamt kann das Schalenmodell des Atomkerns (H. J. Jensen, Maria Goeppert-Mayer, Nobelpreis 1963) eine Vielzahl experimenteller Daten erklären.

Wesentliche Erfolge des Schalenmodells sind die Erklärung der Schalenstruktur der Kerne und der Atome (Kapitel 48). Dabei haben vollbesetzte Schalen oder Unterschalen einen Gesamtdrehimpuls null. Der Gesamtdrehimpuls eines Kerns oder eines Atoms folgt dann aus dem der Teilchen außerhalb dieser Schalen, im einfachsten Fall aus dem Drehimpuls eines einzelnen, letzten Teilchens.

Elektronengas im Metall

Ein Festkörper ist in der Regel ein Kristallgitter aus Atomen oder Molekülen. Ein Metall liegt vor, wenn jedes Atom im Gitterverband eines seiner Elektronen nicht mehr fest an sich bindet. In einfachster Näherung kann man annehmen, dass diese Elektronen sich innerhalb des Festkörpers frei bewegen können:

$$U(\boldsymbol{r}) = \begin{cases} 0 & \text{im Kristall} \\ \infty & \text{außerhalb} \end{cases} \tag{47.14}$$

Der Bereich des Potenzials ist durch die makroskopische Größe des betrachteten Festkörpers gegeben; entsprechend groß ($N \sim 10^{24}$) ist dann auch die Anzahl der Elektronen. In dem Kastenpotenzial (47.14) werden nun alle Zustände bis zur Fermienergie aufgefüllt; dies ergibt den Grundzustand des Systems.

Das Potenzial (47.14) ist eine grobe Annäherung an die tatsächlichen Verhältnisse: Die Wechselwirkung mit dem Kristallgitter führt zu einem periodischen Potenzial; hinzu kommt die Wechselwirkung der „freien" Elektronen untereinander. Außerdem sind die Elektronen nicht durch ein unendlich hohes Potenzial gebunden; vielmehr können sie mit einer endlichen Energie (wenige eV) aus dem Metall herausgeholt werden.

Die Energieeigenwerte in dem Potenzial (47.14) sind wegen der makroskopischen Ausdehnung des Kristalls praktisch kontinuierlich. Der Grundzustand ergibt sich durch das Auffüllen aller Niveaus unterhalb der Fermigrenze $\varepsilon = \varepsilon_F$. Die Größenordnung von ε_F wurde bereits in (47.6) angegeben. Im realen Kristall führt das hier vernachlässigte periodische Potenzial des Gitters zu einer Bandstruktur; das heißt, es gibt kontinuierliche Energiewerte innerhalb von bestimmten Intervallen (Aufgabe 19.3).

Da die Einteilchenenergien dicht liegen, sind Anregungen des Systems mit beliebig kleiner Energie möglich. Im Gegensatz dazu gibt es bei einem Isolator eine Lücke (etwa von einigen Elektronenvolt) zwischen den besetzten und den unbesetzten Zuständen. Damit erfordern Anregungen eine Mindestenergie ΔE. Dies gilt auch für endliche Systeme wie den Atomkern ($\Delta E \sim$ einige MeV) oder das Atom ($\Delta E \sim$ einige eV). Bei Zimmertemperatur ($k_B T \approx$ eV/40) sind Isolator, Atomkern und Atom normalerweise im Grundzustand, während in einem Metall viele Elektronenzustände angeregt sind. Es sind gerade diese Anregungen und ihre Folgen, für die das ideale Gasmodell eine erste, brauchbare Beschreibung ergibt.

Bei Zimmertemperatur ist die Energie pro Freiheitsgrad klein gegenüber der Fermienergie, $k_B T \ll \varepsilon_F$. Daher führt die endliche Temperatur dazu, dass nur etwa der Bruchteil $k_B T / \varepsilon_F$ aller N Elektronen thermisch angeregt wird: Nur die Teilchen in der Nähe der Fermikante (im Bereich $\varepsilon \sim \varepsilon_F \pm k_B T$) können mit der zur Verfügung stehenden Energie ($\sim k_B T$) angeregt werden. Die thermische Energie des freien Elektronengases ist daher

$$E(T) \approx N \, \frac{k_B T}{\varepsilon_F} \, k_B T, \qquad C_V = \frac{dE}{dT} = \gamma \, T \qquad (47.15)$$

Dies führt zu einem in der Temperatur linearen Beitrag zur Wärmekapazität C_V. Bei tiefen Temperaturen findet man experimentell die Abhängigkeit $C_V = \gamma \, T + \gamma' \, T^3$, wobei der T^3-Beitrag von den Phononen (Gitterschwingungen, Kapitel 33 in [4]) kommt. Auch für andere Materialeigenschaften (zum Beispiel den Paramagnetismus) ist das freie Elektronengas der Ausgangspunkt einer ersten Berechnung.

Bei vielen Metallen kommt es durch die Wechselwirkung mit dem Gitter bei hinreichend niedrigen Temperaturen zur Bildung von quasigebundenen Paaren von Elektronen in der Nähe der Fermikante. Diese Metalle sind dann bei hinreichend tiefen Temperaturen supraleitend.

Weißer Zwerg

Im einleitenden Abschnitt dieses Kapitels haben wir den Zusammenhang des Pauliprinzips und der Unschärferelation mit der Inkompressibilität gewöhnlicher Materie hergestellt. Die Kompression von Materie führt zu höheren Fermiimpulsen und damit zu einer höheren kinetischen Energie aller Elektronen. Die Kompression eines Fermigases ist daher nur unter Arbeitsaufwand möglich; das Gas setzt der Kompression einen Druck, den sogenannten Fermidruck, entgegen. Im Unterschied zum

Druck eines klassischen Gases (etwa $P = (N/V)\,k_B T$ für ein ideales Gas) verschwindet dieser Druck nicht bei $T = 0$.

In einem stabilen Stern muss es einen Druck der Materie geben, der dem Gravitationsdruck die Waage hält. In unserer Sonne ist dies der thermische Druck der Ionen und Elektronen. Wenn ein Stern wie die Sonne nun allen Wasserstoff zu Helium verbrannt hat und sich abgekühlt hat, besteht er zunächst im Wesentlichen aus Heliumatomen. Er wird aber unter dem Einfluss der Gravitation so sehr komprimiert, dass die Atomhüllen der Heliumatome zerquetscht werden. Es entsteht eine Elektronensuppe mit positiven He-Kernen; gemittelt über einige Teilchenabstände ist das System elektrisch neutral. Ein neues Sterngleichgewicht entsteht nun, wenn *der Fermidruck der Elektronen dem Gravitationsdruck die Waage hält*; der Druckbeitrag der He-Kerne kann dabei vernachlässigt werden. Dieser Sterntyp heißt *Weißer Zwerg* und wird im Folgenden diskutiert.

Wenn die Elektronen die untersten Niveaus besetzen, gilt nach (47.5)

$$\overline{p} \approx p_F \approx \frac{\hbar}{(V/N)^{1/3}} \approx \frac{N^{1/3}\,\hbar}{R} \qquad (47.16)$$

Dabei ist R der Sternradius. Diese Abschätzung für $\overline{p}$ gilt auch für endliche Temperatur, sofern $k_B T \ll \varepsilon_F$. Die Impulse (47.16) können relativistisch sein; daher gehen wir von der relativistischen Energie-Impuls-Beziehung $\varepsilon^2 = m_e^2 c^4 + c^2\,p^2$ aus. Wir unterscheiden zwischen dem relativistischen und dem nichtrelativistischen Fall:

$$\overline{\varepsilon} \approx \begin{cases} m_e c^2 + \overline{p}^2/2m_e + \ldots & (\overline{p} \ll m_e c) \\[2mm] c\,\overline{p} + \ldots & (\overline{p} \gg m_e c) \end{cases} \qquad (47.17)$$

Die Ruheenergie $m_e c^2$ hängt nicht vom Sternradius R ab und spielt daher für das Sterngleichgewicht keine Rolle. Die kinetische Energie der Fermibewegung der N Elektronen ist dann:

$$E_{kin} \approx \begin{cases} N\,\dfrac{\overline{p}^2}{2m_e} \sim \dfrac{N^{5/3}\,\hbar^2/m_e}{R^2} & (\overline{p} \ll m_e c) \\[4mm] N c\,\overline{p} \sim \dfrac{N^{4/3}\,\hbar c}{R} & (\overline{p} \gg m_e c) \end{cases} \qquad (47.18)$$

Diese kinetische Energie wächst mit abnehmendem Radius; sie wirkt daher einer Kontraktion des Sterns entgegen. Die für die Kontraktion verantwortliche Gravitationsenergie E_{grav} ist bis auf einen Faktor der Ordnung 1 durch

$$E_{grav} \approx -\frac{GM^2}{R} \qquad (47.19)$$

gegeben; dabei ist G die Gravitationskonstante. Die Masse M des Sterns hängt über

$$M \approx 2N m_N \qquad (47.20)$$

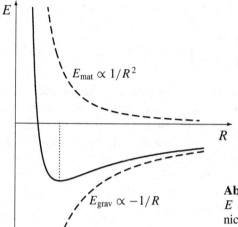

Abbildung 47.2 Abhängigkeit der Energie $E = E_{mat} + E_{grav}$ eines Weißen Zwergs mit nichtrelativistischen Elektronen vom Sternradius R.

mit N zusammen, da zwei Nukleonen (Masse $m_N \approx 940\,\text{MeV}/c^2$) pro Elektron vorhanden sind. Die Nukleonen bestimmen die Masse des Sterns, die Elektronen dagegen den Druck.

Eine notwendige Bedingung für ein stabiles Sterngleichgewicht ist, dass die Energie $E(R)$ des Sterns als Funktion des Radius R ein Minimum hat:

$$E(R) = E_{grav}(R) + E_{kin}(R) = \text{minimal} \qquad (47.21)$$

Zur Diskussion dieser Bedingung betrachten wir den nichtrelativistischen und den relativistischen Grenzfall:

1. Die Elektronenimpulse seien nichtrelativistisch. Dann ergeben das attraktive $E_{grav} \propto -1/R$ und das repulsive $E_{kin} \propto +1/R^2$ ein Minimum, wie in Abbildung 47.2 dargestellt. Das resultierende Gleichgewicht ist das eines *Weißen Zwergs*.

2. Mit zunehmender Masse M verschiebt sich das Minimum in Abbildung 47.2 zu kleineren Sternradien R; für hinreichend massive Sterne werden daher die Elektronenimpulse (47.16) zwangsläufig relativistisch. (Umgekehrt gilt, dass für kleinere Massen die nichtrelativistische Näherung gerechtfertigt ist). Für $\bar{p} \gg m_e c$ steht dem attraktiven $E_{grav} \approx -GM^2/R$ nur noch das repulsive $E_{kin} \approx N^{4/3}\,\hbar c/R$ gegenüber. Damit es nicht zu einem Kollaps kommt, muss die Repulsion überwiegen, also

$$N^{4/3}\,\hbar c > GM^2 \quad \text{oder} \quad M < m_N \left(\frac{\hbar c}{G\,m_N^2} \right)^{3/2} \qquad (47.22)$$

Zur Auswertung haben wir N mit Hilfe von (47.20) eliminiert und numerische Faktoren vernachlässigt. Das Ergebnis bedeutet, dass ein Sterngleichgewicht für einen Weißen Zwerg nur unterhalb der Grenzmasse

$$M_C = m_N \left(\frac{\hbar c}{G\, m_N^2} \right)^{3/2} \approx 1.8\, M_\odot \qquad (47.23)$$

möglich ist; für $M > M_C$ kann der Fermidruck dem Gravitationsdruck nicht standhalten. Die Masse M_C ist die berühmte *Chandrasekhar-Grenzmasse*. Im vorgestellten Modell erhält man unter Berücksichtigung der numerischen Faktoren $M_C \approx 1.2 \ldots 1.3\, M_\odot$; dabei ist $M_\odot$ die Sonnenmasse. Das Verhältnis $\hbar c / G m_N^2$ in (47.23) ist von der Ordnung 10^{40}; es kennzeichnet das Stärkeverhältnis zwischen starker Wechselwirkung und Gravitationswechselwirkung. Hier bestimmen also Naturkonstanten der Mikrophysik ($\hbar$, m_N) und die Gravitationskonstante G eine Sternmasse!

Weiße Zwerge haben eine Masse von der Größe der Sonnenmasse. In Sternen mit kleinerer Masse kommt es nicht zur Zündung der Fusion; sie können sich daher nicht zu einem Weißen Zwerg aus Helium entwickeln. Sterne mit größerer Masse sind, wie wir eben gesehen haben, als Weiße Zwerge nicht stabil. Mit $M \sim M_\odot$ liegt die Masse in der Nähe der Grenzmasse M_C. Daher sind die mittleren Impulse der Elektronen an der Grenze zum relativistischen Bereich, also $\overline{p} \sim m_e c$. Hieraus können wir die Teilchendichte abschätzen, die für einen Weißen Zwerg charakteristisch ist:

$$\left(\frac{V}{N} \right)^{1/3} \overset{(47.5)}{\sim} \frac{\hbar}{\overline{p}} \sim \frac{\hbar}{m_e c} = 4 \cdot 10^{-13}\,\text{m} \qquad (47.24)$$

Der mittlere Abstand zweier Elektronen ist also von der Größe der Compton-Wellenlänge $\hbar / m_e c$ des Elektrons. Im Volumen V/N halten sich im Mittel zwei Nukleonen auf. Die charakteristische Massendichte ϱ_c ist daher von der Größe

$$\varrho_c \approx m_n \frac{N}{V} \sim \frac{m_n}{(\hbar / m_e c)^3} = 3 \cdot 10^{10}\, \frac{\text{kg}}{\text{m}^3} \qquad \text{(Weißer Zwerg)} \qquad (47.25)$$

Die Berücksichtigung numerischer Faktoren ergibt den niedrigeren Wert $\varrho_c \approx 2 \cdot 10^9\,\text{kg/m}^3$, also etwa zwei Tonnen pro Kubikzentimeter.

Übersteigt die kinetische Energie $(m_e^2 c^4 + c^2 p^2)^{1/2} - m_e c^2$ der Elektronen einen Wert von etwa $1.5\, m_e c^2$, so ist die Reaktion

$$p + e^- \rightarrow n + \nu_e \qquad (47.26)$$

energetisch begünstigt. Diese Reaktion setzt bereits für Sternmassen unterhalb (aber in der Nähe von) M_C ein. Die Reaktion führt zu einem Zusammenbruch des Fermidrucks der Elektronen. Da es gleich viele Elektronen und Protonen gibt, ist durch (47.26) eine vollständige Umwandlung in Neutronen denkbar. Das Ergebnis könnte ein Neutronenstern sein, den man sich als einen großen (elektrisch neutralen) Atomkern vorstellen kann. In einfacher (sehr grober) Näherung kann man auch dieses System wieder als ideales Fermigas (aus Neutronen) behandeln. An die Stelle von (47.24) tritt dann die Compton-Wellenlänge $\hbar/m_N c$ des Neutrons und (47.25) wird zu

$$\varrho_c \sim m_N \frac{N}{V_{\text{krit}}} \sim \frac{m_N}{(\hbar/m_N c)^3} = 10^{20} \frac{\text{kg}}{\text{m}^3} \quad \text{(Neutronenstern)} \qquad (47.27)$$

Die Berücksichtigung numerischer Faktoren gibt den kleineren Wert $\varrho_c \approx 6 \cdot 10^{18}$ kg/m^3. Neutronensterne werden als *Pulsare* beobachtet. Bei einer Masse $M \approx M_\odot$ haben sie einen Radius von etwa 10 km.

Aufgaben

47.1 Schalenmodell des Atomkerns

Der Hamiltonoperator

$$\hat{H} = \sum_{\nu=1}^{A} \left(\frac{\hat{\boldsymbol{p}}_\nu^2}{2\,m_N} + \frac{m_N}{2}\,\omega^2\,\hat{r}_\nu^2 \right) \qquad (47.28)$$

definiert ein einfaches Schalenmodell des Kerns. Es werden Kerne mit gleich vielen Protonen und Neutronen ($N = Z = A/2$) betrachtet. Die Kerne sollen doppelt magisch sein, das heißt die Oszillatorschalen sind vollständig voll oder leer. Bestimmen Sie die Grundzustandsenergie $E_0(A)$ solcher Kerne, und berechnen Sie ihren mittleren quadratischen Radius

$$\langle r^2 \rangle_A = \left\langle \Psi_0(A) \,\middle|\, \frac{1}{A} \sum_{\nu=1}^{A} \hat{r}_\nu^2 \,\middle|\, \Psi_0(A) \right\rangle \qquad (47.29)$$

Verwenden Sie dazu den Virialsatz aus Aufgabe 29.1. Wie verhält sich $\langle r^2 \rangle^{1/2}$ als Funktion von A für große A? Atomkerne haben eine näherungsweise konstante Massendichte und die empirischen Radien

$$R_A \approx r_0\,A^{1/3} \qquad \text{mit} \quad r_0 = 1.2\,\text{fm}$$

Wie muss $\omega = \omega(A)$ gewählt werden, damit der experimentelle mittlere quadratische Radius reproduziert wird?

48 Atome

Das Schalenmodell gibt eine erste, einfache Beschreibung der Struktur der Atomhülle. Wir diskutieren die näherungsweise Behandlung der Elektron-Elektron-Wechselwirkung, die im Schalenmodell zunächst vernachlässigt wird. Die niedrigsten Zustände des Heliumatoms werden untersucht.

Schalenmodell

Wir betrachten die Z Elektronen eines neutralen Atoms. Hierfür führt das ideale Gasmodell (47.2) zu einer Schalenstruktur und wird daher Schalenmodell (SM) genannt,

$$H_{\mathrm{SM}} = \sum_{\nu=1}^{Z} \left(-\frac{\hbar^2}{2\,m_{\mathrm{e}}}\,\Delta_\nu - \frac{Z e^2}{r_\nu} \right) = \sum_{\nu=1}^{Z} H_0(\nu) \qquad (48.1)$$

Die zu H_0 gehörenden Zustände $|n l m\rangle$ sind aus Kapitel 29 bekannt; der Spin wird durch die Zustände $|s s_z\rangle$ beschrieben. Anstelle der Produktzustände $|n l m\rangle\,|s s_z\rangle$ verwenden wir die zu j gekoppelten Zustände

$$|a\rangle = |n l\, j\, s\, m_j\rangle\,, \qquad \hat{H}_0\,|a\rangle = \varepsilon_a\,|a\rangle \qquad (48.2)$$

Die in Kapitel 41 eingeführten relativistischen Korrekturen lassen sich zu einem Einteilchenoperator $\hat{V}$ zusammenfassen. In erster Ordnung Störungstheorie sind die zu j gekoppelten Zustände (48.2) auch Eigenzustände zu $\hat{H}_0 + \hat{V}$. Im Folgenden werden wir insbesondere den Einfluss der Spin-Bahn-Kopplung diskutieren.

Aus den Einteilchenzuständen $|a\rangle$ wird der Vielteilchenzustand konstruiert:

$$\big|\Psi\big\rangle = |a_1, a_2, ..., a_N\rangle := \Psi(1, 2, ..., N) \quad \text{mit} \quad E = \sum_{\nu=1}^{N} \varepsilon_{a_\nu} \qquad (48.3)$$

Wir betrachten im Folgenden den Grundzustand $|\Psi_0\rangle$ des neutralen Atoms, also $N = Z$ Elektronen. Er ergibt sich durch die Besetzung der *untersten* Z Einteilchenzustände $|a_1\rangle, ..., |a_Z\rangle$. Die kinetische Energie

$$\varepsilon_{\mathrm{F}} = \Big\langle a_Z \,\Big|\, \frac{\hat{p}^{\,2}}{2\,m_{\mathrm{e}}} \,\Big|\, a_Z \Big\rangle \qquad (48.4)$$

des am schwächsten gebundenen Elektrons, also des letzten besetzten Zustands $|a_Z\rangle$, wird als *Fermienergie* bezeichnet.

Tabelle 48.1 Das Schalenmodell der Atomhülle. Durch sukzessives Auffüllen der untersten Einteilchenniveaus im Coulombpotenzial $V = -Ze^2/r$ des Kerns erhält man den Grundzustand des Atoms. Die dritte Spalte zeigt die Elektronenkonfiguration in der letzten Schale an. Abgeschlossene Schalen (He, Ne, Ar) oder Unterschalen (Be) koppeln zum Drehimpuls null. Wenn relativ hierzu ein zusätzliches Teilchen vorhanden ist (Li, B, Na) oder ein Teilchen fehlt (F, Cl), dann ist der Drehimpuls J des Atoms gleich dem dieses Teilchen (also $J = 1/2$ wegen $2s_{1/2}$ in Lithium, und $J = 3/2$ wegen $(2p_{3/2})^{-1}$ in Fluor oder $(3p_{3/2})^{-1}$ in Chlor; der Exponent -1 steht für ein nicht-besetztes Niveau). Wegen der Abschirmung des Zentralpotenzials durch die inneren Elektronen werden die Zustände mit höherem l innerhalb einer Hauptschale nach oben verschoben. Daher werden in der L- und M-Schale zunächst die s-Niveaus besetzt. Wegen der Spin-Bahn-Kopplung (Kapitel 41) liegt das $2p_{3/2}$-Niveau höher als das $2p_{1/2}$-Niveau; daher wird in Bor der $2p_{1/2}$-Zustand besetzt, während in Fluor der $2p_{1/2}$-Zustand unbesetzt bleibt. Bei mehreren Elektronen in der offenen Schale koppeln zunächst die Bahndrehimpulse l_ν zum Drehimpuls L und die Spins s_ν zum Gesamtspin S, und dann L und S zu J (Russel-Saunders-Kopplung oder L-S-Kopplung). Für schwere Atome wird dagegen der Einfluss der Spin-Bahn-Kopplung so groß, dass zunächst die l_ν und s_ν zu j_ν koppeln, und dann die j_ν zu J (sogenannte jj-Kopplung).

| | | Elektronen-konfiguration | Gesamt-drehimpuls | \multicolumn{6}{c}{Anzahl der Elektronen} |
| | | | | K- | \multicolumn{2}{c}{L-Schale} | \multicolumn{3}{c}{M-Schale} |
Z	Element	$(n\,l)^\nu$	J	1s	2s	2p	3s	3p	3d
1	H	1s	1/2	1					
2	He	$(1s)^2$	0	2					
3	Li	2s	1/2	2	1				
4	Be	$(2s)^2$	0	2	2				
5	B	$(2s)^2\,2p$	1/2	2	2	1			
6	C	$(2s)^2\,(2p)^2$	0	2	2	2			
7	N	$(2s)^2\,(2p)^3$	3/2	2	2	2			
8	O	$(2s)^2\,(2p)^4$	2	2	2	2			
9	F	$(2s)^2\,(2p)^5$	3/2	2	2	5			
10	Ne	$(2s)^2\,(2p)^6$	0	2	2	6			
11	Na	3s	1/2	2	2	6	1		
⋮									
17	Cl	$(3s)^2\,(3p)^5$	3/2	2	2	6	2	5	
18	Ar	$(3s)^2\,(3p)^6$	0	2	2	6	2	6	
⋮									

Tabelle 48.1 gibt für einige Atome die Elektronenkonfiguration des Schalen-modellgrundzustands an. Im Wasserstoffproblem sind jeweils eine Reihe von Zuständen entartet; diese werden zu sogenannten Hauptschalen zusammengefasst, die K-, L-, M-, N-, ... Schale heißen. Aus dieser Entartung würde sich eine Willkür in der Reihenfolge der Besetzung ergeben. Im realen Atom ist die Entartung aber mehr oder weniger stark aufgehoben. Hierzu tragen insbesondere die Spin-Bahn-Kopplung und Abschirmungseffekte bei.

Die Konfigurationen abgeschlossener Schalen sind besonders stabil. So haben die Ionisationsenergien (Separationsenergie für das jeweils letzte Elektron) für Fluor, Neon und Natrium die Werte 17.4 eV, 21.6 eV und 5.1 eV. Außerdem ist die Wechselwirkung zwischen Atomen mit abgeschlossenen Schalen relativ klein; diese Elemente sind die Edelgase. Unter Normalbedingungen liegen die Edelgase in atomarer Form vor (im Gegensatz etwa zu Stickstoff- oder Sauerstoffgas).

In den höheren Schalen kommt es zu deutlichen Verschiebungen der Energie-niveaus gegenüber dem Wasserstoffproblem. Als Beispiel hierfür betrachten wir das Kaliumatom ($Z = 19$), das gegenüber Argon ($Z = 18$, letzter Eintrag in Tabelle 48.1) über ein zusätzliches Elektron verfügt. Im diskutierten Schema müsste dieses Elektron eigentlich in das 3d-Niveau der M-Schale gehen; tatsächlich besetzt es aber das $4s_{1/2}$-Niveau der N-Schale.

Hartree-Potenzial

Im Schalenmodell-Hamiltonoperator (48.1) wird die Wechselwirkung

$$V(\boldsymbol{r}_\nu, \boldsymbol{r}_\mu) = \frac{e^2}{|\boldsymbol{r}_\nu - \boldsymbol{r}_\mu|} \tag{48.5}$$

zwischen den Elektronen vernachlässigt. Ohne die einfache Struktur des Schalen-modells aufzugeben, kann man nun das *mittlere* Potenzial berücksichtigen, das durch die Wechselwirkungen $V(\boldsymbol{r}_\nu, \boldsymbol{r}_\mu)$ hervorgerufen wird. Für ein Elektron im Zustand a_ν ist dieses mittlere Potenzial gleich dem Coulombpotenzial der Ladungs-dichte ϱ_ν der *anderen* ($\mu \neq \nu$) Elektronen:

$$U_{\mathrm{H}}^{(\nu)}(\boldsymbol{r}) = -e \int d^3 r' \, \frac{\varrho_\nu(\boldsymbol{r}')}{|\boldsymbol{r} - \boldsymbol{r}'|} \quad \text{mit } \varrho_\nu(\boldsymbol{r}) = -e \sum_{\mu,\, \mu \neq \nu} |\psi_{a_\mu}(\boldsymbol{r})|^2 \tag{48.6}$$

Diese *Hartree-Potenziale* $U_{\mathrm{H}}^{(\nu)}$ berücksichtigen den *mittleren* Effekt der Wechsel-wirkung zwischen den Elektronen. Für die ψ_{a_μ} setzt man zunächst die Eigenfunk-tionen von H_0 aus (48.1) ein. Korrigierte Wellenfunktionen $\psi_{a_\nu}^{(1)}$ ergeben sich dann aus der Lösung des Einteilchenproblems

$$\left(-\frac{\hbar^2}{2m_{\mathrm{e}}} \Delta - \frac{Ze^2}{r} + U_{\mathrm{H}}^{(\nu)}(\boldsymbol{r}) \right) \psi_{a_\nu}^{(1)}(\boldsymbol{r}) = \varepsilon_{a_\nu}^{(1)} \psi_{a_\nu}^{(1)}(\boldsymbol{r}) \tag{48.7}$$

Die korrigierten Wellenfunktionen werden nun in (48.6) eingesetzt und führen zu neuen (leicht geänderten) Potenzialen $U_{\mathrm{H}}^{(\nu)}$. Daher löst man in einem zweiten Schritt nochmals (48.7) mit diesen neuen Potenzialen. Dies führt wiederum zu geänderten Ortswellenfunktionen $\psi_{a_v}^{(2)}$ und Energien $\varepsilon_{a_v}^{(2)}$. Man setzt diese Prozedur solange fort, bis die Lösung selbstkonsistent ist, also bis die aus (48.7) berechneten Wellenfunktionen mit den in (48.6) verwendeten übereinstimmen.

Wenn man die Antisymmetrie der Wellenfunktion berücksichtigt, erhält man anstelle der Hartree-Potenziale $U_{\mathrm{H}}^{(v)}(r)$ das *Hartree-Fock-Potenzial* $U_{\mathrm{HF}}(r, r')$. Das Hartree-Fock-Potenzial ist nicht-lokal, hat aber den Vorteil, dass es für alle Einteilchenzustände gleich ist (es hängt nicht von v ab). Die physikalische Grundidee ist in beiden Fällen dieselbe.

Diese Hartree-Fock-Methode verbindet die Einfachheit des idealen Gases (48.1) mit einer effektiven Berücksichtigung der Wechselwirkungen $V(r_v, r_\mu)$. Insbesondere ist der Vielteilchenzustand von der Form (48.3); die Elektronenkonfigurationen können weiter wie in Tabelle 48.1 klassifiziert werden. Das Hartree-Fock-Verfahren führt zu einer realistischen Beschreibung der Elektronenzustände im Atom.

Heliumatom

Wir diskutieren die Schalenmodell-Wellenfunktion des neutralen Heliumatoms im Einzelnen. Der Hamiltonoperator für die beiden Elektronen lautet

$$H_{\mathrm{Helium}} = \underbrace{\sum_{v=1}^{2} \left(-\frac{\hbar^2}{2\,m_{\mathrm{e}}}\,\Delta_v - \frac{2\,e^2}{r_v} \right)}_{H_{\mathrm{SM}} = H_0(1) + H_0(2)} + \underbrace{\frac{e^2}{|r_1 - r_2|}}_{V(1,2)} \qquad (48.8)$$

Die Eigenfunktionen $\psi_{nlm}(r)$ von H_0 sind aus Kapitel 29 bekannt; ebenfalls Lösung ist $\psi_{nlm}(r)\,|s\,s_z\rangle$, da H_0 nicht auf den Spinanteil wirkt. Wir sehen zunächst von der Wechselwirkung $V(1, 2)$ zwischen den beiden Elektronen ab. Die Wellenfunktion

$$\Psi(1, 2) = \psi_{n_1 l_1 m_1}(r_1)\,|s\,s_z\rangle_1\; \psi_{n_2 l_2 m_2}(r_2)\,|s\,s_z\rangle_2 \qquad (48.9)$$

ist eine Eigenfunktion zu $H_{\mathrm{SM}} = H_0(1) + H_0(2)$. Die tatsächliche Wellenfunktion $\Psi(1, 2)$ muss antisymmetrisch sein. Anstelle von $|s\,s_z\rangle_1\,|s\,s_z\rangle_2$ verwenden wir die zum Gesamtspin gekoppelten Zustände $|SM\rangle$ aus (38.38). Für die Konstruktion der antisymmetrischen Wellenfunktion sind diese gekoppelten Zustände von Vorteil, weil sie sich beim Teilchenaustausch einfach verhalten: Der Triplettzustand ($S = 1$, Orthohelium) ist symmetrisch und der Singulettzustand ($S = 0$, Parahelium) antisymmetrisch. Für eine insgesamt antisymmetrische Wellenfunktion muss die Ortswellenfunktion dann gerade die entgegengesetzte Symmetrie haben.

Wenn beide Elektronen im Grundzustand $\psi_{nlm} = \psi_{100}$ sind, dann ist der Ortsanteil symmetrisch, und es kommt nur der antisymmetrische Spinzustand mit $S = 0$ in Frage:

$$\Psi_{00}(1, 2) = \psi_{100}(r_1)\,\psi_{100}(r_2)\,\big|S = 0, M = 0\big\rangle \qquad (48.10)$$

Dies ist eine Eigenfunktion zu $H_{\mathrm{SM}} = H_0(1) + H_0(2)$ zur Energie $-4e^2/a_{\mathrm{B}} = -108.8\,\mathrm{eV}$. Für den vollen Hamiltonoperator (48.8) erhalten wir in erster Ordnung

Störungstheorie (Übung 48.3) die Energie $\langle \Psi_{00} | H_{SM} + V | \Psi_{00} \rangle \approx -74.8 \, \text{eV}$. Nach (44.4) ist dies eine obere Schranke für die exakte Grundzustandsenergie. Experimentell findet man den Grundzustand bei $-79 \, \text{eV}$.

Die Elektronen seien nun in verschiedenen Ortswellenfunktionen, $\psi_1 \neq \psi_2$, wobei $\psi_1 = \psi_{n_1 l_1 m_1}$ und $\psi_2 = \psi_{n_2 l_2 m_2}$. Damit die Gesamtwellenfunktion antisymmetrisch ist, muss der Ortsanteil für $S = 1$ antisymmetrisch, für $S = 0$ dagegen symmetrisch sein:

$$
\Psi_{SM}(1, 2) \;=\; \begin{cases} \dfrac{\psi_1(\boldsymbol{r}_1)\, \psi_2(\boldsymbol{r}_2) - \psi_1(\boldsymbol{r}_2)\, \psi_2(\boldsymbol{r}_1)}{\sqrt{2}} \; |1M\rangle \\[2ex] \dfrac{\psi_1(\boldsymbol{r}_1)\, \psi_2(\boldsymbol{r}_2) + \psi_1(\boldsymbol{r}_2)\, \psi_2(\boldsymbol{r}_1)}{\sqrt{2}} \; |0\,0\rangle \end{cases} \tag{48.11}
$$

Für gegebene Ortswellenfunktionen ψ_1 und ψ_2 (mit $\psi_1 \neq \psi_2$) gibt es vier mögliche Zustände ($S = 1$ mit $M = 0, \pm 1$ und $S = M = 0$).

Wir betrachten speziell die niedrigste Anregung des Heliumatoms. Dazu wird ein Teilchen in das nächsthöhere Niveau angehoben:

$$
\psi_1 = \psi_{100}, \qquad \psi_2 = \psi_{2lm} \tag{48.12}
$$

Der angeregte Einteilchenzustand ist der 2s oder 2p-Zustand. Die Gesamtwellenfunktion ist

$$
\Psi_{SM}(1, 2) = \frac{\psi_{100}(\boldsymbol{r}_1)\, \psi_{2lm}(\boldsymbol{r}_2) \pm \psi_{100}(\boldsymbol{r}_2)\, \psi_{2lm}(\boldsymbol{r}_1)}{\sqrt{2}} \; |SM\rangle \tag{48.13}
$$

Das Pluszeichen gilt für $S = 0$, das Minuszeichen für $S = 1$. Ohne Berücksichtigung der Störung V in (48.8) haben alle Zustände dieselbe Energie

$$
E^{(0)} = \varepsilon_1 + \varepsilon_2 \tag{48.14}
$$

Die Wechselwirkung $V(1, 2)$ zwischen den beiden Elektronen kann in entarteter Störungstheorie (Kapitel 39) behandelt werden. Dazu müssen wir die Matrixelemente von V im Raum der vier entarteten Zustände (48.13) berechnen und diagonalisieren. Im vorliegenden Fall ist diese Matrix bereits diagonal:

$$
\langle \Psi_{S'M'} | \hat{V} | \Psi_{SM} \rangle = \Delta E_S \, \delta_{SS'} \, \delta_{MM'} \tag{48.15}
$$

Die Energiekorrektur

$$
\Delta E_S = \left\langle \Psi_{SM}(1, 2) \left| \frac{e^2}{|\hat{\boldsymbol{r}}_1 - \hat{\boldsymbol{r}}_2|} \right| \Psi_{SM}(1, 2) \right\rangle \tag{48.16}
$$

hängt nur vom Vorzeichen im Ortsanteil in (48.13) ab, also nur von S und nicht von M. Für die antisymmetrische Ortswellenfunktion ist die Wahrscheinlichkeit, beide Elektronen nahe beieinander zu finden, wegen $\Psi_{10}(\boldsymbol{r}, \boldsymbol{r}) = 0$ kleiner als für den Singulettzustand Ψ_{00}. Daher spürt der Triplettzustand weniger von dem repulsiven Potenzial $V = e^2 / |\boldsymbol{r}_1 - \boldsymbol{r}_2|$ und liegt damit energetisch niedriger, $\Delta E_1 < \Delta E_0$. In dieser Weise begünstigt die Coulombwechselwirkung den Zustand mit $S = 1$ und damit *parallele* Spins.

Aufgaben

48.1 Drehimpuls des $(1s)^2 2p$-Zustands

Drei Elektronen im Atom besetzen die untersten Niveaus:

$$|\Psi\rangle = |(1s)^2 2p\rangle = \mathcal{A}\,|1s\uparrow\rangle_1\,|1s\downarrow\rangle_2\,|2p\,m\uparrow\rangle_3$$

Zeigen Sie, dass dies Eigenzustand zum Gesamtbahndrehimpuls $\hat{\boldsymbol{L}} = \hat{\boldsymbol{\ell}}_1 + \hat{\boldsymbol{\ell}}_2 + \hat{\boldsymbol{\ell}}_3$ ist, also

$$\hat{\boldsymbol{L}}^2\,|\Psi\rangle = 2\,\hbar^2\,|\Psi\rangle \qquad \text{und} \qquad \hat{L}_z\,|\Psi\rangle = m\,\hbar\,|\Psi\rangle$$

48.2 Hundsche Regel

Zwei $(2p)$-Elektronen im Coulombfeld eines Kerns bilden einen Spin-Singulett-zustand. Dann muss der Ortszustand symmetrisch sein. Damit sind die Gesamt-bahndrehimpulse $L = 0$ oder $L = 2$ möglich, also

$$\langle \boldsymbol{r}_1, \boldsymbol{r}_2 | {}^1\mathrm{S}\rangle = \frac{1}{\pi\,\sqrt{3}} \left(\frac{Z}{2\,a_\mathrm{B}}\right)^5 \boldsymbol{r}_1 \cdot \boldsymbol{r}_2 \, \exp\left(-\frac{Z\,(r_1 + r_2)}{2\,a_\mathrm{B}}\right)$$

$$\langle \boldsymbol{r}_1, \boldsymbol{r}_2 | {}^1\mathrm{D}\rangle = \frac{1}{\pi\,\sqrt{6}} \left(\frac{Z}{2\,a_\mathrm{B}}\right)^5 \left[\boldsymbol{r}_1 \cdot \boldsymbol{r}_2 - 3\,(\boldsymbol{e}_z \cdot \boldsymbol{r}_1)(\boldsymbol{e}_z \cdot \boldsymbol{r}_2)\right] \exp\left(-\frac{Z\,(r_1 + r_2)}{2\,a_\mathrm{B}}\right)$$

Bezüglich des Wasserstoff-Hamiltonoperators $\hat{H}_0$ sind diese beiden Zustände ent-artet (S und D stehen für $L = 0$ und $L = 2$, der oberere Index 1 steht für den Spin-Singulettzustand.) Die Coulombwechselwirkung zwischen den Elektronen wird nun durch das repulsive Potenzial $V = V_0\,\delta(\boldsymbol{r}_1 - \boldsymbol{r}_2)$ simuliert. Berechnen Sie die Ener-gieverschiebungen der beiden Zustände in 1. Ordnung Störungstheorie.

48.3 Heliumatom

Die Bewegung der Elektronen im Heliumatom wird durch den Hamiltonoperator

$$\hat{H} = \underbrace{\frac{\hat{\boldsymbol{p}}_1^2}{2m} - \frac{2e^2}{\hat{r}_1} + \frac{\hat{\boldsymbol{p}}_2^2}{2m} - \frac{2e^2}{\hat{r}_2}}_{\hat{H}_0} + \underbrace{\frac{e^2}{|\hat{\boldsymbol{r}}_1 - \hat{\boldsymbol{r}}_2|}}_{\hat{V}} \tag{48.17}$$

bestimmt. Der Grundzustand von $\hat{H}_0$ wird als bekannt vorausgesetzt:

$$\hat{H}_0\,|\Psi_0^{(0)}\rangle = E_0^{(0)}\,|\Psi_0^{(0)}\rangle, \qquad |\Psi_0^{(0)}\rangle = |1s, 1s\rangle\,|S = 0, M = 0\rangle$$

Berechnen Sie den Beitrag der Elektron-Elektron-Wechselwirkung $\hat{V}$ zur Grund-zustandsenergie in 1. Ordnung Störungstheorie. Verwenden Sie dabei die Entwick-lung

$$\frac{1}{|\boldsymbol{r}_1 - \boldsymbol{r}_2|} = \sum_{l,\,m} \frac{4\pi}{2l + 1}\,\frac{r_<^l}{r_>^{l+1}}\,Y_{lm}^*(\theta_1, \phi_1)\,Y_{lm}(\theta_2, \phi_2)$$

48.4 Abschirmung im Heliumatom

Die Ladung $2e$ des Kerns im Heliumatom wird durch das jeweils andere Elektron teilweise abgeschirmt. Als Variationsansatz verwendet man daher die Grundzustandswellenfunktion

$$\langle r_1, r_2 \,|\, \Psi_0^{(0)} \rangle = \frac{1}{\pi} \left(\frac{Z}{a_B} \right)^3 \exp\left(-\frac{Z(r_1 + r_2)}{a_B} \right) \,|\, S = 0, M = 0 \rangle$$

mit Z als einem freien Parameter. Berechnen Sie mit dieser Wellenfunktion den Erwartungswert $E_0(Z)$ des Hamiltonoperators (48.17), und bestimmen Sie das Minimum $E_0(Z_{\text{eff}})$.

49 Moleküle

Das Potenzial zwischen zwei Atomen kann in der Born-Oppenheimer-Näherung berechnet werden. In dieser Näherung untersuchen wir die Bindung von Wasserstoffatomen zu den Molekülen H_2^+ und H_2. Die Berücksichtigung der Symmetrieeffekte bei Rotationszuständen des H_2-Moleküls führt zur Unterscheidung zwischen Ortho- und Parawasserstoff.

Born-Oppenheimer-Näherung

Mit R_k bezeichnen wir die Schwerpunktkoordinaten der Atome ($k = 1, 2, ...$) eines Moleküls. In der *Born-Oppenheimer-Näherung* berechnet man zunächst die Elektronenkonfiguration für feste Werte von R_k. Erst danach betrachtet man die Dynamik der Koordinaten R_k, also etwa Molekülschwingungen und -rotationen. Im Folgenden untersuchen wir ein Molekül aus zwei gleichartigen Atomen.

Die Ortsvektoren der beiden Atomkerne (Masse M, Ladungszahl Z) seien R_k ($k = 1, 2$). Es gebe N Elektronen (Masse m_e, Ladung $-e$) mit den Positionen r_μ. Der Hamiltonoperator für das System aus zwei Kernen und N Elektronen lautet

$$H = \sum_{k=1}^{2} \frac{-\hbar^2}{2M_k} \Delta_k + \frac{Z^2 e^2}{|R_1 - R_2|} + H_{el} \tag{49.1}$$

mit

$$H_{el} = \sum_{\nu=1}^{N} \frac{-\hbar^2}{2m_e} \Delta_\nu + \sum_{\nu=2}^{N} \sum_{\mu=1}^{\nu-1} \frac{e^2}{|r_\nu - r_\mu|} - \sum_{\nu=1}^{N} \sum_{k=1}^{2} \frac{Z e^2}{|r_\nu - R_k|} \tag{49.2}$$

Die Wellenfunktion des Gesamtsystems wird als Produktwellenfunktion angesetzt:

$$\Psi(r_1, ..., r_N, R_1, R_2) = \Psi_K(R_1, R_2)\, \Psi_{el, R_k}(r_1, ..., r_N) \tag{49.3}$$

Wegen $M \gg m_e$ bewegen sich die Kerne viel langsamer als die Elektronen. Für die Berechnung der Elektronenwellenfunktion können wir daher so tun, als seien die Kernkoordinaten R_k konstante Größen. Hierfür bestimmen wir die Grundzustandslösung von H_{el},

$$H_{el}\, \Psi_{el, R_k}(r_1, ..., r_N) = E_{el}(R)\, \Psi_{el, R_k}(r_1, ..., r_N) \tag{49.4}$$

Die Wellenfunktion Ψ_{el,R_k} der Elektronen hängt von den R_k als Parameter ab; sie passt sich eventuellen Änderungen von R_k an. Die Energie E_{el} und die Wellenfunktion Ψ_{el,R_k} hängen auch noch von den Quantenzahlen der speziellen Lösung ab. Wegen Translationsinvarianz des Gesamtsystems können die Energiewerte $E_{\text{el}}(R)$ nur eine Funktion der Relativkoordinate $R = R_1 - R_2$ sein.

Wir wenden H aus (49.1) auf Ψ an und berücksichtigen (49.4):

$$H \Psi = H \Psi_K \Psi_{\text{el},R_k} = \left(\underbrace{\sum_{k=1}^{2} \frac{-\hbar^2}{2M_k} \Delta_k + \frac{Z^2 e^2}{|R_1 - R_2|} + E_{\text{el}}(R)}_{= H_K} \right) \Psi_K \Psi_{\text{el},R_k}$$

$$(49.5)$$

Damit reduziert sich $H \Psi = E \Psi$ auf $H_K \Psi_K = E \Psi_K$ mit

$$H_K = -\frac{\hbar^2}{2M} \Delta_{R_{\text{cm}}} - \frac{\hbar^2}{2m} \Delta_R + \frac{Z^2 e^2}{R} + E_{\text{el}}(R) \qquad (49.6)$$

Hierbei wurden die reduzierte Masse $m = M_1 M_2 / (M_1 + M_2)$, die Gesamtmasse $M = M_1 + M_2$ und die Relativ- und Schwerpunktkoordinaten

$$R = R_1 - R_2, \qquad R_{\text{cm}} = \frac{M_1 R_1 + M_2 R_2}{M_1 + M_2} \qquad (49.7)$$

eingeführt; der Index „cm" steht für center of mass. Da H_K mit $P_{\text{cm}} = -i\hbar \nabla_{\text{cm}}$ vertauscht, können wir die Wellenfunktion Ψ_K als Eigenfunktion zum Operator P_{cm} des Schwerpunktimpulses ansetzen:

$$\Psi_K = \exp(i K \cdot R_{\text{cm}}) \, \Phi_{\text{rel}}(R) = \Phi_{\text{cm}} \Phi_{\text{rel}} \qquad (49.8)$$

Damit wird $H_K \Psi_K = E \Psi_K$ zu $H_K' \Phi_{\text{rel}} = E' \Phi_{\text{rel}}$ mit

$$H_K' = -\frac{\hbar^2}{2m} \Delta_R + \frac{Z^2 e^2}{R} + E_{\text{el}}(R) - E_{\text{el}}(\infty) = -\frac{\hbar^2}{2m} \Delta_R + V(R) \quad (49.9)$$

Dabei haben wir $E' = E - \hbar^2 K^2 / 2M - E_{\text{el}}(\infty)$ gesetzt, also den Energienullpunkt verschoben. Der Coulombterm und der Beitrag der Elektronen wurden zum Potenzial $V(R)$ zusammengefasst; die Wahl des Energienullpunkts impliziert $V(\infty) = 0$.

Wir fassen zusammen: In der Born-Oppenheimer-Näherung wird die Lösung der Schrödingergleichung in zwei Schritte zerlegt. Zunächst wird die Elektronenbewegung für festgehaltene Kernkoordinaten gelöst. Mit dieser Lösung reduziert sich das Problem auf die Kernbewegung. Das vorgestellte Verfahren kann leicht auf den Fall mehrerer, auch verschiedener Atomkerne verallgemeinert werden. Außerdem kann man in (49.4) auch angeregte Elektronenzustände betrachten.

H_2^+-Molekül

Wir wenden die Born-Oppenheimer-Näherung auf das H_2^+-Ion an. Für dieses System aus zwei Protonen (Koordinaten R_1 und R_2, reduzierte Masse $m = m_p/2$) und einem Elektron (Koordinate r) lautet der Hamiltonoperator

$$H = -\frac{\hbar^2}{m_p} \Delta_R + \frac{e^2}{R} \underbrace{- \frac{\hbar^2}{2 m_e} \Delta_r - \sum_{k=1}^{2} \frac{e^2}{|r - R_k|}}_{= H_{el}} \qquad (49.10)$$

Der Anteil der Schwerpunktbewegung wurde weggelassen.

Das Elektron bewegt sich im Coulombpotenzial der beiden Kerne. Wenn die beiden Kerne räumlich weit entfernt sind, besteht der Grundzustand aus einem neutralen Wasserstoffatom (im Grundzustand) und einem Proton. Die Elektronwellenfunktion wäre dann ψ_{100}^- oder ψ_{100}^+, wobei sich der untere Index auf die Quantenzahlen n, l, m bezieht, der obere Index auf die Lokalisation bei einem der beiden Kerne, also bei $R_k = R_{cm} \pm R/2$. Für die Elektronwellenfunktion im Coulombfeld der beiden Protonen setzen wir folgendes *Molekülorbital* an:

$$\Psi_{el, R}(r) = \psi_0(r) = C \left[\psi_{100}^-(r) + \psi_{100}^+(r) \right] \qquad (49.11)$$

$$= C \left[\psi_{100}\big(r - (R_{cm} - R/2)\big) + \psi_{100}\big(r - (R_{cm} + R/2)\big) \right]$$

Ein Molekülorbital ist eine Wellenfunktion, die sich über das gesamte Molekül erstreckt. Der Ansatz (49.11) ist eine brauchbare Näherung für den Grundzustand des Elektrons im H_2^+-Molekül. Für $R \gtrsim 1$ Å sind die Funktionen ψ_{100}^+ und ψ_{100}^- näherungsweise orthogonal; die Normierungskonstante ist dann $C \approx 2^{-1/2}$.

Für Abstände $R \sim 1$ Å ist die Wellenfunktion ψ_0 energetisch günstiger als ψ_{100}^+ oder ψ_{100}^-: Die größere räumliche Ausdehnung von ψ_0 gegenüber $\psi_{100}^\pm$ führt zu einer Absenkung der kinetischen Energie. Im Bereich zwischen den beiden Protonen addieren sich die Amplituden; daraus ergibt sich eine erhöhte Aufenthaltswahrscheinlichkeit und eine Absenkung der potenziellen Energie. Diese Effekte führen dazu, dass es ein gebundenes H_2^+-Molekül gibt.

Der hier skizzierte Mechanismus ist die Erklärung für die *homöopolare Bindung* zwischen zwei gleichartigen Atomen. Im Gegensatz dazu steht die heteropolare Bindung (oder Ionenbindung), bei der die Aufenthaltswahrscheinlichkeit eines Elektrons von einem Atom zum anderen verschoben ist; dies führt zu einer Energieabsenkung (und damit zu einer Bindung), wenn dadurch ein Schalenabschluss in den beteiligten Atomen erreicht wird.

In der Born-Oppenheimer-Näherung sucht man zunächst eine Lösung von H_{el}. Im allgemeinen Verfahren (49.1)–(49.9) sind wir von einer (exakten) Lösung von H_{el} ausgegangen. Stattdessen betrachten wir jetzt die Näherungslösung (49.11). Der Übergang von H zu H_K' erfolgt dann so: Wir multiplizieren $(H - E)\, \Phi_{rel}\, \Psi_{el} = 0$ mit Ψ_{el}^* und integrieren über die Elektronkoordinate. Dies ergibt die Schrödingergleichung $(H_K' - E')\, \Phi_{rel} = 0$ mit dem Hamiltonoperator H_K' der Form (49.9). An die Stelle des Eigenwerts E_{el} in (49.4) tritt der Erwartungswert

$$E_{\text{el}}(R) = \big\langle \Psi_{\text{el},\boldsymbol{R}} \,\big|\, H_{\text{el}} \,\big|\, \Psi_{\text{el},\boldsymbol{R}} \big\rangle \tag{49.12}$$

der nur von $R = |\boldsymbol{R}|$ abhängt. Hiermit erhält man das in (49.9) eingeführte Potenzial

$$V(R) = \frac{e^2}{R} + E_{\text{el}}(R) - E_{\text{el}}(\infty) \tag{49.13}$$

Der Erwartungswert $E_{\text{el}}(R)$ kann aus (49.10) und (49.11) analytisch berechnet werden. Die Energie $E_{\text{el}}(\infty) = -E_{\text{at}}/2 = -13.6\,\text{eV}$ gilt für die weit voneinander entfernten Atome[1]. Der qualitative Verlauf des Potenzials ist ähnlich zu dem von V_{eff} in Abbildung 49.1.

Der Wert des Minimums des Potenzials ist eine Näherung für die Grundzustandsenergie E_0 des H_2^+-Moleküls. Die Rechnung ergibt $E_0 = V_{\text{min}} \approx -1.8\,\text{eV}$. Nach (44.4) ist das berechnete V_{min} eine obere Grenze für den Wert, der sich aus der exakten Lösung von (49.4) ergibt. Experimentell findet man $E_0^{\text{exp}} = -2.8\,\text{eV}$.

H_2-Molekül

Wir wenden die Born-Oppenheimer-Näherung auf das H_2-Molekül an. Für dieses System aus zwei Protonen (Koordinaten $\boldsymbol{R}_1$ und $\boldsymbol{R}_2$, Relativkoordinate $\boldsymbol{R} = \boldsymbol{R}_1 - \boldsymbol{R}_2$, reduzierte Masse $m = m_{\text{p}}/2$) und zwei Elektronen (Koordinaten $\boldsymbol{r}_1$ und $\boldsymbol{r}_2$) lautet der Hamiltonoperator (ohne Schwerpunktanteil)

$$H = -\frac{\hbar^2}{m_{\text{p}}}\Delta_{\boldsymbol{R}} + \frac{e^2}{R} \underbrace{-\frac{\hbar^2}{2m_{\text{e}}}\sum_{\nu=1}^{2}\Delta_{r_\nu} + \frac{e^2}{|\boldsymbol{r}_1 - \boldsymbol{r}_2|} - \sum_{\nu=1}^{2}\sum_{k=1}^{2}\frac{e^2}{|\boldsymbol{r}_\nu - \boldsymbol{R}_k|}}_{=\,H_{\text{el}}}$$

$$\tag{49.14}$$

Die Elektronenwellenfunktion $\Psi_{\text{el},\boldsymbol{R}}$ beschreibt zwei Elektronen. Dabei geben wir jetzt auch den bisher unterdrückten Spinanteil mit an. Wie im He-Atom erwartet man für den tiefsten Zustand eine symmetrische Ortswellenfunktion und den antisymmetrischen Spinzustand mit $S = 0$. Als Ansatz betrachten wir die folgenden beiden Möglichkeiten

$$\Psi_{\text{el},\boldsymbol{R}} = \begin{cases} C\,\psi_0(\boldsymbol{r}_1)\,\psi_0(\boldsymbol{r}_2)\,|00\rangle & \text{(MO)} \\[2mm] C\left(\psi_{100}^{-}(\boldsymbol{r}_1)\,\psi_{100}^{+}(\boldsymbol{r}_2) + \psi_{100}^{-}(\boldsymbol{r}_2)\,\psi_{100}^{+}(\boldsymbol{r}_1)\right)|00\rangle & \text{(HL)} \end{cases} \tag{49.15}$$

In der ersten Zeile verwenden wir das in (49.11) eingeführte Molekülorbital (MO) $\psi_0 \propto \psi_{100}^{+} + \psi_{100}^{-}$. Es erscheint naheliegend, beide Elektronen des H_2-Systems

---

[1]Praktisch ist das eine Konfiguration aus einem Proton und einem neutralen Wasserstoffatom. Nach (48.11) ergibt sich für $R \to \infty$ eine energetisch gleichwertige Konfiguration, in der das Elektron mit jeweils 50% Wahrscheinlichkeit bei einem der beiden Protonen ist.

in dieses Molekülorbital zu setzen. Das Produkt $\psi_0(\boldsymbol{r}_1)\,\psi_0(\boldsymbol{r}_2)$ enthält aber Komponenten der Form $\psi_{100}^{+}(\boldsymbol{r}_1)\,\psi_{100}^{+}(\boldsymbol{r}_2)$, für die beide Elektronen beim selben Proton lokalisiert sind. Dies ist wegen der abstoßenden Elektron-Elektron-Wechselwirkung (und der effektiven Abschirmung der attraktiven Proton-Elektron-Wechselwirkung durch das jeweils andere Elektron) energetisch eher ungünstig. Der von Heitler und London (HL) eingeführte Ansatz (zweite Zeile) vermeidet diese Schwierigkeit, ohne die energieabsenkende Verteilung der Elektronen auf ψ_{100}^{+} und ψ_{100}^{-} aufzugeben.

Das Atom-Atom-Potenzial ist wieder durch

$$V(R) = \frac{e^2}{R} + \langle \Psi_{\mathrm{el},\boldsymbol{R}} \mid H_{\mathrm{el}} \mid \Psi_{\mathrm{el},\boldsymbol{R}} \rangle - E_{\mathrm{el}}(\infty) \tag{49.16}$$

gegeben; dabei ist $E_{\mathrm{el}}(\infty) = -E_{\mathrm{at}} = -27.2\,\mathrm{eV}$ die Summe der Bindungsenergien in zwei neutralen Wasserstoffatomen. Der zweite Term auf der rechten Seite wird mit (49.14) und (49.15) berechnet. Der qualitative Verlauf des Potenzials ist ähnlich zu dem von V_{eff} in Abbildung 49.1.

Der Wert des Minimums des Potenzials ist eine Näherung für die Grundzustandsenergie E_0 des H_2-Moleküls; dabei wird die quantenmechanische Nullpunktschwingung (durch Φ_0 in Abbildung 49.1 dargestellt) vernachlässigt. Wir vergleichen die theoretischen Ergebnisse für (49.15) mit dem Experiment (Exp):

$$
\begin{array}{cccc}
 & \text{MO} & \text{HL} & \text{Exp} \\
R_0 & 0.85\,\text{Å} & 0.87\,\text{Å} & 0.74\,\text{Å} \\
E_0 & -2.68\,\text{eV} & -3.14\,\text{eV} & -4.75\,\text{eV}
\end{array}
\tag{49.17}
$$

Hierbei ist R_0 der Abstand der beiden Atome beim Minimum des Potenzials. Der Heitler-London-Ansatz ist dem Molekülorbital-Ansatz überlegen, kann aber den experimentellen Wert auch nicht ganz reproduzieren.

Rotationszustände

Das H_2-Molekül kann folgende angeregte Zustände haben:

- Elektronische Anregungen: Sie haben Anregungsenergien der Größe $\Delta\varepsilon \sim 3\,\mathrm{eV} \approx 40\,000\,k_{\mathrm{B}}\mathrm{K}$. Wir betrachten nur die Grundzustandskonfiguration, die durch den Heitler-London-Ansatz in (49.15) angenähert wird.

- Vibrationen: Sie haben Anregungsenergien der Größe $\Delta\varepsilon \sim 0.1\,\mathrm{eV} \approx 1\,000\,k_{\mathrm{B}}\mathrm{K}$. Wir betrachten im Folgenden nur den Grundzustand.

- Rotationen: Sie haben Anregungsenergien der Größe $\Delta\varepsilon \sim 0.01\,\mathrm{eV} \approx 100\,k_{\mathrm{B}}\mathrm{K}$. Diese Anregungen werden im Folgenden näher diskutiert.

Aus der Energieskala ergibt sich die Temperatur, bei der die jeweiligen Zustände thermisch angeregt werden können. Bei Zimmertemperatur ($T \approx 300\,\mathrm{K}$) sind im Wesentlichen nur Rotationen angeregt. Wir konstruieren eine Wellenfunktion für die Rotationszustände.

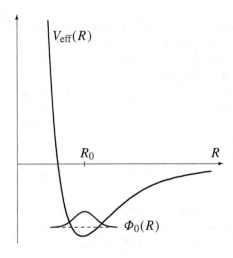

Abbildung 49.1 Schematische Darstellung der potenziellen Energie $V_{\mathrm{eff}}(R)$ von zwei Wasserstoffatomen im Abstand R. Der Grundzustand Φ_0 ist eine Nullpunktschwingung um das Minimum herum. Anregungen des Moleküls sind Schwingungen (angeregte Zustände in der Potenzialmulde) und Rotationen.

Die Gesamtwellenfunktion des Moleküls ist $\Psi_K \, \Psi_{\mathrm{el},R}$. Die Elektronenwellenfunktion ist durch (49.15) gegeben; wir schreiben sie im Folgenden nicht mehr mit an. Die Wellenfunktion der Kerne ist von der Form (49.8), $\Psi_K = \Phi_{\mathrm{cm}} \, \Phi_{\mathrm{rel}}$. Der Hamiltonoperator H_K' der Relativbewegung vertauscht mit dem Drehimpulsoperator. Daher kann der Winkelanteil von Φ_{rel} als Kugelfunktion angesetzt werden:

$$\Psi_K(1,2) = \Phi_{\mathrm{cm}} \, \Phi_{\mathrm{rel}} \, |S\,S_z\rangle = \Phi_{\mathrm{cm}} \, \Phi_L(R) \, Y_{LM}(\theta,\phi) \, |S\,S_z\rangle \qquad (49.18)$$

Der Zustand $|S\,S_z\rangle$ bezieht sich auf die Spins der beiden Protonen, die zu $S = 0$ oder $S = 1$ koppeln können.

Für (49.18) wird der Hamiltonoperator (49.9) der Relativbewegung zu

$$H_K' = -\frac{\hbar^2}{m_{\mathrm{p}}} \left(\frac{\partial^2}{\partial R^2} + \frac{2}{R} \frac{\partial}{\partial R} \right) + \frac{\hbar^2 L(L+1)}{m_{\mathrm{p}} R^2} + V(R) \qquad (49.19)$$

mit $V(R)$ aus (49.16). Die letzten beiden Terme werden zum effektiven Potenzial V_{eff} zusammengefasst; dieses Potenzial ist in Abbildung 49.1 skizziert. In der Nähe des Minimums gilt

$$V_{\mathrm{eff}}(R) = \frac{\hbar^2 L(L+1)}{m_{\mathrm{p}} R^2} + V(R) \approx V_{\mathrm{eff}}(R_0) + \frac{m_{\mathrm{p}} \omega^2}{4} (R - R_0)^2 \qquad (49.20)$$

Der Parameter ω ist durch die zweite Ableitung des Potenzials am Minimum bei R_0 bestimmt. Die Größen ω und R_0 hängen im Allgemeinen von L ab. Diese Abhängigkeiten werden hier vernachlässigt. Dies ist das Modell eines *starren Rotators*; es wird insbesondere angenommen, dass die Rotationsbewegung (die Zentrifugalkräfte) den Abstand der Atome nicht ändert. Für nicht zu hohe Drehimpulse ist dies eine brauchbare Näherung.

In der Näherung (49.20) erhalten wir L-unabhängige Oszillatorlösungen für die Relativbewegung in (49.18). Wir betrachten nur den Grundzustand:

$$\Phi_L(R) \approx \Phi_0(R) \propto \exp\left(-\frac{m_{\mathrm{p}} \omega}{2\,\hbar^2} (R - R_0)^2 \right) \qquad (49.21)$$

Damit wird die Wellenfunktion (49.18) der Kerne zu

$$\Psi_K(1,2) = \Phi_{cm}(\boldsymbol{R}_{cm}) \; \Phi_0(R) \; Y_{LM}(\theta,\phi) \, |S\,S_z\rangle \qquad (49.22)$$

Die Energie der Rotationszustände ergibt sich aus $H_K' \, \Phi_{rel} = E_L \, \Phi_{rel}$ zu

$$E_L = V_{eff}(R_0) + \frac{\hbar\omega}{2} = \frac{\hbar^2 L(L+1)}{2\,\Theta} + \text{const.} \qquad (49.23)$$

Dabei wurde die Näherung (49.20) in H_K' eingesetzt und das Trägheitsmoment $\Theta = m_p R_0^2/2$ des Moleküls eingeführt.

Ortho- und Parawasserstoff

Der Einfluss der Spineinstellung der Protonen auf die Energie ist vernachlässigbar; die magnetische Dipol-Dipol-Wechselwirkung ist von der Größe $10^{-6} \, k_B K$. Wegen der Austauschsymmetrie sind jedoch in Abhängigkeit von S nur bestimmte Rotationszustände möglich.

Der Operator P_{12} vertauscht die Teilchenkoordinaten 1 und 2. Aus den Definitionen $\boldsymbol{R}_{cm} = (\boldsymbol{R}_1 + \boldsymbol{R}_2)/2$ und $\boldsymbol{R} = \boldsymbol{R}_1 - \boldsymbol{R}_2 := (R, \theta, \phi)$ folgt:

$$\boldsymbol{R}_{cm} \xrightarrow{P_{12}} \boldsymbol{R}_{cm}, \quad \boldsymbol{R} \xrightarrow{P_{12}} -\boldsymbol{R}, \quad \theta \xrightarrow{P_{12}} \pi-\theta, \quad \phi \xrightarrow{P_{12}} \pi+\phi \qquad (49.24)$$

Dies und $Y_{LM}(\pi-\theta, \phi+\pi) = (-)^L \, Y_{LM}(\theta,\phi)$ ergibt

$$\begin{aligned} P_{12} \, \Phi_{cm}(\boldsymbol{R}_{cm}) &= \Phi_{cm}(\boldsymbol{R}_{cm}), & P_{12} \, \Phi_0(R) &= \Phi_0(R) \\ P_{12} \, Y_{LM}(\theta,\phi) &= (-)^L \, Y_{LM}(\theta,\phi), & P_{12} \, |S\,S_z\rangle &= (-)^{S+1} \, |S\,S_z\rangle \end{aligned} \qquad (49.25)$$

Für die Wellenfunktion (49.22) der beiden Kerne erhalten wir hieraus

$$P_{12} \, \Psi_K(1,2) = P_{12} \, \Phi_{cm} \, \Phi_0 \, Y_{LM} \, |S\,S_z\rangle = (-)^{L+S+1} \, \Psi_K(1,2) \qquad (49.26)$$

Damit $\Psi_K(1,2)$ antisymmetrisch ist, muss der Vorfaktor $(-)^{L+S+1}$ gleich -1 sein, also muss $L + S$ gerade sein. Daher sind nur folgende Kombinationen der Quantenzahlen L und S möglich:

$$\begin{aligned} S = 0: &\quad L = 0, 2, 4, \ldots &\quad \text{(Parawasserstoff)} \\ S = 1: &\quad L = 1, 3, 5, \ldots &\quad \text{(Orthowasserstoff)} \end{aligned} \qquad (49.27)$$

Bei endlicher Temperatur sind die möglichen Energiezustände statistisch besetzt, das heißt mit den Wahrscheinlichkeiten

$$p_L = \text{const.} \cdot \exp\left(-\frac{\hbar^2 L(L+1)}{2\,\Theta\,k_B T} \right) \qquad (49.28)$$

Für einen realistischen Wert von $\Theta = m_\mathrm{p} R_0^2/2$ ist die Skala hierfür durch

$$\frac{\hbar^2}{2\Theta} \approx 85 \, k_\mathrm{B}\mathrm{K} \tag{49.29}$$

gegeben. Für $k_\mathrm{B} T \ll \hbar^2/\Theta$ ist die Besetzungswahrscheinlichkeit des ersten angeregten Zustands ($L = 1$) exponentiell klein. Im statischen Gleichgewicht ist dann nur der Zustand mit $L = 0$ besetzt und alle Moleküle haben den Gesamtspin $S = 0$. Für höhere Temperaturen bildet sich dagegen ein Gemisch aus Para- und Orthowasserstoff. Wegen der geringen Wechselwirkung mit den Kernspins dauert die Einstellung des Gleichgewichts aber sehr lange. Daher hängt das Mischungsverhältnis von Ortho- zu Parawasserstoff faktisch von der Vorgeschichte der Probe ab. Da für Ortho- und Parawasserstoff jeweils nur bestimmte Zustände (49.27) möglich sind, hängt die makroskopisch messbare spezifische Wärme von diesem Mischungsverhältnis ab. Angesichts des extrem kleinen direkten Einflusses der Kernspins auf die Energie ist dies ein verblüffender Effekt.

Aufgaben

49.1 Intensitäten im Raman-Spektrum

Für die Rotationszustände eines Moleküls aus zwei gleichen Atomen mit halb- oder ganzzahligen Kernspins $s_1 = s_2 = s$ sollen die Spinentartungsgrade untersucht werden. Die Kernspins koppeln zum Gesamtspin S, die Drehimpulsquantenzahl ist L. Für die homöopolare Bindung ist die Elektronenkonfiguration symmetrisch gegenüber der Vertauschung der beiden Atome. Die Austauschsymmetrie verlangt dann, dass $S + L$ gerade ist.

Für den Rotationszustand mit L sind damit entweder alle Spinzustände mit geradem S möglich, oder alle mit ungeradem S. Berechnen Sie die zugehörigen Spinentartungsgrade M_{even} und M_{odd}. Die Intensitäten der Rotationslinien sind proportional zu diesen Entartungsgraden.

49.2 H_2^+-Molekül

In der Born-Oppenheimer-Näherung wird der Vektor $\boldsymbol{R}$ zwischen den beiden Protonen eines einfach ionisierten Wasserstoffmoleküls H_2^+ als Parameter betrachtet. Der Hamiltonoperator des Elektrons lautet dann

$$\hat{H}_{\text{el}} = \frac{\boldsymbol{p}_{\text{op}}^2}{2m_{\text{e}}} - \frac{e^2}{|\boldsymbol{r} - \boldsymbol{R}/2|} - \frac{e^2}{|\boldsymbol{r} + \boldsymbol{R}/2|} \qquad (49.30)$$

Es wird das Molekülorbital

$$\Psi_{\text{el},\boldsymbol{R}}(\boldsymbol{r}) = C_{\pm}(R) \left[\psi_{100}(\boldsymbol{r} - \boldsymbol{R}/2) \pm \psi_{100}(\boldsymbol{r} + \boldsymbol{R}/2) \right] \qquad (49.31)$$

mit der Grundzustands-Wellenfunktion ψ_{100} des Wasserstoffproblems betrachtet.

Normieren Sie die Wellenfunktion $\Psi_{\text{el},\boldsymbol{R}}(\boldsymbol{r})$ und berechnen Sie den Erwartungswert $E_{\text{el}}(\boldsymbol{R}) = \langle \Psi_{\text{el},\boldsymbol{R}} | \hat{H}_{\text{el}} | \Psi_{\text{el},\boldsymbol{R}} \rangle$. Skizzieren Sie das Potenzial

$$V(\boldsymbol{R}) = \frac{e^2}{R} + E_{\text{el}}(\boldsymbol{R}) - E_{\text{el}}(\infty)$$

Hinweis: Führen Sie die prolat sphäroidalen Koordinaten

$$x = \frac{R}{2}\sqrt{(\xi^2 - 1)(1 - \eta^2)} \cos\varphi, \quad y = \frac{R}{2}\sqrt{(\xi^2 - 1)(1 - \eta^2)} \sin\varphi, \quad z = \frac{R}{2}\xi\eta$$

mit $\xi \in [1, \infty)$, $\eta \in [-1, 1]$ und $\varphi \in [0, 2\pi)$ ein. Zeigen Sie hierfür

$$d^3 r = \frac{R^3}{8} \, d\xi \, d\eta \, d\varphi \left(\xi^2 - \eta^2 \right) \qquad \text{und} \qquad |\boldsymbol{r} \mp \boldsymbol{R}/2| = R\,(\xi \mp \eta)/2 \quad \text{für } \boldsymbol{R} = R\,\boldsymbol{e}_z$$

49.3 Morsepotenzial

Für das Atom-Atom-Potenzial in einem zweiatomigen Molekül ist das *Morse-potenzial*

$$V(R) = V_0 \left(\exp\left[-2\alpha(R - R_0)\right] - 2\exp\left[-\alpha(R - R_0)\right]\right)$$

mit $V_0 > 0$ ein realistischer Ansatz. Schreiben Sie die stationäre Schrödinger-gleichung

$$\left(-\frac{\hbar^2}{2\mu}\Delta_R + V(R)\right)\Psi_K(R) = E_{vib}\,\Psi_K(R)$$

für den Drehimpuls $L = 0$ an. Setzen Sie $E_{vib} = -\hbar^2\alpha^2\beta^2/(2\mu) < 0$ für gebunde-ne Zustände, $V_0 = \hbar^2\alpha^2\gamma^2/(2\mu)$, $\Psi_K(R) = u(y)/R$ und $y = \exp\left(-\alpha(R - R_0)\right)$ ein. Dies führt zu

$$u''(y) + \frac{1}{y}\,u'(y) - \frac{\beta^2}{y^2}\,u(y) + \frac{2\gamma^2}{y}\,u(y) - \gamma^2 u(y) = 0$$

Lösen Sie diese Differenzialgleichung nach dem Standardverfahren (Ursprungsver-halten, Asymptotik, Potenzreihenansatz). Geben Sie die Energieeigenwerte an, und diskutieren Sie die auftretenden Terme.

A   Einheiten und Konstanten

Das in diesem Buch verwendete Maßsystem wird kurz erläutert. In Tabelle A.1
sind grundlegende physikalische Konstanten, in Tabelle A.2 wichtige Längen und
in Tabelle A.3 verschiedene Energiegrößen zusammengestellt.

Wir verwenden in der Regel das Gaußsche oder cgs-Einheitensystem. Im Bereich
der Mechanik sind die Unterschiede zum Système International d'Unités (SI, auch
„Praktisches MKSA-System" genannt) trivial: Anstelle der Einheiten g (Gramm)
und cm (Zentimeter) werden im SI die Einheiten kg (Kilogramm) und m (Meter)
verwendet; in beiden Fällen kommt die Einheit s (Sekunde) hinzu. Die Umrech-
nungsfaktoren ergeben sich aus $\mathrm{dyn} \equiv \mathrm{g\,cm/s^2} = 10^{-5}\,\mathrm{kg\,m/s^2} = 10^{-5}\,\mathrm{N}$ und
aus

$$\mathrm{erg} \equiv \frac{\mathrm{g\,cm^2}}{\mathrm{s^2}} = 10^{-7}\,\frac{\mathrm{kg\,m^2}}{\mathrm{s^2}} = 10^{-7}\,\mathrm{J} \tag{A.1}$$

Wegen der trivialen Umrechnungsfaktoren verwenden wir m, kg, N (Newton) und
J (Joule) parallel zu cm, g, dyn und erg.

Wesentliche Unterschiede ergeben sich erst für die elektrische Ladung. Im
Gaußsystem ist die Einheit der Ladung (esu $\equiv \mathrm{g^{1/2}\,cm^{3/2}/s}$, esu = electrostatic
unit) diejenige, die eine gleich große im Abstand von 1 cm mit einer Kraft von
1 dyn abstößt. Im SI ist dagegen das Coulomb (C) die Einheit der Ladung. Für die
Elementarladung sind die jeweiligen Werte in Tabelle A.1 angegeben. Im Gaußschen System hat das elektrostatische Potenzial zwischen zwei Elementarladungen
die Form e^2/r anstelle von $e_{\mathrm{SI}}^2/(4\pi\varepsilon_0 r)$ im SI; in dieser Form macht sich die Verwendung des Gaußschen Systems im vorliegenden Buch am häufigsten bemerkbar.

Die Gründe, die für das Gaußsche System sprechen, sind in meiner *Elektrodynamik* [2] diskutiert. Da sich elektrische und magnetische Felder bei Übergang zu
einem anderen Inertialsystem ineinander transformieren, ist es in der theoretischen
Behandlung vorzuziehen (aber nicht zwingend), dass die elektrische Feldstärke E
und die magnetische Induktion B dieselben Einheiten haben. Dies ist im Gaußschen System der Fall; insofern ist dieses System einfacher und bequemer. In der
Grundlagenforschung wird das Gaußsche System bevorzugt verwendet.

Für numerische Abschätzungen wird man aus praktischen Gründen oft zum SI
übergehen. So werden im vorliegenden Skriptum konkrete Werte der elektrischen
Feldstärke in Volt/Zentimeter = V/cm angegeben, und für Energiegrößen wird
meist die Einheit *Elektronenvolt* (eV) anstelle von erg benutzt. In eV ist unter e
immer die SI-Größe e_{SI} zu verstehen:

$$\mathrm{eV} \equiv e_{\mathrm{SI}}\,\mathrm{Volt} \approx 1.6 \cdot 10^{-19}\,\mathrm{CV} = 1.6 \cdot 10^{-12}\,\mathrm{erg} \tag{A.2}$$

© Springer-Verlag GmbH Deutschland, ein Teil von Springer Nature 2018
T. Fließbach, *Quantenmechanik*, https://doi.org/10.1007/978-3-662-58031-8

Tabelle A.1 Die wichtigsten physikalischen Konstanten. Ihre Werte wurden jeweils mit vier Ziffern angegeben.

Bezeichnung	Symbol	Wert
Plancksches Wirkungsquantum	$\hbar$	$1.055 \cdot 10^{-27}\,\text{erg s}$
(alternative Einheiten)		$6.582 \cdot 10^{-16}\,\text{eV s}$
Lichtgeschwindigkeit	c	$2.998 \cdot 10^{10}\,\dfrac{\text{cm}}{\text{s}}$
Elementarladung (cgs-System)	e	$4.803 \cdot 10^{-10}\,\dfrac{\text{g}^{1/2}\,\text{cm}^{3/2}}{\text{s}}$
Elementarladung (SI)	e_{SI}	$1.602 \cdot 10^{-19}\,\text{C}$
Feinstrukturkonstante	$\alpha = \dfrac{e^2}{\hbar c}$	$\dfrac{1}{137.0}$

In Tabelle A.2 sind einige wichtige Längen zusammengestellt. Die Einheit Ångström (Å) wird oft in der Atom-, Molekül- oder Festkörperphysik verwendet, die Einheit Fermi (fm) dagegen in der Kern- und Elementarteilchenphysik. Die Wellenlänge λ von Elektronenübergängen im Wasserstoffatom ist groß gegenüber den Ausdehnungen des Atoms, $\lambda \gg a_{\text{B}} = $ Bohrscher Radius. Wird ein Teilchen auf einen Bereich der Größe seiner Compton-Wellenlänge beschränkt, so sind die Impulse wegen der Unschärferelation relativistisch.

In Tabelle A.3 sind wichtige Energiegrößen zusammengestellt. In Abschätzungen ist es oft bequem, alle Massen in Energieeinheiten anzugeben. Die Protonmasse steht auch stellvertretend für die etwa gleich große Neutronmasse ($m_{\text{n}} c^2 = 939.6\,\text{MeV}$ gegenüber $m_{\text{p}} c^2 = 938.3\,\text{MeV}$). Die wichtigste Energieskala der Atom- und Festkörperphysik ist durch die Coulombenergie $e^2/\text{Å}$ gegeben. Die Energieskala $\hbar^2/(m_{\text{p}} \text{Å}^2)$ tritt bei Rotationen und Vibrationen leichter Moleküle auf. Als Energieskala der nichtrelativistischen Kernphysik ist $\hbar^2/(m_{\text{p}}\,\text{fm}^2)$ angegeben.

Die Temperatur T ist das Maß für die Energie pro Freiheitsgrad im thermischen Gleichgewicht. Aus historischen Gründen wird T aber nicht in Energieeinheiten sondern in Kelvin (K) angegeben. Die Proportionalitätskonstante zwischen Kelvin- und Energieskala ist die Boltzmannkonstante k_{B}:

$$k_{\text{B}} \text{K} = 1.38 \cdot 10^{-23}\,\text{J} \tag{A.3}$$

Tabelle A.2 Einige Längen, die in der Quantenmechanik eine Rolle spielen.

Bezeichnung	Symbol	Wert
Ångström	Å	$1\,\text{Å} \equiv 10^{-8}\,\text{cm}$
Fermi	fm	$1\,\text{fm} \equiv 10^{-13}\,\text{cm}$
Wellenlänge für sichtbares Licht ($\hbar\omega = 2...3\,\text{eV}$)	λ	$4\cdot 10^{-5}\ldots 7\cdot 10^{-5}\,\text{cm}$
Bohrscher Radius	$a_{\text{B}} = \dfrac{\hbar^2}{m_{\text{e}}\,e^2}$	$5.3\cdot 10^{-9}\,\text{cm} = 0.53\,\text{Å}$
Compton-Wellenlänge Elektron	$\dfrac{\hbar}{m_{\text{e}}\,c}$	$4\cdot 10^{-11}\,\text{cm}$
Compton-Wellenlänge Proton	$\dfrac{\hbar}{m_{\text{p}}\,c}$	$2\cdot 10^{-14}\,\text{cm} = 0.2\,\text{fm}$

Tabelle A.3 Einige Energiegrößen und Energieskalen, die für Abschätzungen nützlich sind. Es sind jeweils nur wenige Dezimalen angegeben.

Bezeichnung	Symbol	Wert
Elektronmasse	$m_{\text{e}}\,c^2$	$0.51\,\text{MeV}$
Protonmasse	$m_{\text{p}}\,c^2$	$0.94\,\text{GeV}$
Zimmertemperatur ($T = 300\,\text{K}$)	$k_{\text{B}}\,T$	$300\,k_{\text{B}}\,\text{K} \approx \dfrac{\text{eV}}{40}$
Atomare Energieeinheit	$E_{\text{at}} = \dfrac{e^2}{a_{\text{B}}} = \dfrac{\hbar^2}{m_{\text{e}}\,a_{\text{B}}^2}$	$27.2\,\text{eV}$
Skala der Coulombenergie im Atom	$\dfrac{e^2}{\text{Å}}$	$14.4\,\text{eV}$
Skala der Coulombenergie im Kern	$\dfrac{e^2}{\text{fm}}$	$1.44\,\text{MeV}$
Kinetische Energieskala des Elektrons im Atom oder Festkörper	$\dfrac{\hbar^2}{m_{\text{e}}\,\text{Å}^2}$	$7.6\,\text{eV}$
Kinetische Energieskala des Nukleons im Kern	$\dfrac{\hbar^2}{m_{\text{p}}\,\text{fm}^2}$	$41\,\text{MeV}$
Kinetische Energieskala eines Wasserstoffatoms im Molekül	$\dfrac{\hbar^2}{m_{\text{p}}\,\text{Å}^2}$	$4.1\cdot 10^{-3}\,\text{eV}$ oder $48\,k_{\text{B}}\,\text{K}$

Register

Abkürzungen

ONS   Orthonormierter Satz
von Funktionen
p.I.   partielle Integration
QM   Quantenmechanik
SI   Système International
d'Unité (MKSA-System)
SG   Schrödingergleichung
VONS   Vollständiger orthonormierter
Satz von Funktionen

Einheiten

Siehe auch Anhang A für Längen- und
Energieskalen.

Å   Ångström, $1\,\text{Å} = 10^{-8}\,\text{cm}$
eV   Elektronenvolt
fm   Fermi, $1\,\text{fm} = 10^{-13}\,\text{cm}$
GeV: Gigaelektronenvolt
$1\,\text{GeV} = 10^9\,\text{eV}$
K   Kelvin
keV: Kiloelektronenvolt
$1\,\text{keV} = 10^3\,\text{eV}$
MeV: Megaelektronenvolt
$1\,\text{MeV} = 10^6\,\text{eV}$

Symbole

$=$ const.   gleich einer konstanten Größe
$\equiv$ identisch gleich
oder definiert durch
$:=$ dargestellt durch,
z. B. $\boldsymbol{r} := (x, y, z)$
oder $|n\rangle := \varphi_n(x)$
$\overset{(2.12)}{=}$ ergibt mit Hilfe von
Gleichung (2.12)
$\cong$ entspricht
$\propto$ proportional zu
$\approx$ ungefähr gleich
$\sim$ von der Größenordnung, oder
asymptotisch proportional
$= \mathcal{O}(...)$ von der Ordnung oder
Größenordnung

© Springer-Verlag GmbH Deutschland, ein Teil von Springer Nature 2018
T. Fließbach, *Quantenmechanik*, https://doi.org/10.1007/978-3-662-58031-8

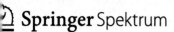

Springer

Willkommen zu den Springer Alerts

Jetzt anmelden!

- Unser Neuerscheinungs-Service für Sie:
  aktuell *** kostenlos *** passgenau *** flexibel

Springer veröffentlicht mehr als 5.500 wissenschaftliche Bücher jährlich in gedruckter Form. Mehr als 2.200 englischsprachige Zeitschriften und mehr als 120.000 eBooks und Referenzwerke sind auf unserer Online Plattform SpringerLink verfügbar. Seit seiner Gründung 1842 arbeitet Springer weltweit mit den hervorragendsten und anerkanntesten Wissenschaftlern zusammen, eine Partnerschaft, die auf Offenheit und gegenseitigem Vertrauen beruht.

Die SpringerAlerts sind der beste Weg, um über Neuentwicklungen im eigenen Fachgebiet auf dem Laufenden zu sein. Sie sind der/die Erste, der/die über neu erschienene Bücher informiert ist oder das Inhaltsverzeichnis des neuesten Zeitschriftenheftes erhält. Unser Service ist kostenlos, schnell und vor allem flexibel. Passen Sie die SpringerAlerts genau an Ihre Interessen und Ihren Bedarf an, um nur diejenigen Information zu erhalten, die Sie wirklich benötigen.

Mehr Infos unter: springer.com/alert

Printed in the United States
By Bookmasters